M/CAE 微视频讲解大系

中文版UG NX 12.0 数控加工从入门到精通（实战案例版）

120集同步微视频讲解　4套综合实战案例

☑ 数控加工基础　☑ 面铣削加工 ☑ 轮廓铣加工 ☑ 多轴铣加工 ☑ 车削加工 ☑ 综合实例应用

天工在线　编著

中国水利水电出版社
www.waterpub.com.cn
·北京·

内 容 提 要

UG NX 是 Siemens PLM Software 公司出品的一款集 CAD、CAE、CAM 于一体的功能强大的产品集成解决方案，因其具有强大的实体造型、曲面造型、装配建模、工程图生成和拆模等功能而被广泛地应用于机械制造、航空航天、汽车、船舶和电子设计等领域。

鉴于 UG 在数控加工领域的强大功能和广泛的工程应用，《中文版 UG NX 12.0 数控加工从入门到精通（实战案例版）》全面讲解了使用 UG 进行数控加工的方法和技巧，包括数控加工基础、铣削参数设置、面铣削加工、轮廓铣加工、多轴铣加工、车削加工等相关知识和实例应用。内容讲解由浅入深，从易到难，各章节既相对独立又前后关联，及时给出总结和相关提示，帮助读者及时快捷地掌握所学知识。

《中文版 UG NX 12.0 数控加工从入门到精通（实战案例版）》配备了 120 集微视频讲解，赠送配套的实例素材源文件，另外本书还附赠了 20 套数控加工案例的教学视频和图纸源文件。

《中文版 UG NX 12.0 数控加工从入门到精通（实战案例版）》一书既可以作为 UG NX 12.0 初学者的入门教材，也可以作为相关工程技术人员的参考工具书。使用 UG NX 8.0、UG NX 8.5、UG NX 10.0、UG NX 11.0 版本的读者也可以参考学习。

图书在版编目（ＣＩＰ）数据

中文版 UG NX 12.0 数控加工从入门到精通 ：实战案例版 / 天工在线编著. -- 北京 ：中国水利水电出版社，2021.12（2025.1重印）.

（CAD/CAM/CAE 微视频讲解大系）

ISBN 978-7-5170-9866-9

Ⅰ. ①中… Ⅱ. ①天… Ⅲ. ①数控机床－加工－计算机辅助设计－应用软件－教材 Ⅳ. ①TG659.022

中国版本图书馆 CIP 数据核字（2021）第 169911 号

丛 书 名	CAD/CAM/CAE 微视频讲解大系
书　　名	中文版 UG NX 12.0 数控加工从入门到精通（实战案例版） ZHONGWENBAN UG NX 12.0 SHUKONG JIAGONG CONG RUMEN DAO JINGTONG
作　　者	天工在线　编著
出版发行	中国水利水电出版社 （北京市海淀区玉渊潭南路 1 号 D 座　100038） 网址：www.waterpub.com.cn E-mail：zhiboshangshu@163.com 电话：（010）62572966-2205/2266/2201（营销中心）
经　　售	北京科水图书销售有限公司 电话：（010）68545874、63202643 全国各地新华书店和相关出版物销售网点
排　　版	北京智博尚书文化传媒有限公司
印　　刷	河北文福旺印刷有限公司
规　　格	203mm×260mm　16 开本　26.75 印张　660 千字　2 插页
版　　次	2021 年 12 月第 1 版　2025 年 1 月第 5 次印刷
印　　数	11001—14000 册
定　　价	89.80 元

前　言

Preface

说明：UG NX 原来系美国 UGS 公司出品，2008 年前后被德国 Siemens（西门子）公司收购，后更名为Siemens NX，简称NX。但现在很多地方还习惯称其为UG NX。为方便读者，本书仍旧沿用 UG NX。本书所有 UG NX 指的都是 Siemens NX。

UG NX 12.0（Unigraphics NX）是一款功能强大的产品工程解决方案，它为用户的产品设计及加工过程提供了数字化造型和验证手段。UG NX 12.0 针对用户的虚拟产品设计和工艺设计的需求，提供了经过实践验证的解决方案。

UG 自从 1990 年进入我国以来，以其强大的功能和工程背景，已经在我国的航空、航天、汽车、模具和家电等领域得到广泛的应用。尤其是UG软件PC版本的推出，为UG在我国的普及起到了良好的推动作用。

数控加工在国内已经日趋普及，培训需求日益旺盛，各种数控加工教材也不断推出，但真正与当前数控加工应用技术现状相适应的实用数控加工培训教材却不多见。为了给初学者提供一本优秀的从入门到精通的教材，给具有一定使用经验的用户提供一本优秀的参考书和工具书，我们根据多年的工作经验以及心得编写了本书。

一、编写目的

鉴于 UG 在数控加工领域强大的功能和深厚的工程应用底蕴，我们力图开发一套全方位介绍 UG 数控加工实际应用的书籍。具体就本书而言，我们不求事无巨细地将 UG 数控加工知识点全部讲解清楚，而是针对行业需要，以 UG 数控加工知识脉络为线索，以实例为“抓手”，帮助读者掌握利用 UG 进行数控加工的基本技能和技巧。

二、本书特点

本书通过具体的工程案例，全面讲解了使用 UG 进行数控加工的方法和技巧，包括数控加工基础、铣削参数设置、铣削加工、多轴铣加工、车削加工等知识。与其他教材相比，本书具有以下独有的特点。

➘ 突出技能提升

本书从全面提升 UG 数控加工操作能力的角度出发，结合大量的实例讲解如何利用 UG 进行数控加工，让读者学会计算机辅助制造的方法并能独立地完成各种数控加工。

本书中的很多实例本身就是工程项目案例，经过笔者精心提炼和改编，不仅保证了读者能够学好知识点，更重要的是能帮助读者掌握实际的操作技能，同时培养工程制造实践能力。

➘ **实例丰富**

本书实例无论是在数量上还是种类上都非常丰富。从数量上说，本书结合大量的数控加工实例详细讲解 UG 数控加工知识要点，全书包含大小共 36 个实例，让读者在学习实例的过程中潜移默化地掌握 UG 软件操作技巧。

➘ **涵盖面广**

就本书而言，我们的目的是编写一本对数控加工各个方面具有普适性的基础应用学习教材，所以本书对知识点的讲解做到尽量全面，既包含 UG 数控加工常用的功能讲解，又涵盖了数控加工基础、铣削参数设置、铣削加工、多轴铣加工、车削加工等多个知识点。对每个知识点而言，不求过于艰深，但要求读者能够掌握一般工程设计的知识。因此，本书在语言描述上力求浅显易懂、言简意赅。

三、本书的配套资源

本书以扫描二维码的方式提供了极为丰富的学习配套资源，期望读者朋友能在最短的时间里学会并精通这门技术。

1．配套教学视频

针对本书实例，我们专门制作了 120 集教学视频，读者可以先看视频，像看电影一样轻松愉悦地学习本书内容，然后对照本书内容加以实践和练习，可以大大提高学习效率。

2．超值赠送的案例教学视频

为了帮助读者拓宽视野，本书特意赠送 20 套数控加工案例教学视频及图纸源文件，教学视频时长 150 分钟。

3．全书实例的源文件和素材

本书附带了包含实例和练习实例的源文件和素材，读者可以安装 UG NX 12.0 软件，打开并使用这些实例。

四、关于本书的服务

1．UG NX 12.0 简体中文版安装软件的获取

按照本书上的实例进行操作练习，以及使用 UG NX 12.0 进行绘图，需要事先在计算机上安装 UG NX 12.0 软件。可以登录 UG 官方网站购买 UG NX 12.0 简体中文版进行安装，或者使用其试用版，也可从网上商城、当地电脑城或软件经销商处购买。

2．关于本书的学习和本书的各类资源下载

（1）推荐加入 QQ 群 984828787（若群满，请根据提示加入相应的群），可与广大读者进行在

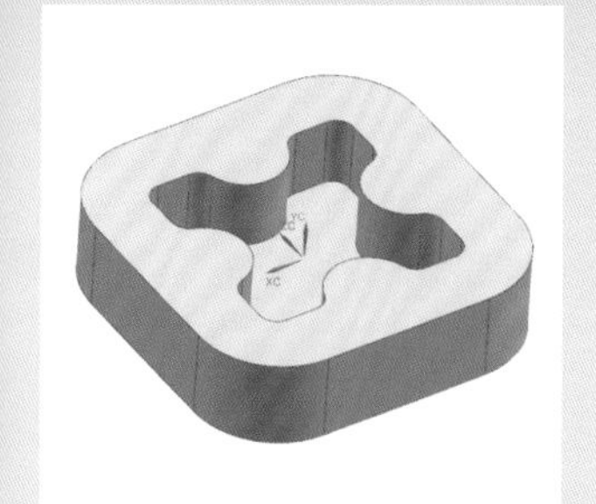

▲ 插铣:待加工部件

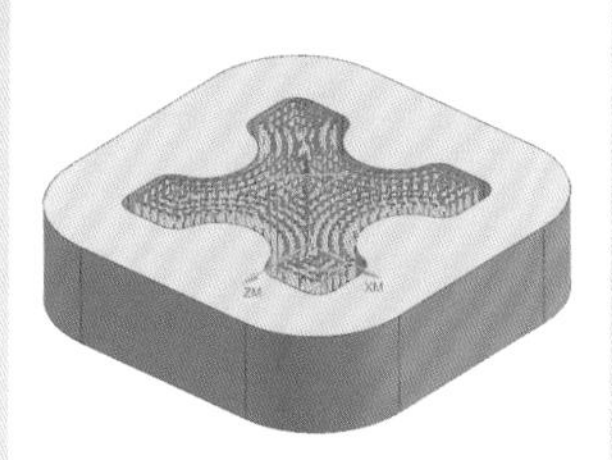

▲ 插铣:刀轨

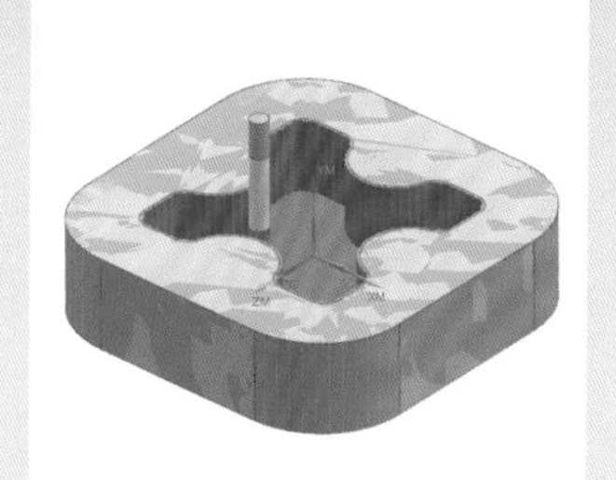

▲ 插铣:模拟加工

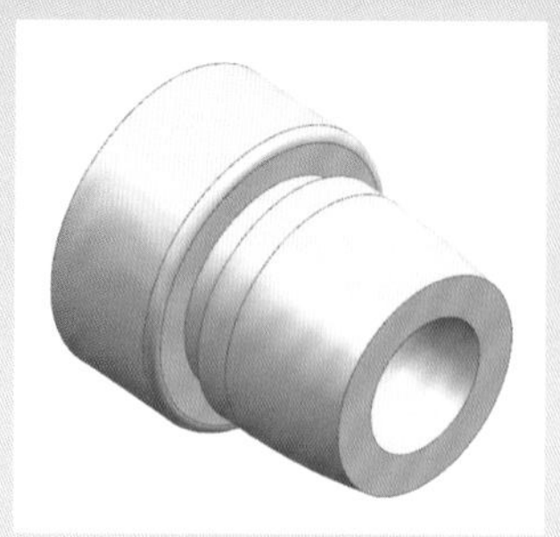

▲ 车削加工综合实例

▲ 冲模铣削加工实例:粗加工外形

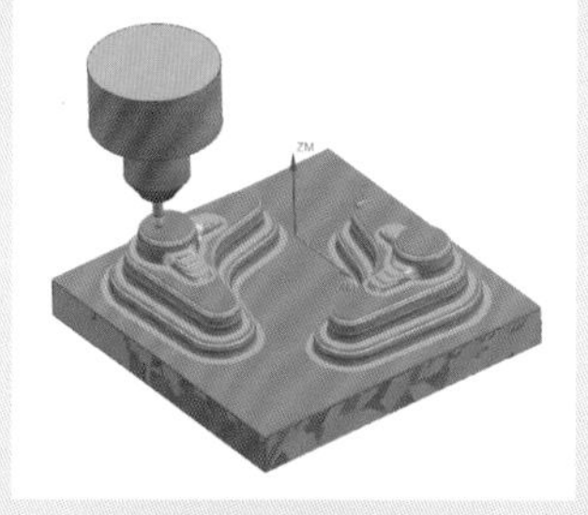

▲ 冲模铣削加工实例:拐角清理

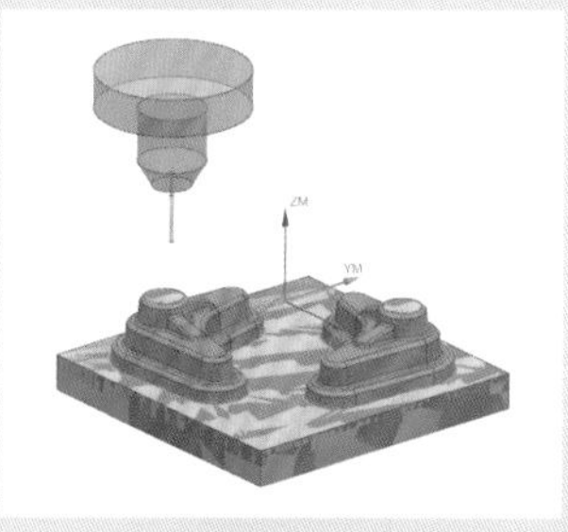

▲ 冲模铣削加工实例:精加工

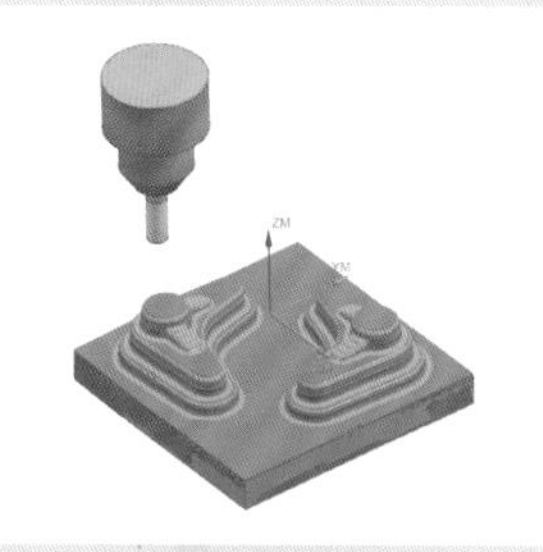

▲ 冲模铣削加工实例:精加工外形

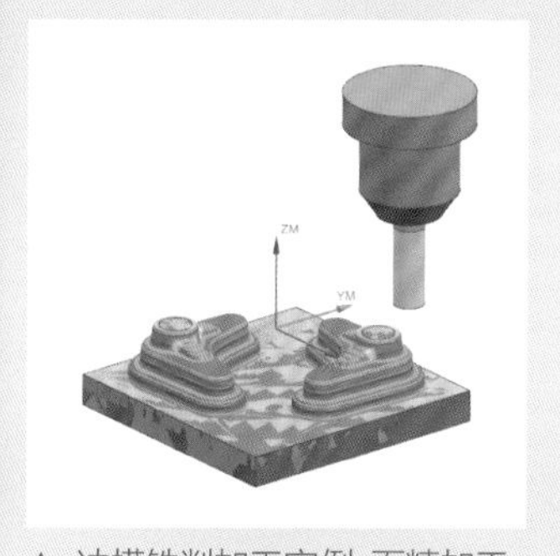

▲ 冲模铣削加工实例:面精加工

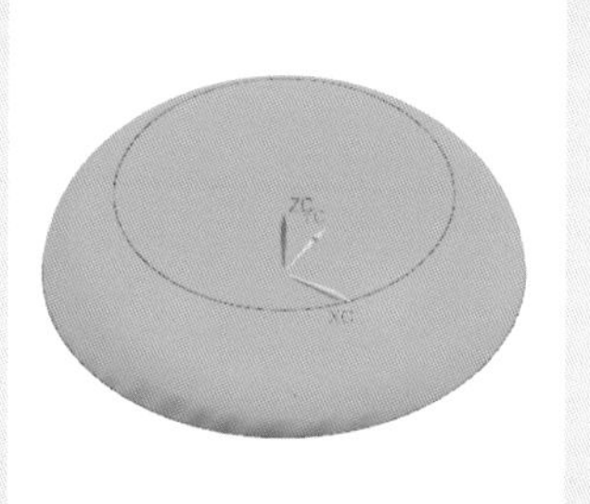

▲ 非陡峭区域轮廓铣:待加工部件

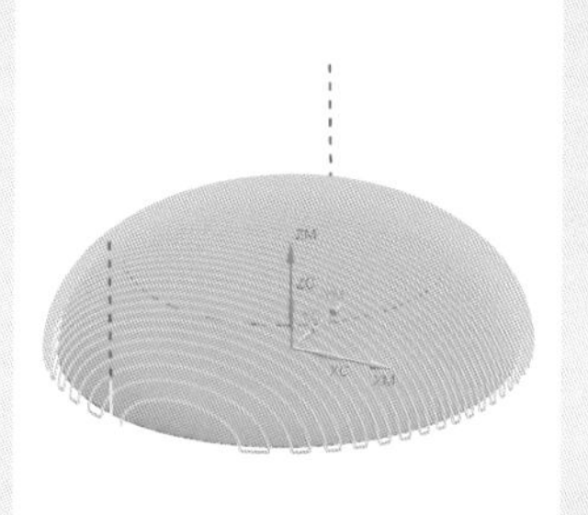

▲ 非陡峭区域轮廓铣:刀轨

▲ 非陡峭区域轮廓铣:模拟加工

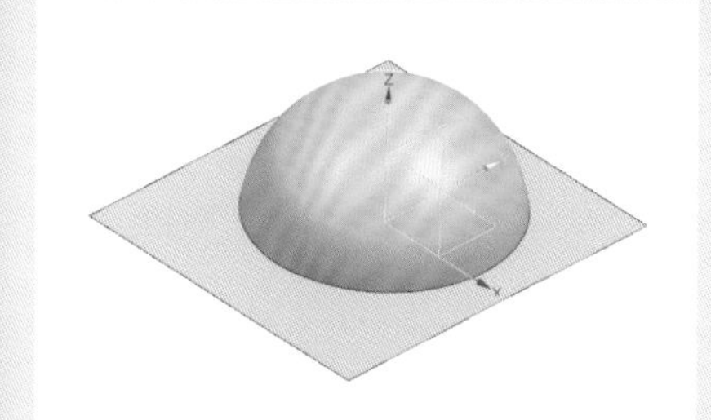

▲ 曲面区域轮廓铣:待加工部件

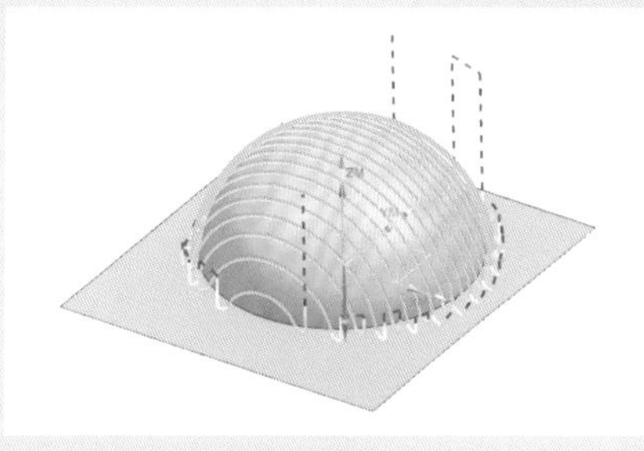

▲ 曲面区域轮廓铣:刀轨

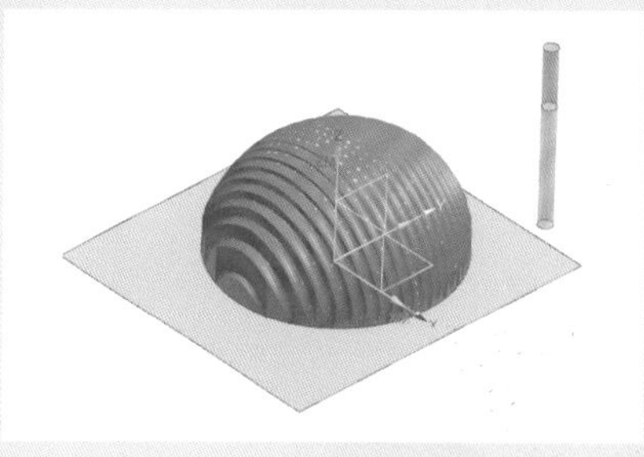

▲ 曲面区域轮廓铣:模拟加工

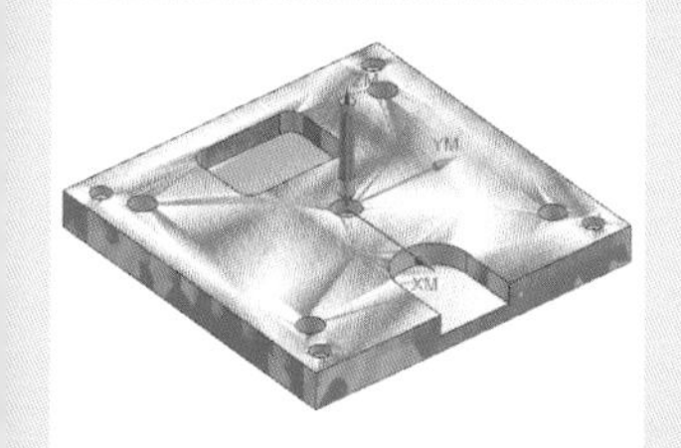

▲ 平板铣削加工实例:孔加工

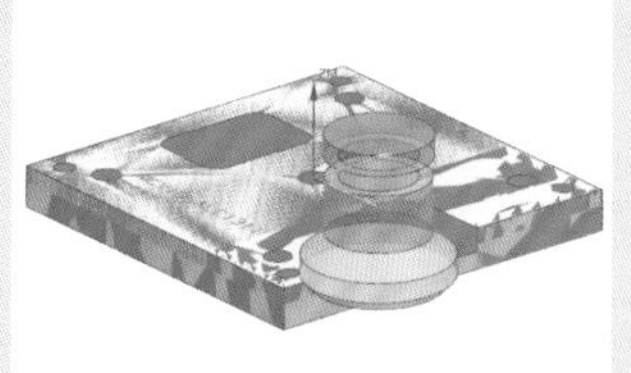

▲ 平板铣削加工实例:面精加工

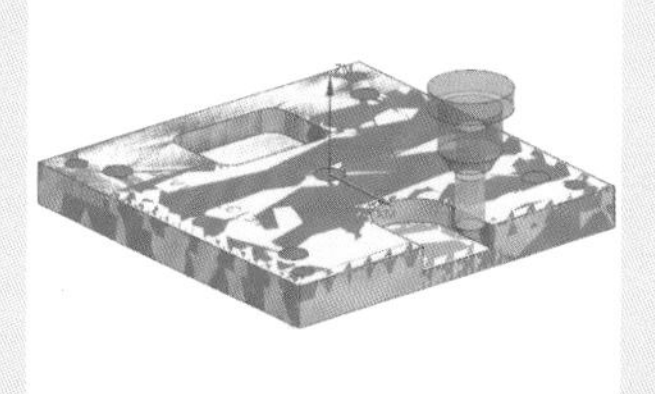

▲ 平板铣削加工实例:腔体加工

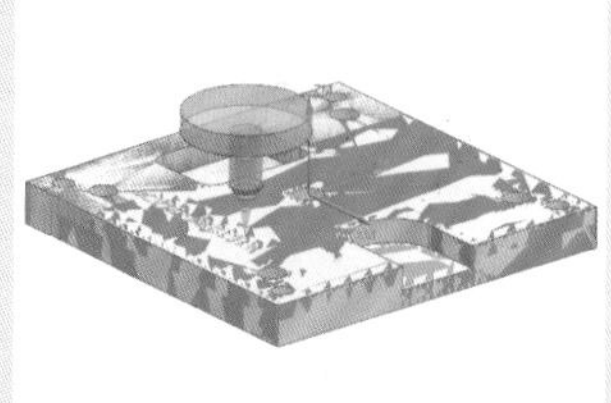

▲ 平板铣削加工实例:文本加工

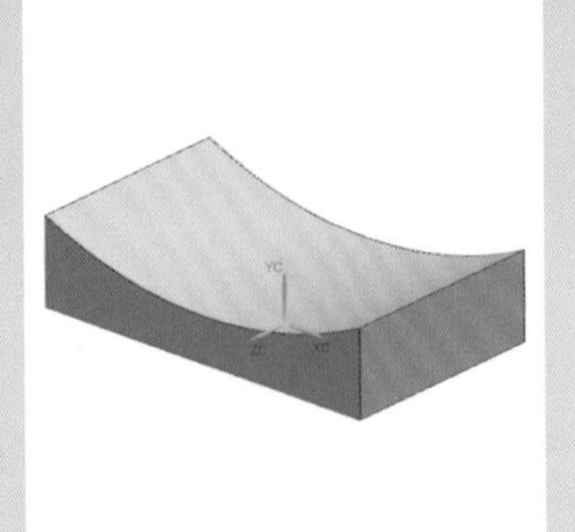
▲ 可变流线铣：待加工部件

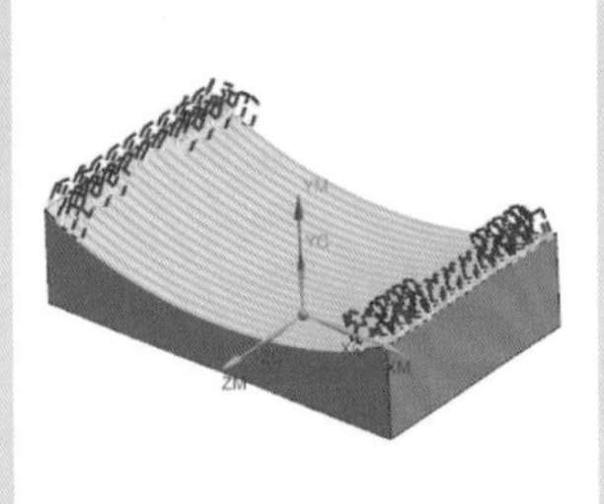
▲ 可变流线铣：刀轨

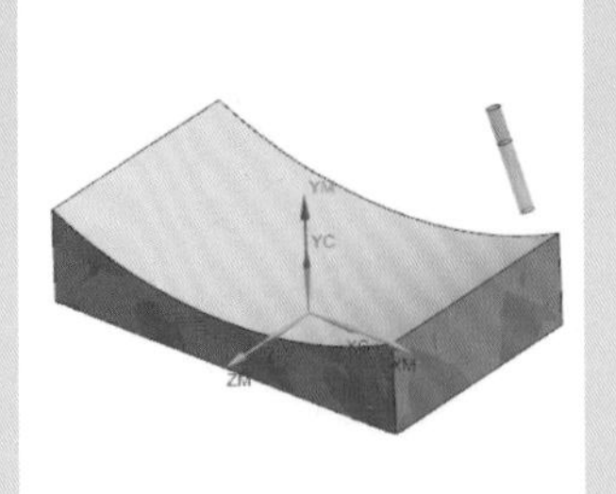
▲ 可变流线铣：模拟加工

▲ 面加工：待加工部件

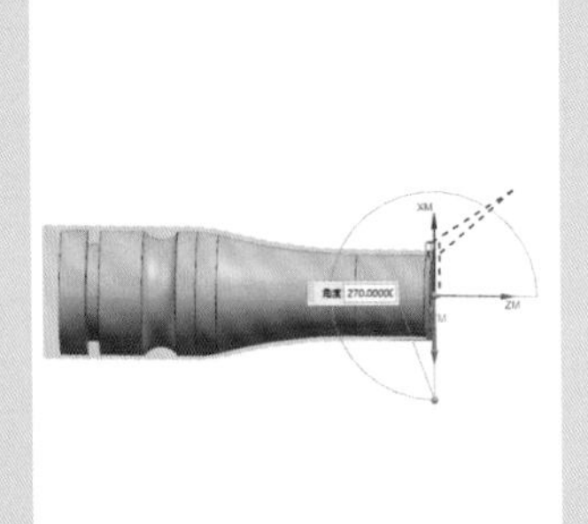
▲ 面加工：面加工刀轨

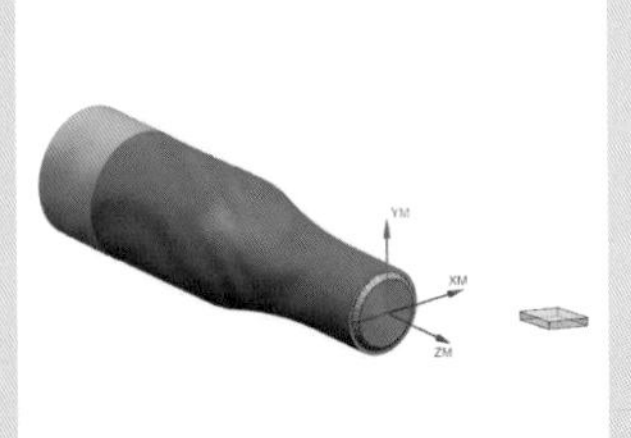
▲ 面加工：模拟加工

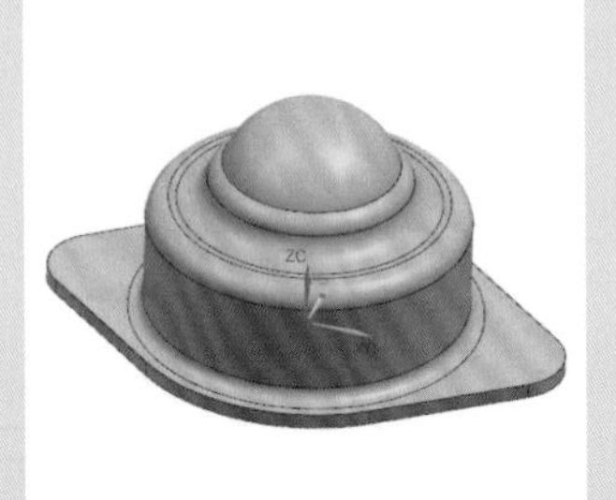
▲ 深度轮廓铣：待加工部件

▲ 深度轮廓铣：刀轨

▲ 深度轮廓铣：模拟加工

▲ 轮毂凹模铣削加工实例：粗加工型腔

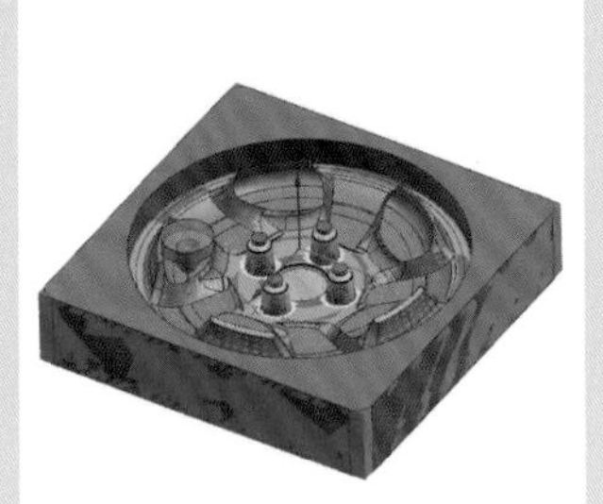
▲ 轮毂凹模铣削加工实例：精加工轮辐边

▲ 轮毂凹模铣削加工实例：精加工轮辐和提升面顶面

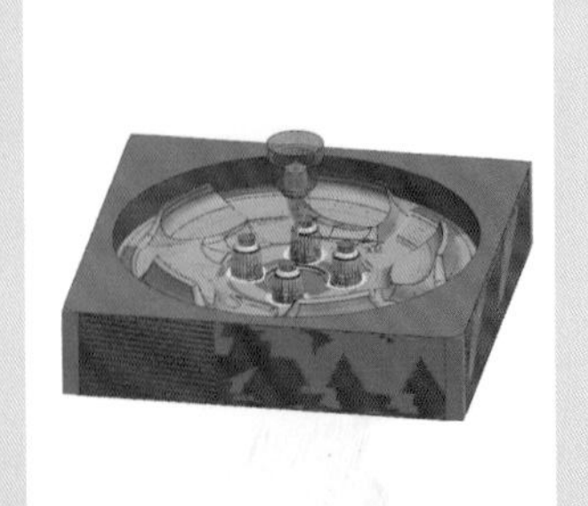
▲ 轮毂凹模铣削加工实例：精加工凸模

▲ 轮毂凹模铣削加工实例：精加工凸模周边

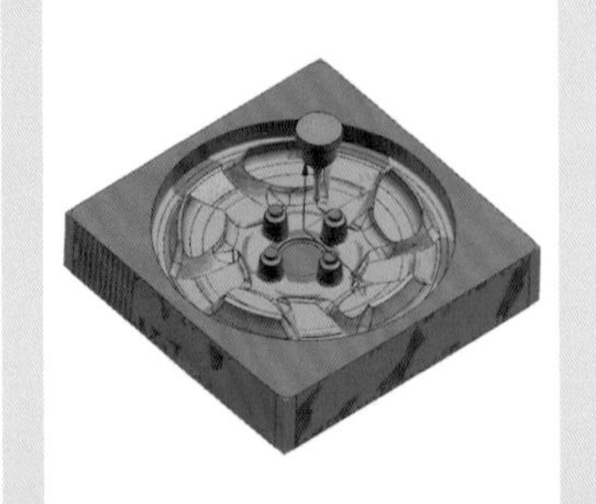
▲ 轮毂凹模铣削加工实例：精加工型腔

▲ 轮毂凹模铣削加工实例：精加工中心

线交流学习，作者不定时在线指导。

（2）读者朋友使用手机微信“扫一扫”功能扫描下面的二维码，或者在微信公众号中搜索“设计指北”，关注后输入 UG9866 并发送到公众号后台，获取本书资源下载链接。将该链接复制到计算机浏览器的地址栏中，根据提示下载即可。

五、关于作者

本书由天工在线组织编写。天工在线是一个集 CAD/CAM/CAE 技术研讨、工程开发、培训咨询和图书创作于一体的工程技术人员协作联盟，由 40 多位专职和众多兼职 CAD/CAM/CAE 工程技术专家组成。成员精通各种 CAD/CAM/CAE 软件，其创作的很多教材成为国内具有引导性的旗帜作品，在国内相关专业方向图书创作领域具有举足轻重的地位。

张亭、井晓翠、解江坤、胡仁喜、刘昌丽、康士廷、王敏、王玮、王艳池、王培合、王义发、王玉秋、张红松、王佩楷、陈晓鸽、张俊生、赵志超、张辉、赵黎黎、朱玉莲、徐声杰、卢园、杨雪静、孟培、闫聪聪、李兵、甘勤涛、孙立明、李亚莉、宫鹏涵、李瑞等人参与了本书具体章节的编写或为本书的出版提供了必要的帮助，在此对他们的付出表示真诚的感谢。

六、致谢

在本书的写作过程中，编辑刘利民先生给予了很大的帮助和支持，提出了很多中肯的建议，在此表示感谢。同时，还要感谢中国水利水电出版社的所有编审人员为本书的出版所付出的辛勤劳动。本书的成功出版是大家共同努力的结果，谢谢所有给予支持和帮助的朋友。

编　者

目　录

Contents

第 1 篇　数控加工基础篇

第2篇　铣削加工篇

第 3 篇　车削加工篇

1

第 1 篇　数控加工基础篇

本篇着重介绍数控加工相关基础理论和 UG CAM 相关基础知识。在学完本篇内容后，读者可以对数控加工基本理论有一个初步的认识，对 UG CAM 软件界面和基础设置有一个初步的了解，再结合后面章节的学习，可以进一步理解本篇内容。

第 1 章　数控编程与加工基础

内容简介

数控编程与加工技术是目前 CAD/CAM 系统中能明显发挥效益的环节之一，其在实现设计加工自动化、提高加工精度和加工质量、缩短产品研制周期等方面发挥着重要作用，在诸如航空工业、汽车工业等领域得到了广泛应用。由于生产强烈的实际需求，国内外都对数控编程与加工技术进行了广泛的研究，并取得了丰硕成果。

本章将简单介绍数控加工的相关基础知识，包括数控加工的原理、方法、一般步骤，数控编程的基础知识，以及数控加工工艺涉及的相关内容。通过本章的学习，读者将对数控编程与加工有一个初步的了解。

1.1　数控加工概述

传统工业都是工人手工操作机床进行机械加工，而现代工业已经实现数控加工，即在对工件材料进行加工前，事先在计算机上编写好程序，再将这些程序输入使用计算机程序控制的机床进行指令性加工；或者直接在这种使用计算机程序控制的机床的控制面板上编写指令进行加工。加工的全过程包括走刀、换刀、变速、变向、停车等，都是自动完成的。数控加工是现代化模具制造加工的一种先进手段。当然，数控加工手段并不一定只用于加工模具零件，其用途十分广泛。

1.1.1　CAM 系统的组成

一个典型的 CAM 系统由两部分组成：计算机辅助编程系统和数控加工设备。

1. 计算机辅助编程系统

计算机辅助编程系统的任务是根据工件的几何信息计算出数控加工的轨迹，并编制出数控程序。它由计算机硬件设备和计算机辅助数控编程软件组成。

计算机辅助数控编程软件即通常所说的 CAM 软件，它是计算机辅助编程系统的核心。其主要功能包括数据输入/输出、加工轨迹计算与编辑、工艺参数设置、加工仿真、数控程序后期处理和数据管理等。目前常用的 CAM 软件种类较多，其基本功能大同小异，并在此基础上发展出各自的特色。

2. 数控加工设备

数控加工设备的任务是接收数控程序，并按照程序完成各种加工动作。数控加工技术可以应用在绝大多数的加工类型中，如车、铣、刨、镗、磨、钻、拉、切断、插齿、电加工、板材成形和管料成形等。

数控机床、数控车床、数控线切割机是模具行业中常用的数控加工设备，其中以数控机床的应用最为广泛。

1.1.2　加工原理

机床上的刀具和工件间的相对运动称为表面成形运动，简称成形运动或切削运动。数控加工是指数控机床按照数控程序确定的轨迹（称为数控刀轨）进行表面成形运动，从而加工出产品的表面形状。图 1-1 和图 1-2 所示分别为平面轮廓加工和曲面加工。

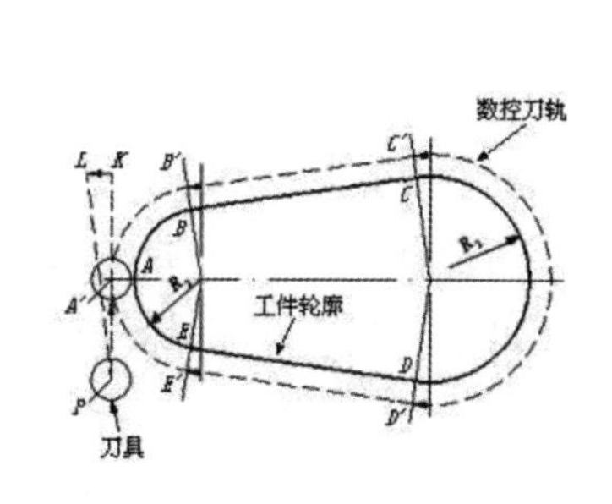

图 1-1　平面轮廓加工

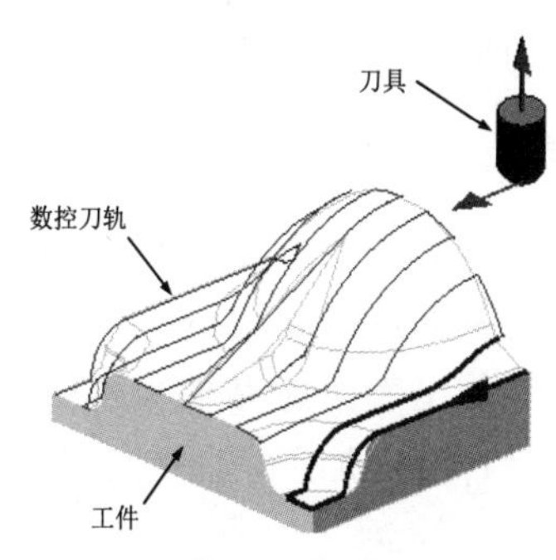

图 1-2　曲面加工

数控刀轨是由一系列简单的线段连接而成的折线，折线上的节点称为刀位点。刀具的中心点沿着刀轨依次经过每一个刀位点，从而切削出工件的形状。

刀具从一个刀位点移动到下一个刀位点的运动称为数控机床的插补运动。由于数控机床一般只能以直线或圆弧这两种简单的运动形式完成插补运动，因此数控刀轨只能是由许多直线段和圆弧段将刀位点连接而成的折线。

数控编程的任务是计算出数控刀轨，并以程序的形式输出到数控机床，其核心内容就是计算数控刀轨上的刀位点。

在数控加工误差中，与数控编程直接相关的主要有两部分。

（1）刀轨的插补误差。由于数控刀轨只能由直线和圆弧组成，因此只能近似地拟合理想的加工轨迹，如图 1-3 所示。

（2）残余高度。在曲面加工中，相邻两条数控刀轨之间会留下未切削区域，如图 1-4 所示，由此造成的加工误差称为残余高度，它主要影响加工表面的粗糙度。

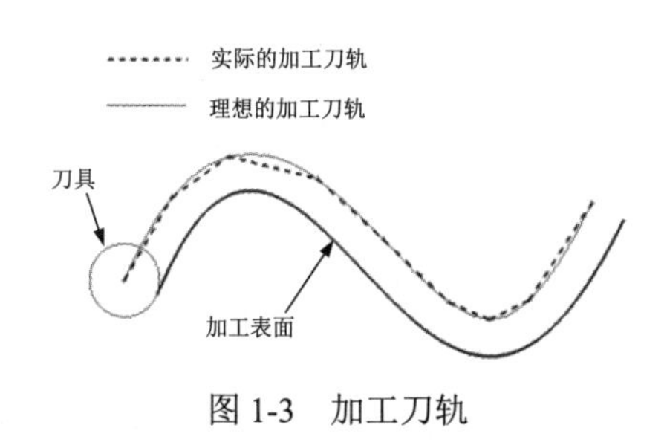

图 1-3　加工刀轨

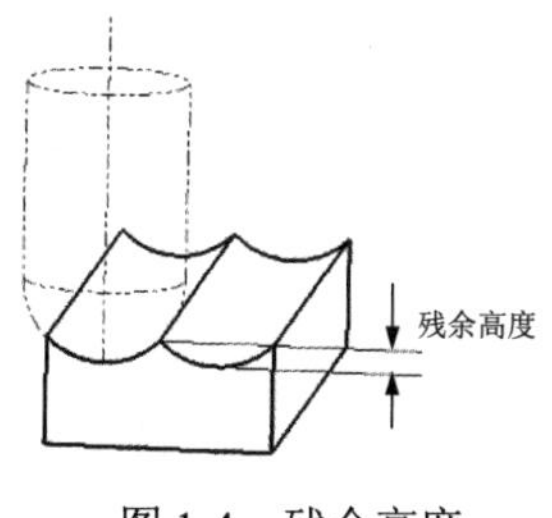

图 1-4　残余高度

刀具的表面成形运动通常分为主运动和进给运动。主运动指机床的主轴转动，其运动质量主要影响产品的表面粗糙度；进给运动是主轴相对工件的平动，其传动质量直接关系到机床的加工性能。

进给运动的速度和主轴转速是刀具切削运动的两个主要参数，对加工质量、加工效率有重要的影响。

1.1.3 刀位计算

如前所述，数控编程的核心内容是计算数控刀轨上的刀位点。下面简单介绍数控加工刀位点的计算原理。

数控加工刀位点的计算过程可分为 3 个阶段。

1. 加工表面的偏置

如图 1-5 所示，刀位点是刀具中心点的移动位置，它与加工表面存在一定的偏置关系。这种偏置关系取决于刀具的形状和大小。例如，当采用半径为 R 的球头刀具时，刀轨（刀具中心的移动轨迹）应当在距离加工表面为 R 的偏置面上，如图 1-6 所示。由此可见，刀位点计算的前提是根据刀具的类型和尺寸计算出加工表面的偏置面。

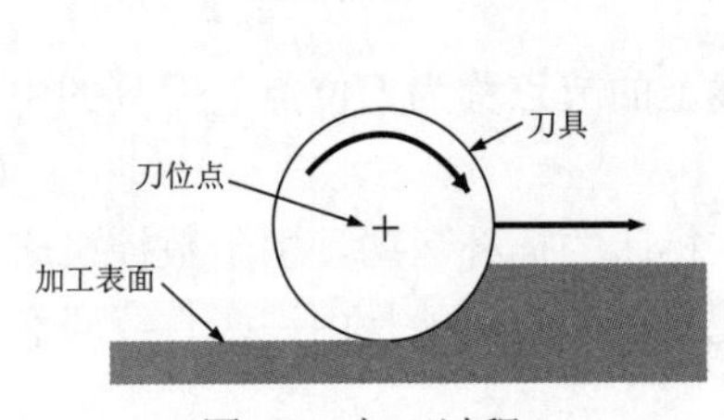

图 1-5　加工过程

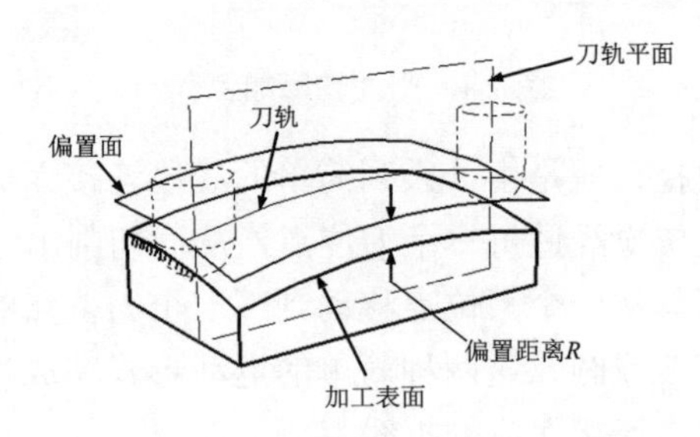

图 1-6　加工面偏置

2. 刀轨形式的确定

刀位点在偏置面上的分布形式称为刀轨形式。图 1-7 和图 1-8 所示是两种常见的刀轨形式。其中，图 1-7 所示为行切刀轨，即所有刀位点分布在一组与刀轴（Z 轴）平行的平面内；图 1-8 所示为等高线刀轨（又称环切刀轨），即所有刀位点分布在与刀轴（Z 轴）垂直的一组平行平面内。

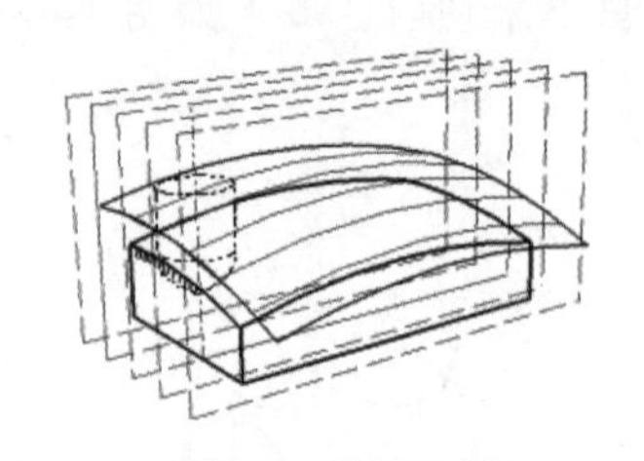

图 1-7　行切刀轨

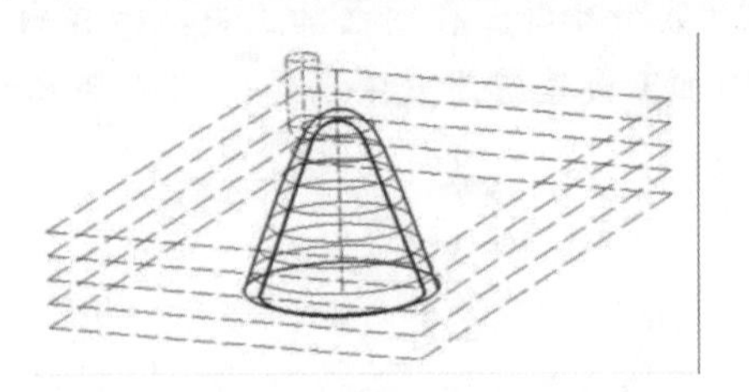

图 1-8　等高线刀轨

显然，对于这两种刀轨来说，其刀位点分布在加工表面的偏置面与一组平行平面的交线上，这组交线称为理想刀轨，平行平面的间距称为刀轨的行距。也就是说，刀轨形式一旦确定下来，就能够在加工表面的偏置面上以一定行距计算出理想刀轨。

3. 刀位点的计算

如果刀具中心能够完全按照理想刀轨运动，其加工精度无疑是最理想的。然而，由于数控机床通常只能完成直线和圆弧线的插补运动，因此只能在理想刀轨上以一定间距计算出刀位点，在刀位点之间做直线或圆弧运动，如图 1-3 所示。刀位点的间距称为刀轨的步长，其大小取决于编程允许误差。编程允许误差越大，则刀位点的间距越大；反之越小。

1.2 数控机床简介

1.2.1 数控机床的特点

图 1-9 所示为 CNC 数控机床和数控加工中心。

（a）数控机床

（b）数控加工中心

图 1-9　CNC 数控机床和数控加工中心

数控机床的主要特点如下。

1. 高柔性

数控机床的最大特点是高柔性，即可变性。所谓“柔性”就是灵活、通用、万能，可以适应加工不同形状工件的需求。

数控机床一般能完成钻孔、镗孔、铰孔、铣平面、铣斜面、铣槽、铣曲面（凸轮）和攻螺纹等加工，而且一般情况下，可以在一次装夹中完成所需的加工工序。

图 1-10 所示为齿轮箱。齿轮箱上一般有 2 个具有较高位置精度要求的孔，孔周围有安装端盖的螺孔。按照传统的加工方法，需要划线、刨（或铣）底面、平磨（或刮削）底面、镗加工（用镗模）、划线（或用钻模）、钻孔攻螺纹 6 道工序才能完成。如果用数控机床加工，只需把工件的基准面 *A* 加工好，便可在一次装夹中完成几道工序的加工。

更重要的是，如果开发新产品或更改设计，需要将齿轮箱上的 2 个孔改为 3 个孔，8 个 M6 螺孔改为 12 个 M6 螺孔。如果采用传统的加工方法，必须重新设计、制造镗模和钻模，生产周期长；如果采用数控机床加工，只需修改工件程序指令（一般需 0.5～1h），即可根据新的图样进行加工。这就是数控机床高柔性带来的特殊优点。

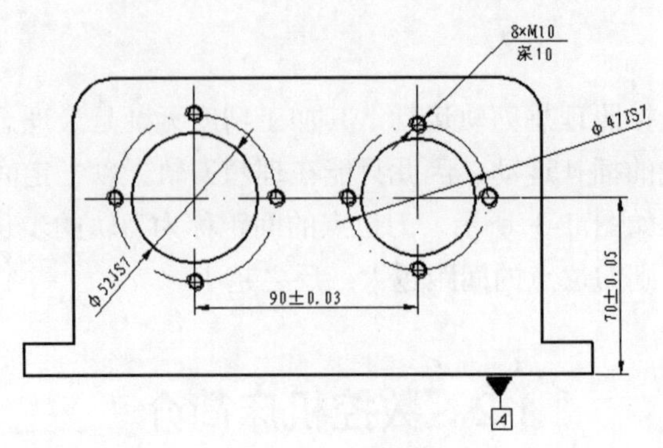

图 1-10　齿轮箱

2．高精度

目前数控装置的脉冲当量（数控机床每发出一个脉冲，坐标轴移动的距离）一般为 0.001mm，高精度的数控系统可达 0.0001mm，一般情况下均能保证工件的加工精度。另外，数控加工还可避免工人操作引起的误差，一批加工零件的尺寸统一性非常好，产品质量能得到保证。

3．高效率

数控机床的高效率主要是由数控机床的高柔性带来的。例如，数控机床一般不需要使用专用夹具和工艺装备。在更换工件时，只需调用存储于计算机中的加工程序、装夹工件和调整刀具数据即可，可大大缩短生产周期。更主要的是数控机床的万能性带来了高效率，如一般的数控机床具有铣床、镗床和钻床的功能，工序高度集中，提高了劳动生产率，并减少了工件的装夹误差。

另外，数控机床的主轴转速和进给量都是无级变速的，因此有利于选择最佳切削用量。数控机床都有快进、快退、快速定位功能，可大大减少机动时间。

据统计，采用数控机床比普通铣床可提高生产率 3～5 倍。对于复杂的成形面加工，生产率可提高十几倍甚至几十倍。

4．减轻劳动强度

数控机床对零件的加工是按事先编好的程序自动完成的，操作者除了操作键盘、装卸工件和中间测量及观察机床运行外，不需要进行繁重的重复性手工操作，可大大减轻劳动强度。

1.2.2　数控机床的组成

1．主机

主机是数控机床的主体，包括床身、立柱、主轴、进给机构等机械部件，用于完成各种切削加工。

2．数控装置

数控装置是数控机床的核心，包括硬件（印刷电路板、CRT 显示器、键盒、纸带阅读机等）以及相应的软件，用于输入数字化的零件程序，并完成输入信息的存储、数据的变换、插补运算以及实现各种控制功能。

3. 驱动装置

驱动装置是数控机床执行机构的驱动部件，包括主轴驱动单元、进给单元、主轴电动机及进给电动机等。在数控装置的控制下，通过电气或电液伺服系统实现主轴和进给驱动。当几个进给联动时，可以完成定位、直线、平面曲线和空间曲线的加工。

4. 辅助装置

辅助装置指数控机床的一些必要的配套部件，用以保证数控机床的运行，如冷却、排屑、润滑、照明、监测等。辅助装置包括液压和气动装置、排屑装置、交换工作台、数控转台、数控分度头、刀具以及监控检测装置等。

5. 编程及其他附属设备

编程及其他附属设备可用来在机外进行零件的程序编制、存储等。

1.2.3　数控机床的分类

1. 按控制运动轨迹分类

数控机床按刀具与工件相对运动的方式，可以分为点位控制机床、直线控制机床和轮廓控制机床，如图 1-11 所示。

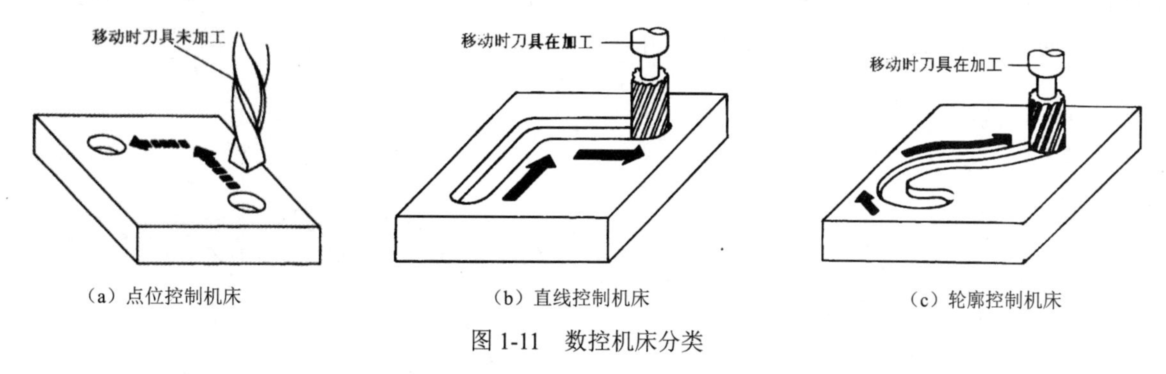

（a）点位控制机床　（b）直线控制机床　（c）轮廓控制机床

图 1-11　数控机床分类

（1）点位控制机床。点位控制就是刀具与工件相对运动时，只控制从一点运动到另一点的准确性，而不考虑两点之间的运动路径和方向，如图 1-11（a）所示。这种控制方式多应用于数控钻床、数控冲床、数控坐标镗床和数控点焊机等。

（2）直线控制机床。直线控制就是刀具与工件相对运动时，除控制从起点到终点的准确定位外，还要保证平行坐标轴的直线切削运动。由于其只做平行坐标轴的直线进给运动，因此不能加工复杂的工件轮廓，如图 1-11（b）所示。这种控制方式用于简易数控车床、数控机床、数控磨床。

（3）轮廓控制机床。轮廓控制就是刀具与工件相对运动时，能对两个或两个以上坐标轴的运动同时进行控制（多坐标联动），刀具的运动轨迹可为空间曲线，因此可以加工平面曲线轮廓或空间曲面轮廓，如图 1-11（c）所示。在模具行业中这类机床应用得最多，如三坐标以上的数控机床、数控车床、数控磨床和加工中心等。

2. 按伺服系统控制方式分类

（1）开环控制机床：价格低廉，精度及稳定性差。

（2）半闭环控制数控机床：精度及稳定性较高，价格适中，应用最普及。

（3）闭环控制数控机床：精度高，稳定性难以控制，价格高。

3. 按联动坐标轴数分类

（1）两轴联动数控机床：*X*、*Y*、*Z* 三轴中任意两轴做插补联动，第三轴做单独的周期进刀，常称 2.5 轴联动。如图 1-12 所示，将 *X* 向分成若干段，圆头铣刀沿 *YZ* 面所截的曲线进行铣削，每一段加工完后进给 ΔX，再加工另一相邻曲线，如此依次切削，即可加工出整个曲面，故称为行切法。根据表面粗糙度及刀头不干涉相邻表面的原则选取 ΔX。行切法加工所用的刀具通常是球头铣刀（指状铣刀）。用这种刀具加工曲面不易干涉相邻表面，计算比较简单。球头铣刀的刀头半径应选得大一些，有利于提高加工表面粗糙度，增加刀具刚度、散热等；但刀头半径应小于曲面的最小曲率半径。

用球头铣刀加工曲面时，总是用刀心轨迹的数据进行编程。图 1-13 所示为两轴联动三坐标行切法加工的刀心轨迹与切削点轨迹。*ABCD* 为被加工曲面，*P* 平面为平行于 *YZ* 的面，其刀心轨迹 O_1O_2 为曲面 *ABCD* 的等距面 *IJKL* 与行切面 P_{YZ} 的交线。显然，O_1O_2 是一条平面曲线。在这种情况下，曲面的曲率变化时会导致球头铣刀与曲面切削点的位置亦随之改变，而切削点的连线 *ab* 是一条空间曲线，从而在曲面上形成扭曲的残留沟纹。由于 2.5 轴坐标加工的刀心轨迹为平面曲线，因此编程计算较为简单，数控逻辑装置也不复杂，常用于曲率变化不大以及精度要求不高的粗加工。

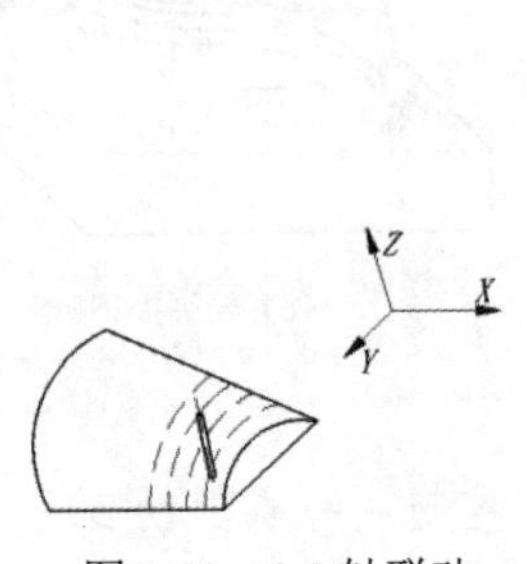

图 1-12　2.5 轴联动

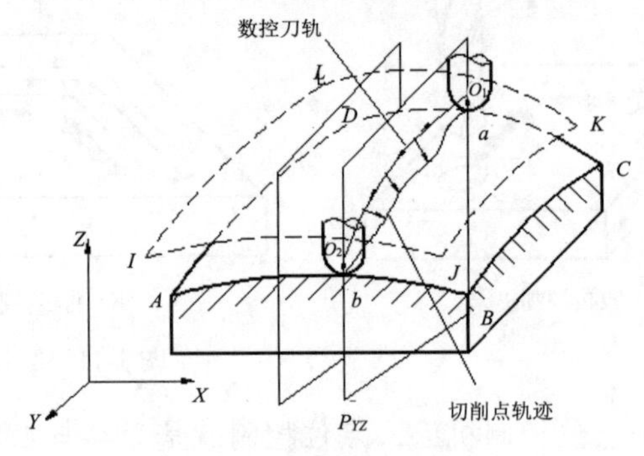

图 1-13　两轴联动

（2）三轴联动数控机床：*X*、*Y*、*Z* 三轴可同时插补联动。用三坐标联动加工曲面时，通常也用行切法。如图 1-14 所示，三轴联动的数控刀轨可以是平面曲线或空间曲线。三坐标联动加工常用于复杂曲面的精确加工（如精密锻模），但编程计算较为复杂，所用的数控装置还必须具备三轴联动功能。

（3）四轴联动数控机床：除了 *X*、*Y*、*Z* 三轴的平动外，还有工作台或者刀具的转动。如图 1-15 所示，侧面为直纹扭曲面。若在三坐标联动的机床上用球头铣刀按行切法加工，不但生产率低，而且表面粗糙度差。为此，采用圆柱铣刀周边切削，并用四坐标铣床加工，即除 3 个直角坐标运动外，为保证刀具与工件形面始终贴合，刀具还应绕 O_1（或 O_2）做摆角联动。由于摆角运动，导致直角坐标系（图 1-15 中 *Y*）需做附加运动，其编程计算较为复杂。

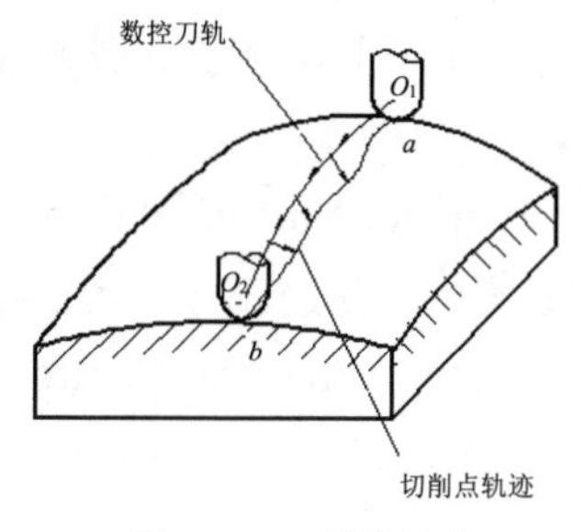

图 1-14　三轴联动

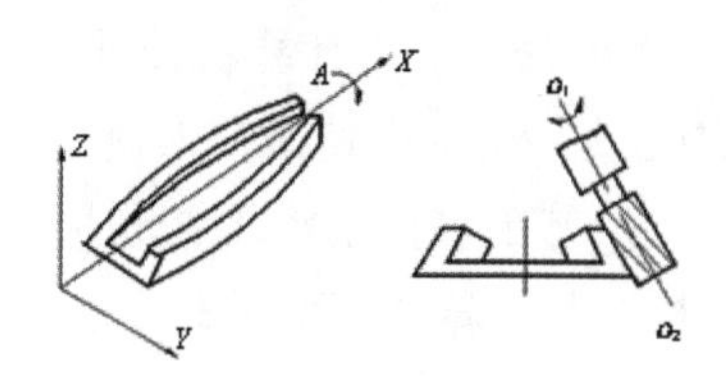

图 1-15　四轴联动

（4）五轴联动数控机床：除了 X、Y、Z 三轴的平动外，还有刀具的旋转、工作台的旋转。螺旋桨是五坐标加工的典型零件之一，其叶片形状及加工原理如图 1-16 所示。半径为 R_i 的圆柱面与叶面的交线 AB 为螺旋线的一部分，螺旋角为 ϕ_i，叶片的径向叶形线（轴向剖面）EF 的倾角 α 为后倾角。螺旋线 AB 采用极坐标加工方法并以折线段逼近。逼近线段 mn 是 C 坐标旋转 $\Delta\theta$ 与 Z 坐标位移 ΔZ 的合成。当 AB 加工完后，刀具径向位移 ΔX（改变 R_i），再加工相邻的另一条叶形线。依次逐一加工，即可形成整个叶面。由于叶面的曲率半径较大，因此常用端面铣刀加工，以提高生产率并简化程序。为保证铣刀端面始终与曲面贴合，铣刀还应做坐标 A 和坐标 B 形成 θ_t 和 α_t 的摆角运动，在摆角的同时还应做直角坐标的附加运动，以保证铣刀端面中心始终处于编程值位置上，所以需要 Z、C、X、A、B 五坐标加工。这种加工的编程计算相当复杂。

图 1-17 所示为利用五轴联动铣床加工曲面形状零件。

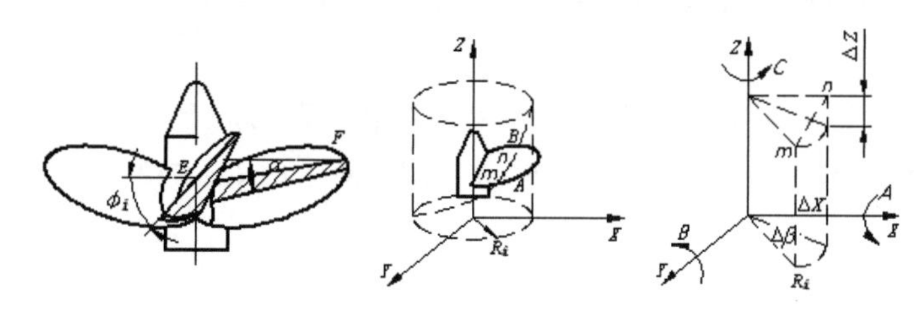

图 1-16　螺旋桨的叶片形状及加工原理

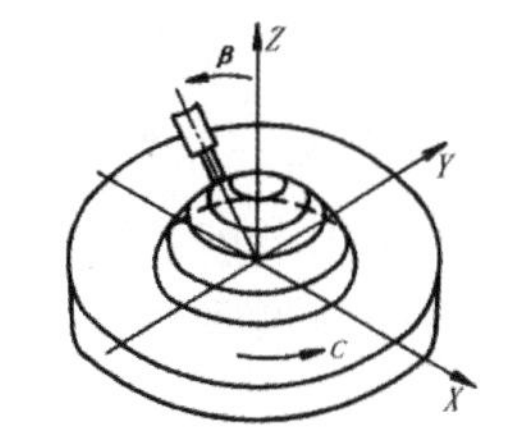

图 1-17　利用五轴联动铣床加工曲面形状零件

（5）加工中心：在数控机床上配置刀库，其中存放着不同数量的各种刀具或检具，在加工过程中由程序自动选用和更换，从而将铣削、镗削、钻削、攻螺纹等功能集中在一台设备上完成，使其具有多种工艺手段。

4．按加工工艺分类

（1）金属切削类数控机床：按切削方式不同，数控机床可分为数控车床、数控机床、数控钻床、数控镗床、数控磨床等。

有些数控机床具有两种以上的切削功能，如以车削为主兼顾铣、钻削的车削中心；具有铣、镗、钻削功能，带刀库和自动换刀装置的镗铣加工中心（简称加工中心）。

（2）特种加工和板材加工类数控机床：主要包括数控电火花线切割、数控电火花成形、数控激光加工、等离子弧切割、火焰切割、数控板材成形、数控冲床、数控剪床、数控液压机等多种不同功能的数控加工机床。

5．按数控装置的类型分类

（1）硬件数控：早期的数控装置基本上属于硬件数控（Numerical Control，NC）类型，主要由固化的数字逻辑电路处理数字信息，于 20 世纪 60 年代投入使用。由于其功能少、线路复杂和可靠性低等缺点已经被淘汰，因而这种分类没有实际意义。

（2）计算机数控：用计算机处理数字信息的计算机数控（Computer Numerical Control，CNC）系统，于 20 世纪 70 年代初期投入使用。随着微电子技术的迅速发展，微处理器的功能越来越强，价格越来越低。现在数控系统的主流是微机数控系统（Micro-computer Numerical Control，MNC）。数控系统根据微处理器（CPU）的多少，可分为单微处理器数控系统和多微处理器数控系统。

6. 按数控系统的功能水平分类

数控系统一般分为高级型、普及型和经济型 3 个档次。数控系统并没有确切的档次界限，其参考评价指标包括 CPU 性能、分辨率、进给速度、联动轴数、伺服水平、通信功能和人机对话界面等。

（1）高级型数控系统：该档次的数控系统采用 32 位或更高性能的 CPU，联动轴数在 5 轴以上，分辨率≤0.1μm，进给速度≥24m/min（分辨率为 1μm 时）或≥10m/min（分辨率为 0.1μm 时），采用数字化交流伺服驱动，具有 MAP（Manufacture Automation Protocol，制造自动化协议）高性能通信接口，具备联网功能，带有三维动态图形显示功能。

（2）普及型数控系统：该档次的数控系统采用 16 位或更高性能的 CPU，联动轴数在五轴以下，分辨率在 1μm 以内，进给速度≤24m/min，可采用交、直流伺服驱动，具有 RS-232 或 DNC（Direct/Distribute Numberical Control，直接/分布式数控）通信接口，带有 CRT 字符显示和平面线性图形显示功能。

（3）经济型数控系统：该档次的数控系统采用 8 位 CPU 或单片机控制，联动轴数在 3 轴以下，分辨率为 0.01mm，进给速度在 6 ~ 8m/min，采用步进电动机驱动，具有简单的 RS-232 通信接口，用数码管或简单的 CRT 字符显示。

1.3 数控编程

根据被加工零件的图样和技术要求、工艺要求等切削加工的必要信息，按数控系统规定的指令和格式编制成加工程序文件，这个过程称为零件数控加工程序编制，简称数控编程。数控编程可以分为两类：一类是手工编程，另一类是自动编程。

1.3.1 手工编程

手工编程是指编制零件数控加工程序的各个步骤，即从零件图样分析、工艺决策、确定加工路线和工艺参数、计算刀位轨迹坐标数据、编写零件的数控加工程序单直至程序的检验，均由人工来完成。对于点位加工或几何形状不太复杂的轮廓加工，几何计算较简单，程序段不多，手工编程即可实现。例如，简单阶梯轴的车削加工一般不需要复杂的坐标计算，往往可以由技术人员根据工序图样数据直接编写数控加工程序。但对于轮廓形状不是由简单的直线、圆弧组成的复杂零件，特别是空间复杂曲面零件，数值计算则相当烦琐，工作量大，容易出错，且很难校对，采用手工编程是难以完成的。

1.3.2 自动编程

自动编程是采用计算机辅助数控编程技术实现的，需要一套专门的数控编程软件。现代数控编程软件主要分为以批处理命令方式为主的各种类型的语言编程系统和交互式 CAD/CAM 集成化编程系统。

APT（Automatically Programmed Tool，自动编程工具）是对工件、刀具的几何形状及刀具相对于工件的运动等进行定义时所用的一种接近于英语的符号语言。在编程时编程人员依据零件图样，以 APT 语言的形式表达出加工的全部内容，再把用 APT 语言书写的零件加工程序输入计算机，经 APT 语言编程系统编译产生刀位文件（CLDATA File），通过后置处理，生成数控系统能接受的零件数控加工程序的过程，称为 APT 语言自动编程。

采用 APT 语言自动编程时，计算机（或编程机）代替程序编制人员完成了烦琐的数值计算工作，并省去了编写程序单的工作，因而可将编程效率提高数倍到数十倍，同时解决了手工编程中无法解决的许多复杂零件的编程难题。

交互式 CAD/CAM 集成系统自动编程是现代 CAD/CAM 集成系统中常用的方法。在编程时，编程人员首先利用 CAD 或自动编程软件本身的零件造型功能，构建出零件几何形状；然后对零件图样进行工艺分析，确定加工方案；其后还需利用软件的 CAM 功能，完成工艺方案的制定、切削用量的选择、刀具及其参数的设定，自动计算并生成刀位轨迹文件，利用后置处理功能生成指定数控系统用的加工程序。这种自动编程方式称为图形交互式自动编程。这种自动编程系统是一种 CAD 与 CAM 高度结合的自动编程系统。

集成化数控编程的主要特点：零件的几何形状可在零件设计阶段采用 CAD/CAM 集成系统的几何设计模块在图形交互模式下进行定义、显示和修改，最终得到零件的几何模型。编程操作都是在屏幕菜单及命令驱动等图形交互模式下完成的，具有形象、直观和高效等优点。

1.3.3 数控加工编程的内容与步骤

正确的加工程序不仅应保证加工出符合图样要求的合格工件，还要确保数控机床的功能得到合理的应用与充分发挥，以使数控机床能安全、可靠、高效地工作。数控加工程序的编制过程是一个比较复杂的工艺决策过程。一般来说，数控编程过程主要包括分析零件图样、工艺处理、数学处理、编写程序单、输入数控程序及程序检验。典型的数控编程过程如图 1-18 所示。

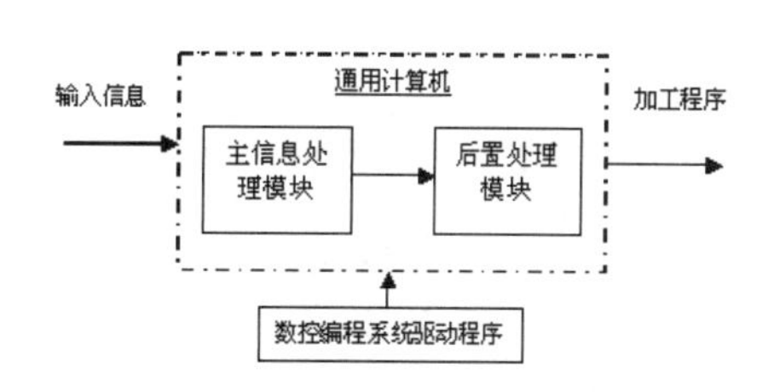

图 1-18 典型的数控编程过程

数控加工编程主要包含以下几个步骤。

1. 加工工艺决策

在数控编程之前，编程人员应了解所用数控机床的规格、性能、数控系统具备的功能及编程指令格式等。根据零件形状尺寸及技术要求，分析零件的加工工艺，选定合适的机床、刀具与夹具，确定合理的零件加工工艺路线、工步顺序以及切削用量等工艺参数，这些工作与普通机床加工零件时的编制工艺规程基本是相同的。

（1）确定加工方案。此时应考虑数控机床使用的合理性及经济性，并充分发挥数控机床的功能。

（2）设计和选择工夹具。应特别注意要迅速完成工件的定位和夹紧过程，以减少辅助时间。使用组合夹具，生产准备周期短，夹具零件可以反复使用，经济效果好。此外，所用夹具应便于安装，便于协调工件和机床坐标系之间的尺寸关系。

（3）选择合理的走刀路线。合理地选择走刀路线对于数控加工非常重要，应考虑以下几个方面。

①尽量缩短走刀路线，减少空走刀行程，提高生产效率。

②合理选取起刀点、切入点和切入方式，保证切入过程平稳没有冲击。

③保证加工零件的精度和表面粗糙度的要求。

④保证加工过程的安全性，避免刀具与非加工面的干涉。

⑤有利于简化数值计算，减少程序段数目和编制程序的工作量。

（4）选择合适的刀具。根据工件材料的性能、机床的加工能力、加工工序的类型、切削用量以及其他与加工有关的因素来选择刀具，包括刀具的结构类型、材料牌号、几何参数等。

（5）确定合理的切削用量。在工艺处理中必须正确确定切削用量。

2. 刀位轨迹计算

在编写 NC 程序时，根据零件形状尺寸、加工工艺路线的要求和定义的走刀路径，在适当的工件坐标系上计算零件与刀具相对运动的轨迹的坐标值，如几何元素的起点、终点和圆弧的圆心、几何元素的交点或切点等，以获得刀位数据。有时还需要根据这些数据计算刀具中心轨迹的坐标值，并按数控系统最小设定单位（如 0.001mm）将上述坐标值转换成相应的数字量，作为编程的参数。

在计算刀具加工轨迹前，正确选择编程原点和工件坐标系极其重要。工件坐标系是指在数控编程时在工件上确定的基准坐标系，其原点也是数控加工的对刀点。工件坐标系的选择原则如下。

（1）所选的工件坐标系应使程序编制简单。

（2）工件坐标系原点应选在容易找正、在加工过程中便于检查的位置。

（3）引起的加工误差小。

3. 编制或生成加工程序清单

首先根据制定的加工路线、刀具运动轨迹、切削用量、刀具号码、刀具补偿要求及辅助动作，按照机床数控系统使用的指令代码及程序格式的要求，编写或生成零件加工程序清单；然后进行初步的人工检查，并反复修改。

4. 程序输入

在早期的数控机床上都配备光电读带机，作为加工程序输入设备。因此，对于大型的加工程序，可以制作加工程序纸带，作为控制信息介质。近年来，许多数控机床都采用磁盘、计算机通信技术等各种与计算机通用的程序输入方式，实现了加工程序的输入。因此，只需要在普通计算机上输入编辑好的加工程序，就可以直接将其传送到数控机床的数控系统中。当程序较简单时，也可以通过键盘人工直接输入数控系统中。

5. 数控加工程序正确性校验

通常编制的加工程序必须经过进一步的校验和试切削才能用于正式加工。当发现错误时，应分析错误的性质及其产生的原因，或修改程序单，或调整刀具补偿尺寸，直到符合图样规定的精度要求为止。

1.4　数控加工坐标系的设定

在数控加工中需要了解的坐标系有两种：机床坐标系和工件坐标系。这两种坐标系的建立应遵守下列两个原则。

1. 刀具相对于静止的工件而运动原则

虽然机床的结构不同，有的是刀具运动、零件固定，有的是零件运动、刀具固定等，但为了编程方便，一律规定为零件固定不动、刀具运动。同时，运动的正方向是增大工件和刀具之间距离的方向。

2. 标准坐标系均采用右手直角笛卡儿坐标系原则

坐标轴 *X*、*Y*、*Z* 的关系及其正方向用右手直角定则来判定，大拇指方向为*X*轴的正方向，食指方向为*Y*轴的正方向，中指方向为 *Z* 轴的正方向。围绕 *X*、*Y*、*Z* 轴的回转运动及其正方向+*A*、+*B*、+*C* 用右手螺旋定则来判定，大拇指分别指向 *X*、*Y*、*Z* 的正向，则四指弯曲的方向为对应的 *A*、*B*、*C* 的正向，如图 1-19 所示。

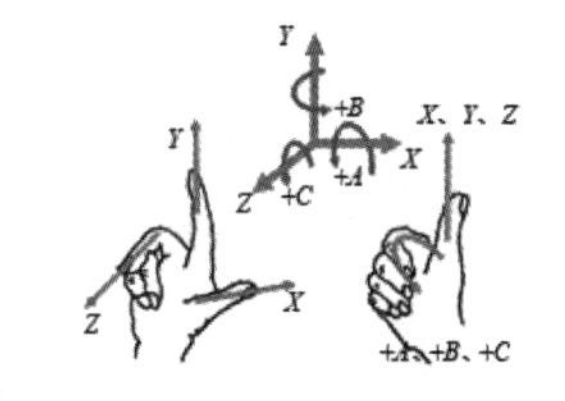

图 1-19　直角笛卡儿坐标轴

1.4.1　机床坐标系

数控机床一般有一个基准位置，称为机床原点或机床绝对原点，是机床制造商设置在机床上的一个物理位置。以该原点建立的坐标系称为机床坐标系（也称绝对坐标系），是机床固有的坐标系，一般情况下不允许用户改动。机床坐标系的原点一般位于机床坐标轴的正向最大极限处。

对数控机床的坐标轴及其运动方向的规定如下。

（1）*Z* 轴定义为平行于机床主轴，*Z* 轴正方向定义为从工作台到刀具夹持的方向，即刀具远离工作台的运动方向。

（2）*X* 轴定义为平行于工件的装夹平面。

①对于刀具旋转的机床（如铣床），从主轴向立柱看，*X* 轴的正方向指向右方，如图 1-20 所示。

②对于工件旋转的机床（如车床），刀架上的刀具离开工件旋转中心的方向为 *X* 轴的正方向，如图 1-21 所示。

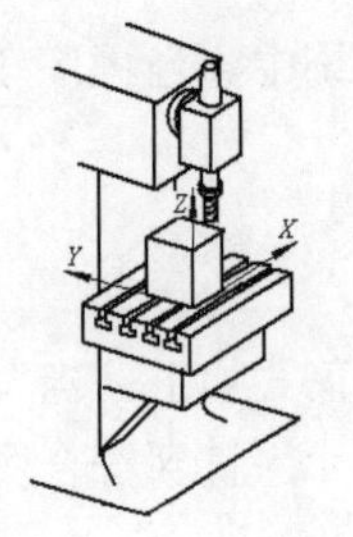

图 1-20　立式铣床坐标系

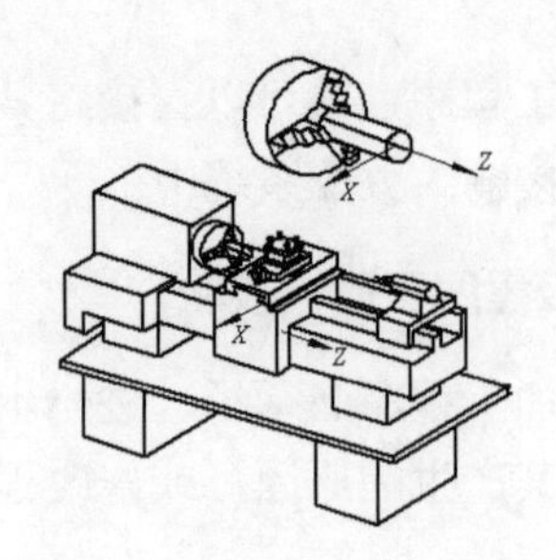

图 1-21　卧式车床坐标系

（3）Y 轴的正方向根据 X 轴和 Z 轴由右手法则确定。

1.4.2　工件坐标系

编程时一般选择工件上的某一点作为程序原点，并以该原点作为坐标系的原点建立一个新的坐标系，这个坐标系就称为工件坐标系（也称加工坐标系）。为了编程方便，应尽可能将工件原点选择在工艺定位基准上，这样对保证加工精度有利。例如，数控车削的工件坐标系原点通常选在零件轮廓右端面或左端面的主轴线上，数控铣削的工件坐标系原点一般选在工件的一个顶角上。工件原点一旦确立，工件坐标系也就确定了。图 1-22 所示为工件坐标系与机床坐标系的位置关系。

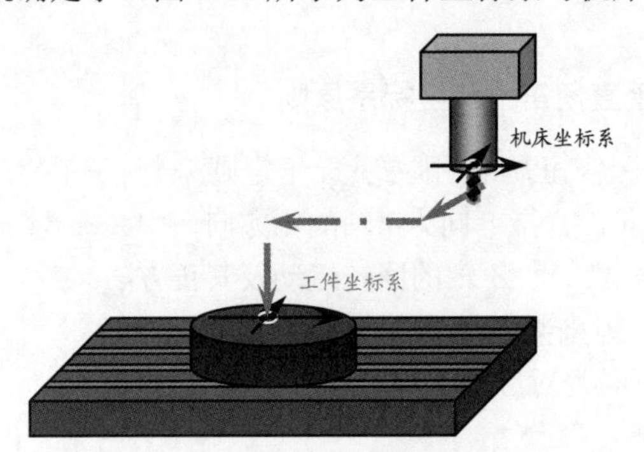

图 1-22　工件坐标系与机床坐标系的位置关系

1.5　数控加工工艺

数控加工自动化程度高、质量稳定、可多坐标联动、便于工序集中、操作技术要求高等特点均比较突出，但价格比较昂贵，加工方法、加工对象如选择不当往往会造成较大损失。为了能充分发挥出数控加工的优点，又能达到较好的经济效益，在选择加工方法和加工对象时要特别慎重，甚至还要在基本不改变工件原有性能的前提下，对其形状、尺寸、结构等进行适应数控加工的修改。

一般情况下，在选择和决定数控加工内容的过程中，有关工艺人员必须对零件图或零件模型进行足够具体与充分的工艺性分析。在进行数控加工的工艺性分析时，编程人员应根据所掌握的数控加工的基本特点及所用数控机床的功能和实际工作经验，力求把前期准备工作做得更仔细、更扎实一些，以便为后面要进行的工作铺平道路，减少失误和返工，不留隐患。

数控机床加工工件从零件图到加工好零件的整个过程如图 1-23 所示。

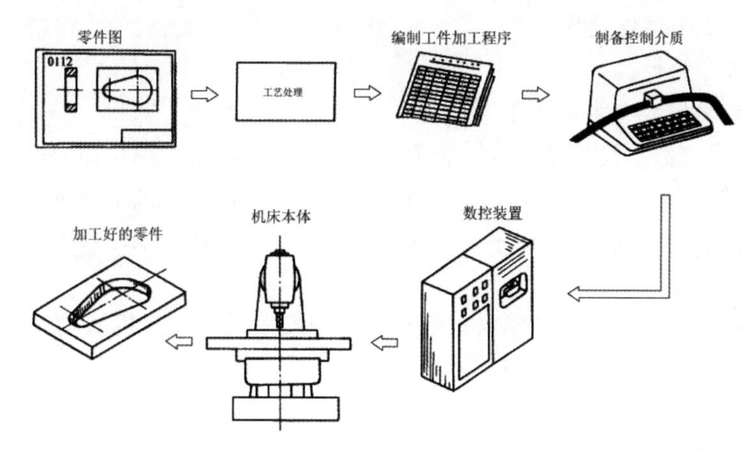

图 1-23　数控机床加工工件的基本过程

1.5.1　数控加工工艺设计的主要内容

工艺设计是对工件进行数控加工的前期准备工作，它必须在程序编制工作之前完成。一般来说，为了便于工艺规程的编制、执行和生产组织管理，需要把工艺过程划分为不同层次的单元，即工序、安装、工位、工步和走刀。其中工序是工艺过程中的基本单元，零件的机械加工工艺过程由若干个工序组成。在一个工序中可能包含一个或几个安装，每一个安装可能包含一个或几个工位，每一个工位可能包含一个或几个工步，每一个工步可能包含一个或几个走刀。

（1）工序。一个或一组工人在一个工作地或一台机床上对一个或同时对几个工件连续完成的那一部分工艺过程称为工序。划分工序的依据是工作地点是否变化和工作过程是否连续。工序是组成工艺过程的基本单元，也是生产计划的基本单元。

（2）安装。在机械加工工序中，使工件在机床上或在夹具中占据某一正确位置并被夹紧的过程称为装夹。安装是指工件经过一次装夹后所完成的那部分工序内容。

（3）工位。采用转位（或移位）夹具、回转工作台或在多轴机床上加工时，工件在机床上一次装夹后，要经过若干个位置依次进行加工，工件在机床上占据的每一个位置上所完成的那一部分工序就称为工位。

（4）工步。在加工表面不变、加工工具不变的条件下，所连续完成的那一部分工序内容称为工步。

（5）走刀。加工刀具在加工表面加工一次完成的工步部分称为走刀。

根据对大量加工实例所作的分析，数控加工出现失误的主要原因多为工艺考虑不周和计算与编程时粗心大意。因此，在进行编程前做好工艺分析规划是十分必要的。否则，由于工艺方面的考虑不周，将可能造成数控加工错误。工艺设计不好，其结果便是事倍功半，有时甚至要推倒重来。可以说，数控加工工艺分析决定了数控程序的质量。因此，编程人员一定要先把工艺设计做好，不要先急于考虑编程。

根据实际应用中的经验，数控加工工艺设计主要包括下列内容。

（1）选择并决定零件的数控加工内容。

（2）零件图样的数控加工分析。

（3）数控加工的工艺路线设计。

（4）数控加工工序设计。

（5）数控加工专用技术文件的编写。

数控加工专用技术文件不仅是进行数控加工和产品验收的依据，也是需要操作者遵守和执行的规程，同时还为产品零件重复生产积累了必要的工艺资料，并进行了技术储备。这些由工艺人员做出的工艺文件是编程人员在编制加工程序单时依据的相关技术文件。编写数控加工工艺文件也是数控加工工艺设计的内容之一。

不同的数控机床，工艺文件的内容也有所不同。一般来说，数控机床的工艺文件应包括以下内容。

（1）编程任务书。

（2）数控加工工序卡片。

（3）数控机床调整单。

（4）数控加工刀具卡片。

（5）数控加工进给路线图。

（6）数控加工程序单。

其中以数控加工工序卡片和数控加工刀具卡片最为重要，前者是说明数控加工顺序和加工要素的文件，后者是刀具使用的依据。

1.5.2 工序的划分

根据数控加工的特点，加工工序一般可按下列方法进行划分。

1. 以同一把刀具加工的内容划分工序

有些零件虽然能在一次安装中加工出很多待加工表面，但考虑到程序太长，会受到某些限制，如控制系统的限制（主要是内存容量）、机床连续工作时间的限制（如一道工序在一个班内不能结束）等。此外，程序太长会增加出错率，查错与检索困难。因此，程序不能太长，一道工序的内容不能太多。

2. 以加工部分划分工序

对于加工内容很多的零件，可按其结构特点将加工部位分成几个部分，如内形、外形、曲面或平面等。

3. 以粗、精加工划分工序

对于易发生加工变形的零件，由于粗加工后可能发生较大的变形而需要进行校形，因此一般来说，凡要进行粗、精加工的工件都要将工序分开。

综上所述，在划分工序时，一定要视零件的结构与工艺性、机床的功能、零件数控加工内容的多少、安装次数及本单位生产组织状况灵活掌握。零件是采用工序集中原则还是采用工序分散原则，要根据实际需要和生产条件确定，力求合理。

加工顺序的安排应根据零件的结构和毛坯状况，以及定位安装与夹紧的需要来考虑，重点是工件的刚性不被破坏。顺序安排一般应按下列原则进行。

（1）上道工序的加工不能影响下道工序的定位与夹紧，中间穿插有通用机床加工工序的也要综合考虑。

（2）先进行内型腔加工工序，后进行外型腔加工工序。

（3）在同一次安装中进行的多道工序，应先安排对工件刚性破坏小的工序。

（4）以相同定位、夹紧方式或同一把刀具加工的工序，最好连续进行，以减少重复定位次数、换刀次数与挪动压板次数。

1.5.3　加工刀具的选择

用户应根据机床的加工能力、工件材料的性能、加工工序、切削用量以及其他相关因素正确选用刀具及刀柄。选择刀具总的原则是：适用、安全、经济。

（1）适用是要求选择的刀具能达到加工的目的，完成材料的去除，并达到预定的加工精度。例如，在粗加工时选择足够大并有足够切削能力的刀具能快速去除材料；而在精加工时，为了能把结构形状全部加工出来，要使用较小的刀具加工到每一个角落。再如，切削低硬度材料时，可以使用高速钢刀具；而切削高硬度材料时，就必须用硬质合金刀具。

（2）安全指的是在有效去除材料的同时，不会产生刀具的碰撞、折断等。要保证刀具及刀柄不会与工件相碰撞或者挤擦，造成刀具或工件的损坏。例如，用加长的、直径很小的刀具切削硬质的材料时，很容易折断，选用时一定要慎重。

（3）经济指的是能以最小的成本完成加工。在同样可以完成加工的情况下，选择相对综合成本较低的方案，而不是选择最便宜的刀具。刀具的寿命和精度与刀具价格关系极大。必须引起注意的是，在大多数情况下，选择好的刀具虽然增加了刀具成本，但由此带来的加工质量和加工效率的提高则可以使总体成本比使用普通刀具更低，产生更好的效益。例如，进行钢材切削时选用高速钢刀具，其进给量只能达到 100mm/min；而采用同样大小的硬质合金刀具，进给量可以达到 500mm/min 以上，从而可以大幅缩短加工时间。虽然刀具价格较高，但总体成本反而更低。通常情况下，优先选择经济性良好的可转位刀具。

选择刀具时还要考虑安装调整的方便程度、刚性、寿命和精度。在满足加工要求的前提下，刀具的悬伸长度尽可能短，以提高刀具系统的刚性。

数控加工刀具可分为整体式刀具和模块式刀具两大类，主要取决于刀柄。图 1-24 所示为整体式刀柄。这种刀柄直接夹住刀具，刚性好，但需针对不同的刀具分别配备，其规格、品种繁多，给管理和生产带来不便。

图 1-25 所示为模块式刀柄。模块式刀柄比整体式刀柄多出中间连接部分，装配不同刀具时更换连接部分即可，克服了整体式刀柄的缺点，但其对连接精度、刚性、强度等都有很高的要求。模块式刀柄是发展方向，其主要优点是：减少换刀停机时间，提高生产加工时间；加快换刀，缩短安装时间，提高小批量生产的经济性；提高刀具的标准化和合理化的程度；提高刀具的管理及柔性加工的水平；提高刀具的利用率，充分发挥刀具的性能；有效地消除刀具测量工作中的中断现象，可采

用线外预调。事实上，由于模块式刀具的发展，数控刀具已形成了三大系统，即车削刀具系统、钻削刀具系统和镗铣刀具系统。

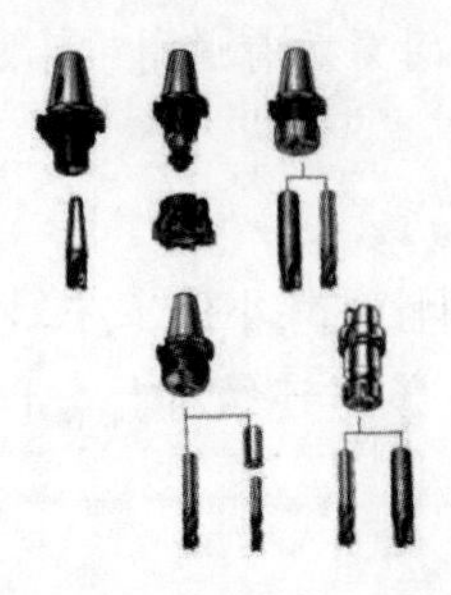

图 1-24　整体式刀柄

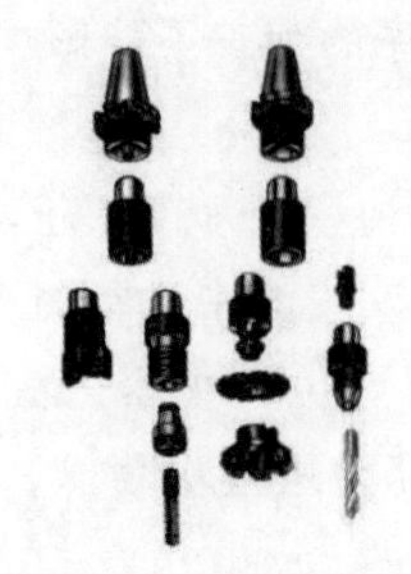

图 1-25　模块式刀柄

1.5.4　走刀路线的选择

走刀路线是指刀具在整个加工工序中相对于工件的运动轨迹。它不但包括工序的内容，而且反映出工序的顺序。走刀路线是编写程序的依据之一。因此，在确定走刀路线时最好绘制一张工序简图，将已经拟定出的走刀路线绘制上去（包括进刀、退刀路线），这样可使编程更加方便。

工序顺序是指同一道工序中各个表面加工的先后次序。它对零件的加工质量、加工效率和数控加工中的走刀路线有直接影响，应根据零件的结构特点和工序的加工要求等合理安排。工序的划分与安排一般可随走刀路线来进行。在确定走刀路线时，主要遵循以下原则。

1. 保证零件的加工精度和表面粗糙度要求

如图 1-26 所示，当铣削平面零件外轮廓时，一般采用立铣刀侧刃切削。刀具切入工件时，应避免沿零件外轮廓的法向切入，而应沿外轮廓曲线延长线的切向切入，以避免在切入处产生刀具的刻痕而影响表面质量，保证零件外轮廓曲线平滑过渡。同理，在切离工件时，也应避免在工件的轮廓处直接退刀，而应该沿零件轮廓延长线的切向逐渐切离工件。

铣削封闭的内轮廓表面时，若内轮廓曲线允许外延，则应沿切线方向切入/切出；若内轮廓曲线不允许外延（见图 1-27），刀具只能沿内轮廓曲线的法向切入/切出，此时刀具的切入/切出点应尽量选在内轮廓曲线两几何元素的交点处。当内部几何元素相切无交点时，为防止刀补取消时在轮廓拐角处留下凹口，刀具切入/切出点应远离拐角。

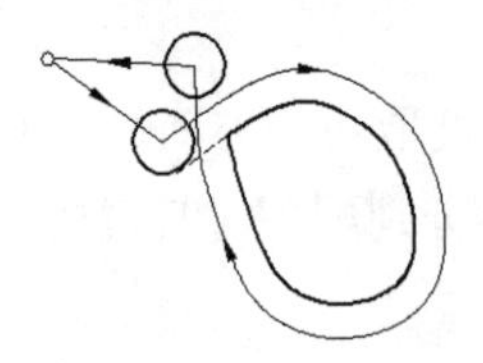

图 1-26　铣削平面零件外轮廓

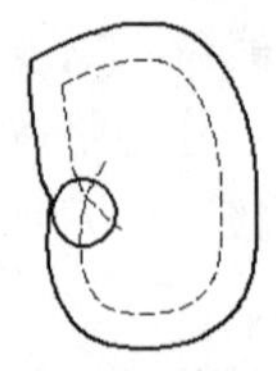

图 1-27　铣削封闭的内轮廓表面

图 1-28 所示为圆弧插补方式铣削外整圆时的走刀路线。当整圆加工完毕时，不要在切点处直接退刀，而应让刀具沿切线方向多运动一段距离，以免取消刀补时刀具与工件表面相碰，造成工件报废。铣削内圆弧时也要遵循从切向切入的原则，最好安排从圆弧过渡到圆弧的加工路线（见图 1-29），这样可以提高内孔表面的加工精度和加工质量。

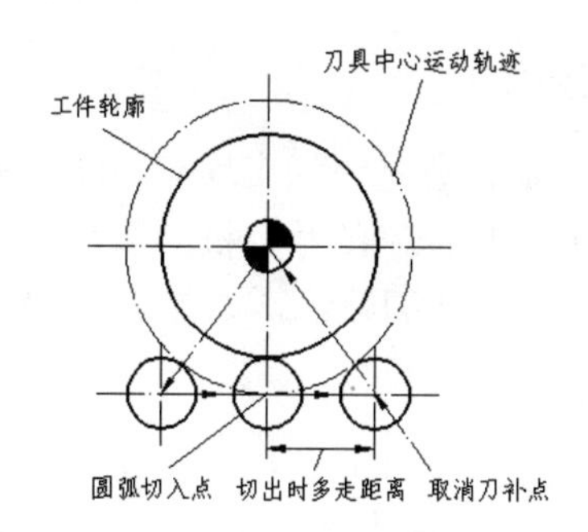

图 1-28　圆弧插补方式铣削外整圆时的走刀路线

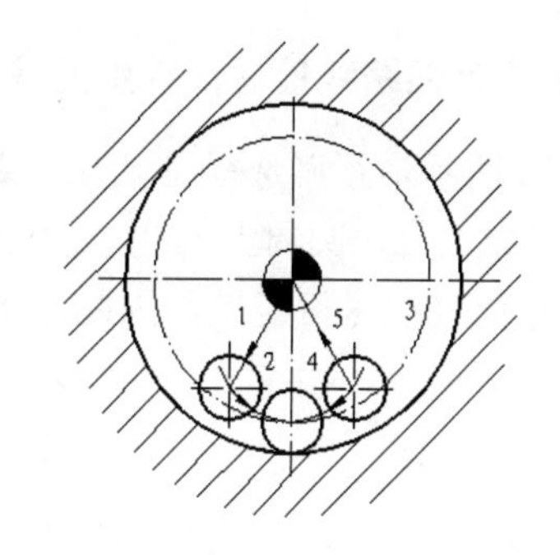

图 1-29　圆弧过渡到圆弧的加工路线

铣削曲面时，常用球头刀采用行切法进行加工。行切法是指刀具与零件轮廓的切点轨迹是一行一行的，而行间的距离是按零件加工精度的要求确定的。

对于边界敞开的曲面加工，可采用两种走刀路线。如发动机大叶片，采用图 1-30（a）所示的加工方案时，每次沿直线加工，刀位点计算简单，程序少，加工过程中形成直纹面，可以准确保证母线的直线度。当采用图 1-30（b）所示的加工方案时，符合这类零件数据给出情况，便于加工后检验，叶形的准确度较高，但程序较多。由于曲面零件的边界是敞开的，没有其他表面限制，因此边界曲面可以延伸，球头铣刀应由边界外开始加工。

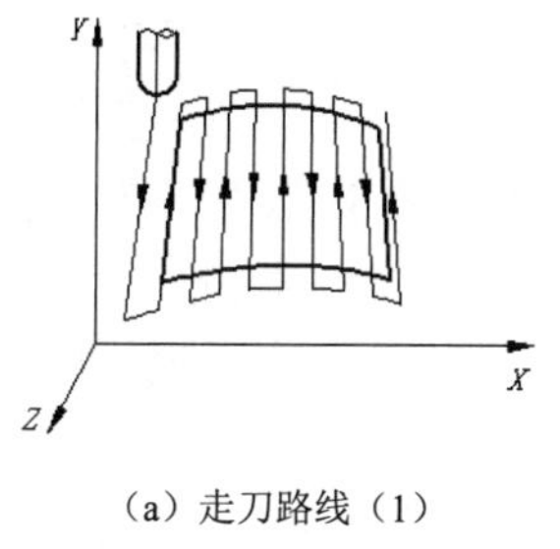

（a）走刀路线（1）

（b）走刀路线（2）

图 1-30　边界敞开曲面两种走刀路线

图 1-31（a）和图 1-31（b）所示分别为用行切法和环切法加工凹槽的走刀路线；而图 1-31（c）所示是先用行切法，最后环切一刀光整轮廓表面。3 种方案中，图 1-31（a）所示方案的加工表面质量最差，在周边留有大量的残余；图 1-31（b）和图 1-31（c）所示方案加工后能保证精度，但图 1-31（b）采用环切的方案，走刀路线稍长，而且编程计算工作量大。

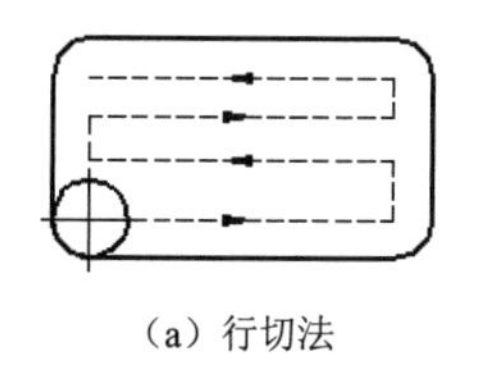

（a）行切法

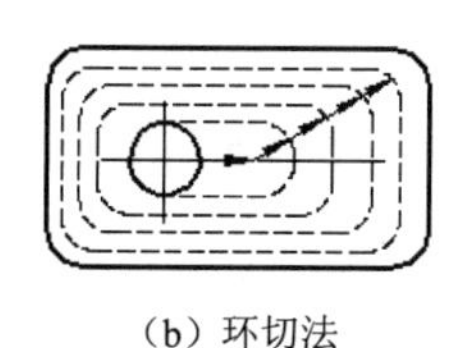

（b）环切法

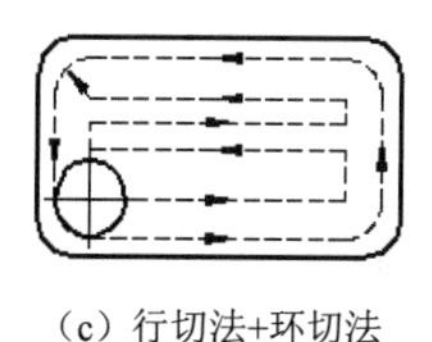

（c）行切法+环切法

图 1-31　加工凹槽的 3 种方案

此外，轮廓加工中应避免进给停顿。因为加工过程中的切削力会使工艺系统产生弹性变形并处于相对平衡状态，进给停顿时，切削力突然减小会改变系统的平衡状态，刀具会在进给停顿处的零件轮廓上留下刻痕。

为提高工件表面的精度，减小表面粗糙度，可以采用多次走刀的方法，精加工余量一般以 0.2～0.5mm 为宜。另外，精铣时宜采用顺铣（Climb Cut），以提高零件被加工表面的表面粗糙度。

2．应使走刀路线最短，减少刀具空行程时间，提高加工效率

图 1-32 所示是正确选择钻孔加工路线的例子。按照一般习惯，总是先加工均布于同一圆周上的 8 个孔，再加工另一圆周上的孔，如图 1-32（a）所示。但是对点位控制的数控机床而言，要求定位精度高，定位过程尽可能快，因此这类机床应按空行程最短来安排走刀路线，如图 1-32（b）所示，以节省时间。

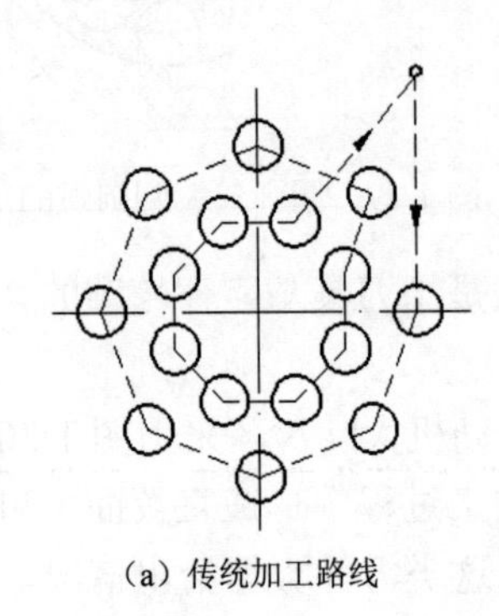

（a）传统加工路线　　（b）按空行程最短安排走刀路线

图 1-32　钻孔加工路线

1.5.5　切削用量的确定

合理选择切削用量对于发挥数控机床的最佳效益有着至关重要的作用。选择切削用量的原则是：粗加工时，一般以提高生产率为主，但应考虑经济性和加工成本；半精加工和精加工时，应在保证加工质量的前提下，兼顾切削效率、经济性和加工成本。具体数值应根据机床说明书、刀具说明书、切削用量手册，并结合经验而定。

铣削时的铣削用量（见图 1-33）由切削深度（背吃刀量）、切削宽度（侧吃刀量）、切削线速度、进给速度等要素确定。

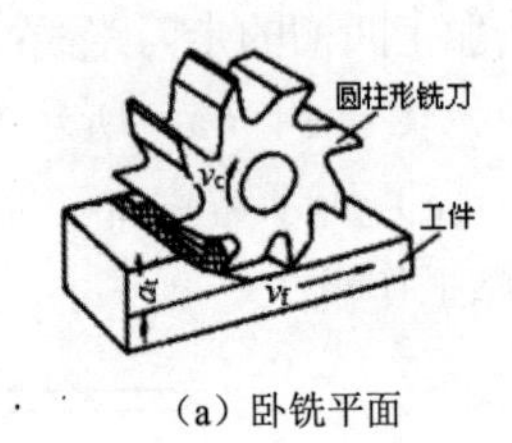

（a）卧铣平面　　（b）立铣平面

图 1-33　铣削运动及铣削用量

1．切削深度 a_p

在机床、工件和刀具刚度允许的情况下，切削深度 a_p 等于加工余量，这是提高生产率的一种有效措施。为了保证零件的加工精度和表面粗糙度，一般应留一定的余量进行精加工。

2．切削宽度 a_t

在编程中切削宽度称为步距。一般切削宽度 L 与刀具直径 D 成正比，与切削深度 a_p 成反比。在粗加工中，步距取得大有利于提高加工效率。在使用平底刀进行切削时，一般 L 的取值范围为 $0.6D$～$0.9D$；而使用圆鼻刀进行加工时，刀具直径应扣除刀尖的圆角部分，即 $d=D-2r$（D 为刀具直

径，r 为刀尖圆角半径），L 取值范围为 $0.8d$～$0.9d$；而在使用球头铣刀进行精加工时，步距的确定应首先考虑所能达到的精度和表面粗糙度。

3．切削线速度 v_c

切削线速度也称单齿切削量，单位为 m/min。提高 v_c 值也是提高生产率的一种有效措施，但 v_c 与刀具寿命的关系比较密切。随着 v_c 的增大，刀具寿命急剧下降，故 v_c 的选择主要取决于刀具寿命。一般知名刀具供应商会在其手册或者刀具说明书中提供刀具的切削速度推荐参数 v_c。另外，v_c 值还要根据工件的材料硬度进行适当的调整。例如，用立铣刀铣削合金钢 30CrNi2MoVA 时，v_c 可采用 8m/min 左右；而用同样的立铣刀铣削铝合金时，v_c 可选 200m/min 以上。

4．进给速度 v_f

进给速度是指机床工作台进行插位时的速度，单位为 mm/min。v_f 应根据零件的加工精度和表面粗糙度要求以及刀具和工件材料来选择。v_f 的增加也可以提高生产效率，但是刀具的寿命会降低。加工表面粗糙度要求低时，v_f 可选择得大些。进给速度可以按下面的公式进行计算：

$$v_f = n \times z \times f_z$$

式中：v_f 为工作台进给速度，mm/min；n 为主轴转速，r/min（转/分）；z 为刀具齿数，齿；f_z 为进给量，mm/齿。

5．主轴转速 n

主轴转速的单位是 r/min，一般根据切削速度 v_c 来选定。其计算公式如下：

$$n = \frac{1000v_c}{\pi D_c}$$

式中：D_c 为刀具直径，mm。

在使用球头刀时要做一些调整，球头铣刀的计算直径 D_{eff} 要小于铣刀直径 D_c，故其实际转速不应按铣刀直径 D_c 计算，而应按直径 D_{eff} 计算。

$$D_{eff} = [D_c^2 - (D_c - 2t)^2] \times 0.5$$

$$n = \frac{1000v_c}{\pi D_{eff}}$$

数控机床的控制面板上一般备有主轴转速修调（倍率）开关，可在加工过程中根据实际加工情况对主轴转速进行调整。

在数控编程中，还应考虑在不同情形下选择不同的进给速度。例如，在初始切削进刀时，特别是 Z 轴下刀时，因为进行端铣，受力较大，同时考虑程序的安全性问题，所以应以相对较慢的速度进给。

另外，Z 轴方向的进给速度由高往低走时，产生端切削，可以设置不同的进给速度。在切削过程中，有的平面侧向进刀，可能产生全刀切削（刀具的周边都要切削），切削条件相对恶劣，可以设置较低的进给速度。

在加工过程中，v_f 也可通过机床控制面板上的修调开关进行人工调整，但是最大进给速度要受到设备刚度和进给系统性能等的限制。

在实际加工过程中，可能会对各个切削用量参数进行调整，如使用较高的进给速度进行加工，虽然刀具的寿命有所降低，但节省了加工时间，反而有更好的效益。

对于加工中不断产生的变化，切削用量的选择在很大程度上依赖于编程人员的经验，因此编程人员必须熟悉刀具的使用和切削用量的确定原则，不断积累经验，从而保证零件的加工质量和效率，充分发挥数控机床的优点，提高企业的经济效益和生产水平。

1.5.6 铣削方式

1．周铣和端铣

使用刀齿分布在圆周表面的铣刀进行铣削的方式称为周铣，如图 1-34（a）所示；使用刀齿分布在圆柱端面上的铣刀进行铣削的方式称为端铣，如图 1-34（b）所示。

2．顺铣和逆铣

沿着刀具的进给方向看，如果工件位于铣刀进给方向的右侧，那么进给方向称为顺时针；反之，当工件位于铣刀进给方向的左侧时，进给方向定义为逆时针。如果铣刀旋转方向与工件进给方向相反，称为逆铣（Convertion Cut），如图 1-35（a）所示；如果铣刀旋转方向与工件进给方向相同，称为顺铣，如图 1-35（b）所示。采用逆铣法，切削由薄变厚，刀齿从已加工表面切入，对铣刀的使用有利。逆铣时，当铣刀刀齿接触工件后不能马上切入金属层，而是在工件表面滑动一小段距离。在滑动过程中，由于强烈的摩擦，就会产生大量的热量，同时在待加工表面易形成硬化层，降低了刀具寿命，影响工件表面粗糙度，给切削带来不利。另外，逆铣时，由于刀齿由下往上（或由内往外）切削，工件的表面硬皮和杂质对刀齿影响小。采用顺铣法，刀齿开始和工件接触时切削厚度最大，且从表面硬质层开始切入，刀齿受很大的冲击负荷，铣刀变钝较快，但刀齿切入过程中没有滑移现象。顺铣的功率消耗要比逆铣时小，在同等切削条件下，顺铣功率消耗要低 5%～15%。同时，顺铣也更加有利于排屑。一般应尽量采用顺铣法加工，以降低被加工零件表面的表面粗糙度，保证尺寸精度。但是，当切削面上有硬质层、积渣、工件表面凹凸不平较显著时，如加工锻造毛坯，则应采用逆铣法。

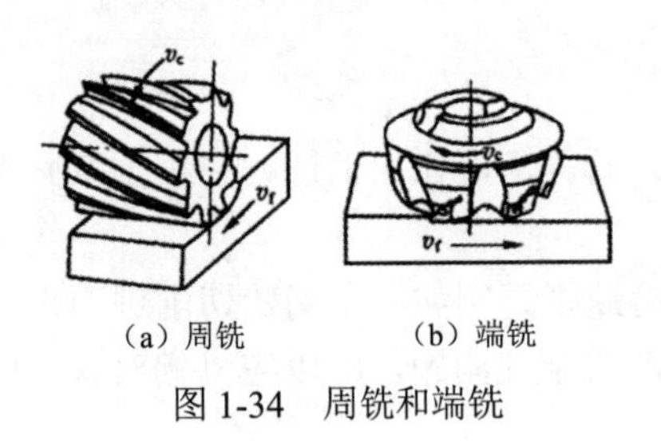

（a）周铣　　（b）端铣

图 1-34　周铣和端铣

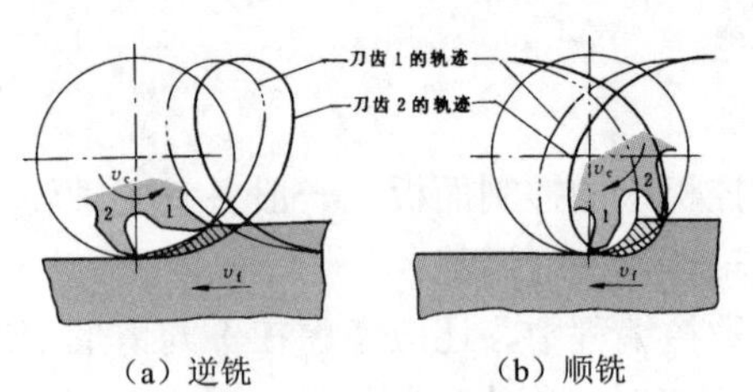

（a）逆铣　　（b）顺铣

图 1-35　逆铣和顺铣

1.5.7 对刀点的选择

在加工时，工件可以在机床加工尺寸范围内任意安装。要正确执行加工程序，必须确定工件在机床坐标系的确切位置。对刀点是工件在机床上定位装夹后，设置在工件坐标系中，用于确定工件坐标系与机床坐标系空间位置关系的参考点。选择对刀点时要考虑到找正容易，编程方便，对刀误差小，加工时检查方便、可靠。

对刀点的设置没有严格规定，可以设置在工件上，也可以设置在夹具上，但在编程坐标系中必须有确定的位置，如图 1-36 所示的 X_1 和 Y_1。对刀点既可以与编程原点重合，也可以不重合，主要取决于加工精度和对刀的方便性。当对刀点与编程原点重合时，X_1=0，Y_1=0。对刀点要尽可能选择在零件的设计基准或者工艺基准上，这样就能保证零件的精度要求。例如，零件上孔的中心点或两条相互垂直的轮廓边的交点可以作为对刀点。有时零件上没有合适的部位，可以加工出工艺孔来对刀。

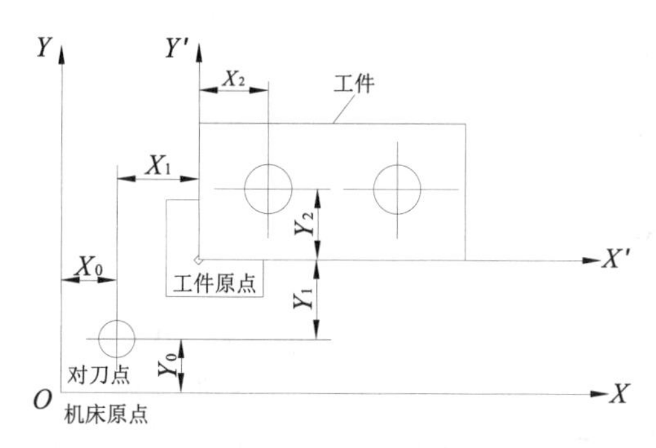

图 1-36　对刀点的设置

确定对刀点在机床坐标系中的位置称为对刀。对刀是数控机床操作中非常关键的工序，其准确度将直接影响零件加工的位置精度。生产中常用的对刀工具有指示表、中心规和寻边器等。对刀操作一定要仔细，对刀方法一定要与零件的加工精度相适应。无论采用哪种工具，都是使数控机床的主轴中心与对刀点重合，从而确定工件坐标系在机床坐标系中的位置。

1.5.8　起止高度与安全高度

起止高度指进退刀的初始高度。在程序开始时，刀具将先到这一高度；在程序结束后，刀具也将退回到这一高度。起止高度大于或等于安全高度。安全高度也称为提刀高度，是为了避免刀具碰撞工件而设定的高度（*Z* 值）。在铣削过程中，刀具需要转移位置时将退到这一高度，再进行 G00 插补到下一进刀位置。其值一般情况下应大于零件的最大高度（高于零件的最高表面）。

慢速下刀相对距离通常为相对值，刀具以 G00 速度下刀到指定位置，然后以接近速度下刀到加工位置。如果不设定该值，刀具以 G00 速度直接下刀到加工位置，若该位置又在工件内或工件上，且采用垂直下刀方式，则极不安全。即使是在空的位置下刀，设置该值也可以使机床有缓冲过程，确保下刀所到位置的准确性。但是该值也不宜取得太大，因为下刀插入速度往往比较慢，太长的慢速下刀距离将影响加工效率。

在加工过程中，当刀具需要在两点间移动而不切削时，是否要提刀到安全平面呢？当设定为抬刀时，刀具将先提高到安全平面，再在安全平面上移动，否则将直接在两点间移动而不提刀。直接移动可以节省抬刀时间，但是必须注意安全，在移动路径中不能有凸出的部位。特别注意在编程中，当分区域选择加工曲面并分区加工时，中间没有选择的部分是否有高于刀具移动路线的部分。在粗加工时，对较大面积的加工通常建议使用抬刀，以便在加工时可以暂停，对刀具进行检查；而在精加工时，常使用不抬刀以加快加工速度，特别是角落部分的加工，抬刀将造成加工时间大幅延长。在孔加工循环中，使用G98将抬刀到安全高度进行转移；而使用G99则直接移动，不抬刀到安全高度，如图1-37所示。

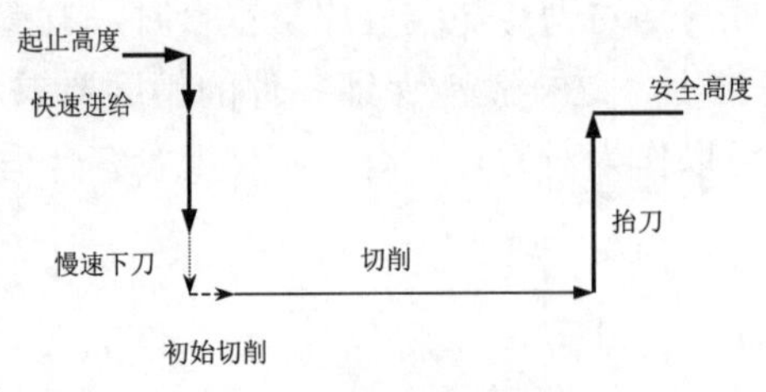

图1-37　起止高度与安全高度

1.5.9　刀具半径补偿和长度补偿

数控机床在进行轮廓加工时，由于刀具有一定的半径（如铣刀半径），因此在加工时，刀具中心的运动轨迹必须偏离零件实际轮廓一个刀具半径值，否则加工出的零件尺寸与实际需要的尺寸将相差一个刀具半径值或者一个刀具直径值。此外，在零件加工时，有时需要考虑加工余量和刀具磨损等因素的影响。因此，刀具轨迹并不是零件的实际轮廓。在内轮廓加工时，刀具中心向零件内偏离一个刀具半径值；在外轮廓加工时，刀具中心向零件外偏离一个刀具半径值。若还要留加工余量，则偏离值还要加上此预留量。考虑刀具的磨损因素，偏离值还要减去磨损量。在手工编程使用平底刀或侧向切削时，必须加上刀具半径补偿值，此值可以在机床上设定。程序中调用刀具半径补偿的指令为 G41/G42 D_。使用自动编程软件进行编程时，其刀位计算时已经自动加上了补偿值，所以无须在程序中添加。

根据加工情况，有时不仅需要对刀具半径进行补偿，还要对刀具长度进行补偿。例如，铣刀用过一段时间以后，由于磨损，长度会变短，这时就需要进行长度补偿。铣刀的长度补偿与控制点有关。一般用一把标准刀具的刀头作为控制点，则该刀具称为零长度刀具。如果加工时更换刀具，则需要进行长度补偿。长度补偿的值等于所换刀具与零长度刀具的长度差。另外，如把刀具长度的测量基准面作为控制点，则刀具长度补偿始终存在。无论用哪一把刀具都要进行刀具的绝对长度补偿。程序中调用长度补偿的指令为 G43 H_。G43 是刀具长度正补偿，H_是选用刀具在数控机床中的编号。使用G49可取消刀具长度补偿。刀具的长度补偿值也可以在设置机床工作坐标系时进行指定。在加工中心机床上，一般是将刀具长度数据输入机床的刀具数据表中，当机床调用刀具时，自动进行长度补偿。

1.5.10　数控编程的误差控制

加工精度是指零件加工后的实际几何参数（尺寸、形状及相互位置）与理想几何参数符合的程度（分为尺寸精度、形状精度及相互位置精度），其符合程度越高，精度越高；反之，两者之间的差异即为加工误差。如图1-38所示，加工后的实际型面与理论型面之间存在着一定的误差。理想几何参数是一个相对的概念。对尺寸而言，其配合性能主要针对两个配合件的平均尺寸造成的间隙或过盈来考虑，故一般即以给定几何参数的中间值代替。而理想形状和位置则应为准确的形状和位置。可见，加工误差和加工精度仅仅是评定零件几何参数准确程度这一个问题的两个方面。实际生产中，加工精度的高低往往是以加工误差的大小来衡量的。在生产中，任何一种加工方法不可能也没必要把零件做得绝对准确，只要把这种加工误差控制在性能要求的允许（公差）范围之内即可，通常称之为经济加工精度。

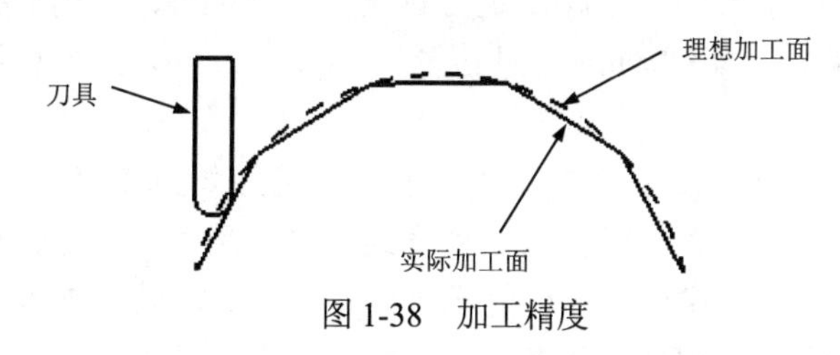

图 1-38　加工精度

数控加工的特点之一就是具有较高的加工精度，因此对于数控加工的误差必须严格控制，以达到加工要求。

由机床、夹具、刀具和工件组成的机械加工工艺系统（简称工艺系统）会有各种各样的误差产生，这些误差在具体的工作条件下会以不同的形式（或扩大、或缩小）反映为工件的加工误差。工艺系统的原始误差主要有工艺系统的几何误差、定位误差、工艺系统受力变形引起的加工误差、工艺系统受热变形引起的加工误差、工件内应力重新分布引起的变形，以及原理误差、调整误差及测量误差等。

在交互图形自动编程中一般考虑两个主要误差：一是刀轨计算误差，二是残余高度。

刀轨计算误差的控制十分简单，仅需要在软件中输入一个公差带即可；而残余高度的控制则与刀具类型、刀轨形式、刀轨行间距等多种因素有关，因此其控制主要依赖于程序员的经验，具有一定的复杂性。

由于刀轨是由直线和圆弧组成的线段集合近似地取代刀具的理想运动轨迹（称为插补运动），因此存在着一定的误差，称为插补计算误差。

插补计算误差是刀轨计算误差的主要组成部分，它会造成加工不到位或过切，因此是 CAM 软件的主要误差控制参数。一般情况下，在 CAM 软件中通过设置公差带来控制插补计算误差，即实际刀轨相对理想刀轨的偏差不超过公差带的范围。

如果将公差带中造成过切的部分（允许刀具实际轨迹比理想轨迹更接近工件）定义为负公差，则负公差的取值往往要小于正公差，以避免出现明显的过切现象，尤其是在粗加工时。

在数控加工中，相邻刀轨间残留的未加工区域的高度称为残余高度。残余高度的大小决定了加工表面粗糙度，同时决定了后续的抛光工作量，是评价加工质量的一个重要指标。在利用 CAD/CAM 软件进行数控编程时，对残余高度的控制是刀轨行间距计算的主要依据。在控制残余高度的前提下，以最大的行间距生成数控刀轨是高效率数控加工追求的目标。

在加工塑料模具的型腔和型芯时，经常会碰到相配合的锥体或斜面。加工完成后，可能会发现锥体端面与锥孔端面贴合不拢，于是进行抛光，但是直到加工刀痕完全消失仍不到位。通过人工抛光，虽然能达到一定的表面粗糙度标准，但同时会造成精度的损失。因此，需要对刀具与加工表面的接触情况进行分析，对切削深度或步距进行控制，才能保证达到足够的精度和表面粗糙度标准。

使用平底刀进行斜面的加工或者曲面的等高加工时，会在两层间留下残余高度；而用球头铣刀进行曲面或平面的加工时也会留下残余高度；用平底刀进行斜面或曲面的投影切削加工时也会留下残余高度，这种残余类似于球头铣刀做平面铣削。下面介绍斜面或曲面数控加工编程中残余高度与刀轨行距的换算关系，以及控制残余高度的几种常用编程方法。

1. 使用平底刀进行斜面加工时的残余高度控制

对于使用平底刀进行斜面的加工，以一个与水平面夹角为 60° 的斜面为例进行说明。其加工直径为 8mm 的硬质合金立铣刀，刀尖半径为 0，走刀轨迹为刀具中心，利用等弦长直线逼近法走刀，切削深度为 0.3mm，切削速度为 4000r/min，进给量为 500mm/min，三坐标联动，利用编程软件自动生成等高加工的 NC 程序。

（1）刀尖不倒角平头立铣刀加工。理想刀尖与斜面的接触如图 1-39 所示，每两刀之间在加工表面出现了残留，通过抛光工件，去掉残留，即可得到要求的尺寸，并能保证斜面的角度。若在刀具加工参数设置中减小加工的切削深度，可以使表面残留量减少，抛光更容易，但加工时 NC 程序量增多，加工时间延长。这只是一种理想状态，在实际工作中，刀具的刀尖角是不可能为零的；刀尖不倒角，加工刀尖磨损快，甚至会产生崩刃，致使刀具无法加工。

（2）刀尖倒斜角平头立铣刀加工。实际应用时，使用刀尖倒角为 30°、刃带宽为 0.5mm 的平头立铣刀进行加工。刀具加工的其他参数设置同上，加工表面残留部分不仅包括分析（1）中的残留部分，而且增加了刀具被倒掉的部分形成的残留余量 *aeb*。这样，使得表面残留量增多，其高度为 *e* 且与理想面之间的距离为 *ed*，如图 1-40 所示。

而人工抛光是以 *e*、*f* 为参考的，去掉 *e*、*f* 之间的残留（去掉刀痕），则所得表面与理想表面仍有 *ed* 距离，此距离将成为加工后存在的误差，即工件尺寸不到位，这就是锥体端面与锥孔端面贴合不拢的原因。若继续抛光，则无参考线，不能保证斜面的尺寸和角度，导致注塑时产品产生飞边。

（3）刀尖倒圆角平头立铣刀加工。使用刀尖倒角被磨成半径为 0.5mm 的圆角、刃带宽 0.5mm 的平头立铣刀进行加工，发现切削状况并没有多大改善，而且刀尖圆弧刃磨时控制困难，实际操作中一般较少使用，如图 1-41 所示。

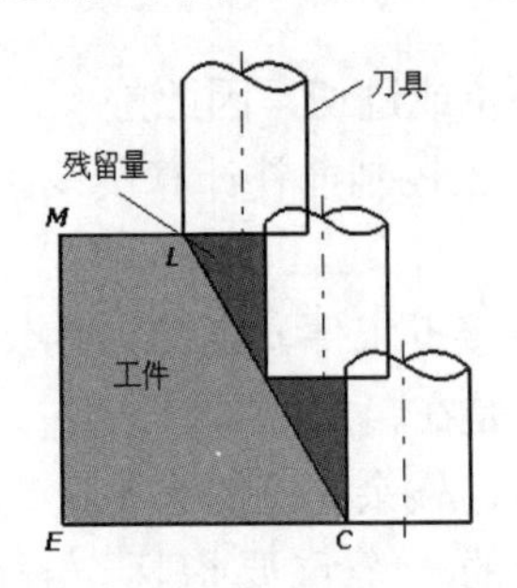

图 1-39　理想刀尖与斜面的接触

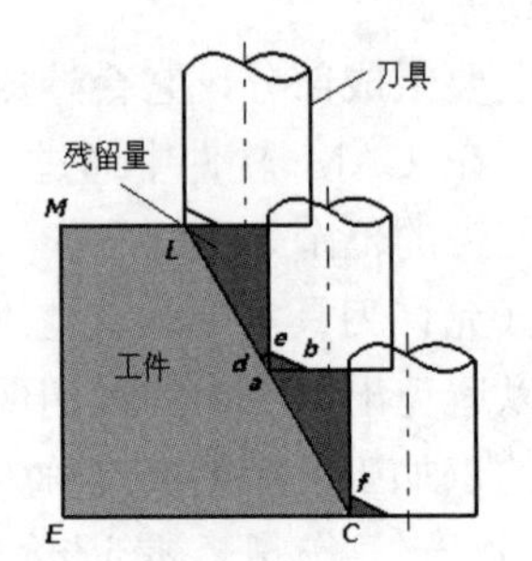

图 1-40　刀尖与斜面的实际接触

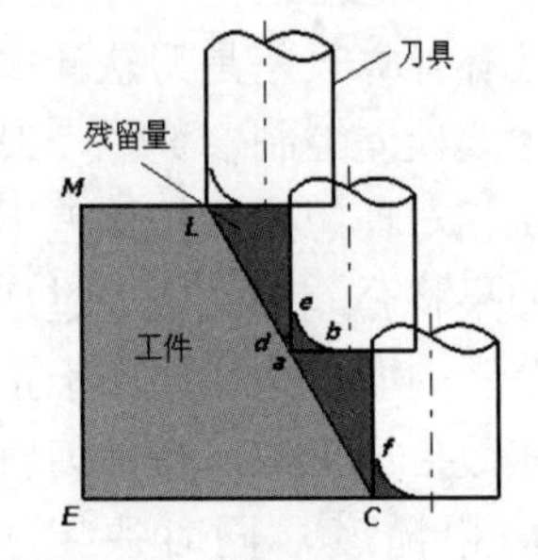

图 1-41　刀尖倒圆角平头立铣刀加工

通过以上分析可知：在使用平底刀加工斜面时，不倒角刀具的加工是最理想的状况，抛光去掉刀痕即可得到标准斜面，但刀具极易磨损和崩刃。实际加工中，刀具不可不倒角。而倒圆角刀具与倒斜角刀具相比，加工状况并没有多大改进，且刀具刃磨困难，实际加工时一般很少用。在实际应用中，倒斜角立铣刀的加工是比较现实的。改善加工状况，保证加工质量的方法有以下几种。

（1）刀具下降：刀尖倒斜角时，刀具与理想斜面最近的点为 *e*，要使 *e* 点与理想斜面接触，即 *e* 点与 *a* 点重合，刀具必须下降 *ea* 距离。这可以通过准备功能代码 G92 位置设定指令实现。这种方法适用于加工斜通孔类零件。但是，当斜面下有平台时，刀具底面会与平台产生干涉而过切。

（2）采用刀具半径补偿：在按未倒角平头立铣刀生成 NC 程序后，将刀具做一定量的补偿，补偿值为距离 *ed*，使刀具轨迹向外偏移，从而得到理想的斜面。这种方法的提出源于倒角刀具在加工锥体时实际锥体比理想锥体大，而加工锥孔时实际锥孔比理想锥孔小，相当于刀具有了一定量的磨损，而进行补偿后，正好可以使实际加工出的工件是所要求的锥面或斜面。但是这种加工方式只能在没有其他侧向垂直的加工面时使用，否则其他没有锥度的加工面将过切。

（3）偏移加工面：在按未倒角平头立铣刀生成 NC 程序前，将斜面 *LC* 向 *E* 点方向偏移 *ed* 距离，再编制 NC 程序进行加工，从而得到理想的斜面。这种方法先将锥体偏移一定距离使之变小，将锥孔偏移一定距离使之变大，再生成 NC 程序加工，从而使实际加工出的工件正好是要求的锥面或斜面。

2．使用球头铣刀进行平面或斜面加工时的残余高度控制

在曲面精加工中更多采用的是球头铣刀，以下讨论基于球头铣刀加工的行距换算方法。图 1-42 所示为刀轨行距计算中最简单的一种情况，即加工面为平面。

这时，刀轨行距与残余高度之间的换算公式为

$$l = 2\sqrt{R^2 - (h-R)^2}$$

或

$$h = R - \sqrt{R^2 - (l/2)^2}$$

式中：h、l 分别为残余高度和刀轨行距。

在利用 CAD/CAM 软件进行数控编程时，必须在行距或残余高度中任设其一，其间关系就是由上式确定的。

同一行刀轨所在的平面称为截平面，刀轨的行距实际上就是截平面的间距。对曲面加工而言，多数情况下被加工表面与截平面存在一定的角度，而且在曲面的不同区域有着不同的夹角，从而造成同样的行距下残余高度大于图 1-42 所示的情况。

如图 1-43 所示，尽管在 CAD/CAM 软件中设定了行距，但实际上两条相邻刀轨沿曲面的间距 l'（称为面内行距）却远大于 l，而实际残余高度 h' 也远大于图 1-42 所示的 h。其间关系为

$$l' = l/\sin\theta$$

或

$$h' = R - \sqrt{R^2 - (l/2\sin\theta)^2}$$

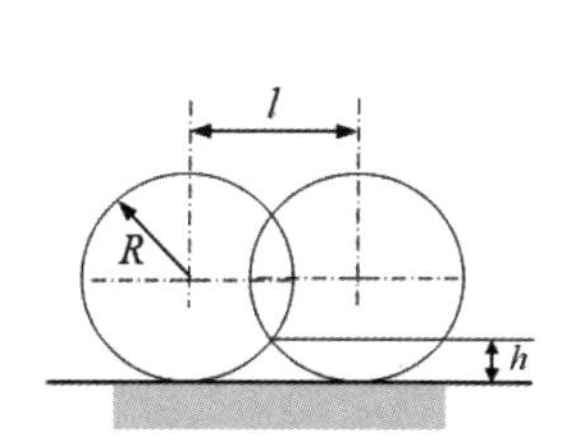

图 1-42　加工表面与截平面无角度

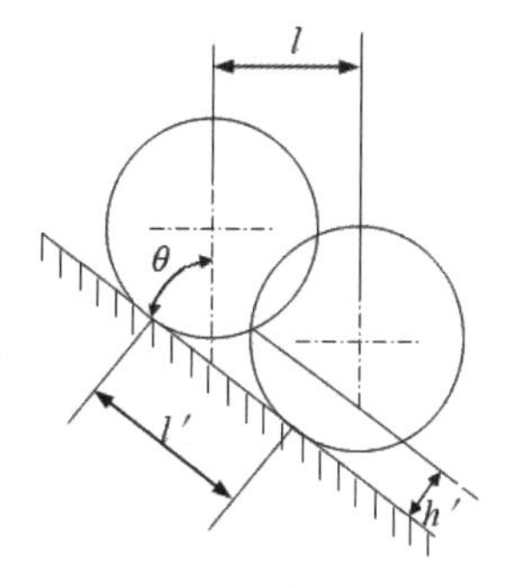

图 1-43　实际情况

由于现有的 CAD/CAM 软件均以图 1-42 所示的最简单的方式做行距计算，并且不能随曲面的不同区域的不同情况对行距大小进行调整，因此并不能真正控制残余高度（面内行距）。这时，需要编程人员根据不同加工区域的具体情况灵活调整。

对曲面的精加工而言，在实际编程中控制残余高度是通过改变刀轨形式和调整行距来完成的。一种是斜切法，即截平面与坐标平面呈一定夹角（通常为 45°）。该方法的优点是实现简单、快速，但有适应性不广的缺点，对某些角度复杂的产品而言并不适用。另一种是分区法，即将被加工表面分割成不同的区域进行加工。该方法不同区域采用了不同的刀轨形式或者不同的切削方向，也可以采用不同的行距，可按上式进行修正。这种方法效率高且适应性好，但编程过程相对复杂。

第 2 章　UG CAM 基础

内容简介

UG 是一款优秀的面向制造行业的 CAD/CAM/CAE 高端软件，具有强大的实体造型、曲面造型、装配、工程图生成和拆模等功能，广泛应用于机械制造、航空航天、汽车、船舶和电子设计等领域。

在学习使用 UG 进行数控编程之前，用户需要了解 UG CAM 的特点、加工环境、工作界面和加工流程。通过本章的学习，读者将对 UG CAM 有一个初步认识，了解相关的基础知识。

2.1　UG CAM 概述

本节将简要介绍 UG CAM 相关基本功能，包括 UG CAM 的特点及其与 UG CAD 的关系。

2.1.1　UG CAM 的特点

1．强大的加工功能

UG CAM 提供了以铣加工为主的多种加工方法，包括 2～5 轴铣削加工、2～4 轴车削加工、电火花线切割和点位加工等。

（1）UG CAM 提供了一个完整的车削加工解决方案。该解决方案的易用性很强，可以用于简单程序。该解决方案提供了足够强大的功能，可以跟踪多主轴、多转塔应用中最复杂的几何图形；可以对二维零件剖面或全实体模型进行粗加工、多程精加工、切槽、螺纹切削以及中心线钻孔。编程人员可以规定进给速度、主轴速度、零件余隙等参数，并对 *A* 轴和 *B* 轴工具进行控制。

（2）UG CAM 提供了多种铣削加工方法，可以满足各类铣削加工需求。

①Point to Point：完成各种孔加工。

②Panar Mill（平面铣削）：包括单向行切、双向行切、环切以及轮廓加工等。

③Fixed Contour（固定多轴投影加工）：用投影方法控制刀具在单张曲面上或多张曲面上的移动，控制刀具移动的可以是已生成的刀具轨迹、一系列点或一组曲线。

④Variable Contour：可变轴投影加工。

⑤Parameter Line（等参数线加工）：可对单张曲面或多张曲面连续加工。

⑥Zig-Zag Surface：裁剪面加工。

⑦Rough to Depth（粗加工）：将毛坯粗加工到指定深度。

⑧Cavity Mill（多级深度型腔加工）：特别适用于凸模和凹模的粗加工。

⑨Sequential Surface（曲面交加工）：按照零件面、导动面和检查面的思路对刀具的移动进行最大限度的控制。

（3）UG CAM 为 2～4 轴线切割机床的编程提供了一个完整解决方案，可以进行各种线操作，包括多程压型、线逆向和区域去除。另外，该模块还为主要线切割机床制造商提供了后处理器支持，如对 AGIE、Charmilles、三菱等。

（4）UG CAM 提供了可靠的高度加工（High Speed Machining，HSM）解决方案。

利用 UG CAM 提供的 HSM，可以均匀去除材料，进行成功的高速粗加工，避免刀具嵌入过深，快速、高效地完成加工任务，缩短产品的交付周期，降低成本。

2．刀具轨迹编辑功能

利用 UG CAM 提供的刀具轨迹编辑器，可以直观地观察刀具的运动轨迹。此外，它还提供了延伸、缩短或修改刀具轨迹的功能，能够通过控制图形和文本的信息编辑刀轨。因此，当要求对生成的刀具轨迹进行修改，或当要求显示刀具轨迹和使用动画功能显示时，都需要用到刀具轨迹编辑器。利用动画功能，可选择显示刀具轨迹的特定段或整个刀具轨迹。附加的功能能够用图形方式修剪局部刀具轨迹，以避免刀具与定位件、压板等的干涉，并检查过切情况。

刀具轨迹编辑器的主要特点是显示对生成刀具轨迹的修改或修正；可生成整个刀具轨迹或部分刀具轨迹的动画；可控制刀具轨迹动画速度和方向；允许选择的刀具轨迹在线性或圆形方向延伸；能够通过已定义的边界来修剪刀具轨迹；提供运动范围，可执行曲面轮廓铣削加工的过切检查。

3．三维加工动态仿真功能

UG/Verify 是 UG CAM 的三维仿真模块，利用它可以交互地仿真检验和显示 NC 刀具轨迹。这是一种无须利用机床、成本低、高效率的测试 NC 加工程序的方法。UG/Verify 使用 UG CAM 定义的 BLANK 作为初始的毛坯形状，显示 NC 刀轨的材料移除过程，检验错误（如刀具和零件碰撞曲面切削或过切），最后在显示屏幕上建立一个完成零件的着色模型。用户可以把仿真切削后的零件与 CAD 的零件模型进行比较，查看什么地方出现了不正确的加工情况。

4．后置处理功能

UG/Postprocessing 是 UG CAM 的后置处理功能模块，包括一个通用的后置处理器 GPM，使用户能够方便地建立用户定制的后置处理。通过使用加工数据文件生成器 MDFG，一系列交互选项提示用户选择定义特定机床和控制器特性的参数，包括控制器和机床特征、线性和圆弧插补、标准循环、卧式或立式车床、加工中心等。这些易于使用的对话框允许为各种钻床、多轴铣床、车床、电火花线切割机床生成后置处理器。后置处理器的执行可以直接通过 UG 或通过操作系统来完成。

2.1.2 UG CAM 与 UG CAD 的关系

UG CAM 与 UG CAD 是紧密集成的，因此在 UG CAM 中可以直接利用 UG CAD 创建的模型进行加工编程。换句话说，UG CAD 系统的建模和装配功能可以直接应用到 UG CAM 中。这样，用户就不必花费时间在不同的系统中创建几何图形，然后再将其导入。UG CAD 的混合建模提供了多种高性能工具，能够处理任何几何模型，包括用于基于特征的参数化设计、传统显示建模和独特的直接建模。

2.2　UG 加工环境

扫一扫，看视频

UG 加工环境是指用户进入 UG 的制造模块后进行加工编程等操作的软件环境。UG 可以为数控车、数控铣、数控电火花线切割等提供编程功能，但是每个编程者面对的加工对象可能比较固定，如专门从事三维数控铣的人在工作中可能就不会涉及数控车、数控线切割编程，因此这些功能可以屏蔽。UG 为用户提供了这样的手段，即用户可以自定义 UG 的编程环境，只将最适用的功能呈现在面前。

2.2.1　初始化加工环境

在 UG NX 12.0 软件中打开 CAD 模型后，选择“主页”→“启动”→“加工”命令，如图 2-1 所示；或者单击“应用模块”选项卡“加工”面板中的“加工”按钮，进入加工模块。

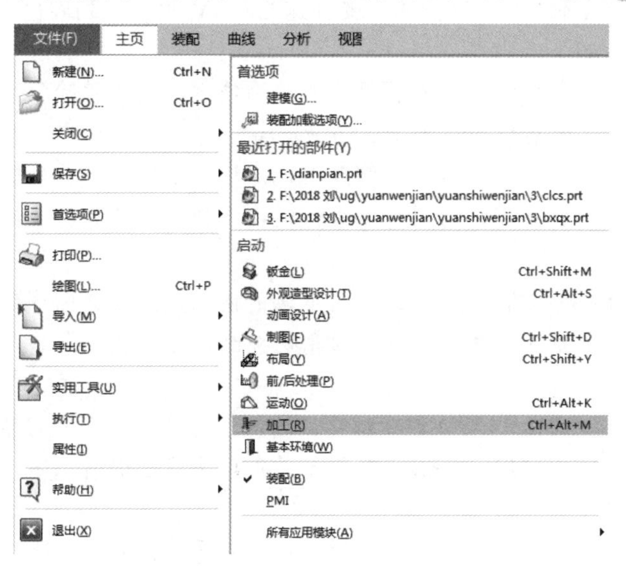

图 2-1　“文件”菜单

第一次进入加工模块时，系统要求设置加工环境，包括指定当前零件相应的加工模板、数据库、刀具库、材料库和其他一些高级参数。

在弹出的图 2-2 所示的“加工环境”对话框中，用户可选择模板零件，单击“确定”按钮，即可进入加工环境。此时，在 UG NX 界面上的“主页”选项卡中出现“刀片”和“工序”两个面板，分别如图 2-3 和图 2-4 所示。

如果用户已经进入加工环境，则可选择“菜单”→“工具”→“工序导航器”→“删除组装”命令，删除当前设置，然后重新进入图 2-2 所示对话框，对加工环境进行设置。

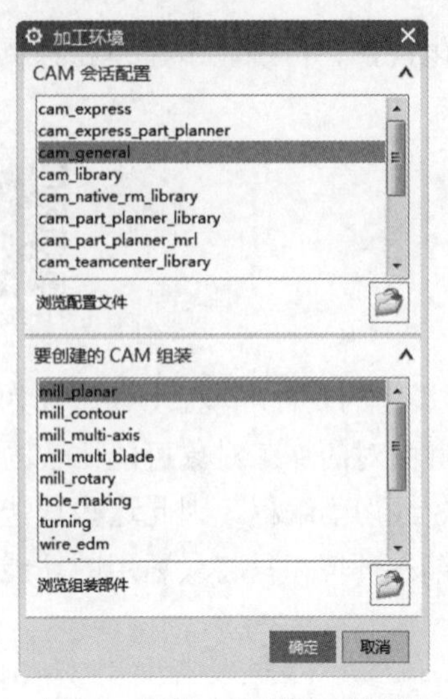

图 2-2　“加工环境”对话框

图 2-3　“刀片”面板

图 2-4　“工序”面板

2.2.2　设置加工环境

在图 2-2 所示的“加工环境”对话框的“要创建的 CAM 组装”列表框中列出了 UG 支持的加工环境，其中主要选项简介如下。

（1）mill_planar（平面铣）：主要进行面铣削和平面铣削，用于移除平面层中的材料。这种工序常用于对材料进行粗加工，为后续的精加工工序做准备。

（2）mill_contour（轮廓铣）：主要进行型腔铣、深度加工固定轴曲面轮廓铣，可移除平面层中的大量材料，常用于在精加工工序之前对材料进行粗铣。其中，型腔铣主要用于切削带锥度的壁以及轮廓底面的部件。

（3）mill_multi-axis（多轴铣）：主要进行可变轴的曲面轮廓铣、顺序铣等。多轴铣是一种精加工由轮廓曲面形成的区域的加工方法，允许通过精确控制刀轴和投影矢量，使刀轨沿着曲面的复杂轮廓移动。

（4）hole_making（孔加工）：可以创建钻孔、攻丝、铣孔等工序的刀轨。

（5）turning（车加工）：使用固定切削刀具加强并合并基本切削工序，可以进行粗加工、精加工、开槽、螺纹加工和钻孔等。

（6）wire_edm（线切割）：对工件进行切割加工，主要有 2 轴和 4 轴两种线切割方式。

扫一扫，看视频

2.3　UG CAM 操作界面

2.3.1　基本介绍

进入加工环境后，出现图 2-5 所示的加工界面。

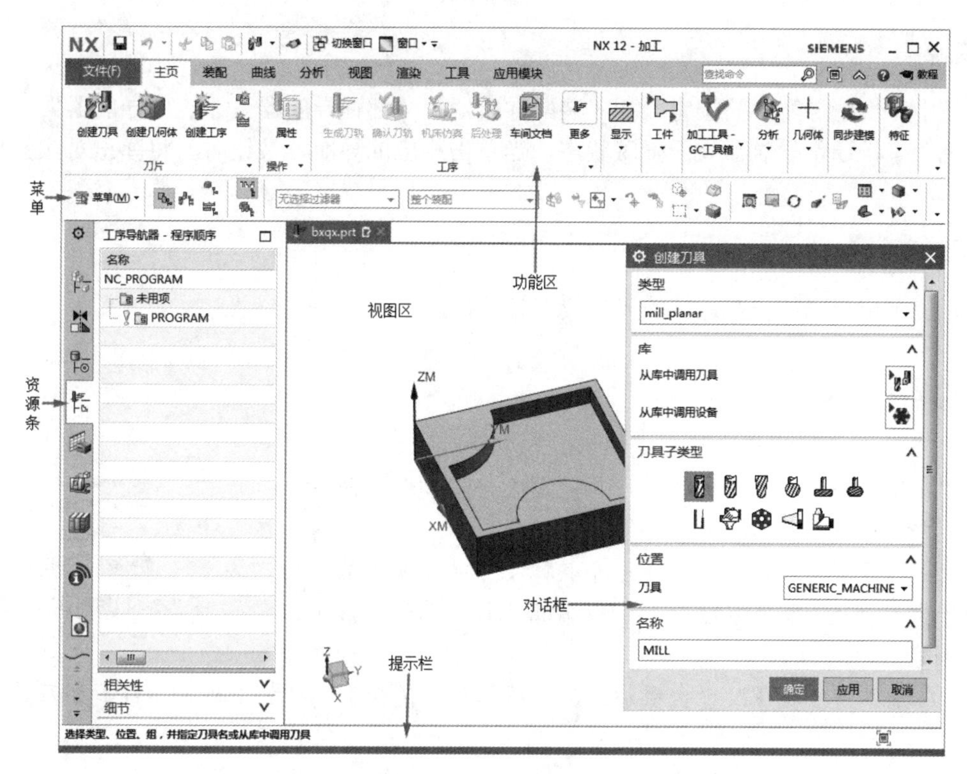

图 2-5　UG 加工界面

1．菜单

菜单用于显示 UG NX 12.0 中的各功能。主菜单是经过分类并固定显示的，通过它们可激活各层级联菜单。UG NX 12.0 的所有功能都能在菜单上找到。

2．功能区

在功能区中，各个功能以命令按钮的形式显示在不同的选项卡和面板中。在此以“主页”选项卡为例，如图 2-6 所示。功能区中的所有命令按钮都可以在菜单中找到相应的命令，这样就避免了在菜单中查找命令的烦琐，方便操作。

图 2-6　“主页”选项卡

3．视图区

视图区主要用来显示零件模型、刀轨及加工结果等，是 UG 的工作区。

4．对话框

对话框主要用来完成相关操作的参数设置。当用户在菜单中选择某一命令或在功能区中单击某一命令按钮后，一般会弹出相应的对话框。在对话框中，用户可以根据需要设置相应的参数。

5. 资源条

资源条中有一些导航器的按钮，如“装配导航器”“部件导航器”“工序导航器”“机床导航器”“角色”等。通常导航器处于隐藏状态，当单击相应的导航器按钮时，将弹出对应的导航器对话框。

6. 提示栏

提示栏提示用户当前正在进行的操作及其相关信息。

2.3.2 工序导航器

选择“菜单”→“工具”→“工序导航器”→“视图”命令，打开图 2-7 所示的级联菜单，其中命令分别如下。

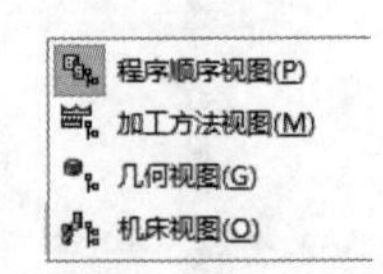

图 2-7 “视图”级联菜单

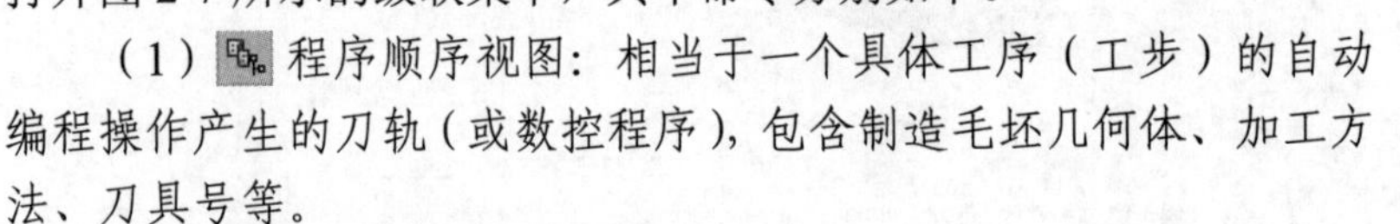

（1）程序顺序视图：相当于一个具体工序（工步）的自动编程操作产生的刀轨（或数控程序），包含制造毛坯几何体、加工方法、刀具号等。

（2）加工方法视图：包含粗加工、半精加工、精加工、钻加工相关参数，如刀具、几何体类型等。

（3）几何视图：包含制造坐标系、制造毛坯几何体、加工零件几何体等。

（4）机床视图：包含刀具参数、刀具号、刀具补偿号等。

在 UG 加工主界面中左边资源条上显示相应的工序导航器，它是一个图形化的用户交互界面，可以从中对加工工件进行相关的设置、修改和操作等。

在导航器里的加工程序上右击，在弹出的快捷菜单中选择相应的命令，即可进行剪切、复制、删除、生成等操作，如图 2-8（a）所示。

在上边框条中有 4 种显示形式，分别为程序顺序视图、机床视图、几何视图和加工方法视图。换句话说，即父节点组共有 4 个，分别为程序节点、机床节点、几何节点和加工方法节点。在导航器中的空白处右击，在弹出的快捷菜单中选择相应命令，即可进行 4 种显示形式的转换。在该快捷菜单中选择“列”命令，在弹出的级联菜单中列出了视图的信息。从中选择某个命令后，将在导航器中添加相关的列。例如，在图 2-8（b）中选择“换刀”命令，则在导航器中出现“换刀”列；如果取消选择“换刀”命令，则该列不会显示在导航器中。

例如，单击上边框条中的“程序顺序视图”按钮，打开图 2-8（a）所示的“工序导航器-程序顺序”视图。在根节点 NC_PROGRAM 下有两个程序组节点，分别为“未用项”和 PROGRAM。根节点 NC_PROGRAM 不能改变；“未用项”节点也是系统给定的节点，不能改变，主要用于容纳一些暂时不用的操作；PROGRAM 是系统创建的主要加工节点。

图 2-8（a）所示快捷菜单中的主要命令如下。

（1）编辑：对几何体、刀具、刀轨、机床控制等进行指定或设定。

（2）剪切：剪切选中的程序。

（3）复制：复制选中的程序。

（4）删除：删除选中的程序。

（5）重命名：重新命名选中的程序。

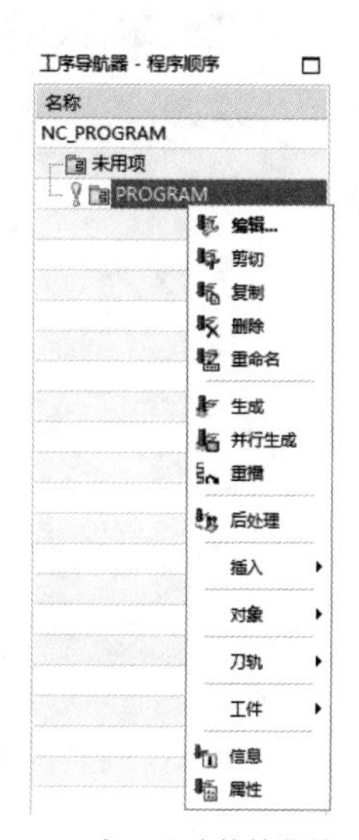

（a）加工程序快捷菜单

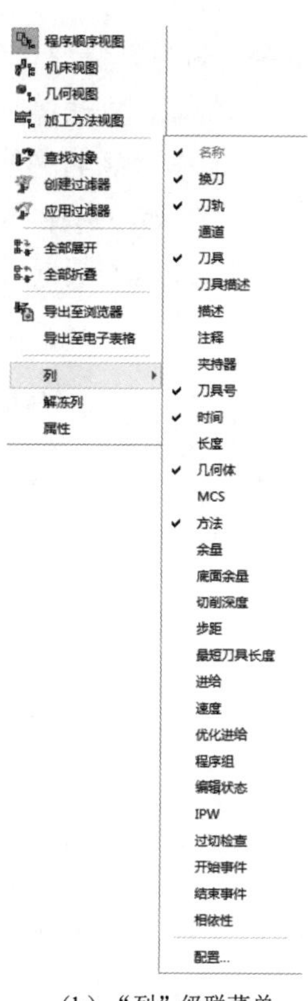

（b）“列”级联菜单

图 2-8　导航器快捷菜单

（6）生成：生成选中的程序刀轨。

（7）重播：重播选中的程序刀轨。

（8）后处理：用于生成 NC 程序。选择此命令，在弹出的图 2-9 所示的“后处理”对话框中进行相应的设置，单击“确定”按钮，将生成 NC 程序（保存为“*.txt”文件）。NC 后处理程序如图 2-10 所示。

图 2-9　“后处理”对话框

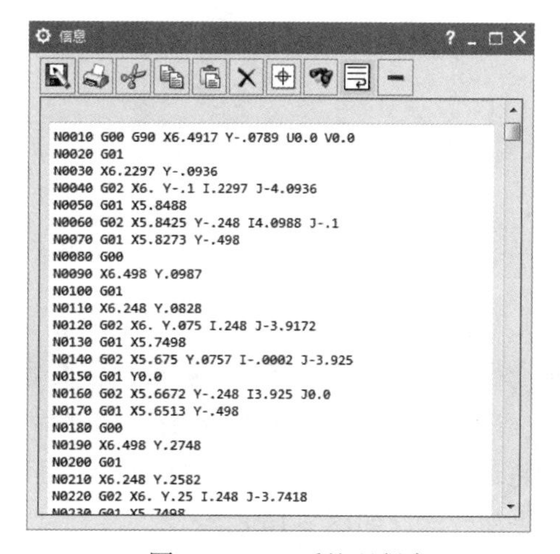

图 2-10　NC 后处理程序

（9）插入：选择此命令，将弹出图 2-11 所示的级联菜单。从中选择相应的命令，即可插入工序、程序组、刀具、几何体、方法等。

（10）对象：选择此命令，将弹出图 2-12 所示的级联菜单。从中选择相应的命令，即可进行 CAM 的变换和显示等。例如，选择“变换”命令，将弹出图 2-13 所示的“变换”对话框，可以对平移、缩放、绕点旋转、绕直线旋转等类型进行相应的参数设置。

工序...
程序组...
刀具...
几何体...
方法...

图 2-11 “插入”级联菜单

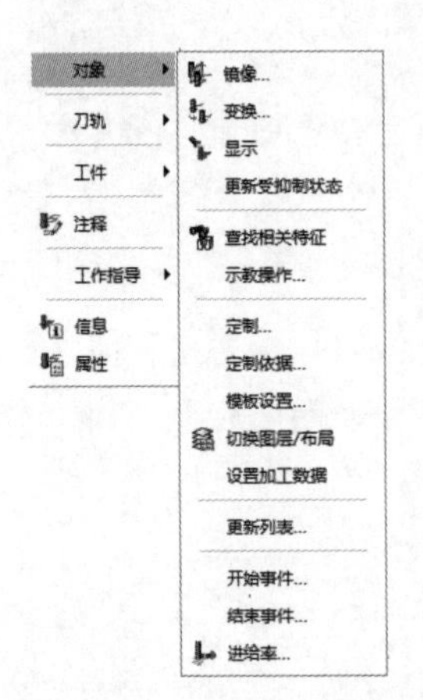

图 2-12 “对象”级联菜单

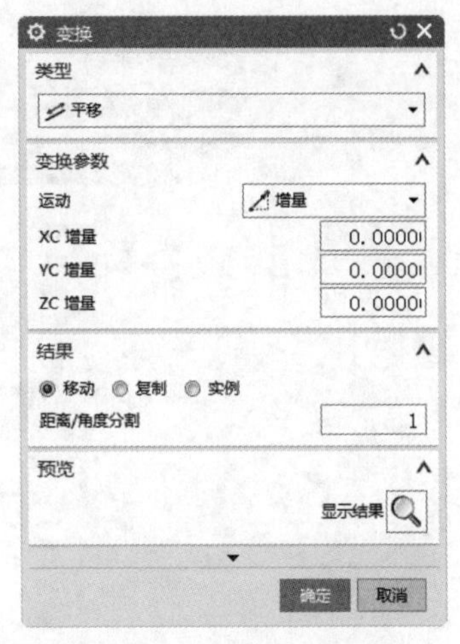

图 2-13 “变换”对话框

例如，在“类型”下拉列表中选择“绕直线旋转”，如图 2-14（a）所示。在“直线方法”下拉列表中选择“选择”，选中某一直线，设置旋转角度为 90°，选中“复制”单选按钮，单击“确定”按钮，变换后的刀轨如图 2-14（b）所示。

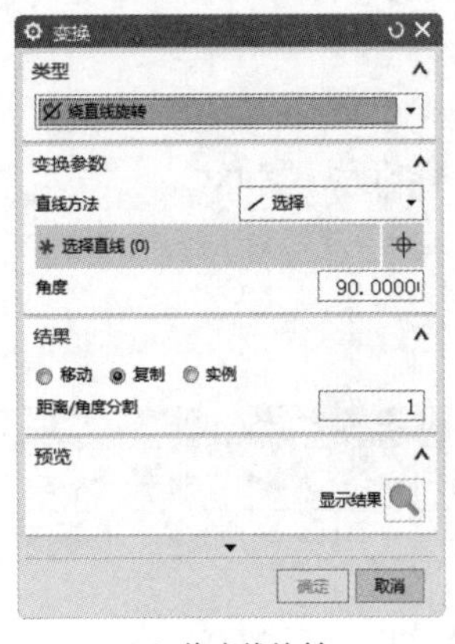

（a）绕直线旋转

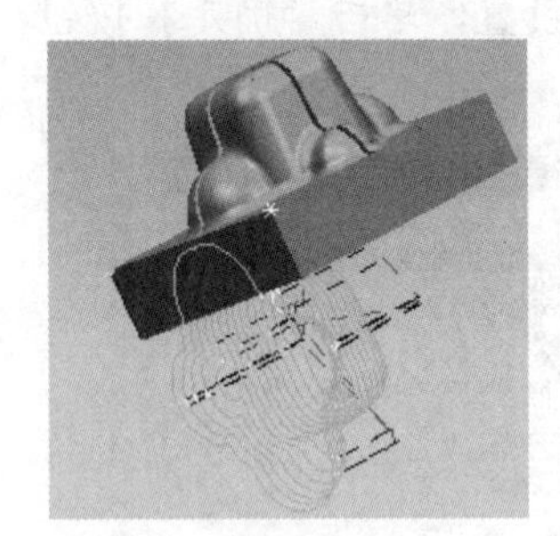

（b）变换后的刀轨

图 2-14 “变换”操作

（11）刀轨：选择“刀轨”命令，将弹出图 2-15 所示的级联菜单。从中选择相应的命令，即可对刀轨进行编辑、删除、列表、确认、仿真等操作。

例如，在“刀轨”级联菜单中选择“编辑”命令，弹出“刀轨编辑器”对话框。利用该对话框可以对刀轨进行过切检查、动画仿真等，还可以对刀轨的 CLSF 文件进行编辑、粘贴、删除等编辑，使其更加合理，如图 2-16 所示。

图 2-15 “刀轨”级联菜单

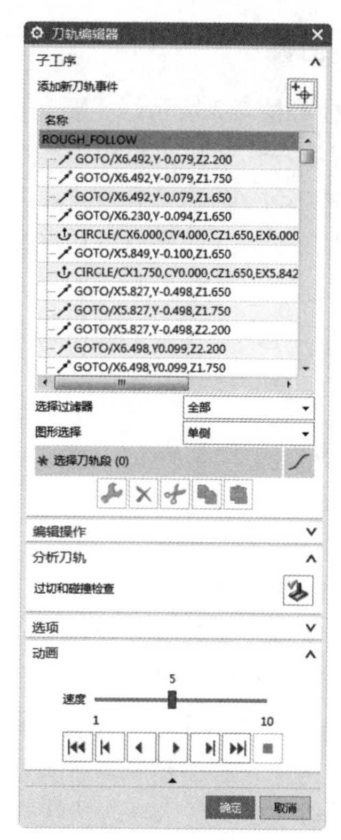

图 2-16 “刀轨编辑器”对话框

又如，在“刀轨”级联菜单中选择“列表”命令，在弹出的“信息”窗口中列出了 CLSF 文件的所有语句，供用户查看，如图 2-17 所示。

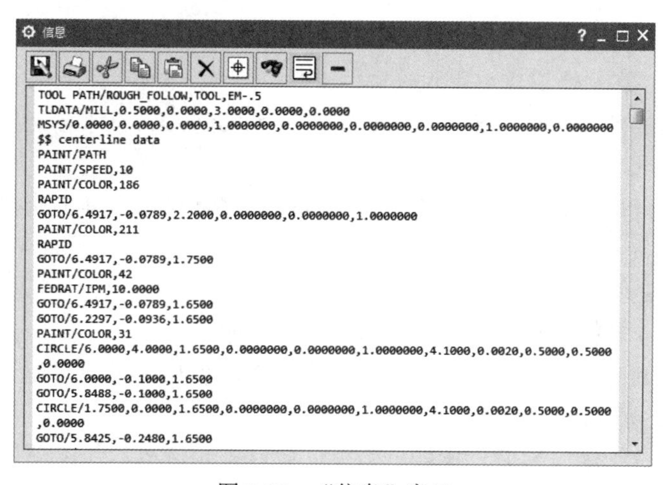

图 2-17 “信息”窗口

2.3.3 功能区

功能区一般与主要的操作命令相关，可以直观、快捷地执行操作，提高效率。其中常用的有“刀片”面板、“操作”面板和“工序”面板等。

1. “刀片”面板

“刀片”面板如图 2-3 所示，主要包括以下选项。

（1）创建程序：创建数控加工程序节点，对象将显示在导航器的“程序视图”中。

（2）创建刀具：创建刀具节点，对象将显示在“工序导航器-机床”视图中。

（3）创建几何体：创建加工几何节点，对象将显示在“工序导航器-几何”视图中。

（4）创建方法：创建加工方法节点，对象将显示在“工序导航器-加工方法”视图中。

（5）创建工序：创建一个具体的工序操作，对象将显示在工序导航器的所有视图中。

2. “操作”面板

“操作”面板如图 2-18 所示，主要包括以下选项。

（1）编辑对象：对几何体、刀具、刀轨、机床控制等进行指定或设定。

（2）剪切对象：剪切选中的程序。

（3）复制对象：复制选中的程序。

（4）粘贴对象：粘贴复制的程序。

（5）删除对象：从工序导航器中删除 CAM 对象。

（6）显示对象：在图形窗口中显示选定的对象。

图 2-18 “操作”面板

以上各功能与图 2-8 所示导航器快捷菜单的各功能作用相同，也可以在工序导航器中通过右键快捷菜单进行相应的操作。

3. “工序”面板

“工序”面板如图 2-4 所示，主要包括以下选项。

（1）生成刀轨：为选中的工序生成刀轨。

（2）重播刀轨：在视图窗口中重现选中的刀轨。

（3）列出刀轨：在“信息”窗口中列出选中刀轨 GOTO、机床控制信息以及进给率等，如图 2-17 所示。

（4）确认刀轨：确认选中的刀轨并显示刀运动和材料移除。单击此按钮，将弹出“刀轨可视化”对话框。

（5）机床仿真：使用以前定义的机床仿真。

（6）同步：使 4 轴机床和复杂的车削装置的刀轨同步。

（7）后处理：对选中的工序进行后处理，生成 NC 程序。该项与图 2-8 所示导航器快捷菜单中的“后处理”命令功能相同。

（8）车间文档：创建加工工艺报告，其中包括刀具几何体、加工顺序和控制参数。单击此按钮，将弹出图 2-19 所示的“车间文档”对话框。报告格式分为两种，即纯文本格式（TEXT 文件）和超文本格式（HTML 文件）。纯文本格式的车间工艺文件不能包含图像信息，而超文本格式的车间工艺文件可以包含图像信息，需要利用 Web 浏览器阅读。

（9）输出 CLSF：列出可用的 CLSF 输出格式。单击此按钮，在弹出的图 2-20 所示的“CLSF 输出”对话框中即可进行相应的设置，单击“确定”按钮，弹出图 2-17 所示的“信息”窗口。

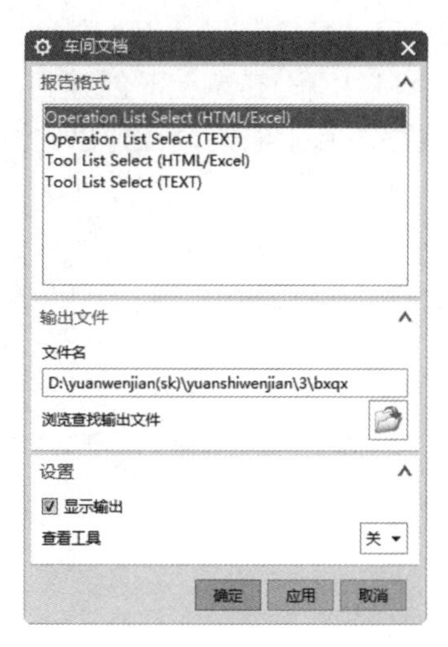

图 2-19 “车间文档”对话框

图 2-20 “CLSF 输出”对话框

（10）批处理：以批处理方式处理与 NC 有关的输出选项。

2.4 UG CAM 加工流程

2.4.1 创建程序

1. “创建程序”对话框

单击“主页”选项卡“刀片”面板中的“创建程序”按钮，弹出图 2-21 所示的“创建程序”对话框。

（1）类型：用于指定操作类型。

（2）程序子类型：指定一个工序模板，从中创建新的工序。

（3）位置：指定新创建的程序所在的节点。在“程序”下拉列表中有 3 个选项，分别为 NC_PROGRAM、NONE 和 PROGRAM。这 3 项分别对应图 2-8（a）中的 NC_PROGRAM、未用项和 PROGRAM，新创建的程序将位于选中的上述某个节点之下。其中 NONE 为未用项，用于容纳一些暂时不用的工序。此节点是系统给定的节点，不能改变。

（4）名称：系统自动给出一个名称，作为新创建的程序名。用户也可以自定义，只需在“名称”文本框里输入习惯的名称即可。

设置完毕，单击“确定”按钮，创建程序；或单击“取消”按钮，放弃本次创建；单击“应用”按钮，完成一个程序的创建，接下来可继续创建第 2 个程序。

2. 创建程序实例

在 PROGRAM 程序节点下创建一个程序 PROGRAM_1，单击“应用”按钮，完成第一个程序的创建，接下来继续创建第 2 个程序。此时在图 2-21 所示的“创建程序”对话框的“位置”栏中除了前面所述的 NC_PROGRAM、NONE、PROGRAM 3 个程序节点外，还新增了 PROGRAM_1 程序节点。选择 PROGRAM_1 程序节点，创建第 2 个程序 PROGRAM_2，将 PROGRAM_2 建立在 PROGRAM_1 程序节点下。使用相同的方法，在 PROGRAM_1 程序节点下创建第 3 个程序 PROGRAM_3。如果需要删除不需要的程序节点，可以在该程序节点上右击，在弹出的快捷菜单中选择“删除”命令，如图 2-22 所示。

图 2-21 “创建程序”对话框

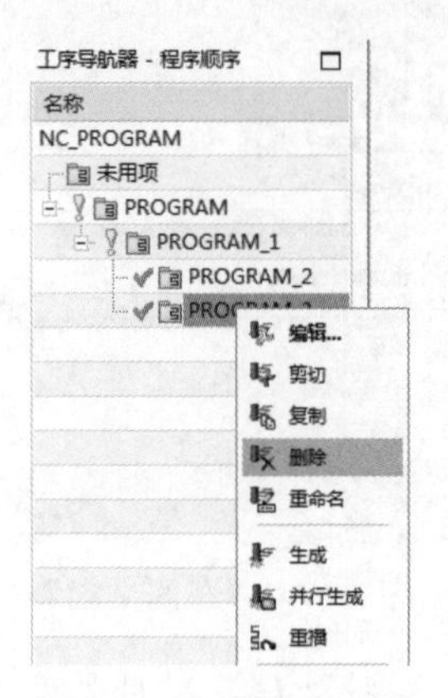

图 2-22 删除程序节点

3. 继承关系

在“工序导航器-程序顺序”视图中的节点处列出了程序组的层次关系。单击 PROGRAM_1 节点，将列出 PROGRAM_1 的层次关系。

（1）PROGRAM_1 的子程序组为 PROGRAM_2、PROGRAM_3。

（2）PROGRAM_1 的父程序组为 PROGRAM 这一根程序。

程序组在工序导航器中构成一种树状层次结构，彼此之间形成“父子”关系。在相对位置中，高一级的程序组为父组，低一级的程序组为子组。父组的参数可以传递给子组，不必在子组中进行重复设置，即子组可以继承父组的参数。在子组中只对子组不同于父组的参数进行设置，以减少重复劳动，提高效率。在图 2-22 所示的“工序导航器-程序顺序”视图中，PROGRAM_1 程序将继承其父组 PROGRAM 这一根程序的参数，对 PROGRAM_1 的程序有关参数设置完毕，PROGRAM_2 与 PROGRAM_3 作为 PROGRAM_1 的子组将继承 PROGRAM_1 的参数，同时继承了 PROGRAM 的参数。如果改变了程序的位置或程序下工序的位置，也就改变了它们和原来程序的父子关系，有可能导致失去从父组中继承来的参数，也不能把自身的参数传递给子组，导致子组或工序的参数发生变化。

4. 标记

在工序导航器的程序节点和工序前面通常会根据不同情况出现以下 3 种标记，用以表明程序节点和工序的状态。

（1）⊘：需要重新生成刀轨。如果在程序节点前，表示在其下包含有空工序或过期工序；如果在工序前，表示此工序为空工序或过期工序。

（2）💡：需要重新后处理。如果在程序节点前，表示节点下所有的工序都是完成的工序，并且输出过程序；如果在工序前，表示此工序为已完成的工序，并被输出过。

（3）✔：如果在程序节点前，表示节点下所有的工序都是完成的工序，但未输出过程序；如果在工序前，表示此工序为已完成的工序，但未输出过。

2.4.2 创建刀具

可以在设置过程中创建刀具，也可以在创建工序时创建刀具。一旦创建，刀具就和部件一起保存，并且在创建程序过程中可按需使用。

单击“主页”选项卡“刀片”面板中的“创建刀具”按钮，弹出图 2-23 所示的“创建刀具”对话框。除了“库”栏外，其余各栏和“创建程序”对话框中的各栏类似。在“库”栏中可以选择已经定义好的刀具。

（1）在“库”栏中单击“从库中调用刀具”按钮，弹出图 2-24 所示的“库类选择”对话框。库共分 7 个大类，即铣、钻孔、车、实体、线切割、激光、Robotic，每个大类中又包括许多子类，如在“铣”大类中就包括数个子类。

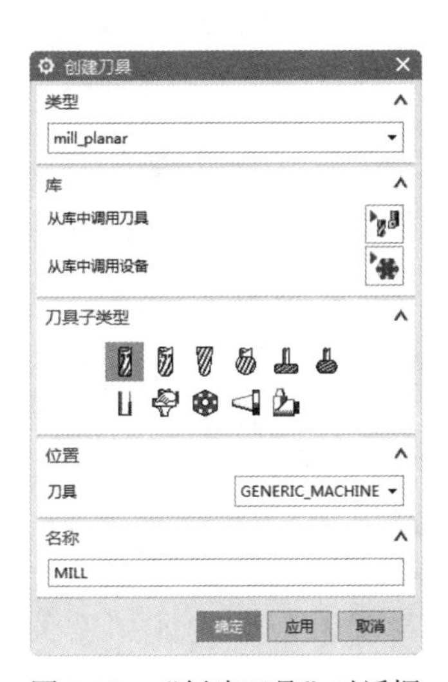

图 2-23 “创建刀具”对话框

图 2-24 “库类选择”对话框

（2）选中某一子类，如选中“端铣刀（不可转位）”子类，单击“确定”按钮，弹出图 2-25 所示的“搜索准则”对话框。在全部或部分参数文本框中输入数值，单击“计算匹配数”按钮，右边将显示符合条件的刀具数量。单击“确定”按钮，在弹出的图 2-26 所示的“搜索结果”对话框中将列出符合条件的刀具的详细信息。

（3）选中某把适合的刀具，如在“库号”下选中 ugt0201_001 刀具，单击“显示”按钮，可以在视图区的图形上显示刀具轮廓，如图 2-27 所示。

（4）选中刀具后，单击“确定”按钮，返回“创建刀具”对话框，同时在“工序导航器-机床”视图中列出创建的刀具，如图 2-28 所示。

刀具位置可以通过右键快捷菜单进行改变。其快捷菜单与图 2-22 所示的“工序导航器-程序顺序”视图中的快捷菜单相似，可以对刀具节点进行编辑、剪切、复制、粘贴、重命名等操作。由于一个工序只能使用一把刀具，因此在同一把刀具下改变工序的位置没有实际意义；但在不同刀具之间改变工序的位置，将改变工序使用的刀具。

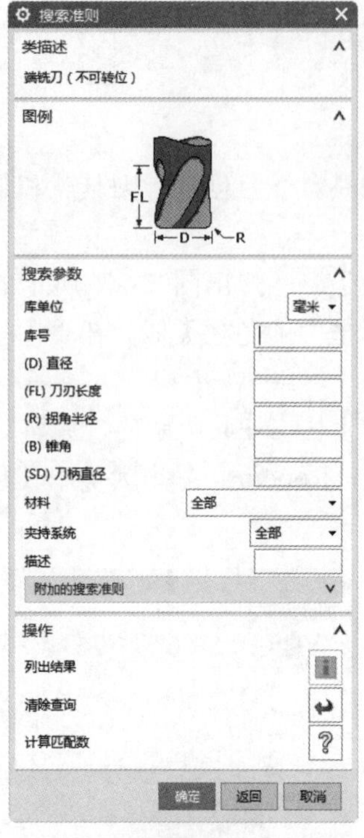

图 2-25 “搜索准则”对话框

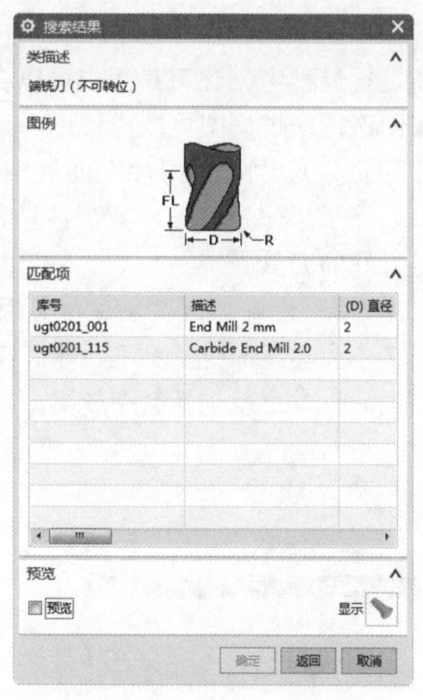

图 2-26 “搜索结果”对话框

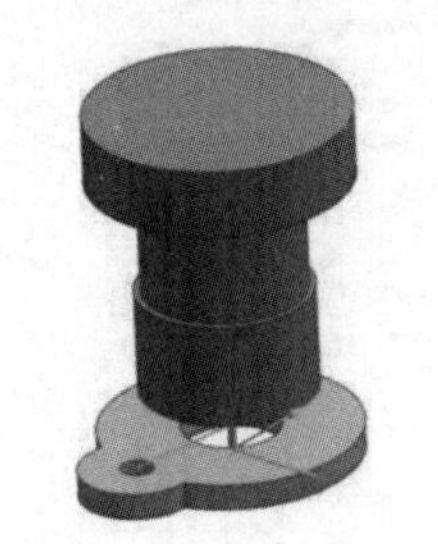

图 2-27 显示刀具轮廓

图 2-28 “工序导航器-机床”视图

2.4.3 创建几何体

1. “创建几何体”对话框

单击“主页”选项卡“刀片”面板中的“创建几何体”按钮，弹出图 2-29 所示的“创建几何体”对话框。

（1）在“类型”下拉列表中可以选择具体的 CAM 类型。

（2）“几何体子类型”包括 WORKPIECE、MILL_BND、MILL_TEXT A、MILL_GEOM、MILL_AERA 和 MCS 等。

（3）在“位置”栏的“几何体”下拉列表中可以选择将要创建的几何体所在节点位置，包括 GEOMETRY、MCS_MILL、NONE 和 WORKPIECE。

图 2-29 “创建几何体”对话框

2. 创建几何体

图 2-30 “工序导航器-几何”视图

在“创建几何体”对话框中选择 mill_planar 类型，在“几何体子类型”栏中选择 WORKPIECE ，在“位置”栏的“几何体”下拉列表中选择 WORKPIECE，在“名称”文本框输入 WORKPIECE_1，单击“确定”按钮，即可创建一个几何体。按照同样方法创建第 2 个几何体，在“名称”文本框输入 WORKPIECE_2。两个几何体创建完毕，“工序导航器-几何”视图如图 2-30 所示。

其中各节点的作用说明如下。

（1）GEOMETRY：该节点是系统的根节点，不能进行编辑、删除等操作。

（2）未用项：该节点也是系统给定的节点，用于容纳暂时不用的几何体，不能进行编辑、删除等操作。

（3）MCS_MILL：该节点是一个几何节点。选中此节点，右击，在弹出的快捷菜单中选择相应的命令，可以进行编辑、剪切、复制、粘贴、重命名等操作。

（4）WORKPIECE：该节点是工件节点，用来指定加工工件。该节点与 MCS_MILL 节点构成父子关系，是 MCS_MILL 节点的子节点。

（5）WORKPIECE_1 和 WORKPIECE_2：这两个工件节点是刚刚创建的几何体节点。它们位于 WORKPIECE 下，是 WORKPIECE 的子节点，即构成父子关系。WORKPIECE_1 和 WORKPIECE_2 作为最低层的节点，将继承 MCS_MILL 加工坐标系和 WORKPIECE 中定义的零件几何体和毛坯几何体的参数。

几何体节点可以定义成工序导航器中的共享数据，也可以在特定的工序中个别定义。不过只要使用了共享数据几何体，就不能在工序中个别定义几何体。

可以通过在右键快捷菜单中选择相应的命令，对几何体节点进行编辑、剪切、复制、粘贴、重命名等操作。如果改变了几何体节点的位置，使父子关系改变，则会导致几何体失去从父组几何体中继承过来的参数，使加工参数发生改变；同时，其下面的子组也可能失去从几何体继承的参数，造成子组及其以下几何体和工序的参数发生改变。

2.4.4 创建方法

指定加工方法，主要是为了自动计算切削进给率和主轴转速。加工方法并不是生成刀具轨迹的必要参数。

1.“创建方法”对话框

单击“主页”选项卡“刀片”面板中“创建方法”按钮，弹出图 2-31（a）所示的“创建方法”对话框。其中各项和“创建几何体”对话框中的选项基本相同，区别在于“位置”栏，在此选择将要创建的“方法”所在节点。不同的“类型”，可供选择的“方法”位置的数目不同。例如，对于 mill_planar 提供了 5 个位置：METHOD、MILL_FINISH、MILL_ ROUGH、MILL_SEMI_FINISH 和 NONE，如图 2-31（b）所示；对于 hole_making 只提供了 3 个位置：METHOD、NONE 和 DRILL_METHOD，如图 2-31（c）所示。

（a）“创建方法”对话框

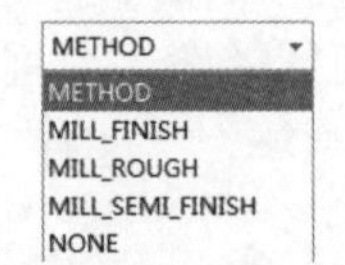

（b）选择 mill_planar 类型

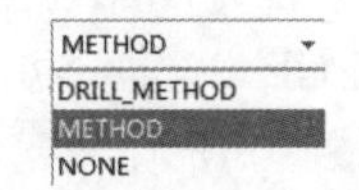

（c）选择 hole_making 类型

图 2-31　不同的类型提供的位置数目不同

2．创建方法实例

在“类型”下拉列表中选择mill_planar，在“位置”栏的“方法”下拉列表中选择METHOD，保持默认的名称，单击“确定”按钮，弹出图2-32所示的“铣削方法”对话框。该对话框中的主要选项介绍如下。

（1）余量：主要指部件余量。在“部件余量”文本框内输入数值，即可指定本加工节点的加工余量。

（2）公差：包括“内公差”和“外公差”两个选项，“内公差”用于指定刀具穿透曲面的最大量，“外公差”用于指定刀具能避免接触曲面的最大量。在“内公差”和“外公差”文本框内输入数值，即可为本加工节点指定内、外公差。在此采用系统默认值。

（3）刀轨设置：包括“切削方法”和“进给”两个选项。

①切削方法：单击“切削方法”按钮，在弹出的图 2-33 所示的“搜索结果”对话框中列出了可供选择的切削方法。选中 END MILLING，单击“确定”按钮，返回“铣削方法”对话框。

图 2-32　“铣削方法”对话框

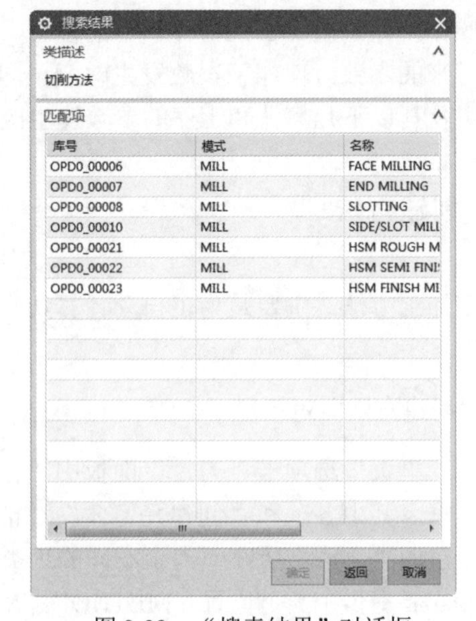

图 2-33　“搜索结果”对话框

②进给：单击“进给”按钮，弹出图2-34所示的“进给”对话框，从中可以设置各种运动形

式的进给率参数。“切削”栏用于设置正常切削时的进给速度，“更多”栏给出了刀具其他运动形式的参数，“单位”栏用于设置切削和非切削运动的单位。在此采用系统默认值。单击“确定”按钮，返回“铣削方法”对话框。

（4）选项：包括“颜色”和“编辑显示”两个选项。

①颜色：单击“颜色”按钮，弹出图 2-35 所示的“刀轨显示颜色”对话框，从中可以设置不同刀轨的显示颜色。单击每种刀轨右边的颜色按钮，在弹出的“颜色”对话框中进行颜色的设置即可。

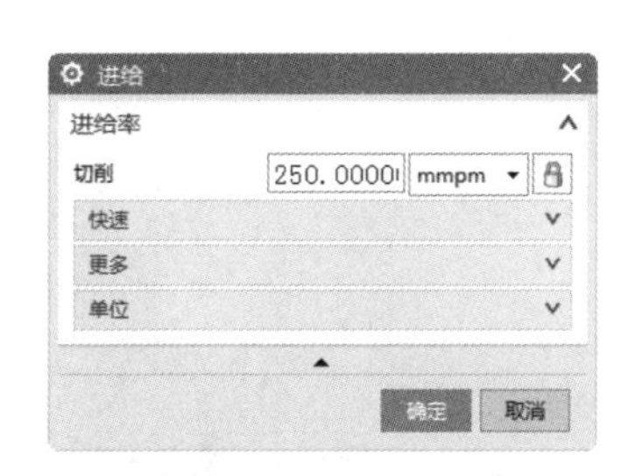

图 2-34　“进给”对话框

图 2-35　“刀轨显示颜色”对话框

②编辑显示：单击“编辑显示”按钮，弹出图 2-36 所示的“显示选项”对话框，从中进行刀具和刀轨的显示设置。

以上各项设置完毕，在“铣削方法”对话框中单击“确定”按钮，即可创建新的加工方法。同时，在“工序导航器-加工方法”视图中列出了新建的加工方法，如图 2-37 所示。

图 2-36　“显示选项”对话框

图 2-37　“工序导航器-加工方法”视图

其中各节点的说明如下。

（1）METHOD：系统给定的根节点，不能改变。

（2）未用项：系统给定的节点，不能删除，用于容纳暂时不用的加工方法。

（3）MILL_ROUGH：系统提供的粗铣加工方法节点，可以进行编辑、剪切、复制、删除等操作。

（4）MILL_SEMI_FINISH：系统提供的半精铣加工方法节点，可以进行编辑、剪切、复制、删除等操作。

（5）MILL_FINISH：系统提供的精铣加工方法节点，可以进行编辑、剪切、复制、删除等操作。

加工方法节点之上同样可以有父节点，之下有子节点。加工方法继承其父节点加工方法的参数，同时可以把参数传递给它的子节点加工方法。

对于加工方法的位置，可以通过右键快捷菜单进行编辑、剪切、复制、粘贴、重命名等操作。但改变加工方法的位置也就改变了加工方法的参数，当系统执行自动计算时，切削进给量和主轴转速会发生相应的变化。

3．运动形式参数说明

在图 2-34 所示的“进给”对话框中给出了需要进行进给率设置的各种运动形式。在加工过程中，对于多种运动形式，可以分别设置不同的进给率参数，以提高加工效率和加工表面质量。

（1）刀具运动：完整刀具运动形式如图 2-38 所示，非切削运动形式如图 2-39 所示。

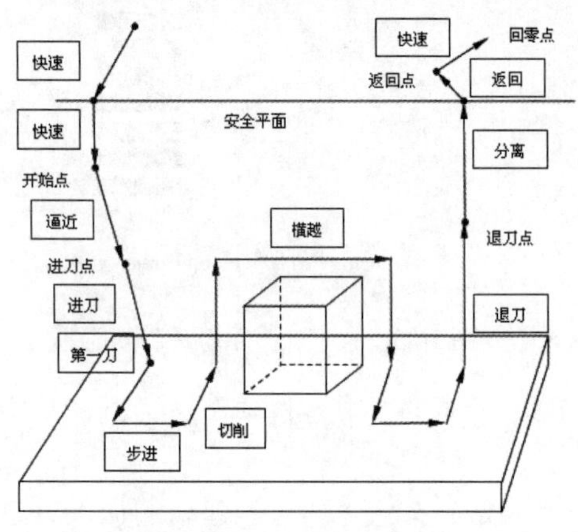

图 2-38　完整刀具运动形式

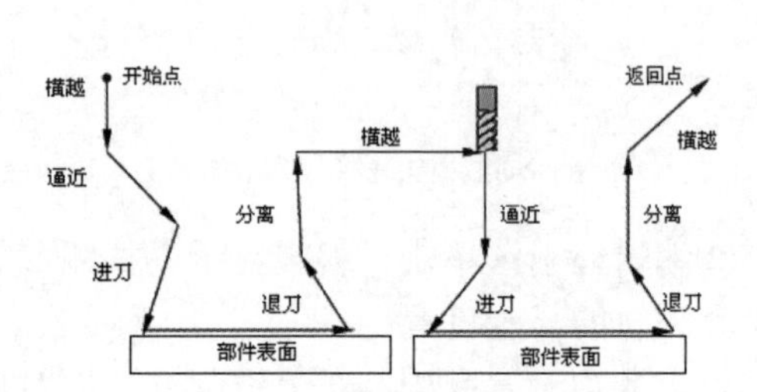

图 2-39　非切削运动形式

（2）各种运动形式的含义如下。

①快速（Rapid）：非切削运动，仅应用到刀具路径中下一个 GOTO 点和 CLSF，其后的运动使用前面定义的进给率。如果设置为 0，则由数控系统设定的机床快速运动速度决定。

②逼近（Approach）：指刀具从开始点运动到进刀位置的进给率。在平面铣和行型腔铣中，逼近进给率用于控制从一层到下一层的进给。如果设置为 0，则系统使用“快速”进给率。

③进刀（Engage）：非切削运动，指刀具从进刀点运动到初始切削位置的进给率，同时是刀具在抬起后返回工件时的返回进给率。如果设置为 0，则系统使用“切削”进给率。

④第一刀（First Cut）：切削运动，指切入工件第一刀的进给率，后面的切削将以“切削”进给率进行。如果设置为 0，则系统使用“切削”进给率。由于毛坯表面通常有一定的硬皮，因此一般取进刀速度小的进给率。

⑤步进（Step Over）：切削运动，指刀具运动到下一个平行刀路时的进给率。如果从工件表面提刀，则不使用“步进”进给率。它仅应用于允许往复（Zig-Zag）刀轨的地方。如果设置为 0，则系统使用“切削”进给率。

⑥切削（Cut）：切削运动，指刀具和部件表面接触时刀具的运动进给率。

⑦横越（Traversal）：非切削运动，指刀具快速水平非切削的进给率。其只在非切削面的垂直安全距离内及远离任何型腔岛屿和壁的水平安全距离时使用。在刀具转移过程中保护工件，也无须抬刀至安全平面。如果设置为 0，则系统使用“快速”进给率。

⑧退刀（Retract）：非切削运动，指刀具从切削位置最后的刀具路径到退刀点的刀具运动进给

率。如果设置为 0，对于线性退刀，系统使用“快速”进给率退刀；对于圆形退刀，系统使用“切削”进给率退刀。

⑨分离（Departure）：非切削运动，指刀具从“退刀”运动移动到“快速”运动的起点或“横越”运动时的进给率。如果设置为 0，则系统使用“快速”进给率。

⑩返回（Return）：非切削运动，指刀具移动到返回点的进给率。如果设置为 0，则系统使用“快速”进给率。

（3）单位：包括“设置非切削单位”和“设置切削单位”两个选项。“设置非切削单位”用于设置非切削运动单位，“设置切削单位”用于设置切削运动单位。两者的设置方法相同，对于米制单位可以选择 mmpm、mmpr、none，对于英制单位可以选择 IPM、IPR、none。

2.4.5 创建工序

1. “创建工序”对话框

单击“主页”选项卡“插入”面板中的“创建工序”按钮 ，弹出图 2-40 所示的“创建工序”对话框。

（1）类型：列出了具体的 CAM 类型，可根据加工要求进行选择。

（2）工序子类型：不同的类型有不同的工序子类型，可根据加工要求选择。

（3）位置：选择将要创建的工序在“程序”“刀具”“几何体”“方法”中的位置。

①程序：指定将要创建的工序的程序父组。单击右边的下拉按钮，将显示可供选择的程序父组。选择合适的程序父组，工序将继承该程序父组的参数。默认程序父组为 NC_PROGRAM。

②刀具：指定将要创建的工序的加工刀具。单击右边的下拉按钮，将显示可供选择的刀具父组。选择合适的刀具，工序将使用该刀具对几何体进行加工。如果之前用户没有创建刀具，则在下拉列表中没有可选刀具，需要用户在某一加工类型的对话框中单独创建。

图 2-40 “创建工序”对话框

③几何体：指定将要创建的工序的几何体。单击右边的下拉按钮，将显示可供选择的几何体。选择合适的几何体，工序将对该几何体进行加工。默认几何体为 MCS_MILL。

④方法：指定将要创建的工序的加工方法。单击右边的下拉按钮，将显示可供选择的方法。选择合适的加工方法，系统将根据该方法中设置的切削速度、内外公差和部件余量对几何体进行切削加工。默认的加工方法为 METHOD。

（4）名称：指定工序的名称。系统会为每个工序提供一个默认的名称，如果需要更改，可在该文本框中输入一个英文名称，即可为工序重命名。

2. 创建工序实例

创建工序的具体实例这里不再讲述，在后面章节中会详细讲解。

2

第2篇　铣削加工篇

数控铣削是常用的机械加工方法之一，既可以加工具有平面形状的零件，又可以加工曲面零件，还可以加工带有孔系的盘、套、板类零件，因此铣削加工在机械加工行业中应用十分广泛。

本篇首先介绍数控铣削加工的基础知识，及其参数的设置，然后对铣削中的面铣削、轮廓铣以及多轴铣的操作方法进行详细介绍。在学完本篇内容后，读者可以对铣削中的相关参数设置和常用铣削工序方法有比较深入的理解。

第 3 章　铣削通用参数

内容简介

UG CAM 铣削通用参数是指那些由多个处理器共享的选项，但并不是对所有这些处理器来说都是必需的。每个处理器本身又有许多特定的选项，需要根据具体的使用环境进行特别的设置。

3.1　几　何　体

扫一扫，看视频

在 UG CAM 铣削加工中涉及多种几何体类型，包括部件几何体、毛坯几何体、检查几何体、修剪边界、边界几何体、切削区域、壁几何体岛、制图文本几何体等。每种铣削工序中用到的几何体类型和数目都不相同，具体用到哪些几何体类型，需由铣削类型、工序子类型以及驱动方法等确定。

3.1.1　部件几何体

部件几何体是加工完成后的最终零件，它控制刀具的切削深度和范围。为使用过切检查，必须指定或继承部件几何体。面铣削中的部件几何体和型腔铣中的部件几何体概念基本相同。

部件几何体可以在“工序导航器-几何”视图中指定。

（1）在 NX 12.0 加工环境中，在图 3-1 所示的上边框条单击“几何视图”按钮，打开图 3-2 所示的“工序导航器-几何”视图。

（2）在“工序导航器-几何”视图中双击 WORKPIECE，弹出图 3-3 所示的“工件”对话框。单击“指定部件”右侧的“选择或编辑部件几何体”按钮，弹出图 3-4 所示的“部件几何体”对话框，指定部件几何体，如图 3-5 所示，图中通过不同颜色的轮廓线显示出选中的几何体。

图 3-1　上边框条

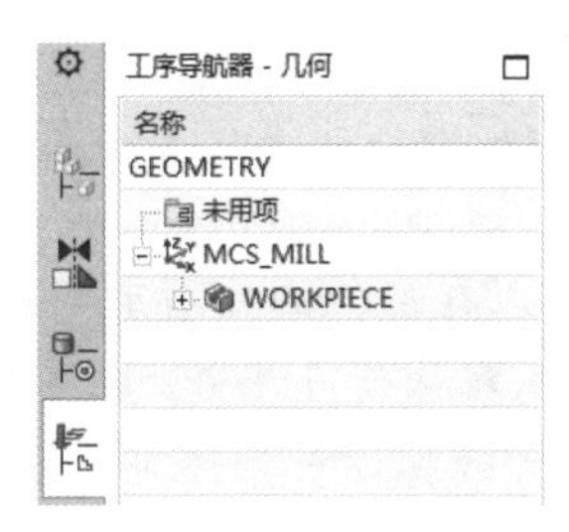

图 3-2　“工序导航器-几何”视图

图 3-3　“工件”对话框

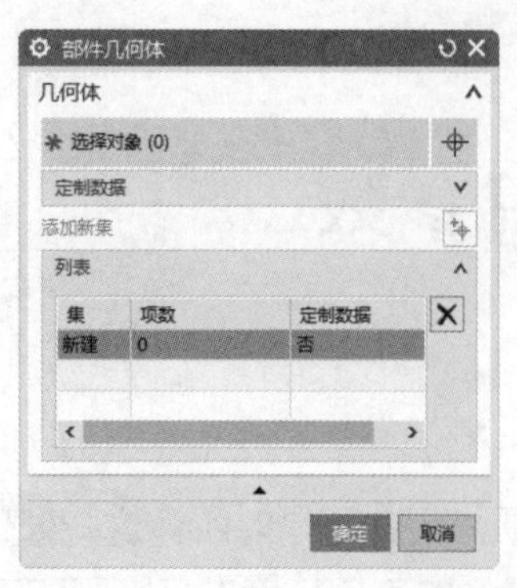

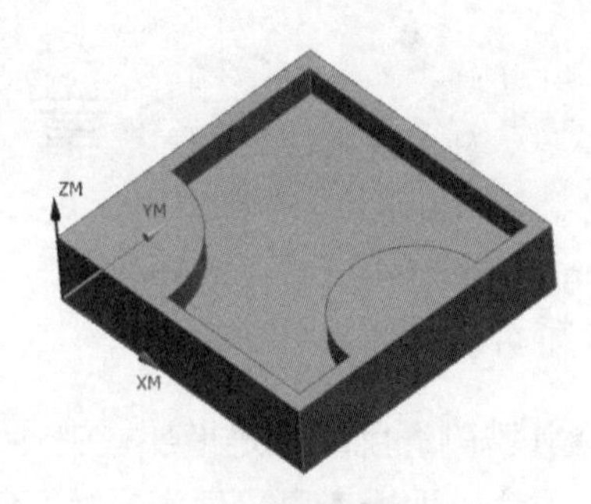

图 3-4 “部件几何体”对话框

图 3-5 指定部件几何体

（3）单击“确定”按钮，返回“工件”对话框。

3.1.2 毛坯几何体

使用毛坯几何体指定要从中切削的材料，如锻造或铸造。通过从最高的面向上延伸切削到毛坯几何体的边，可以快速轻松地移除部件几何体特定层上方的材料。

在“工件”对话框中单击“指定毛坯”右侧的“选择或编辑毛坯几何体”按钮，弹出图 3-6 所示的“毛坯几何体”对话框，指定毛坯几何体，如图 3-7 所示，图中通过不同颜色的轮廓线显示出选中的几何体。

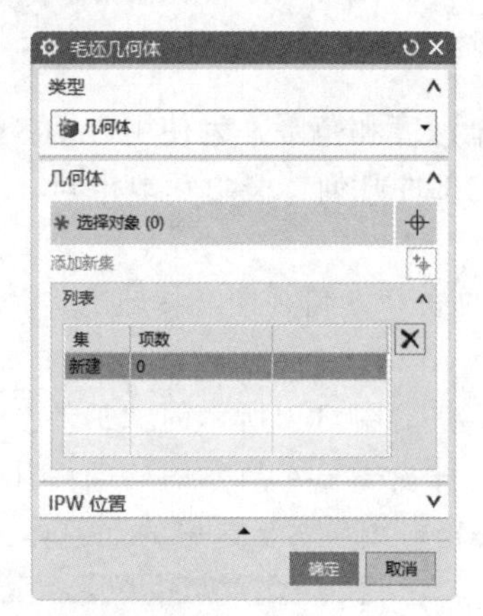

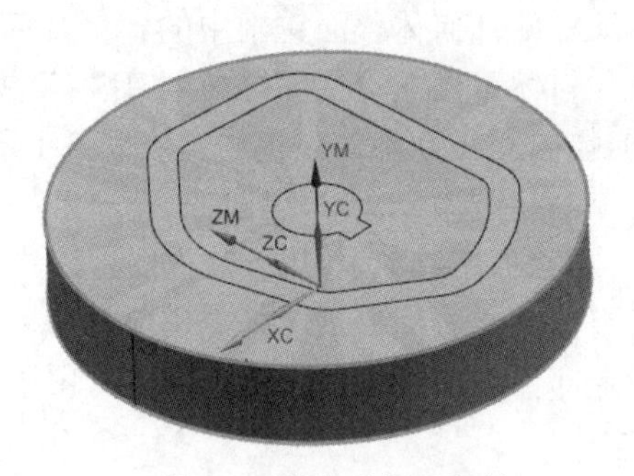

图 3-6 “毛坯几何体”对话框

图 3-7 指定毛坯几何体

“类型”下拉列表中的选项说明如下。

（1）几何体：选择“几何体”选项时，可以选择“体”“面”“面和曲线”“曲线”等。

（2）部件的偏置：选择“部件的偏置”选项时，可基于整个部件周围的偏置距离来定义毛坯几何体。

（3）包容块：选择“包容块”选项时，可以在部件的外围定义一个与活动的 MCS 对齐的自动生成的长方体，如图 3-8 所示。如果需要一个比默认长方体更大的长方体，可以在 6 个可用的文本框中输入值，如图 3-9 所示；也可以在图 3-8 上直接拖动长方体上的图柄，在拖动图柄时，系统将动态地修改文本框中的值以反映长方体各边的位置。如果未定义部件几何体，系统将定义一个尺寸为零的长方体。由于包容块位于活动的 MCS 周围，因此不能将其用在使用不同 MCS 的多个操作中。

图 3-8 包容块

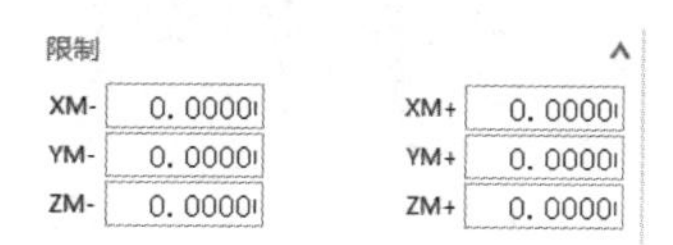

图 3-9 文本框

（4）包容圆柱体：选择“包容圆柱体”选项时，可以在部件的外围定义一个以活动 MCS 为中心自动生成的圆柱体。如果需要一个比默认圆柱体更大的圆柱体，可以在文本框中输入值；也可以直接拖动圆柱体上的图柄，在拖动图柄时系统将动态地修改文本框中的值以反映圆柱体直径和高度的位置。

（5）IPW-过程工件：用于表示内部的“工序模型”（IPW）。IPW 是完成上一步操作后材料的状态。

毛坯边界不表示最终部件，但可以对毛坯边界直接进行切削或进刀，在底面和岛顶部定义切削深度。毛坯几何体经过切削，最终形成部件几何体，如图 3-10 所示。

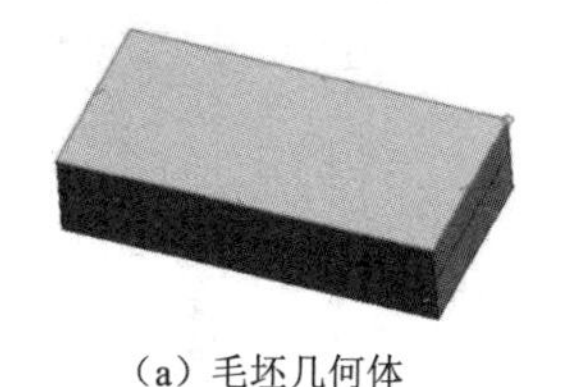

（a）毛坯几何体

（b）切削

（c）部件几何体

图 3-10 毛坯几何体切削

3.1.3 检查几何体

检查几何体是刀具在切削过程中要避让的几何体，如夹具或者已加工的重要表面。

在“工件”对话框中单击“指定检查”右侧的“选择或编辑检查几何体”按钮，弹出图 3-11 所示的“检查几何体”对话框，指定检查几何体。

通过“指定检查”选项，可以定义不希望与刀具发生碰撞的几何体，如固定部件的夹具，如图 3-12 所示。用户可以指定“检查余量”的值（平面铣→切削参数→余量→检查余量，“切削参数”对话框如图 3-13 所示）。当刀具遇到检查几何体时：

图 3-11 “检查几何体”对话框

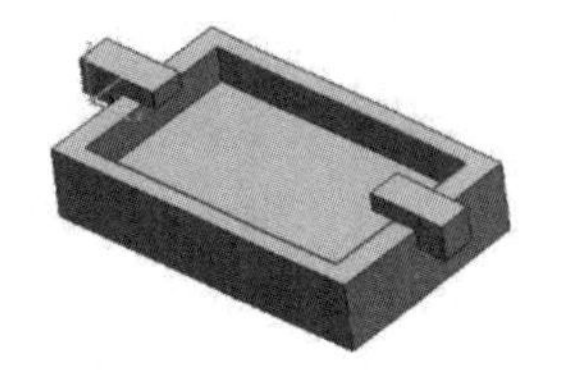

图 3-12 带有夹具的部件

（1）如果选中“连接”选项卡中的“跟随检查几何体”复选框，如图 3-14 所示，刀具将绕着检查几何体切削，如图 3-15（a）所示，可以看出刀轨绕开检查几何体。

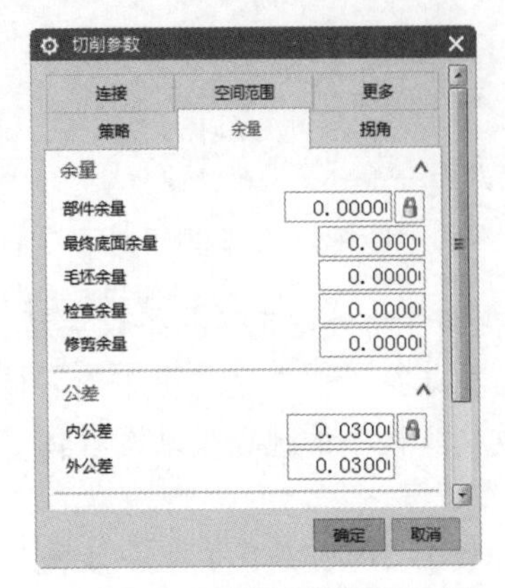

图 3-13 “切削参数”对话框

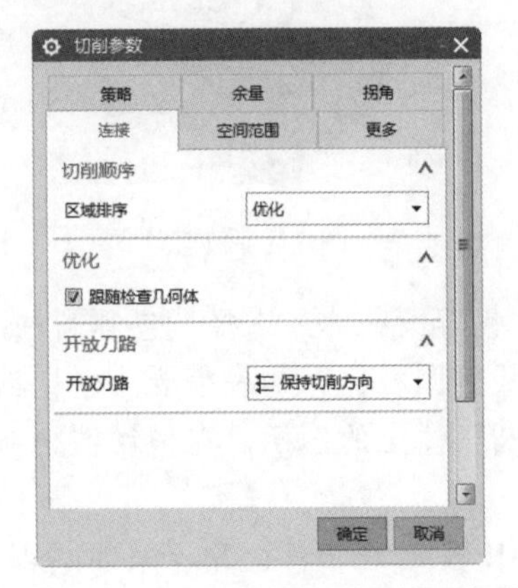

图 3-14 选中“跟随检查几何体”复选框

（2）如果取消选中“跟随检查几何体”复选框，刀具退刀时从上面越过检查几何体，如图 3-15（b）所示。

（3）设置完检查几何体并选中“跟随检查几何体”复选框后，生成的 3D 切削结果如图 3-16 所示，夹具下面部分的材料未被切削。

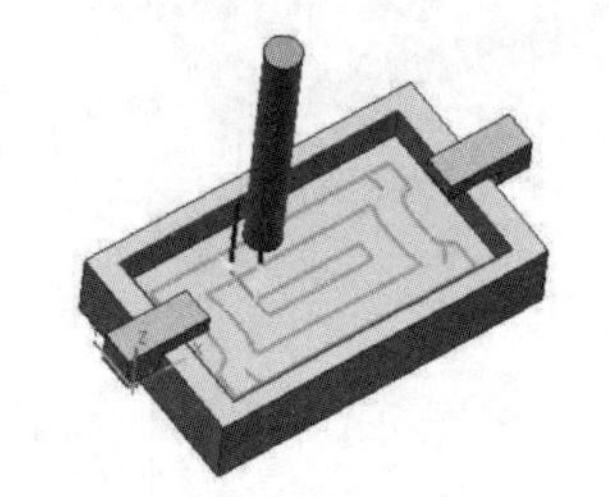

（a）选中“跟随检查几何体”复选框状态

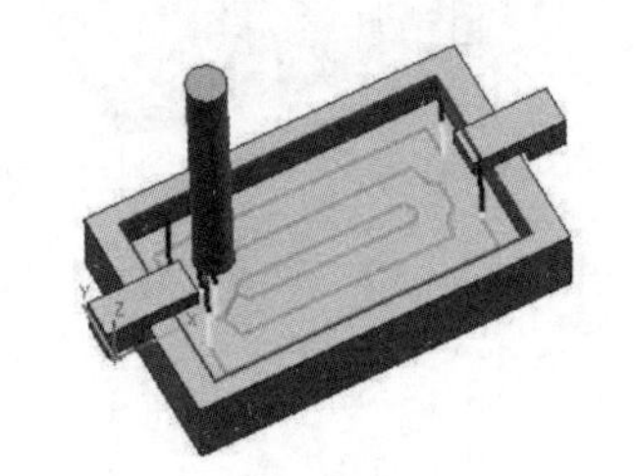

（b）取消选中“跟随检查几何体”复选框状态

图 3-15 检查几何体刀轨

图 3-16 3D 切削结果

3.1.4 修剪边界

在每一个切削层上使用修剪边界功能限制切削区域。例如，用户可以定义修剪边界，以使工序仅切削前一工序在夹具下面遗留材料的区域。系统会沿着刀轴矢量将边界投影到部件几何体，确认修剪边界覆盖指定部件几何体的区域，然后放弃内部或外部的切削区域或修剪边界。

例如，在“平面铣”对话框“几何体”栏中单击“指定修剪边界”右侧的“选择或编辑修剪边界”按钮，弹出图 3-17 所示的“修剪边界”对话框，从中指定修剪边界，即可在各个切削层上进一步约束切削区域的边界。通过将“刀具侧”指定为“内侧”或“外侧”（对于闭合边界），或指定为“左”或“右”（对

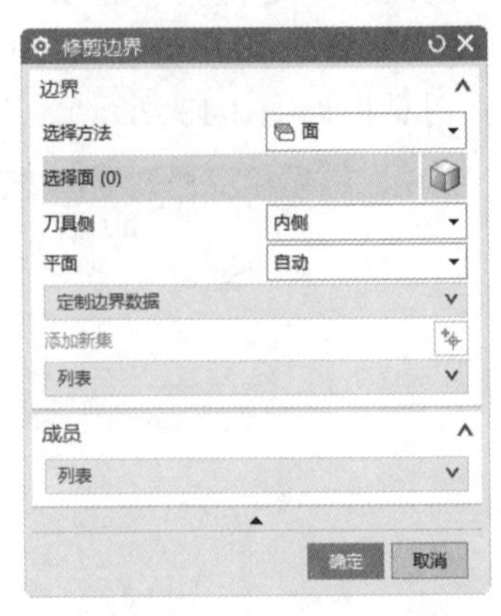

图 3-17 “修剪边界”对话框

于开放边界)，定义要从工序中排除的切削区域面积，如图 3-18 所示。

另外，可以指定一个修剪余量值（通过图 3-13 中的“修剪余量”文本框进行设置）来定义刀具与修剪边界的距离，如图 3-19 所示。

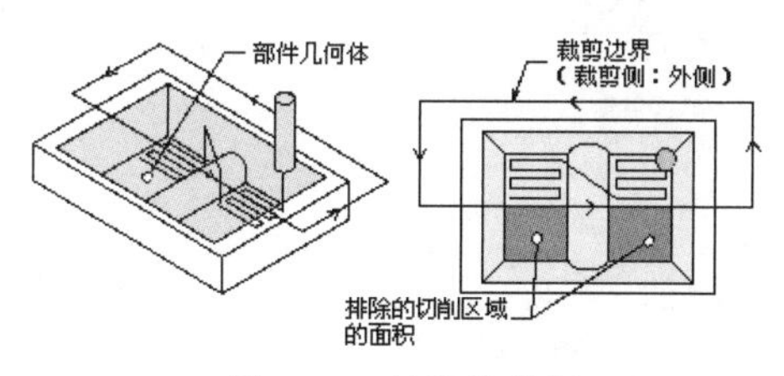

图 3-18　外部修剪侧

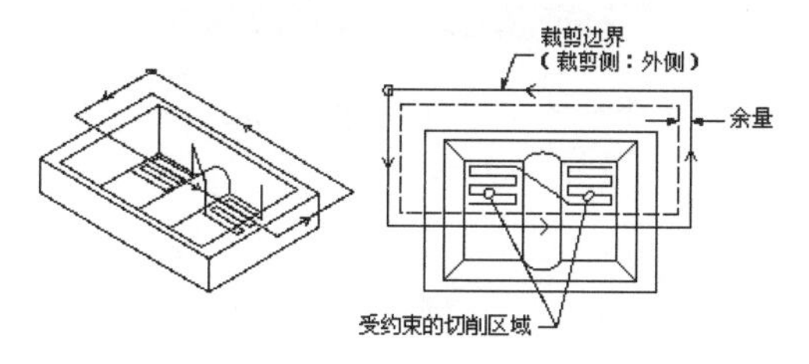

图 3-19　刀具与修剪边界的距离

注意：

在刀具不能安全进刀至切削区域的情况下，不能使用修剪边界功能。例如，如果用户使用修剪边界切削毛坯中的小块区域，移到已修剪区域的进刀可能在毛坯内部开始。如果前一工序未移除毛坯材料，刀具会与毛坯材料碰撞。

3.1.5　边界几何体

边界几何体包含封闭的边界，这些边界内部的材料指明了要加工的区域。例如，在“平面铣”对话框“几何体”栏中单击“指定部件边界”右侧的“选择或编辑部件边界”按钮，弹出图 3-20 所示的“部件边界”对话框。可通过选择以下任何一个“选择方法”来创建边界。

1. 面

当通过“面”创建边界时，默认情况下，与所选面边界相关联的体将自动用作部件几何体，用于确定每层的切削区域，如图 3-21 所示。如果希望使用过切检查，则必须选择部件几何体作为几何体父组或操作中的部件。通过“曲线”或“点”创建的边界不具有此关联性。

图 3-20　“部件边界”对话框

图 3-21　利用“面”创建边界

2. 曲线

在“选择方法”下拉列表中选择“曲线”选项，“部件边界”对话框变为图 3-22 所示。其中，

“边界类型”用于确定边界是“封闭”还是“开放”的。此时的选择将影响“刀具侧”的设置，如果“边界类型”为“封闭”，则“刀具侧”为“内侧”或“外侧”；如果“边界类型”为“开放”，则“刀具侧”为“左”或“右”。利用“曲线”创建边界，如图 3-23 所示。

图 3-22 “曲线”选择方法

图 3-23 利用“曲线”创建边界

3. 点

点连接起来必须可形成多边形。在“部件边界”对话框“选择方法”下拉列表选择“点”选项，“部件边界”对话框变为图 3-24 所示。除边界通过“点”方法创建外，其余各选项与图 3-22 所示对话框中的选项相同。

选择创建边界的点，然后通过“点”创建边界，如图 3-25 所示。

图 3-24 “点”选择方法

（a）选择创建边界的点

（b）通过“点”创建的边界

图 3-25 利用“点”创建边界

注意：

面边界的所有成员都具有相切的刀具位置。必须至少选择一个面边界来生成刀轨。面边界平面的法向必须平行于刀具轴。

3.1.6 切削区域

切削区域用于定义要加工的部件区域。在指定切削区域之前，必须先指定部件几何体，并且选择用来定义切削区域的几何体必须包含在部件几何体中。例如，用户可以选择一个面，该面必须是指定作为部件几何体的实体的一部分。

通过切削区域可选择多个面，但只能是平直的面。mill_planar（面铣）中的底壁铣、手工面铣以及 mill_contour（轮廓铣）等需利用切削区域定义要切削的面。

例如，在面铣中选择底壁铣工序子类型后，弹出图 3-26 所示的“底壁铣”对话框，单击“指定切削区底面”右侧的“选择或编辑切削区域几何体”按钮，弹出图 3-27 所示的“切削区域”对话框，选择待切削面。例如，在图 3-28（a）所示的部件几何体上选择加工面为待切削区域，如图 3-28（b）所示。

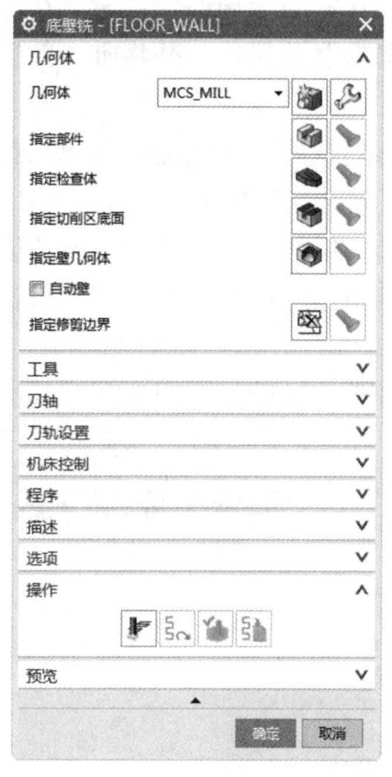

图 3-26　“底壁铣”对话框

图 3-27　“切削区域”对话框

（a）部件几何体

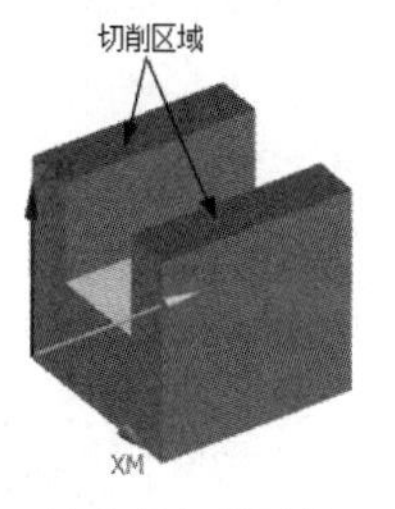

（b）待切削区域

图 3-28　选择切削区域

可以在面铣削操作中定义切削区域，或者直接从 MILL_AREA 几何体组中继承。

当 MILL_AREA（面几何体）不足以定义部件几何体上加工的面时，可使用切削区域。当希望使用壁几何体时，如果加工的面已有完成的壁，并且壁需要特别指定的余量而非部件余量时，可使用切削区域。只有垂直于刀具轴的平坦的切削区域面才会被处理。

要使用切削区域，不能同时在面铣削工序中选择或继承 MILL_AREA。如果 MILL_AREA 与切削区域混合使用，则必须移除其中一个，否则将弹出图 3-29 所示的“操作参数”警告对话框。

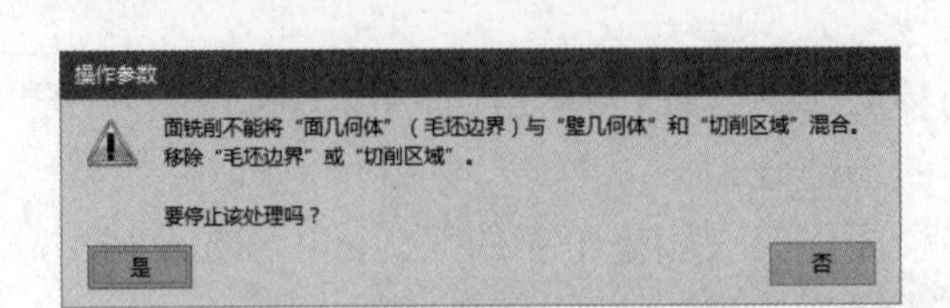

图 3-29 “操作参数”警告对话框

3.1.7 壁几何体

使用壁余量和壁几何体可以替代与部件体上的加工面相关的壁的全局部件余量。在底壁铣工序中使用壁余量和壁几何体，可以将部件上待加工面以外的面选为壁几何体，并将唯一的壁余量应用到这些面上来替换部件余量。

壁几何体可以由任意多个修剪面或未修剪面组成，唯一的限制就是这些面必须包括在部件几何体中。使用壁几何体时，首先选择或继承切削区域，以定义底壁铣工序中的加工面。

例如，在“底壁铣”对话框“几何体”栏中单击“指定壁几何体”右侧的“选择或编辑壁几何体”按钮，弹出图 3-30 所示的“壁几何体”对话框。可以通过“壁几何体”对话框选择壁几何体，或者从 MILL_AREA 几何体组中继承。

在底壁铣工序的“切削参数”对话框中可定义壁余量，如图3-31所示。图3-32说明了在底壁铣工序中与部件几何体关联的几种不同的面类型。

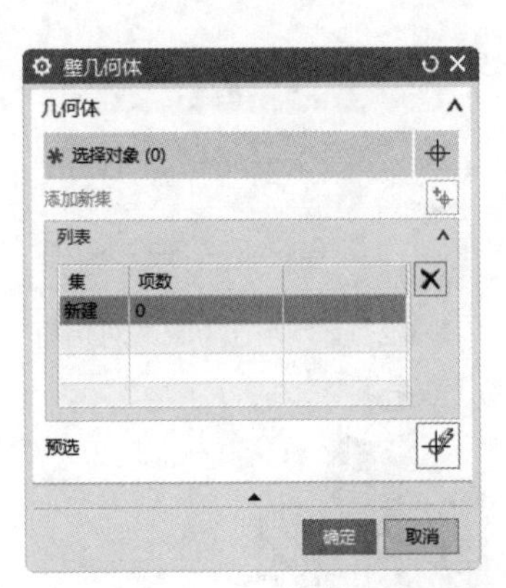

图 3-30 “壁几何体”对话框

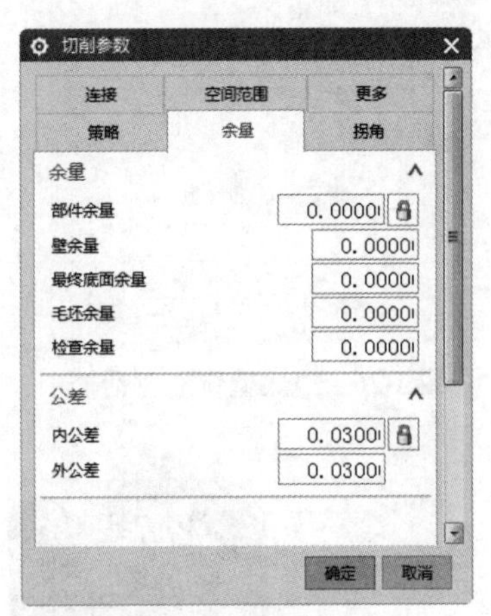

图 3-31 设置壁余量

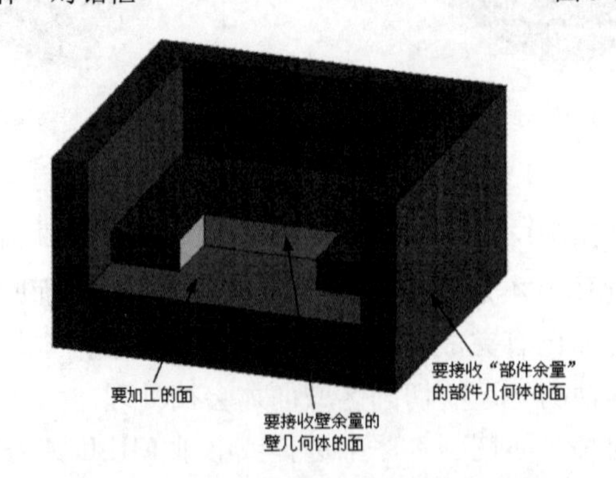

图 3-32 与部件几何体关联的几种不同面

“底壁铣”对话框中的“自动壁”复选框，即为“自动壁识别”。通过自动壁识别，“底壁铣”处理方式可以自动识别壁余量并将其应用到与选定切削区域面相邻的面。

3.1.8　岛

岛是指由内部剩余材料的部件边界包围的区域。图 3-33 所示为由内部剩余材料的部件几何体构成的岛。

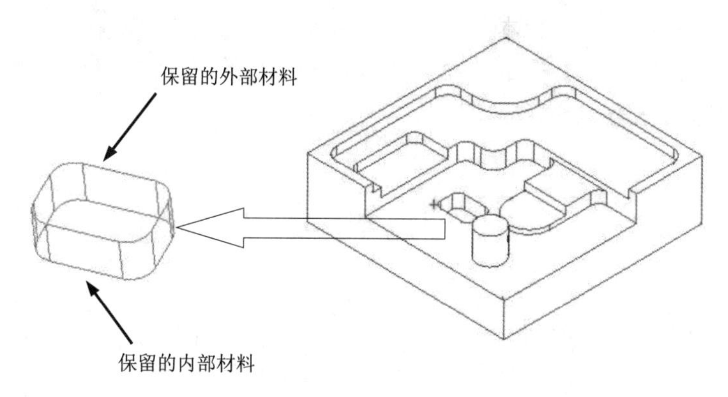

图 3-33　由内部剩余材料的部件几何体构成的岛

腔体可由两种边界来定义：一种边界是内部剩余材料的边界，另一种边界是外部剩余材料的边界。上方的边界是用外部剩余材料的边界定义的，这样可使刀具落在腔体内部；下方的边界是用内部剩余材料的边界定义的，这样可有效地定义腔体底面，如图 3-34 所示。

在图 3-34 中，只有岛 A 符合传统的岛定义。不过，在 UG NX 中将腔体底部 B 以及所有梯级（如 C 和 D）都作为岛，原因是这些区域是根据内部剩余材料的部件边界定义的。

在型腔铣中，部件几何体、毛坯几何体和检查几何体都由边界、面、曲线和实体来定义。当用户选择曲线后，系统会创建一个沿拔模角从该曲线延伸到最低切削层的面。

系统将这些面限制于那些定义它们的边上，并且这些面不能投影到这些边之外。部件几何体与毛坯几何体的差可定义要去除的材料量，如图 3-35 所示。

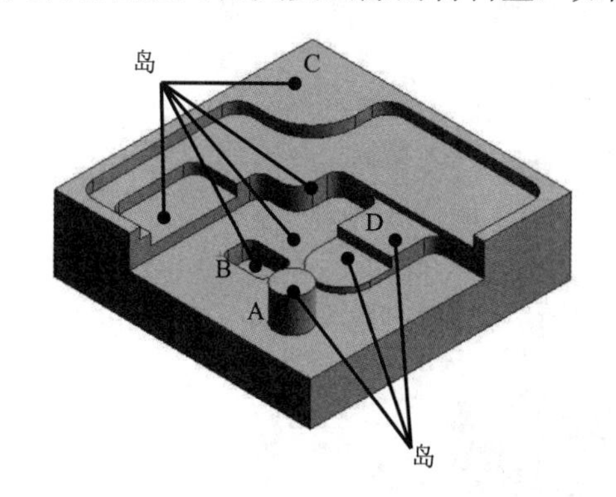

图 3-34　由内部剩余材料的部件边界定义的岛

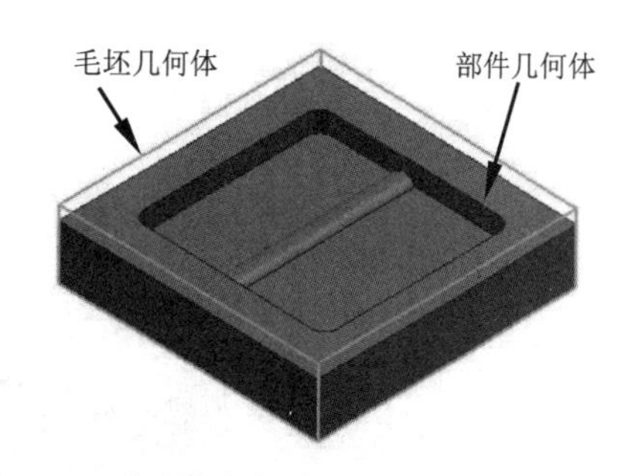

图 3-35　型腔铣中的毛坯几何体和部件几何体

毛坯几何体可以表示上述的原始余量材料，也可以通过定义与所选部件边界、面、曲线或实体的相同偏置来表示锻件或铸件。

3.1.9 制图文本几何体

制图文本几何体定义雕刻文本。注意，在创建此工序前必须创建制图文本。

在“平面文本”对话框或“轮廓文本”对话框“几何体”栏中单击“指定制图文本”右侧的“选择或编辑制图文本几何体”按钮A，弹出图3-36所示的“文本几何体”对话框。

直接选取制图文本或单击“类选择”按钮，在弹出的“类选择”对话框中即可进行设置。

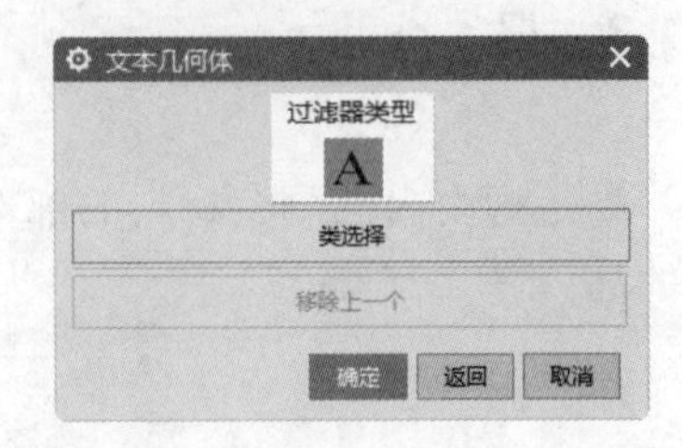

图3-36 “文本几何体”对话框

3.2 刀轴选项

使用刀轴选项指定切削刀具的方位。定义刀轴后，在将圆弧圆心选作回零点时，必须明确为系统指定处理刀轴的方式。

可以通过多种方式定义刀轴方位，如图3-37所示。

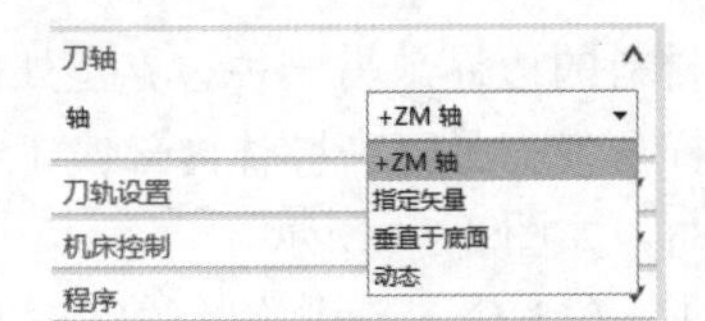

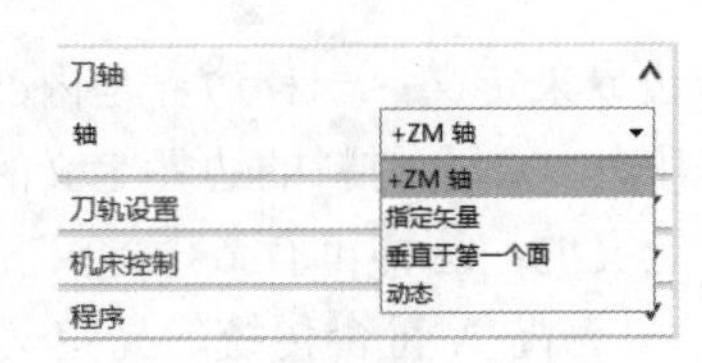

图3-37 刀轴选项

（1）+ZM 轴：将机床坐标系的轴方位指派给刀具。

（2）指定矢量：允许用户通过定义矢量指定刀轴。选择此选项，可以从指定矢量下拉列表中选择一个矢量；或者单击“矢量对话框”按钮，在弹出的“矢量”对话框中指定矢量。

（3）垂直于底面：用于平面铣工序，定向刀轴，使其垂直于底面且朝向机床+ZM 轴的常规方向。

（4）垂直于第一个面：用于面铣工序，将刀轴定向为垂直于第一个选定的面。

（5）动态：可以在图形窗口中操纵矢量以指定刀轴，如图3-38所示。

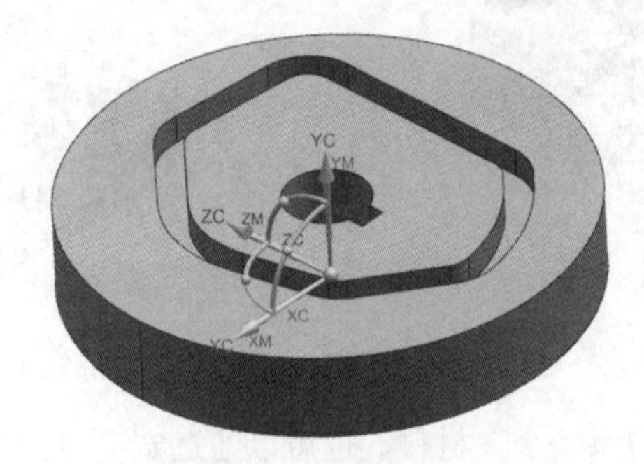

图3-38 动态刀轴

3.3 切削模式

切削模式确定了用于加工切削区域的刀轨模式，不同的切削模式可以生成不同的路径。UG NX 12.0 提供了往复、单向、单向轮廓、跟随周边、跟随部件、轮廓、标准驱动和摆线等切削模式。

3.3.1 往复

往复切削模式创建一系列平行直线刀路，彼此切削方向相反，但步进方向一致。在步距的位移上没有提刀动作，刀具在步进过程中保持连续的进刀状态，是一种最节省时间的切削方法。这种切削模式的特点如下。

（1）切削方向相反，交替出现一系列顺铣和逆铣切削。顺铣或逆铣切削方向不会影响切削行为，但会影响其中用到的清壁操作的方向。

（2）如果没有指定切削区域起点，那么刀具将尽量从外围边界的起点处开始切削。

（3）往复式切削基本按直线进行。为保持切削运动的连续性，在不超出横向进给距离的条件下，刀具可以沿切削区域轮廓进行切削，但跟随轮廓的刀具路径不能和其他刀具路径相交，并且偏离走刀直线方向的距离应小于横向进给距离。如图 3-39 所示，最后一条往复刀路偏离了直线方向，而是跟随切削区域的形状以保持连续的切削刀轨。如果往复切削刀路无法跟随切削区域轮廓，那么系统将生成一系列较短的刀路，并在子区域间移动刀具进行切削，如图 3-40 所示。步进移动始终跟随切削区域轮廓移动。

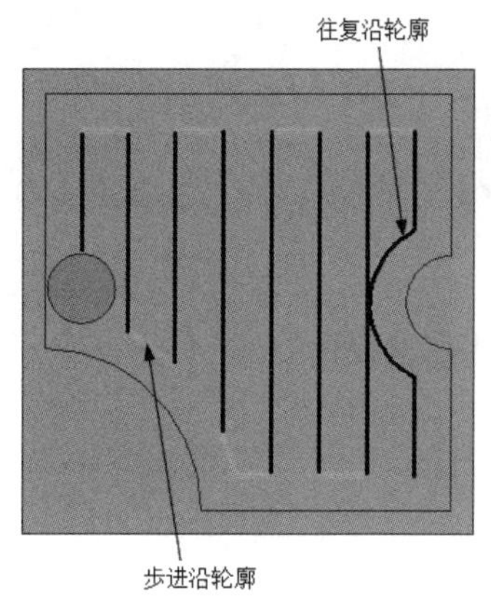

图 3-39 往复（沿切削区域轮廓）

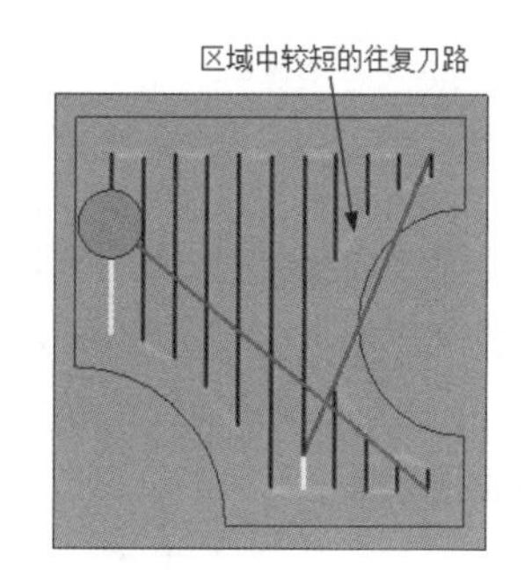

图 3-40 往复（不沿切削区域轮廓）

（4）实际加工中，如果工件腔内没有工艺孔，刀具应该沿斜线切入工件，斜角应控制在 5°以内。

3.3.2 单向

单向切削模式生成一系列线性平行的单向刀路。在连续的刀路间不执行轮廓切削。单向切削生成的相邻刀具路径之间全是顺铣或逆铣。

单向切削模式的特点如下。

（1）刀具从切削刀路的起点处进刀，并切削至刀路的终点。然后刀具退刀，移动至下一刀路的起点，再以相同的方法进行切削。

图 3-41 和图 3-42 分别说明了“顺铣”和“逆铣”切削的单向刀具运动的基本顺序。

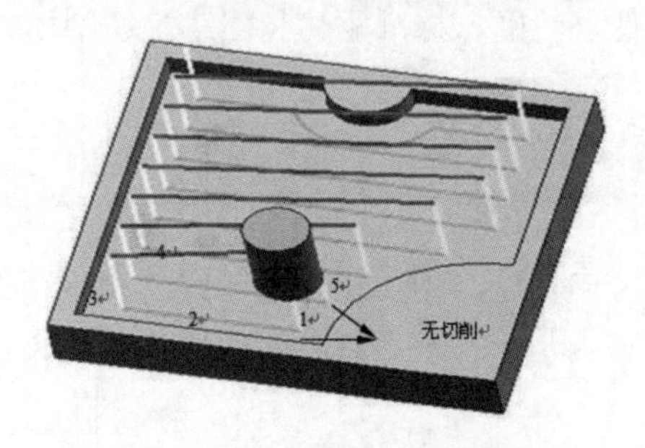

图 3-41　单向切削刀轨顺铣

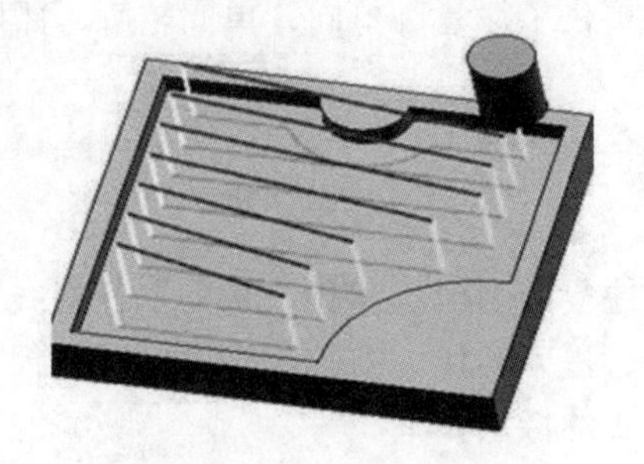

图 3-42　单向切削刀轨逆铣

（2）在刀路不相交时，单向切削生成的刀路可跟随切削区域的轮廓。如果单向切削生成的刀路相交，则无法跟随切削区域的轮廓，那么将生成一系列较短的刀路，并在子区域间移动刀具进行切削，如图 3-43 所示。

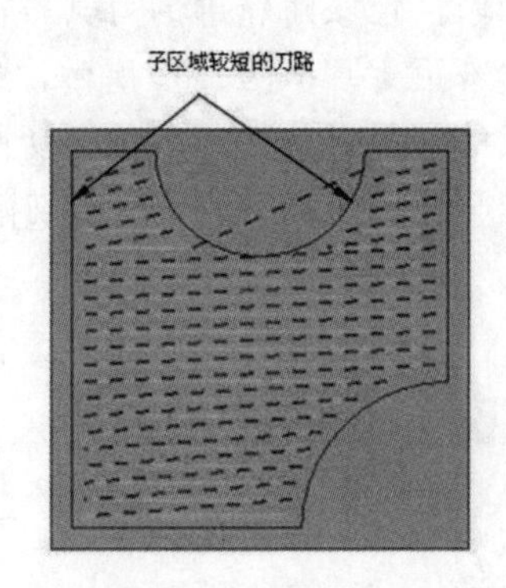

图 3-43　单向切削刀轨

（3）切削方向始终一致，即始终保持顺铣或逆铣，刀轨是连续的。

（4）单向切削非常适合于岛屿的精加工。

3.3.3　单向轮廓

单向轮廓切削模式以一个方向的切削进行加工。沿线性平行刀路的前后边界添加轮廓加工移动。在刀路结束的地方，刀具退刀并在下一个切削的轮廓加工移动开始的地方重新进刀。它将严格保持顺铣或逆铣切削。系统根据沿切削区域边界的第一个单向刀路来定义顺铣或逆铣刀轨。

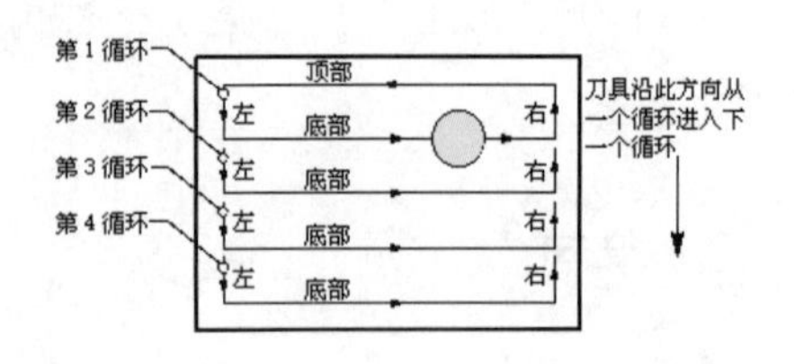

图 3-44　单向轮廓环

单向轮廓切削的刀路为一系列环，如图 3-44 所示。第一个环有 4 条边，之后的所有环均只有 3 条边。

刀具从第一个环底部的端点处进刀。系统根据刀具从一个环切削至下一个环的大致方向来定义每个环的底侧。刀具移动的大致方向是从每个环的顶部移至底部。

切削完第 1 个环后，刀具将移动到第 2 个环的起始位置。由于第 1 个环的底部即对应于第 2 个环的顶部，因此第 2 个环中只剩下 3 条要切削的边。系统将从第 2 个环的左侧边起点处进刀。后续环中将重复此模式。

单向轮廓切削与单向切削类似，只是在横向进给时刀具沿区域轮廓进行切削形成刀轨，如图 3-45 所示。

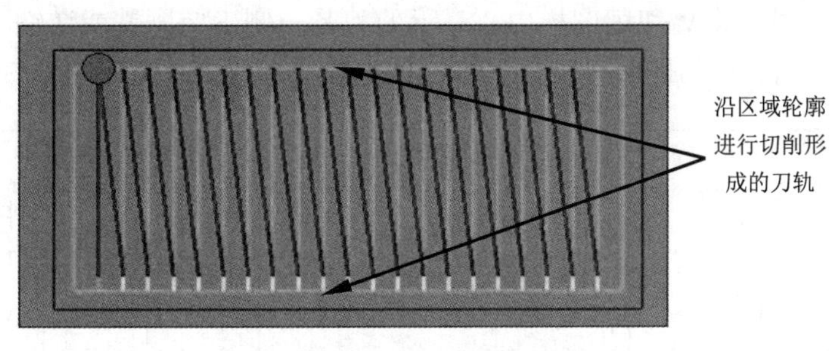

图 3-45　单向轮廓切削

单向轮廓切削模式的特点如下。

（1）切削图样将跟随两个连续单向刀路间的切削区域的轮廓，由沿切削区域边界的第一个单向刀路来定义顺铣或逆铣刀轨。

（2）步进在刀具移动时跟随切削区域的轮廓。单向刀路也跟随切削区域的轮廓，但必须是轮廓不会导致刀路相交。

（3）如果存在相交刀路使得单向刀路无法跟随切削区域的轮廓，那么系统将生成一系列较短的刀路，并在子区域间移动刀具进行切削。

（4）这种加工方式适用于在粗加工后要求余量均匀的零件加工，如侧壁高且薄的零件，加工比较平稳，不会影响零件的外形。

（5）刀轨运动顺序。刀轨运动顺序根据加工工艺确定，如图 3-46 所示，其中各数字代表运动顺序。

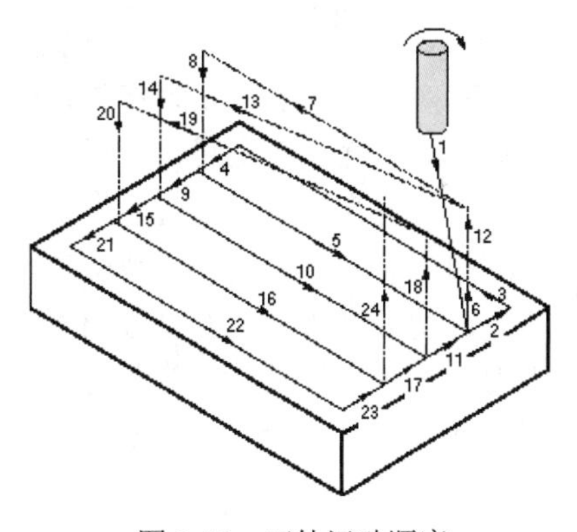

图 3-46　刀轨运动顺序

3.3.4　跟随周边

跟随周边切削模式可以跟随切削区域的轮廓生成一系列同心刀路的切削图样（通过偏置该区域的边缘环可以生成这种切削图样）。当刀路与该区域的内部形状重叠时，这些刀路将合并成一条刀路，然后再次偏置这条刀路就形成下一条刀路。可加工区域内的所有刀路都将是封闭形状。跟随周边通过使刀具在步进过程中不断地进刀而使切削运动达到最大程度。

跟随周边切削模式的特点如下。

（1）刀具的轨迹是同心封闭的。

（2）刀具的切削方向与往复切削模式一样，跟随周边切削在横向进给时一直保持切削状态，可以产生最大化切削，所以特别适用于粗铣。跟随周边在内腔零件的粗加工中应用较多，如模具的型芯和型腔。

（3）如果设置的进给量大于刀具半径，两条路径之间可能产生未切削区域，导致切削不完全，在加工工件表面留有残余材料。

利用跟随周边切削模式进行切削时，除需要指定顺铣和逆铣外，还需要在“切削参数”对话框中指定横向进给方向——向内或向外。

采用向内腔体方向时，由离切削图样中心最近的刀具一侧确定顺铣或逆铣，如图 3-47 所示；采用向外腔体方向时，由离切削区域边缘最近的刀具一侧确定顺铣或逆铣，如图 3-48 所示。

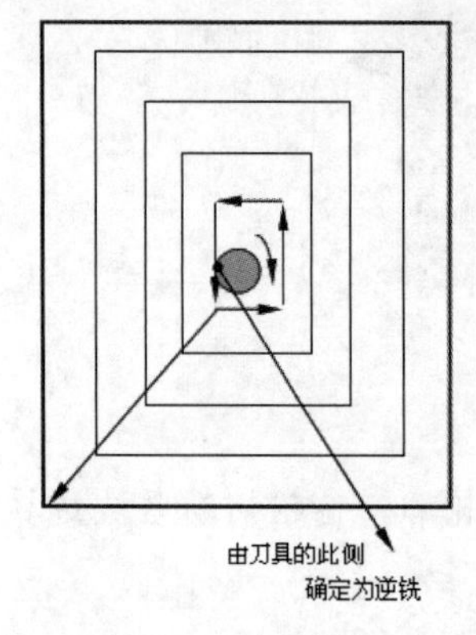

图 3-47　向外逆铣

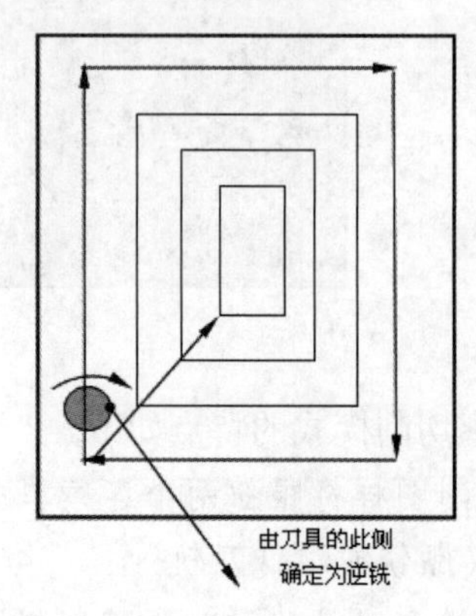

图 3-48　向内逆铣

对于向内进给切削，系统首先切削所有开放刀路，然后切削所有封闭的内刀路。切削时根据零件外轮廓向内偏置，产生同心轮廓。

对于向外进给切削，系统首先切削所有封闭的内刀路，然后切削所有开放刀路。刀具从工件要切削区域的中心向外切削，直到切削到工件的轮廓。

对于自动进给切削，刀轨方向可基于区域和切削层进行优化。例如，具有开放周边的区域可创建向内刀轨，而部分或完全被壁包围的区域可使用向外刀轨。

图 3-49（a）所示为采用顺铣切削和向内腔体方向时跟随周边切削刀具运动的轨迹，图 3-49（b）所示为使用顺铣切削和向外腔体方向时跟随周边切削刀具运动的轨迹。

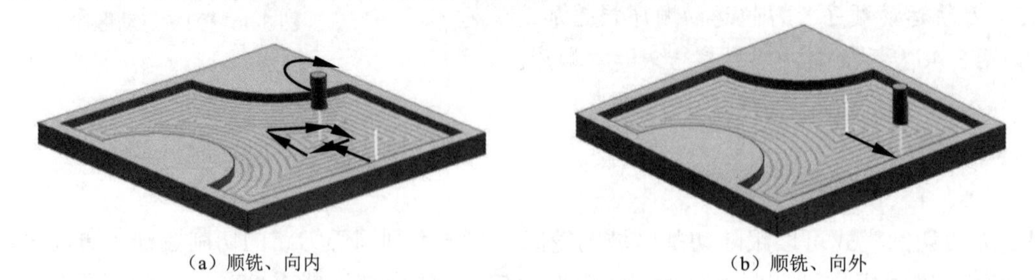

（a）顺铣、向内　　（b）顺铣、向外

图 3-49　跟随周边切削轨迹

跟随周边切削刀路可创建封闭形状，这些形状偏离于切削区域的周边环。只要刀路不相交，跟随周边切削模式刀轨即跟随切削区域轮廓以保持连续切削运动。

跟随周边刀轨可生成对角刀具移动，称为尖牙，以从角落处除料。当步距与刀具直径相比较大，且角落处的刀路间没有重叠时，就需要尖牙移动。当区域中的连续刀路之间存在大步距时，可生成附加清理移动。如果步距大于刀具直径的 50%，但小于刀具直径的 100%，则视为大步距。

3.3.5　跟随部件

跟随部件切削模式是根据指定的零件几何产生一系列同心线来切削区域轮廓。该模式和跟随周边切削模式类似，不同的是跟随周边切削只能从零件几何或毛坯几何定义的外轮廓偏置得到刀具路径，跟随部件切削则可以保证刀具沿零件轮廓进行切削。

1．特点

（1）跟随部件切削不允许指定横向进给方向，横向进给方向由系统自动确定，即总是朝向零件几何体，即靠近零件的路径最后切削。

（2）所有部件几何体，包括周边回路、岛和型腔都是等距偏置。相交偏置不会交叉，但会相互修剪。

（3）如果切削区域中没有岛屿等几何形状，则此切削模式和跟随周边切削模式生成的刀具轨迹相同。

（4）根据工件的几何形状确定切削方向，不需要指定切除材料的内部还是外部。

（5）对于型腔加工，加工方向向外；对于岛屿，加工方向向内。

（6）适合加工零件中有凸台或岛屿的情况，这样可以保证凸台和岛屿的精度。

（7）如果没有定义零件几何，该方法就用毛坯几何进行偏置得到刀具路径。

其与跟随周边切削模式的区别如下。

（1）跟随部件切削模式从整个指定的部件几何体中形成相等数量的偏置。

（2）不需要指定切除材料的内部还是外部。对于型腔加工，加工方向向外；对于岛屿，加工方向向内。

（3）在带有岛的型腔区域中使用跟随部件切削，不需要使用带有岛清理的跟随周边切削。跟随部件切削将保证在不设置任何切换的情况下完整切削整个部件几何体。

（4）跟随部件切削可以保证刀具沿整个部件几何体进行切削，无须设置岛清理刀路。

2．步进方向

（1）面区域：对于面区域（区域的边缘环由毛坯几何体定义且不存在部件几何体），偏置将跟随毛坯几何体的周边形状，并且步进方向向内，如图 3-50 所示。

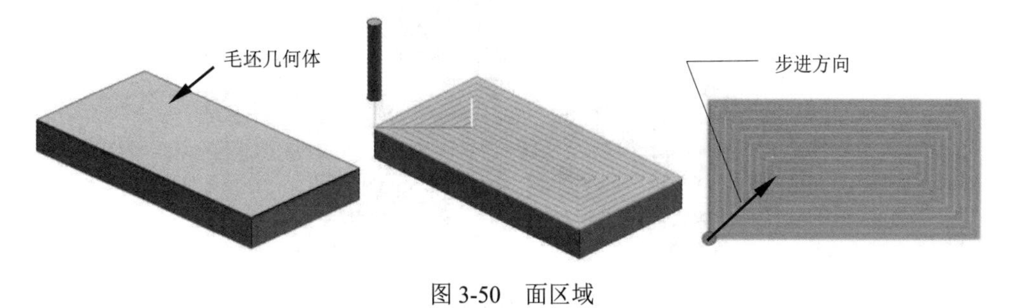

图 3-50　面区域

（2）型芯区域：对于型芯区域（边缘环通过指定毛坯边界定义，岛通过指定部件边界定义），偏置跟随部件几何体的形状，步进方向指向定义每个岛的部件几何体的内部，如图 3-51 所示。

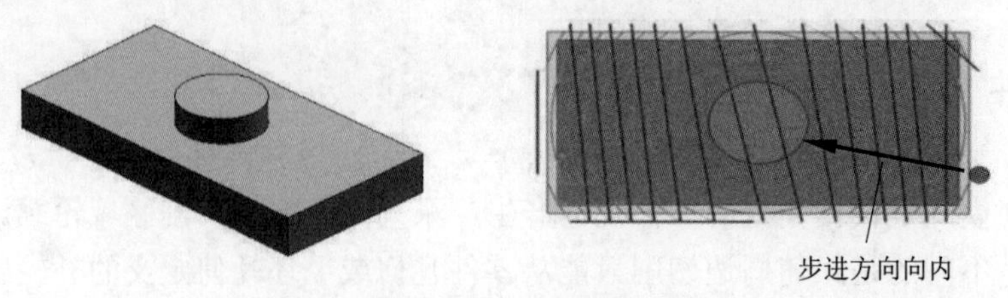

图 3-51　型芯区域

（3）型腔区域：对于型腔区域（边缘环通过指定部件边界确定），步进方向向外时，则朝向定义型腔边缘的部件几何体；步进方向向内时，则朝向定义每个岛的部件几何体，如图 3-52 所示。

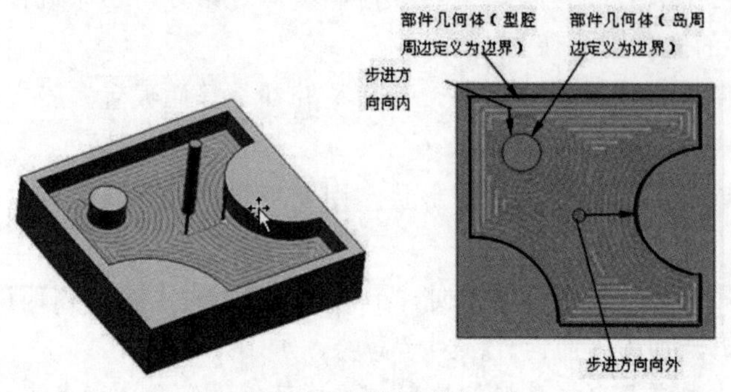

图 3-52　型腔区域

（4）开放侧区域：对于开放侧区域（这些区域中，由于部件几何体和毛坯几何体相交，部件几何体偏置不创建封闭边缘形状），步进方向向外时，则朝向定义周边的部件几何体；步进方向向内时，则朝向定义岛的部件几何体。

3.3.6　轮廓

轮廓切削模式可沿切削区域创建一条或多条刀具路径，适用于对部件壁面进行精加工。它可以加工开放区域，也可以加工闭合区域。如图 3-53 所示，其切削路径与区域轮廓有关。该模式按偏置区域轮廓来创建刀具路径。

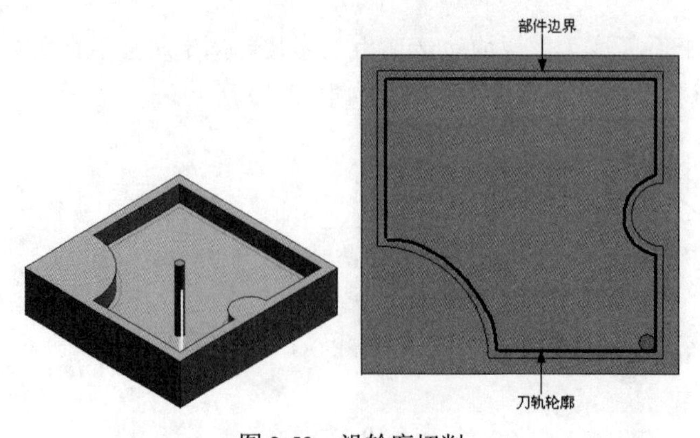

图 3-53　沿轮廓切削

轮廓切削可以通过“附加刀路”选项来指定多条刀具路径，如图 3-54 所示。图 3-54（a）中无附加刀路，图 3-54（b）中有两条附加刀路。

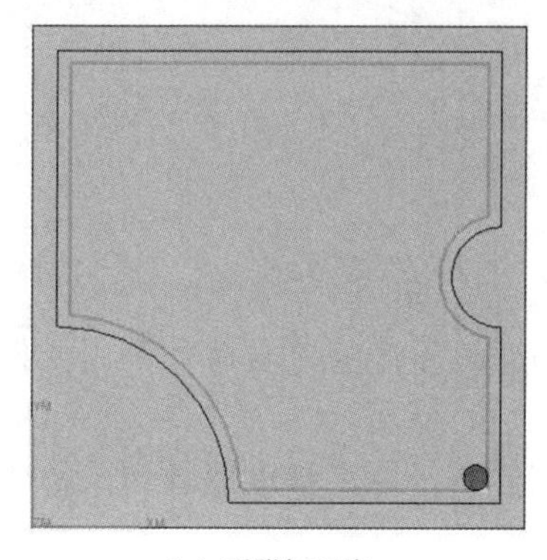

（a）无附加刀路

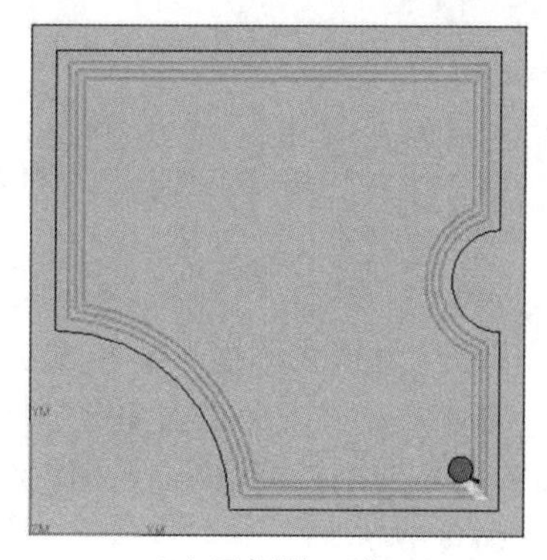

（b）两条附加刀路

图 3-54　轮廓切削与附加刀路

轮廓切削模式的特点如下。

（1）可以加工开放区域，也可以加工闭合区域。

（2）可通过一条或多条切削刀路对部件壁面进行精加工。

（3）可以通过指定“附加刀路”值来创建附加刀路，以允许刀具向部件几何体移动，并以连续的同心切削方式切除壁面上的材料。

（4）对于具有封闭形状的可加工区域，沿轮廓切削刀路的构建和移刀方式与跟随部件切削模式相同。

（5）一次可以同时切削多个开放区域。如果几个开放区域相距过近，导致切削刀路出现交叉，系统将调整刀轨。如果一个开放形状和一个岛相距很近，切削刀路将从开放形状指向外，并且系统将调整该刀路使其不会过切岛。如果多个岛相距很近，切削刀路将从岛指向外，并且在交叉处合并在一起，如图 3-55 所示。

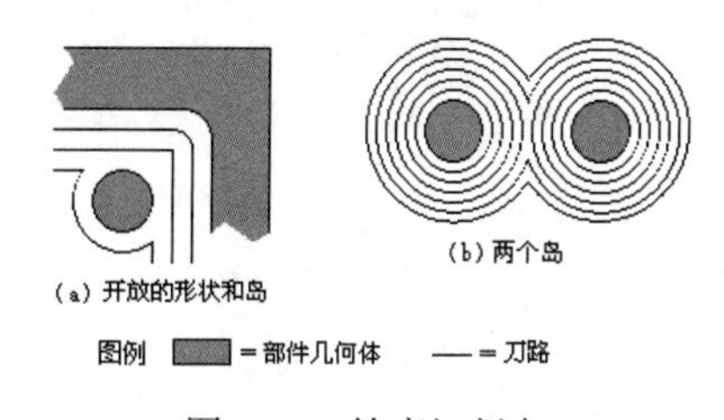

图 3-55　轮廓切削岛

注意：

当步距非常大时（步距大于刀具直径的 50%，小于刀具直径的 100%），连续刀路间的某些区域可能切削不到。轮廓切削使用的边界不能自相交，否则将导致边界的材料侧不明确。

3.3.7　标准驱动

标准驱动切削模式类似于轮廓切削模式，刀具准确地沿指定边界移动，产生沿切削区域轮廓的刀具路径，但它允许刀轨自相交（可以在平面铣的“切削参数”对话框中的“自相交”栏中设置是否允许刀轨自相交），如图 3-56 所示。

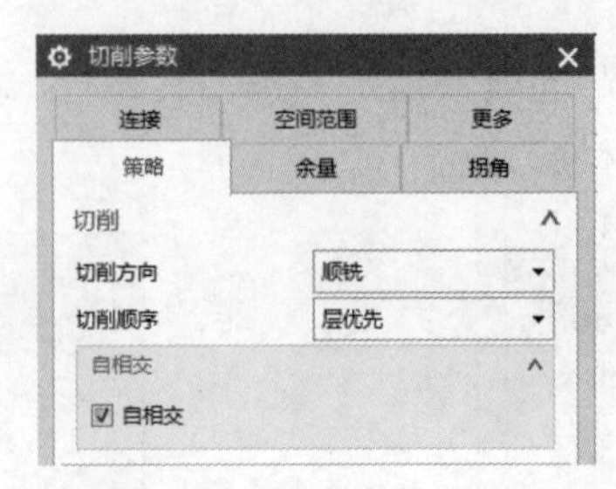

图 3-56 “切削参数”对话框中的“自相交”复选框

（1）与轮廓切削模式不同，该模式完全按指定的轮廓边界产生刀具路径，因此刀具路径可能产生交叉，也可能产生过切的刀具路径。

（2）标准驱动切削不检查过切，因此可能导致刀轨重叠。使用标准驱动切削模式时，系统将忽略所有检查和修剪边界。

标准驱动切削模式的特点如下。

（1）忽略所有检查和修剪边界。

（2）通过“自相交”复选框确定是否允许刀轨自相交。

（3）将各个形状视为独立区域。

（4）不检查过切，因此可能导致刀轨重叠。

标准驱动切削模式与轮廓切削模式产生的刀轨如图 3-57 所示。

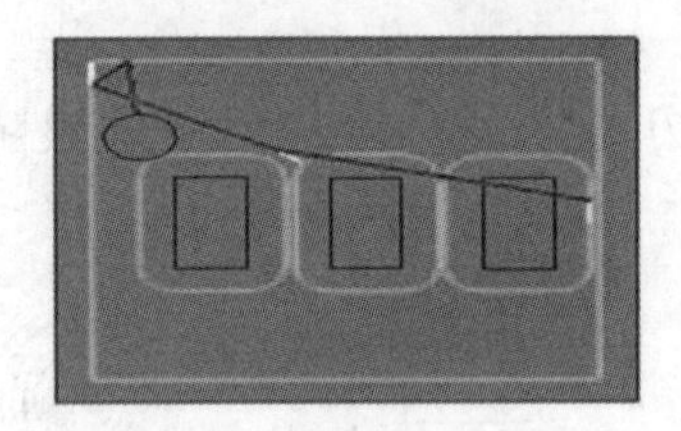

（a）标准驱动切削模式

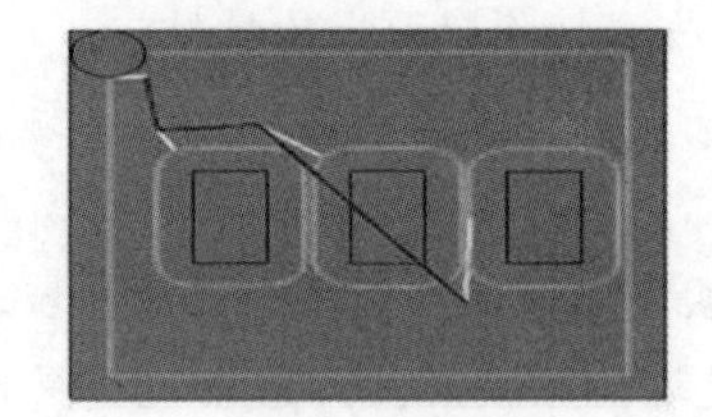

（b）轮廓切削模式

图 3-57 标准驱动与轮廓切削模式产生的刀轨

在以下情况下，使用标准驱动切削可能会导致无法预见的结果。

（1）在与边界的自相交处非常接近的位置更改刀具位置（对中或相切）。

（2）在刀具太大，无法以对中刀具位置切削拐角的拐角中使用对中刀具位置。

（3）由多个小边界段组成的凸角，如由样条创建的边界形成的凸角。

3.3.8 摆线

当需要限制过大的步距以防止刀具在完全嵌入切口时折断，且需要避免过量切削材料时，可采用摆线模式。在进刀过程中，岛和部件之间以及窄区域中总是会得到内嵌区域，系统可通过部件摆线切削偏置来消除这些区域。

摆线切削模式是一种刀具以圆形回环模式移动而圆心沿刀轨方向移动的铣削方法，如图 3-58 所示。刀具以小型回环运动方式来加工材料，即刀具在以小型回环运动方式移动的同时也在旋转。将这种方式与常规切削方式进行比较，在后一种情况下，刀具以直线刀轨向前移动，其各个侧面都被材料包围。选择摆线切削模式后，“切削参数”对话框如图 3-59 所示。

1. 摆线宽度

摆线宽度指定从摆线圆的刀轨中心线测量的直径，如图 3-60 所示。其最小值为 0，最大值无限制，但最好不大于刀具直径，默认值为刀具直径的 60%。

图 3-58　摆线切削

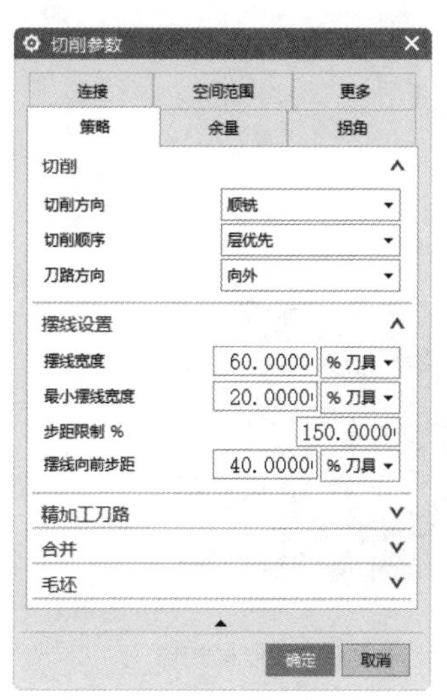

图 3-59　摆线切削的“切削参数”对话框

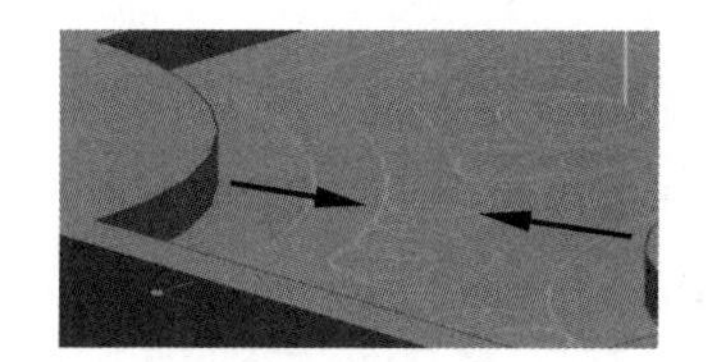

图 3-60　摆线宽度

2. 最小摆线宽度

最小摆线宽度指定允许的摆线圆的最小直径。使用可变宽度，可加大在尖角和狭槽中对刀轨的控制。其最小值大于 0，最大值小于摆线宽度，默认值为刀具直径的 20%，最小摆线宽度必须小于摆线宽度，否则会显示警告。

3. 步距限制%

步距限制%指定实际步距可超过主工序页面上指定的步距的最大数量。摆线环可防止出现更大的步距。其最小值为 100%，最大值为 200%，默认值为 150%。计算出的最大步距必须小于刀具直径，否则会显示警告。

4. 摆线向前步距

摆线向前步距指定摆线圆沿刀轨的间隔距离。摆线向前步距必须小于或等于步距，如图 3-61 所示，默认值为 50%刀具。如果将摆线向前步距设置为 6，则弹出图 3-62 所示的提示对话框；如果将步距的“平面直径百分比”改为大于 60 或将摆线向前步距改为 40%刀具，则可消除设置错误。

摆线切削模式的特点如下。

（1）使用摆线切削模式可以限制多余步距，以防刀具完全嵌入材料时损坏刀具。

（2）避免嵌入刀具。在进刀过程中，大多数切削模式会在岛和部件之间以及狭窄区域中产生嵌入区域。

（3）摆线切削有向外摆线和向内摆线两种模式。向外摆线切削模式通常从远离部件壁处开始，向部件壁方向行进。这是首选模式，它将圆形回路和光顺的跟随运动有效地组合在一起，可以更好地排屑并延长刀具寿命。向内摆线切削模式沿回路方向进行部件切削，然后以光顺跟随周边模式切削向内刀路。

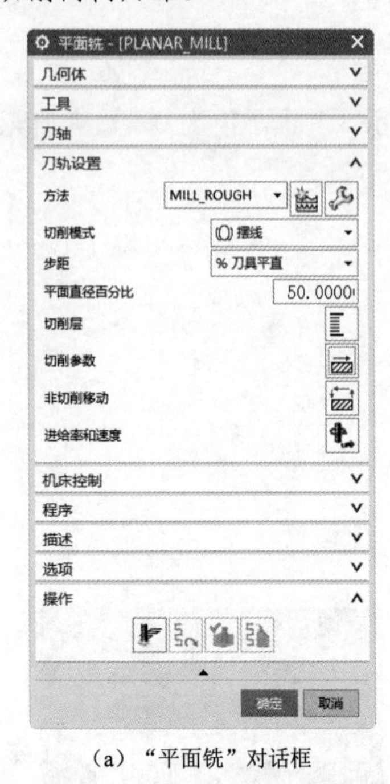

（a）“平面铣”对话框

摆线宽度

步距

（b）摆线宽度和步距

图 3-61 摆线向前步距

图 3-62 提示对话框

扫一扫，看视频

3.4 公共工序步距选项

步距用于指定切削刀路之间的距离，是相邻两次走刀之间的间隔距离，如图 3-63 所示。间隔距离指在 *XY* 平面上铣削的刀位轨迹间的距离。因此，所有加工间隔距离都是以平面上的距离来计算的。该距离可直接通过输入一个常数值或刀具直径的百分比来指定，也可以输入残余波峰高度由系统计算切削刀路间的距离。

确定步距的方法主要有恒定、残余高度、%刀具平直、多重变量，如图 3-64 所示。可以通过输入一个常数值或刀具直径的百分比直接指定该距离；也可通过输入波峰高度并允许系统计算切削刀路间的距离，间接指定该距离。此外，可以指定步距使用的允许范围，或指定步距大小和相应的刀路数目来定义多重变量步距。

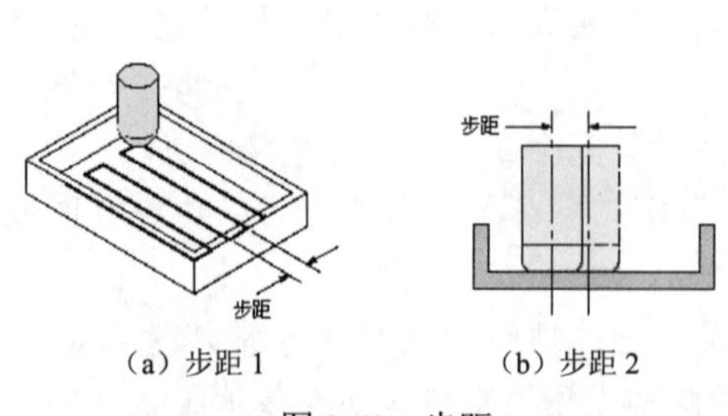

（a）步距 1　　（b）步距 2

图 3-63 步距

图 3-64 步距选项

当选择不同的步距选项时，步距对应的设置方式也将发生变化。下面分别介绍各个步距选项的含义。

3.4.1　恒定

恒定用于指定连续切削刀路间的固定距离。在图 3-65（a）中，部件切削区域长度为 180mm，切削步距为 15mm，共有 13 条刀路，12 个步距。如果指定的刀路间距不能平均分割所在区域，系统将减小这一刀路间距以保持恒定步距。例如，如果在图 3-65（a）中将步距改为 11mm，那么将生成 17 条刀路，16 个步距，每个步距的长度将改变为 180/16=11.25mm，如图 3-65（b）所示。

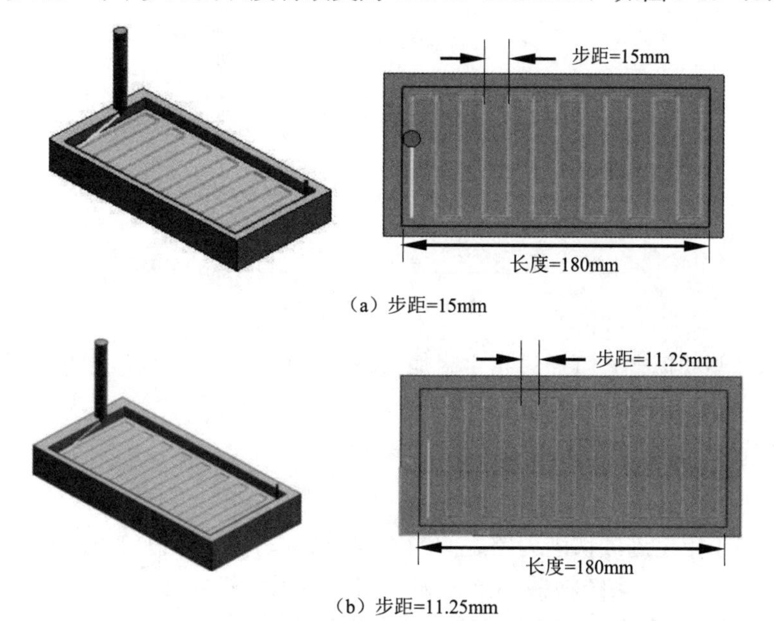

图 3-65　系统保持恒定步进

对于轮廓和标准驱动模式，可以通过指定“附加刀路”值来指定连续切削刀路间的距离以及偏置的数量。附加刀路定义了除沿边界切削的轮廓或标准驱动刀路之外的其他刀路的数量，如图 3-66 所示。

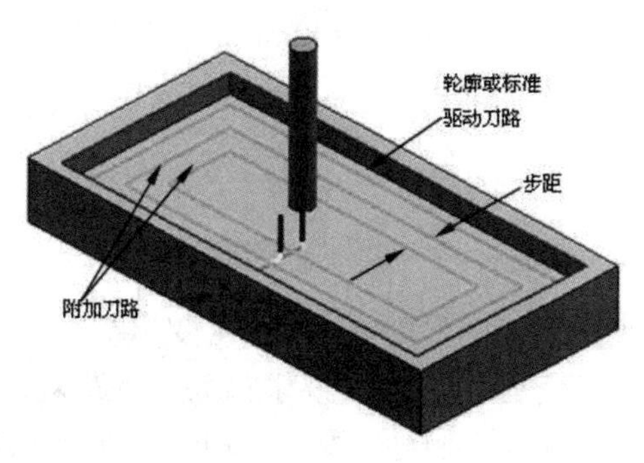

图 3-66　两个附加刀路

3.4.2　残余高度

残余高度用于指定残余波峰高度（两个刀路间剩余材料的高度），从而在连续切削刀路间建立起固定距离，如图 3-67 所示。系统将计算所需步距，从而使刀路间剩余材料的高度不大于指定的高度。由于边界形状不同，因此计算出的每次切削的步距也不同。为保护刀具在切除材料时不至于负载过重，最大步距被限制在刀具直径的 2/3 以内。对于曲面轮廓铣工序，高度是垂直于驱动面进行测量的。

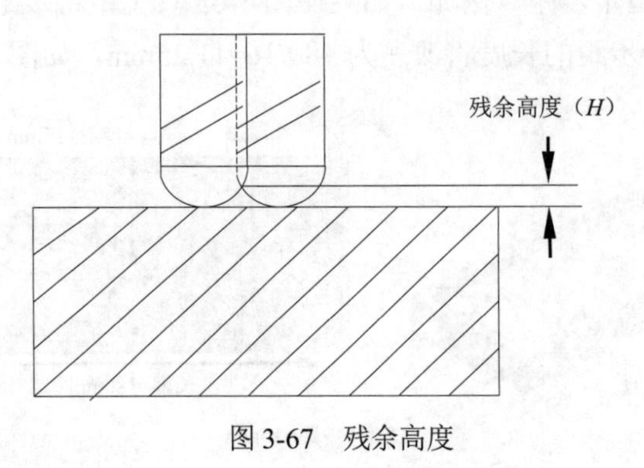

图 3-67　残余高度

对于轮廓和标准驱动模式，可通过指定附加刀路值来指定残余高度以及偏置的数量。

3.4.3　%刀具平直

%刀具平直可用于指定连续切削刀路之间的固定距离作为有效刀具直径的百分比。如果刀路间距不能平均分割所在区域，系统将减小这一刀路间距以保持恒定步距。对于轮廓和标准驱动模式，%刀具平直可通过指定附加刀路值来指定连续切削刀路间的距离以及偏置的数量。

有效刀具直径是指实际接触到腔底部的刀刃直径，如图 3-68 所示。对于球头铣刀，系统将整个刀具直径作为有效刀具直径；对于其他刀具，有效刀具直径按 *D*−2CR（计算 *D* 表示刀具直接；CR 表示拐角半径）。例如，刀具直径=10mm，刀具拐角半径=2mm，有效刀具直径=6mm，百分百=50，步距=3mm。

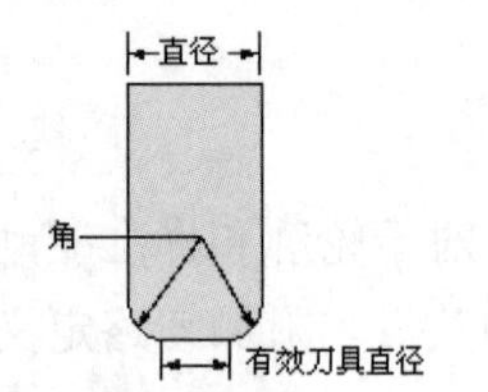

图 3-68　有效刀具直径

3.4.4　变量平均值

当切削方法不同时，在“步距”下拉列表中显示的可变步距选项的名称也不同。往复、单向和单向轮廓模式对应的选项名称为“变量平均值”，要求输入步距最大值和最小值。

在往复、单向和单向轮廓切削模式下通过“变量平均值”指定步距，该步距能够不断调整，以保证刀具始终与边界相切并平行于 Zig（单向）和 Zag（往复）切削。在“最大值”“最小值”文本框中输入允许的范围值，系统将使用该值来决定步进大小和刀路数量，如图 3-69 所示。系统将计算出最少步距数，这些步距可以将平行于 Zig 和 Zag 刀路的壁面间的距离平均分割；同时系统还将调整步距，以保证刀具始终沿着壁面进行切削而不会剩下多余的材料。

如果为“变量平均值”步距的最大值和最小值指定相同的值，系统将严格地生成一个固定步距值，但这可能导致刀具在沿平行于 Zig 和 Zag 切削的壁进行切削时留下未切削的材料。如图 3-70 所示，最大步距和最小步距都为 11mm，进行往复切削时，刀路步距固定为 11mm，但在最后刀路切削完毕后，将留有部分未切削材料。

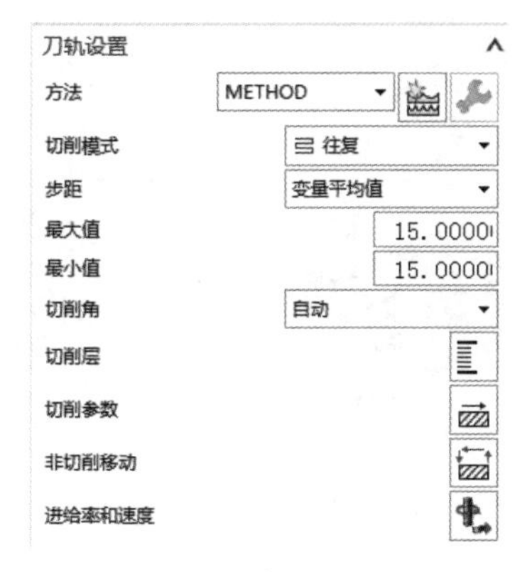

图 3-69　变量平均值

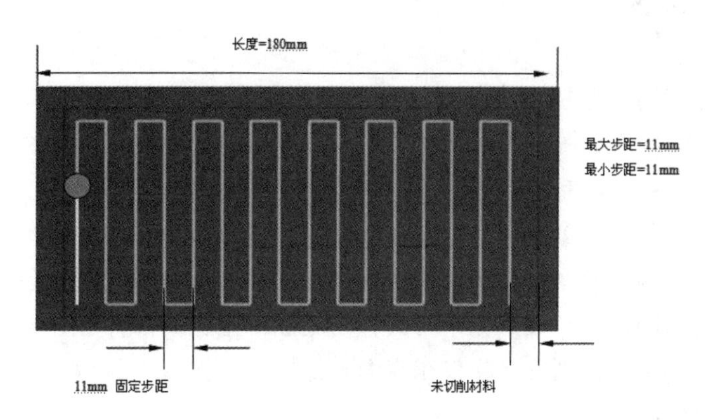

图 3-70　相同的最大值和最小值

3.4.5　多重变量

在跟随周边、跟随部件、轮廓和标准驱动切削模式下，通过“多重变量”指定多个步距大小以及相应的刀路数，如图 3-71 所示。

图 3-71 中步距列表中的第一部分始终对应于距离边界最近的刀路，对话框中随后输入的步距将使刀路逐渐向腔体中心移动，如图 3-72 所示。当结合的步距和刀路数超出或无法填满要加工的区域时，系统将从切削区域的中心减去或添加一些刀路。例如，在图 3-72 中，结合的步距和刀路数超出了腔体大小，系统将保留指定的距边界最近的刀路数（步距=4 的 3 个刀路和步距=8 的 2 个刀路，共 5 个刀路），但将减少腔体中心处的刀路数（从指定的步距=2 的 8 个刀路减少到 5 个刀路）。

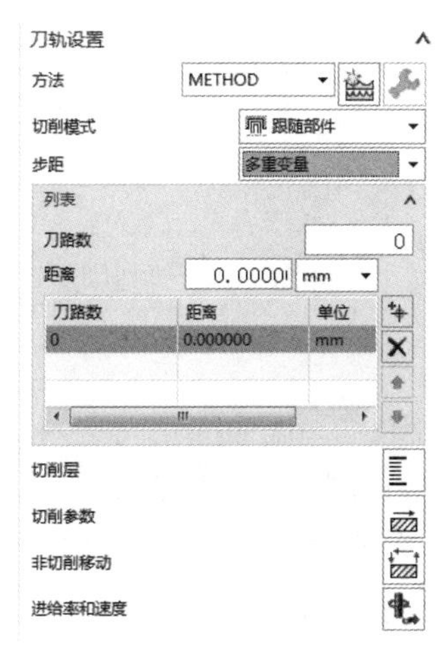

图 3-71　多重变量

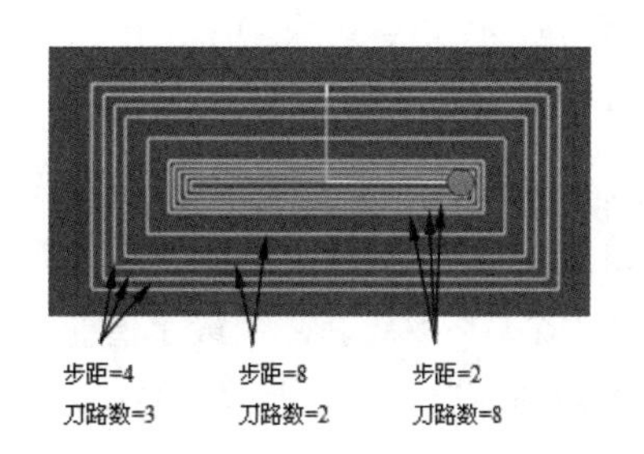

图 3-72　跟随部件多个步距

注意：

> “多重变量”选项实质上定义了轮廓或标准驱动切削模式中使用的附加刀路，因此使用轮廓或标准驱动时，如果在附加刀路中输入的值对刀路数量的产生没有影响，则表示附加刀路处于非激活状态。

扫一扫，看视频

3.5 切削层参数

使用切削层命令指定切削范围以及各范围中的切削深度，切削层如图 3-73 所示。型腔铣和深度铣工序在沿刀轴移到下一层之前完成一层的切削。

切削深度可以由岛顶部、底平面和输入值来定义。只有在刀具轴与底面垂直或者部件边界与底面平行的情况下才会应用切削深度参数，如果刀具轴与底面不垂直或部件边界与底面不平行，则刀轨将仅在底面上生成（正如将“类型”设为“仅底面”）。

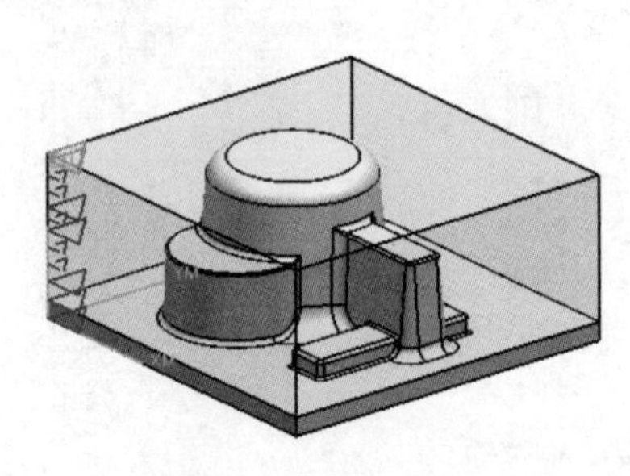

图 3-73 切削层示意图

3.5.1 面铣削切削层参数

例如，在“平面铣”对话框的“刀轨设置”栏中单击“切削层”按钮，弹出图 3-74 所示的“切削层”对话框，从中可对切削深度进行设置。

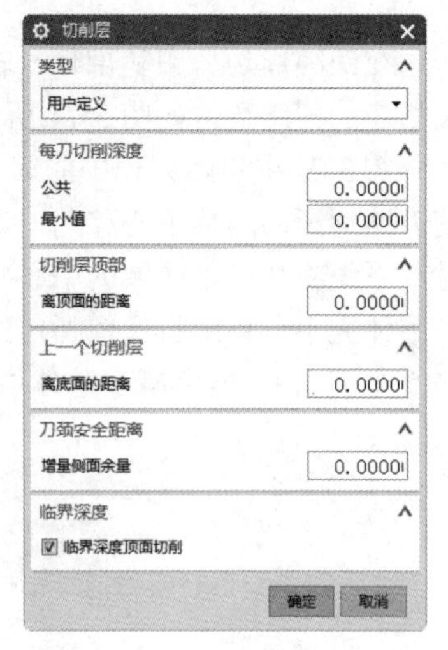

图 3-74 “切削层”对话框

1. 类型

（1）用户定义：用户可根据具体切削部件进行相关设置。

①例如，设置“公共”为 6，“最小值”为 1，“离顶面的距离”为 2，“离底面的距离”为 2，形成的切削刀轨如图 3-75（a）所示。其中，第一层刀轨和最后一层刀轨的切削深度都为 2，中间 3 层切削深度由系统均分，但深度值在“公共”6 和“最小值”1 之间。

②设置“公共”为 6，“最小值”为 1，“离顶面的距离”为 0，“离底面的距离”为 2，形成的切削刀轨如图 3-75（b）所示。最后一层刀轨的切削深度都为 2，其他 3 层的切削深度均分为 6。

③设置“公共”为 6，“最小值”为 1，“离顶面的距离”为 0，“离底面的距离”为 0，形成的切削刀轨如图 3-75（c）所示。系统将整个腔深均分为 4 层，每层切削深度均为 5。

④设置“公共”为 3.5，“最小值”为 3，“离顶面的距离”为 0，“离底面的距离”为 0，形成的切削刀轨如图 3-75（d）所示。系统将整个腔深均分为 6 层，每层切削深度均分为 3.33。

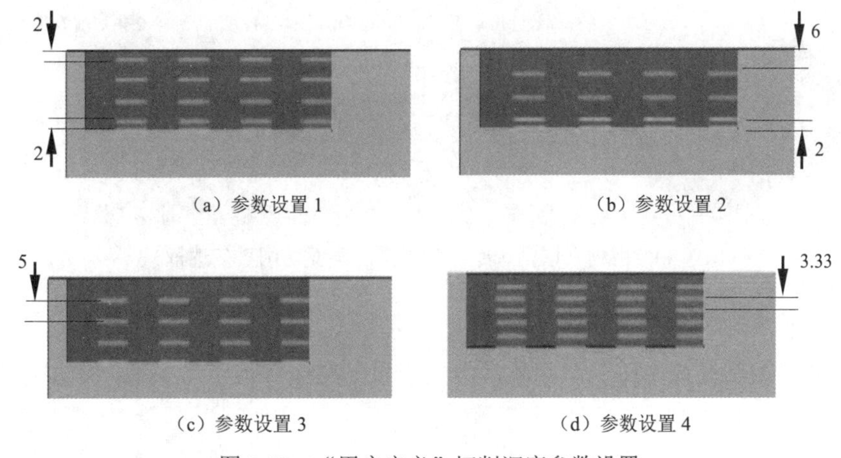

（a）参数设置 1　（b）参数设置 2

（c）参数设置 3　（d）参数设置 4

图 3-75　“用户定义”切削深度参数设置

（2）仅底面：切削层深度直到“底面”，在底面创建一个唯一的切削层，如图 3-76 所示。

（3）底面及临界深度：切削层分别位于“底面”和“临界深度”，即在底面与岛顶面创建切削层。岛顶的切削层不超出定义的岛屿边界，即仅切除岛屿边界内的毛坯材料。该选项一般用于水平面的精加工，如图 3-77 所示。

（4）临界深度：用于多层切削，切削层位于岛屿的顶面和底面。其与“底面及临界深度”的区别在于，生成的切削层刀路完全切除切削层平面上的所有毛坯材料（不局限于边界内切削毛坯材料），如图 3-78 所示。

图 3-76　“仅底面”切削

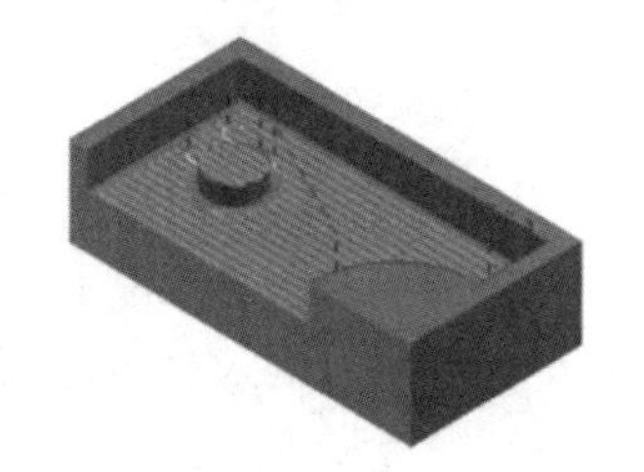

图 3-77　“底面及临界深度”切削

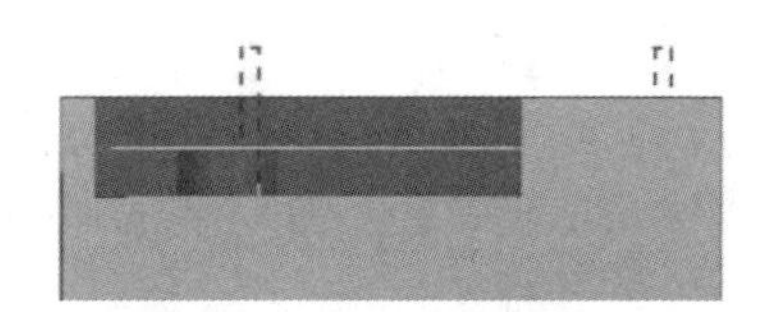

图 3-78　“临界深度”切削

（5）恒定：以一个固定的深度值来产生多个切削层。需要输入深度最大值，除最后一层可能小于最大深度值外，其余层均等于最大深度值。图 3-79 和图 3-80 所示分别为选中和取消选中“临界深度顶面切削”复选框时固定深度切削，切削方式为“平面铣”，“切削深度”为 12，“侧面余量增量”为 0，“总腔深度”为 20，其余设置和“用户定义”中的设置相同，共形成 2 个切削层。

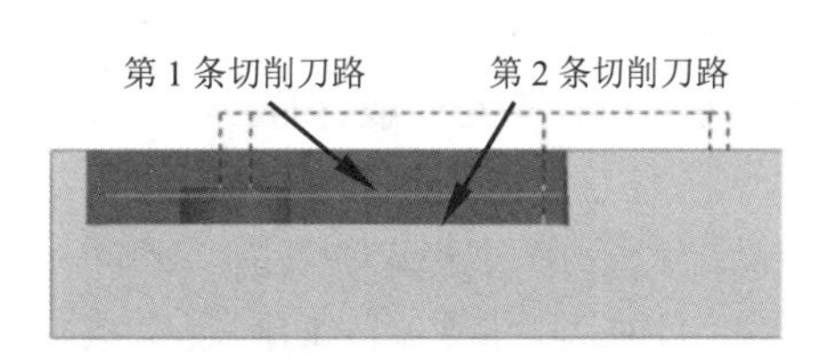

图 3-79　恒定（选中“临界深度顶面切削”复选框）

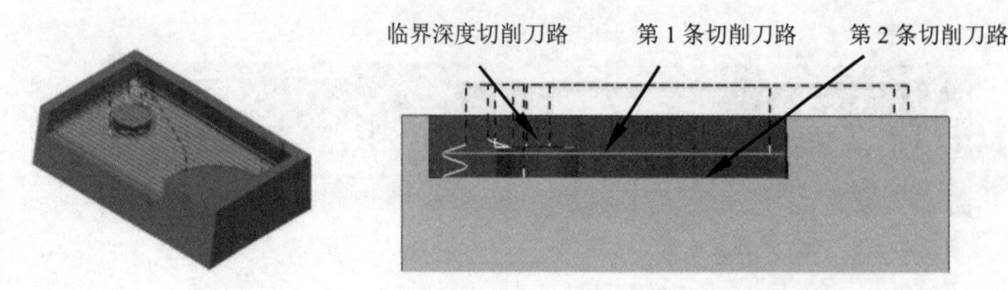

图 3-80　恒定（取消选中“临界深度顶面切削”复选框）

2. 公共

“公共”定义在切削过程中每层切削的最大切削量。对于“恒定”类型,“公共”用来指定各切削层的切削深度。

3. 最小值

“最小值”定义在切削过程中每个切削层的最小切削量。

4. 离顶面的距离

“离顶面的距离”定义在切削过程中第一层的切削量。多深度面铣削工序定义的第一个切削层深度从毛坯几何体的顶面开始算起；如果没有定义毛坯几何体，则从部件边界平面处测量。

5. 离底面的距离

“离底面的距离”定义在切削过程中最后一层的切削量。多深度面铣削工序定义的最后一个切削层深度从底平面测量。

6. 增量侧面余量

在切削深度参数中，“增量侧面余量”选项用于为多深度面铣削工序的每个后续切削层增加一个侧面余量值，使刀具与侧面保持一定的安全距离。输入“增量侧面余量”值，可生成带有一定拔模角度的零件。

7. 临界深度顶面切削

如果选中“临界深度顶面切削”复选框，则系统将在处理器无法在某一切削层上进行初始清理的岛的顶部生成一条单独的刀路。当切削的最小深度大于岛顶部和先前的切削层之间的距离时，则会发生以上情况，这会使后续的切削层在岛顶部下方切削。

选中“临界深度顶面切削”复选框时，如果切削模式是跟随周边或跟随部件，则系统总是通过区域连接生成跟随周边刀轨；如果切削模式是单向、往复或单向轮廓，则总是通过往复刀轨清理岛顶。轮廓驱动和标准切削模式不会生成这样的清理刀路。

无论设置了何种进刀方式，处理器都将为刀具寻找一个安全点，如从岛的外部进刀至岛顶表面，同时不过切任何部件壁。在岛的顶部曲面被某一切削层完成加工的情况下，此参数将不会影响所得的刀轨。软件仅在必要时才生成一条单独的清理刀路，以便对岛进行顶面切削。图 3-81 所示为处理器决定切削层平面的方式。

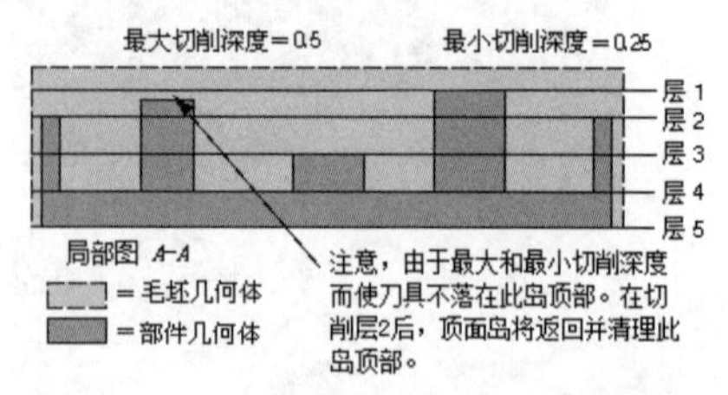

图 3-81　处理器决定切削层平面的方式

3.5.2 轮廓铣切削层参数

例如，在“型腔铣”对话框的“刀轨设置”栏中单击“切削层”按钮，弹出“切削层”对话框，该对话框由 3 部分组成：全局信息、当前范围信息和附加选项，如图 3-82 所示。

1. 范围类型

（1）大三角形是范围顶部、范围底部和关键深度，如图 3-83 所示。

（2）小三角形是切削深度，如图 3-83 所示。

（3）选定的范围以可视化“选择”颜色显示。

（4）其他范围以加工“部件”颜色显示。

（5）“结束深度”以加工“结束层”颜色显示。

（6）白色三角形位于顶层或顶层之上，洋红色三角形位于顶层之下。

（7）实线三角形具有关联性（它们由几何体定义）。

（8）虚线三角形不具有关联性。

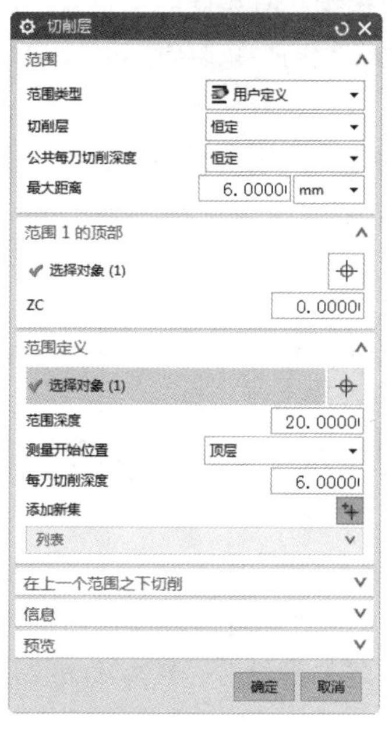

图 3-82 “切削层”对话框

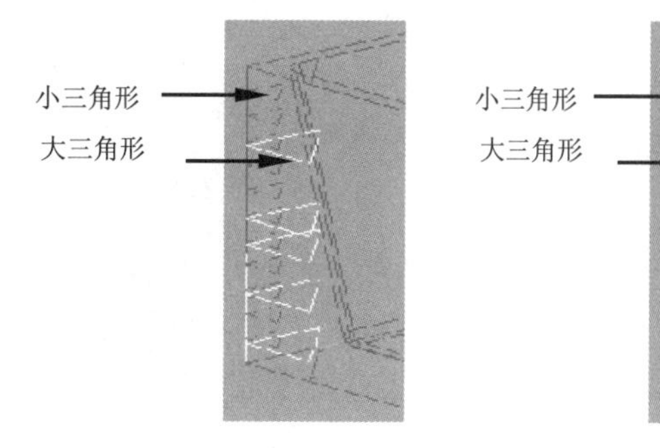

图 3-83 标识切削层

UG NX 为用户提供了 3 种标识范围的方法。

（1）自动：将范围设置为与任何平面对齐，这将决定部件切削层的关键深度，图 3-84 中的大三角形即为关键深度。如果用户没有添加或修改局部范围，切削层将保持与部件的关联性。软件将检测部件上的新的水平表面，并添加关键层与之匹配。

（2）用户定义：允许用户通过定义每个新范围的底面来创建范围。通过选择面定义的范围保持与部件的关联性，但不会检测新的水平表面。

（3）单侧：将根据部件和毛坯几何体设置一个切削范围，如图 3-85 所示。使用此种方式时，系统对用户的行为作了如下限制。

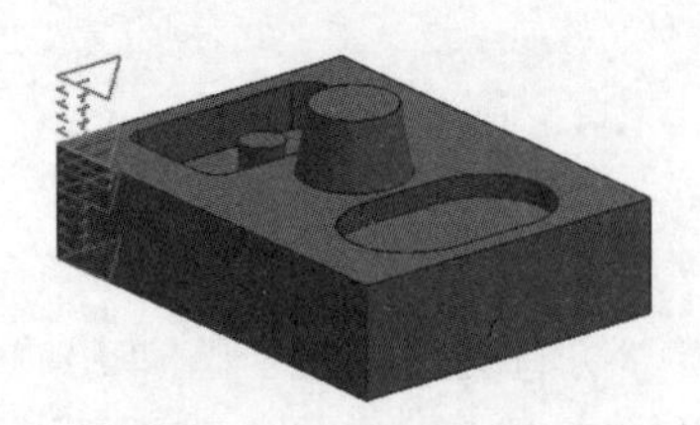

图 3-84　自动生成

图 3-85　切削层“单侧”设置

①用户只能修改顶层和底层。

②如果用户修改了其中的任何一层，则在下次处理该操作时系统将使用相同的值。如果用户使用默认值，它们将保留与部件的关联性。

③用户不能将顶层移至底层之下，也不能将底层移至顶层之上，这将导致这两层被移动到新的层上。

④系统使用公共每刀切削深度值来细分这一单个范围。

2．公共每刀切削深度

公共每刀切削深度是添加范围时的默认值。该值将影响自动或单侧模式范围类型中所有切削范围的“每刀切削深度”。对于用户定义模式范围类型，如果全部范围都具有相同的初始值，那么公共每刀切削深度将应用在所有这些范围中；如果它们的初始值不完全相同，系统将询问用户是否要为全部范围应用新值。

系统将计算出不超过指定值的相等深度的各切削层。图 3-86 显示了系统如何根据指定的公共每刀切削深度 0.25 进行调整。

（a）调整前　　（b）调整后

图 3-86　调整“公共每刀切削深度”

（1）恒定：将切削深度保持在公共每刀切削深度全局每刀深度值。

（2）残余高度：仅用于深度加工工序。调整切削深度，以便在部件间距和残余高度方面更加一致。最优化模式是在斜度从陡峭或几乎竖直变为表面或平面时创建其他切削，最大切削深度不超过公共每刀切削深度全局每刀深度值，如图 3-87 所示。

（a）从陡峭面创建切削

（b）从竖直面创建切削

图 3-87　“残余高度”切削层

注意：

如果希望仅在底部范围处切削，则在“切削层”下拉列表中选择“仅在范围底部”选项，切削范围不会再被细分。选择此选项后，将使“公共每刀切削深度全局每刀深度”选项处于非活动状态。

3．临界深度顶面切削

临界深度顶面切削只在“单侧”范围类型中可用。使用此选项，可在完成水平表面下的第一次切削后直接来切削（最后加工）每个关键深度。这与平面铣中的“岛顶面的层”选项类似。

4．范围定义

当希望添加、编辑或删除切削层时，用户需要选择相应的范围。

（1）测量开始位置：可以通过“测量开始位置”下拉列表来确定如何测量范围参数。

注意：

当用户选择点或面来添加或修改范围时，“测量开始位置”选项不会影响范围的定义。

①顶层：指定范围深度值从第一个切削范围的顶部开始测量。

②当前范围顶部：指定范围深度从当前突出显示的范围的顶部开始测量。

③当前范围底部：指定范围深度从当前突出显示的范围的底部开始测量，也可使用滑尺来修改范围底部的位置。

④WCS 原点：指定范围深度从工作坐标系原点处开始测量。

（2）范围深度：可以输入范围深度值来定义新范围的底部或编辑已有范围的底部。这一距离是从指定的参考平面（顶层、范围顶部、范围底部、工作坐标系原点）开始测量的。使用正值或负值来定义范围在参考平面之上或之下。添加的范围将从指定的深度延伸到范围的底部，但不与其接触；而修改的范围将延伸到指定的深度处，即使先前定义的范围已从过程中删除，如图 3-88 所示。也可以使用滑尺来更改范围深度，移动滑块时，范围深度值将随之调整以反映当前值。

（3）每刀切削深度：与公共每刀切削深度类似，但前者将影响单个范围中的每次切削的最大深度。通过为每个范围指定不同的切削深度，可以创建具有如下特点的切削层，即在某些区域内每个切削层将切削下较多的材料，而在另一些区域内每个切削层只切削下较少的材料。在图 3-89 中，范围 1 使用了较大的局部每刀切削深度（A）值，从而可以快速地切削材料，范围 2 使用了较小的局部每切刀削深度（B）值，以便逐渐切削掉靠近圆角轮廓处的材料。

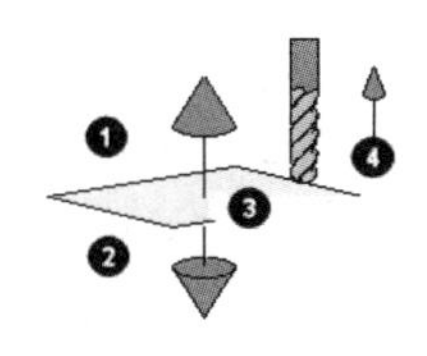

图 3-88　范围深度示意图

1—负值应用方向；2—正值应用方向；3—参考平面；4—刀具轴方向

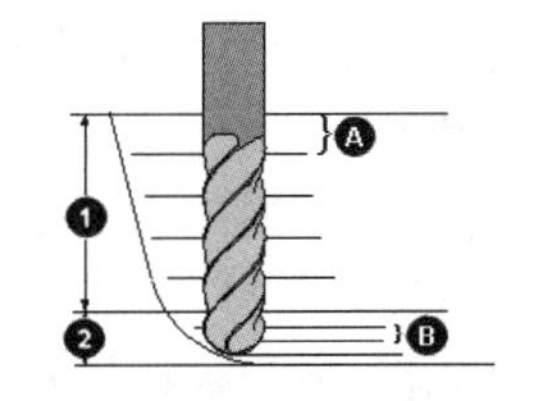

图 3-89　每刀的切削深度

扫一扫，看视频

3.6 进给率和速度

在刀轨前进的过程中，不同的刀具运动类型其进给率会有所不同。对于英制部件，进给率的单位为每分钟英寸（ipm）或每转英寸（ipr）；对于公制部件，进给率的单位为每分钟毫米（mmpm）或每转毫米（mmpr）。默认的进给率是 10ipm（英制）和 10mmpm（公制）。

在任一铣削工序对话框的“刀轨设置”栏中单击“进给率和速度”按钮，弹出图 3-90 所示的“进给率和速度”对话框。根据使用的加工子模块，可以将进给率指定给以下某些或全部的刀具移动类型。

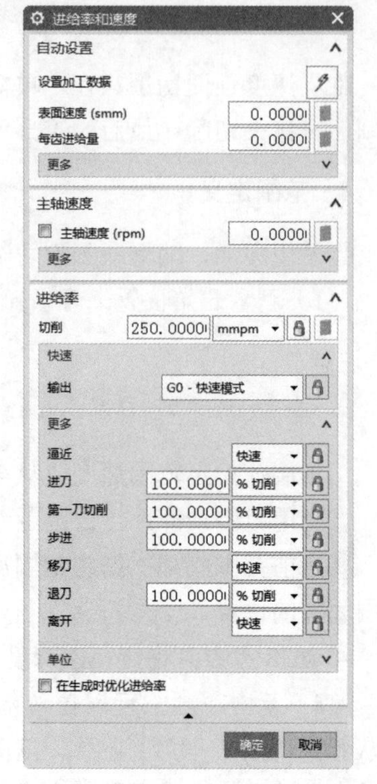

图 3-90 “进给率和速度”对话框

1. 自动设置

（1）表面速度：刀具的切削速度。它在各个齿的切削边处测量，测量单位是每分钟曲面英尺或米。在计算主轴速度时，系统使用此值。

（2）每齿进给量：每齿去除的材料量，以英寸或毫米为单位。在计算切削进给率时，系统使用此值。

2. 主轴速度

主轴速度是一个计算得到的值，它决定刀具转动的速度，单位为 rpm。主轴输出模式可从以下选项中进行选择。

（1）RPM：按每分钟转数定义主轴速度。

（2）SFM：按每分钟曲面英尺定义主轴速度。

（3）SMM：按每分钟曲面米定义主轴速度。

3. 进给率

进给率控制刀具对工件的切削速度，即刀具随主轴高速旋转。

（1）逼近：为从开始点到进刀点的刀具运动指定的进给率。在使用多个层的平面铣和型腔铣工序中，使用“逼近”进给率可控制从一个层到下一个层的进给。当“逼近”进给率为 0 时，系统将使用“快速”进给率。

（2）进刀：为从进刀到初始切削位置的刀具运动指定的进给率。当刀具抬起后返回工件时，此进给率也可用于返回进给率。当“进刀”进给率为 0 时，系统将使用“切削”进给率。

（3）第一刀切削：为初始切削刀路指定的进给率（后续的刀路按“切削”进给率值进给）。当此进给率为 0 时，系统将使用“切削”进给率。

对于单个刀路轮廓，指定“第一刀切削”进给率可以使系统忽略“切削”进给率。要获得相同的进给率，则需设置切削进给且将“第一刀切削”进给率保留为 0。

（4）步进：刀具移向下一平行刀轨时的进给率。如果刀具从工作表面抬起，则“步进”不适用。因此，“步进”进给率只适用于允许往复刀轨的模块。零进给率可以使系统使用“切削”进给率。

（5）移刀：运动到下一切削位置时的进给率，或移动到最小安全距离（如果已在切削参数中设置）时的进给率。

（6）退刀：为从退刀位置到最终刀轨切削位置的刀具运动指定的进给率。

（7）离开：刀具移至返回点的进给率。当“离开”进给率为0时，将使刀具以“快速”进给率移动。

4．单位

（1）设置非切削单位：可将所有的非切削进给率单位设置为mmpr、mmp或none。

（2）设置切削单位：可将所有的切削进给率单位设置为mmpr、mmpm或none。

第 4 章　公用切削参数

内容简介

通过“切削参数”对话框可设置与部件材料的切削相关的参数选项。大多数（但并非全部）处理器将共享这些切削参数选项。修改操作的切削参数，可用的参数会发生变化（由工序的“类型”“工序子类型”和“切削模式”共同决定）。

本章将讲述一些公用切削参数的设置方法。

扫一扫，看视频

4.1 策　　略

在很多对话框中都有切削参数设置选项，单击相关对话框中的“切削参数”按钮，弹出“切削参数”对话框，切换到“策略”选项卡，如图 4-1 所示。

切削选项是否可用取决于选定的加工方式（平面铣或型腔铣）和切削模式（单向、跟随部件、轮廓等）。下面介绍在特定的加工方式或切削模式中可用的选项。

1. 切削方向

切削方向主要有顺铣、逆铣、跟随边界（Follow Boundary）、边界反向（Reverse Boundary）4 种，可从这 4 种方式中指定切削方向，如图 4-2 所示。

图 4-1　“策略”选项卡

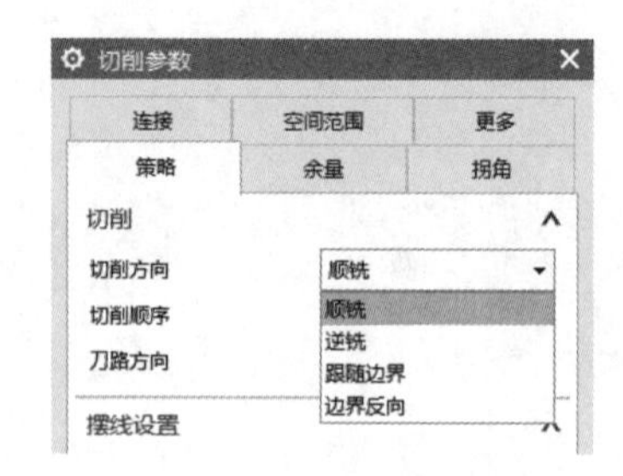

图 4-2　切削方向

（1）顺铣：铣刀旋转产生的切线方向与工件进给方向相同，则为顺铣，如图 4-3 所示。

（2）逆铣：铣刀旋转产生的切线方向与工件进给方向相反，则为逆铣，如图 4-4 所示。

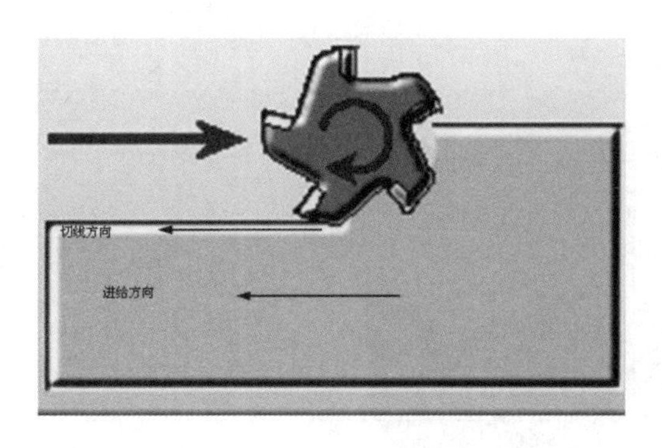

图 4-3　顺铣

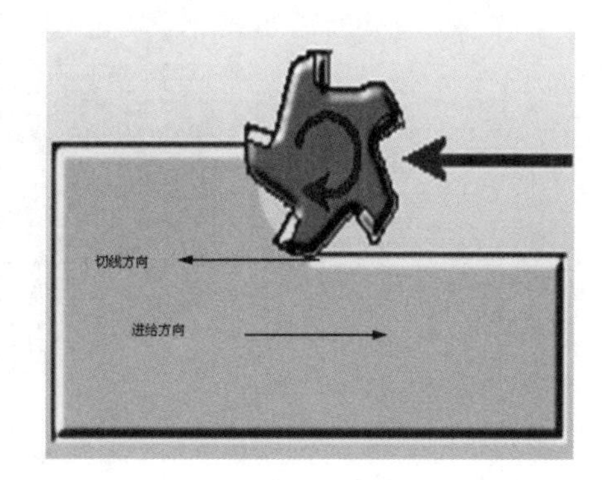

图 4-4　逆铣

（3）跟随边界：切削行进方向与边界选取时的顺序一致，如图 4-5 所示。

（4）边界反向：切削行进方向与边界选取时的顺序相反，如图 4-6 所示。

图 4-5　跟随边界

图 4-6　边界反向

2. 切削顺序

切削顺序指定如何处理贯穿多个区域的刀轨，即定义刀轨的处理方式。主要有两种切削顺序，即层优先和深度优先。

（1）层优先：刀具在完成同一深度的所有切削区域的切削后，再切削下一个切削深度层。层优先通常适用于工件中有薄壁凹槽的情况。例如，对图 4-7（a）所示的毛坯进行层优先切削，两个腔的切削深度相同，如图 4-7（b）所示，最终得到图 4-7（c）所示的工件。

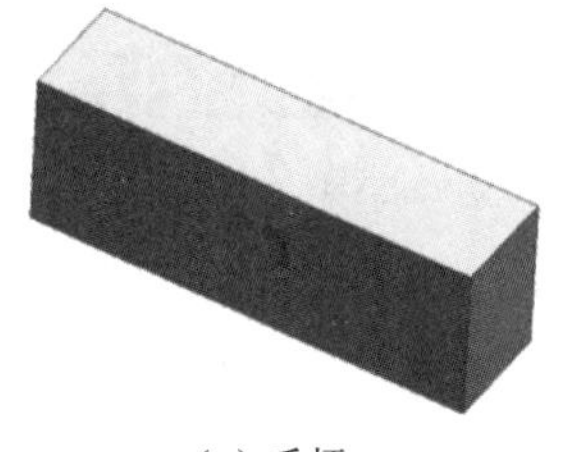

（a）毛坯

（b）两个腔的切削深度相同

（c）工件

图 4-7　层优先加工示意图

（2）深度优先：系统将切削至每个腔体中所能触及的最深处，即刀具在到达底部后才会离开腔体。刀具先完成某一切削区域的所有深度上的切削，然后切削下一个特征区域，可减少提刀动作，如图 4-8 所示。

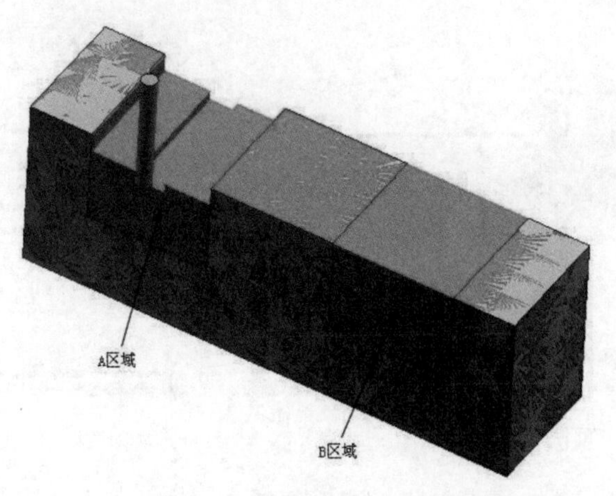

图 4-8　深度优先加工示意图

通过对图 4-7（b）和图 4-8 进行比较可以发现，层优先切削顺序是 A 和 B 两个区域一起切削，同时切削完毕；而深度优先切削顺序则是 A 区域全部切削完毕，再切削 B 区域。

3．刀路方向

刀路方向（仅适用于跟随周边切削模式）允许指定刀具从部件的边缘向中心切削或从部件的中心向边缘切削。这种使腔体加工刀轨反向的处理方式为面切削或型芯切削提供了便利，它无须预钻孔，从而减少了切削的干扰。

刀路方向可在向内和向外之间进行切换，系统默认是向外。向内是指在部件周边开始切削并朝中心向内步进，如图 4-9（a）所示；向外是指从部件中心开始切削并向外朝周边步进，如图 4-9（b）所示。

4．岛清根

选中“岛清根”复选框（适用于跟随周边和轮廓切削模式），可确保在岛的周围不会留下多余的材料，每个岛区域都包含一个沿该岛的完整清理刀路，如图 4-10 所示。

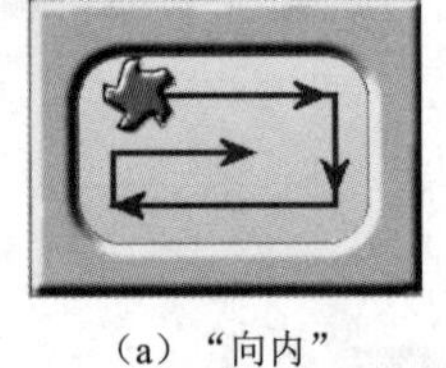

（a）“向内”

（b）“向外”

图 4-9　刀路方向

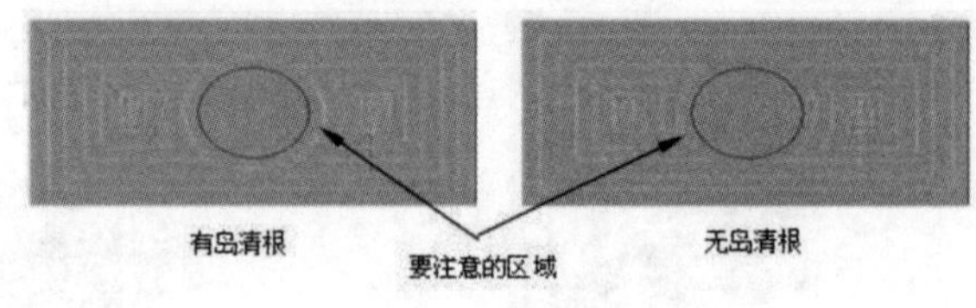

图 4-10　岛清根

注意：

岛清根主要用于粗加工切削。应指定部件余量，以防止刀具在切削不均等的材料时便将岛切削到位。当使用沿轮廓切削模式时，不需要选中岛清根复选框。

5．切削角方式和度数

切削角可在所有单向、单向轮廓和往复切削模式中使用，用于定义要将刀轨旋转的角度（相对于 WCS），如图 4-11 所示。

切削角允许指定切削角度，也可由系统自动确定角度。它是刀轨相对于 WCS 与 XC 轴所成的角度，如图 4-12 所示。

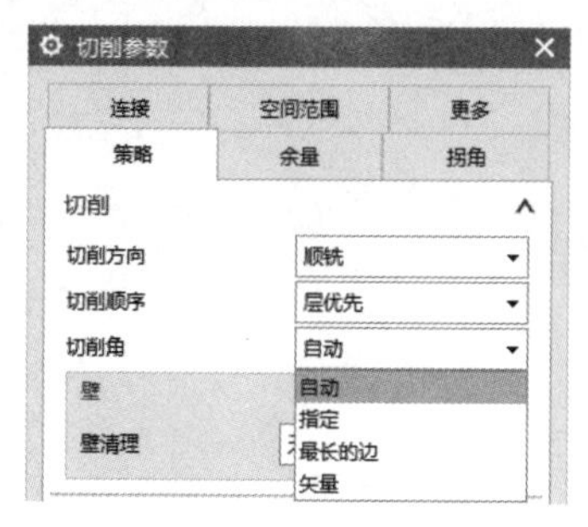

图 4-11　定义切削角

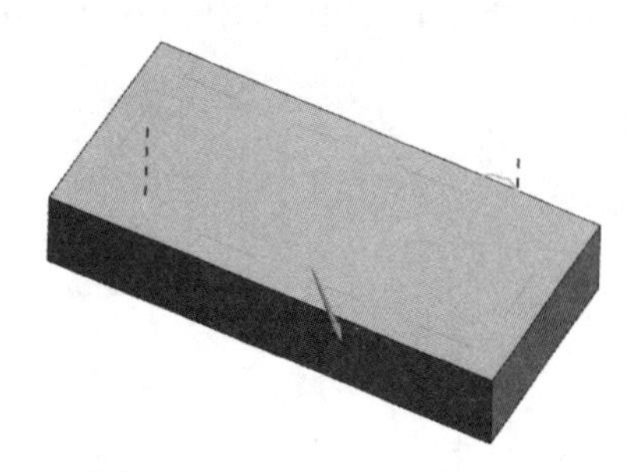

图 4-12　45°切削角的往复切削

在“切削角”下拉列表中提供了以下 4 种设置方式。

（1）自动：允许系统评估每个切削区域的形状，并确定一个最佳的切削角度以尽量减少区域内部的进刀运动，如图 4-13 所示。

（2）指定：允许用户指定切削角度。系统相对于 WCS 的 XC-YC 平面的 *X* 轴测量切削角度，图 4-14 所示为定义的 90°切削角。对于往复切削模式，切削角度增加 180°将得到同样结果。例如，45°切削角和 225°切削角的效果相同。

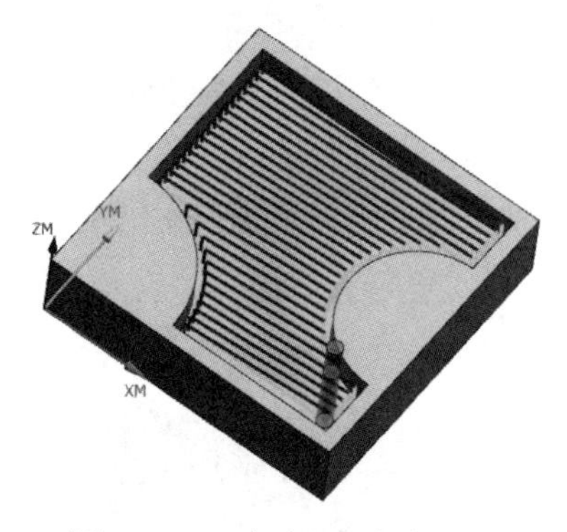

图 4-13　“自动”切削角方式

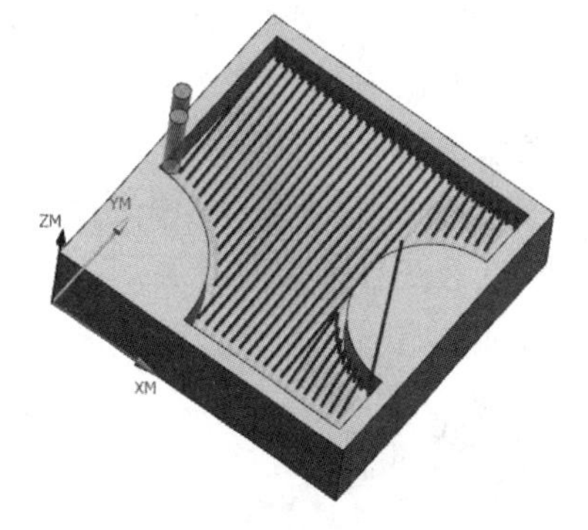

图 4-14　“指定”（90°）切削角方式

（3）最长的边：确定与周边边界中最长的线段平行的切削角。如果周边边界中不包含线段，系统将在内部边界中搜索最长线段。

（4）矢量：将指定的 3D 矢量存储为切削方向。定义切削角时，软件会沿刀轴将 3D 矢量投影到切削层。

注意：

> 退出“切削参数”对话框后，移动 WCS 不会影响切削方向，在下次弹出该对话框时系统将重新计算切削角。即使输入了一个相对于“工作坐标系”的角度值，系统中保存的切削角仍相对于“绝对坐标系”。

6. 壁清理

壁清理是面切削、平面铣和型腔铣工序中都具有的切削参数，如图 4-15 所示。当采用单向、往复和跟随周边切削模式时，通过设置“壁清理”参数可以去除沿部件壁面出现的脊。系统通过在加工完每个切削层后插入一个轮廓刀路来完成清壁操作。采用单向和往复切削模式时，应设置“壁清理”选项，这可保证部件的壁面上不会残留多余的材料，从而不会出现在下一切削层中刀具应切削的材料过多的情况。采用跟随周边切削模式时无须设置“壁清理”选项。

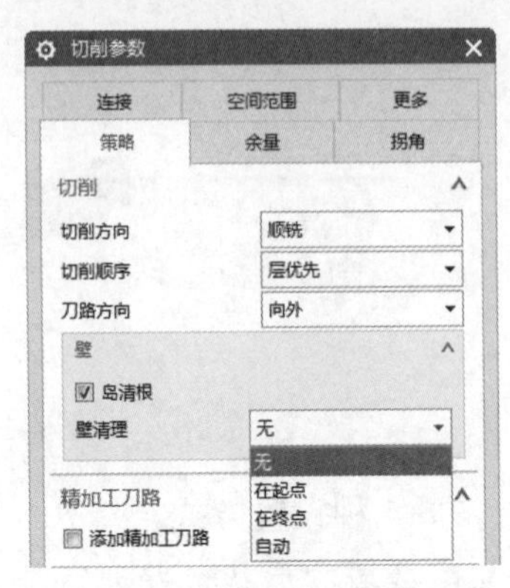

图 4-15　设置“壁清理”选项

在“壁清理”下拉列表有 4 个选项，下面进行讲解。

（1）无：在切削过程中不会进行清壁。如图 4-16 所示，对工件进行平面铣，采用往复切削模式，在“壁清理”下拉列表中选择“无”选项，切削完成后，在工件周围壁上留有残余材料（脊）。

（2）在起点：切削时先切削内部材料，然后进行壁清理。如图 4-17 所示，对工件进行平面铣，采用往复切削模式，在“壁清理”下拉列表中选择“在起点”选项，系统先切削周围的壁，然后把内部待切削的材料切除。

（3）在终点：在切削时，先进行壁清理，然后进行剩余材料的切削。如图 4-18 所示，对工件进行平面铣，采用往复切削模式，在“壁清理”下拉列表中选择“在终点”选项，切削完内部材料后，工件壁上留有残余材料，系统将通过清壁切除残料（脊）。

图 4-16　无清壁切削

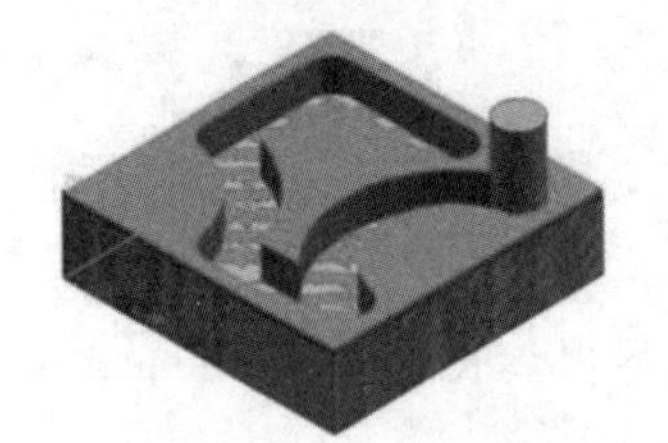

图 4-17　“在起点”清壁切削

图 4-18　“在终点”清壁切削

（4）自动：此选项适用于跟随周边切削模式。使用轮廓铣刀路移除所有材料，而不重新切削材料。刀具绕开放拐角壁滚动，并直接移动到下一个区域，无须抬刀。

7．自相交

“自相交”复选框（仅用于标准驱动切削模式）用于指定是否允许使用自相交刀轨，如图 4-19 所示。取消选中此复选框，将不允许在每个形状中出现自相交刀轨，但允许不同的形状相交。

工件各部分的形状不同以及加工使用的刀具直径不同都会产生自相交刀轨。图 4-20 所示为同一个工件采用不同直径的刀具时产生的不同刀轨，图 4-20（a）所示为采用直径 10mm 的刀具产生的刀轨，图 4-20（b）所示为采用直径 13mm 的刀具并选中“自相交”复选框后产生的刀轨。这里刀具的直径只是为了说明问题，在实际使用时应根据实际情况进行选择。

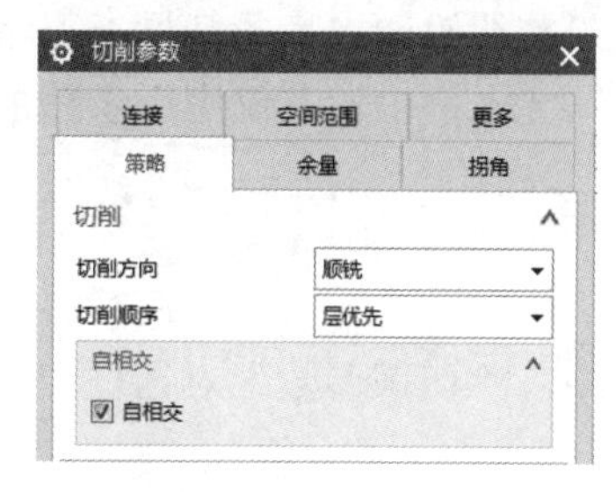

图 4-19　“自相交”复选框

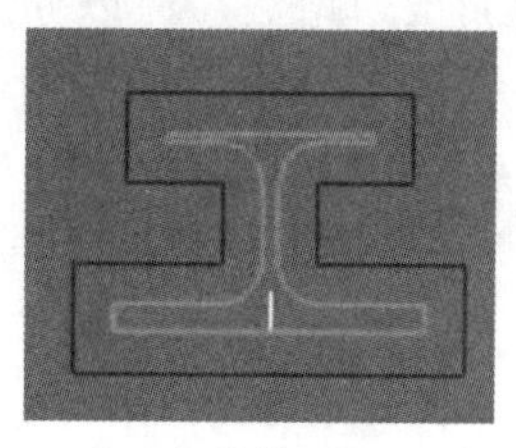

（a）直径 10mm

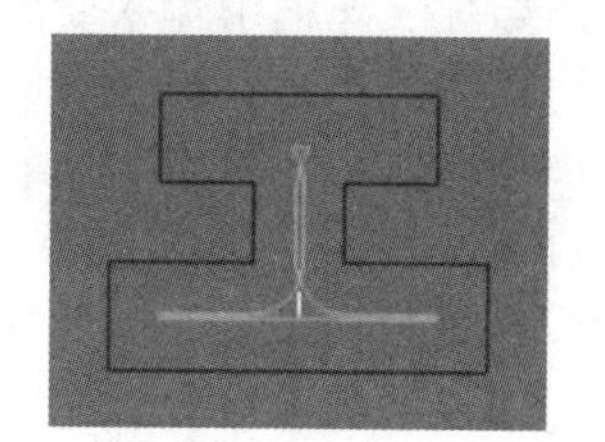

（b）直径 13mm 并选中“自相交”复选框

图 4-20　自相交刀轨示意图

8．切削区域

“切削区域”栏如图 4-21 所示。

（1）毛坯距离：定义要去除的材料总厚度。它在所选面几何体的平面上方，并沿刀轴方向测量，如图 4-22 所示。

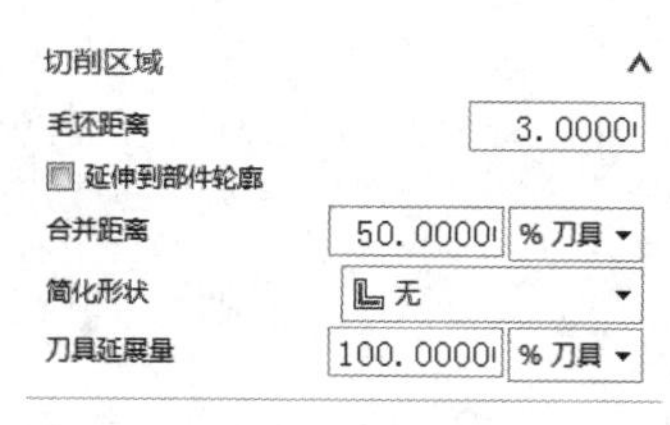

图 4-21　“切削区域”栏

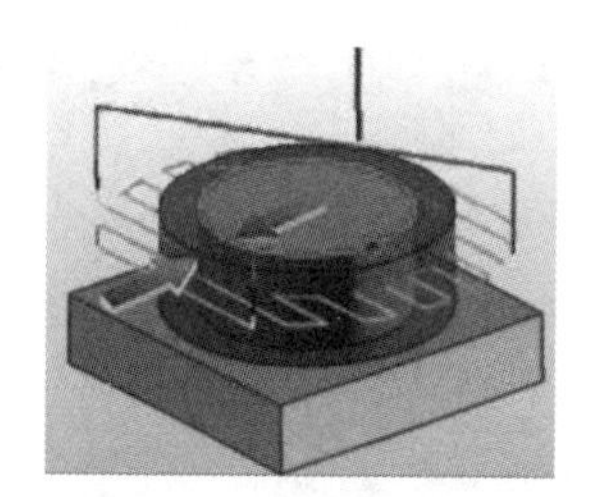

图 4-22　毛坯距离

（2）延伸到部件轮廓：将切削刀路的末端延伸至部件边界。此项影响刀具切削的刀轨是否到达部件的轮廓。例如，对同一工件进行面铣削，切削模式为跟随部件，图 4-23（a）为选中“延伸到部件轮廓”复选框时形成的刀轨，图 4-23（b）为取消选中“延伸到部件轮廓”复选框时形成的刀轨。

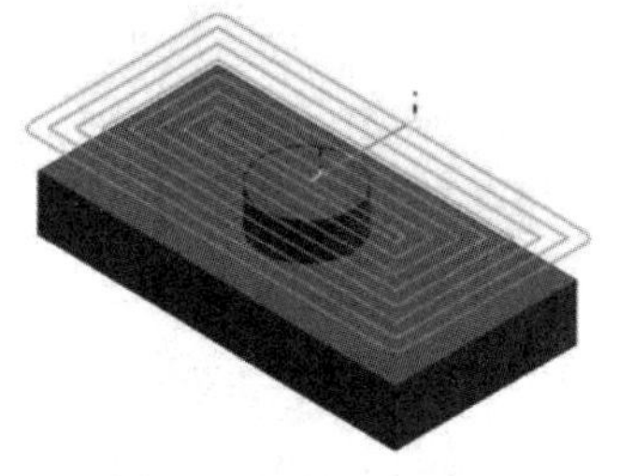

（a）选中“延伸到部件轮廓”复选框

（b）取消选中“延伸到部件轮廓”复选框

图 4-23　延伸到部件轮廓刀轨

（3）合并距离：其值大于工件同一高度上的断开距离时，刀路就自动连接起来，不提刀；反之则提刀。

9．精加工刀路

“精加工刀路”（平面铣）是刀具完成主要切削刀路后最后切削的一条或多条刀路。在该刀路中，刀具将沿边界和所有岛做一次轮廓铣削。系统只在“底面”的切削层上生成此刀路。

选中“添加精加工刀路”复选框，将为工序添加一个或多个精加工刀路。选中此复选框，在“刀路数”文本框中输入要添加的精加工刀路数，可以通过中心线刀具补偿请求多条精加工刀路，通过接触轮廓刀具补偿只能请求一条精加工刀路。在“精加工步距”文本框中输入仅应用于精加工刀路的步距值，此值必须大于零。

10. 延伸路径

对于清根、区域轮廓铣、型腔铣、固定轮廓铣和深度轮廓铣工序，“切削参数”对话框中提供了“延伸路径”栏，如图4-24所示。

（1）在边上延伸：选中此复选框，使刀具超出切削区域外部边缘，以加工部件周围的多余材料。还可以使用此复选框在刀轨路径的起始点和结束点添加切削移动，以确保刀具平滑地进入和退出部件。刀路将以相切的方式在切削区域的所有外部边界上向外延伸。

对图4-25所示的部件进行固定轮廓铣削，切削区域如图4-25所示，驱动方法为区域铣削，切削模式为往复。

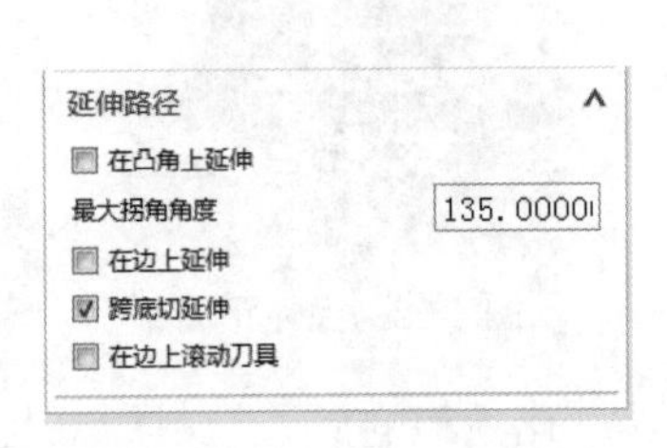

图4-24 “延伸路径”栏

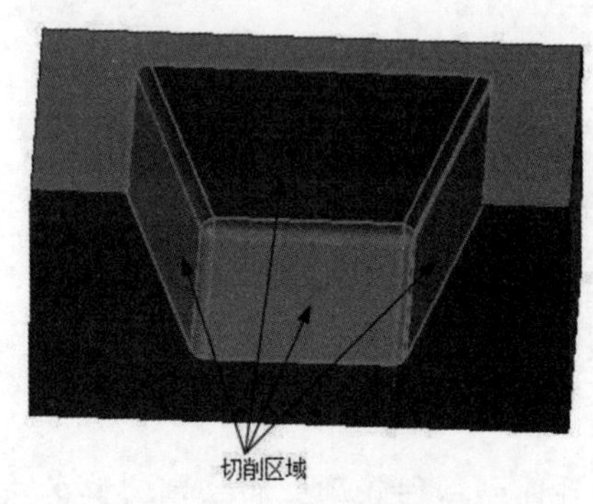

图4-25 指定的切削区域

图4-26（a）所示是取消选中“在边上延伸”复选框时的铣削刀轨；图4-26（b）是选中“在边上延伸”复选框，“距离”为15mm时的铣削刀轨。注意，图4-26（b）中的边以及刀轨的起始和终止都是沿着部件的侧面延伸的。

（a）取消选中“在边上延伸”复选框

（b）选中“在边上延伸”复选框

图4-26 在边上延伸刀轨

选中“在边上延伸”复选框，系统将根据所选的切削区域来确定边界的位置。如果选择的实体不带切削区域，则没有可延伸的边界，延伸长度的限制为刀具直径的10倍。

（2）在凸角上延伸：是专用于轮廓铣的切削参数。选中此复选框，可在切削运动通过内凸角边时提供对刀轨的额外控制，以防止刀具驻留在这些边上。可将刀轨从部件上抬起少许而无须执行“退刀/转移/进刀”序列。可指定最大拐角角度，若小于该角度则不会发生抬起。最大拐角角度是专用于固定轴曲面轮廓铣的切削参数，其作用是在跨过内部凸边进行切削时对刀轨进行额外控制，以免出现抬起动作，此抬起动作将输出为切削运动。

（3）在边上滚动刀具：是专用于轮廓铣和深度轮廓铣的切削参数。驱动轨迹延伸超出部件表面边上时，刀具尝试完成刀轨，同时保持与部件表面的接触，如图4-27所示，刀具很可能在边上滚动时过切部件。选中“在边上滚动刀具”复选框，允许刀具在边上滚动，如图4-27（a）所示；如果取消选中该复选框，可防止刀具在边缘滚动，如图 4-27（b）所示。取消选中“在边上滚动刀具”复选框时，过渡刀具移动是非切削移动。边界跟踪不会发生在使用“垂直于部件”“相对于部件”“4-轴垂直于部件”“4-轴相对于部件”或“双 4-轴相对于部件”等刀具轴定义的可变刀具轴操作中。

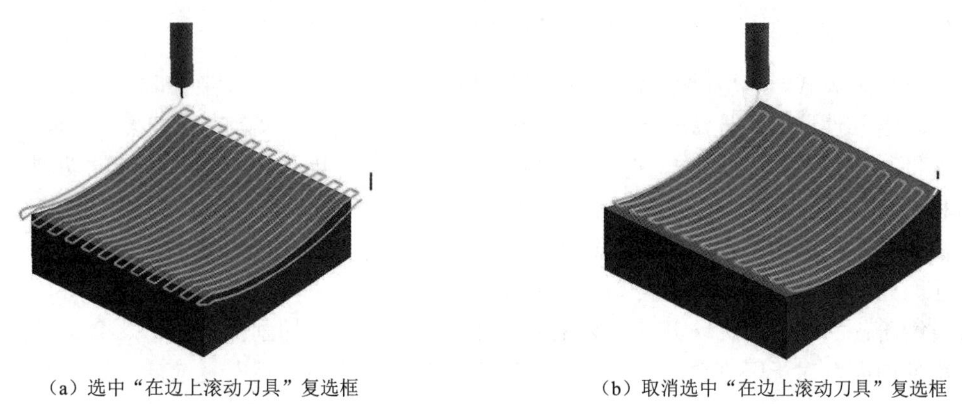

（a）选中“在边上滚动刀具”复选框　　（b）取消选中“在边上滚动刀具”复选框

图4-27　在边上滚动刀具刀轨

刀具滚动只会发生在以下情形中：当驱动轨迹延伸超出部件表面的边缘时；当刀轴独立于部件表面的法向时，如在固定轴操作中。

①缝隙：部件曲面上横穿切削方向的缝隙会导致边界跟踪的发生。当刀具沿部件曲面切削时如果遇到缝隙，刀具将从边界上掉落，随后刀具越过缝隙，爬升到下一边界并继续切削。如果缝隙小于刀具直径（见图4-28），则刀具会保持与部件曲面的固定接触。系统将此视为连续的切削运动，且不会使用退刀或进刀。在这种情况下，不能取消选中“在边上滚动刀具”复选框。

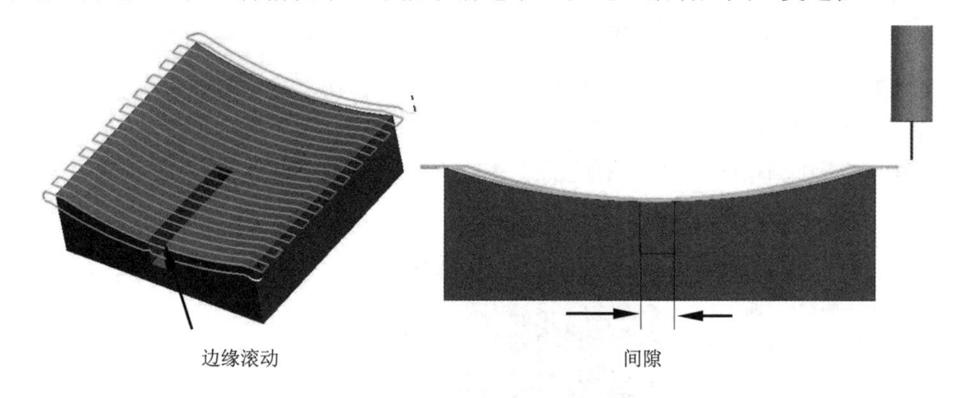

图4-28　缝隙小于刀具直径

如果缝隙大于或等于刀具直径，则系统必须应用退刀和进刀来跳过缝隙。在这种情况下，可取消选中“在边上滚动刀具”复选框，如图4-29所示。

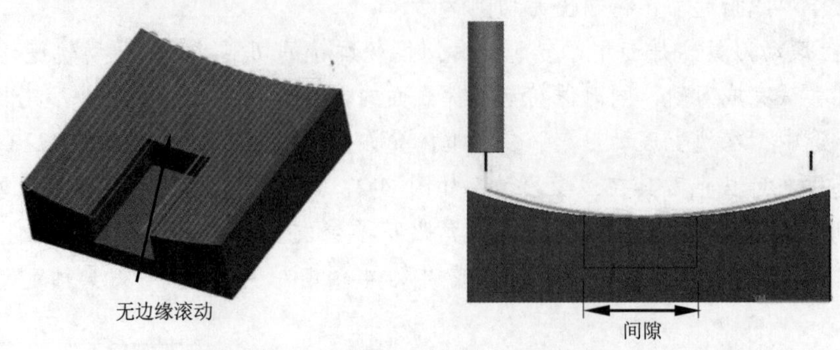

图 4-29　缝隙大于或等于刀具直径

对于往复切削模式，当驱动路径延伸超出部件曲面的距离小于刀具半径时，总是会发生边界跟踪。随着刀具沿部件曲面边界滚动，刀具会到达投影边界，并在掉落前停止。然后刀具跳到下一刀路，同时保持与部件曲面的接触，并开始以相反的方向切削。因为这是一个连续的切削运动并且不需要退刀和进刀，因此不能取消选中“在边上滚动刀具”复选框，此情形仅适用于往复切削模式。

要取消选中“在边上滚动刀具”复选框，必须先修改边界，以使其要么与部件边界相对应，要么向部件曲面外延伸的距离足以促使刀具进刀和退刀。

②竖直台阶：“在边上滚动刀具”总是发生在竖直台阶横穿切削方向时，这会使刀具掉落或爬升到另一部件曲面。对于竖直台阶，不能取消选中“在边上滚动刀具”复选框，如图 4-30 所示。

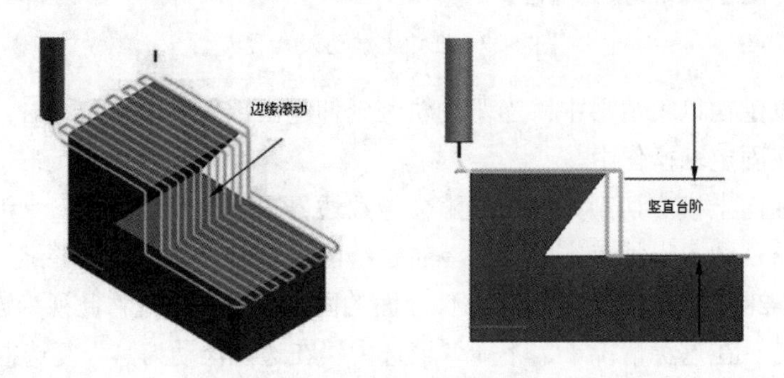

图 4-30　竖直台阶的“在边上滚动刀具”

③顺应：当刀具沿平行于切削方向的边界滚动并继续与该边界保持接触时，会发生顺应的“在边上滚动刀具”，如图 4-31 所示。通常不希望删除顺应的“在边上滚动刀具”，因为需要它们来切削边界附近的材料，因此不能取消选中顺应的“在边上滚动刀具”复选框。

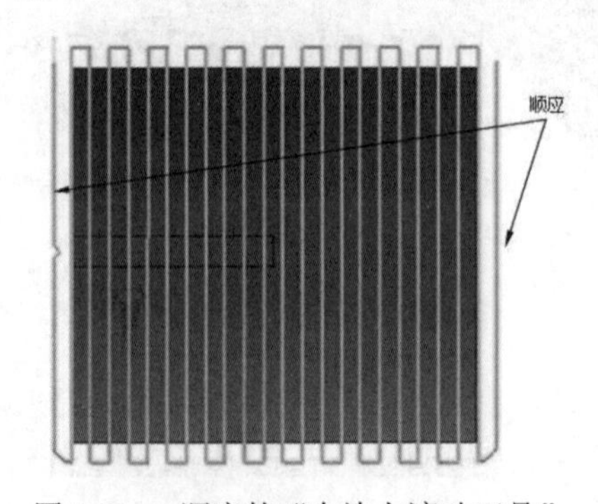

图 4-31　顺应的“在边上滚动刀具”

④尖端边界：当切削方向横穿由相邻部件曲面之间的锐角形成的尖端边界时，总是会发生“在边上滚动刀具”。可使用“在凸角上延伸”来避免发生“在边上滚动刀具”。

11. 毛坯距离

毛坯距离应用于部件边界或部件几何体以生成毛坯几何体的偏置距离，适用于型腔铣、平面铣以及其他面铣工序。

毛坯距离的特定行为取决于工序，具体如下。

（1）对于型腔铣，毛坯距离应用于所有部件几何体。指定毛坯距离的首选方法是使用铣削几何体组，随后可将多个型腔铣工序放入该组中，它们可共享几何体。型腔铣工序使用过程工件，则还需要切削几何体组。

（2）对于平面铣，默认的毛坯距离应用于封闭部件边界。使用毛坯距离而不是毛坯边界来指定大于部件的恒定距离，在处理铸件或部件以移除厚度恒定的材料时是很有用的。

在面铣中，要加工的各个面沿刀轴按毛坯距离偏置以创建毛坯，使用带有最终底面余量的毛坯距离决定要移除的材料实际厚度。

4.2 余　　量

扫一扫，看视频

使用“余量”选项卡（见图4-32）上的选项指定当前工序之后保留在部件上的材料量，用户还可以指定最终轮廓铣刀路移除部分或全部指定余量之后保留的材料。

图4-32　“余量”选项卡

4.2.1　余量参数种类

余量参数因工序子类型及切削模式的不同而表现为不同的形式，主要包括以下几种。

（1）部件余量：加工后残留在部件上的环绕着部件几何体的一层材料，主要用于平面铣、底壁铣、曲面轮廓铣工序。

（2）壁余量：主要用于面铣工序。

（3）毛坯余量：主要用于平面铣、型腔铣、底壁铣工序。

（4）检查余量：主要用于平面铣、底壁铣、型腔铣、深度轮廓铣、曲面轮廓铣工序。

（5）最终底面余量：主要用于平面铣、壁铣、平面轮廓铣工序。

（6）部件底面余量：主要用于型腔铣、深度轮廓铣工序。

（7）部件侧面余量：主要用于深度轮廓铣、型腔铣工序。

（8）使底面余量与侧面余量一致：主要用于型腔铣、深度轮廓铣工序。

（9）修剪余量：主要用于平面铣、型腔铣、深度轮廓铣工序。

4.2.2 余量参数

余量参数决定了完成当前操作后部件上剩余的材料量。可以为底面和内部/外部部件壁面指定余量，即底面余量和部件余量；还可以指定完成最终的轮廓刀路后应剩余的材料量（精加工余量，将去除任何指定余量的一些或全部），并为刀具指定一个安全距离（最小距离），刀具在移向或移出刀轨的切削部分时将保持此距离。可通过使用“定制边界数据”在边界级别、边界成员级别和组级别上定义余量要求。

主要的余量参数如下。

（1）最终底面余量：主要用在平面铣中，可指定在完成由当前工序生成的切削刀轨后，腔体底面（底平面和岛的顶部）应剩余的材料量，如图 4-33 所示。在进行切削生成刀轨时，由于留有最终底面余量，因此刀具离工件的最终底面有一定距离。对图 4-34 所示部件采用跟随部件切削模式进行平面切削，图 4-35（a）所示为最终底面余量为 5 时形成的切削刀轨，图 4-35（b）所示为最终底面余量为 0 时形成的切削刀轨。

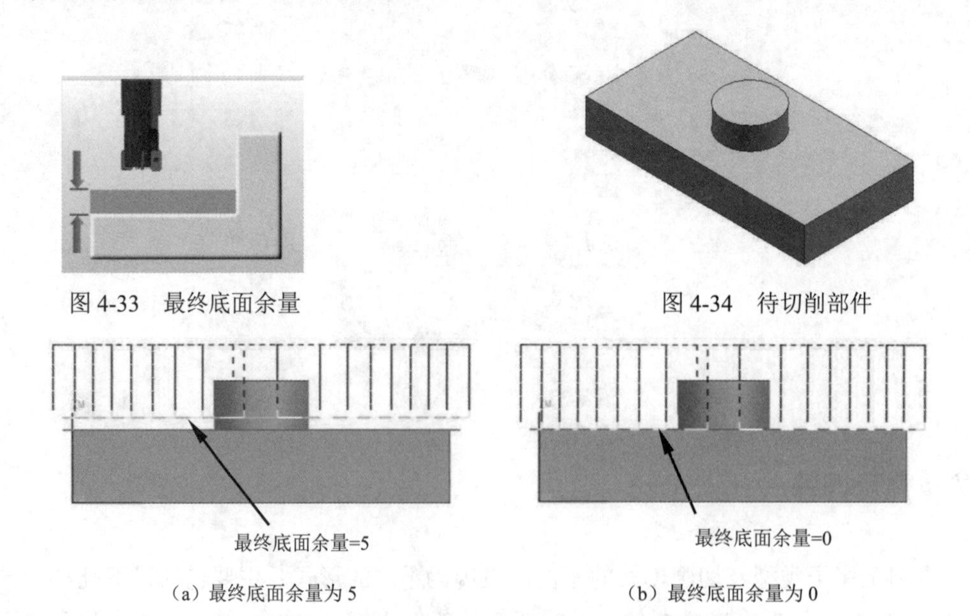

图 4-33　最终底面余量

图 4-34　待切削部件

（a）最终底面余量为 5

（b）最终底面余量为 0

图 4-35　最终底面余量刀轨示意图

（2）部件余量：主要用在平面铣中，指定加工后遗留的材料量。通常这些材料将在后续的精加工中被切除。如图 4-36 所示，对中间含有岛屿的工件采用跟随部件切削模式。除了在图 4-36（a）中将部件余量设置为 5 外，其余设置与图 4-36（b）完全相同。从中间岛屿可以看出，图 4-36（a）中刀轨比图 4-36（b）中的刀轨距离要大，主要是因为图 4-36（a）要留有设置的部件余量。

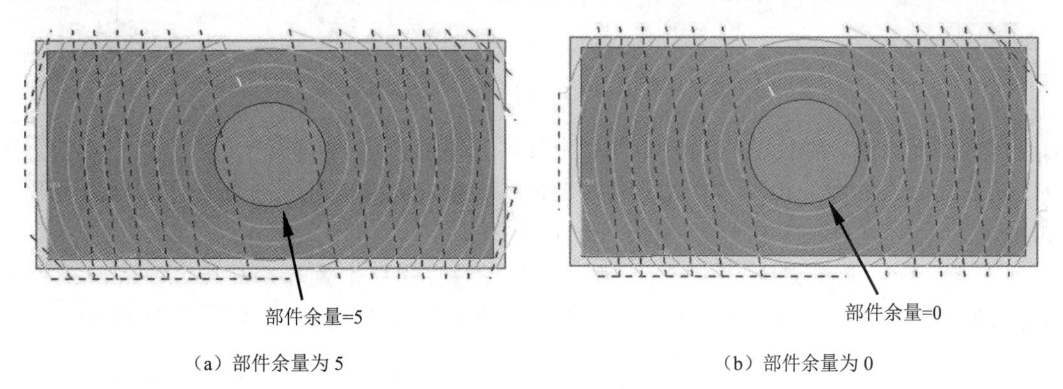

（a）部件余量为 5　　（b）部件余量为 0

图 4-36　部件余量刀轨示意图

在边界或面上应用部件余量，将导致刀具无法触及某些要切除的材料（除非过切）。图 4-37 说明了由于存在部件余量，刀具将无法进入某一区域。

当指定负的部件余量时，使用的刀具的圆角半径（R_1 和/或 R_2）必须大于或等于负的余量值。

（3）部件底面余量和部件侧面余量：主要用在型腔铣中，如图 4-38 所示。“部件底面余量”和“部件侧面余量”取代了“部件余量”参数，“部件余量”参数只允许为所有部件表面指定单一的余量值。

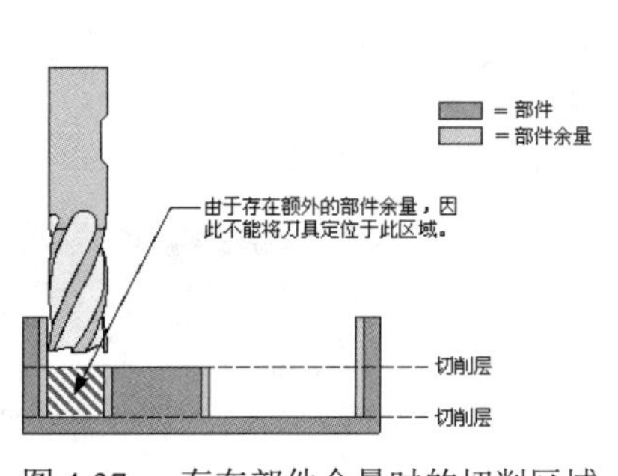

图 4-37　存在部件余量时的切削区域

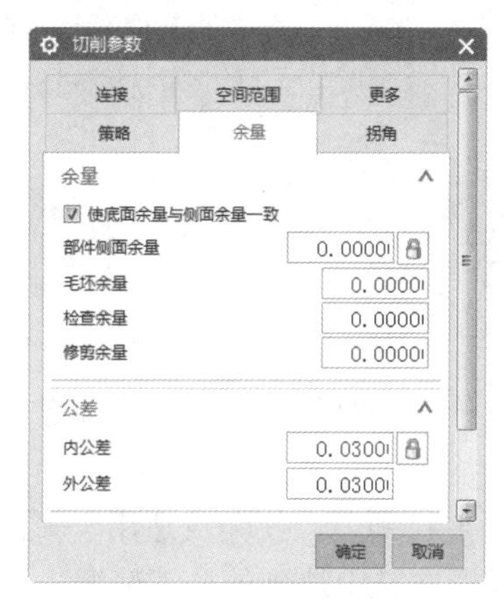

图 4-38　“切削参数”对话框

①部件底面余量：底面上剩余的部件材料。该余量是沿刀具轴（竖直）测量的，如图 4-39 所示。该选项应用的部件表面必须满足以下条件：用于定义切削层、表面为平面、表面垂直于刀具轴（曲面法向矢量平行于刀具轴）。

②部件侧面余量：壁上剩余的部件材料。该余量是在每个切削层上沿垂直于刀具轴的方向（水平）测量的，如图 4-39 所示。它可以应用在所有能够进行水平测量的部件表面上（平面、非平面、垂直、倾斜等）。

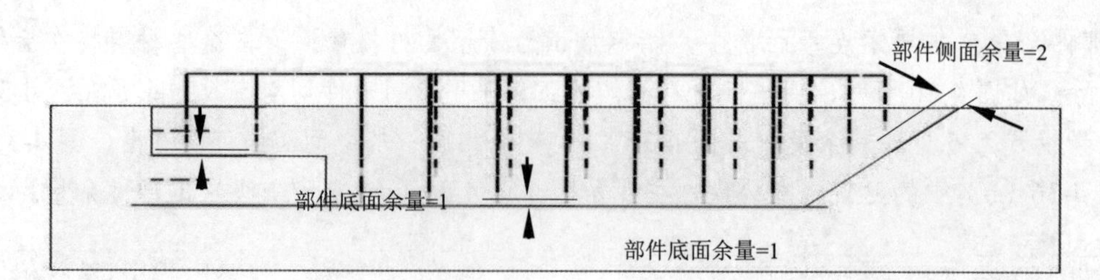

图 4-39　部件底面余量和部件侧面余量设置

对于部件底面余量，曲面法向矢量必须与刀具轴矢量指向同一方向，这可以防止部件底面余量应用到底切曲面上，如图 4-40 所示。由于弯角曲面和轮廓曲面的实际侧面余量通常难以预测，因此部件侧面余量一般应用在主要由竖直壁面构成的部件中。

（4）毛坯余量：是平面铣和型腔铣中都具有的参数。毛坯余量是指刀具定位点与所定义的毛坯几何体之间的距离，它应用于具有相切条件的毛坯边界或毛坯几何体，如图 4-41 所示。

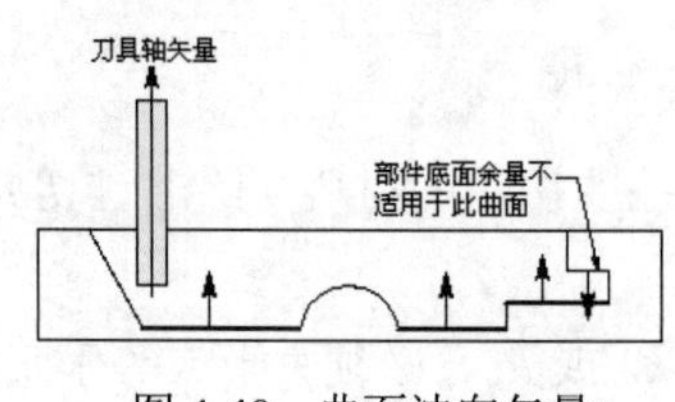

图 4-40　曲面法向矢量

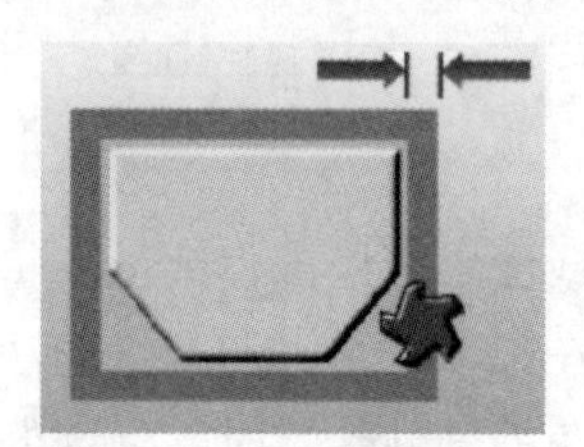

图 4-41　“毛坯余量”示意图

注意：

如果在面铣削中选择了面，则这些面实际上是毛坯边界。因此，系统会绕所选面周围偏置一定距离，即“毛坯余量”；如果用户选择了切削区域，则系统会绕切削区域周围偏置该距离，即“毛坯余量”。这将扩大切削区域，以包括要加工面边缘的多余材料。

扫一扫，看视频

4.3　拐　　角

拐角是在平面铣、型腔铣、固定轮廓铣以及顺序铣等中都有的一个参数，可防止在切削凹角或凸角时刀具过切部件，如图 4-42 所示。拐角仅适用于平面铣、型腔铣、固定轮廓铣以及顺序铣中遇到的以下情况：在切削和第一次切削运动期间、在沿着部件壁切削时。

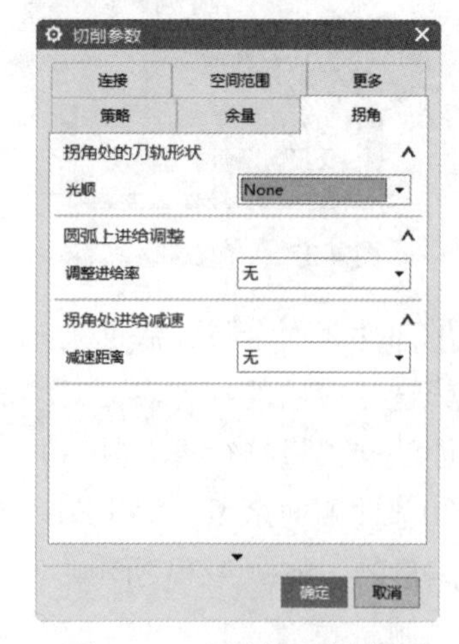

图 4-42　“拐角”选项卡

1．光顺

在指定的最小和最大范围内的拐角处，在切削刀路上添加圆弧。

光顺可添加到外部切削刀路的拐角、内部切削刀路的拐角以及在切削刀路和步距之间形成的拐角，使拐角成为圆角。当加工硬质材料或高速加工时，为所有拐角添加圆角尤其有用。拐角可使刀具运动方向突然改变，这样会在加工刀具和切口上产生过多应力。

可用的“圆角”选项会根据指定的切削模式的不同而不同。使用跟随周边、跟随部件等切削模式，可以将圆角添加到外部切削刀路和内部切削刀路；使用轮廓、标准驱动切削模式，可以将圆角添加到外部切削刀路；单向和往复切削模式不使用圆角。

光顺共有两个选项：None 和所有刀路。选择“所有刀路”选项，可将圆角添加到外部切削刀路的拐角、内部切削刀路的拐角以及在切削刀路和步距之间形成的拐角；这就消除了整个刀轨中的拐角。选择该选项并输入所需的圆角半径，结果如图 4-43 所示。选择 None 选项，对刀轨拐角和步距不应用光顺半径。

2．圆弧上进给调整

“圆弧上进给调整”栏用于调整所有圆弧记录，以维持刀具侧边而不是中心的进给率。

（1）无：不应用进给率调整。

（2）在所有圆弧上：应用补偿因子以保持内、外接触面的进给率近似恒定。当中心线刀轨上的刀尖按恒定进给率移动时，沿外接触面的进给率较慢，沿内接触面的进给率较快。

3．拐角处进给减速

“拐角处进给减速”栏用于设置长度、开始位置和减速速度。

（1）无：选择此选项，不应用进给率减速。

（2）当前刀具：选择此选项，如图 4-44 所示。

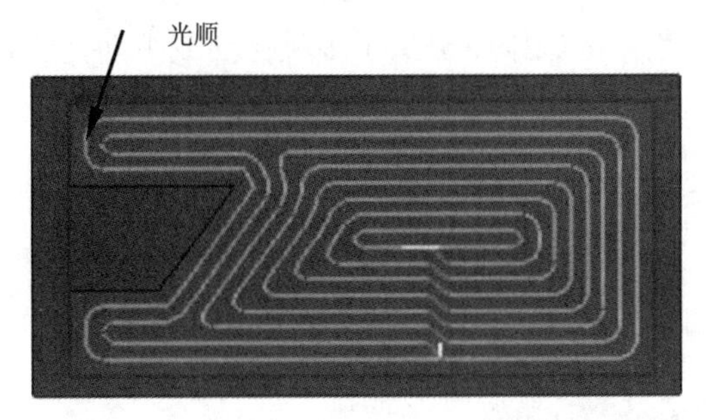

图 4-43　刀轨形状（“光顺”→“所有刀路”）

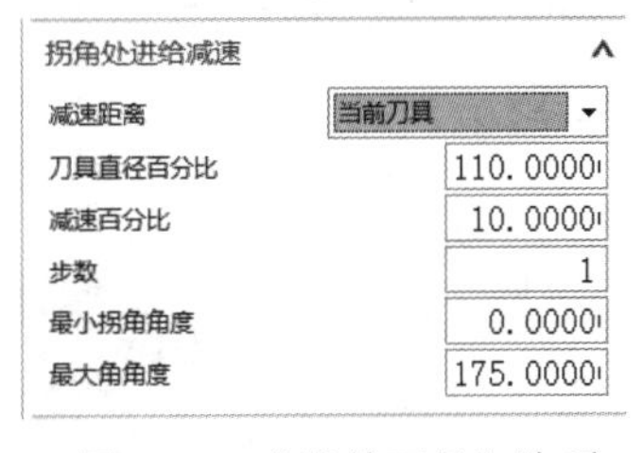

图 4-44　“当前刀具”选项

①刀具直径百分比：使用刀具直径百分比作为减速距离。

②减速百分比：设置原有进给率的减速百分比。

③步数：设置应用到进给率的减速步数。

④最小拐角角度：设置识别为拐角的最小角度。

⑤最大角角度：设置识别为拐角的最大角度。

（3）上一个刀具：使用上一个刀具的直径作为减速距离。

4.4　连　接

扫一扫，看视频

连接参数（见图 4-45）因“工序子类型”的不同而表现为不同的形式，主要包括以下几种。

（1）区域排序：提供了几种自动和手动指定切削区域加工顺序的方式。

（2）跟随检查几何体：确定刀具在遇到检查几何体（平面铣、型腔铣）时将如何操作。

（3）开放刀路：用于在跟随部件切削模式下转换开放的刀路。

（4）层之间：当切削层之间存在缝隙时创建额外的切削，适用于深度轮廓铣。

（5）步距：允许指定切削刀路间的距离。

（6）层到层：切削所有层，而无须提回至安全平面（仅适用于 Z 层）。

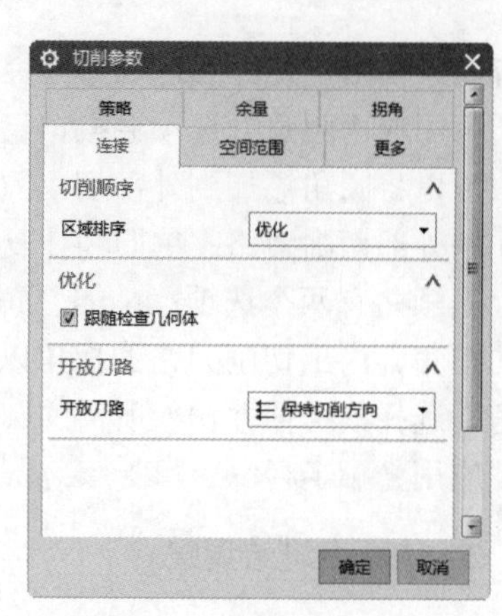

图 4-45 “连接”选项卡

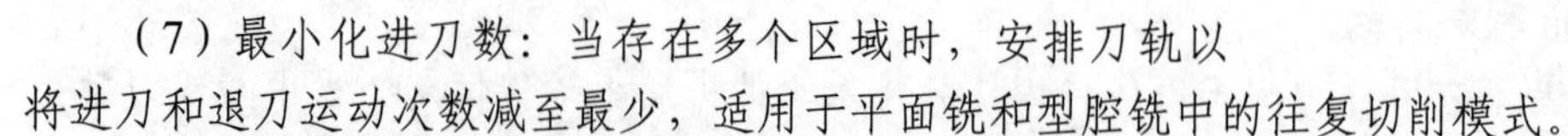

（7）最小化进刀数：当存在多个区域时，安排刀轨以将进刀和退刀运动次数减至最少，适用于平面铣和型腔铣中的往复切削模式。

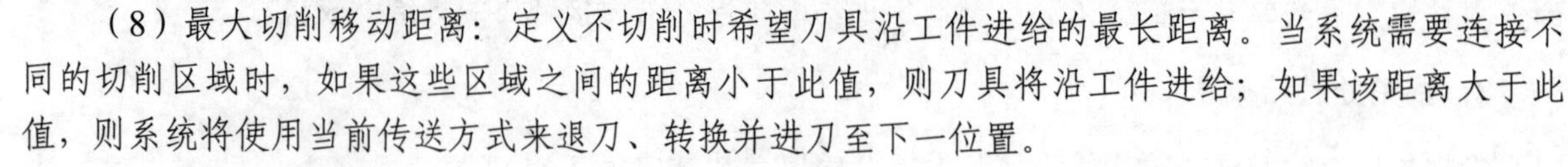

（8）最大切削移动距离：定义不切削时希望刀具沿工件进给的最长距离。当系统需要连接不同的切削区域时，如果这些区域之间的距离小于此值，则刀具将沿工件进给；如果该距离大于此值，则系统将使用当前传送方式来退刀、转换并进刀至下一位置。

4.4.1 区域排序

区域排序是平面铣和型腔铣工序中都存在的参数。区域排序提供了多种自动或手动指定切削区域加工顺序的方式，如图 4-46 所示。

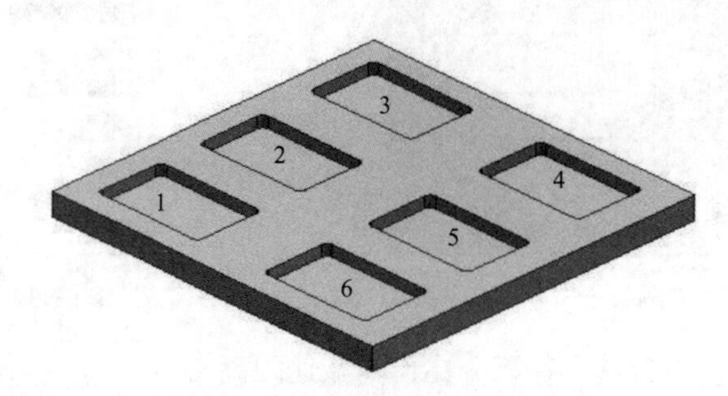

图 4-46 区域排序（优化）

在“区域排序”下拉列表中选择所需的区域排序选项，生成刀轨。选用“跟随起点”和“跟随预钻点”选项时，还需指定“预钻进刀点”和“切削区域起点”，然后才可生成刀轨。

其中主要选项介绍如下。

（1）标准：允许处理器决定切削区域的加工顺序，如图 4-47 所示。对于手工面铣工序，当选择曲线作为边界时，系统通常使用边界的创建顺序作为加工顺序；当选择面作为边界时，使用面的创建顺序作为加工顺序。图 4-47 所示为分别通过两种不同的面创建顺序形成的加工顺序（图中数字即为加工顺序）。但情况并不总是这样，因为处理器可能会分割或合并区域，这样顺序信息就会丢失。因此，此时使用该选项，切削区域的加工顺序将是任意和低效的。当使用“层优先”选项作为切削顺序来加工多个切削层时，处理器将针对每一层重复相同的加工顺序。

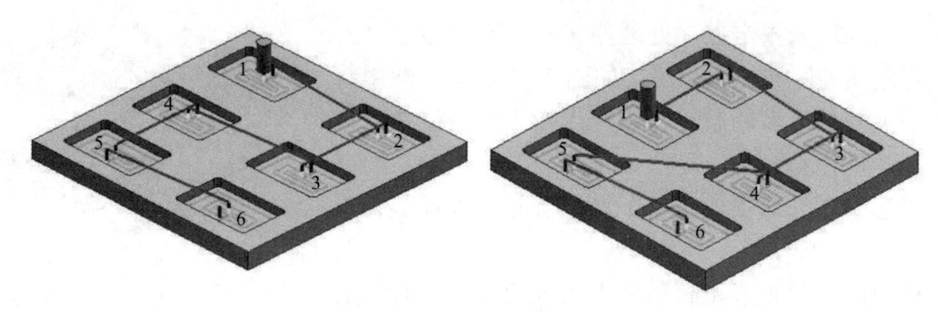

图 4-47　“标准”排序

（2）优化：将根据加工效率来决定切削区域的加工顺序。处理器确定的加工顺序可使刀具尽可能少地在区域之间来回移动，并且当从一个区域移到另一个区域时刀具的总移动距离最短，如图 4-48 所示。

当使用“深度优先”选项作为切削顺序来加工多个切削层时，将对每个切削区域完全加工完毕，再进行下一个区域的切削，如图 4-48（a）所示。

当使用“层优先”选项作为切削顺序来加工多个切削层时，“优化”功能将决定第一个切削层中区域的加工顺序，在图 4-48（a）中为 1—2—3—4—4—6；第二个切削层中的区域将以相反的顺序进行加工，以此减少刀具在区域间的移动时间，在图 4-48（b）中为 6—4—4—3—2—1（图中箭头给出了加工顺序）。交替各切削层的切削顺序，直至所有切削层加工完毕。

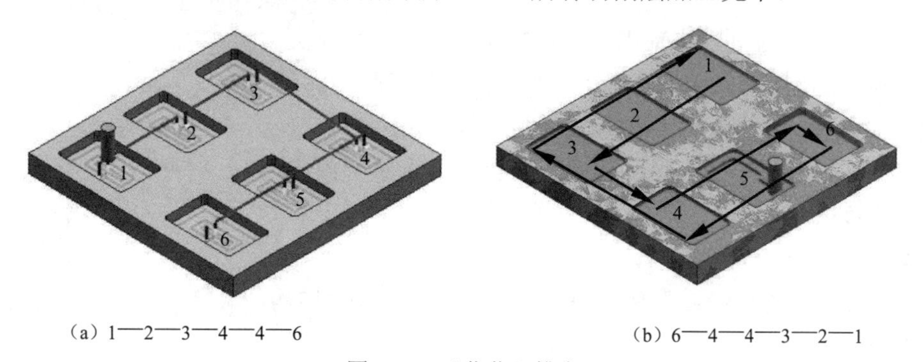

（a）1—2—3—4—4—6　　（b）6—4—4—3—2—1

图 4-48　“优化”排序

（3）跟随起点/跟随预钻点：根据指定区域起点的顺序设置加工切削区域的顺序，如图 4-49 所示。这些点必须处于活动状态，以便区域排序能够使用这些点。如果为每个区域均指定了一个点，处理器将严格按照点的指定顺序对切削区域进行加工，如图 4-50 所示。

图 4-49　跟随起点

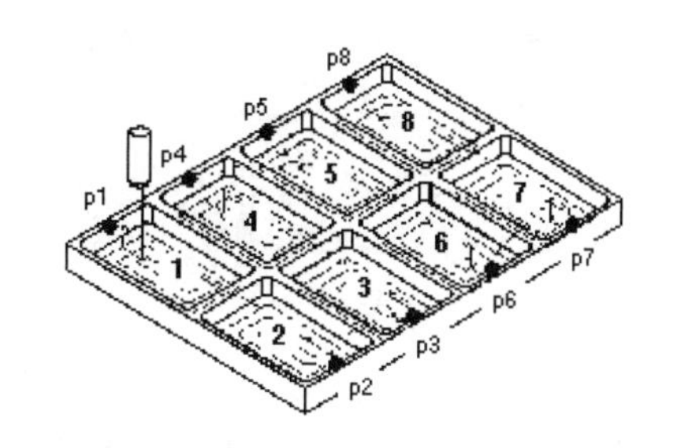

图 4-50　每个区域中均定义了起点（p1～p8）

如果每个区域均未指定点，处理器将根据连接指定点的线段链来确定最佳的区域加工顺序，如图 4-51 所示。使用封闭区域的质心或开放区域的起点将每个点投影到该链上，按照选择点的顺序加工区域。

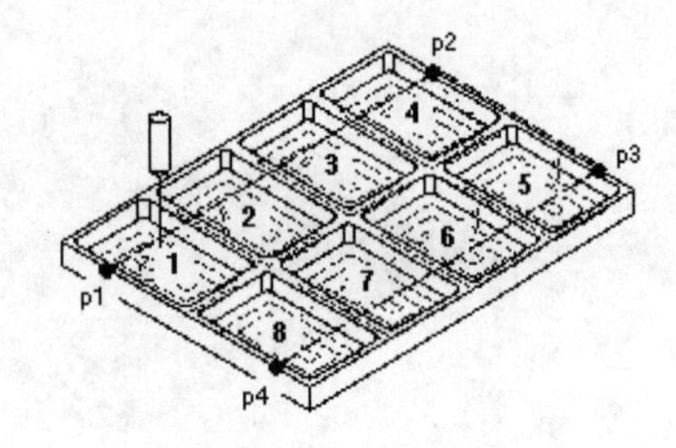

图 4-51　定义了 4 个起点

当使用“层优先”选项加工多个切削层时，处理器为每一层重复相同的加工顺序。

如果在使用跟随起点或跟随预钻点生成刀轨时没有定义实际的预钻进刀点或切削区域起点，或只定义了一个点，那么处理器将使用“标准”排序。

注意：

区域排序不使用系统生成的预钻点。

4.4.2　开放刀路

开放刀路是在部件的偏置刀路与区域的毛坯部分相交时形成的。

在“开放刀路”下拉列表中提供了“保持切削方向”和“变换切削方向”两个选项，如图 4-52 所示。选择不同的选项，可指定在跟随部件切削模式的切削过程中是否转换开放刀路。

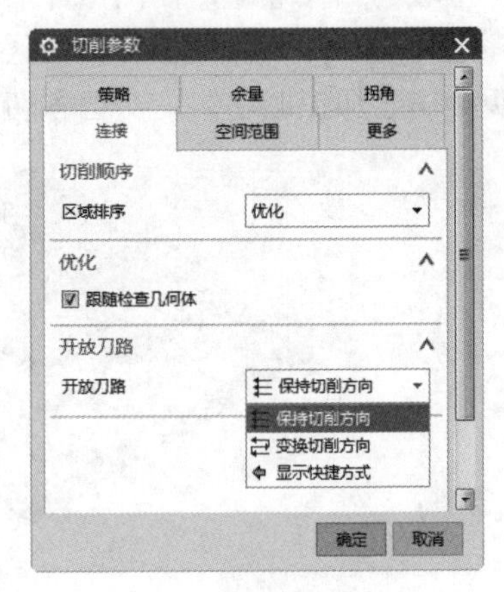

图 4-52　开放刀路

（1）保持切削方向：将在跟随部件切削模式下保持切削方向不变。如图 4-53（a）所示，完成一个切削刀路后，需要抬刀、移刀、进刀，进行下一个切削过程。

（2）变换切削方向：将在跟随部件切削模式下改变切削方向，类似于往复切削模式。如图 4-53（b）所示，完成一个切削刀路后，不需要抬刀、移刀、进刀，直接进行下一个切削过程，待完成全部切削后再抬刀。

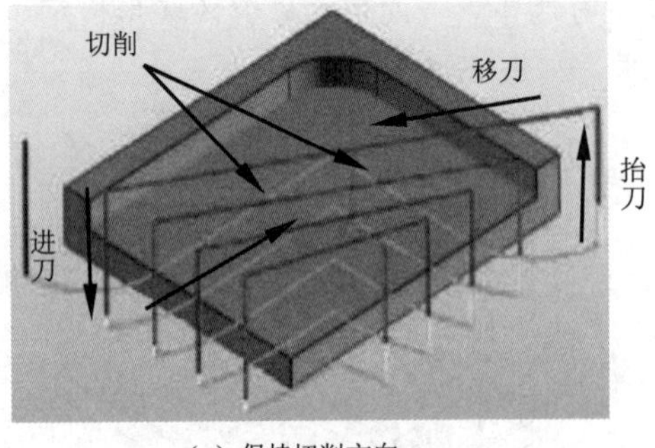

（a）保持切削方向

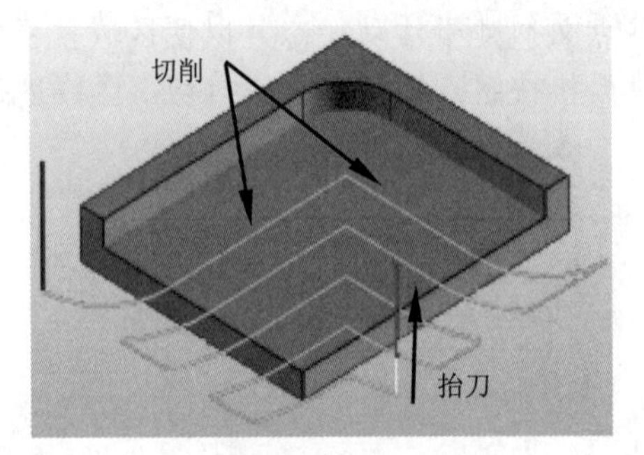

（b）变换切削方向

图 4-53　开放刀路

例如，对同一工件进行平面铣，切削模式为跟随部件，刀具直径为 10mm，在“切削参数”对话框的“连接”选项卡中的“开放刀路”下拉列表分别选择“保持切削方向”和“变换切削方向”选项。

图 4-54 所示为选择“保持切削方向”选项时的切削示意图。从图 4-54（a）中可以看出刀具抬离毛坯；从图 4-54（b）中可以看出每切削一次都要抬刀、移刀，以保持同一切削方向。

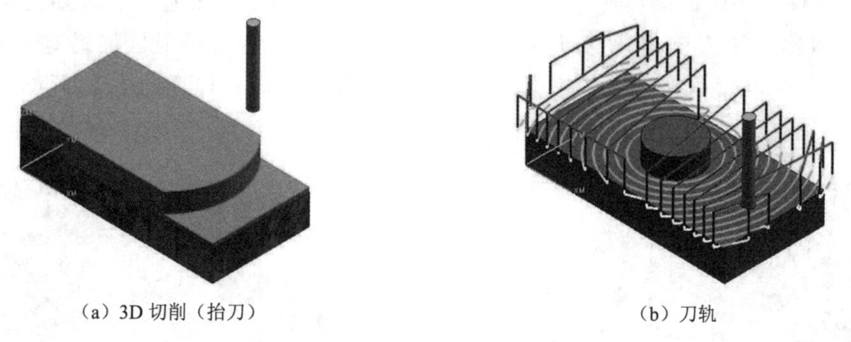

（a）3D 切削（抬刀）　　（b）刀轨

图 4-54　保持切削方向

图 4-55 所示为选择“变换切削方向”选项时的切削示意图。从图 4-55（a）中可以看出刀具不抬离毛坯；从图 4-55（b）中可以看出刀具抬刀、移刀的次数比保持切削方向时少很多，减少了抬刀、移刀时间，提高了加工效率。

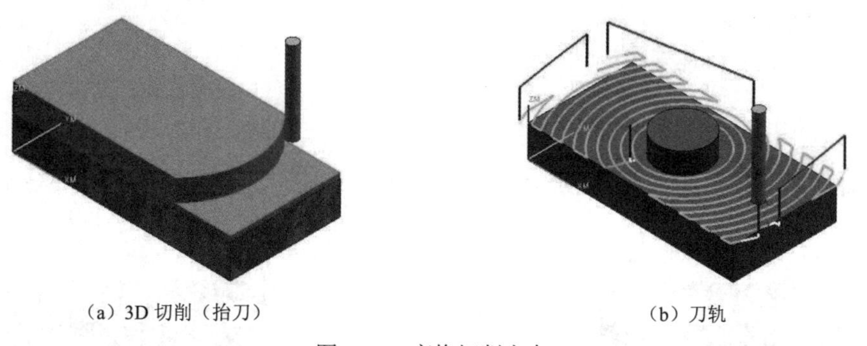

（a）3D 切削（抬刀）　　（b）刀轨

图 4-55　变换切削方向

4.4.3　层之间

层之间是深度轮廓铣工序中使用的参数，如图 4-56 所示。

1．层到层

层到层是一个专用于深度轮廓铣的切削参数。使用“层到层”下拉列表中的“直接对部件进刀”和“沿部件斜进刀”选项可确定刀具从一层到下一层的放置方式，它可直接切削所有的层而无须抬刀至安全平面。在“切削参数”对话框中选择“连接”选项卡，如图 4-56 所示，“层到层”下拉列表中共有 4 个选项，分别介绍如下。

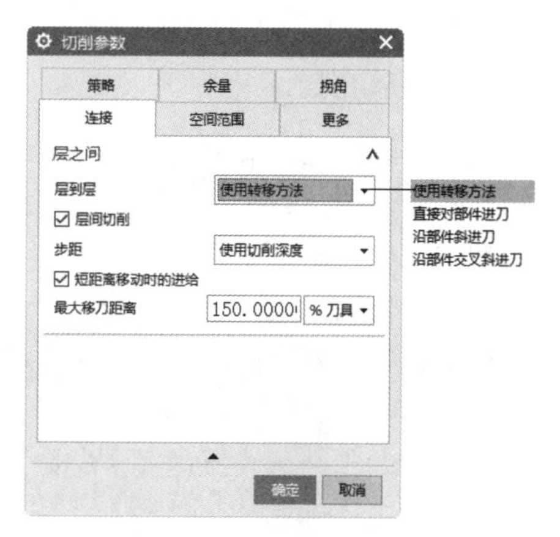

图 4-56　“层之间”选项

注意：

如果加工的是开放区域，则“层到层”下拉列表中的最后两个选项（沿部件斜进刀、沿部件交叉斜进刀）都将变灰。

（1）使用转移方法：该选项使刀具在完成每个刀路后都抬刀至安全平面，如图 4-57 所示。

（2）直接对部件进刀：将跟随部件，与步进运动相似。使用切削区域的起点来定位这些运动，如图 4-58 所示。与使用转移方法不相同。直接对部件进刀是一种直线快速运动，不执行过切或碰撞检查。

图 4-57　使用转移方法

图 4-58　直接对部件进刀

（3）沿部件斜进刀：将跟随部件，从一个切削层到下一个切削层，斜削角度为“斜坡角”文本框中输入的斜坡角，如图 4-59 所示。这种切削具有更恒定的切削深度和残余波峰，并且能在部件顶部和底部生成完整刀路。

提示：

应使用切削区域的起点来定位这些斜削。

（4）沿部件交叉斜进刀：与沿部件斜进刀相似，不同的是在斜削进下一层之前完成每个刀路，如图 4-60 所示。

图 4-59　沿部件斜进刀

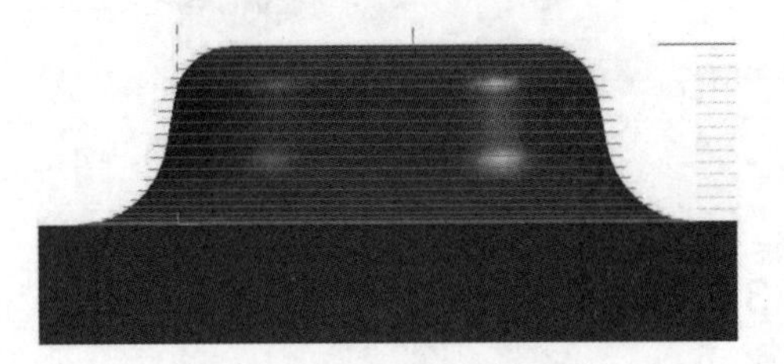

图 4-60　沿部件交叉斜进刀

2. 层间切削

在“连接”选项卡中的“层之间”栏中选中“层间切削”复选框，可在深度轮廓铣加工中的切削层间存在间隙时创建额外的切削，对精加工非常有用。

层间切削的优点如下。

（1）可消除在标准“层到层”加工操作中留在浅区域中的大残余波峰，无须为非陡峭区域创建单独的区域铣削操作，也无须使用非常小的切削深度来控制非陡峭区域中的残余波峰。

（2）可消除因在含有大残余波峰的区域中快速载入和卸载刀具而产生的刀具磨损甚至破裂。当用于半精加工时，该操作可生成更多的均匀余量；当用于精加工时，退刀和进刀的次数更少，并且表面精加工更连贯。

图 4-61 所示为层间切削使用前后对比，其中图 4-61（a）中有包含大间隙的浅区域。图 4-61（b）中显示了由“层间切削”生成的附加间隙刀轨（用红色表示）。

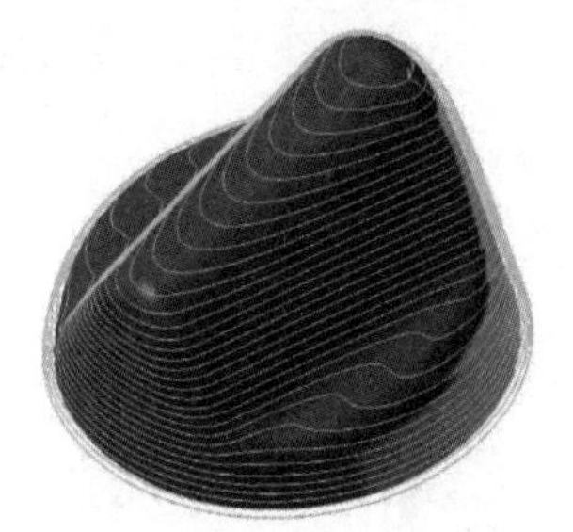
（a）不使用层间切削

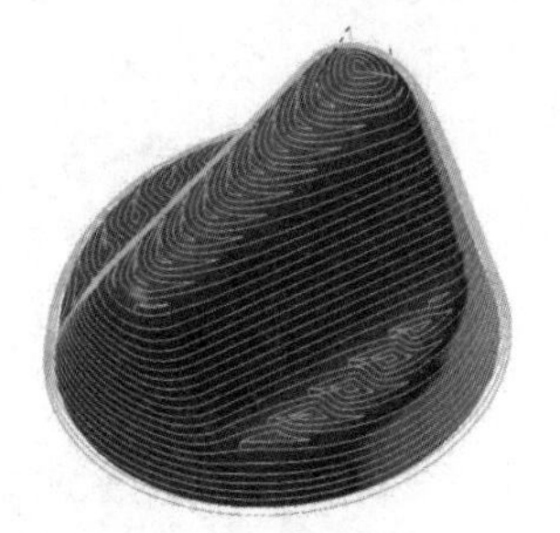
（b）使用层间切削

图 4-61　层间切削使用前后对比

“层间切削”选项介绍如下。“步距”是加工间隙区域时使用的步距，包含“使用切削深度”“恒定”“残余高度”“%刀具平直”4 个选项。

（1）使用切削深度：该选项是默认选项。步距将与当前切削范围的切削深度相匹配，可通过指定步进距离来进一步控制这些区域中的残余波峰高度。

由于每个切削层范围可以有不同的切削深度，因此如果指定了“使用切削深度”，则在该深度所在范围可确定该间隙区域的步距。如果间隙区域跨越一些没有定义切削层的范围，则间隙区域将使用跨越范围的最小切削深度。

（2）“恒定”“残余高度”及“%刀具平直”这些选项可以参考 3.4 节中的讲解。

3．最大移刀距离

最大移刀距离用于指定不切削时希望刀具沿工件进给的最长距离。当系统需要连接不同的切削区域时，如果这些区域之间的距离小于此值，则刀具将沿工件进给；如果其距离大于此值，则系统将使用当前转移方式来退刀、移刀并进刀至下一位置。此值可指定为距离或刀具直径的百分比。

在“连接”选项卡选中“短距离移动时的进给”复选框，将激活“最大移刀距离”选项，在其下拉列表中选择单位 mm 或“%刀具”，在文本框中输入具体的数值，确定最大移刀距离。图 4-62（a）所示为取消选中“短距离移动时的进给”复选框的局部切削刀轨，图 4-62（b）所示为选中“短距离移动时的进给”复选框且最大移刀距离为 5mm 时的局部切削刀轨。

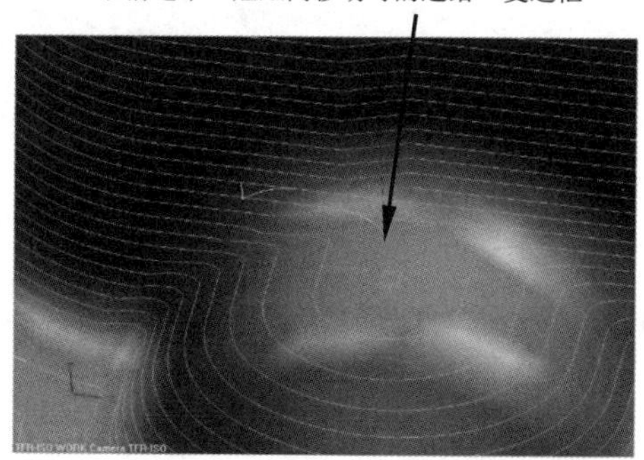

（a）取消选中“短距离移动时的进给”复选框

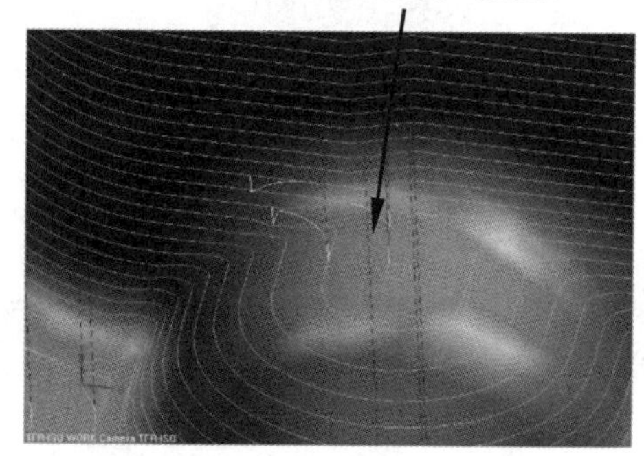

（b）选中“短距离移动时的进给”复选框且最大移刀距离为 5mm

图 4-62　“最大移刀距离”示意图

4．参考刀具

深度轮廓铣参考刀具可用于深度加工拐角铣，进行拐角精铣，如图 4-63 所示。这种切削与深度轮廓铣操作相似，但仅限于上一刀具无法加工（刀具直径和拐角半径导致的）的拐角区域。

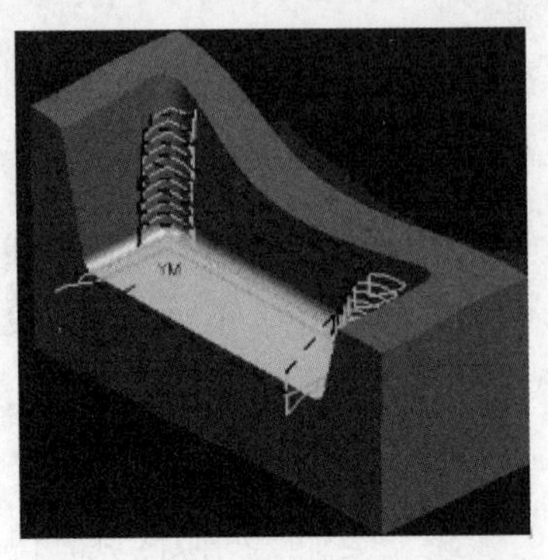

图 4-63　使用参考刀具的深度轮廓铣

如果是刀具拐角半径的原因，则材料会剩余在壁和底面之间；如果是刀具直径的原因，则材料会剩余在壁之间。这种切削仅限于这些拐角区域。

参考刀具通常是先前用来粗加工区域的刀具。系统将计算由指定的参考刀具留下的剩余材料，然后为当前操作定义切削区域。必须选择一个直径大于当前正使用的刀具直径的刀具。

5．切削顺序

与按切削区域排列切削轨迹的型腔铣不同，深度轮廓铣按形状排列切削轨迹。可以按深度优先对形状执行轮廓铣，也可以按层优先对形状执行轮廓铣。在深度优先中，每个形状（如岛）是在开始对下一个形状执行轮廓铣之前完成轮廓铣的，如图 4-64（a）所示；在层优先中，所有形状都是在特定层中执行轮廓铣的，之后切削下一层中的各个形状，图 4-64（b）所示。

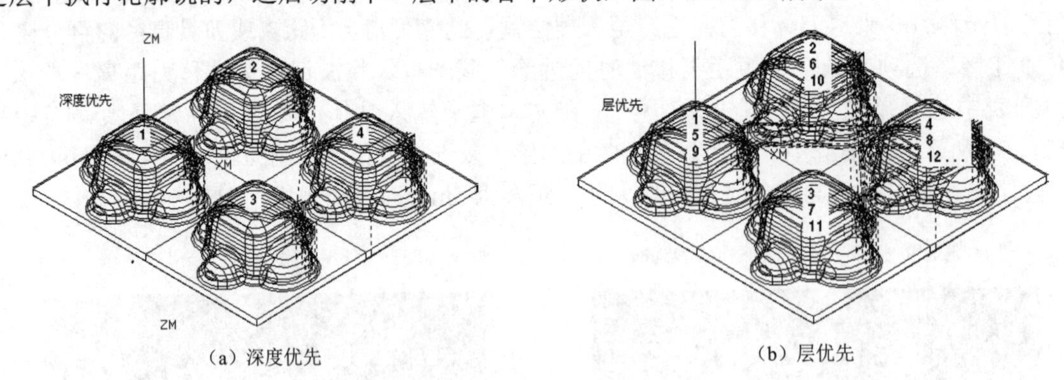

（a）深度优先　　（b）层优先

图 4-64　切削顺序

扫一扫，看视频

4.5 更 多 参 数

更多参数（图 4-65）因工序子类型和切削模式的不同而表现为不同的形式。

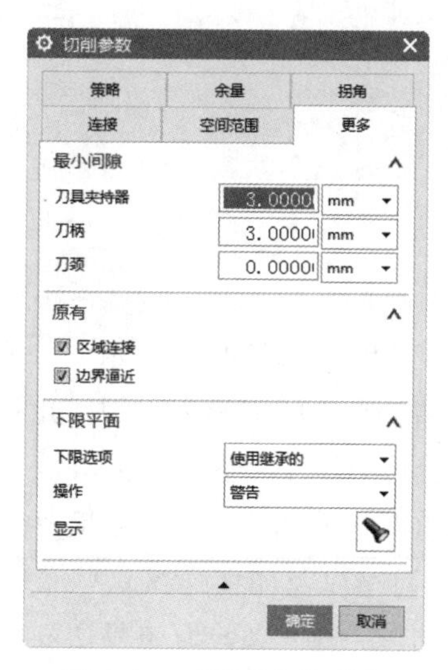

图 4-65　“更多”选项卡

4.5.1　最小间隙

最小间隙用于支持刀具夹持器检查的工序，允许指定围绕刀具的所有 3 个非切削段的单一安全距离，以确保与几何体保持安全的距离。

“最小间隙”栏中包括“刀具夹持器”“刀柄”和“刀颈”3 个选项，如图 4-66 所示。

刀具夹持器是底壁加工、深度轮廓铣和型腔铣中都使用的共有的切削参数。

刀具夹持器在刀具定义对话框中被定义为一组圆柱或带锥度的圆柱，如图 4-67 所示。深度轮廓铣、型腔铣和固定轴曲面轮廓铣工序的“区域铣削”和“清根”驱动方法可使用此刀具夹持器定义，以确保刀轨不碰撞夹持器。在该操作中，这些选项必须切换为“开”，以识别刀具夹持器。

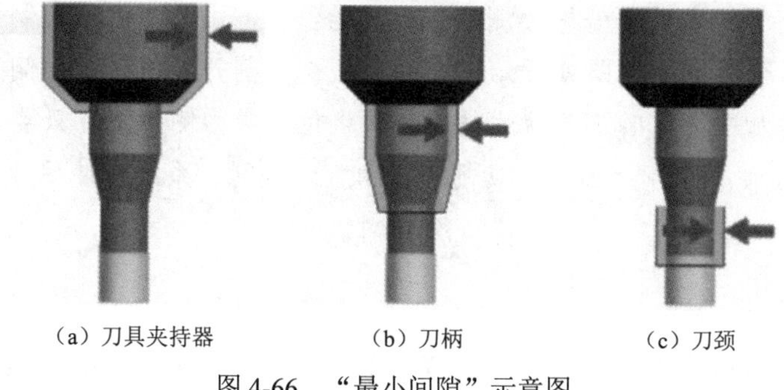

图 4-66　“最小间隙”示意图

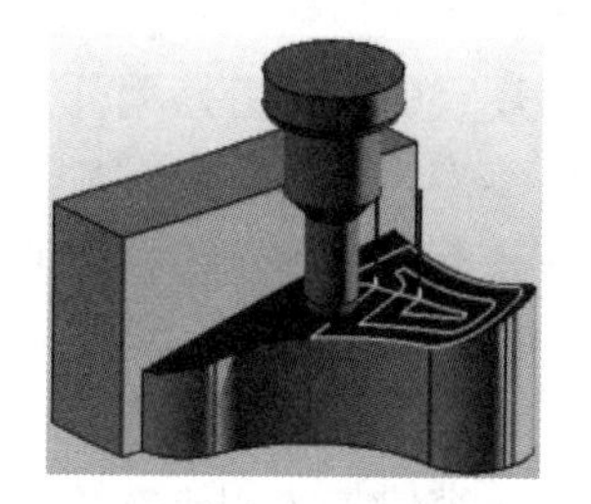

图 4-67　刀具夹持器

在曲面轮廓铣和深度轮廓铣中，如果检测到刀具夹持器和工件间发生碰撞，则发生碰撞的区域会在该操作中保存为“2D 工件”几何体。该几何体可在后续操作中用作修剪几何体，以便在需要将刀具夹持器或工件碰撞时留下的材料移除的区域中包含切削运动。

在型腔铣中，如果系统检测到刀具夹持器和工件间发生碰撞，则不会切削发生碰撞的区域。所有后续的型腔铣操作必须使用“基于层的 IPW”选项，才能移除这些未切削区域。

4.5.2 原有和底切

1. 区域连接

区域连接是平面铣和型腔铣都具有的切削参数，主要在跟随周边、跟随部件、轮廓等切削模式中使用，如图 4-68 所示。

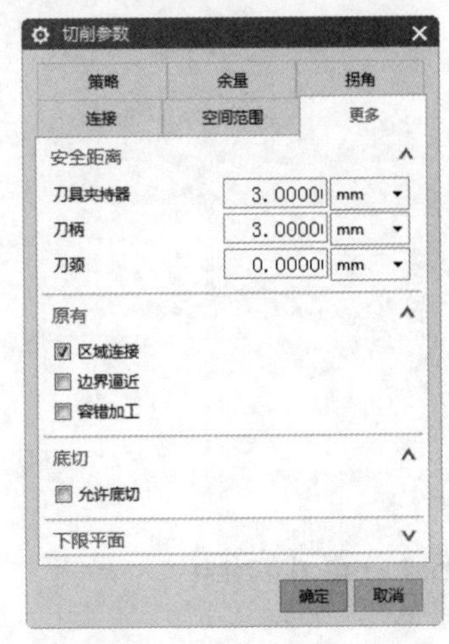

图 4-68 “允许底切”选项

生成刀路时，刀轨可能会遇到诸如岛、凹槽等障碍物，此时刀路会将该切削层中的可加工区域分成若干个子区域。刀具从一个区域退刀，然后在下一个子区域重新进入部件，以此连接各个子区域。区域连接决定了如何转换刀路以及如何连接这些子区域。处理器将优化刀路间的步进移动，寻找一条没有重复切割且无须抬起刀具的刀轨。当区域的刀路被分割成若干内部刀路时，区域的起点可能被忽略。

“区域连接”复选框可在选中和取消选中之间切换，其状态将影响基于部件几何体的刀轨。

（1）取消选中“区域连接”复选框时，如果处理器确认刀轨存在自相交（通常不会发生在简单的矩形刀轨中），它会将交叉部分当作一个区域，岛中的区域将被忽略。取消选中“区域连接”复选框后，刀具将在移动至一个新区域时退刀，以防止过切凹槽。

取消选中“区域连接”复选框可保证生成的刀轨不会出现交叠或过切。此时，系统将分析整个边界并加工刀具可以进入的所有区域。

当部件中的区域间包含岛或凹槽时，系统快速地生成一条刀轨。但是，这可能会产生频繁的退刀和进刀运动，因为系统不会试图保持刀具与凹槽中工作部件的连续接触。

（2）选中“区域连接”复选框，将允许系统更好地预测刀轨的起始位置，以及更好地控制进给率。当从内向外加工腔体时，刀轨将从最内侧的刀路处开始；如果区域被分割开，将从最内侧刀路中最大的一个刀路处开始。当从外向内加工腔体时，刀轨的结束位置将位于最内侧刀路。只要刀具完全嵌入材料之中（如初始切削），系统便会使用“第一刀切削进给率”；否则，系统将使用“切削进给率”，而不使用“步距进给率”。

2. 容错加工

容错加工用于在不过切部件的情况下查找正确的可加工区域，主要用于型腔铣工序中。容错加工是特定于型腔铣的一个切削参数。它是一种可靠的算法，能够找到正确的可加工区域而不过切部件。其刀具位置属性始终为相切，而不考虑用户的输入。

由于此方式不使用面的“材料侧”属性，因此当选择曲线时刀具将被定位在曲线两侧，当没有选择顶面时刀具将被定位在竖直壁面两侧。

“容错加工”复选框默认为选中，如果需要访问“允许底切”选项，可取消此复选框的选中。但是，如果这样做，可能会在刀轨中发现意外结果。

3. 允许底切

在型腔铣中，允许底切可允许系统在生成刀轨时考虑底切几何体，以此来防止刀夹摩擦到部件几何体。底切处理只能应用在非容错加工中（即取消选中“容错加工”复选框），如图 4-68 所示。

注意：

> 选中“允许底切”复选框，处理时间将增加。如果没有明确的底切区域存在，可关闭该功能以减少处理时间。
>
> 取消选中“允许底切”复选框，系统将不会考虑底切几何体，这将允许在处理竖直壁面时使用更加宽松的公差。

4. 边界逼近

边界逼近常用在平面铣和型腔铣中的跟随周边、跟随部件、轮廓切削模式中。

当边界或岛中包含二次曲线或 B 样条时，使用边界逼近可以减少处理时间并缩短刀轨长度，其原因是系统通常要对此类几何体的内部刀路（远离岛边界或主边界的刀路）进行不必要的处理，以满足公差限制。

注意：

> 第 2 个刀路的实际步距和近似公差分别是指定步距的 75%和 25%，第 3 个刀路的实际步距和近似公差均为指定步距的 50%。

4.5.3　倾斜

“倾斜”栏是专用于固定轮廓铣、区域轮廓铣、曲面区域轮廓铣、非陡峭区域轮廓铣和陡峭区域轮廓铣的切削参数。

1. 向上斜坡角/向下斜坡角

“倾斜”栏中可以指定刀具的向上和向下角度运动限制，如图 4-69 所示。角度是从垂直于刀具轴的平面测量的。

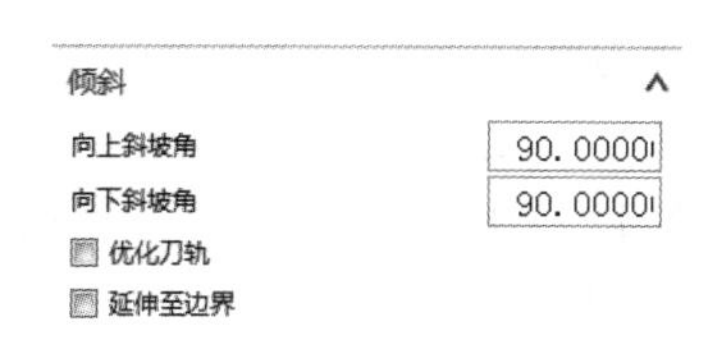

图 4-69　“倾斜”栏

“向上斜坡角”需要输入一个 0～90 的角度值，允许刀具在从 0°（垂直于固定刀具轴的平面）到指定值范围内的任何位置向上倾斜，如图 4-70 所示。

“向下斜坡角”需要输入一个 0～90 的角度值，允许刀具在从 0°（垂直于固定刀具轴的平面）到指定值范围内的任何位置向下倾斜，如图 4-71 所示。

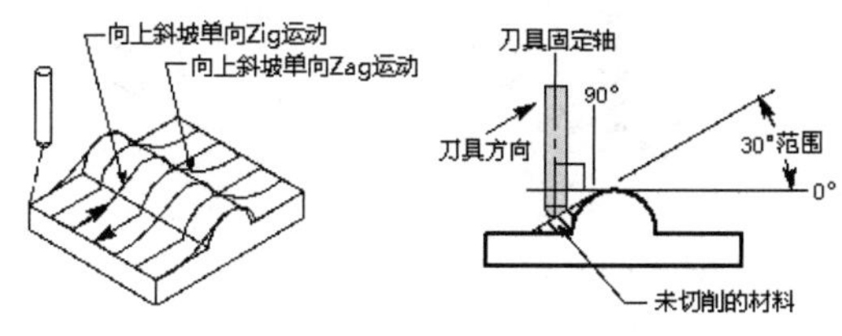

图 4-70　30°向上斜坡角

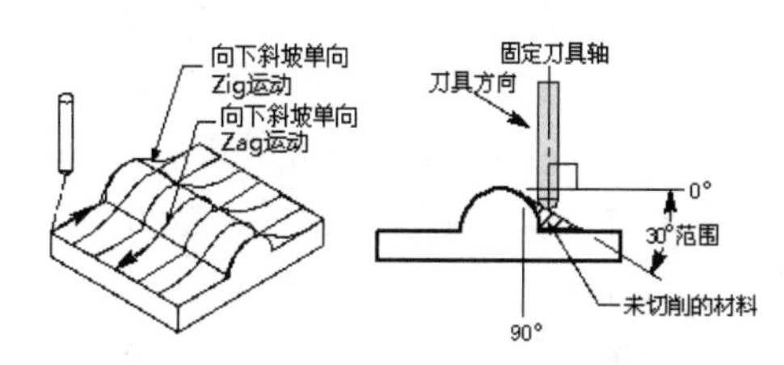

图 4-71　30°向下斜坡角

默认的“向上斜坡角”和“向下斜坡角”值都是 90°。实际上，这些值会禁用此功能，因为它们不对刀具运动进行任何限制。在往复切削模式中，刀具方向在每个刀路上反转，这使得向上斜坡角和向下斜坡角在每个刀路上颠倒侧面。

使用向下斜坡角，可防止刀具下降到需要单独精加工刀路的小型腔，如图 4-72 所示。落在指定向下斜坡角以下的刀具位置会沿刀具轴抬起到该层。

2. 应用于步距

“应用于步距”与“向上斜坡角”和“向下斜坡角”选项结合使用，可将指定的倾斜角度应用于步距。

图 4-73 展示了应用于步距是如何影响往复刀轨的。“向上斜坡角”设置为 45°，“向下斜坡角”设置为 90°。当选中“应用于步距”复选框时，这些值会应用到步距及往复刀路中，向下倾斜的刀路和步距都受到 0°～45°的角度范围限制。

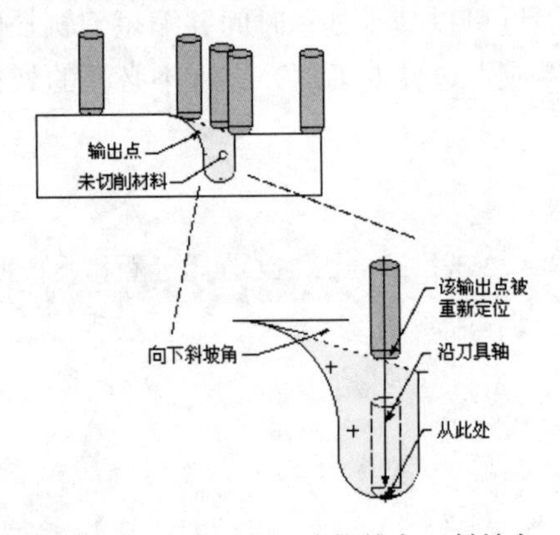

图 4-72　用于避免小腔体的向下斜坡角

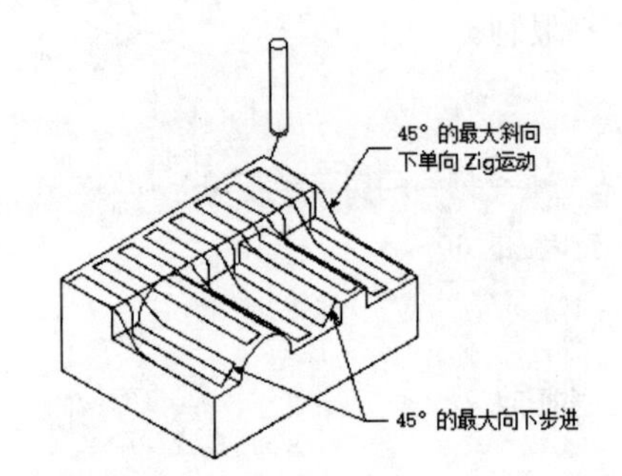

图 4-73　应用于步距对往复刀轨的影响

3. 优化刀轨

选中“优化刀轨”复选框，可使系统在将向上斜坡角和向下斜坡角与单向或往复切削模式结合使用时优化刀轨。优化意味着在保持刀具与部件尽可能接触的情况下计算刀轨并最小化刀路之间的非切削运动。仅当向上斜坡角为 90°且向下斜坡角为 0°～90°时，或当向上斜坡角为 0°～90°且向下斜坡角为 90°时，此功能才可用。

例如，在只允许向上倾斜的单向运动中，系统通过在两个阶段创建刀轨来优化刀轨。在第一阶段，系统沿单向方向步进通过所有爬升刀路；在第二阶段，系统沿单向相反方向步进通过所有爬升刀路。

图 4-74 显示了系统如何使用 0°～90°的向下斜坡角和 90°的向上斜坡角来优化单向运动。0°的向下斜坡角可防止刀具向下切削。因此，在第一阶段，系统在部件的一侧生成所有向上切削并移动到部件另一侧；在第二阶段中，在部件的另一侧生成所有向上切削。注意，步距方向在第二阶段是相反的，目的是进一步优化刀轨。

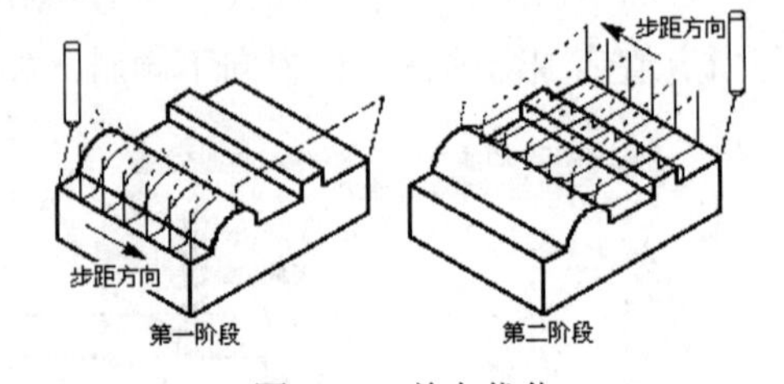

图 4-74　单向优化

在“倾斜”栏中将“向下斜坡角”设置为 0°，切削刀轨如图 4-75 所示。从图 4-75（a）可知，刀具只有爬升刀路，只切削部件两个凸起部分，中间部分不切削；从图 4-75（b）可以发现，刀具需要不停地抬起、移刀和进刀切削。

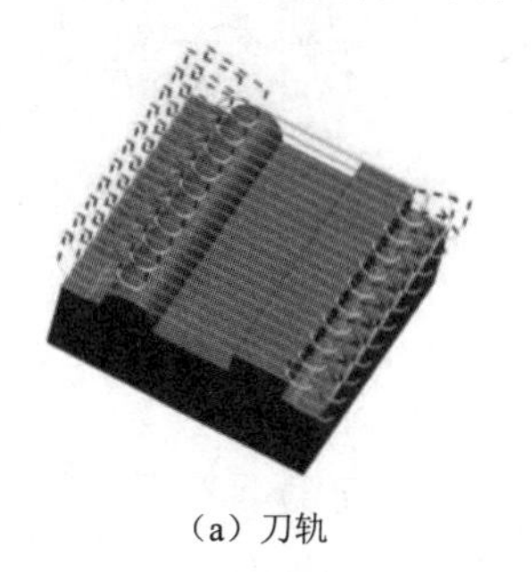

（a）刀轨

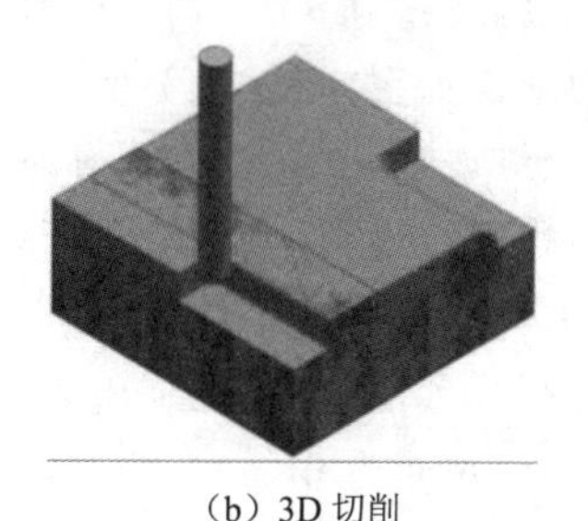

（b）3D 切削

图 4-75　“向下斜坡角”为 0°时的切削刀轨

在“倾斜”栏中将“向下斜坡角”设置为 90°，切削刀轨如图 4-76 所示。从图 4-76（a）可知，刀具除了切削部件两个凸起部分外，中间部分也同时被切削；从图 4-76（b）可以发现，刀路完全按照普通的往复切削，切削过程中不需要抬起刀具，一直到切削完毕然后抬刀。

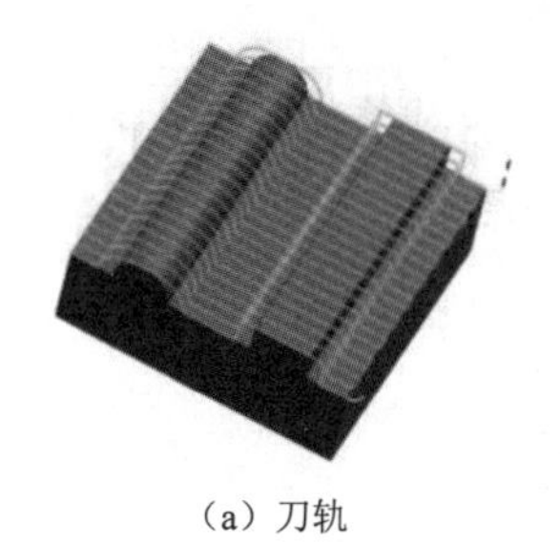

（a）刀轨

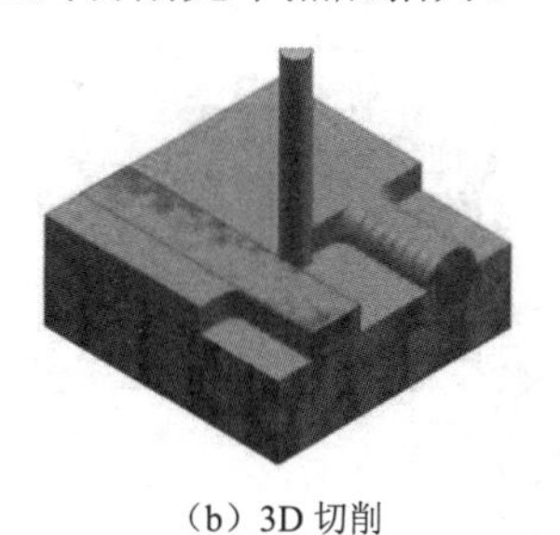

（b）3D 切削

图 4-76　“向下斜坡角”为 90°时的切削刀轨

4．延伸至边界

延伸至边界可在创建向上斜坡角为 90°或向下斜坡角为 90°切削时将切削刀路的末端延伸至部件边界。

对上述优化刀轨中的部件进行延伸至边界设置，只进行如下改变。

（1）切削模式：单向。

（2）向上斜坡角：设置为 0°。

（3）向下斜坡角：设置为 90°。

（4）在“倾斜”栏中取消选中“优化刀轨”复选框，其余设置不变。

在“倾斜”栏中选中“延伸至边界”复选框，切削刀轨如图 4-77（a）所示，刀轨延伸到了边界；在“倾斜”栏中取消选中“延伸至边界”复选框，切削刀轨如图 4-77（b）所示，刀轨没有延伸到边界。

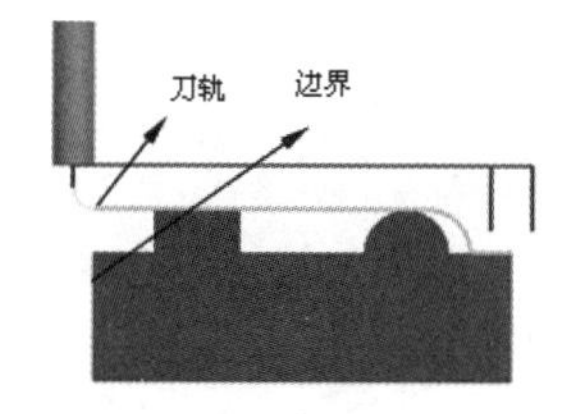

（a）选中“延伸至边界”复选框

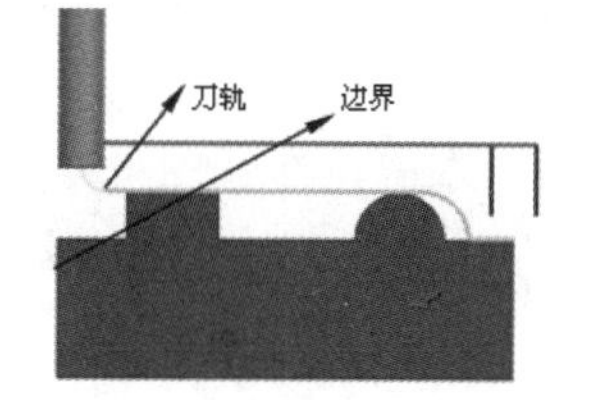

（b）取消选中“延伸至边界”复选框

图 4-77　延伸至边界

下面分 4 种情况分别演示延伸至边界对刀轨的影响。

（1）设置向上斜坡角为 90°，向下斜坡角为 0°，取消选中“延伸至边界”复选框，每条刀轨都在部件顶部停止切削，如图 4-78（a）所示。

（2）设置向上斜坡角为 90°，向下斜坡角为 0°，选中“延伸至边界”复选框，每条刀轨都沿切削方向延伸至部件边界，如图 4-78（b）所示。

（3）设置向上斜坡角为 0°，向下斜坡角为 90°，取消选中“延伸至边界”复选框，每条刀轨都在部件顶部开始切削，如图 4-78（c）所示。

（4）设置向上斜坡角为 0°，向下斜坡角为 90°，选中“延伸至边界”复选框，每条刀轨都在每次切削的开始处延伸至边界，如图 4-78（d）所示。

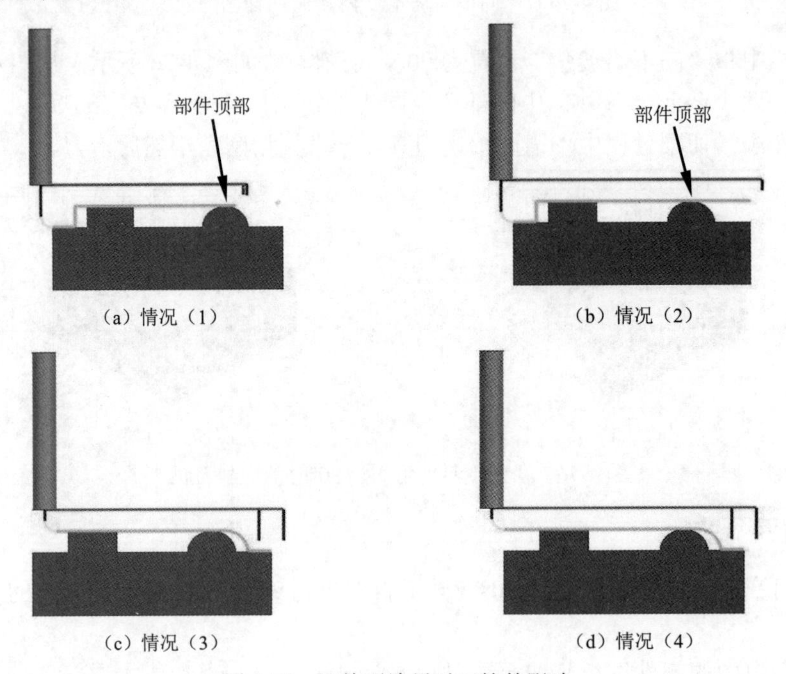

图 4-78　延伸至边界对刀轨的影响

4.5.4　切削步长

“切削步长”栏是专用于固定轮廓铣、区域轮廓铣、曲面区域轮廓铣、非陡峭区域轮廓铣和陡峭区域轮廓铣的切削参数，如图 4-79 所示。

最大步长控制沿切削方向在驱动轨迹的驱动点之间测量的线性距离。

如果最大步长值太大，小特征不会被识别，因为它们在曲面上不直接具有驱动点，刀轨随后穿过特征，如图 4-80（a）所示；步长越小，创建的驱动点越多，驱动轨迹越能准确跟随部件几何体的轮廓，较小的特征随后被识别，如图 4-80（b）所示。

图 4-79　“切削步长”栏

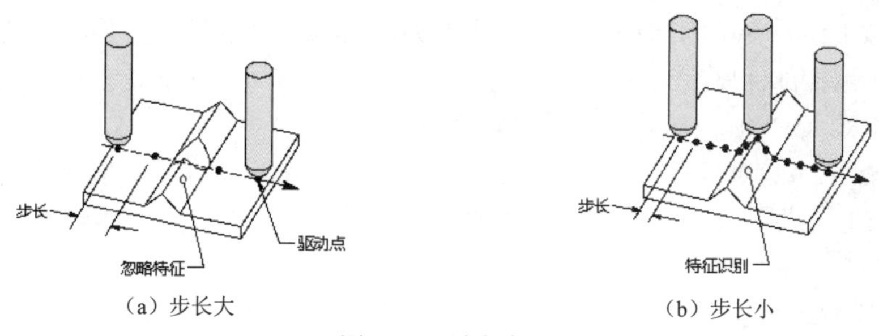

（a）步长大　　（b）步长小

图 4-80　最大步长

4.6　多刀路参数

扫一扫，看视频

多刀路参数应用于固定轮廓铣、区域轮廓铣、曲面区域轮廓铣、非陡峭区域轮廓铣和陡峭区域轮廓铣工序，主要包括部件余量偏置、多重深度切削、步进方法、增量等，如图 4-81 所示。

图 4-81　“多刀路”选项卡

4.6.1　部件余量偏置

部件余量偏置是在操作过程中去除的材料量，部件余量是操作完成后剩余的材料量。部件余量偏置加上部件余量即是操作开始前的材料量，即最初余量 = 部件余量 + 部件余量偏置。因此，部件余量偏置是增加到部件余量的额外余量，必须大于或等于零。

（1）在对移刀运动的碰撞进行检查的过程中，部件余量偏置用于刀具和刀柄。

（2）部件余量偏置还用于非切削移动中，以确定自动进刀/退刀距离。

（3）当选中“多重深度切削”复选框时，部件余量偏置还用于定义刀具开始切削的位置。

4.6.2　多重深度切削

多重深度切削允许沿着部件几何体的一个切削层逐层加工，以便一次去除一定量的材料。每个切削层中的刀轨是作为垂直于部件几何体的接触点的偏置单独计算的。由于刀轨轮廓远离部件几何体时刀轨轮廓的形状会改变，因此每个切削层中的刀轨必须单独计算。多重深度切削将忽略部件曲面上的定制余量（包括部件厚度）。

例如，对图 4-82（a）所示部件进行固定轮廓铣。

（1）在“创建工序”对话框中设置“类型”为 mill_contour，“工序子类型”为“固定轮廓铣”，创建直径为 10mm 的刀具，名称为 END10，选中该刀具；选择 WORKPIECE 几何体，名称为 FIXED_CONTOUR，单击“确定”按钮。

（2）弹出“固定轮廓铣”对话框，指定待加工部件，指定切削区域，如图 4-82（a）所示。

（3）选择“区域铣削”驱动方法，单击“编辑”按钮，弹出“区域铣削驱动方法”对话框，设置“切削模式”为“往复”，“平面直径百分比”为 50，“步距已应用”为“在平面上”，切削角设置为“指定”，“与 XC 的夹角”为 0°，单击“确定”按钮。

（4）在“切削参数”对话框的“多刀路”选项卡中设置“部件余量偏置”为 10，选中“多重深度切削”复选框，设置“步进方法”为“增量”，“增量”为 5；在“余量”选项卡中设置“部件余量”为 5。

增量如图 4-82（b）所示，生成两个深度为 5 的刀路。图 4-82（c）所示为生成的刀轨（对部件进行了垂直于 Z 轴的剖切）。

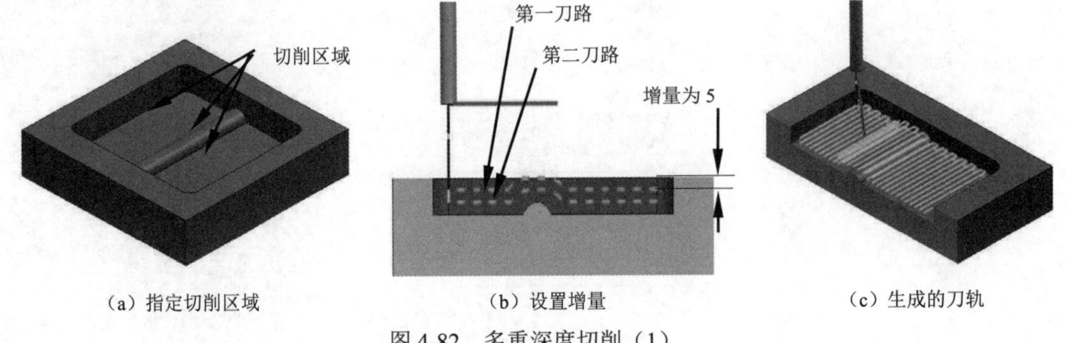

（a）指定切削区域　（b）设置增量　（c）生成的刀轨

图 4-82　多重深度切削（1）

（5）如果在“切削参数”对话框中设置“部件余量”为 2，“部件余量偏置”为 10，选中“多重深度切削”复选框，设置“步进方法”为“增量”。当“增量”为 5 时，生成 2 层刀轨，如图 4-83（a）所示；当“增量”为 4 时，生成 2 个 4mm 深的层和 1 个 2mm 的层，共 3 层导轨，如图 4-83（b）所示。

（6）如果在“切削参数”对话框中设置“部件余量”为 10，“部件余量偏置”为 10，选中“多重深度切削”复选框，设置“步进方法”为“增量”，当“增量”为 4 时，生成 2 个 4mm 深的层和 1 个 2mm 的层，共 3 层刀轨，如图 4-83（c）所示。通过对图 4-83（c）和图 4-83（b）进行比较可以发现，两者的部件余量不同，图 4-83（c）中底部和四周都留有 10mm 的部件余量。

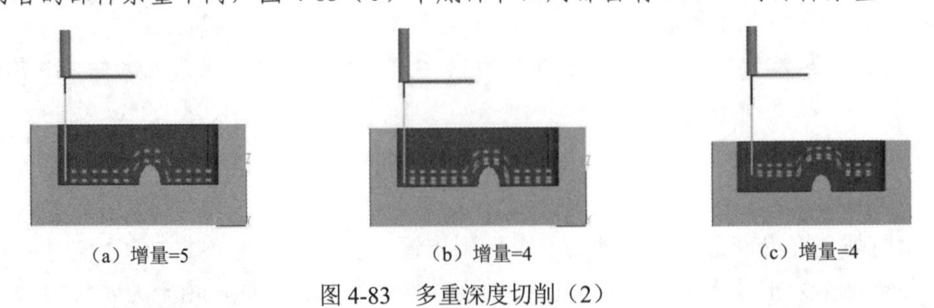

（a）增量=5　（b）增量=4　（c）增量=4

图 4-83　多重深度切削（2）

注意：

只能为使用部件几何体的操作生成多重深度切削（如果未选择“部件几何体”，则在驱动几何体上只生成一条刀轨）。仅当部件余量偏置大于或等于零时，才能使用多重深度切削。

4.6.3　步进方法

选中“多重深度切削”复选框，可激活“刀路数”或“增量”选项。

切削层的数量是根据增量或刀路数指定的。增量允许定义切削层之间的距离。默认的增量值是部件余量偏置值，默认的刀路数是 0。如果指定了刀路数，则系统会自动计算增量。如图 4-83 所示，部件余量偏置为 10，如果指定刀路数为 3，则每层的增量为 10/3。

如果指定了增量，则系统会自动计算刀路数。如果指定的增量未平均分配到要去除的材料量（部件余量偏置）中，则系统计算的刀路数将调整为下一个更大的整数，最后的余量将是剩余部分。如图 4-84 所示，部件余量偏置为 10，如果指定增量为 4，则刀路数为 3，其中第一层和第二层为 4，最后一层（图中的第三层刀路）为 2。

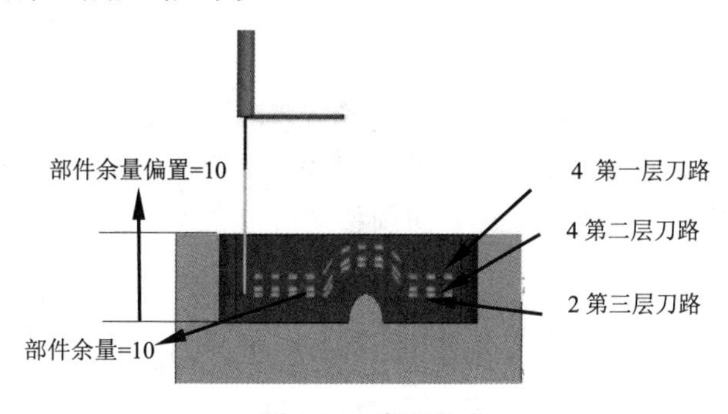

图 4-84　步进方式

注意：

如果部件余量偏置为 0，则余量值必须为 0 且只生成一层刀路；如果部件余量偏置为 0 且设置“步进方法”为“刀路数”，则可输入任何正整数的刀路数，生成该数量的刀路。这对于精加工切削后的部件平滑切削很有用。

第 5 章　非切削移动

内容简介

非切削移动可控制刀具不切削零件材料时的各种移动，可发生在切削移动前、切削移动后或切削移动之间。非切削移动包含一系列适用于部件几何表面和检查几何表面的进刀、退刀、分离、跨越与逼近移动以及在切削路径之间的刀具移动，控制如何将多个刀轨段连接为一个操作中相连的完整刀轨。

本章将讲述非切削移动的相关参数设置方法。

5.1　概　　述

非切削移动可以简单到单个的进刀和退刀，或复杂到一系列定制的进刀、退刀和移刀（分离、移刀、逼近），这些移动的设计目的是协调刀路之间的多个部件曲面、检查曲面和提升操作。非切削移动包括刀具补偿，因为刀具补偿是在非切削移动过程中激活的。

为了实现精确的刀具控制，所有非切削移动都是在内部向前（沿刀具运动方向）计算的。但是进刀和逼近除外，因为它们是从部件表面开始向后构建的，以确保切削之前与部件的空间关系，如图 5-1 所示。以向前方向计算上述的移刀运动时，系统可以使用出发点作为已知的固定参考位置。

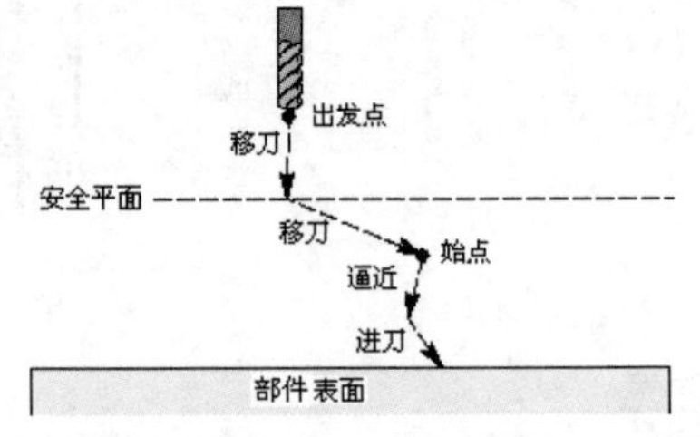

图 5-1　移刀运动的向前构造

非切削移动类型及功能见表 5-1，“非切削移动”对话框如图 5-2 所示。

表 5-1　非切削移动类型及功能

类　型	功　能
快进	在安全几何体上或其上方的所有移动
移刀	在安全几何体下方移动，如“直接”和“最小安全值 Z”类型的移动
逼近	从快进或移刀起点到进刀起点的移动
进刀	使刀具从空中来到切削刀路起点的移动
退刀	使刀具从切削刀路离开到空中的移动
分离	从退刀移动到快进或移刀起点的移动

（1）如果安全平面未定义，刀具会从出发点直接转至进刀的起点，从退刀的终点直接转至回零点，如图 5-3 所示。

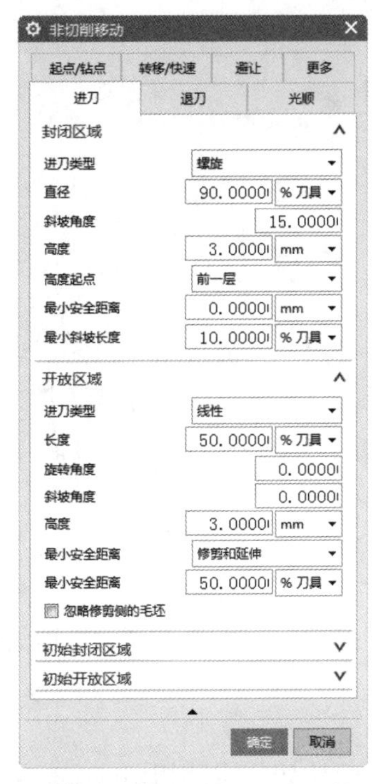

图 5-2 “非切削移动”对话框

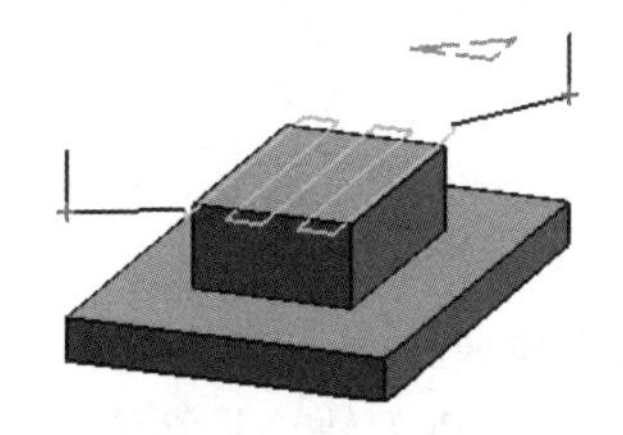

图 5-3 安全平面没有定义时的非切削运动类型

（2）如果安全平面已定义（见图 5-4），则：

①如果出发点位于安全平面上方，则刀具会转至出发点，然后转至安全平面。所指定的移动类型是“快进”；如果出发点位于安全平面下方，则刀具会转至安全平面，然后转至回零点，所指定的移动类型是“逼近”。

②如果回零点位于安全平面上方，则刀具会转至安全平面或退刀的终点，然后转至回零点，所指定的移动类型是“快进”。

③如果回零点位于安全平面下方，则刀具会转至回零点，然后转至安全平面或退刀的起点，所指定的移动类型是“分离”。

这里比较重要的两个概念为封闭区域和开放区域。封闭区域是指刀具到达当前切削层之前必须开始除料的区域，开放区域是指刀具在除料之前可以触及当前切削层的区域，如图 5-5 所示。在确定区域是开放区域还是封闭区域时，不仅要考虑几何体，还要考虑工序、切削模式和修剪边界。如果使用修剪边界来定位切削区域，UG NX 将假定该区域是封闭区域，即使修剪边界以外只有一小块毛坯或者修剪边界与毛坯重合时也是如此。

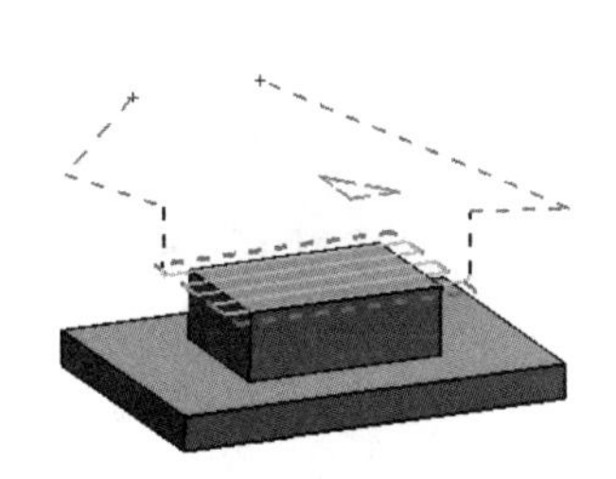

图 5-4 安全平面已定义的非切削运动类型

图 5-5 开放区域（1）和封闭区域（2）

扫一扫，看视频

5.2 进　刀

本节简要讲述进刀相关知识以及相应的设置实例。

进刀分为封闭区域进刀和开放区域进刀。一般来说，开放区域进刀是首选，其次是封闭区域进刀。

如果开放区域进刀失败，则封闭区域进刀作为备份进刀使用，开放区域是封闭区域进刀第一次试着到达最小安全平面值的外面（避免刀具全部进入零件内部）。该区域只有沿着壁的材料，且封闭区域内的区域是开放的。

5.2.1 封闭区域/初始封闭区域

封闭区域是平面铣、深度轮廓铣和型腔铣都具有的切削参数，是指刀具到达当前切削层之前必须切入部件材料中的区域。

（1）进刀类型。

①螺旋：螺旋进刀轨迹是螺旋线。螺旋首先尝试创建与起始切削运动相切的螺旋进刀。如果进刀过切部件，则会在起始切削点周围产生螺旋，如图 5-6 所示。如果起始切削点周围的螺旋失败，则刀具将沿内部刀路倾斜，就像指定了“在形状上”一样。

螺旋进刀的一般规则是：如果处理器根据输入的数据无法在材料外找到开放区域来向工件进刀，则刀具将倾斜进入切削层。当使用轮廓切削方法时，在许多情况下刀具都有向工件进刀的空间，并且此空间位于材料外。在这些情况下刀具不会倾斜进入切削层。如果没有可以作为进刀的开放区域，刀具将倾斜进入切削层，否则刀具将进刀到开放区域。

如果无法执行螺旋进刀或如果已指定单向、往复或单向轮廓切削模式，则系统在使刀具倾斜进入部件时会沿着对刀轨的跟踪路线运动。系统将沿远离部件壁的刀轨运动，以避免刀具沿壁运动。在刀具下降到切削层后，刀具会步进到第一条切削刀路（如有必要）并开始第一个切削，如图 5-7 所示。

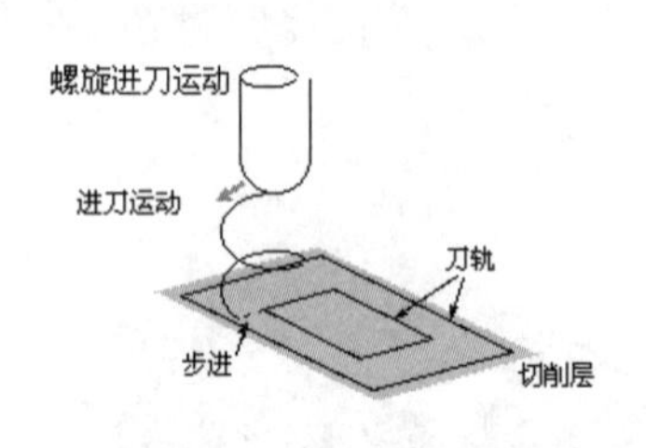

图 5-6　螺旋进刀运动

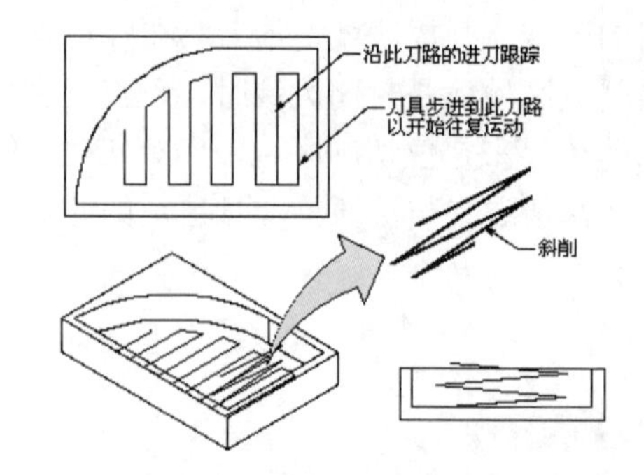

图 5-7　螺旋倾斜类型（往复）

注意：

在使用向外递进的跟随周边操作中，系统在倾斜进入部件时将沿着刀轨的最内侧刀路运动。如果最内侧的刀轨受到太多限制，则系统会沿着刀轨的下一个最大的刀路跟踪。

②插削：允许倾斜只出现在沿直线切削的情形中。当与跟随部件或轮廓切削模式（当没有隐含的安全区域时）一起使用时，进刀将根据步进向内还是向外来跟踪最内侧或最外侧的切削刀路。圆形切削将保持恒定的深度，直到出现下一直线切削，这时倾斜将恢复。

跟随周边切削模式下的插削进刀类型，刀轨向外插削对于跟随周边等带向内腔体方向的、为避免沿弯曲壁倾斜的操作非常有用，如图 5-8 所示。

当与单向、往复或单向轮廓切削模式一起使用时，进刀将跟踪远离部件的直线切削刀路，以避免刀具沿部件运动，如图 5-9 所示。在刀具沿此刀路倾斜运动到切削层后，刀具会步进到第一条切削刀路（如有必要）并开始第一个切削。

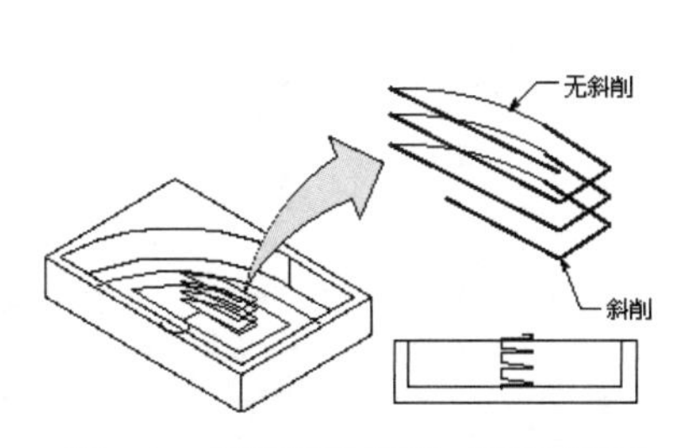

图 5-8　插削倾斜类型（跟随周边）

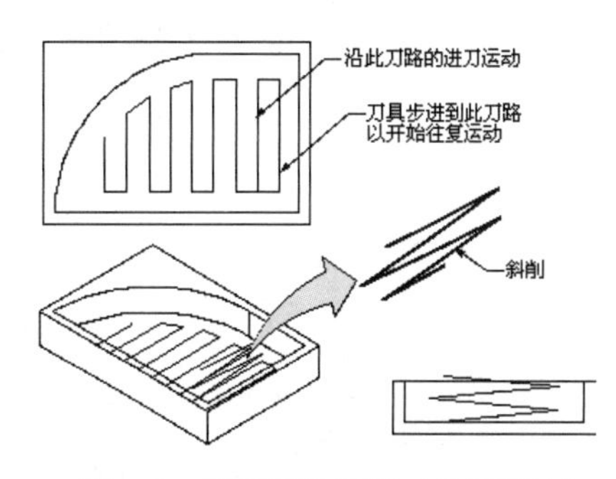

图 5-9　插削倾斜类型（往复刀轨）

③沿形状斜进刀：允许倾斜出现在沿所有被跟踪的切削刀路方向上，而不考虑形状。当与跟随部件或轮廓（当没有隐含的安全区域时）切削模式一起使用时，进刀将根据步距向内还是向外来跟踪向内或向外的切削刀路。与跟随周边切削模式一起使用的沿形状斜进刀进刀类型，当向外与单向、往复或单向轮廓切削模式一起使用时，“在形状上”与“在直线上”的运动方式相同，如图 5-10 所示。

④无：不输出任何进刀移动。软件消除了在刀轨起点的相应逼近移动，并消除了在刀轨终点的分离移动。

⑤与开放区域相同：处理封闭区域的方式与开放区域类似，且使用开放区域移动定义。

（2）斜坡角度：当选择“沿形状斜进刀”或“螺旋”进刀类型时，刀具切削进入材料的角度是在垂直于部件表面的平面中测量的，如图 5-11 所示。斜坡角度决定了刀具的起始位置，因为当刀具下降到切削层后必须靠近第一切削的起始位置。斜坡角度可指定大于 0°但小于 90°的任何值。如果要切削的区域小于刀具半径，则不会发生倾斜。

（3）直径：可为螺旋进刀指定所需的或最大倾斜直径。此直径只适用于螺旋进刀类型。当决定使用螺旋进刀类型时，系统首先尝试使用直径来生成螺旋运动。如果区域的大小不足以支持直径，则系统会减小倾斜直径并再次尝试螺旋进刀。此过程会一直持续，直到螺旋成功或刀轨直径小于最小斜坡长度。如果区域的大小不足以支持与最小斜坡长度相等的直径，则系统不会切削该区域或子区域，而是继续切削其余区域。

直径表示为了在部件中打孔，而又不在孔的中央留下柱状原料，刀具可能要走的最大刀轨直径，如图 5-12 所示。无论何时对材料采用螺旋进刀都应使用直径。

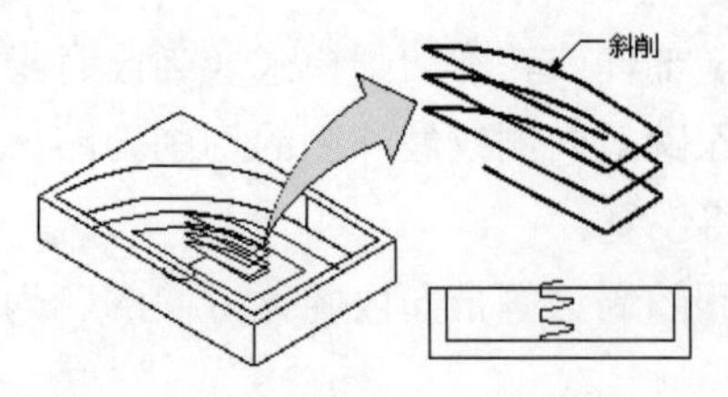

图 5-10 沿形状斜进刀（跟随周边）

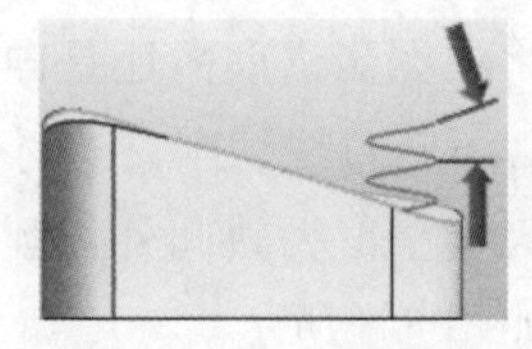

图 5-11 斜坡角度

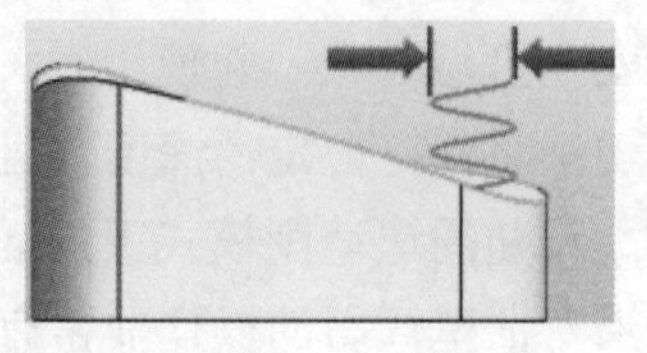

图 5-12 直径

（4）高度：指定要在切削层的上方开始进刀的距离。为避免碰撞，高度值必须大于面上的材料。

（5）高度起点：指定测量封闭区域进刀移动高度的位置，包括当前层、前一层和平面，如图 5-13 所示。

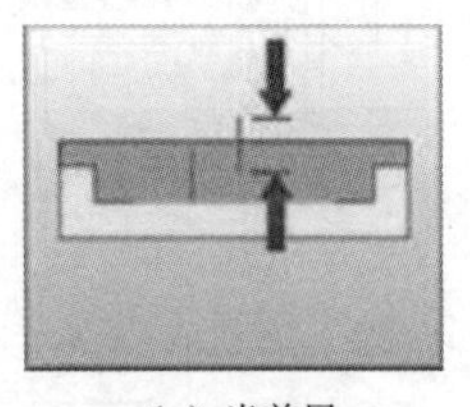

（a）当前层

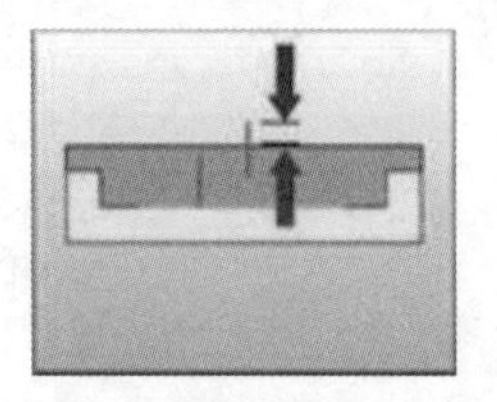

（b）前一层

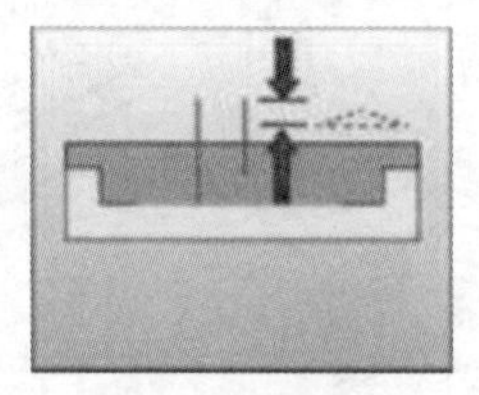

（c）平面

图 5-13 高度起点

（6）最大宽度：可以指定决定斜进刀总体尺寸的距离值。其值越大，产生的刀轨底层轨迹刀量越大，而方向的改变越小。

（7）最小安全距离：指定刀具可以逼近不要加工的部件区域的最近距离，还可以指定后备退刀倾斜离部件的距离。

（8）最小斜坡长度：可为螺旋、沿形状斜进刀指定最小斜坡长度或直径。无论在何时使用非中心切削刀具（如插入式刀具）执行斜削或螺旋切削，都应设置最小斜坡长度，这可以确保倾斜进刀运动不会在刀具中心下方留下未切削的小块或柱状材料，如图 5-14 所示。“最小斜坡长度”选项控制自动斜削或螺旋进刀切削材料时，刀具必须走过的最短距离。对于防止有未切削的材料接触到刀的非切削底部的插入式刀具，最小斜坡长度格外有用。

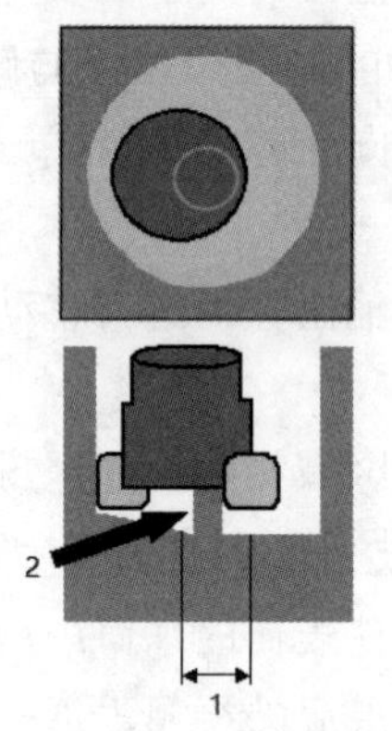

图 5-14 最小斜坡长度

1—最小斜坡长度-直径百分比；2—希望避免的岛或柱状区域

如果切削区域太小以至于没有足够的空间用于最小螺旋直径或最小斜坡长度，则会忽略该区域，并显示一条警告消息，这可防止插入式刀具进入太小的区域。此时必须更改进刀参数，或使用不同的刀具来切削这些区域。

（9）如果进刀不适合：当螺旋、沿形状斜进刀进刀类型不合适时，用于控制是否带插铣移动进刀，或者跳过该区域。

初始封闭区域是指一个切削封闭区域，其进刀类型设置和封闭区域设置相同。

5.2.2 开放区域/初始开放区域

开放区域是刀具可悬空进入当前切削层的区域。如果进刀移动处于最小安全距离偏置范围内，则延续移动，以确保进刀位置与部件几何体的距离为最小安全距离。

（1）进刀类型。

①与封闭区域相同：如果没有开放区域进刀，则使用封闭区域进刀。

②线性：线性进刀将创建一个线性进刀移动，其方向可以与第一个切削运动相同，也可以与第一个切削运动呈一定角度。

③线性-相对于切削：创建与刀轨相切的线性进刀移动。其与线性进刀相同，但旋转角度始终相对于切削方向。

④圆弧：圆弧进刀生成和开始切削运动相切的圆弧进刀。圆弧角度和圆弧半径将确定圆周移动的起点。如果有必要，在距离部件指定的最小安全距离处开始进刀，则添加一个线性移动。

⑤点：由“点”对话框指定的点作为进刀点，允许移动从指定的点开始，并且添加一圆弧光滑过渡进刀。

⑥线性-沿矢量：通过“矢量”对话框指定一个矢量来决定进刀方向，输入一个距离值来决定进刀点位置。

⑦角度 角度 平面：通过“平面”对话框指定一个平面决定进刀点的高度位置，输入两个角度值决定进刀方向。角度可确定进刀运动的方向，平面可确定进刀起点。

旋转角度：根据第一刀的方向来测量。正旋转角度值是在与部件表面相切的平面上，从要加工的第一点处第一刀的切向矢量开始，逆时针方向测量的。

斜坡角度：是在与包含旋转角度所属矢量的部件表面相垂直的平面上，沿顺时针方向测量的。负倾斜角度值是沿逆时针方向测量的。

在图 5-15 和图 5-16 中，角 1 =旋转角度，角 2 =斜坡角度。图 5-15 所示为“角度 角度 平面”进刀，图 5-16 所示为“角度 角度 平面”退刀。

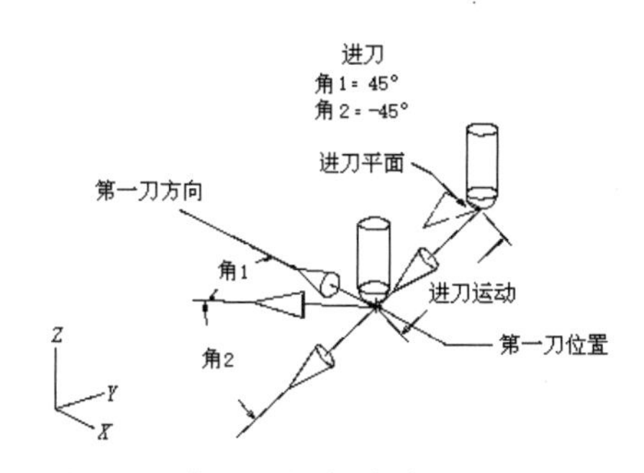

图 5-15 使用“角度 角度 平面”进刀

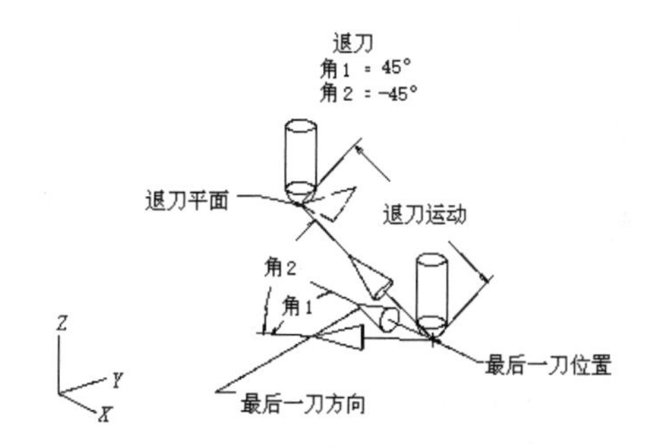

图 5-16 使用“角度 角度 平面”退刀

⑧矢量平面：需要通过“矢量”对话框指定一个矢量来决定进（退）刀方向，通过“平面”对话框指定一个平面来决定进（退）刀点，这种进（退）刀运动是直线运动。

（2）长度：进刀的线性长度。

（3）旋转角度：相切于初始切削点的矢量方向的夹角，如图 5-17（a）所示。如果旋转角度为正，则刀具始终远离部件或下一次切削。

（4）斜坡角度：垂直于工件表面与初始切削点的矢量方向的夹角，如图 5-17（b）所示。

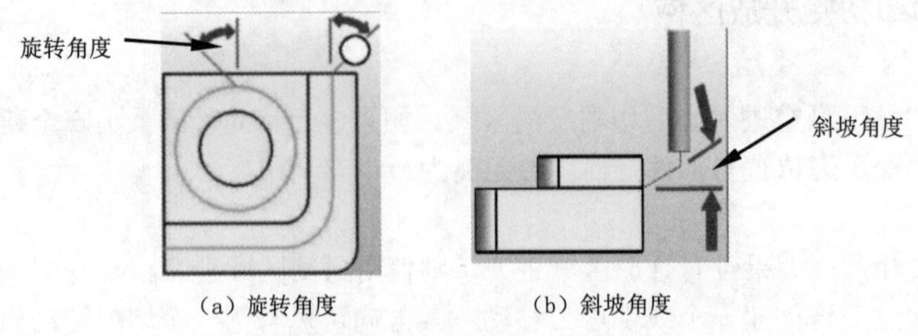

（a）旋转角度　（b）斜坡角度

图 5-17　旋转角度和斜坡角度

（5）高度：指定要在切削层的上方开始进刀的距离。为了避免碰撞，高度值必须大于面上的材料。

（6）最小安全距离：指定刀具可以逼近不要加工的部件区域的最近距离。选择“修剪和延伸”选项，使用最小安全距离值将未接触部件的运动修剪为最小安全距离，或将穿过部件的运动延伸为最小安全距离；选择“仅延伸”选项，使用最小安全距离值将穿过部件的运动延伸为最小安全距离。

（7）忽略修剪侧的毛坯：选中此复选框，则忽略修剪边界外的毛坯外形；取消选中此复选框，则在毛坯形状之外创建安全进刀区域。

初始开放区域是指一个切削开放区域，其进刀类型设置和开放区域设置相同。

5.3　退　　刀

退刀类型主要有以下几种：与进刀相同、线性、线性-相对于切削、圆弧、点、抬刀、线性-沿矢量、角度 角度 平面、矢量平面、无。

各种类型的设置方法与进刀相同。

扫一扫，看视频

5.4　起点/钻点

在“非切削移动”对话框中选择“起点/钻点”选项卡，其参数包括重叠距离、区域起点、预钻点等，如图 5-18 所示。

1．重叠距离

重叠距离是指在切削过程中刀轨进刀点与退刀点重合的刀轨长度，可提高切入部位的表面质量，如图 5-19 所示。此选项确保在发生进刀和退刀移动的点进行完全清理。

2．区域起点

区域起点是指通过定义切削区域开始点来定义进刀位置和横向进给方向。

图 5-18　“起点/钻点”选项卡

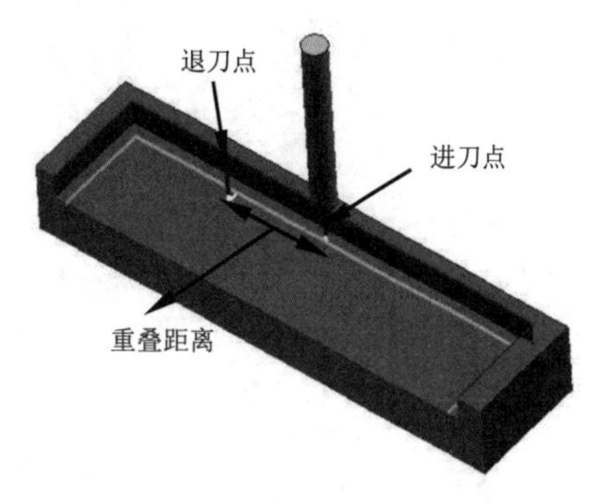

图 5-19　自动进刀和退刀的重叠距离

在“默认区域起点”下拉列表中有“中点”和“拐角”两个选项，如图 5-20 所示。自定义区域起点可以通过“点”对话框进行，指定的自定义点在下面的“列表”下拉列表中列出，也可在“列表”下拉列表中删除。

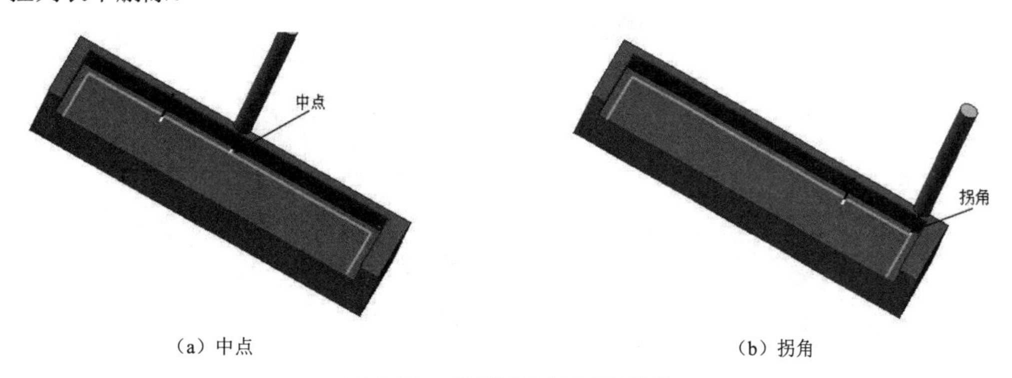

(a) 中点　　(b) 拐角

图 5-20　“默认区域起点”选项

（1）中点：从切削区域内最长的线性中点开始。如果没有线性边，则使用最长的段。在型腔铣和深度轮廓铣工序中切削封闭形状时，系统会尝试在最长直线段上定位中点为起点，以获得每个切削层的可加工区域形状。如果系统找不到最长的线段，则它会寻找最长的段，这为圆周进刀和退刀提供了更多空间，并降低了在拐角处开始的可能性。

（2）拐角：从指定边界的起点开始。

3. 预钻点

预钻点允许指定毛坯材料中先前钻好的孔内或其他空缺内的进刀位置。其所定义的点沿着刀轴投影到用来定位刀具的安全平面上。然后刀具向下移动直至进入空缺处。在此空缺处，刀具可以直接移动到每个层上处理器定义的起点。该功能在轮廓和标准驱动切削模式下不可用。

在做平面铣挖槽加工时，经常是在整块实心毛坯上铣削。在铣削之前，可在毛坯上每个切削区的适当位置预先钻一个孔，用于铣削时进刀。在执行平面铣的挖槽操作时，通过指定钻进刀点来控制刀具在预钻孔位置进刀。刀具在安全平面或最小安全间隙开始沿刀轴方向对准预钻进刀点垂直进刀切削完各切削层。

如果在一个切削区域指定了多个预钻点，则只有最接近这个区域的切削刀轨起始点的那一个有效。对于轮廓和标准驱动切削模式，预钻点无效。设定预钻点必须指定孔的位置和孔的深度。

扫一扫，看视频

5.5 转移/快速

转移/快速是指刀具从一个切削区域转移到下一个切削区域的运动。其共有 3 种情形：从当前的位置移动到指定的平面、从指定的平面移动到高于开始进刀点的位置（或高于切削点）、从指定的平面移动到开始进刀点（或切削点）。“转移/快速”选项卡如图 5-21 所示。

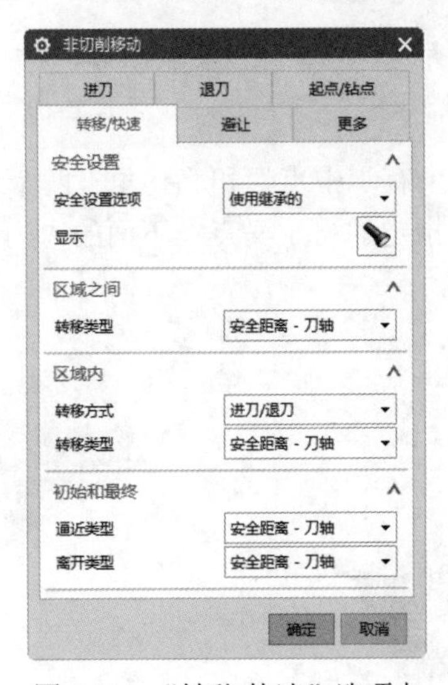

图 5-21 “转移/快速”选项卡

5.5.1 安全设置

刀具在间隙或垂直安全距离的高度做传递运动，如图 5-22 所示。在“安全设置选项”下拉列表中可以选择安全平面的指定方式。

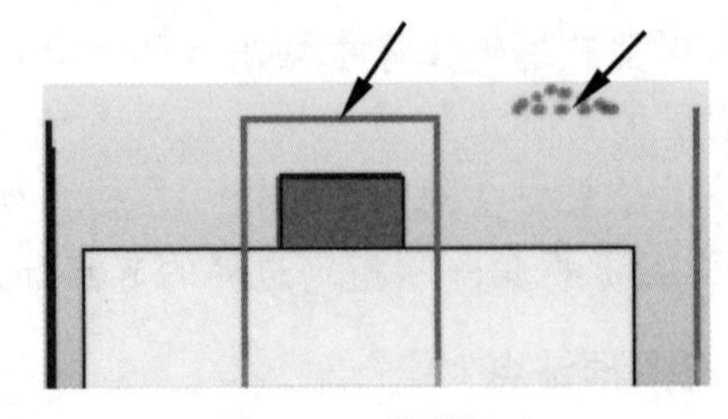
图 5-22 传递运动

（1）使用继承的：使用在加工几何父节点组 MCS 指定的安全平面。

（2）无：不使用安全平面。

（3）自动平面：使用零件的高度加上安全距离值定义安全平面。加工工序不同，自动平面也不同。

如果是平面铣和平面轮廓铣工序，则自动平面为部件几何体或检查几何体的最高区域，其中平面铣工序必须从工件组继承此几何体；如果是型腔铣，则自动平面为部件几何体、检查几何体、毛坯几何体及毛坯距离或用户定义顶层的最高区域。

（4）平面：使用“平面”对话框定义安全平面。

（5）点：指定要转移到的安全点。可以选择预定义点或使用“点”对话框指定点。

（6）包容圆柱体：指定圆柱形状作为安全几何体，圆柱尺寸由部件形状和指定的安全距离决定。软件通常假设圆柱外的体积的大小为安全距离。

（7）圆柱：指定圆柱形状作为安全几何体，此圆柱的长度是无限的。要创建圆柱体，必须输入半径值并指定中心点和指定刀轴方向。

（8）球：指定球作为安全几何体，球尺寸由半径值决定。

（9）包容块：指定包容块形状作为安全几何体。包容块尺寸由部件形状和指定的安全距离决定。

5.5.2　区域内

“区域内”栏用于控制添加以清除区域内或切削特征各层之间材料的退刀、转移和进刀移动。

1. 转移方式

转移方式用于指定刀具如何从一个切削区域转移到下一个切削区域。可通过定义“进刀/退刀”“抬刀和插削”指定转移方式。选择“进刀/退刀”（默认值）选项，会添加水平运动；选择“抬刀和插削”选项，会随着竖直运动移刀。

2. 转移类型

转移类型指定要将刀具移动到的位置，主要类型介绍如下。

（1）安全距离-最短距离：首先应用直接运动（如果它是无干扰的），否则最短的安全距离使用先前的安全平面。对于平面铣，“安全距离-最短距离”由部件几何体和检查几何体中的较大者定义；对于型腔铣，“安全距离-最短距离”由部件几何体、检查几何体、毛坯几何体加毛坯距离或用户定义顶层中的最大者定义。

（2）安全距离-刀轴：安全平面至毛坯几何体的距离为刀轴长度。

（3）前一平面：所有移动都返回到前一切削层，此层可以安全传刀，以使刀具沿平面移动到新的切削区域。但是，如果连接当前位置与下一进刀开始处上方位置的转移运动受到工件形状和检查形状的干扰，则刀具将退回并沿着安全平面（如果它处于活动状态）或隐含的安全平面（如果安全平面处于非活动状态）运动。对于型腔铣，当刀具从一个切削层移动到下一较低的层（图 5-23 中的区域 1 和区域 2）时，刀具将抬起，直到其距离等于当前切削层上方的竖直安全距离值；然后，刀具水平运动但不切削，直至到达新层的进刀点，接着刀具向下进刀到新切削层。对于型腔铣和平面铣，当在同一切削层上相连的区域间（图 5-23 中的区域 2 和区域 3）运动时，

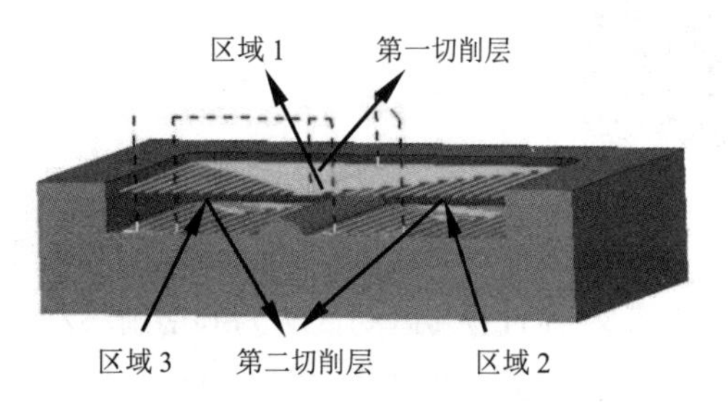

图 5-23　“前一平面”转移类型

刀具将抬起，直到其距离等于上一切削层上方的竖直安全距离值；随后，刀具按如上所述运动，只是进刀运动会返回当前切削层。

（4）直接：直接移到下一个区域，而不会为了清除障碍而添加运动。

（5）毛坯平面：使刀具沿着要除料的上层定义的平面转移。在平面铣中，毛坯平面是指定的部件边界和毛坯边界中最高的平面；在型腔铣中，毛坯平面是指定的切削层中最高的平面。

（6）直接/上一个备用平面：首先应直接移动，如果移动无过切，则使用前一安全深度加工平面。

5.5.3 区域之间

区域之间用于指定刀具在不同的切削区域之间跨越到何处。其转移类型主要包括前一平面、直接、最小安全值、毛坯平面等。各选项的使用方法和功能与“区域内”相同。

5.5.4 初始和最终

初始和最终控制工序到第一切削区域/第一切削层的初始移动，并使工序的最终移动远离最后一个切削位置。

1. 逼近类型

逼近类型指系统在进行进刀移动之间添加指定的逼近移动。

（1）安全距离-刀轴：从已标识的安全平面沿着刀轴方向创建逼近移动。

（2）安全距离-最短距离：从已标识的安全平面基于最短距离创建逼近移动。

（3）安全距离-切削平面：根据切削平面创建逼近移动。

（4）相对平面：在初始进刀点上方定义平面。逼近将从这一平面移动到初始进刀点。

（5）毛坯平面：沿要除料的上层定义的平面创建逼近移动。

2. 离开类型

离开类型指系统在退刀移动之间添加指定的离开移动，包括安全距离-刀轴、安全距离-最短距离、安全距离-切削平面、相对平面等，各类型的使用方法和功能与“逼近类型”相同。

扫一扫，看视频

5.6 避　　让

避让是控制刀具做非切削移动的点或平面。刀具运动分为两种：一种是刀具切入工件之前或离开工件之后的刀具运动，称为非切削移动；另一种是刀具去除零件材料的切削运动。

刀具切削零件时，由零件几何形状决定刀具路径。在非切削运动中，刀具的路径则由避让几何指定的点或平面控制。并不是每个工序都必须定义所有的避让几何，一般是根据实际需要灵活确定。避让由出发点、起点、返回点、回零点等共同决定，如图 5-24 所示。

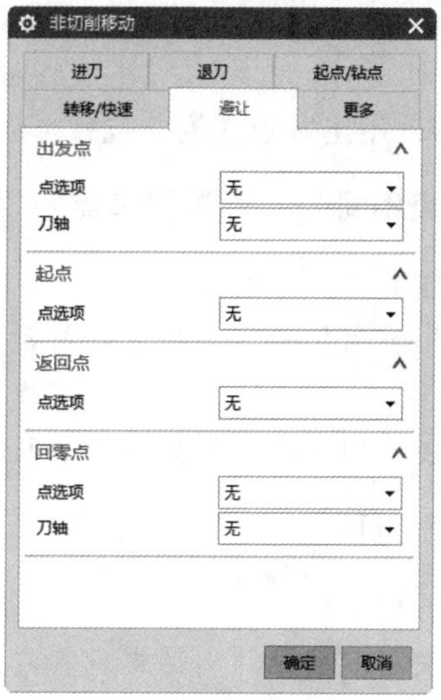

图 5-24 “避让”选项卡

5.6.1 出发点

出发点指定新刀轨开始处的初始刀具位置。

1. 点选项：包括“指定”和“无”选项

（1）指定：可以选择预定义点或使用“点”对话框设置出发点位置。
（2）无：不使用指定的出发点。

2. 刀轴：包括“指定”和“无”选项

（1）无：将刀轴出发点设置为（0,0,1）。
（2）指定：可以选择几何体或使用“矢量”对话框设置刀轴方位。

5.6.2 起点/返回点

1. 起点

起点为可用于避让几何体或装夹组件的起始序列指定一个刀具位置。
（1）指定：可以选择预定义点或使用“点”对话框设置起点位置。
（2）无：不使用指定的起点位置。

2. 返回点

返回点指定切削序列结束时离开部件的刀具位置。
（1）指定：可以选择预定义点或使用“点”对话框设置返回点位置。
（2）无：不使用指定的返回点位置。

5.6.3 回零点

回零点指定最终刀具位置。经常使用出发点作为此位置。

1．点选项：包括“无”“与起点相同”“回零-没有点”“指定”4 个选项

（1）无：不使用指定的回零点位置。
（2）与起点相同：使用指定的出发点位置作为回零点位置。
（3）回零-没有点：使用默认机床。
（4）指定：可以选择预定义点或使用“点”对话框设置回零点位置。

2．刀轴：包括“指定”和“无”选项

（1）无：使用当前刀轴方位。
（2）指定：可以选择几何体或使用“矢量”对话框设置刀轴方位。

5.7 更　　多

“更多”选项卡如图 5-25 所示。

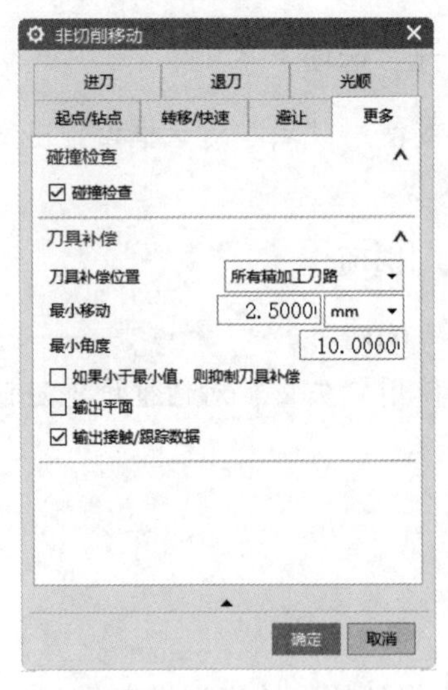

图 5-25　“更多”选项卡

5.7.1 碰撞检查

选中“碰撞检查”复选框，则系统检测与选定部件和检查几何体的碰撞。所有适用的余量和安全距离都添加到部件和检查几何体中用于碰撞检查。软件始终会尝试备份的移动，如果原移动过切，则可避免碰撞；如果不能进行无过切移动运动，则会发出警告。

取消选中“碰撞检查”复选框，则软件允许过切的进刀、退刀和移刀。

5.7.2　刀具补偿

启用刀具补偿时，系统会输出刀具接触位置的刀轨，因此刀轨结果对不同尺寸的刀具均有效。

注意：

“非切削移动”对话框中的“刀具补偿”栏与“用户定义事件”对话框中的“刀具补偿”栏无关。如果两个对话框中均设置了刀具补偿，则系统会将两种类型的刀具补偿应用于刀轨和 CLSF，这可能是不需要的。

（1）刀具补偿位置：指定何处应用刀具补偿。刀具补偿需要精加工刀路。对于刀具补偿，轮廓铣刀路被视为等同于精加工刀路。

①无：不应用刀具补偿。

②所有精加工刀路：自动提供 CUTCOM 语句，并将 LEFT/RIGHT 参数、最小移动值和最小角度值添加到所有刀路的输出中。

③最终精加工刀路：应用刀具补偿到精加工刀路。

（2）最小移动：最小移动和最小角度用于定义为启动刀具补偿而添加的线性移动。刀具补偿随后会应用于该线性移动、圆弧进刀以及刀路的其余部分，直到进行退刀运动。

（3）最小角度：指定角度线性延伸从圆弧半径开始旋转。

（4）如果小于最小值，则抑制刀具补偿：选中此复选框，如果偏置值小于最小移动和最小角度值，则关闭刀具补偿。

（5）输出平面：选中此复选框，将平面数据包含在刀具补偿命令中。插入刀具补偿命令中的平面将是应用刀具补偿的平面。

（6）输出接触/跟踪数据：此参数专用于平面铣、手工面铣和型腔铣工序。选中此复选框，在一个 NC 工序中输出所有切削运动的几个刀具接触位置，而非一个刀具结束位置。

第 6 章　驱 动 方 法

内容简介

驱动方法允许定义创建刀轨所需的驱动点。可沿着一条曲线创建一串的驱动点或在边界内或在所选曲面上创建驱动点阵列。驱动点一旦定义就可用于创建刀轨。如果没有选择部件几何体，则刀轨直接从驱动点创建；否则，驱动点投影到部件表面以创建刀轨。

驱动方法主要用于固定轴曲面轮廓铣工序和可变轴曲面轮廓铣工序。

本章将讲述驱动方法的相关参数设置。

6.1　概　　述

驱动方法应该由希望加工的表面形状及刀轴和投影矢量要求决定，驱动方法如图 6-1 所示。所选的驱动方法决定用户可以选择的驱动几何体的类型，以及可用的投影矢量、刀轴和切削类型。

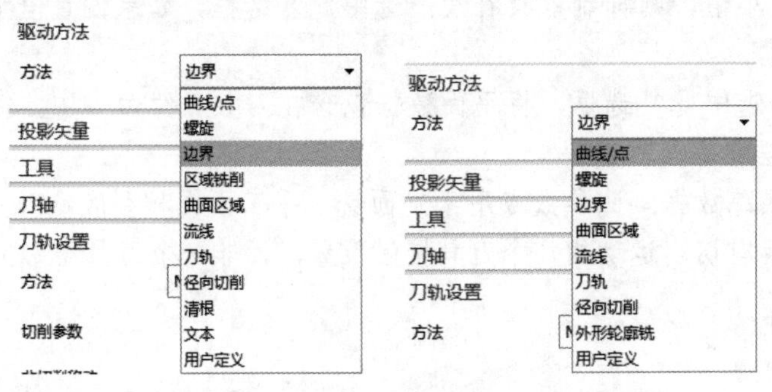

图 6-1　驱动方法

（1）曲线/点：通过指定点和选择曲线来定义驱动几何体。

（2）螺旋：定义从指定的中心点向外螺旋的驱动点。

（3）边界：通过指定边界和环定义切削区域。

（4）区域铣削：通过指定“切削区域”几何体定义切削区域。不需要驱动几何体。

（5）曲面区域：定义位于“驱动曲面”栅格中的驱动点阵列。

（6）流线：使用流曲线和交叉曲线来定义驱动几何体。

（7）刀轨：沿着现有的 CLSF 的刀轨定义驱动点，以在当前工序中创建类似的曲面轮廓铣刀轨。

（8）径向切削：使用指定的步距、带宽和切削类型，生成沿给定边界的和垂直于给定边界的驱动轨迹。

（9）清根：沿部件表面形成的凹角和凹部生成驱动点。

（10）外形轮廓铣：利用刀的侧刃加工倾斜壁。

（11）文本：选择注释并指定要在部件上雕刻文本的深度。

（12）用户定义：通过临时退出系统并执行一个内部用户函数程序来生成驱动轨迹。

扫一扫，看视频

6.2　曲线/点驱动方法

曲线/点驱动方法通过指定点和选择曲线来定义驱动几何体。指定点后，驱动路径生成为指定点之间的线段；指定曲线后，驱动点沿着选择的曲线生成。在这两种情况下，驱动几何体投影到部件表面上，然后在此部件表面上生成刀轨。曲线可以是开放或闭合的、连续或非连续的以及平面的或非平面的。

1．点驱动方法

当由点定义驱动几何体时，刀具沿着刀轨按照指定的顺序从一个点移至下一个点，如图 6-2 所示。在图 6-2 中，当指定 1、2、3、4 四个点后，系统在 1 与 2、2 与 3、3 与 4 之间形成直线，在直线上生成驱动点；驱动点沿着指定的矢量方向投影到零件表面上，生成投影点；刀具定位在这些投影点，在移动过程中生成刀轨。

2．曲线驱动方法

当由曲线定义驱动几何体时，系统将沿着选择的曲线生成驱动点，刀具按照曲线的指定顺序在各曲线之间移动，形成刀轨。在图 6-3 中，当指定驱动曲线后，系统将驱动曲线沿着指定的矢量方向投影到零件表面上，刀具沿着零件表面上的投影线，从一条投影线移动到另一条投影线，在移动过程中生成刀轨。所选的曲线可以是连续的，也可以是不连续的。

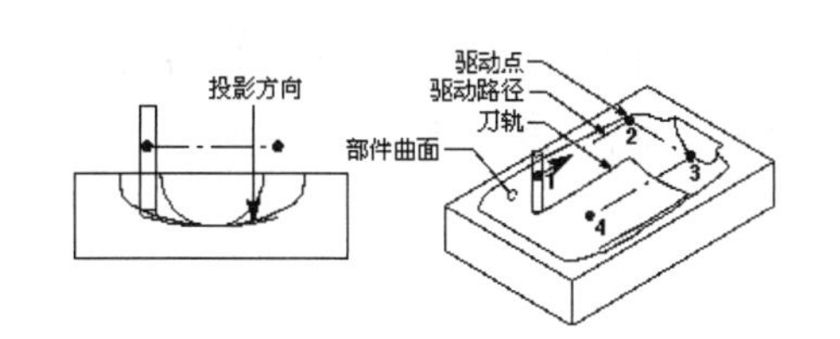

图 6-2　由点定义的驱动几何体

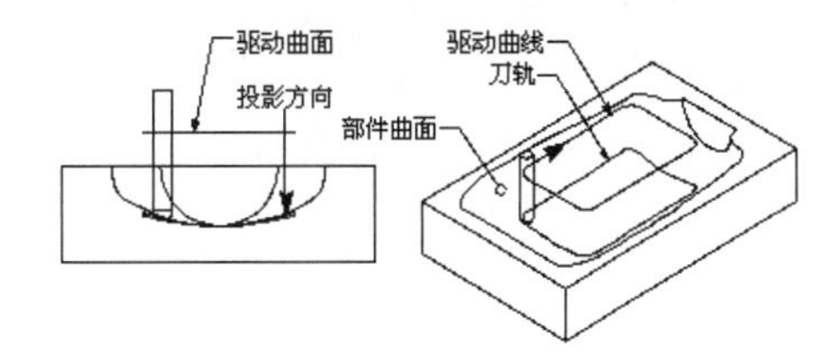

图 6-3　由曲线定义的驱动几何体

一旦选定了某个驱动几何体，就会显示一个指向默认切削方向的矢量。对于开放曲线，所选的端点决定起点；对于闭合曲线，起点和切削方向是由选择曲线时采取的顺序决定的。同一个点可以使用多次，只要它在序列中没有被定义为连续的。可以通过将同一个点定义为序列中的第一个点和最后一个点来定义闭合的驱动路径。

注意：

如果仅指定了一个驱动点，那么在投影时部件几何体上只定义一个位置，就不会生成刀轨且会显示一条错误消息。

“曲线/点驱动方法”对话框如图 6-4 所示，主要包括以下选项。

（1）驱动几何体。在“驱动几何体”栏中可选择并编辑用于定义刀轨的点和曲线，同时允许指定所选驱动几何体的参数，如进给率、提升和切削方向。

①选择曲线：用于初始选择驱动几何体并指定与驱动几何体相关联的参数。可以选择曲线和点，如果选择点，则切削方向由选择点的顺序决定；如果选择曲线，则选择曲线的顺序可决定切削序列，而选择每条曲线的大致方向决定该曲线的切削方向，如图 6-5 所示。所选曲线的端点决定切削的起点。所选的曲线可以是连续的，也可以是不连续的。默认情况下，不连续的曲线可以和连接线（切削移动）连接在一起。

图 6-4 “曲线/点驱动方法”对话框

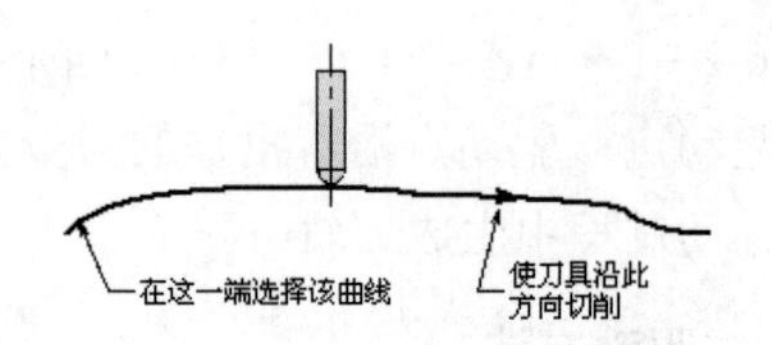

图 6-5 决定切削方向

②定制切削进给率：可为所选的每条曲线和每个点指定进给率和单位。必须首先指定进给率和单位，然后选择它们要应用到的点或曲线。对于曲线，进给率将应用到沿着曲线的切削移动。不连续曲线或点之间的连接线假定序列中下一条曲线或点的进给率，如图 6-6 所示。

（2）驱动设置。

①左偏置：用于以指定的偏置沿部件几何体的边定位刀具。如果输入负值，则创建右偏置。

②切削步长：控制沿着驱动曲线上驱动点之间的线性距离，如图 6-7 所示。切削步长包括数量和公差。

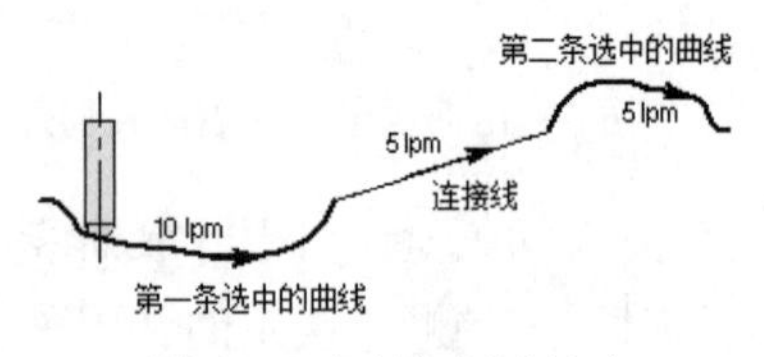

图 6-6 定制切削进给率

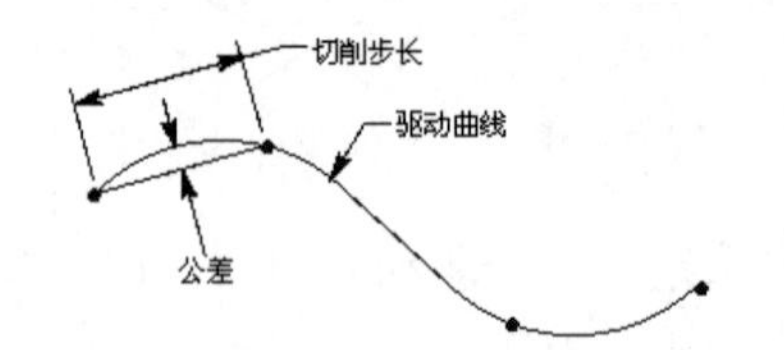

图 6-7 通过指定公差定义的切削步长

③公差：设置驱动曲线之间允许的最大弦偏差和在两个连续驱动点间延伸的直线。

④数量：设置每个曲线或边的段数。点数越多，刀轨越平滑。

⑤刀具接触偏移：沿曲线切线移动刀具接触点。

6.3　螺旋驱动方法

螺旋驱动方法定义从指定的中心点向外螺旋生成驱动点的驱动方法。驱动点在垂直于投影矢量并包含中心点的平面上创建，然后沿着投影矢量投影到所选择的部件表面上，如图 6-8 所示。中心点定义螺旋的中心，它是刀具开始切削的位置。如果不指定中心点，则系统使用绝对坐标系的 0,0,0。如果中心点不在部件表面上，它将沿着已定义的投影矢量移动到部件表面上。螺旋的方向（顺时针与逆时针）由顺铣或逆铣方向控制。

和其他驱动方法不同，螺旋驱动方法在步距移动时没有突然的换向，而是保持恒定的切削速度，光顺地向外移动。这对于高速加工应用程序很有用。

“螺旋驱动方法”对话框如图 6-9 所示，主要包括以下选项。

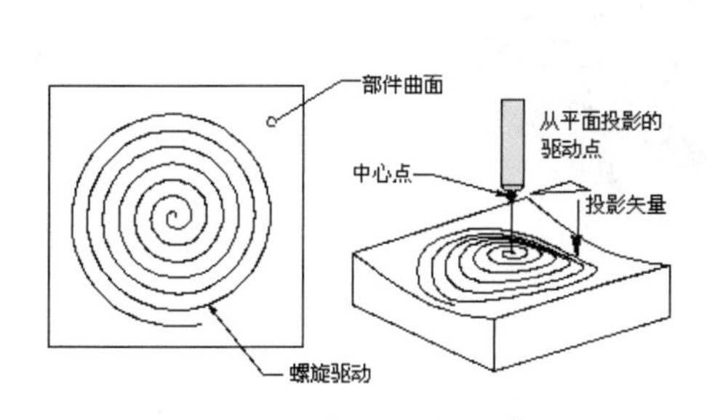

图 6-8　螺旋驱动方法

图 6-9　“螺旋驱动方法”对话框

（1）指定点：用于定义螺旋驱动路径的中心点。

（2）步距：指定连续切削刀路之间的距离，如图 6-10 所示。螺旋驱动方法步距产生的效果是光顺、稳定地向外过渡，它不需要突然改变方向。

（3）最大螺旋半径：通过指定最大半径来限制要加工的区域。此约束通过限制生成的驱动点数目来减少处理时间。半径在垂直于投影矢量的平面上测量。

如果指定的半径包含在部件表面内，则退刀之前刀具的中心按此半径定位；如果指定的半径超出了部件表面，则刀具继续切削直到它不能再放置在部件表面上。然后刀具退出部件，当它可以再次放置到部件表面上时再进入部件，如图 6-11 所示。

（4）切削方向：定义驱动轨迹相对主轴旋转进行切削的方向，包括顺铣和逆铣。顺铣和逆铣可根据主轴旋转定义驱动路径切削的方向，如图 6-12 所示。

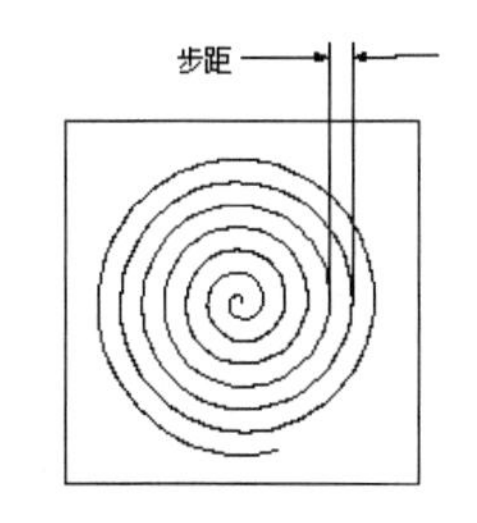

图 6-10　螺旋驱动的步距

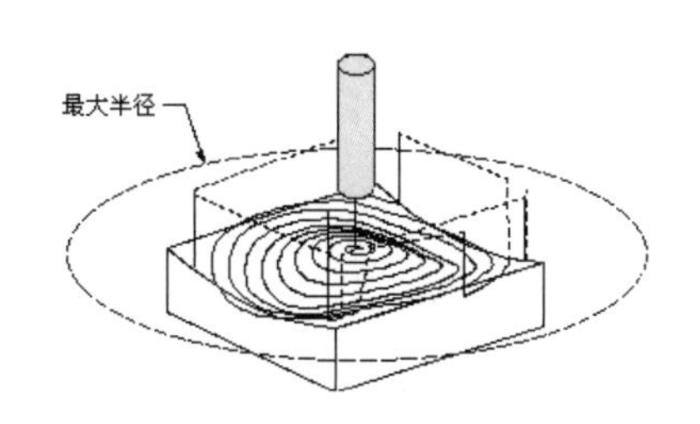

图 6-11　未超出和超出部件表面的最大半径

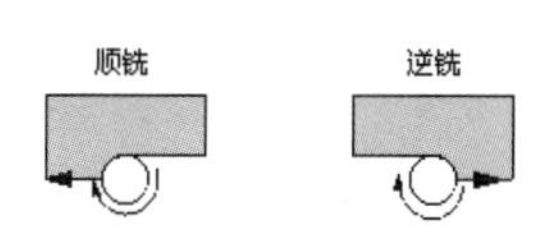

图 6-12　顺铣和逆铣

扫一扫，看视频

6.4 边界驱动方法

边界驱动方法通过指定边界和空间范围环定义切削区域。切削区域由边界、环或二者的组合定义。

当环必须与外部部件表面边界相对应时，边界与部件表面的形状和大小无关。将已定义的切削区域的驱动点按照指定的投影矢量的方向投影到部件表面，就可以生成刀轨。边界驱动方法在加工部件表面时很有用，它需要最少的刀轴和投影矢量控制，如图 6-13 所示。

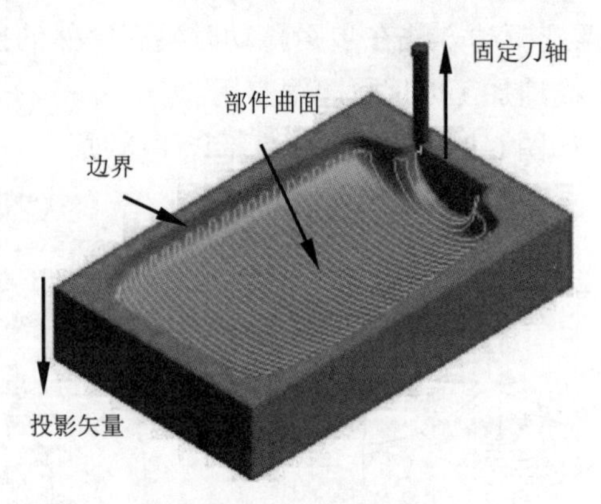

图 6-13　边界驱动方法

边界驱动方法与平面铣的工作方式大致相同，区别在于边界驱动方法可用来创建允许刀具沿复杂表面轮廓移动的精加工工序。

与曲面区域驱动方法相同的是，边界驱动方法可创建包含在某一区域内的驱动点阵列。在边界内定义驱动点一般比选择驱动曲面更为快捷和方便。但是，采用边界驱动方法时，不能控制刀轴或相对于驱动曲面的投影矢量。

边界可以由一系列曲线、现有的永久边界、点或面构成。它们可以定义切削区域外部，如岛和腔体。边界可以超出部件表面的大小范围，也可以在部件表面内限制一个更小的区域，还可以与部件表面的边重合，如图 6-14 所示。当边界超出部件表面的大小范围时，如果超出的距离大于刀具直径，将会发生边界跟踪，但当刀具在部件表面的边界上滚动时，通常会发生不期望的情况。

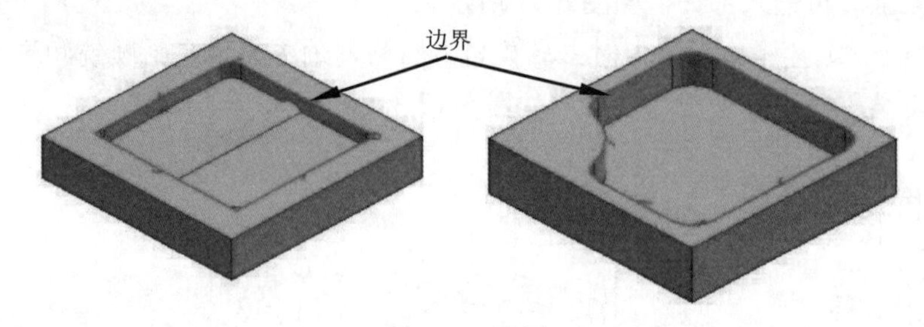

图 6-14　边界

当边界限制了部件表面的区域时，必须使用对中、相切或接触将刀具定位到边界上。当切削区域和外部边界重合时，最好使用被指定为对中、相切或接触的部件空间范围（与边界相反）。

“边界驱动方法”对话框如图 6-15 所示，主要选项如下。

1. 驱动几何体

单击“指定驱动几何体”右侧的“选择或编辑驱动几何体”按钮，弹出图 6-16 所示的“边界几何体”对话框，进行边界定义。

图 6-15　“边界驱动方法”对话框

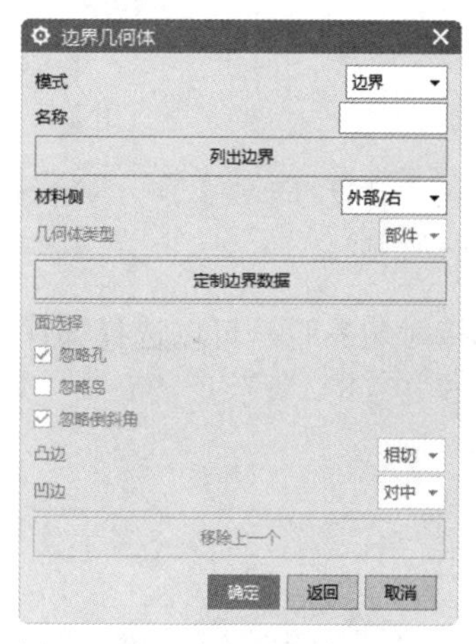

图 6-16　“边界几何体”对话框

刀具位置只能在具有刀轴的边界驱动方法中使用，并且只有在使用“曲线/边”或“点”指定边界模式下才可用，在“边界”或“面”模式下无“刀具位置”选项。

边界成员和相关刀具位置的关系可以用图 6-17 表示。如果是相切，则刀具的侧面沿着投影矢量与边界对齐，如图 6-17（a）所示；如果是对中，则刀具的中心点沿着投影矢量与边界对齐，如图 6-17（b）所示；如果是接触，则刀具将与边界接触，如图 6-17（c）所示。

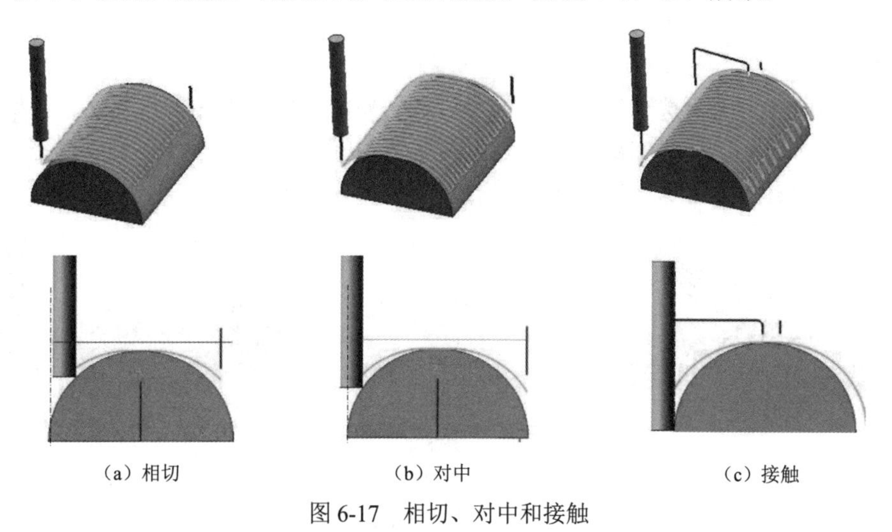

（a）相切　　（b）对中　　（c）接触

图 6-17　相切、对中和接触

与对中或相切不同，接触点位置根据刀尖沿着轮廓表面移动时的位置改变。刀具沿着曲面前进，直到它接触到边界。在轮廓化的表面上，刀尖处的接触点位置不同。需要注意的是，在图 6-18 中，当刀具在部件相反的一侧时，接触点位于刀尖相反的一侧。

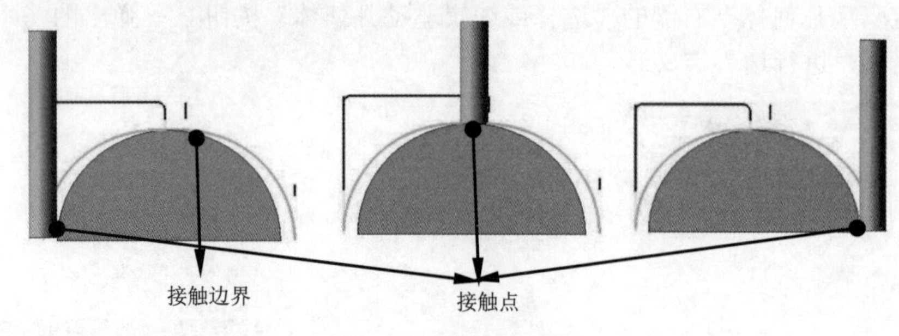

图 6-18　接触点位置

注意：

指定了边界的刀具位置时，接触不能与对中和相切结合使用。如果将接触用于任何一个成员，则整个边界都必须使用接触。

选择接触边界时，可以选择部件的底部面，如图 6-19（a）所示；也可以另建一个平面进行投影，如图 6-19（b）所示。

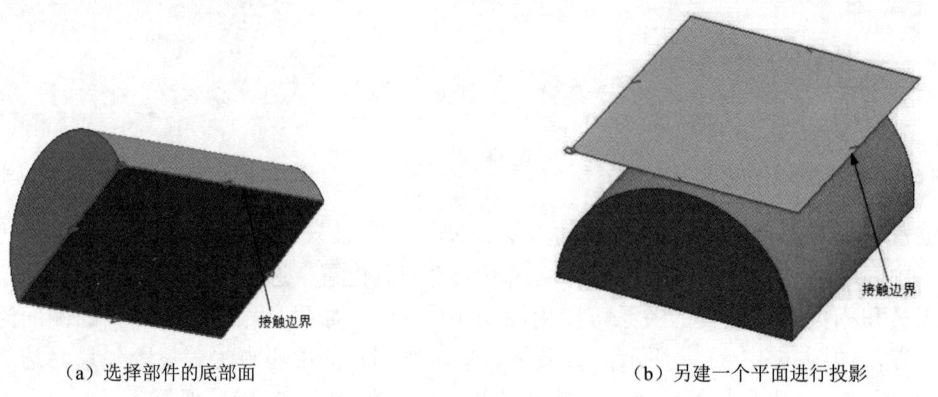

（a）选择部件的底部面　　（b）另建一个平面进行投影

图 6-19　接触边界

2．空间范围

部件空间范围通过沿着所选部件表面和表面区域的外部边界创建环来定义切削区域。环类似于边界，可定义切削区域。但环是在部件表面上直接生成的，且无须投影。环可以是平面或非平面且总是封闭的，它们沿着所有的部件外表面边界生成，如图 6-20 所示。

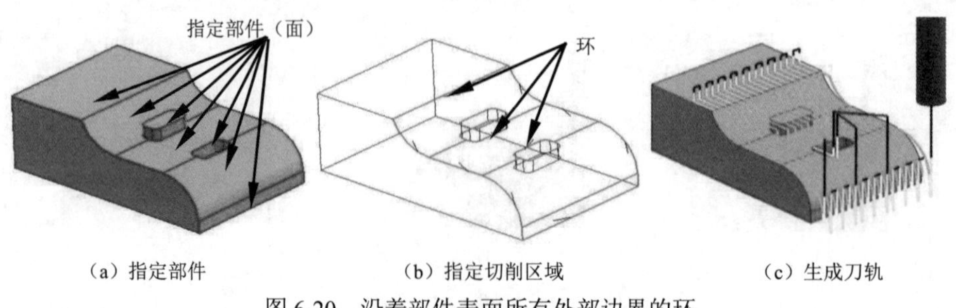

（a）指定部件　　（b）指定切削区域　　（c）生成刀轨

图 6-20　沿着部件表面所有外部边界的环

注意：

从实体创建部件空间范围时，选择要加工的面而不是选择实体。因为实体包含多个可能的边界，选择实体将导致无法生成环。选择要加工的面可清楚地定义外部边界，并能生成所需的环。

环可定义要切削的主要区域以及要避免的岛和腔体。岛和腔体刀具位置指示符（沿着环的箭头或半箭头）相对于主空间范围环指示符的方向可确定某区域是包含在切削区域中还是被排除在切削区域之外。默认情况下，系统将岛和腔体的刀具位置指示符定义为指向主空间范围环指示符的相反方向，这样使得区域被排除在切削区域之外，如图 6-21 所示。在图 6-21 中，指定所有环可以使系统使用所有的 3 个环。默认情况下，系统将利用接触刀具位置初始定义每个环。如果要指定不使用岛环和腔体环，并将“使用此环”切换为“关”，也可以将刀具位置由“接触”改为“对中”或“相切”。

注意：

当部件表面不相邻时，如果岛或腔体的刀具位置指示符的方向与主包容环指示符的方向相同，那么只有岛或腔体会形成切削区域，此时主空间范围将被完全忽略，所以应该避免出现这种情况。

图 6-22 显示了一个岛环，它的指示符指向与主空间范围相同的方向。出现这种情况是因为部件表面 A 与定义主空间范围环的部件表面不相邻，使得系统将岛环定义为另一个外部边界。

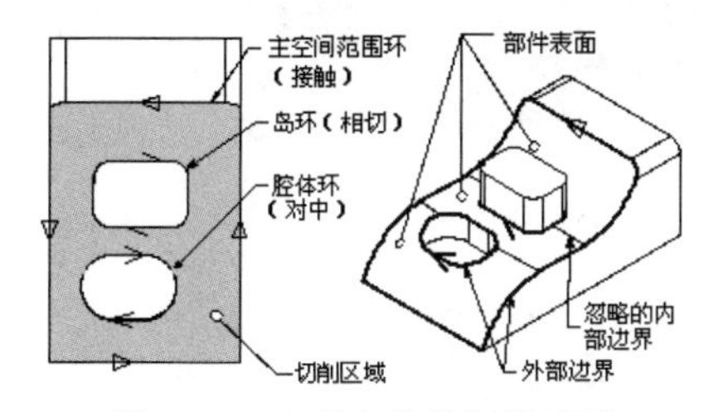

图 6-21　由环定义的切削区域

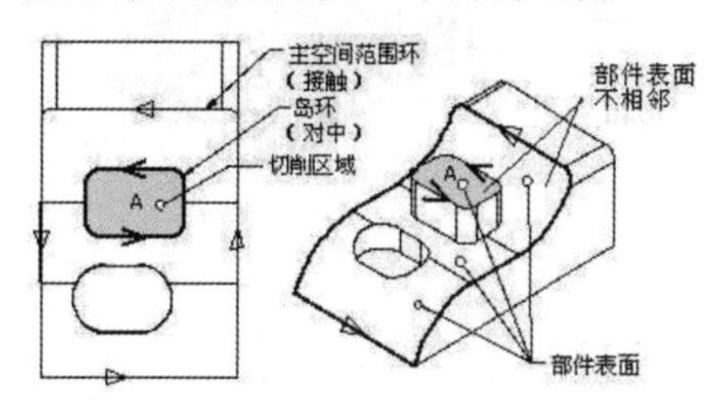

图 6-22　指向同一方向的主环和岛环指示符

可以将环和边界结合起来使用，以便定义切削区域。沿着刀轴向平面投影时，边界和环的公共区域可定义切削区域。可以将环和边界结合起来定义多个切削区域，如图 6-23 所示。

3．切削模式

切削模式可定义刀轨的形状。某些模式可切削整个区域，而其他模式仅围绕区域的周界进行切削。在“边界驱动方法”对话框的“切削模式”下拉列表中可以对切削模式进行设置，如图 6-24 所示，主要有以下几种切削模式。

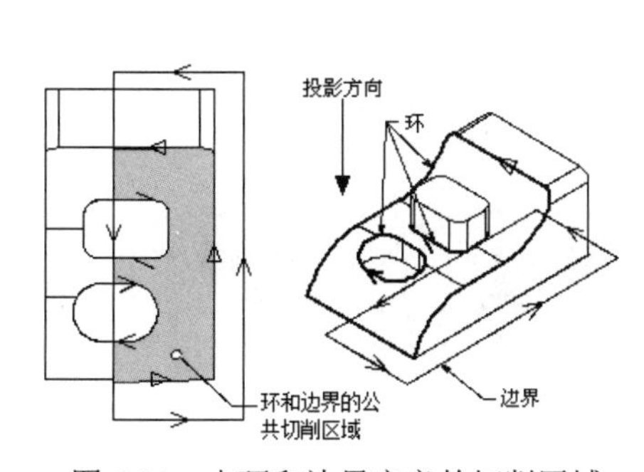

图 6-23　由环和边界定义的切削区域

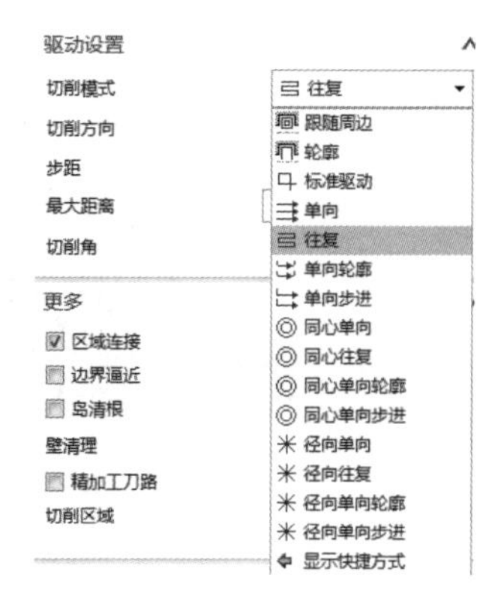

图 6-24　“切削模式”下拉列表

（1）跟随周边：沿着与由部件或毛坯几何体定义的最外层边所成的偏置进行切削。

（2）轮廓：此切削模式仅用于沿着边界进行切削。选择此切削模式将激活“附加刀路”选项，用来移除指定数目的连续步距中的材料。

（3）标准驱动：此切削模式不适用于区域铣削。标准驱动可创建类似于轮廓切削模式，但是与轮廓切削模式不同的是，标准驱动切削模式不会修改刀轨，以防止自相交或过切部件。标准驱动切削模式可使用刀精确跟随指定的边界。

（4）平行模式：包括单向、往复、单向轮廓、单向步进，创建由一系列平行刀路定义的切削模式。

（5）同心模式：包括同心单向、同心往复、同心单向轮廓、同心单向步进，从用户指定的或系统计算的最佳中心点创建逐渐增大或逐渐减小的圆形切削刀轨，如图 6-25 所示。在整圆模式无法延伸到的区域，如在拐角处，系统在刀具移动至下一个拐角以继续切削之前会创建并连接同心圆弧。

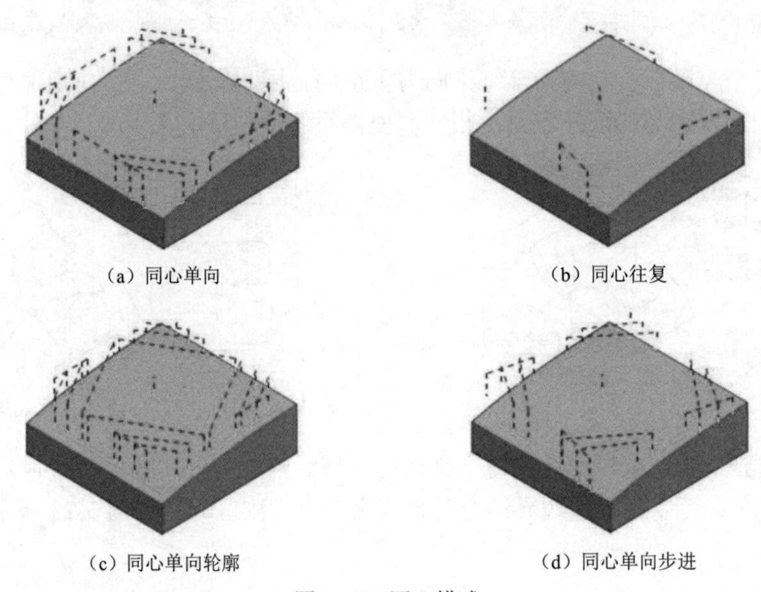

（a）同心单向　（b）同心往复

（c）同心单向轮廓　（d）同心单向步进

图 6-25　同心模式

（6）径向模式：包括径向单向、径向往复、径向单向轮廓、径向单向步进，从用户指定的或系统计算的最优中心点创建线性切削刀轨，如图 6-26 所示。此切削模式需要指定刀路中心，指定加工腔体的方向为“向内”或“向外”，切削模式的步距是在距中心最远的边界点处沿着圆弧测量的，如图 6-27 所示。

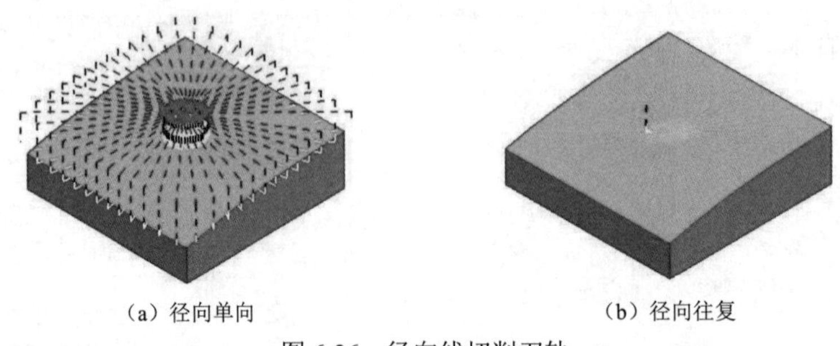

（a）径向单向　（b）径向往复

图 6-26　径向线切削刀轨

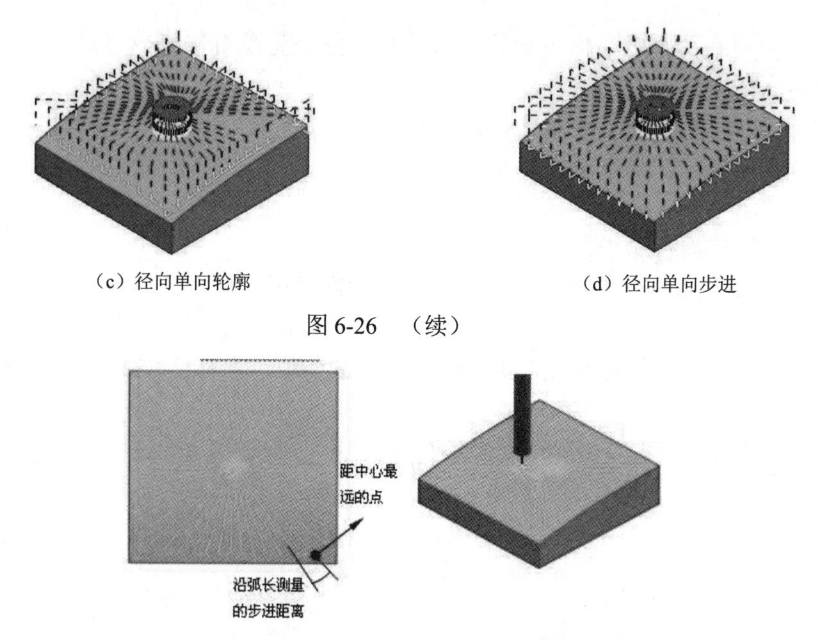

（c）径向单向轮廓　　（d）径向单向步进

图 6-26　（续）

图 6-27　径向线刀轨（往复切削并向外）

另外，径向线切削模式中新增了对应角度步距，此时度数值是指相邻刀轨间的角度。在图 6-28（a）所示的“驱动设置”栏中设置“步距”为“角度”，在“度数”文本框中输入角度值，即可确定相邻刀轨间的角度，生成的刀轨数量为“360/角度值”。例如，在“度数”文本框中输入度数为 30，生成的刀轨如图 6-28（b）所示，共有 12 条刀轨。

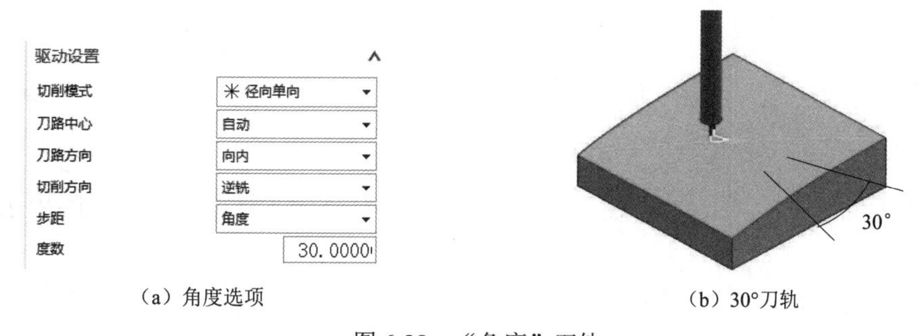

（a）角度选项　　（b）30°刀轨

图 6-28　“角度”刀轨

4. 步距

步距用于指定连续切削刀轨之间的距离。可用的“步距”选项由指定的切削模式（单向、往复、径向等）确定。定义步距所需的数值将根据所选的“步距”选项的不同而有所变化。

（1）恒定：用于在连续的切削刀轨间指定固定距离。步距在驱动轨迹的切削刀轨之间测量。用于径向模式时，“恒定”距离从距离圆心最远的边界点处沿着弧长进行测量。此选项类似于平面铣中的“恒定”选项。

（2）残余高度：允许系统根据输入的残余高度确定步距。系统将针对驱动轨迹计算残余高度。系统将步距的大小限制为略小于 2/3 的刀具直径，不管指定的残余高度的大小。此选项类似于平面铣中的“残余高度”选项。

（3）%刀具平直：用于根据有效刀具直径的百分比定义步距。有效刀具直径是指实际上接触到腔体底部的刀具的直径。对于球头铣刀，系统将其整个直径用作有效刀具直径。此选项类似于平面铣中的“刀具直径”选项。

（4）角度：用于从键盘输入角度来定义常量步距。此选项仅可以和径向模式结合使用，以指定角度作为恒定的步距，即辐射线间的夹角。

5．刀路中心

刀路中心可交互式地或自动地定义同心单向和径向单向切削模式的中心点，包括两个选项，分别介绍如下。

（1）自动：允许系统根据切削区域的形状和大小确定径向模式或同心模式最有效的中心位置，如图 6-29（a）所示。

（2）指定：由用户定义径向模式的辐射中心点或同心模式的圆心。选择该选项，可利用“点”对话框交互式地定义中心点，如图 6-29（b）所示。

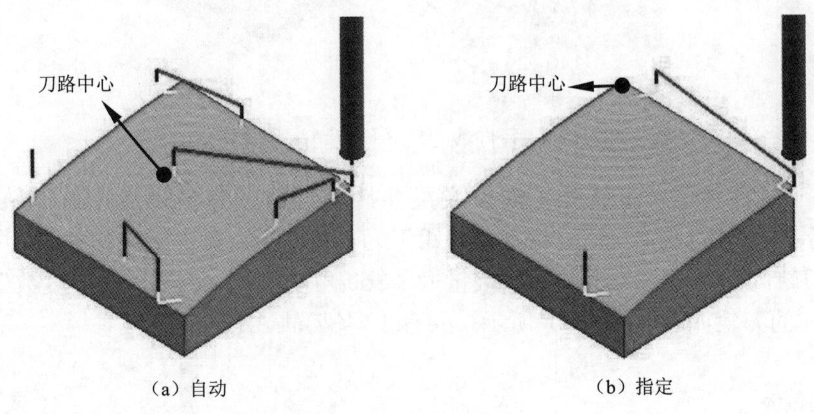

图 6-29　刀路中心

6．刀路方向

通过“刀路方向”下拉列表可以确定是从内向外还是从外向内切削，用于跟随周边、同心模式和径向模式。

向外/向内：用于指定一种加工腔体的方法，它可以确定跟随周边、同心模式或径向模式中的切削方向，可以是由内向外，也可以是由外向内，如图 6-30 所示。

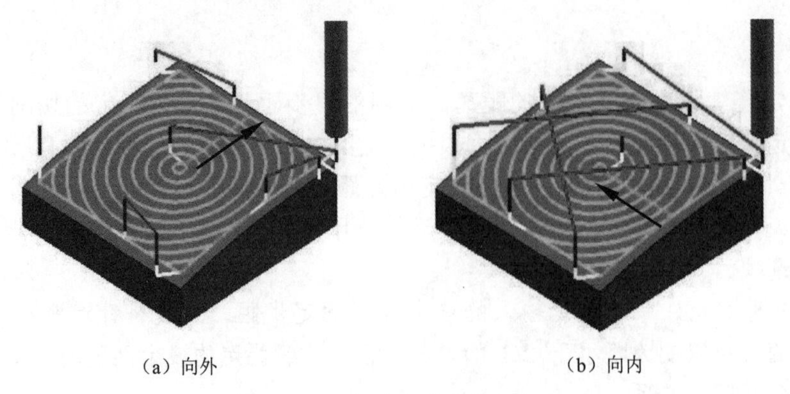

图 6-30　刀路方向的向外与向内

6.5　区域铣削驱动方法

扫一扫，看视频

区域铣削驱动方法是沿着轮廓铣面创建固定轴刀轨。区域铣削驱动方法可以沿着选中的面创建驱动点，然后使用此驱动点跟随部件几何体。切削区域必须包括在部件几何体中。

区域铣削驱动方法与边界驱动方法相似，但不需要驱动几何体。其与曲面区域驱动方法不同，切削区域几何体不需要按一定的栅格行序或列序进行选择。

“区域铣削驱动方法”对话框如图 6-31 所示，主要的选项如下。

图 6-31　“区域铣削驱动方法”对话框

1. 陡峭空间范围

陡峭空间范围根据刀轨的陡峭度限制切削区域。它可用于控制残余高度和避免将刀具插入陡峭曲面上的材料中。

陡峭壁角度用于确定系统何时将部件表面识别为陡峭的。例如，平缓曲面的陡峭壁角度为 0°，而竖直壁的陡峭壁角度为 90°。软件计算接触点的部件曲面角度，并将其与陡峭壁角度进行比较。只要实际曲面角度超出用户指定的陡峭壁角度，软件就认为曲面是陡峭的。

在陡峭“方法”下拉列表中共有 3 个选项，分别如下。

（1）无：切削整个区域。在刀具轨迹上不使用陡峭约束，允许加工整个工件表面。

（2）非陡峭：切削非陡峭区域，用于切削平缓的区域，而不切削陡峭区域。其通常可作为等高轮廓铣的补充，如图 6-32 所示。

（3）定向陡峭：定向切削陡峭区域，只加工部件表面角度大于陡峭壁角度值的切削区域，如图 6-33 所示。

图 6-32　非陡峭

图 6-33　定向陡峭

2. 非陡峭切削模式

除了“往复上升”选项外，“区域铣削驱动方法”对话框中的“非陡峭切削模式”选项与“边界驱动方法”对话框中的“切削模式”选项中的一样。选择“往复上升”选项，可以根据指定的局部进刀、退刀和移刀，在刀路之间抬刀，如图 6-34 所示。

3. 步距已应用

在“区域铣削驱动方法”对话框中，“步距已应用”有两个选项：“在平面上”（见图 6-35）和“在部件上”（见图 6-36）。

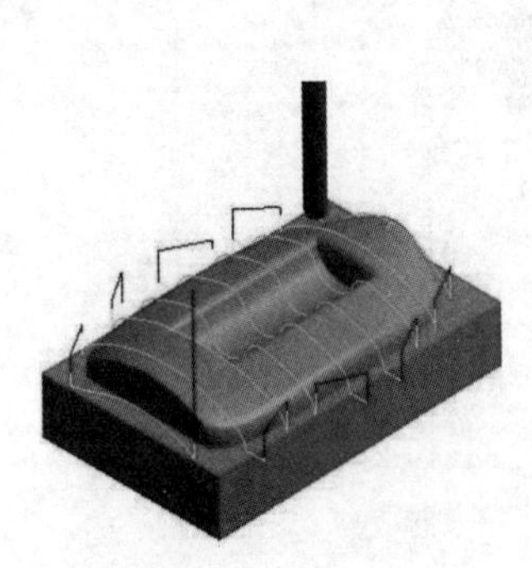

图 6-34　往复上升

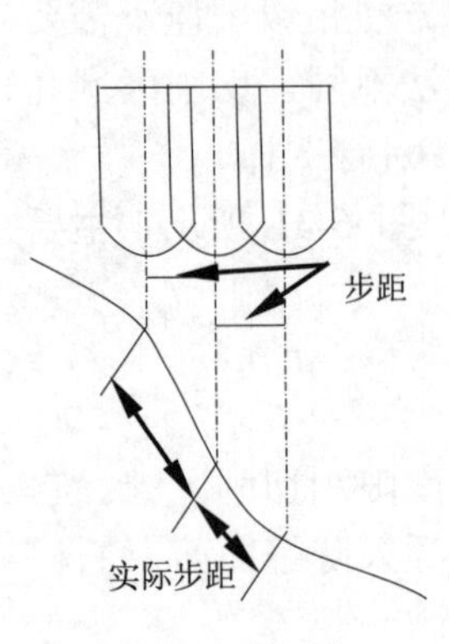

图 6-35　在平面上

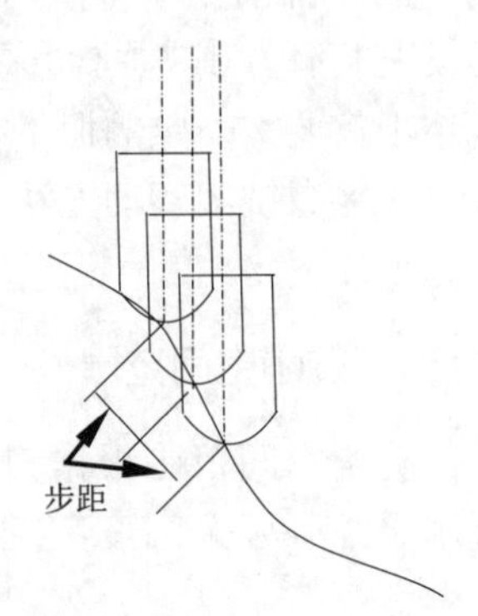

图 6-36　在部件上

（1）在平面上：在平面上测量垂直于刀轴的平面上的步距，它适用于非陡峭区域。如果将此刀轨应用至具有陡峭壁的部件，那么此部件上实际的步距不相等，如图 6-37 所示。

（2）在部件上：适用于具有陡峭壁的部件，通过对部件几何体较陡峭的部分维持更紧密的步进，可以实现对残余波峰的附加控制，如图 6-38 所示，步距是相等的。

图 6-37　“在平面上”刀轨

图 6-38　“在部件上”刀轨

注意：

指定的步距是部件上允许的最大距离。步距可以根据部件的曲率不同而有所不同。

扫一扫，看视频

6.6　径向切削驱动方法

径向切削驱动方法可使用指定的步距、条带和切削模式生成沿着并垂直于给定边界的驱动路径，此驱动方法可用于创建清理操作，如图 6-39 所示。

"径向切削驱动方法"对话框如图 6-40 所示，主要包括以下选项。

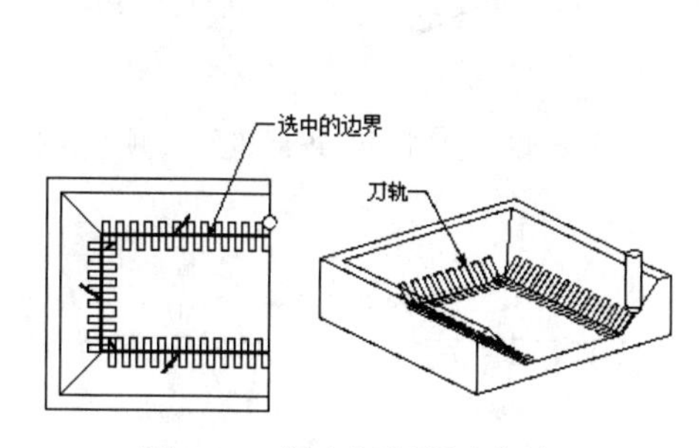

图 6-39 径向切削驱动方法

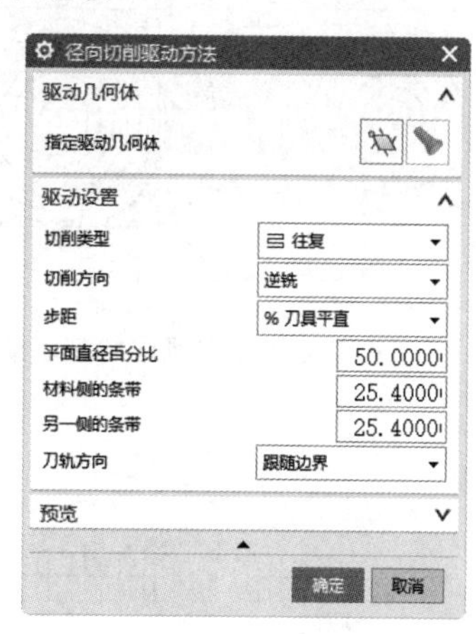

图 6-40 "径向切削驱动方法"对话框

1. 驱动几何体

单击"选择或编辑驱动几何体"按钮，弹出"临时边界"对话框，选择要切削的区域。如果定义了多个边界，则允许刀具从一个边界向下一个边界移动。

2. 驱动设置

（1）切削类型：用于定义刀具从一条切削刀路移动到下一条切削刀路的方式，包括"往复"（Zig-Zag）和"单向"（Zig）两个选项，如图 6-41 所示。

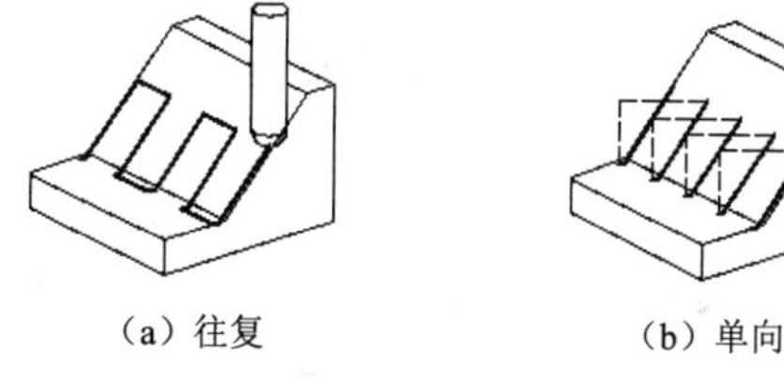

图 6-41 切削类型

（2）步距：用于指定连续的驱动路径之间的距离，如图 6-42 所示。步距是直线距离，它可以在连续驱动路径间最宽的点处测量，也可以在边界相交处测量，这取决于所使用的步距方式。

①恒定：可指定连续的切削刀路间的固定的直线距离。

②残余高度：允许系统计算将残余高度限制为输入的步距值。系统将步距的大小限制为略小于 2/3 的刀具直径，而不管将残余高度指定为多少。

③%刀具平直：可根据有效刀具直径的百分比定义步距。

④最大值：可从键盘输入一个值，用于定义步距之间的最大允许距离。

（3）条带：条带用于定义在边界平面上测量的加工区域的总宽度。条带是材料侧的条带和另一侧的条带偏置值的总和。

材料侧的条带是从按照边界指示符的方向看过去的边界右手侧，如图 6-43 所示；另一侧的条带是左手侧。材料侧的条带和另一侧的条带的总和不能等于零。

（4）刀轨方向：决定刀具沿着边界移动的方向，如图 6-44 所示。

①跟随边界：允许刀具按照边界指示符的方向沿着边界单向或往复向下移动。

②边界反向：允许刀具按照边界指示符的相反方向沿着边界单向或往复向下移动。

（5）切削方向：根据主轴旋转定义驱动路径切削的方向，包括顺铣和逆铣，如图 6-45 所示。

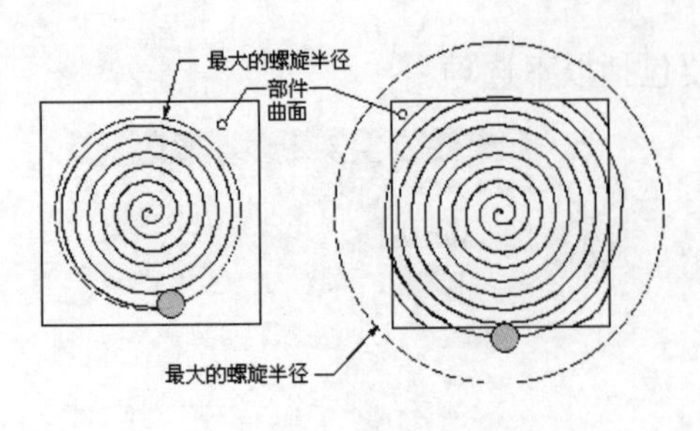

图 6-42　步距（径向切削驱动方法）

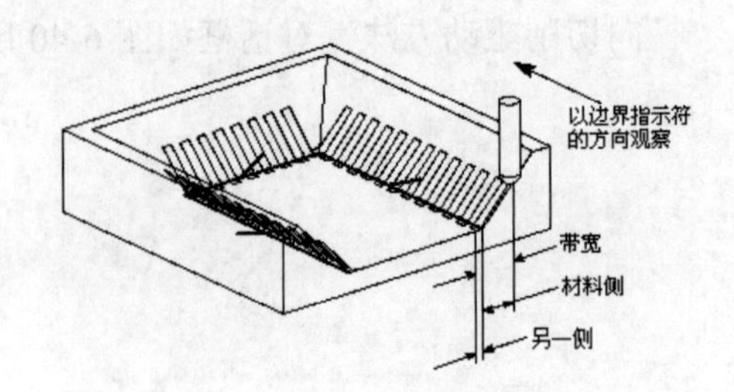

图 6-43　材料侧的条带和另一侧的条带

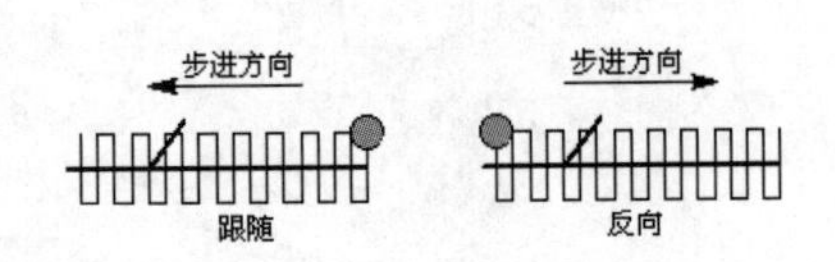

图 6-44　跟随边界/边界反向

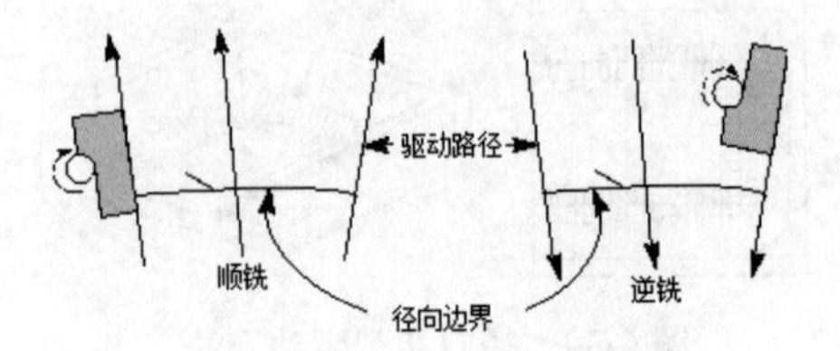

图 6-45　顺铣和逆铣（跟随边界）

扫一扫，看视频

6.7　曲面区域驱动方法

曲面区域驱动方法用于创建一个位于驱动曲面栅格内的驱动点阵列。当加工需要刀轴可变的复杂曲面时，这种驱动方法是很有用的。它提供对刀轴和投影矢量的附加控制。“曲面区域驱动方法”对话框如图 6-46 所示。

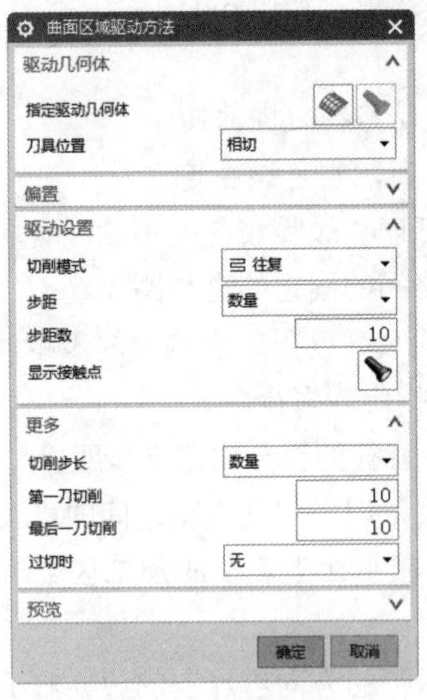

图 6-46　“曲面区域驱动方法”对话框

驱动曲面不必是平面的，但其栅格必须按一定的行序或列序进行排列，如图 6-47 所示。相邻的曲面必须共享一条边，且不能包含超出在“首选项”中定义的“尺寸链公差”的缝隙。可以使用修剪过的曲面来定义驱动曲面，只要修剪过的曲面具有 4 个边即可。修剪过的曲面的每个边都可以是单边曲线，也可以由多条相切的边曲线组成，这些相切的边曲线可以被视为单条曲线。

曲面区域驱动方法不会接受排列在不均匀的行和列中的驱动曲面或具有超出“尺寸链公差”的缝隙的驱动曲面，如图 6-48 所示。

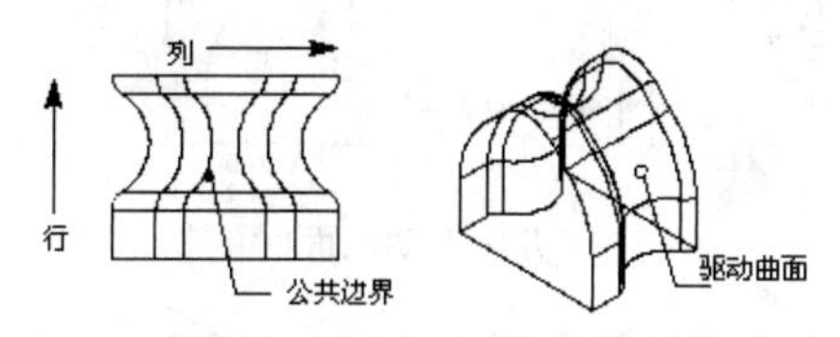

图 6-47　行和列均匀矩形网格

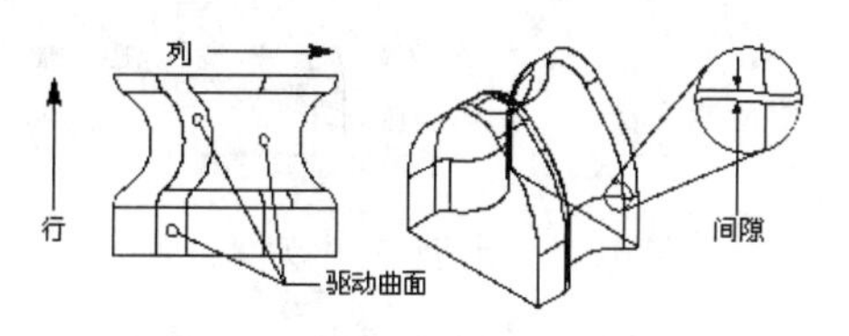

图 6-48　不均匀的行和列

必须按有序序列选择驱动曲面，它们不会被随机选择。选择相邻曲面的序列可以用来定义行。选择完第一行后，必须按与第一行相同的顺序选择曲面的第二行和所有的后续行。

如图 6-49 所示，选择曲面 1～4 后，指定希望开始的下一行。系统在每一行建立曲面编号，每个后续的行需要与第一个曲面有相同的编号。一旦选择了驱动曲面，系统将显示一个默认的驱动方向矢量，可重新定义驱动方向。

行定义结束后，系统还显示材料侧矢量。材料侧矢量应该指向要移除的材料，如图 6-50 所示。要反转此矢量，可在“曲面区域驱动方法”对话框中单击“材料反向”按钮。

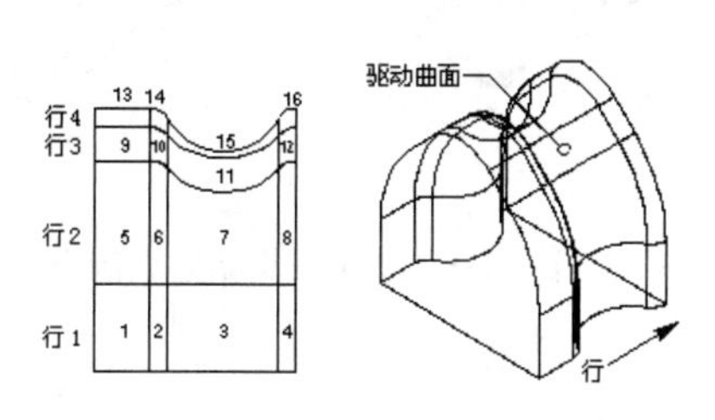

图 6-49　驱动曲面选择序列

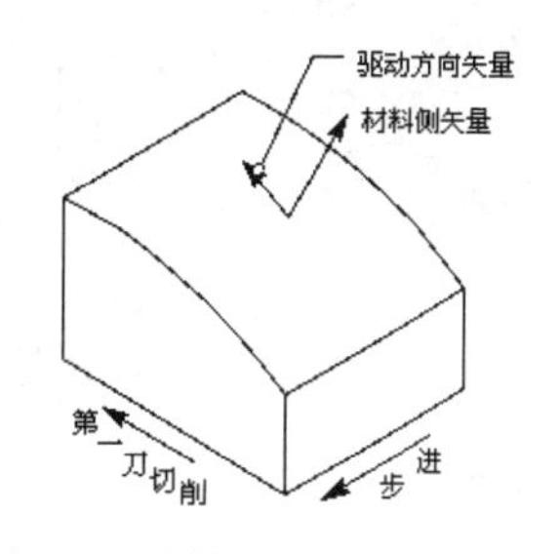

图 6-50　材料侧和驱动方向矢量

“曲面区域驱动方法”对话框中的主要选项如下。

1．指定驱动几何体

单击“选择或编辑驱动几何体”按钮，弹出“驱动几何体”对话框，定义驱动曲面栅格的面。指定驱动曲面后，“驱动几何体”栏如图 6-51 所示。

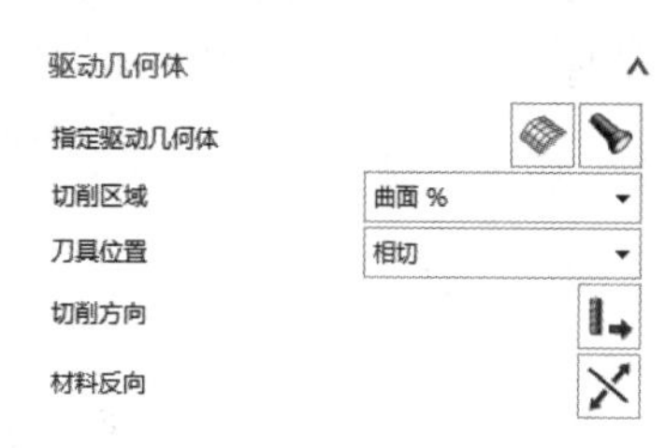

图 6-51　“驱动几何体”栏

2．刀具位置

刀具位置决定系统如何计算部件表面上的接触点，如图 6-52 所示。

（1）相切：在将刀轨沿指定的投影矢量投影到部件上之前，定位刀具使其在每个驱动点上相切于驱动曲面。

（2）对中：在将刀轨沿指定的投影矢量投影到部件上之前，将刀尖直接定位在每个驱动点。

直接在驱动曲面上创建刀轨时（未定义任何部件表面），刀具位置应该切换为相切位置。根据使用的刀轴，对中会偏离驱动曲面，如图 6-53 所示。

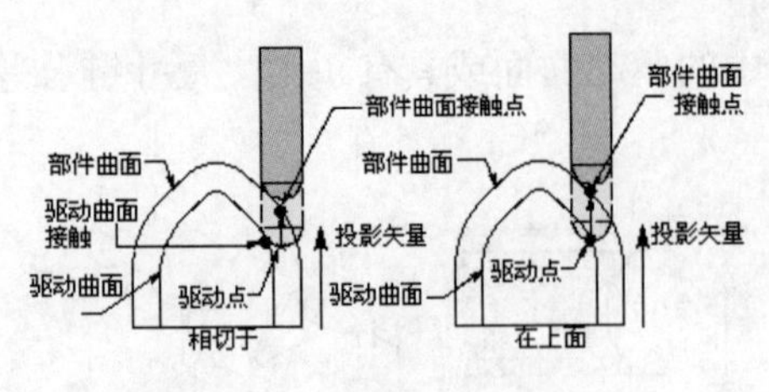

图 6-52　相切和对中刀具位置

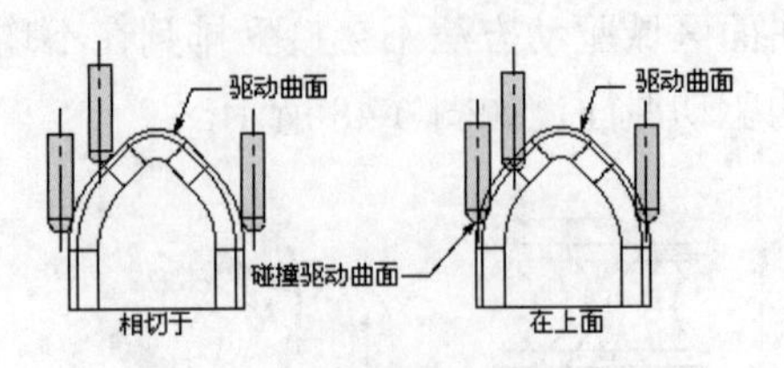

图 6-53　切削驱动曲面时的相切

同一曲面被同时定义为驱动曲面和部件表面时，应该使用相切，如图 6-54（a）所示。使用相切刀具位置时，刀轨从刀具与切削表面相接触的点处开始计算。刀具沿着曲面运动时，曲面上的接触点将随曲面形状的改变而改变。

3．切削方向

切削方向用于指定切削方向和第一个切削将开始的象限，如图 6-55 所示。可以通过选择在曲面拐角处成对出现的矢量箭头之一来指定切削方向。

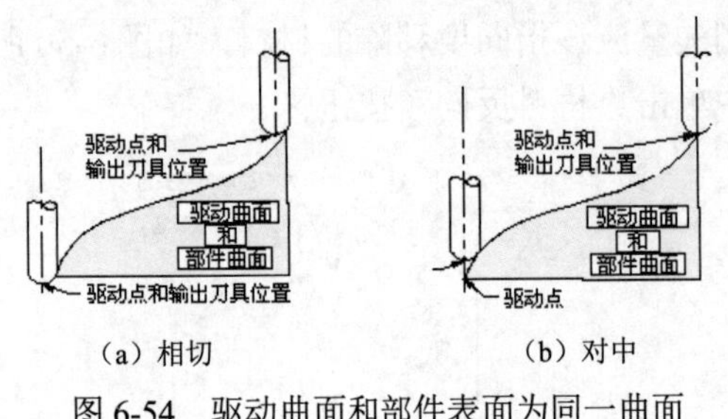

图 6-54　驱动曲面和部件表面为同一曲面

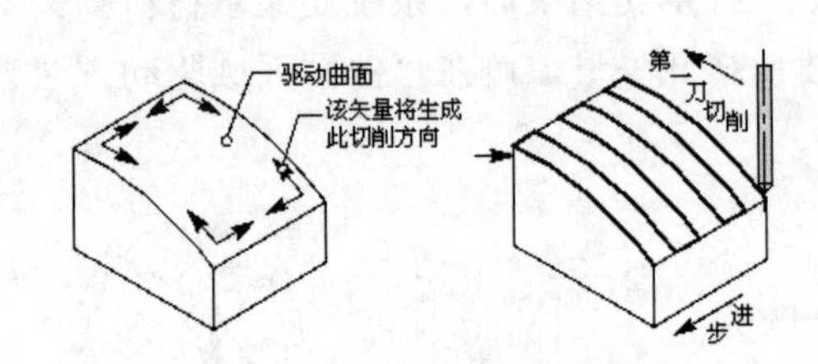

图 6-55　所选矢量指定切削方向

4．材料反向

材料反向用于反向驱动曲面材料侧法向矢量的方向。此矢量决定刀具沿着驱动路径移动时接触驱动曲面的哪一侧（仅用于曲面区域驱动方法）。

5．切削区域

切削区域用于定义在工序中要使用多大的驱动曲面区域，包括“曲面%”或“对角点”2 个选项。

（1）曲面%：选择此选项，弹出图 6-56 所示的“曲面百分比方法”对话框。通过为第一个刀路的起点和终点、最后一个刀路的起点和终点、起始步长以及结束步长输入一个正的或负的百分比值来决定要使用的驱动曲面区域的大小，如图 6-57 所示。

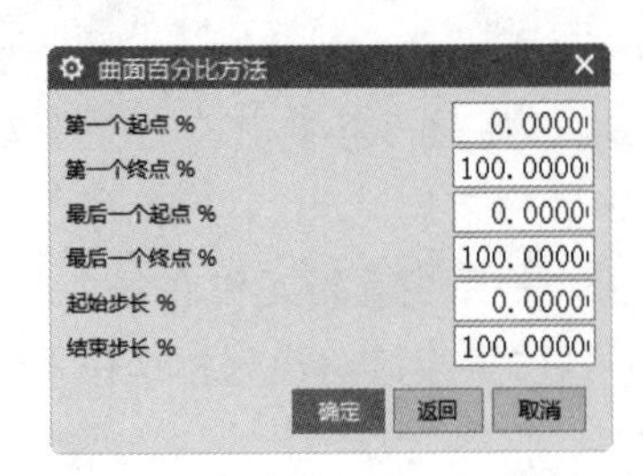

图 6-56　“曲面百分比方法”对话框

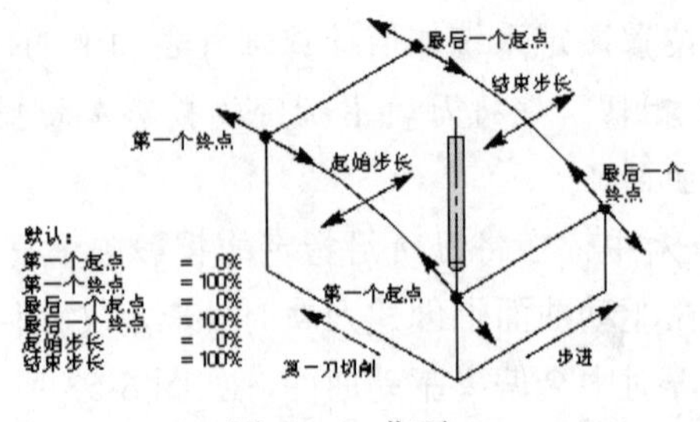

图 6-57　曲面%

仅使用一个驱动曲面时，整个曲面是 100%。对于多个曲面，100%由该方向的曲面数均分。例如，如果有 5 个曲面，则每个曲面分配 20%，而不考虑各个曲面的相对大小。

“第一个起点%”“最后一个起点%”和“起始步长%”默认均为 0%，当输入负值时可将切削区域延伸至曲面边界外，当输入正值时可以减小切削区域；“第一个终点%”“最后一个终点%”和“结束步长%”默认均为 100%，当输入一个小于 100%的值时可以减小切削区域，当输入一个大于 100%的值时可以将切削区域延伸至曲面边界外，如图 6-58 所示。

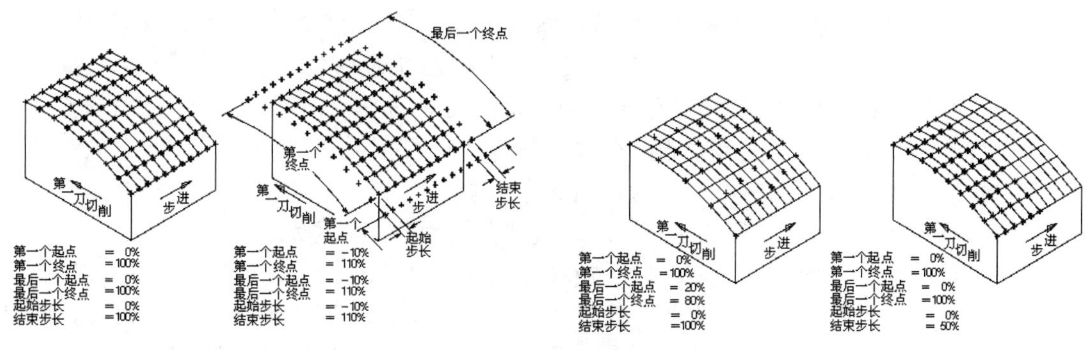

图 6-58　定义切削区域的曲面%

曲面通常以线性方式延伸，与边界相切。但是，对于圆柱等曲面，将沿着圆柱的半径继续向外延伸。

注意：

当指定了多个驱动曲面时，“最后一个起点%”和“最后一个终点%”不可用。

（2）对角点：允许通过选择驱动面上的点以定义对角来指定切削区域。

①选择作为驱动曲面的面，在该面中可以确定用来定义驱动区域的第一个对角点（见图 6-59 中的面 *a*）。

②在所选的面上指定一个点以定义区域的第一个对角点（见图 6-59 中的点 *b*）。可以在面上的任意位置指定一个点，或者使用“点”对话框来选择面的一条边界。在图 6-59 中，面 *a* 上的 *b* 点为指定的点。

③选择作为驱动曲面的面，在该面中可以确定用来定义驱动区域的第二个对角点（见图 6-59 中的面 *c*）。如果第二个对角点和第一个对角点位于相同的面，则再次选择同一个面。

④在所选的面上指定一个点以定义区域的第二个对角点（见图 6-59 中的点 *d*）。同样，可以在面上的任意位置指定一个点，或者使用“点”对话框来选择面的一条边界。在图 6-59 中，已经使用“点”对话框中的“终点”选项指定了点 *d* 以选择面 *c* 的某个拐角。

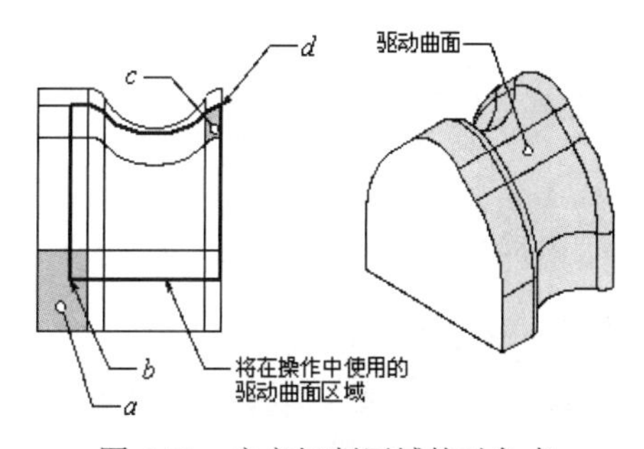

图 6-59　定义切削区域的对角点

扫一扫，看视频

6.8 清根驱动方法

清根驱动方法沿着部件表面形成的凹角和凹部一次生成一层刀轨。生成的刀轨可以进行优化，方法是使刀具与部件尽可能保持接触并最小化非切削移动。

使用清根驱动方法的优点如下。

（1）可以在使用往复切削模式加工之前减缓角度。

（2）可以除去之前较大的球头刀或圆鼻刀遗留下来的未切削材料。

（3）清根路径沿着凹谷和角而不是固定的切削角或 UV 方向。使用清根后，当将刀具从一侧移动到另一侧时避免其嵌入。系统可以最小化非切削移动的总距离，可以通过使用“非切削移动”模块中可用的选项在每一端获得一个光顺的或标准的转弯。

（4）可以通过允许刀具在步距间保持连续的进刀来最大化切削运动。

（5）可以灵活地在一个工序中将陡峭区域和非陡峭区域的深度加工和清根模式结合起来。

可以通过在“固定轮廓铣”对话框中选择“清根”驱动方法创建清根工序，也可以通过在 mill_contour 中选择单刀路清根、多刀路清根、清根参考刀具等工序子类型创建清根工序。“清根驱动方法”对话框如图 6-60 所示，主要选项如下。

1. 驱动几何体

（1）最大凹度：决定要切削哪些凹角、凹谷及沟槽。例如，如果在最大凹度文本框中输入 120，该工序将加工 110°和 70°凹部，但不会加工 160°凹部，如图 6-61 所示。

图 6-60 “清根驱动方法”对话框

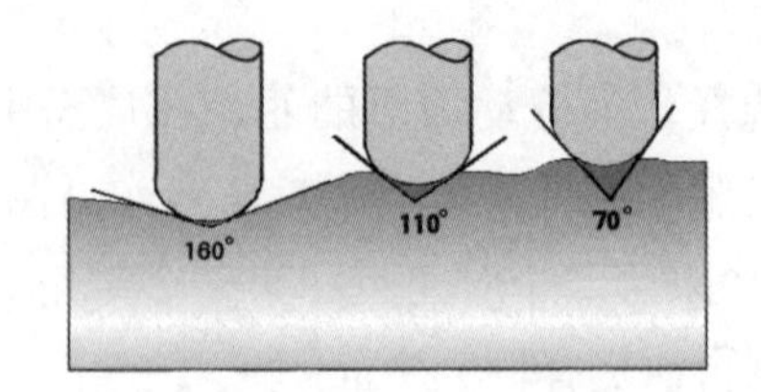

图 6-61 凹角

在“清根驱动方法”对话框中，对于“最大凹度”，凹角值必须大于 0°，小于或等于 179°，并且是正值。如果“最大凹度”被设置为 179°，则所有小于或等于 179°的角均被加工，即切削了所有的凹谷；如果“最大凹度”被设置为 160°，则所有小于或等于 160°的角均被加工。当遇到那些在部件表面上超过了指定“最大凹度”值的区域时，刀具将回退或转移到其他区域。

（2）最小切削长度：除去小于指定最小切削长度值的刀轨切削运动。在清根工序中，最小切削长度值应用于清根线，但不应用于清根切削模式。最小切削长度值是相对于参考刀具而应用的。

（3）合并距离：连接因为小于指定距离而分开的铣削段。

2．驱动设置

（1）单刀路：将沿着凹角和凹部产生一条切削刀路，如图6-62所示。

图6-62　清根单刀路

（2）多刀路：从中心清根的任一侧或从内到外生成多条切削刀路，如图6-63所示。

（3）参考刀具偏置：指定一个参考刀具直径以定义要加工的区域的整个宽度，还可以指定步距以定义内部刀路，这样便可在中心清根的任一侧或从内向外产生多条切削刀路，如图6-64所示。

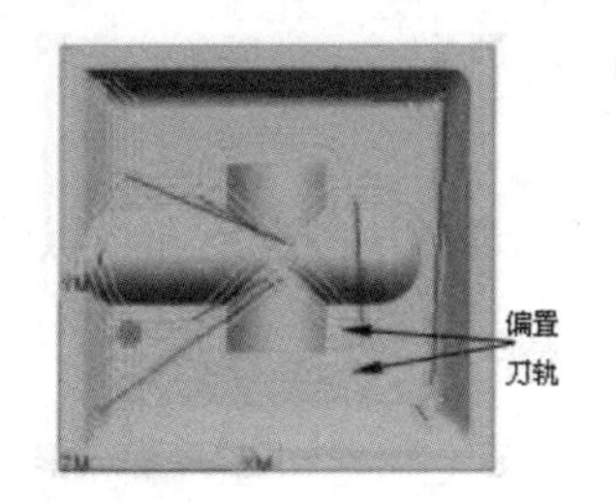

图6-63　清根多刀路

图6-64　清根参考刀具偏置

3．陡峭空间范围

陡峭空间范围根据输入的陡峭壁角度控制操作的切削区域，分为陡峭部分和非陡峭部分以限制切削区域，避免刀具在零件表面产生过切。

陡峭壁角度是在水平面与中心清根的切向矢量之间测得的夹角，输入范围为0°～90°。

4．非陡峭切削/陡峭切削

（1）非陡峭/陡峭切削模式：可定义刀具从一条切削刀路移动到下一条切削刀路的方式。包括跟随周边、单向、往复、往复上升、单向横切、往复横切、往复上升横切、单向深度加工、往复深度加工和往复上升深度加工。

（2）切削方向：包括顺铣、逆铣和混合。混合用于单向、往复、往复上升和单向横向切削模式。

（3）步距：可指定连续的单向或往复切削刀路之间的距离，并沿部件表面测量。可用输入单位距离或正在使用的刀具的百分比作为步距。当“驱动设置”栏中的“清根类型”设置为“多刀路”或“参考刀具偏置”时可用。

（4）每侧步距数：用于指定在中心清根每一侧生成的刀路的步距数。例如，输入值为1，则会在主刀轨的任一侧附加一个刀路。当“驱动设置”栏中的“清根类型”设置为“多刀路”时可用。

（5）顺序：用于确定执行单向、往复和往复上升切削刀路的执行顺序。当“驱动设置”栏中的“清根类型”设置为“多刀路”或“参考刀具偏置”时可用。

①由内向外：从中心刀路开始加工，朝外部刀路方向切削；然后刀具移回中心刀路，并朝相反侧切削。

②由外向内：从外部刀路开始加工，朝中心方向切削；然后刀具移动至相反侧的外部刀路，再次朝中心方向切削。

③后陡：从凹部的非陡峭侧开始加工。

④先陡：沿着从陡峭侧外部刀路到非陡峭侧外部刀路的方向加工。

⑤由内向外交替：从中心刀路开始加工。刀具向外进行切削时，交替进行两侧切削。如果一侧的偏移刀路较多，系统对交替侧进行精加工之后再切削这些刀路。

⑥由外向内交替：从外部刀路开始加工。刀具向内进行切削时，交替进行两侧切削。如果一侧的偏移刀路较多，系统对交替侧进行精加工之后再切削这些刀路。

扫一扫，看视频

6.9 外形轮廓铣驱动方法

外形轮廓铣驱动方法利用刀具的外侧刀刃对型腔零件的立壁进行半精加工或精加工。系统基于所选择的加工底面自动判断出加工轮廓壁，也可以手工选择加工轮廓壁。可以指定一条或多条加工路径。此驱动方法用于可变轴曲面轮廓铣工序。

“外形轮廓铣驱动方法”对话框如图 6-65 所示，从中可以进行切削起点和终点的设置。

1. 切削起点/终点

（1）切削起点：用于修改切削位置的起点。如果无法定义追踪整个壁底部曲线的进刀矢量，则设置切削位置的切点。在“起点选项”下拉列表中可以选择“自动”选项，也可以选择“用户定义”选项，激活“选择参考点”选项，使用“点”对话框定义点。图 6-66 对切削起点的定义方法给出了说明，图 6-66（a）所示为利用“自动”选项生成的切削起点，图 6-66（b）所示为利用“用户定义”选项生成的切削起点，壁底部追踪曲线将延伸到用户定义的切削起点。

图 6-65 “外形轮廓铣驱动方法”对话框

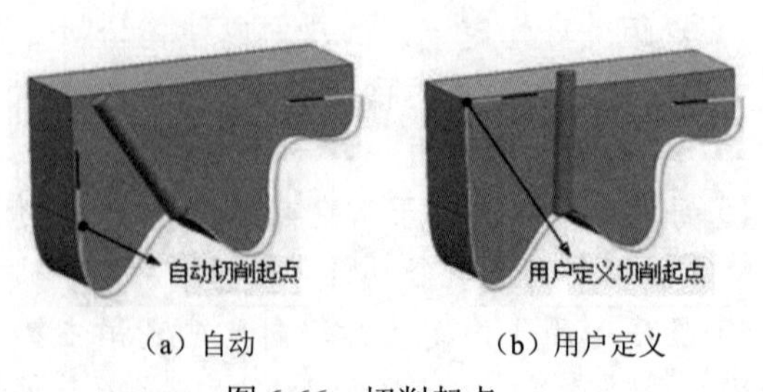

（a）自动　（b）用户定义

图 6-66 切削起点

（2）切削终点：用于修改切削位置的终点。在图 6-67 中，刀具在起点处进刀，沿底部区域追踪曲线在终点处终止。对于壁而言，它提供的覆盖面积不够。在图 6-68 中，壁的底部区域追踪曲线延伸至用户定义的切削终点处。

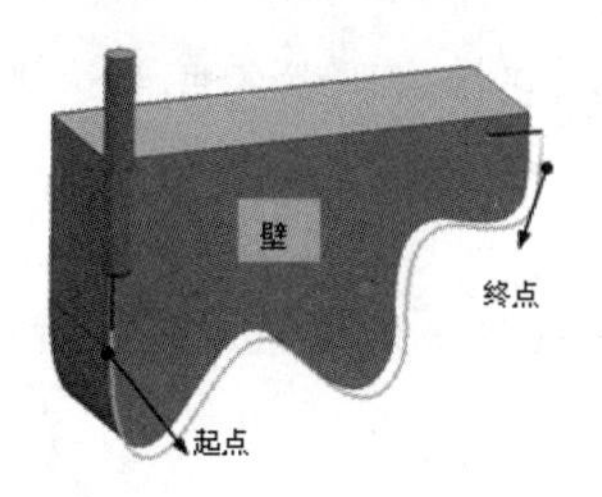

图 6-67　自动切削终点

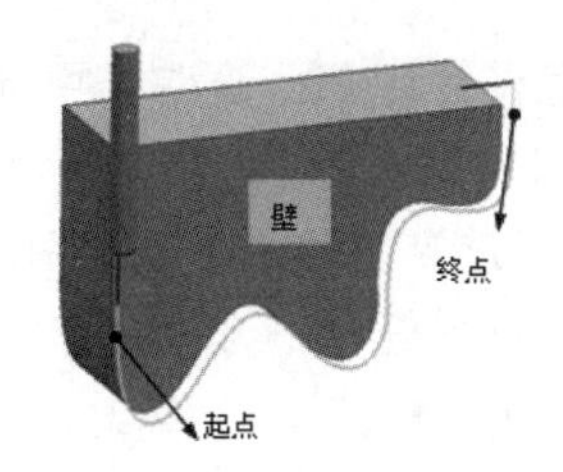

图 6-68　用户定义切削终点

（3）刀轴：刀轴控制是轮廓铣工序中一个需要重点考虑的事项。刀轴控制方式有两种，即“自动”和“带导轨”。选择“带导轨”选项将激活“选择矢量”选项，然后可以使用“矢量”对话框定义矢量。

选择“自动”选项，系统将从壁底部的追踪曲线的法线计算刀轴，通常会给出可接受的结果。如果“自动”给的刀轴不符合需要，可以使用“带导轨”方式改变刀轴方向。图 6-69 所示为利用“自动”刀轴生成的刀轨，可以发现刀轴沿追踪曲线的法线。如果在刀轨的终点处使用“带导轨”方式控制刀轴方向，可改变刀轴的方向。如图 6-70 所示，指定刀轨的终点处引导矢量方向为 YC 轴，由于刀轨起点处的刀轴方向与 YC 轴平行，可以发现刀轴在切削过程中方向保持不变。

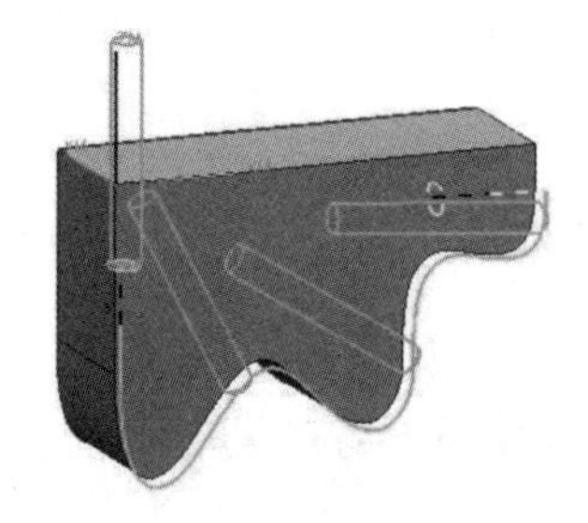

图 6-69　自动刀轴控制

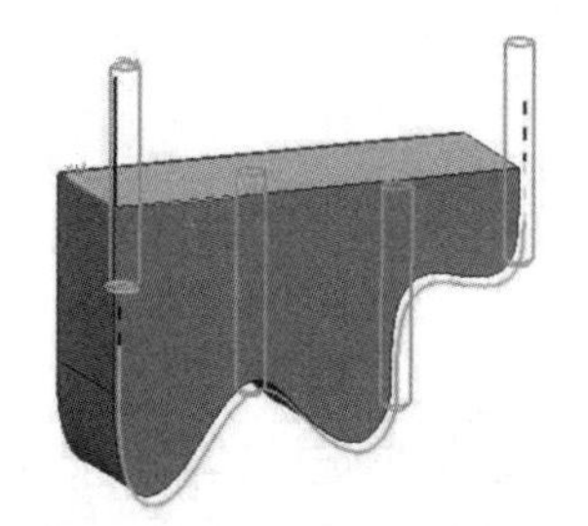

图 6-70　带导轨刀轴控制

2．跨壁缝隙

跨壁缝隙用于将运动类型设置为切削或步进，如图 6-71 所示。通过步进运动，可以应用较快的进给率。

（a）切削

（b）步进

图 6-71　运动类型

对于大型壁缝隙，非切削移动循环更加有效。指定一个最小距离值，用于控制系统何时为区域内选择的非切削移动应用“移刀类型”选项。

3. 驱动设置

（1）沿着壁的底部：追踪选中部件表面底部的壁曲线，它相对于壁的底部边缘定位刀具。如果未选中复选框，则刀轨在以下情况下可能不正确：①壁包含一个两侧相切，但刀具无法容入的角；②辅助底面没有足够的覆盖范围。

（2）刀具位置偏置：为“沿着壁的底部”选项指定壁曲线之下的偏置距离。

（3）进刀矢量：定义刀具相对于壁的放置方法。

4. 接触位置

环高控制刀具的轴向位移，以降低切削之间的残余高度，部件上的接触点不会受到影响。系统不但将轴向位移应用到所有的切削运动，还应用到延伸和跨空间运动。如果轴向位移能够过切部件，则系统将沿刀轴或轮廓线的方向抬高刀具，从而避免过切。正值会将刀具向下推。

（1）无：可以保持部件接触刀具底部的点。此选项会造成残余高度较大并使得刀具变形更严重。

（2）恒定：用于指定要使刀具移动的单个距离。使用此选项可在进行多层切削时提高曲面质量，而无须更改加工时间。

（3）变量：用于指定顶部距离和底部，以控制接触点可沿刀具移动的距离。使用此选项可均衡刀具磨损程度。

扫一扫，看视频

6.10 流线驱动方法

流线驱动方法根据选中的几何体来构建隐式驱动面。流线使用户可以灵活地创建刀轨，规则面栅格无须进行整齐排列。

流线驱动方法和曲面区域驱动方法之间的差异如下。

（1）曲面区域驱动方法仅可以处理曲面，流线驱动方法可以处理曲线、边、点和曲面。

（2）曲面区域驱动方法有“对中”和“相切”刀具位置；流线驱动方法除了“对中”和“相切”刀具位置外，还允许“接触”刀具位置进行固定轴加工。

（3）曲面区域驱动方法不支持切削区域，流线驱动方法允许选择切削区域面。切削区域面用作空间范围几何体，而切削区域边界用于“自动”生成流曲线集和交叉曲线集。此外，软件使部件体置于对投影模块透明的切削区域的外部，这极大地方便了在遮蔽区域生成刀轨。

（4）曲面区域驱动方法不处理缝隙，软件自动填充流线集和交叉曲线集内的缝隙。

“流线驱动方法”对话框如图 6-72 所示，主要选项如下。

1. 驱动曲线

在“选择方法”下拉列表中包括“自动”和“指定”两个选项。

（1）自动：系统根据主工序对话框中指定的切削区域的边界创建流动曲线集和交叉曲线集。

（2）指定：用户手工流动曲线和交叉曲线或自动编辑创建的流动/交叉曲线。

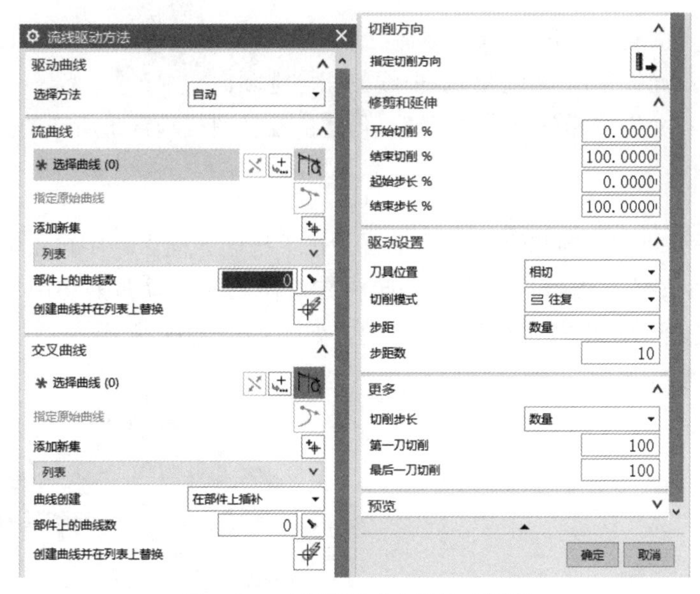

图 6-72　“流线驱动方法”对话框

2. 流曲线

在“流曲线”栏中进行相关流曲线的选择。

（1）选择曲线：单击“选择曲线”右侧的“点对话框”按钮，弹出“点”对话框，选择第一条流曲线，如图 6-73（a）中的“流 1”所示。单击“添加新集”按钮，添加新的曲线。继续单击“点对话框”按钮，弹出“点”对话框，选择第二条流曲线，选择的曲线如图 6-73（a）中的“流 2”所示。

（2）部件上的曲线数：用于指定在部件上插补的流曲线的数量。

（3）创建曲线并在列表上替换：将插补的曲线另存为部件文件中的几何体。曲线几何体将以组的形式保存到每组曲线的部件导航器中。每次创建新的流曲线时，将曲线数值重置为 0。

3. 交叉曲线

在“交叉曲线”栏中进行交叉曲线的选择。

（1）选择曲线：单击“选择曲线”右侧的“点对话框”按钮，弹出“点”对话框，选择第一条交叉曲线，如图 6-73（b）中的“十字 1”所示。单击“添加新集”按钮，添加新的曲线，继续单击“点对话框”按钮，弹出“点”对话框，选择第二条交叉曲线，选择的曲线如图 6-73（b）中的“十字 2”所示。最终形成的流曲线和交叉曲线如图 6-73（c）所示。

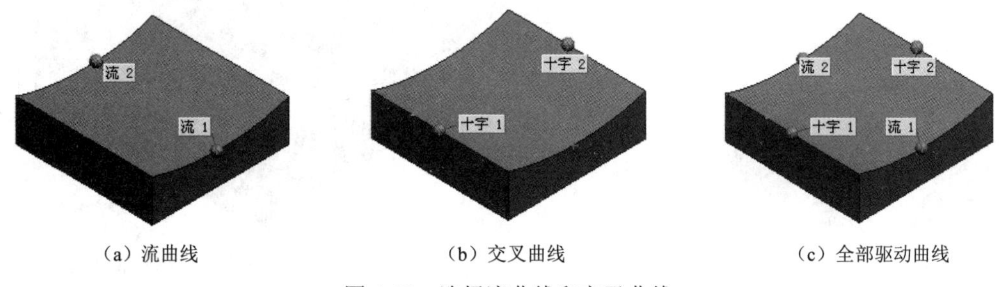

（a）流曲线　　（b）交叉曲线　　（c）全部驱动曲线

图 6-73　选择流曲线和交叉曲线

（2）曲线创建：允许指定用于创建在部件上插补的交叉曲线的方法。

①在部件上插补：允许使用用于创建流曲线的相同选项。

②垂直于流曲线：允许选择单个流曲线链。创建的插补曲线垂直于所选的流曲线。

4．切削方向

切削方向限制了刀轨的方向和进刀时的位置。在“切削方向”栏中单击按钮后，待加工部件上将显示箭头以供选择，选择的箭头的方向和在部件中的位置即为切削方向和进刀位置，如图 6-74（a）所示；选择后，将立刻显示刀轨方向，如图 6-74（b）所示。

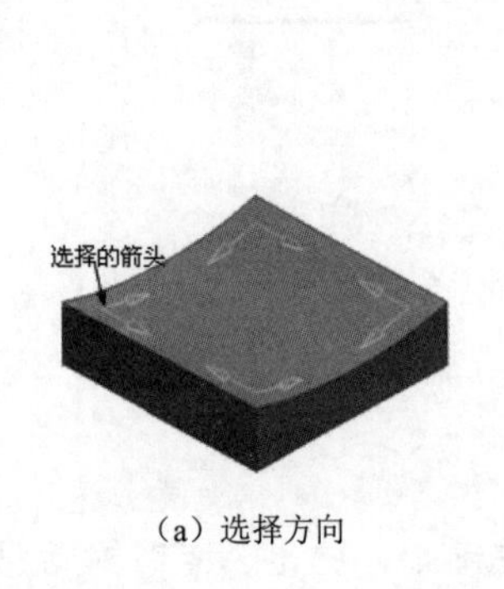

（a）选择方向

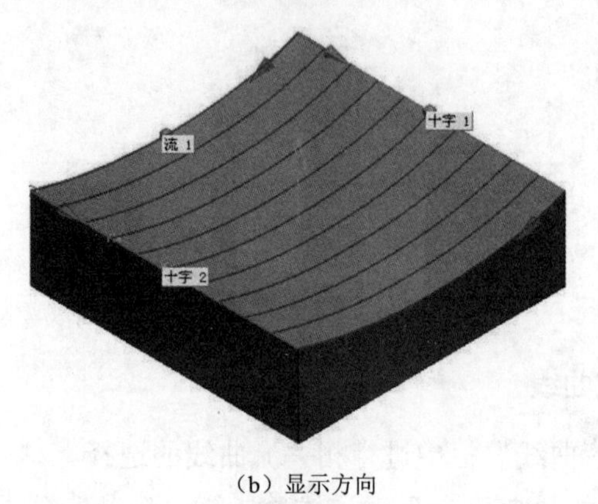

（b）显示方向

图 6-74　切削方向

5．修剪和延伸

修剪和延伸对切削刀轨的长度和步进进行适当的调整。在此栏中共有 4 个选项：“开始切削%”“结束切削%”“起始步长%”“结束步长%”，输入值可正可负。对于“开始切削%”和“结束切削%”，输入正值将使修剪和延伸方向与切削方向相同，负值则与切削方向相反；对于“起始步长%”和“结束步长%”，输入正值将使修剪和延伸与步进方向相同，负值与步进方向相反。

选择图 6-75 所示的步进和切削方向，保持“开始切削%”“结束切削%”“起始步长%”“结束步长%”为默认值，即分别为 0、100、0、100，生成的刀轨如图 6-76 所示。

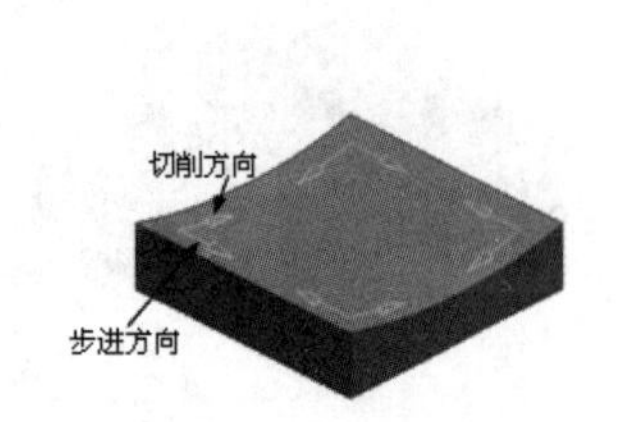

图 6-75　步进和切削方向

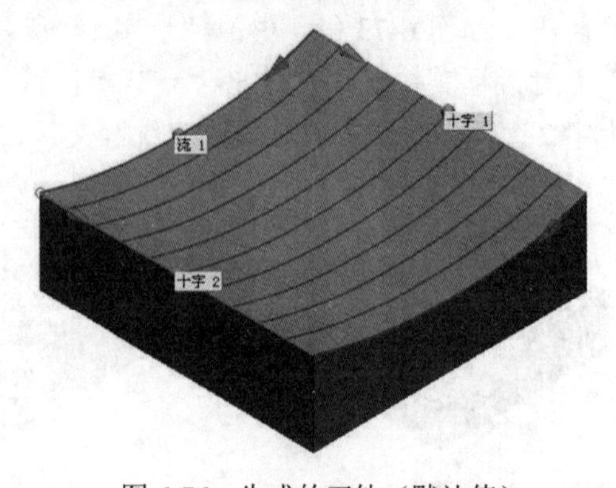

图 6-76　生成的刀轨（默认值）

保持“结束切削%”“起始步长%”“结束步长%”为默认值，设置“开始切削%”为-10，由于输入值为负，延伸方向与切削方向相反，因此生成的刀轨如图 6-77（a）所示；如果将“开始切削%”设置为 10，由于输入值为正，延伸方向与切削方向相同，因此生成的刀轨如图 6-77（b）所示。

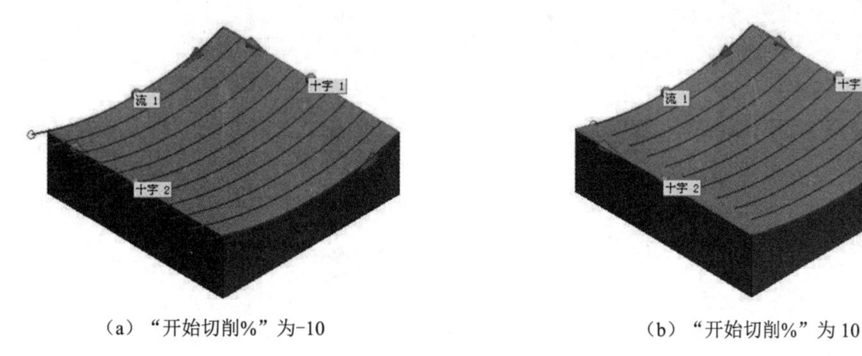

（a）“开始切削%”为-10　　（b）“开始切削%”为 10

图 6-77　设置“开始切削%”为不同值

保持“开始切削%”“结束切削%”“结束步长%”为默认值，设置“起始步长%”为 10，由于输入值为正，延伸方向与步进方向相同，因此生成的刀轨如图 6-78（a）所示；如果将“起始步长%”设置为-10，由于输入值为负，延伸方向与步进方向相反，因此生成的刀轨如图 6-78（b）所示。

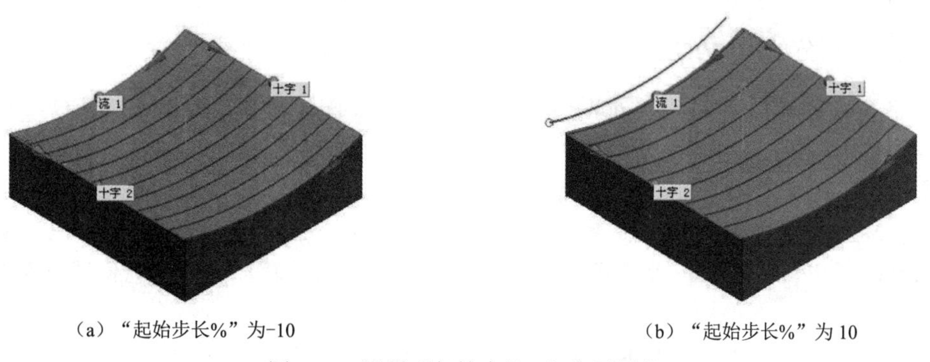

（a）“起始步长%”为-10　　（b）“起始步长%”为 10

图 6-78　设置“起始步长%”为不同值

6.11　刀轨驱动方法

扫一扫，看视频

沿着刀位置源文件（CLSF）的刀轨定义驱动点，以在当前工序中创建类似的曲面轮廓铣刀轨。驱动点沿着现有的刀轨生成，然后投影到所选的部件表面上以创建新的刀轨，新的刀轨是沿着曲面轮廓形成的。驱动点投影到部件表面上时遵循的方向由投影矢量确定。

在固定轴曲面轮廓铣和可变轴曲面轮廓铣加工工序对话框的“驱动方法”栏“方法”下拉列表中选择“刀轨”选项，弹出“指定 CLSF”对话框，选取到位置源文件，单击 OK 按钮，弹出“刀轨驱动方法”对话框，如图 6-79 所示。

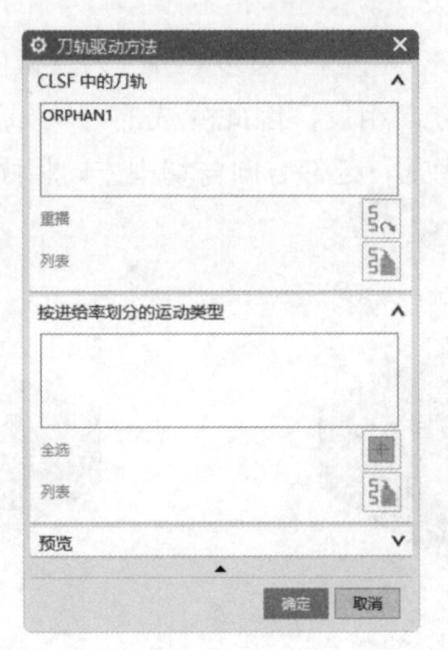

图 6-79 “刀轨驱动方法”对话框

1. CLSF 中的刀轨

（1）刀轨窗口：此窗口中列出所选的 CLSF 相关联的刀轨。选择投影的刀轨，此列表将只允许单选。

（2）重播：重播查看所选刀轨，显示验证是否已经选择了正确的刀轨。

（3）列表：单击此按钮，显示信息窗口，以文本格式显示所选刀轨。

2. 按进给率划分的运动类型

“按进给率划分的运动类型”列表框列出与所选刀轨中的各种切削和非切削移动相关联的进给率。可以根据关联的进给率指定刀轨的哪一段将投影到驱动几何体上。可能希望排除关联进给率为快速的所有刀轨段，一般是非切削移刀。如果选择这些段，则它们将将被投影到驱动几何体上，且成为刀轨驱动方法工序中的切削移动。在单向切削模式中，单向切削之间的对角移刀被投影为切削移动。但是，用户可能希望包含关联进给率为 10.000 的所有刀轨段，因为它们通常是起始的切削移动。

单击“全选”按钮，选择“按进给率划分的运动类型”列表框中列出的所有进给率。

第 7 章　面　铣　削

内容简介

面铣削是一种 2.5 轴的加工方式，在加工过程中首先完成水平方向 *XY* 两轴联动，然后对零件进行 *Z* 轴切削。其中平面铣是 UG NX 提供的最基本，也是最常用的一类加工方式，面铣削主要用来对具有平面特征的面和岛进行加工。

本章将对 UG NX 面铣削的相关内容进行详细介绍。

7.1　面铣削的子类型

单击“主页”选项卡“刀片”面板中的“创建工序”按钮，弹出图 7-1 所示的“创建工序”对话框。在“类型”下拉列表中系统默认选择 mill_planar，即面铣削。

图 7-1　“创建工序”对话框

在“工序子类型”栏中列出了面铣削的所有加工方法，一共有 15 种子类型，其中前 4 种为主要的面铣削加工方法，应用比较广泛。下面依次介绍这 15 种子类型。

（1）底壁铣：切削底面和壁。

（2）带 IPW 的底壁铣：使用 IPW 切削底面和壁。

（3）带边界面铣：基本的面切削操作，用于切削实体上的平面。

（4）手工面铣：可使用户把刀具正好放在所需的位置。

（5）平面铣：用平面边界定义切削区域，切削到底平面。

（6）平面轮廓铣：特殊的二维轮廓铣切削类型，用于在不定义毛坯的情况下进行轮廓铣，常用于修边。

（7）清理拐角：使用来自前一操作的二维 IPW，以跟随部件切削类型进行平面铣。该类型常用于清除角，因为这些角中有前一刀具留下的材料。

（8）精铣壁：默认切削模式为轮廓，默认深度为只有底面的平面铣。

（9）精铣底面：默认切削模式为跟随部件，将余量留在底面上的平面铣。

（10）槽铣削：使用 T 型刀具切削单个线性槽。

（11）孔铣：使用平面螺旋或螺旋切削模式来加工盲孔和通孔。

（12）螺纹铣：使用螺旋切削模式铣削螺纹孔。

（13）平面文本：对文字曲线进行雕刻加工。

（14）铣削控制：建立机床控制操作，添加相关后置处理命令。

（15）用户定义铣：自定义参数建立操作。

扫一扫，看视频

7.2 底 壁 铣

1．打开文件

选择“文件”→“打开”命令，弹出“打开”对话框，选择 DBX.prt，单击“打开”按钮，打开图 7-2 所示的待加工部件。

2．创建毛坯

（1）在建模环境中，单击“视图”选项卡“可见性”面板中的“图层设置”按钮，弹出“图层设置”对话框，如图 7-3 所示。在“工作层”文本框中输入 2，按 Enter 键，新建工作图层 2。单击“关闭”按钮，关闭对话框。

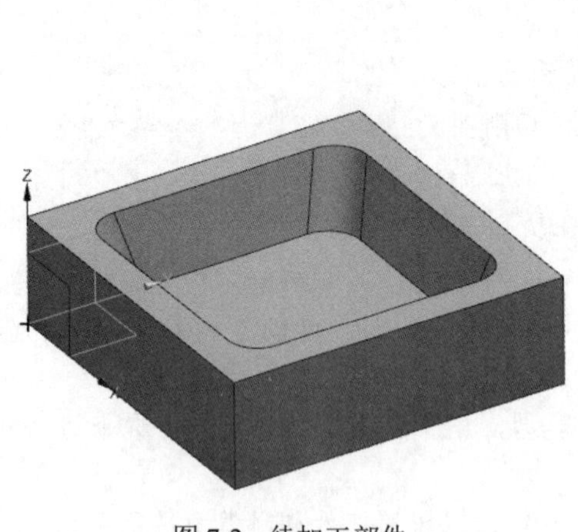

图 7-2 待加工部件

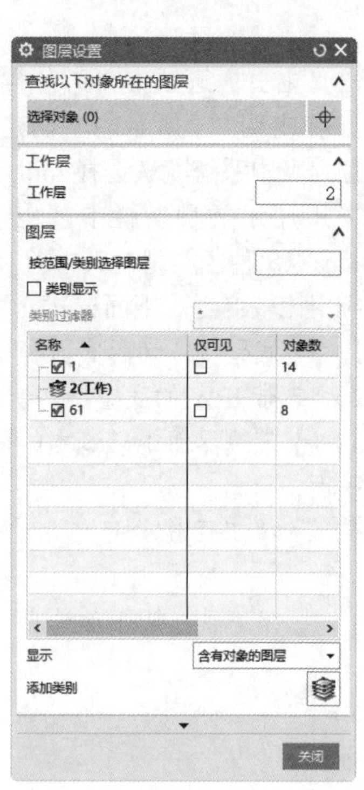

图 7-3 “图层设置”对话框

（2）单击“主页”选项卡“特征”面板中的“拉伸”按钮，弹出“拉伸”对话框，如图 7-4 所示。选择待加工部件的底部 4 条边线作为拉伸截面，指定矢量方向为 ZC，设置开始距离为 0，结束距离为 30，其他采用默认设置。单击“确定”按钮，生成的毛坯模型如图 7-5 所示。

（3）单击“视图”选项卡“可见性”面板中的“图层设置”按钮，在弹出的“图层设置”对话框中双击选择图层 1 作为工作图层，取消选中图层 2 复选框，使其不可见，只显示待加工部件。单击“关闭”按钮，关闭对话框。

图 7-4　“拉伸”对话框

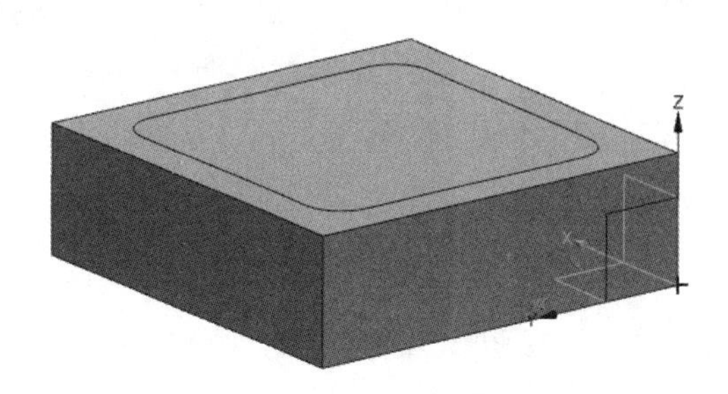

图 7-5　毛坯模型

3．创建几何体

（1）单击“应用模块”选项卡“加工”面板中的“加工”按钮，弹出“加工环境”对话框，在“要创建的 CAM 组装”列表框中选择 mill_planar 选项，如图 7-6 所示。单击“确定”按钮，进入加工环境。

（2）在上边框条中单击“几何视图”图标，显示“工序导航器-几何”视图，在 MCS_MILL 节点下双击 WORKPIECE，弹出图 7-7 所示的“工件”对话框。

图 7-6　“加工环境”对话框

图 7-7　“工件”对话框

（3）单击“指定部件”右侧的“选择或编辑部件几何体”按钮，弹出“部件几何体”对话框，选择图 7-8 所示的部件。单击“确定”按钮，返回“工件”对话框。

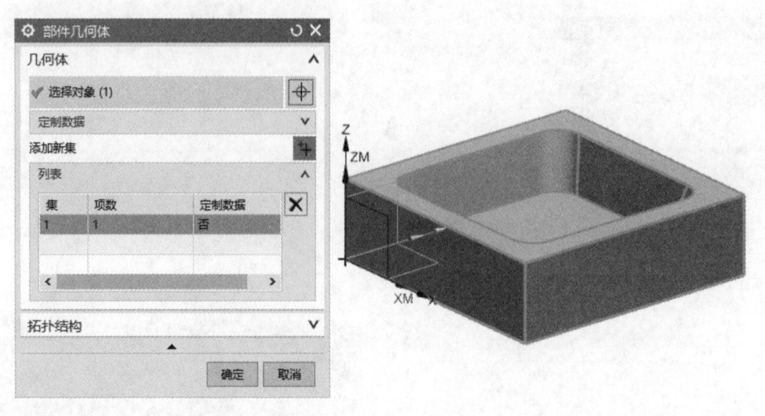

图 7-8　指定部件

（4）单击“视图”选项卡“可见性”面板中的“图层设置”按钮，在弹出的“图层设置”对话框中选中图层 2 复选框，显示毛坯。在“工件”对话框中单击“指定毛坯”右侧的“选择或编辑毛坯几何体”按钮，弹出“毛坯几何体”对话框，选择毛坯（利用图层设置将毛坯显示和隐藏），如图 7-9 所示，单击“确定”按钮。返回“工件”对话框，其他采用默认设置，单击“确定”按钮，完成工件的设置，然后利用“图层设置”命令隐藏毛坯。

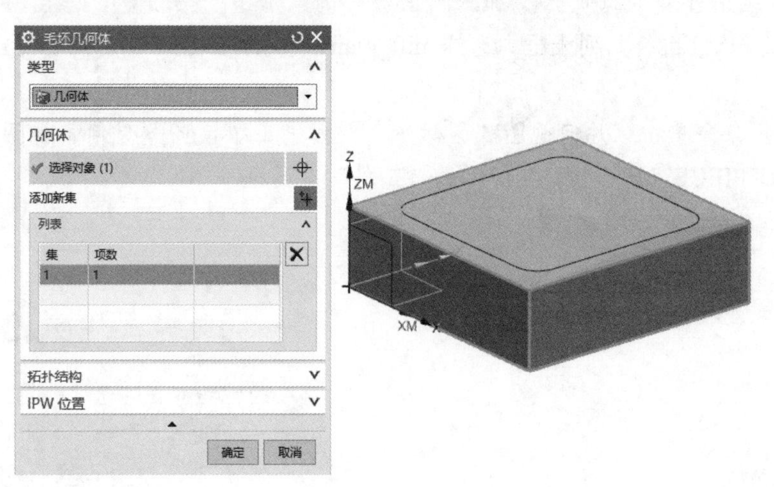

图 7-9　指定毛坯

4．创建工序

（1）单击“主页”选项卡“刀片”面板中的“创建工序”按钮，弹出图 7-10 所示的“创建工序”对话框，在“类型”下拉列表中选择 mill_planar，在“工序子类型”栏中选择（底壁铣），在“位置”栏的“几何体”下拉列表中选择 WORKPIECE，其他采用默认设置，单击“确定”按钮。

（2）弹出图 7-11 所示的“底壁铣”对话框，单击“指定切削区底面”右侧的“选择或编辑切削区域几何体”按钮，弹出“切削区域”对话框，选择凹槽底面为切削区域，如图 7-12 所示。单击“确定”按钮，关闭当前对话框。

图 7-10 “创建工序”对话框

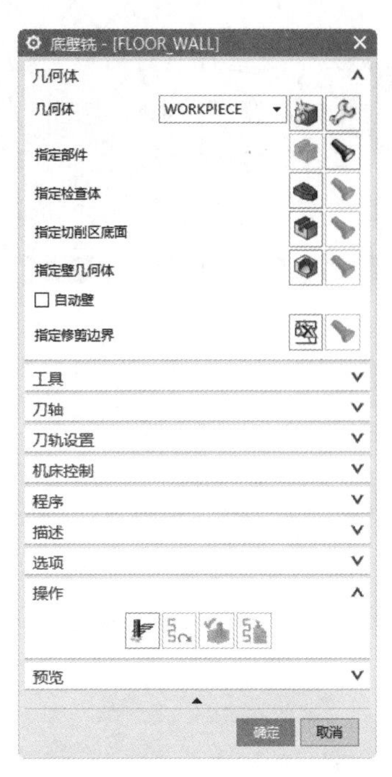

图 7-11 “底壁铣”对话框

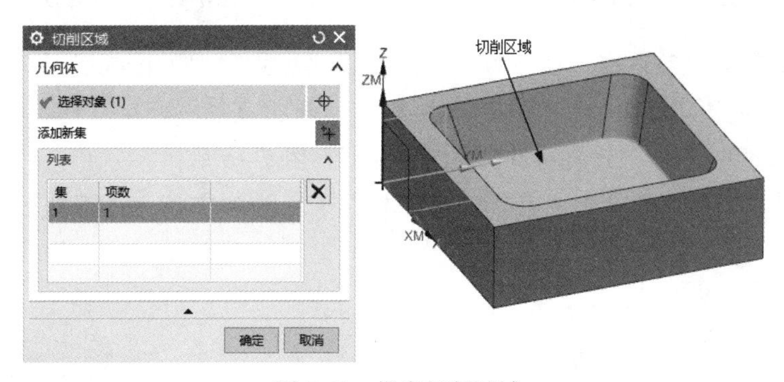

图 7-12 指定切削区域

（3）返回“底壁铣”对话框，单击“指定壁几何体”右侧的“选择或编辑壁几何体”按钮，弹出“壁几何体”对话框，选择凹槽四周为壁几何体，如图 7-13 所示。单击“确定”按钮，关闭当前对话框。

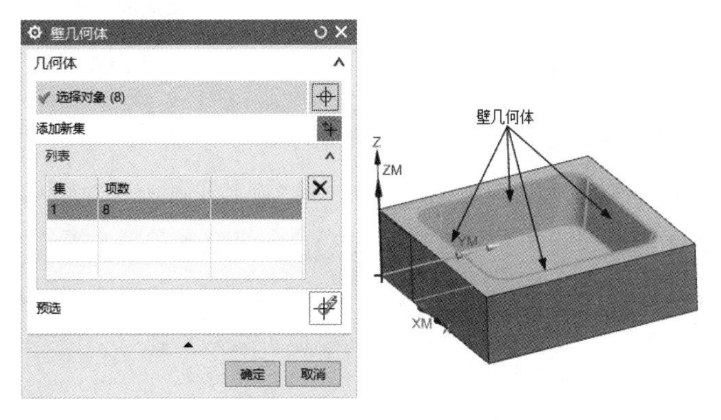

图 7-13 指定壁几何体

（4）返回“底壁铣”对话框，在“工具”栏中单击“新建”按钮，弹出图 7-14 所示的“新建刀具”对话框，在“刀具子类型”栏选择 MILL，在“名称”文本框中输入 END6，单击“确定”按钮。弹出图 7-15 所示的“铣刀-5 参数”对话框，在“尺寸”栏中设置“直径”为 6，“长度”为 50，“刀刃长度”为 30，其他采用默认设置。单击“确定”按钮，关闭当前对话框。

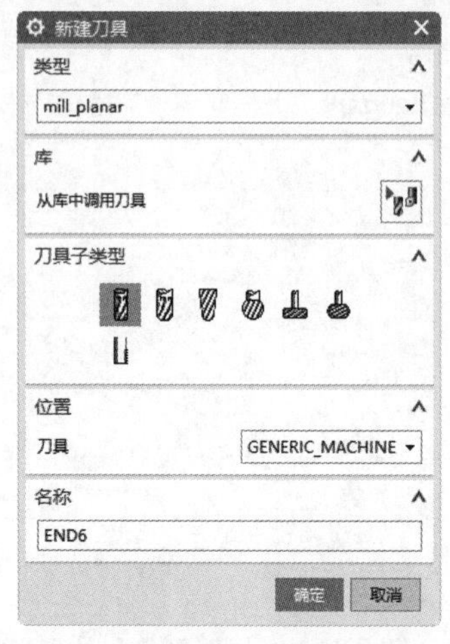

图 7-14 “新建刀具”对话框

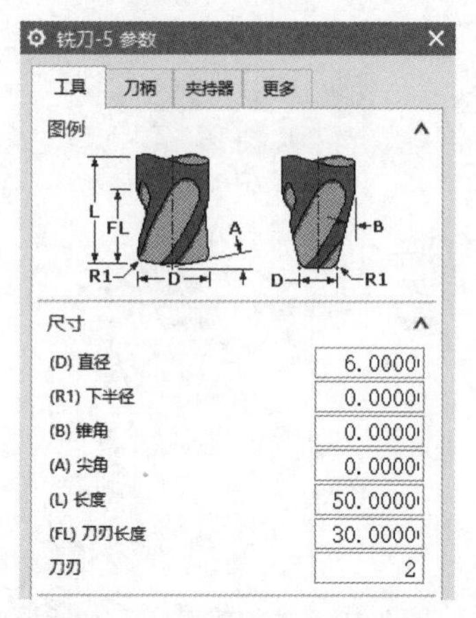

图 7-15 “铣刀-5 参数”对话框

（5）返回“底壁铣”对话框，在“刀轨设置”栏中设置“切削区域空间范围”为“壁”，“切削模式”为“跟随周边”，“步距”为“%刀具平直”，“平面直径百分比”为 50，“底面毛坯厚度”为 20，“每刀切削深度”为 2，“Z 向深度偏置”为 2，如图 7-16 所示。

（6）单击“操作”栏中的“生成刀轨”按钮，生成图 7-17 所示的刀轨。

图 7-16 “刀轨设置”栏

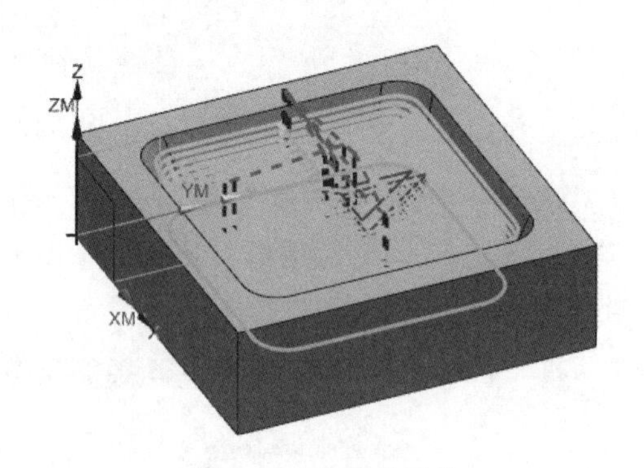

图 7-17 生成的刀轨

（7）单击“操作”栏中的“确认”按钮，弹出“刀轨可视化”对话框，切换到“3D 动态”选项卡，如图 7-18 所示，单击“播放”按钮，进行 3D 模拟加工，结果如图 7-19 所示。

（8）如果在“刀轨设置”栏中设置“切削区域空间范围”为“底面”，单击“操作”栏中的“生成刀轨”按钮和“确认”按钮，生成刀轨和加工结果如图 7-20 所示。

图 7-18 “刀轨可视化”对话框中的“3D 动态”选项卡

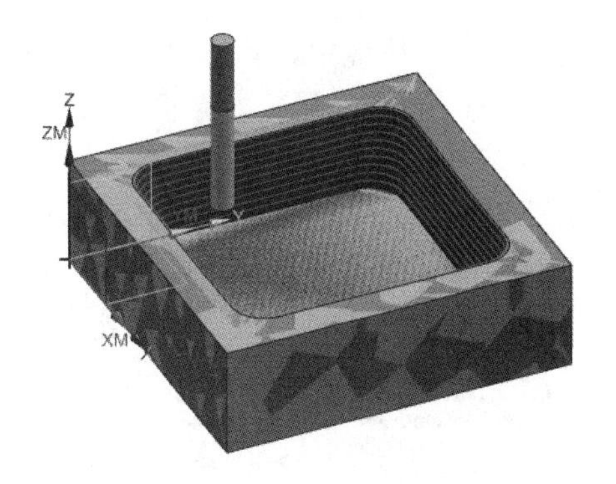

图 7-19 模拟加工结果

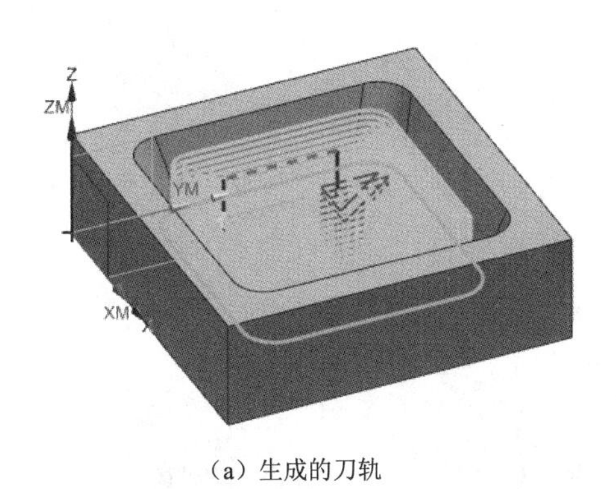

(a) 生成的刀轨

(b) 模拟加工结果

图 7-20 “切削区域空间范围”为“底面”

7.3 带边界面铣

扫一扫，看视频

选择面、曲线或点来定义与要切削层的刀轴垂直的平面边界，带边界面铣是通过垂直于平面边界定义区域内的固定刀轴进行切削的。

1．打开文件

选择“文件”→“打开”命令，弹出“打开”对话框，选择 DBJMX.prt，单击“打开”按钮，打开图 7-21 所示的待加工部件。

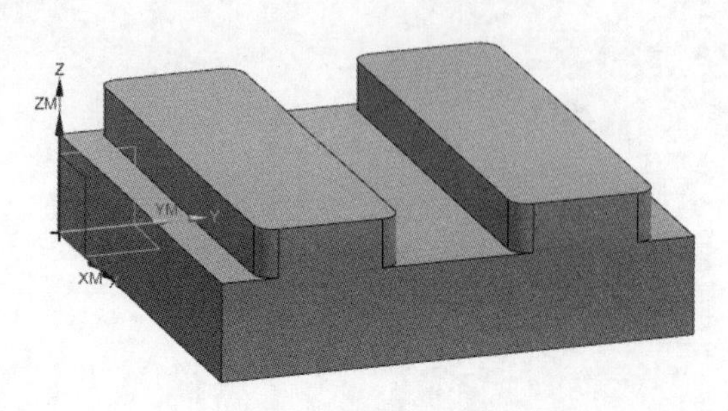

图 7-21　待加工部件

2．创建毛坯

（1）在建模环境中，单击“视图”选项卡“可见性”面板中的“图层设置”按钮，弹出图 7-22 所示的“图层设置”对话框。在“工作层”文本框中输入 2，按 Enter 键，新建工作图层 2，单击“关闭”按钮，关闭对话框。

（2）单击“主页”选项卡“特征”面板中的“拉伸”按钮，弹出“拉伸”对话框。选择待加工部件的底部 4 条边线作为拉伸截面，指定矢量方向为 ZC，设置开始距离为 0，结束距离为 32，其他采用默认设置。单击“确定”按钮，生成的毛坯模型如图 7-23 所示。

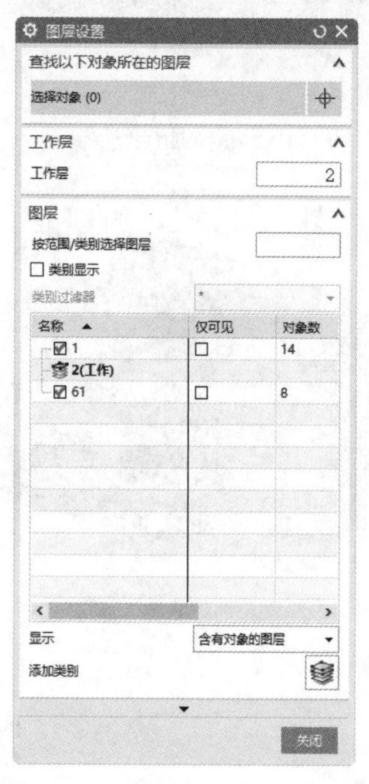

图 7-22　“图层设置”对话框

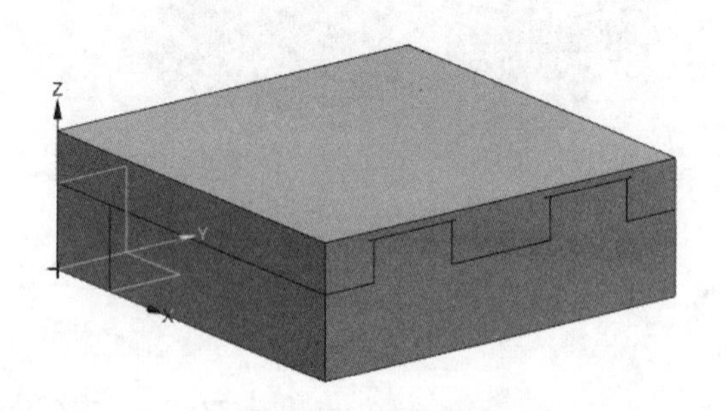

图 7-23　毛坯模型

（3）单击“视图”选项卡“可见性”面板中的“图层设置”按钮，在弹出的“图层设置”对话框中双击选择图层 1 作为工作图层，取消选中图层 2 复选框，使其不可见，只显示待加工部件。单击“关闭”按钮，关闭对话框。

3．创建几何体

（1）单击“应用模块”选项卡“加工”面板中的“加工”按钮，弹出“加工环境”对话框，在“要创建的 CAM 组装”下拉列表中选择 mill_planar 选项。单击“确定”按钮，进入加工环境。

（2）在上边框条中单击“几何视图”图标，显示“工序导航器-几何”视图，在 MCS_MILL 节点下双击 WORKPIECE，弹出图 7-24 所示的“工件”对话框。

图 7-24 “工件”对话框

（3）单击“指定部件”右侧的“选择或编辑部件几何体”按钮，弹出“部件几何体”对话框，选择图 7-25 所示的部件。单击“确定”按钮，返回“工件”对话框。

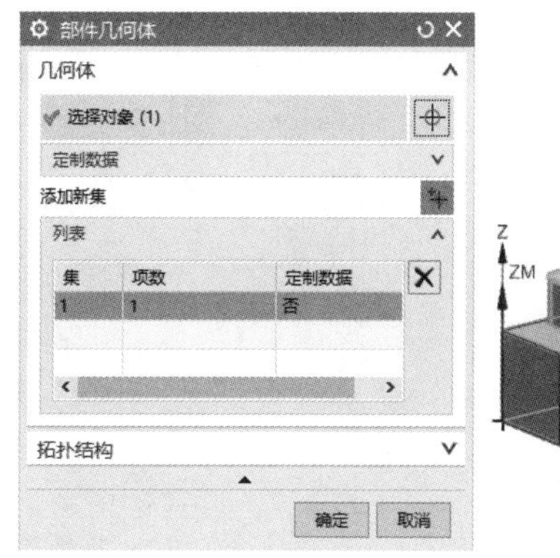

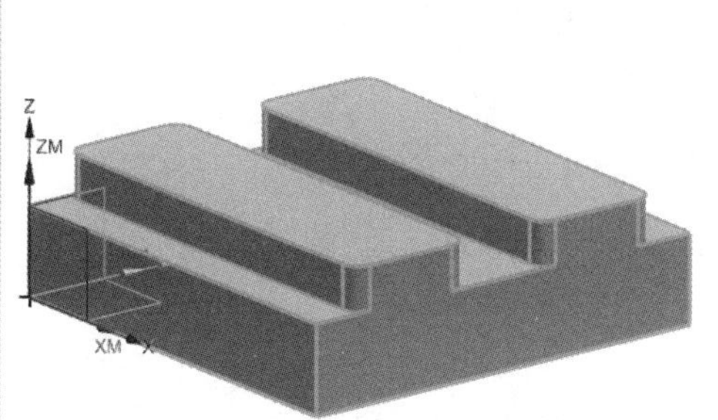

图 7-25 指定部件

（4）单击“视图”选项卡“可见性”面板中的“图层设置”按钮，在弹出的“图层设置”对话框中选中图层 2 复选框，显示毛坯。在“工件”对话框中单击“指定毛坯”右侧的“选择或编辑毛坯几何体”按钮，弹出“毛坯几何体”对话框，选择毛坯（利用图层设置将毛坯显示和隐藏），如图 7-26 所示，单击“确定”按钮。返回“工件”对话框，其他采用默认设置，单击“确定”按钮，完成工件的设置，然后利用“图层设置”命令隐藏毛坯。

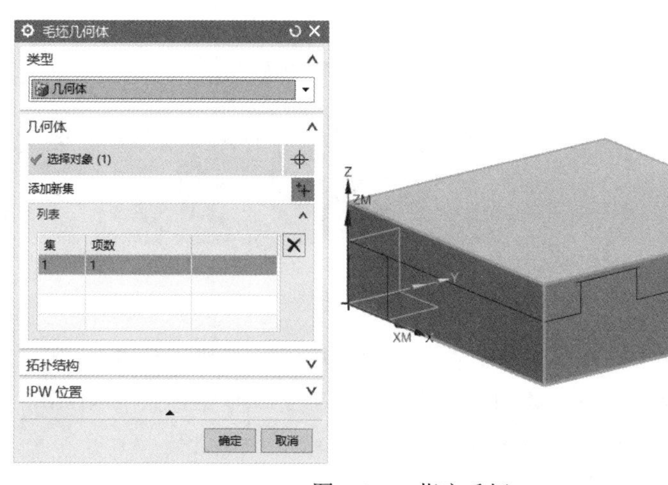

图 7-26 指定毛坯

4. 创建工序

（1）单击“主页”选项卡“刀片”面板中的“创建工序”按钮，弹出图 7-27 所示的“创建工序”对话框，在“类型”下拉列表中选择 mill_planar 选项，在“工序子类型”栏中选择“带边界面铣”，在“位置”栏的“几何体”下拉列表中选择 WORKPIECE 选项，其他采用默认设置，单击“确定”按钮。

（2）弹出图 7-28 所示的“面铣”对话框，单击“指定面边界”右侧的“选择或编辑面几何体”按钮，弹出“毛坯边界”对话框，选择图 7-29 所示的边界，设置“刀具侧”为“内侧”。单击“确定”按钮，关闭当前对话框。

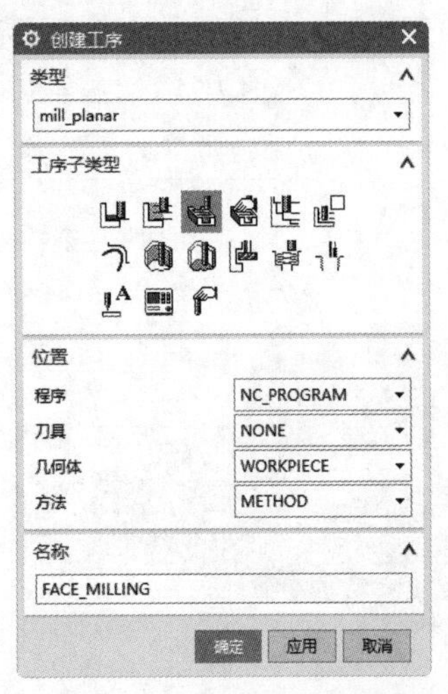

图 7-27 “创建工序”对话框

图 7-28 “面铣”对话框

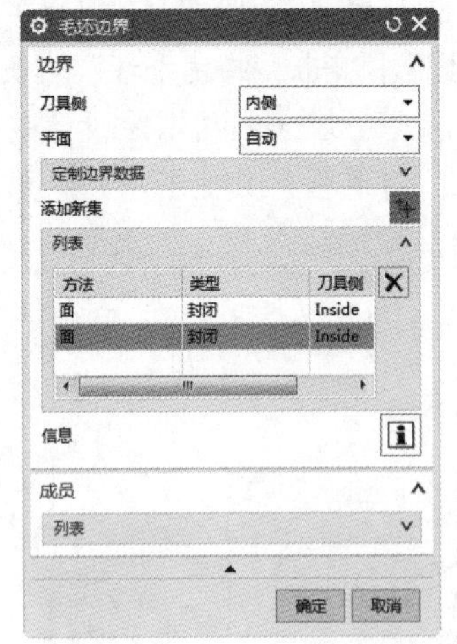

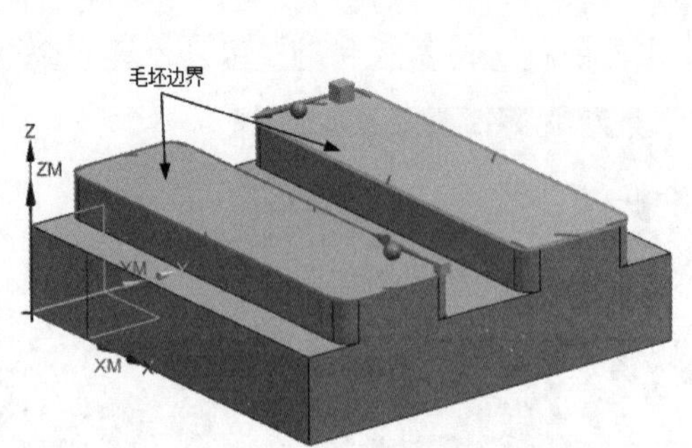

图 7-29 指定毛坯边界

（3）在“面铣”对话框“工具”栏中单击“新建”按钮，弹出图 7-30 所示的“新建刀具”对话框，在“刀具子类型”栏中选择 MILL，在“名称”文本框中输入 END10，单击“确定”按钮。弹出图 7-31 所示的“铣刀-5 参数”对话框，在“尺寸”栏中设置“直径”为 10，“长度”为 10，“刀刃长度”为 5，其他采用默认设置。单击“确定”按钮，返回“面铣”对话框。

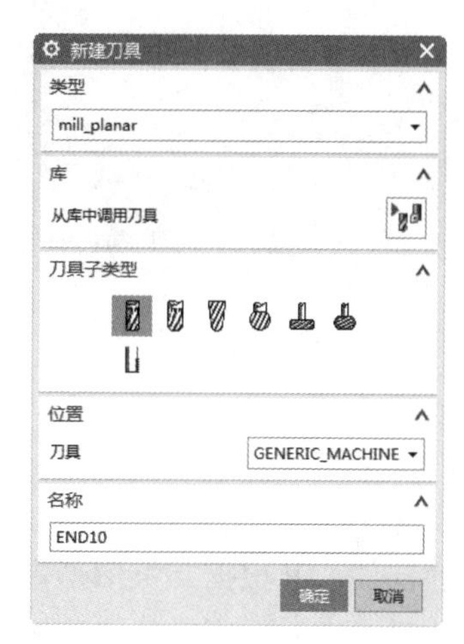

图 7-30　“新建刀具”对话框

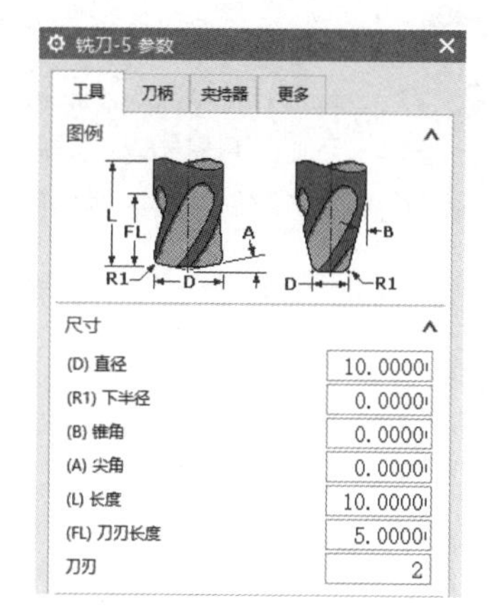

图 7-31　“铣刀-5 参数”对话框

（4）在“刀轨设置”栏中设置“切削模式”为“往复”，“距”为“%刀具平直”，“平面直径百分比”为 50。

（5）单击“切削参数”按钮，弹出“切削参数”对话框，在“策略”选项卡中设置“切削角”为“指定”，“与 XC 的夹角”为 90°，其他采用默认设置，如图 7-32 所示。单击“确定”按钮，关闭当前对话框。

（6）返回“面铣”对话框，单击“操作”栏中的“生成刀轨”按钮，生成图 7-33 所示的刀轨。

图 7-32　“切削参数”对话框

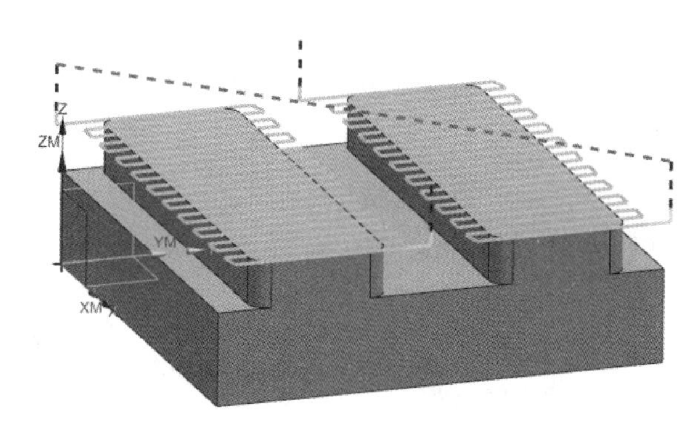

图 7-33　生成的刀轨

动手练——带边界面铣削加工

对如图 7-34 所示的部件进行带边界面铣削加工。

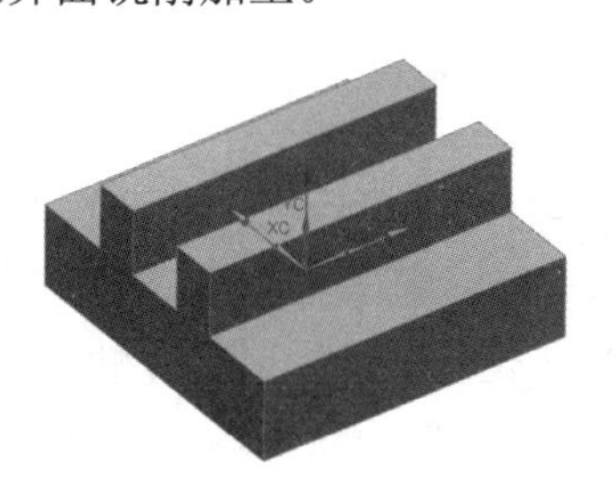

图 7-34　待加工部件

思路点拨：

源文件：yuanwenjian\7\dongshoulian\qxqy

（1）创建毛坯、几何体以及铣削区域。

（2）创建带边界面铣工序并创建刀具。

扫一扫，看视频

7.4 平　面　铣

平面铣可以加工零件的直壁、岛屿顶面和腔槽底面为平面的零件。其根据二维图形定义切削区域，所以不必做出完整的零件形状；可以通过边界指定不同的材料侧方向，定义任意区域为加工对象，可以方便地控制刀具与边界的位置关系。

平面铣用于切削具有竖直壁的部件以及垂直于刀具轴的平面岛和底面，如图 7-35 所示。平面铣工序创建了可去除平面层中的材料量的刀轨，这种工序类型最常用于粗加工材料，为精加工操作做准备。

平面铣主要加工零件的侧面与底面，可以有岛屿和腔槽，但岛屿和腔槽必须是平面。平面铣的刀具轨迹是在平行于 *XY* 坐标平面的切削层上产生的，在切削过程中刀具轴线方向相对工件不发生变化，属于固定轴铣，切削区域由加工边界确定约束。

1. 打开文件

选择“文件”→“打开”命令，弹出“打开”对话框，选择 PMX.prt，单击“打开”按钮，打开图 7-36 所示的待加工部件。

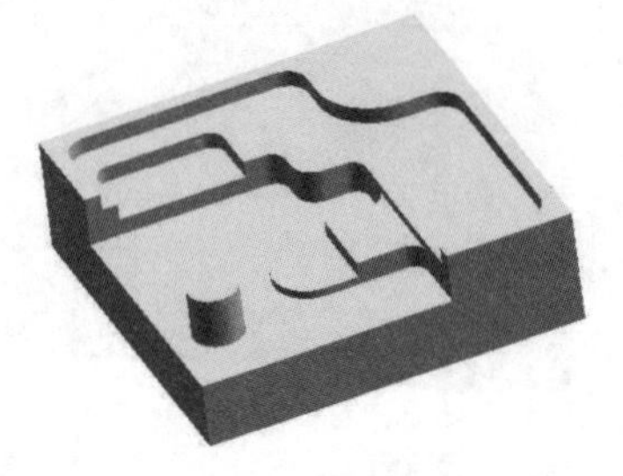

图 7-35　平面铣

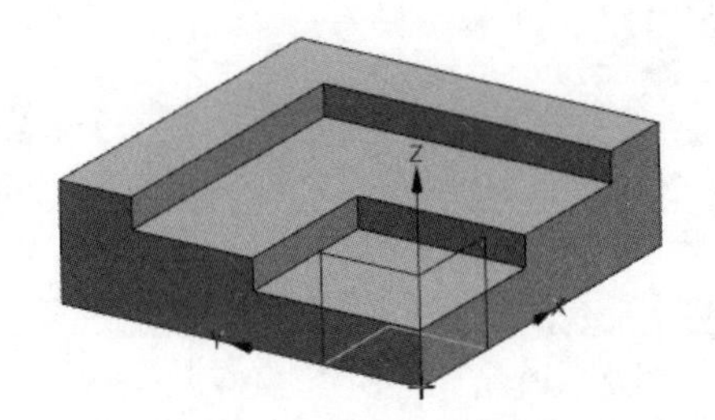

图 7-36　待加工部件

2. 创建毛坯

（1）在建模环境中，单击“视图”选项卡“可见性”面板中的“图层设置”按钮，弹出“图层设置”对话框。在“工作层”文本框中输入 2，按 Enter 键，新建工作图层 2。单击“关闭”按钮，关闭对话框。

（2）单击“主页”选项卡“特征”面板中的“拉伸”按钮，弹出“拉伸”对话框。选择待加工部件的底部 4 条边线作为拉伸截面，指定矢量方向为 ZC，设置开始距离为 0，结束距离为 32，其他采用默认设置。单击“确定”按钮，生成的毛坯模型如图 7-37 所示。

（3）单击“视图”选项卡“可见性”面板中的“图层设置”按钮，在弹出的“图层设置”对话框中双击选择图层 1 作为工作图层，取消选中图层 2 复选框，使其不可见，只显示待加工部件。单击“关闭”按钮，关闭对话框。

3．创建几何体

（1）单击“应用模块”选项卡“加工”面板中的“加工”按钮，弹出“加工环境”对话框，在“要创建的 CAM 组装”下拉列表中选择 mill_planar 选项。单击“确定”按钮，进入加工环境。

（2）在上边框条中单击“几何视图”图标，显示“工序导航器-几何”视图，在 MCS_MILL 节点下双击 WORKPIECE，弹出“工件”对话框。

（3）单击“指定部件”右侧的“选择或编辑部件几何体”按钮，弹出“部件几何体”对话框，选择图 7-38 所示的部件。单击“确定”按钮，返回“工件”对话框。

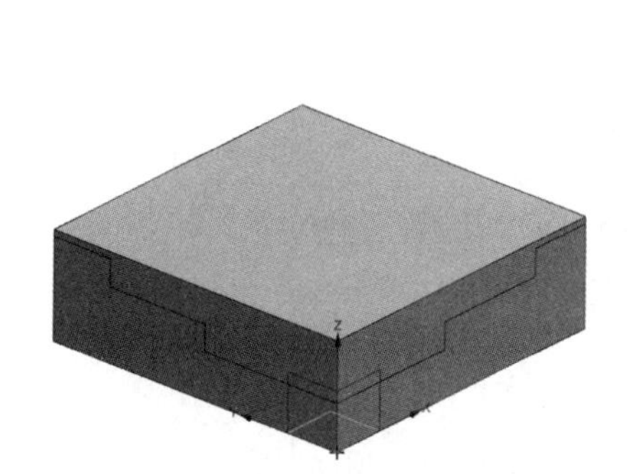

图 7-37 毛坯模型

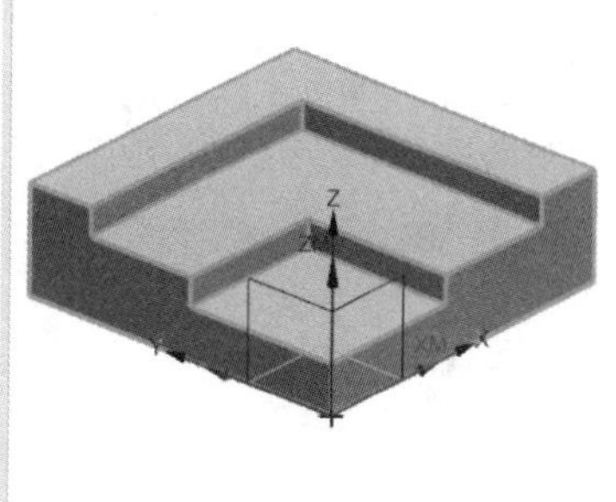

图 7-38　指定部件

（4）单击“视图”选项卡“可见性”面板中的“图层设置”按钮，在弹出的“图层设置”对话框中选中图层 2 复选框，显示毛坯。在“工件”对话框中单击“指定毛坯”右侧的“选择或编辑毛坯几何体”按钮，弹出“毛坯几何体”对话框，选择毛坯（利用图层设置将毛坯显示和隐藏），如图 7-39 所示，单击“确定”按钮。返回“工件”对话框，其他采用默认设置，单击“确定”按钮，完成工件的设置，然后利用“图层设置”命令隐藏毛坯。

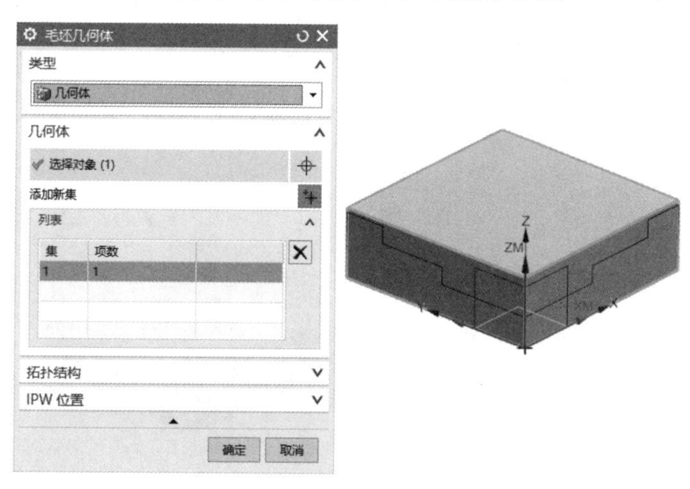

图 7-39　指定毛坯

4. 创建工序

（1）单击“主页”选项卡“刀片”面板中的“创建工序”按钮，弹出图 7-1 所示的“创建工序”对话框，在“类型”下拉列表中选择 mill_planar 选项，在“工序子类型”栏中选择“平面铣”，在“位置”栏的“几何体”下拉列表中选择 WORKPIECE，其他采用默认设置，单击“确定”按钮。

（2）弹出图 7-40 所示的“平面铣”对话框，单击“指定部件边界”右侧的“选择或编辑部件边界”按钮，弹出“部件边界”对话框，选择面 1，设置“刀具侧”为“外侧”；单击“添加新集”按钮，选择面 2，设置“刀具侧”为“外侧”；采用相同的方法，选择面 3，如图 7-41 所示。单击“确定”按钮，返回“平面铣”对话框。

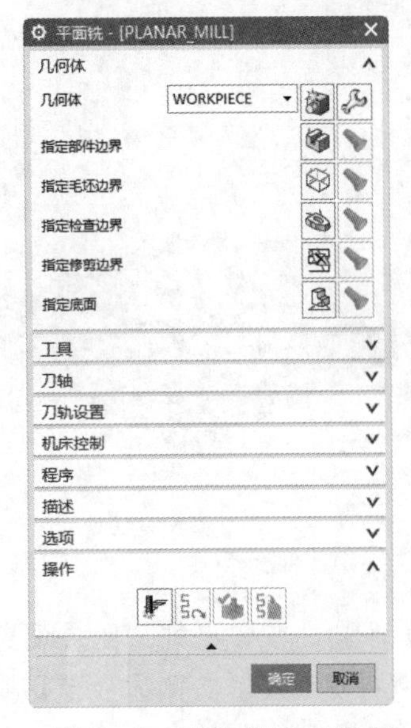

图 7-40 “平面铣”对话框

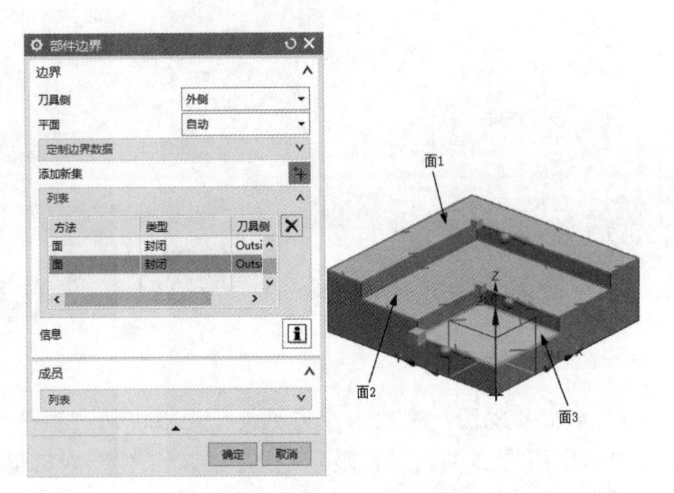

图 7-41 指定部件边界

（3）单击“指定毛坯边界”右侧的“选择或编辑毛坯边界”按钮，弹出“毛坯边界”对话框，选择图 7-42 所示的毛坯边界，设置“刀具侧”为“内侧”。单击“确定”按钮，返回“平面铣”对话框。

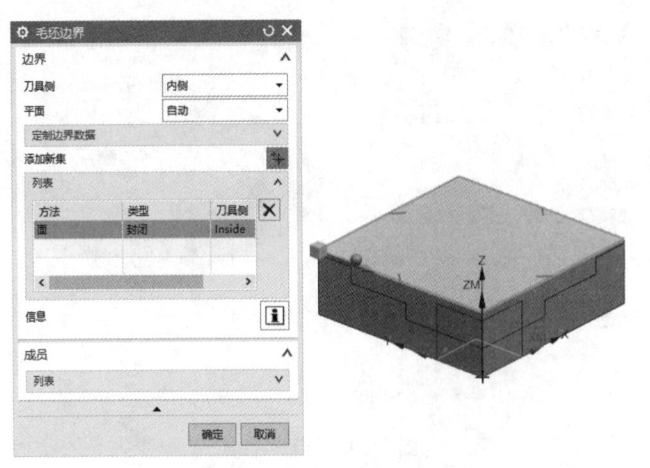

图 7-42 指定毛坯边界

（4）单击“指定底面”右侧的“选择或编辑底平面几何体”按钮，弹出“平面”对话框，选择图 7-43 所示的底面。单击“确定”按钮，返回“平面铣”对话框。

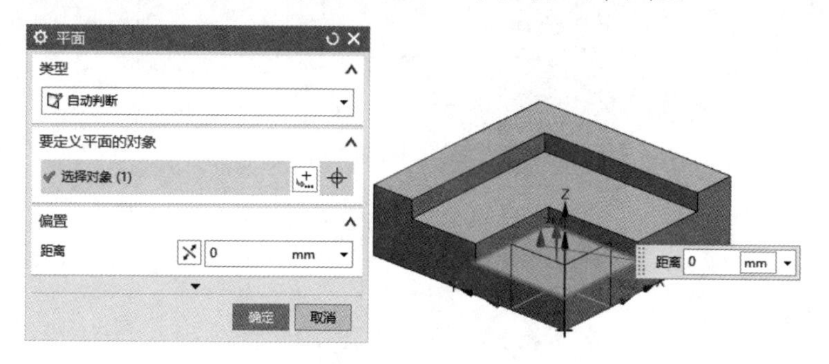

图 7-43　指定底面

（5）在“工具”栏中单击“新建”按钮，弹出“新建刀具”对话框，在“刀具子类型”栏中选择 MILL，在“名称”文本框中输入 END10，单击“确定”按钮。弹出图 7-44 所示的“铣刀-5 参数”对话框，在“尺寸”栏中设置“直径”为 10，其他采用默认设置。单击“确定”按钮，返回“平面铣”对话框。

（6）在“刀轨设置”栏中设置“切削模式”为“跟随部件”，“步距”为“%刀具平直”，“平面直径百分比”为 50，其他采用默认设置，如图 7-45 所示。

（7）单击“切削层”按钮，弹出“切削层”对话框，在“类型”下拉列表选择“用户定义”选项，设置“公共”为 2，“最小值”为 0，其他采用默认设置，如图 7-46 所示。单击“确定”按钮，返回“平面铣”对话框。

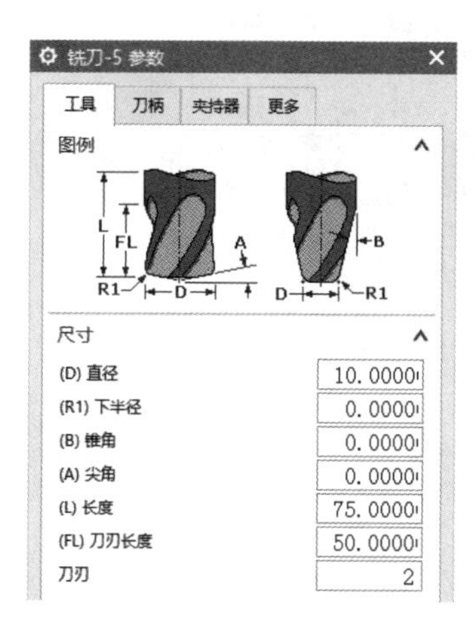

图 7-44　“铣刀-5 参数”对话框

图 7-45　“刀轨设置”栏

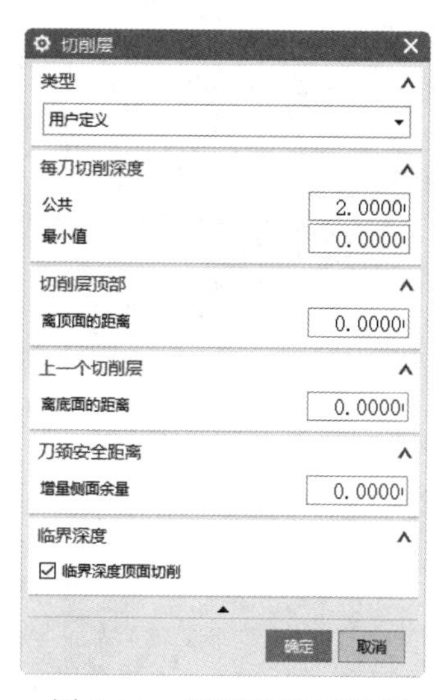

图 7-46　“切削层”对话框

（8）单击“切削参数”按钮，弹出图 7-47 所示的“切削参数”对话框。在“策略”选项卡中设置“切削方向”为“顺铣”，“切削顺序”为“深度优先”；在“连接”选项卡中选中“跟随检查几何体”复选框；在“更多”选项卡中选中“区域连接”复选框。单击“确定”按钮，返回“平面铣”对话框。

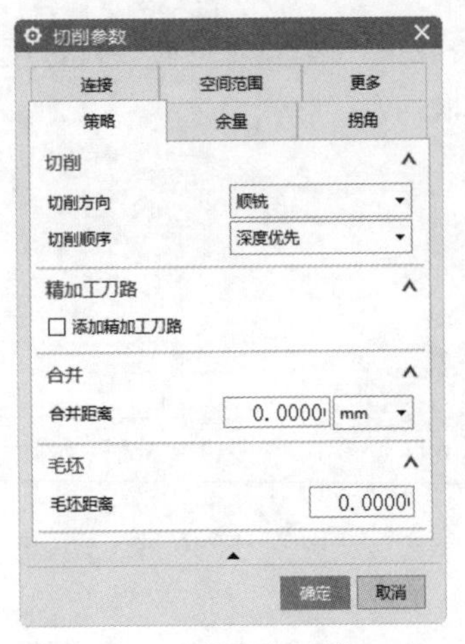

（a）“策略”选项卡

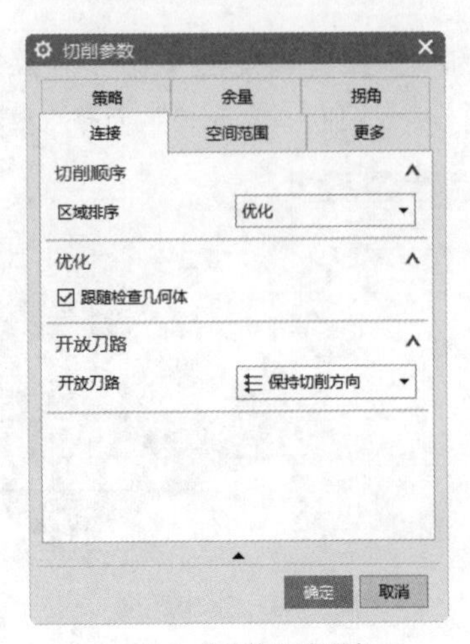

（b）“连接”选项卡

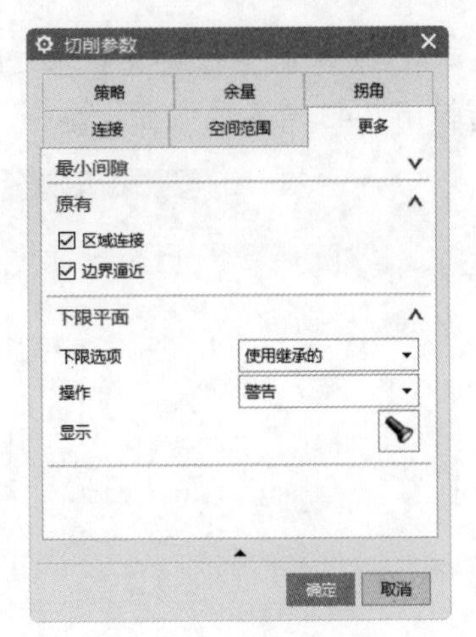

（c）“更多”选项卡

图 7-47　“切削参数”对话框

（9）单击“操作”栏中的“生成刀轨”按钮，生成图 7-48 所示的刀轨。

（10）单击“操作”栏中的“确认”按钮，弹出“刀轨可视化”对话框，切换到“3D 动态”选项卡，单击“播放”按钮，进行 3D 模拟加工。

扫一扫，看视频

动手练——平面铣削加工

对如图 7-49 所示的部件进行平面铣削加工。

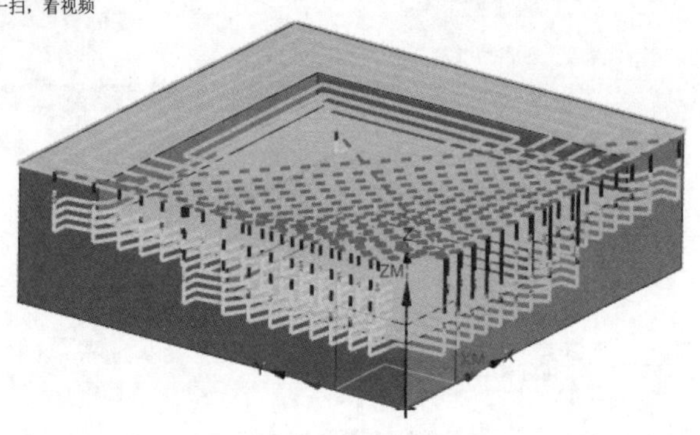

图 7-48　生成的刀轨

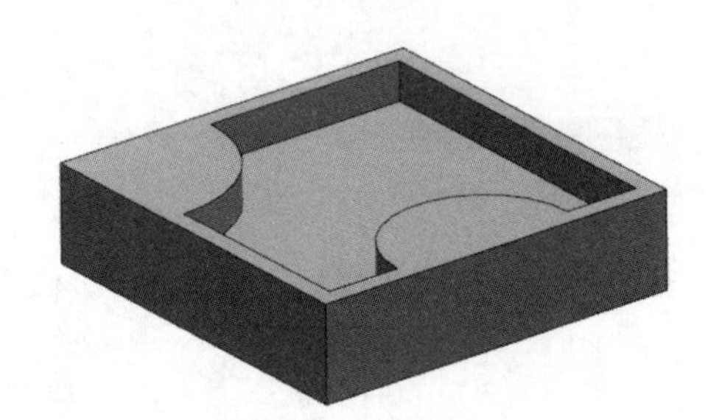

图 7-49　待加工部件

思路点拨：

源文件：yuanwenjian\7\dongshoulian\dxqx

（1）创建毛坯、几何体。

（2）创建平面铣工序并创建刀具。

扫一扫，看视频

7.5　平面轮廓铣

使用轮廓切削模式来生成单刀路和沿部件边界的多层平面刀路。

1. 打开文件

选择“文件”→“打开”命令，弹出“打开”对话框，选择 PMLKX.prt，单击“打开”按钮，打开图 7-50 所示的待加工部件。

2. 创建毛坯

（1）在建模环境中，单击“视图”选项卡“可见性”面板中的“图层设置”按钮，弹出“图层设置”对话框。在“工作层”文本框中输入 2，按 Enter 键，新建工作图层 2。单击“关闭”按钮，关闭对话框。

（2）单击“主页”选项卡“特征”面板中的“拉伸”按钮，弹出“拉伸”对话框。选择待加工部件的底部 8 条边线作为拉伸截面，指定矢量方向为 YC，设置开始距离为 0，结束距离为 100，其他采用默认设置。单击“确定”按钮，生成的毛坯模型如图 7-51 所示。

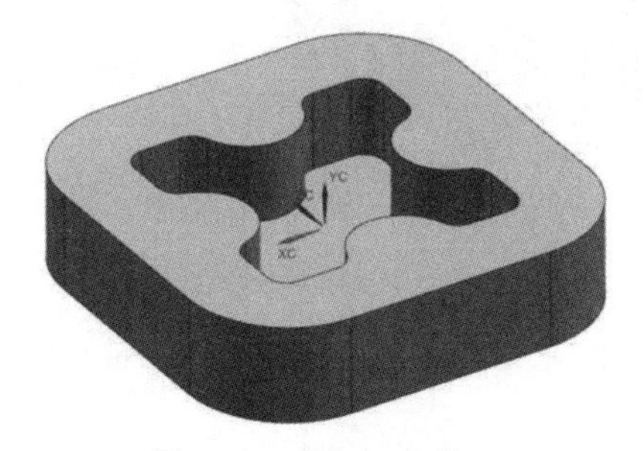

图 7-50　待加工部件

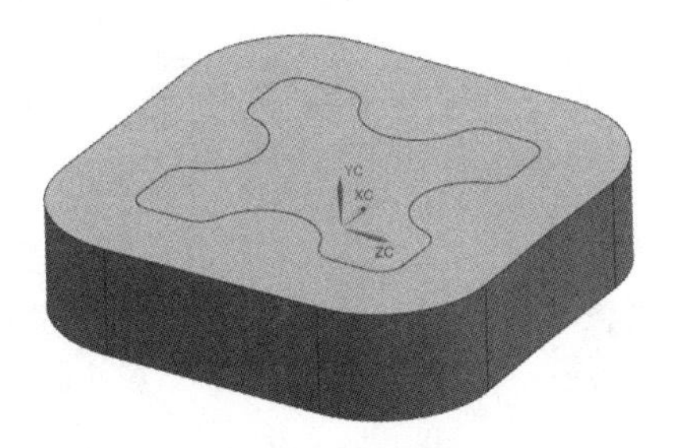

图 7-51　毛坯模型

（3）单击“视图”选项卡“可见性”面板中的“图层设置”按钮，在弹出的“图层设置”对话框中双击选择图层 1 作为工作图层，取消选中图层 2 复选框，使其不可见，只显示待加工部件。单击“关闭”按钮，关闭对话框。

3. 创建几何体

（1）单击“应用模块”选项卡“加工”面板中的“加工”按钮，弹出“加工环境”对话框，在“要创建的 CAM 组装”下拉列表中选择 mill_planar 选项。单击“确定”按钮，进入加工环境。

（2）在上边框条中单击“几何视图”图标，显示“工序导航器-几何”视图，在 MCS_MILL 节点下双击 WORKPIECE，弹出“工件”对话框。

（3）单击“指定部件”右侧的“选择或编辑部件几何体”按钮，弹出“部件几何体”对话框，选择图 7-52 所示的部件。单击“确定”按钮，返回“工件”对话框。

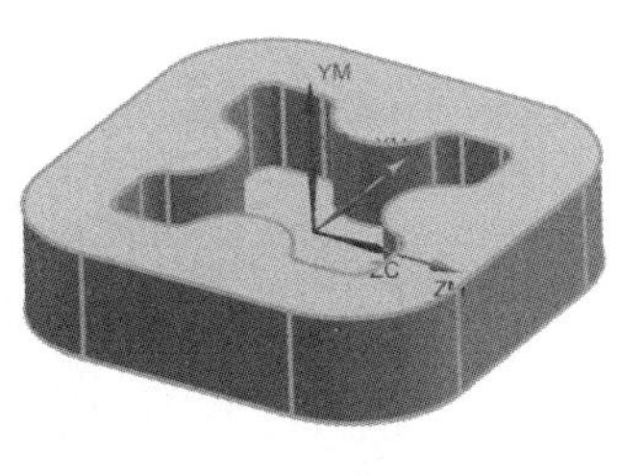

图 7-52　指定部件

（4）单击“视图”选项卡“可见性”面板中的“图层设置”按钮，在弹出的“图层设置”对话框中选中图层 2 复选框，显示毛坯。在“工件”对话框中单击“指定毛坯”右侧的“选择或编辑毛坯几何体”按钮，弹出“毛坯几何体”对话框，选择毛坯（利用图层设置将毛坯显示和隐藏），如图 7-53 所示，单击“确定”按钮。返回“工件”对话框，其他采用默认设置，单击“确定”按钮，完成工件的设置，然后利用“图层设置”命令隐藏毛坯。

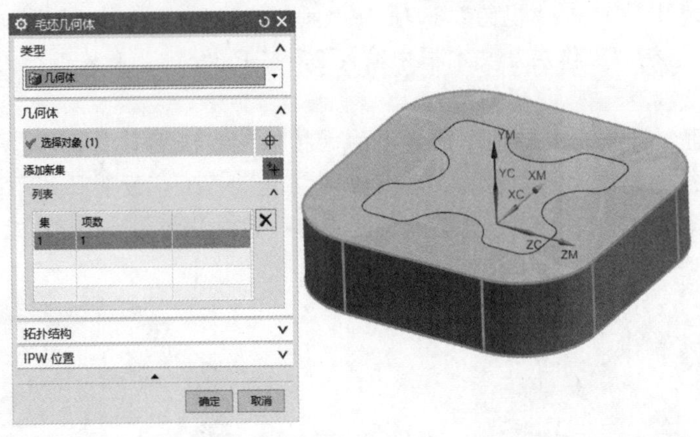

图 7-53　指定毛坯

4．创建工序

（1）单击“主页”选项卡“刀片”面板中的“创建工序”按钮，弹出图 7-1 所示的“创建工序”对话框，在“类型”下拉列表中选择 mill_planar 选项，在“工序子类型”栏中选择“平面轮廓铣”，在“位置”栏的“几何体”下拉列表中选择 WORKPIECE，其他采用默认设置，单击“确定”按钮。

（2）弹出图 7-54 所示的“平面轮廓铣”对话框，单击“指定部件边界”右侧的“选择或编辑部件边界”按钮，弹出“部件边界”对话框，设置选择方法为“曲线”，“刀具侧”为“内侧”，选择凹槽的上边线，如图 7-55 所示。单击“确定”按钮，关闭当前对话框。

图 7-54　“平面轮廓铣”对话框

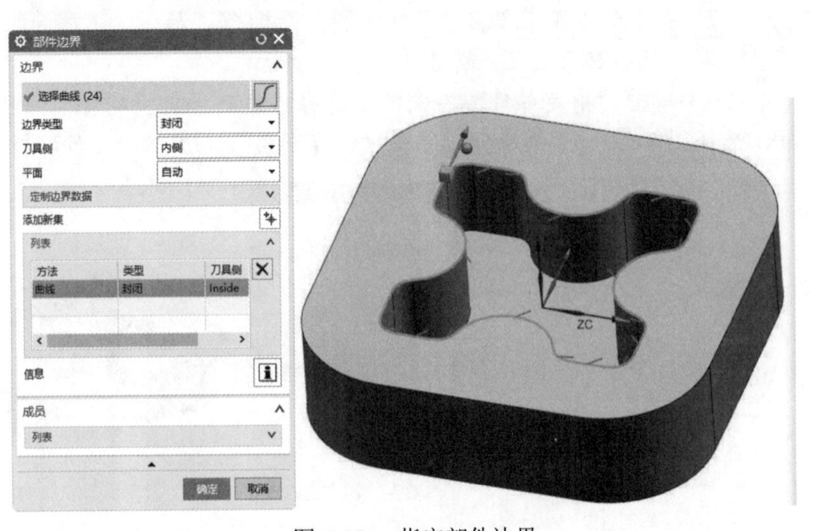

图 7-55　指定部件边界

（3）返回“平面轮廓铣”对话框，单击“指定毛坯边界”右侧的“选择或编辑毛坯边界”按钮，弹出“毛坯边界”对话框，选择图 7-56 所示的“毛坯边界”对话框，设置“刀具侧”为“内侧”。单击“确定”按钮，关闭当前对话框。

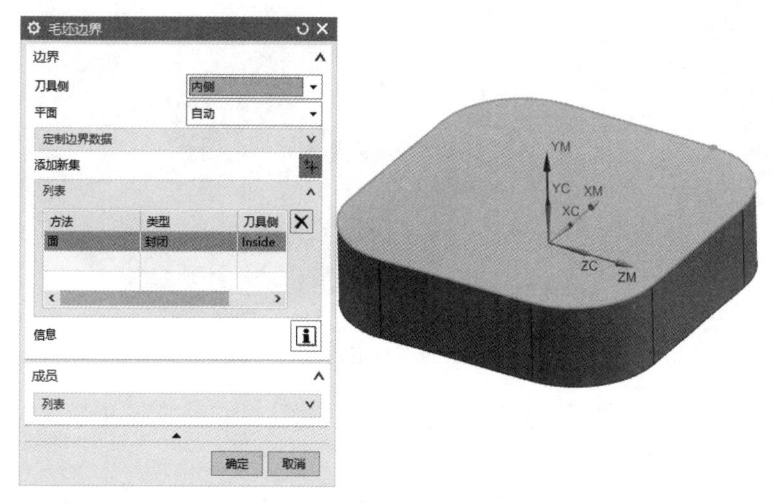

图 7-56　指定毛坯边界

（4）返回“平面轮廓铣”对话框，单击“指定底面”右侧的“选择或编辑底平面几何体”按钮，弹出“平面”对话框，选择图 7-57 所示的凹槽底面。单击“确定”按钮，关闭当前对话框。

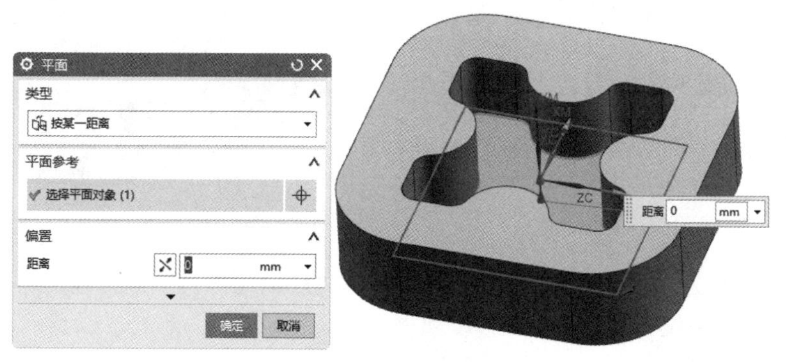

图 7-57　指定底面

（5）返回“平面轮廓铣”对话框，在“工具”栏中单击“新建”按钮，弹出“新建刀具”对话框，在“刀具子类型”栏中选择 MILL，在“名称”文本框中输入 END10，单击“确定”按钮。弹出图 7-58 所示的“铣刀-5 参数”对话框，在“尺寸”栏中设置“直径”为 10，“长度”为 120，“刀刃长度”为 80，其他采用默认设置。单击“确定”按钮，关闭当前对话框。

（6）返回“平面轮廓铣”对话框，在“刀轴”栏中设置“轴”为“指定矢量”，在“指定矢量”下拉列表中选择 YC 轴，如图 7-59 所示。

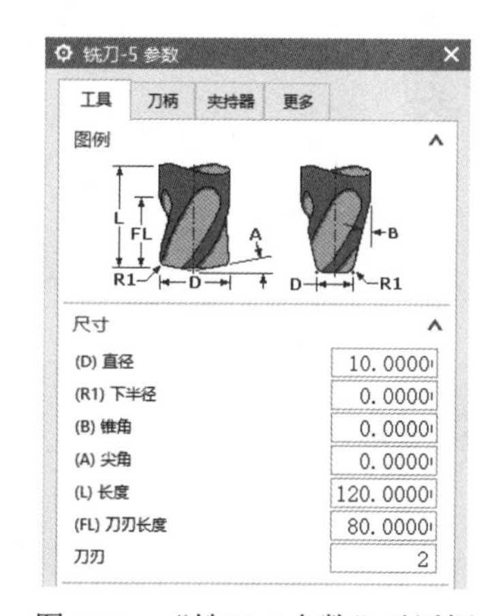

图 7-58　“铣刀-5 参数”对话框

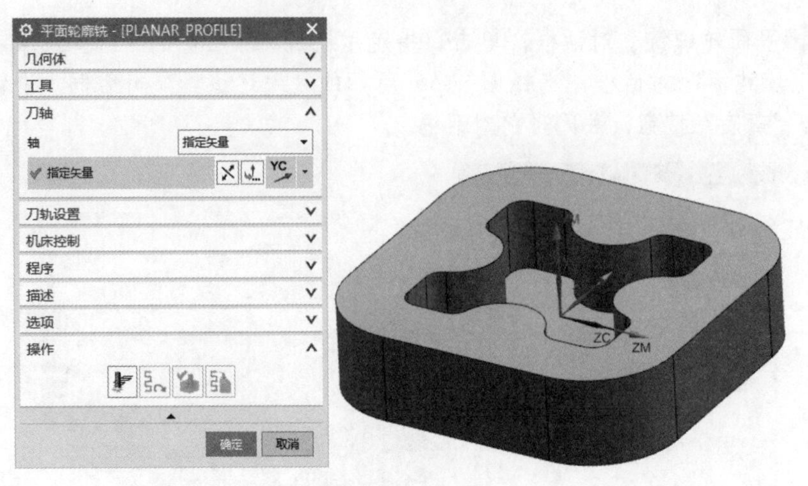

图 7-59　指定刀轴

（7）在“刀轨设置”栏中设置“切削深度”为“恒定”，“公共”为 5，“部件余量”为 2，其他采用默认设置，如图 7-60 所示。

（8）单击“操作”栏中的“生成刀轨”按钮，生成图 7-61 所示的刀轨。

图 7-60　“刀轨设置”栏

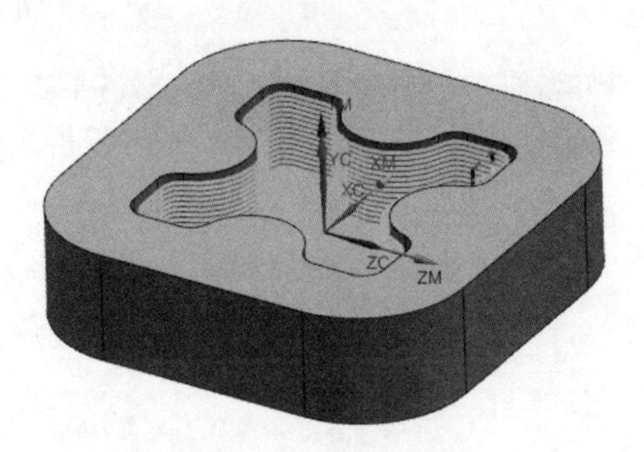

图 7-61　生成的刀轨

（9）单击“操作”栏中的“确认”按钮，弹出“刀轨可视化”对话框，切换到“3D 动态”选项卡，单击“播放”按钮，进行 3D 模拟加工。

扫一扫，看视频

7.6 槽　铣　削

1. 打开文件

选择“文件”→“打开”命令，弹出“打开”对话框，选择 CXX.prt，单击“打开”按钮，打开图 7-62 所示的待加工部件。

2. 创建毛坯

（1）在建模环境中，单击“视图”选项卡“可见性”面板中的“图层设置”按钮，弹出“图层设置”对话框。在“工作层”文本框中输入 2，按 Enter 键，新建工作图层 2。单击“关闭”按钮，关闭对话框。

（2）单击“主页”选项卡“特征”面板中的“拉伸”按钮，弹出“拉伸”对话框。选择待加工部件的底部4条边线作为拉伸截面，指定矢量方向为ZC，设置开始距离为0，结束距离为28，其他采用默认设置。单击“确定”按钮，生成的毛坯模型如图7-63所示。

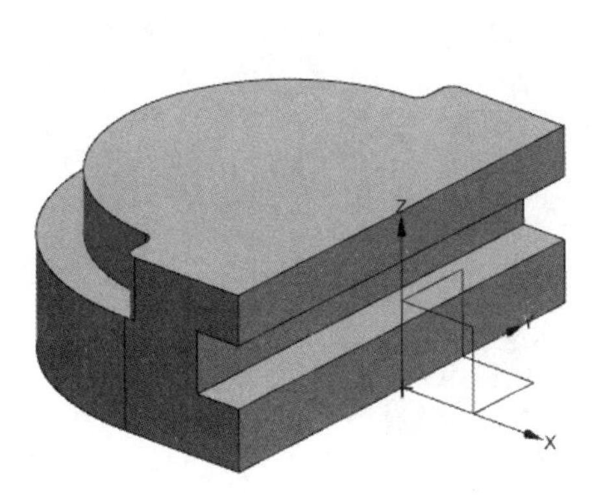

图7-62　待加工部件

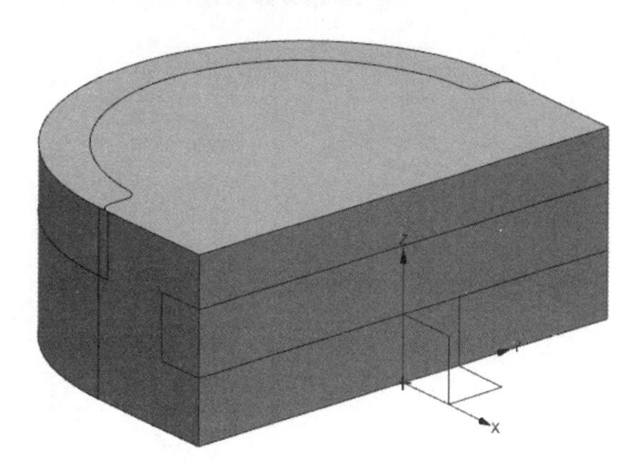

图7-63　毛坯模型

（3）单击“视图”选项卡“可见性”面板中的“图层设置”按钮，在弹出的“图层设置”对话框中双击选择图层 1 作为工作图层，取消选中图层 2 复选框，使其不可见，只显示待加工部件。单击“关闭”按钮，关闭对话框。

3．创建几何体

（1）单击“应用模块”选项卡“加工”面板中的“加工”按钮，弹出“加工环境”对话框，在“要创建的 CAM 组装”下拉列表中选择 mill_planar。单击“确定”按钮，进入加工环境。

（2）在上边框条中单击“几何视图”图标，显示“工序导航器-几何”视图，在 MCS_MILL 节点下双击 WORKPIECE，弹出“工件”对话框。

（3）单击“指定部件”右侧的“选择或编辑部件几何体”按钮，弹出“部件几何体”对话框，选择图7-64所示的部件。单击“确定”按钮，返回“工件”对话框。

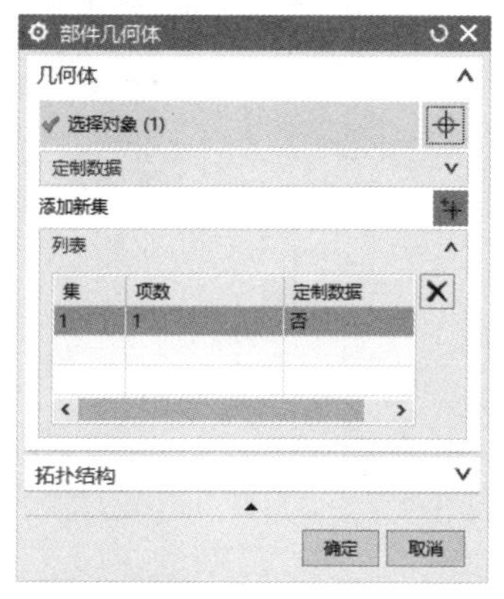

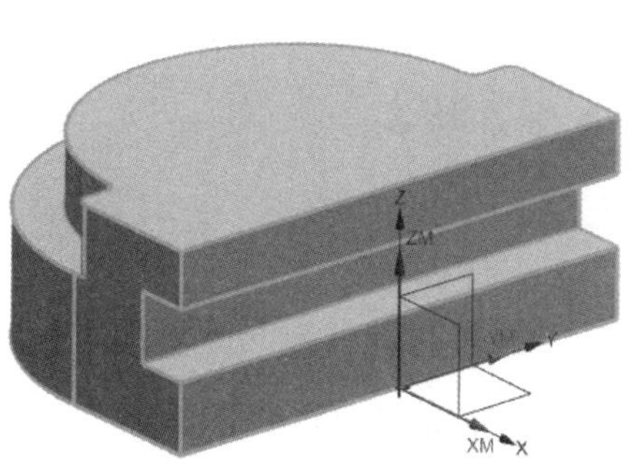

图7-64　指定部件

（4）单击“视图”选项卡“可见性”面板中的“图层设置”按钮，在弹出的“图层设置”对话框中选中图层 2 复选框，显示毛坯。在“工件”对话框中单击“指定毛坯”右侧的“选择或编辑毛坯几何体”按钮，弹出“毛坯几何体”对话框，选择毛坯（利用图层设置将毛坯显示和隐藏），如图 7-65 所示，单击“确定”按钮。返回“工件”对话框，其他采用默认设置，单击“确定”按钮，完成工件的设置，然后利用“图层设置”命令隐藏毛坯。

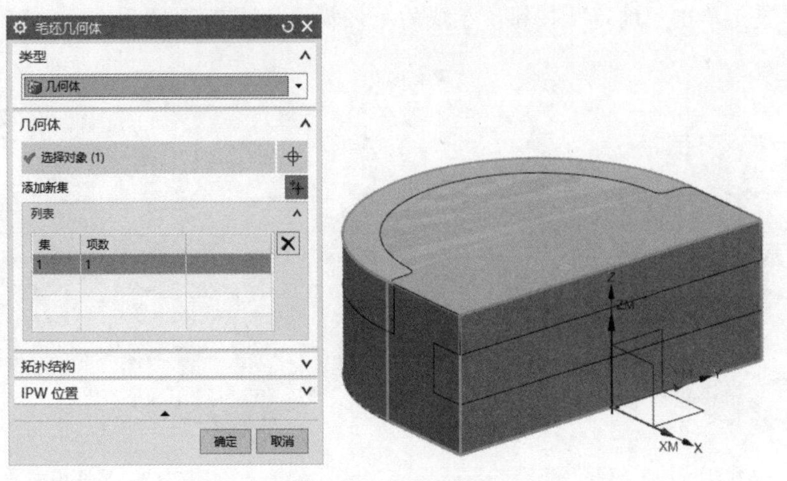

图 7-65　指定毛坯

4．创建刀具

（1）单击“主页”选项卡“刀片”面板中的“创建刀具”按钮，弹出图 7-66 所示的“创建刀具”对话框，在“刀具子类型”栏中选择 T_CUTTER，在“名称”文本框中输入 T_CUTTER_10，单击“确定”按钮。

（2）弹出图 7-67 所示的“铣刀-T 型刀”对话框，在“尺寸”栏中设置“直径”为 40，“颈部直径”为 10，“长度”为 100，“刀刃长度”为 5，“刀刃”为 6，其他采用默认设置，单击“确定”按钮。

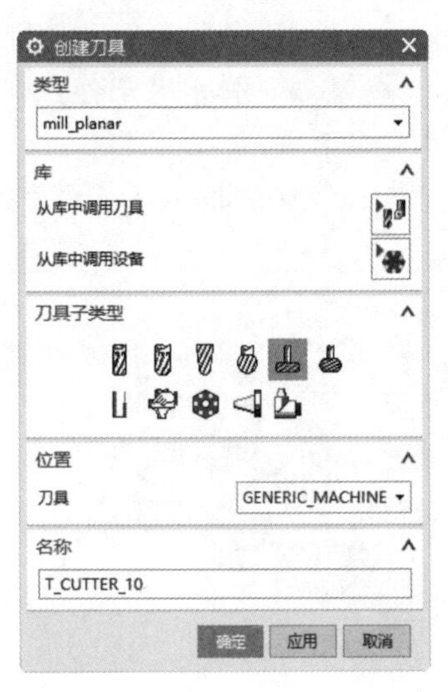

图 7-66　“创建刀具”对话框

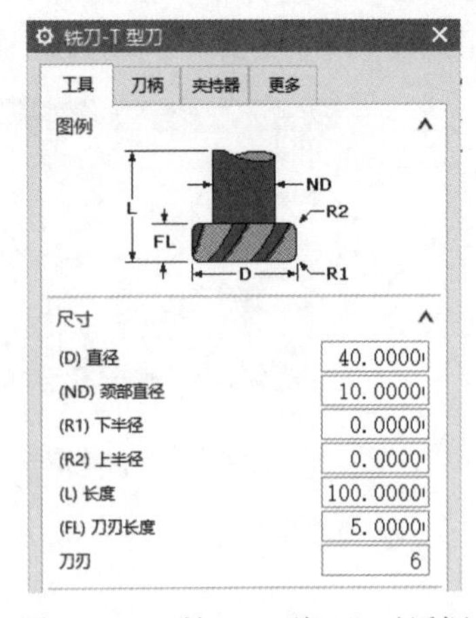

图 7-67　“铣刀-T 型刀”对话框

5．创建工序

（1）单击“主页”选项卡“刀片”面板中的“创建工序”按钮，弹出图 7-1 所示的“创建工序”对话框，在“类型”下拉列表中选择 mill_planar 选项，在“工序子类型”栏中选择“槽铣削”，在“位置”栏的“刀具”下拉列表中选择 T_CUTTER_10，在“几何体”下拉列表中选择 WORKPIECE，其他采用默认设置，单击“确定”按钮。

（2）弹出图 7-68 所示的“槽铣削”对话框，单击“指定槽几何体”右侧的“选择或编辑槽几何体”按钮，弹出“特征几何体”对话框，选择待加工部件的中间槽为特征几何体，如图 7-69 所示。单击“确定”按钮，关闭当前对话框。

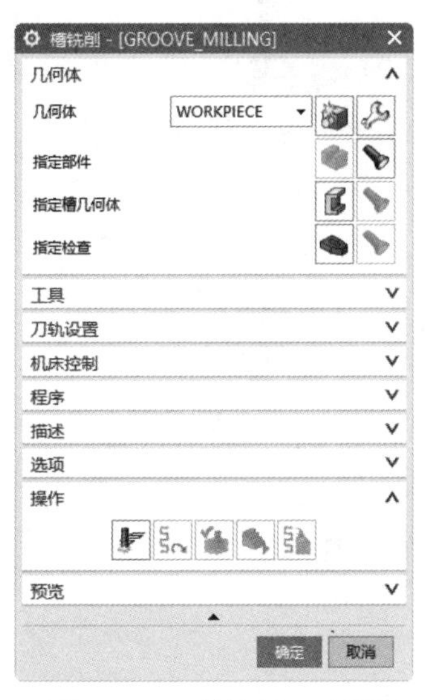

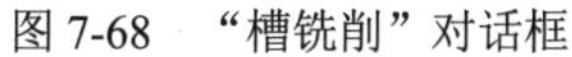
图 7-68　“槽铣削”对话框

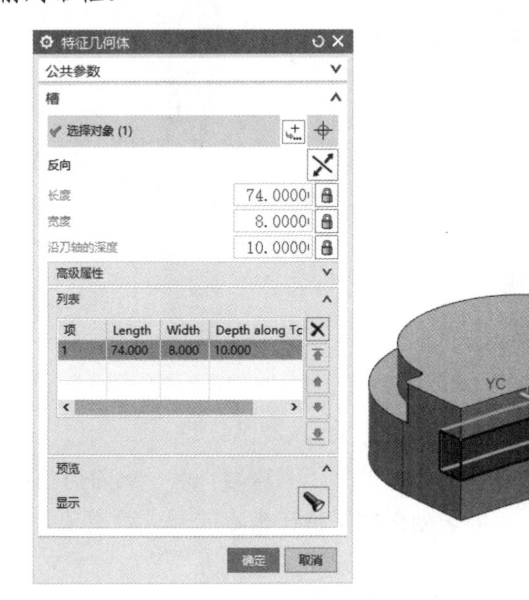

图 7-69　指定槽特征几何体

（3）返回“槽铣削”对话框，在“刀轨设置”栏中设置“步距”为“刀路数”，“刀路数”为 4，其他采用默认设置，如图 7-70 所示。

步距：用于指定切削刀路之间的距离，包括“恒定”和“刀路数”两个选项。

①恒定：通过此选项指定连续切削刀路之间的最大距离。可以按当前单位或当前刀具的百分比指定距离。如果刀路之间的指定距离没有用来均匀分割区域，则系统会减少刀路之间的距离，以保持恒定步距。

②刀路数：用于指定所需刀路数。

（4）返回“槽铣削”对话框，单击“切削层”按钮，弹出“切削层”对话框，设置“层排序”为“底层到顶层”，“每刀切削深度”为“%刀刃长度”，“百分比”为 50，如图 7-71 所示。单击“确定”按钮，关闭当前对话框。

图 7-70　“刀轨设置”栏

图 7-71　“切削层”对话框

①层排序：指定如何对切削层排序，包括“顶层到底层”“底层到顶层”“中间层到顶层再到底层”“中间层到底层再到顶层”“中间层备选，顶层优先”“中间层备选，底层优先”6 个选项，如图 7-72 所示。

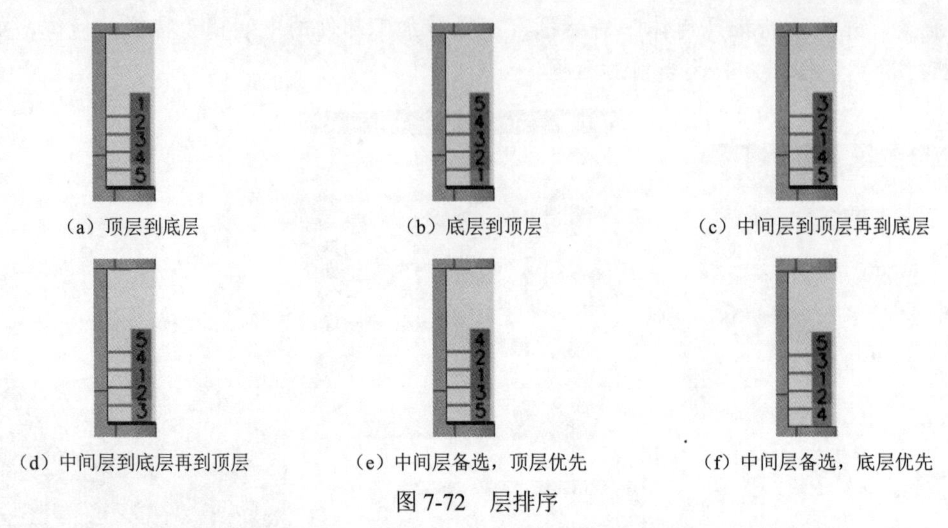

（a）顶层到底层　（b）底层到顶层　（c）中间层到顶层再到底层

（d）中间层到底层再到顶层　（e）中间层备选，顶层优先　（f）中间层备选，底层优先

图 7-72　层排序

②每刀切削深度：包括“恒定”“刀路数”和“%刀刃长度”3 个选项。

- 恒定：将恒定的切削深度保持在指定的最大距离值。
- 刀路数：切削指定数量的刀路。
- %刀刃长度：保持恒定的切削深度。每个切削层是刀刃长度的指定百分比。

（5）单击“操作”栏中的“生成刀轨”按钮，生成图 7-73 所示的刀轨。

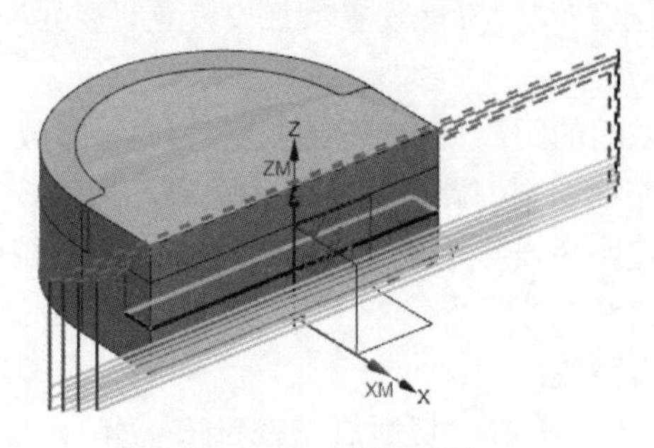

图 7-73　生成的刀轨

（6）返回“槽铣削”对话框，单击“操作”栏中的“确认”按钮，弹出“刀轨可视化”对话框，切换到“3D 动态”选项卡，单击“播放”按钮，进行 3D 模拟加工。

扫一扫，看视频

7.7　孔　　铣

使用平面螺旋或螺旋切削模式来加工盲孔和通孔。孔铣用于加工无法钻削的大孔。

1. 打开文件

选择“文件”→“打开”命令，弹出“打开”对话框，选择 KX.prt，单击“打开”按钮，打开

图 7-74 所示的待加工部件。

2. 创建毛坯

（1）在建模环境中，单击“视图”选项卡“可见性”面板中的“图层设置”按钮，弹出“图层设置”对话框。在“工作层”文本框中输入 2，按 Enter 键，新建工作图层 2。单击“关闭”按钮，关闭对话框。

（2）单击“主页”选项卡“特征”面板中的“拉伸”按钮，弹出“拉伸”对话框。选择待加工部件的底部 4 条边线作为拉伸截面，指定矢量方向为 ZC，设置开始距离为 0，结束距离为 30，其他采用默认设置。单击“确定”按钮，生成的毛坯模型如图 7-75 所示。

图 7-74　待加工部件

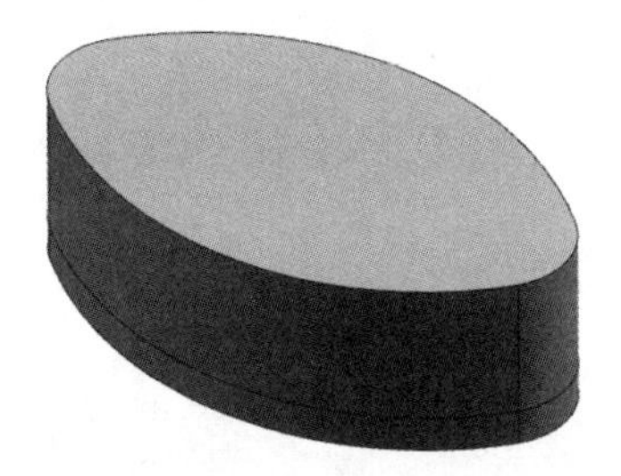

图 7-75　毛坯模型

（3）单击“视图”选项卡“可见性”面板中的“图层设置”按钮，在弹出的“图层设置”对话框中双击选择图层 1 作为工作图层，取消选中图层 2 复选框，使其不可见，只显示待加工部件。单击“关闭”按钮，关闭对话框。

3. 创建几何体

（1）单击“应用模块”选项卡“加工”面板中的“加工”按钮，弹出“加工环境”对话框，在“要创建的 CAM 组装”下拉列表中选择 mill_planar 选项。单击“确定”按钮，进入加工环境。

（2）在上边框条中单击“几何视图”图标，显示“工序导航器-几何”视图，在 MCS_MILL 节点下双击 WORKPIECE，弹出“工件”对话框。

（3）单击“指定部件”右侧的“选择或编辑部件几何体”按钮，弹出“部件几何体”对话框，选择图 7-76 所示的部件。单击“确定”按钮，返回“工件”对话框。

图 7-76　指定部件

（4）单击“视图”选项卡“可见性”面板中的“图层设置”按钮，在弹出的“图层设置”对话框中选中图层 2 复选框，显示毛坯。在“工件”对话框中单击“指定毛坯”右侧的“选择或编辑毛坯几何体”按钮，弹出“毛坯几何体”对话框，选择毛坯（利用图层设置将毛坯显示和隐藏），如图 7-77 所示，单击“确定”按钮。返回“工件”对话框，其他采用默认设置，单击“确定”按钮，完成工件的设置，然后利用“图层设置”命令隐藏毛坯。

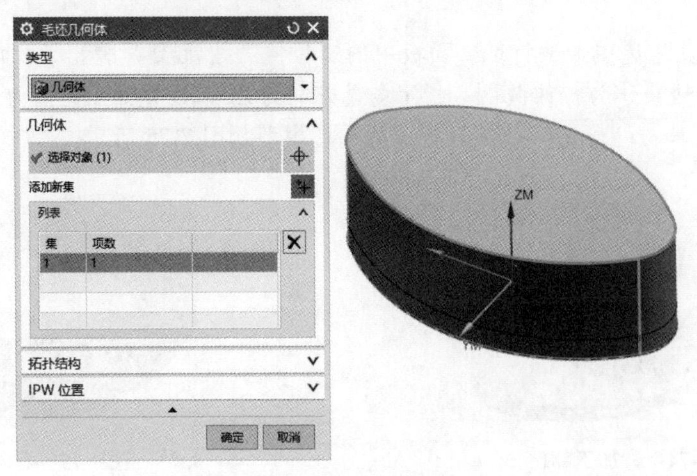

图 7-77 指定毛坯

4. 创建工序

（1）单击“主页”选项卡“刀片”面板中的“创建工序”按钮，弹出图 7-1 所示的“创建工序”对话框，在“类型”下拉列表中选择 mill_planar 选项，在“工序子类型”栏中选择“孔铣”，在“位置”栏的“几何体”下拉列表中选择 WORKPIECE，其他采用默认设置，单击“确定”按钮。

（2）弹出图 7-78 所示的“孔铣”对话框，单击“指定特征几何体”右侧的“选择或编辑特征几何体”按钮，弹出“特征几何体”对话框，选择待加工部件的中间孔为特征几何体，如图 7-79 所示。单击“确定”按钮，关闭当前对话框。

图 7-78 “孔铣”对话框

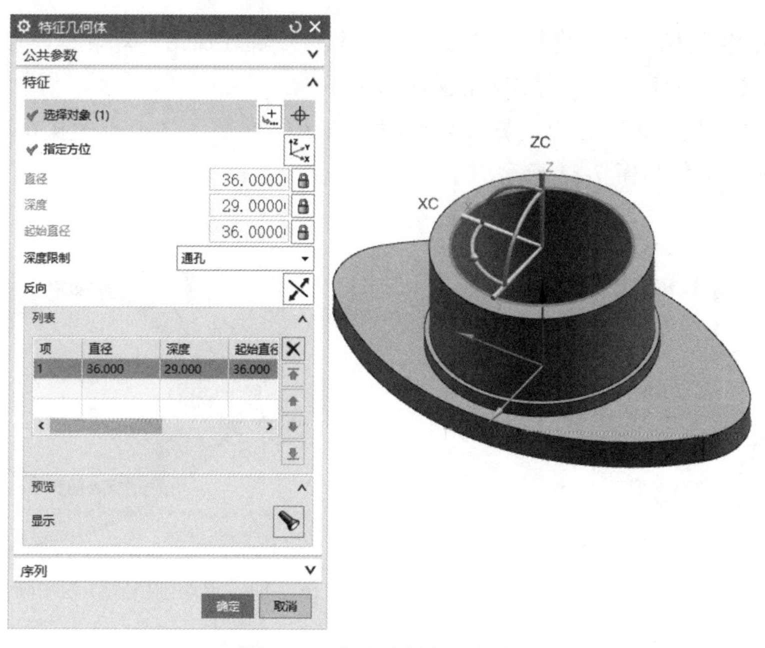

图 7-79　指定孔特征几何体

（3）在“孔铣”对话框的“工具”栏中单击“新建”按钮，弹出“新建刀具”对话框，在“刀具子类型”栏中选择 MILL，在“名称”文本框中输入 END10，单击“确定”按钮。弹出图 7-80 所示的“铣刀-5 参数”对话框，在“尺寸”栏中设置“直径”为 10mm，其他采用默认设置。单击“确定”按钮，关闭当前对话框。

（4）返回“孔铣”对话框，在“刀轨设置”栏中设置“切削模式”为“螺旋/平面螺旋”，“螺距”为“25%刀具”，“径向步距”为“恒定”，“最大距离”为“50%刀具”，其他采用默认设置，如图 7-81 所示。

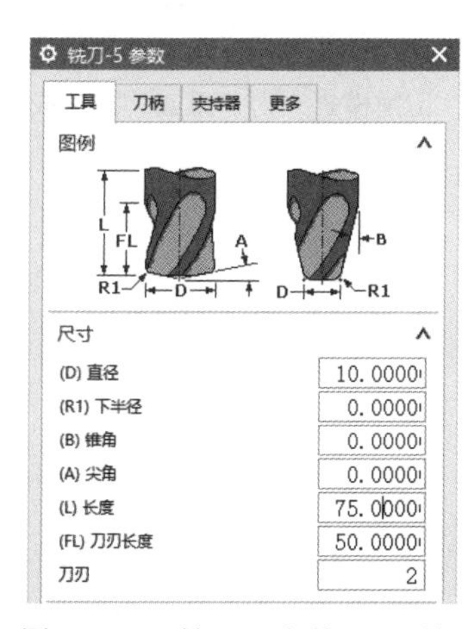

图 7-80　“铣刀-5 参数”对话框

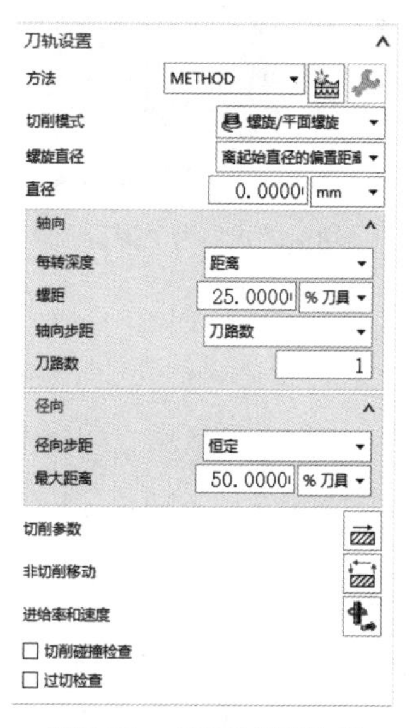

图 7-81　“刀轨设置”栏

（5）单击“操作”栏中的“生成刀轨”按钮，生成图 7-82 所示的刀轨。

（6）单击“操作”栏中的“确认”按钮，弹出“刀轨可视化”对话框，切换到“3D 动态”选项卡，单击“播放”按钮，进行 3D 模拟加工。

（7）如果在“刀轨设置”栏中设置“切削模式”为“圆形”，单击“操作”栏中的“生成刀轨”按钮，生成的刀轨如图 7-83 所示。

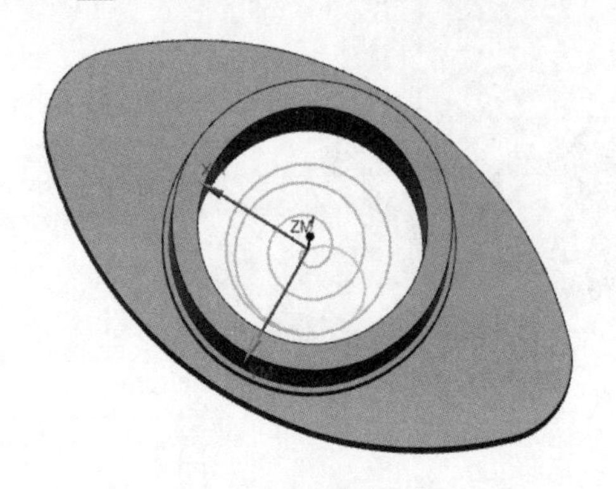

图 7-82　生成的刀轨

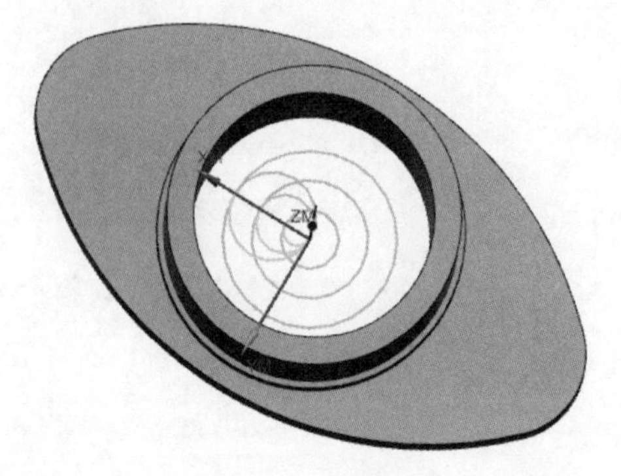

图 7-83　“切削模式”为“圆形”时生成的刀轨

（8）如果在“刀轨设置”栏中设置“切削模式”为“螺旋”，单击“操作”栏中的“生成刀轨”按钮，生成的刀轨如图 7-84 所示。

（9）如果在“刀轨设置”栏中设置“切削模式”为“螺旋”，需单击“非切削移动”按钮，弹出“非切削移动”对话框，在“进刀”选项卡中设置“进刀类型”为“线性”。单击“确定”按钮，返回“孔铣”对话框，单击“操作”栏中的“生成刀轨”按钮，生成的刀轨如图 7-85 所示。

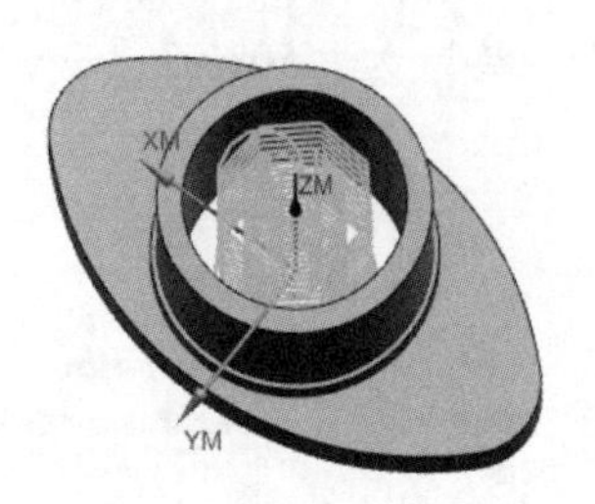

图 7-84　“切削模式”为“螺旋”时生成的刀轨

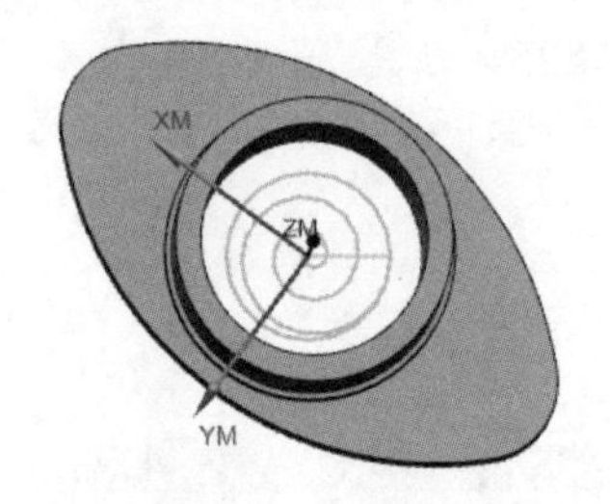

图 7-85　“切削模式”为“螺旋”时生成的刀轨

扫一扫，看视频

7.8　平面文本铣

平面文本铣用于加工简单文本，如标识号。

1. 创建制图文字

（1）单击“应用模块”选项卡“设计”面板中的“制图”按钮，弹出“工作表”对话框，单击“取消”按钮，不创建图纸，进入制图环境。

（2）单击“主页”选项卡“注释”面板中的“注释”按钮，弹出“注释”对话框，在文本框中输入“数控加工”，如图 7-86 所示。单击“设置”栏中的“设置”按钮，弹出“注释设置”对话框，在“文本参数”栏中设置字体为 chinesef_fs 和“Aa 粗线宽”，“高度”为 10，“字体间隙因子”“文本宽高比”和“行间隙因子”均为 1，其他采用默认设置，如图 7-87 所示。单击“关闭”按钮，关闭对话框。

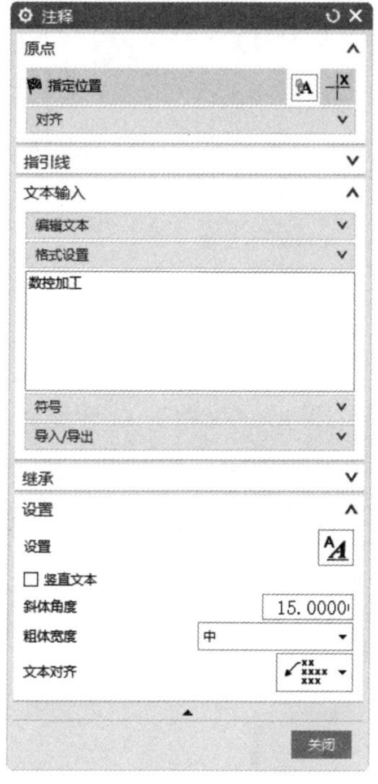

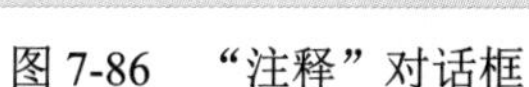
图 7-86　“注释”对话框

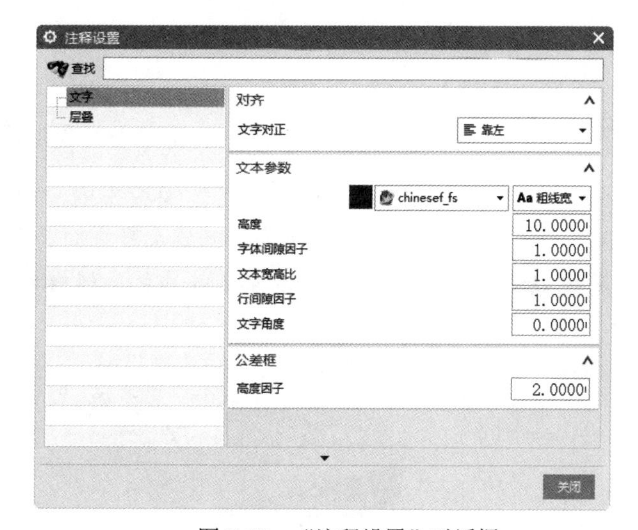

图 7-87　“注释设置”对话框

（3）在绘图区捕捉坐标原点并放置文字，如图 7-88 所示。

图 7-88　放置文字

2. 创建毛坯

（1）单击“应用模块”选项卡“设计”面板中的“建模”按钮，进入建模环境。

（2）单击“视图”选项卡“可见性”面板中的“图层设置”按钮，弹出“图层设置”对话框。在“工作层”文本框中输入 2，按 Enter 键，新建工作图层 2。单击“关闭”按钮，关闭对话框。

（3）单击“主页”选项卡“直接草图”面板中的“草图”按钮，弹出“创建草图”对话框，采用默认 *XY* 平面为草图绘制面，单击“确定”按钮。单击“主页”选项卡“直接草图”面板中的“矩形”按钮，绘制图 7-89 所示的草图，单击“完成草图”按钮，退出草图。

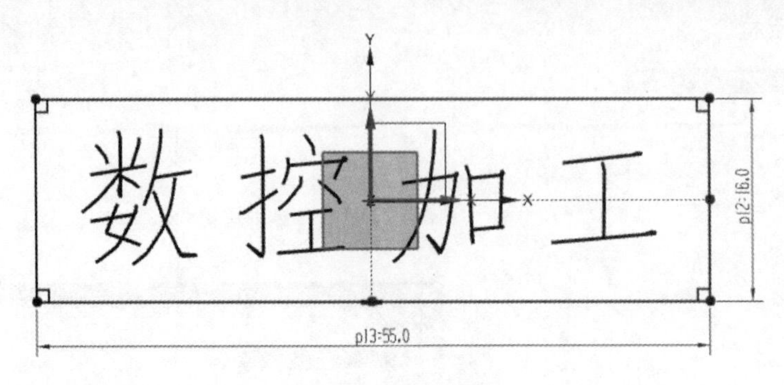

图 7-89　绘制草图

（4）单击“主页”选项卡“特征”面板中的“拉伸”按钮，弹出“拉伸”对话框。选择第（3）步创建的草图作为拉伸截面，指定矢量方向为-ZC，设置开始距离为 0，结束距离为 5，其他采用默认设置。单击“确定”按钮，生成的毛坯模型如图 7-90 所示。

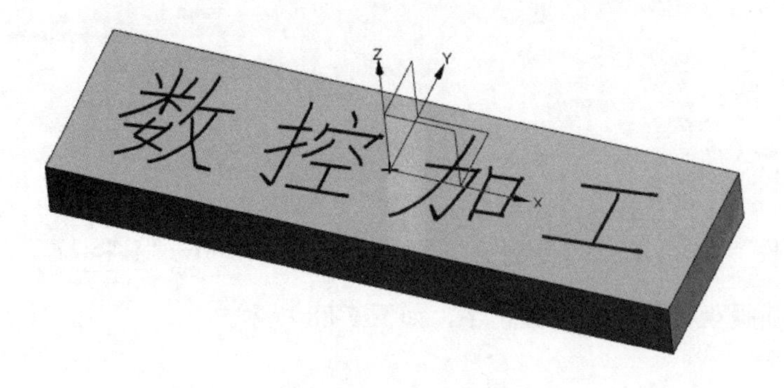

图 7-90　毛坯模型

3．创建几何体

（1）单击“应用模块”选项卡“加工”面板中的“加工”按钮，弹出“加工环境”对话框，在“要创建的 CAM 组装”下拉列表中选择 mill_planar 选项。单击“确定”按钮，进入加工环境。

（2）在上边框条中单击“几何视图”图标，显示“工序导航器-几何”视图，在 MCS_MILL 节点下双击 WORKPIECE，弹出“工件”对话框。

（3）单击“指定毛坯”右侧的“选择或编辑毛坯几何体”按钮，弹出“毛坯几何体”对话框，选择毛坯，如图 7-91 所示，单击“确定”按钮。返回“工件”对话框，其他采用默认设置，单击“确定”按钮，完成工件的设置。

（4）单击“视图”选项卡“可见性”面板中的“图层设置”按钮，在弹出的“图层设置”对话框中双击选择图层 1 作为工作图层，取消选中图层 2 复选框，使其不可见，只显示文本。单击“关闭”按钮，关闭对话框。

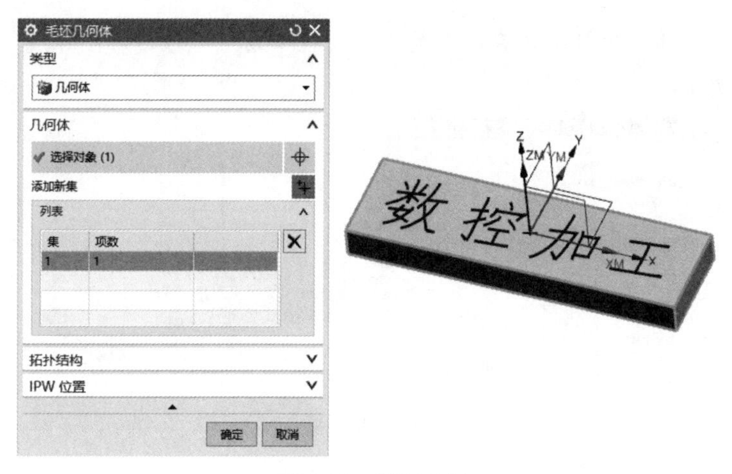

图 7-91　指定毛坯

4．创建工序

（1）单击“主页”选项卡“刀片”面板中的“创建工序”按钮，弹出“创建工序”对话框，在“类型”下拉列表中选择 mill_planar 选项，在“工序子类型”栏中选择“平面文本”，在“位置”栏的“几何体”下拉列表中选择 WORKPIECE，其他采用默认设置，单击“确定”按钮。

（2）弹出图 7-92 所示的“平面文本”对话框，单击“指定制图文本”右侧的“选择或编辑制图文本几何体”按钮A，弹出“文本几何体”对话框，选择制图文本，如图 7-93 所示。单击“确定”按钮，关闭当前对话框。

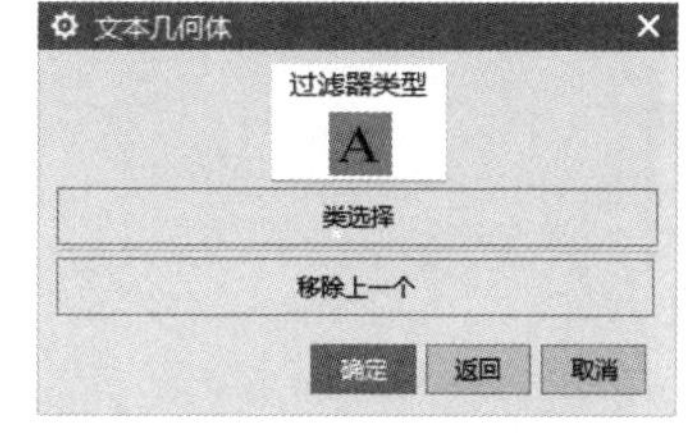

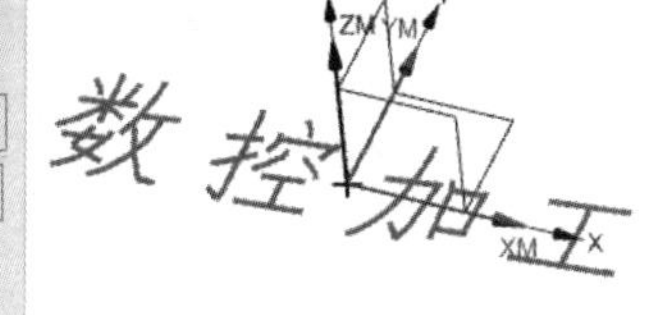

图 7-92　“平面文本”对话框　　图 7-93　指定文本

（3）单击“指定底面”右侧的“选择或编辑底面几何体”按钮，弹出“平面”对话框，选择毛坯底面，输入距离为 3，如图 7-94 所示。单击“确定”按钮，关闭当前对话框（利用“图层设置”命令显示和隐藏毛坯）。

（4）在“平面文本”对话框的“工具”栏中单击“新建”按钮，弹出“新建刀具”对话框，在“刀具子类型”栏中选择 MILL，在“名称”文本框中输入 END1，单击“确定”按钮。弹出图 7-95 所示的“铣刀-5 参数”对话框，在“尺寸”栏中设置“直径”为 1，“长度”为 8，“刀刃长度”为 5，其他采用默认设置。单击“确定”按钮，关闭当前对话框。

（5）返回“平面文本”对话框，在“刀轨设置”栏中设置“每刀切削深度”为 2，其他采用默认设置，如图 7-96 所示。

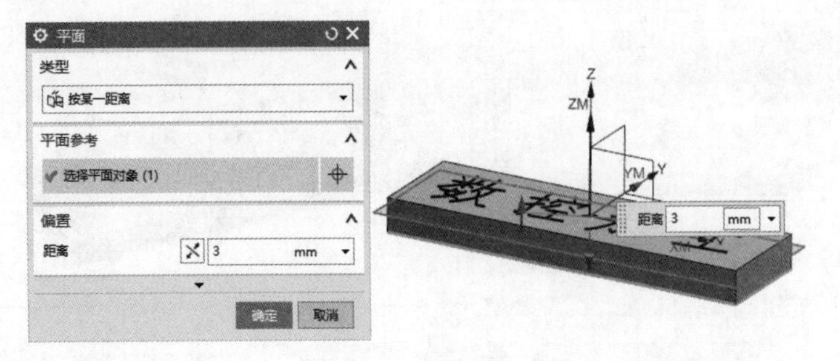

图 7-94　指定底面

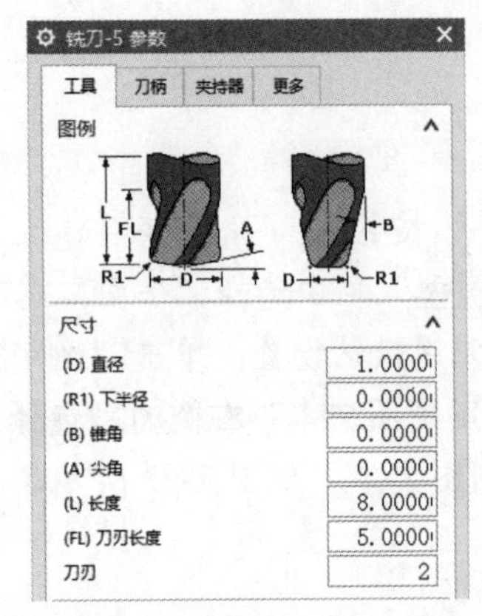

图 7-95　“铣刀-5 参数”对话框

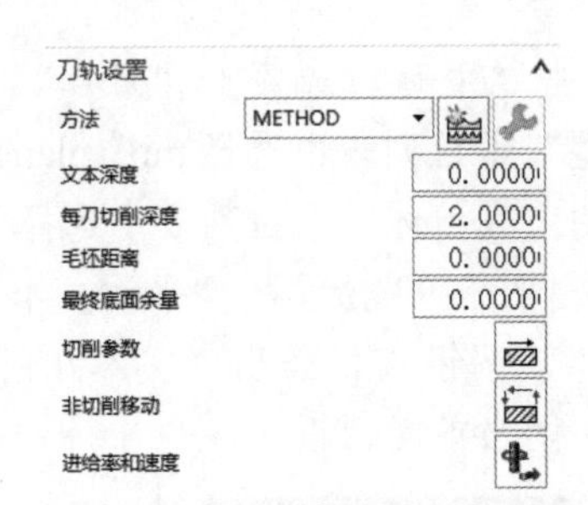

图 7-96　“刀轨设置”栏

（6）单击“非切削移动”按钮，弹出“非切削移动”对话框，在“转移/快速”选项卡中设置“安全设置选项”为“自动平面”，“安全距离”为 2，其他采用默认设置，如图 7-97 所示。单击“确定”按钮，关闭当前对话框。

（7）返回“平面文本”对话框，单击“操作”栏中的“生成刀轨”按钮，生成图 7-98 所示的刀轨。

图 7-97　“非切削移动”对话框

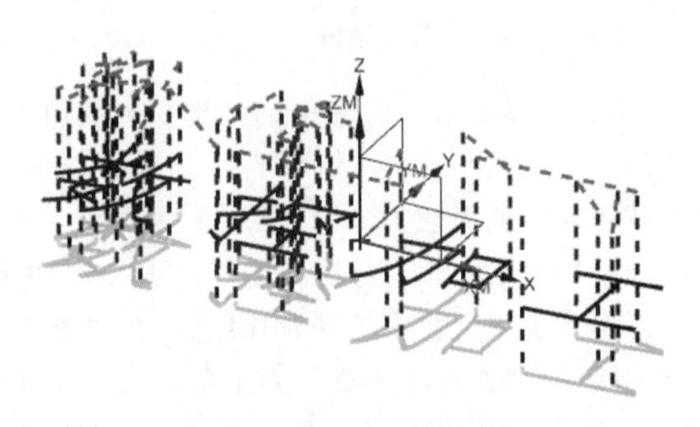

图 7-98　生成的刀轨

（8）单击“操作”栏中的“确认”按钮，弹出“刀轨可视化”对话框，切换到“3D 动态”选项卡，单击“播放”按钮，进行 3D 模拟加工，结果如图 7-99 所示。

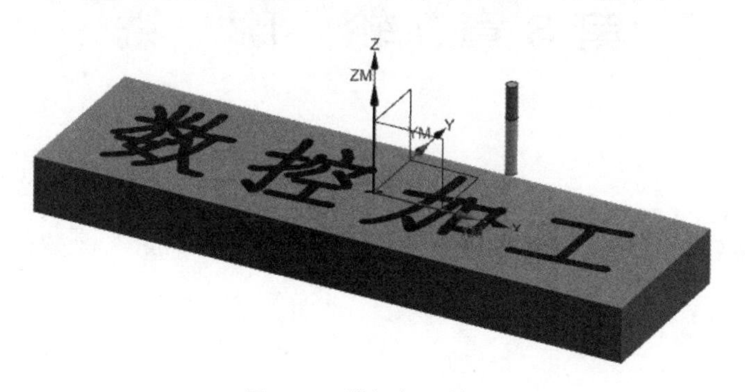

图 7-99　模拟加工结果

第8章 轮 廓 铣

内容简介

本章将介绍轮廓铣的相关子工序以及在 UG NX 12.0 中轮廓铣相关参数的设置方法和操作技巧。

8.1 工序子类型

单击“主页”选项卡“刀片”面板中的“创建工序”按钮，弹出“创建工序”对话框，在“类型”下拉列表中选择 mill_contour 选项，如图 8-1 所示。

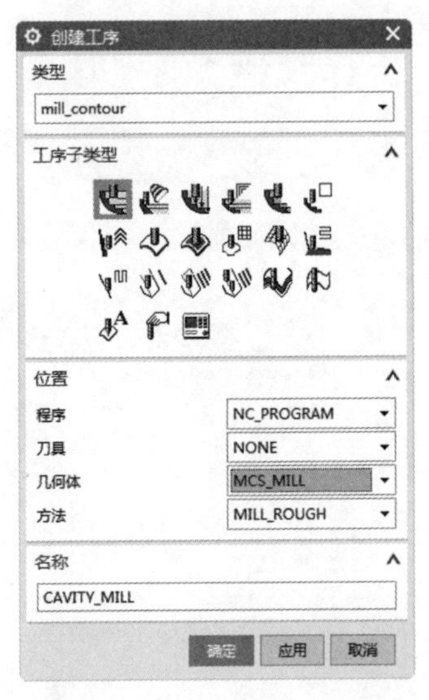

图 8-1 “创建工序”对话框

在“工序子类型”栏中一共列出了 21 种子类型，各项含义介绍如下。

（1）型腔铣：基本的型腔铣工序，用于去除毛坯或 IPW 及部件定义的一定量的材料，带有许多平面切削模式，常用于粗加工。

（2）自适应铣削：在垂直于固定轴的平面切削层使用自适应切削模式对一定量的材料进行粗加工，同时维持刀具进刀一致。

（3）插铣：特殊的铣加工工序，主要用于需要长刀具的较深区域。插铣对难以到达的深壁使用长细刀具进行精铣非常有利。

（4）拐角粗加工：切削拐角中的剩余材料，这些材料因前一刀具的直径和拐角半径关系而无法去除。

（5）剩余铣：清除粗加工后剩余加工余量较大的角落，以保证后续工序均匀的加工余量。

（6）深度轮廓铣：基本的 Z 级铣削，用于以平面切削方式对部件或切削区域进行轮廓铣。

（7）深度加工拐角：精加工前一刀具因直径和拐角半径关系而无法到达的拐角区域。

（8）固定轮廓铣：基本的固定轴曲面轮廓铣操作，用于以各种驱动方式、包容和切削模式轮廓铣部件或切削区域。其刀具轴是+ZM。

（9）区域轮廓铣：区域铣削驱动，用于以各种切削模式切削选中的面或切削区域，常用于半精加工和精加工。

（10）曲面区域轮廓铣：默认为曲面区域驱动方法的固定轴铣。

（11）流线：用于流线铣削面或切削区域。

（12）非陡峭区域轮廓铣：与区域轮廓铣相同，但只切削非陡峭区域。其经常与深度轮廓铣一起使用，以便在精加工切削区域时控制残余高度。

（13）陡峭区域轮廓铣：区域铣削驱动，用于以切削方向为基础，只切削非陡峭区域；或与区域轮廓铣一起使用，以便通过十字交叉前以往复切削来降低残余高度。

（14）单刀路清根：自动清根驱动方式，清根驱动方法中选择单路径，用于精加工或减轻角及谷。

（15）多刀路清根：自动清根驱动方式，清根驱动方法中选择多路径，用于精加工或减轻角及谷。

（16）清根参考刀具：使用清根驱动方法在指定参考刀具确定的切削区域中创建多刀路，用于铣削剩下的角和谷。

（17）实体轮廓 3D：特殊的三维轮廓铣切削类型，其深度取决于边界中的边或曲线，常用于修边。

（18）轮廓 3D：特殊的三维轮廓铣切削类型，其深度取决于边界中的边或曲线，常用于修边。

（19）轮廓文本：切削制图注释中的文字，用于三维雕刻。

（20）用户定义铣：此刀轨由用户定制的 NX Open 程序生成。

（21）铣削控制：只包含机床控制事件。

8.2 型　腔　铣

扫一扫，看视频

型腔铣根据型腔或型芯的形状，将要切除的部位在 Z 轴方向上分成多个切削层进行切削，每一切削层的深度可以不同，可以用于加工复杂的零件。型腔铣工序创建的刀轨可以切削平面层中的材料。这一类型的操作常用于对材料进行粗加工，以便为随后的精加工做准备。

8.2.1 型腔铣切削原理

型腔铣和平面铣的切削原理相似，由多个垂直于刀轴矢量的平面和零件平面求出交线，进而得到刀具路径。

1. 型腔铣和平面铣的相同点

（1）刀轴都垂直于切削平面，并且固定，可以切除那些垂直于刀轴矢量的切削层中的材料。

（2）刀具路径使用的切削方法基本相同。

（3）开始点控制选项、进退刀选项完全相同，都提供多种进退刀方式。

（4）其他参数选项，如切削参数选项、拐角控制选项、避让几何选项等也基本相同。

2．型腔铣和平面铣的不同点

（1）定义材料的方法不同。平面铣使用边界来定义部件材料，而型腔铣使用边界、面、曲线和体来定义部件材料。

（2）切削适用的范围不同。平面铣用于切削具有竖直壁面和平面突起的部件，并且部件底面应垂直于刀具轴；而型腔铣用于切削带有锥形壁面和轮廓底面的部件，底面可以是曲面，并且侧面无须垂直于底面。

（3）切削深度定义方式不同。平面铣通过指定的边界和底面高度差来定义切削深度；型腔铣通过毛坯几何和零件几何来共同定义切削深度，并且可以自定义每个切削层的深度。

3．型腔铣和平面铣选用原则

型腔铣在数控加工中应用最广泛，可以用于大部分部件的粗加工以及直壁或者斜度不大的侧壁精加工。平面铣用于直壁且岛屿顶面和槽腔底面为平面的部件的加工。在很多情况下，特别是粗加工时，型腔铣可以替代平面铣。

8.2.2 型腔铣加工

1．打开文件

选择“文件”→“打开”命令，弹出“打开”对话框，选择 XQX.prt，单击“打开”按钮，打开图 8-2 所示的待加工部件。

2．创建几何体

（1）单击“应用模块”选项卡“加工”面板中的“加工”按钮，弹出“加工环境”对话框，在“要创建的 CAM 组装”下拉列表中选择 mill_contour 选项，如图 8-3 所示。单击“确定”按钮，进入加工环境。

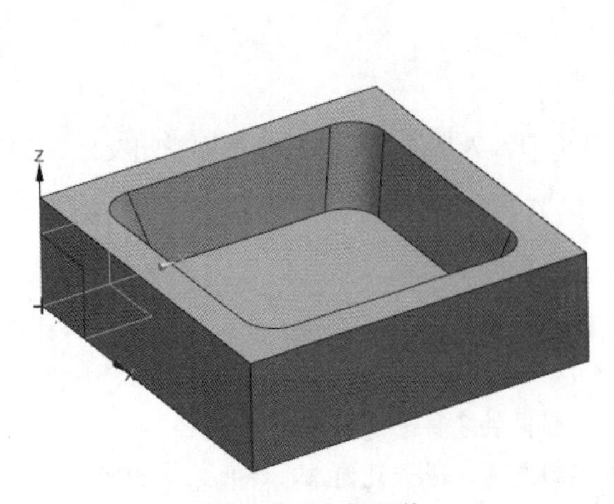

图 8-2 待加工部件

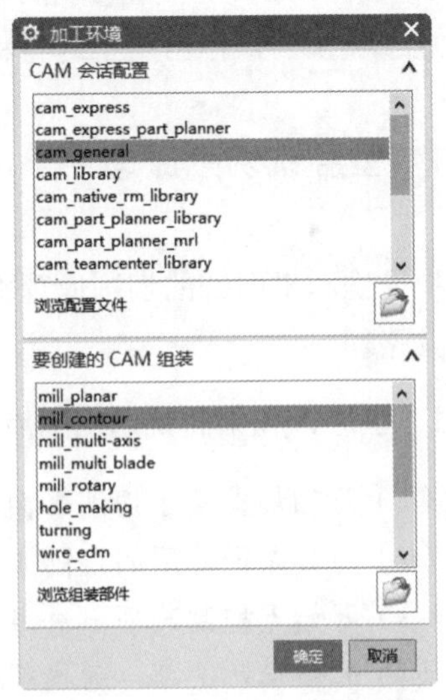

图 8-3 “加工环境”对话框

（2）在上边框条中单击“几何视图”图标，显示“工序导航器-几何”视图，在 MCS_MILL 节点下双击 WORKPIECE，弹出“工件”对话框。

（3）单击“指定部件”右侧的“选择或编辑部件几何体”按钮，弹出“部件几何体”对话框，选择图 8-4 所示的部件。单击“确定”按钮，返回“工件”对话框。

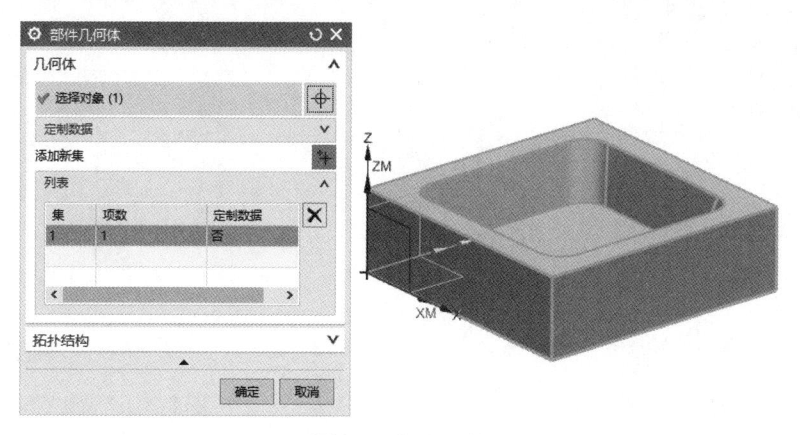

图 8-4 指定部件

（4）在“工件”对话框中单击“指定毛坯”右侧的“选择或编辑毛坯几何体”按钮，弹出“毛坯几何体”对话框，设置“类型”为“包容块”，其他采用默认设置，如图 8-5 所示。单击“确定”按钮，完成工件的设置。

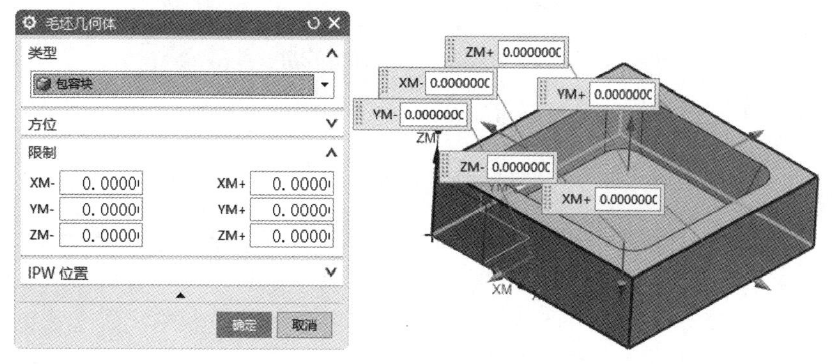

图 8-5 指定毛坯

3. 创建工序

（1）单击“主页”选项卡“刀片”面板中的“创建工序”按钮，弹出图 8-6 所示的“创建工序”对话框，在“类型”下拉列表中选择 mill_contour 选项，在“工序子类型”栏中选择“型腔铣”，在“位置”栏的“几何体”下拉列表中选择 WORKPIECE，其他采用默认设置，单击“确定”按钮。

（2）弹出图 8-7 所示的“型腔铣”对话框，单击“指定切削区域”右侧的“选择或编辑切削区域几何体”按钮，弹出“切削区域”对话框，选择凹槽四周和底面为切削区域，如图 8-8 所示。单击“确定”按钮，关闭当前对话框。

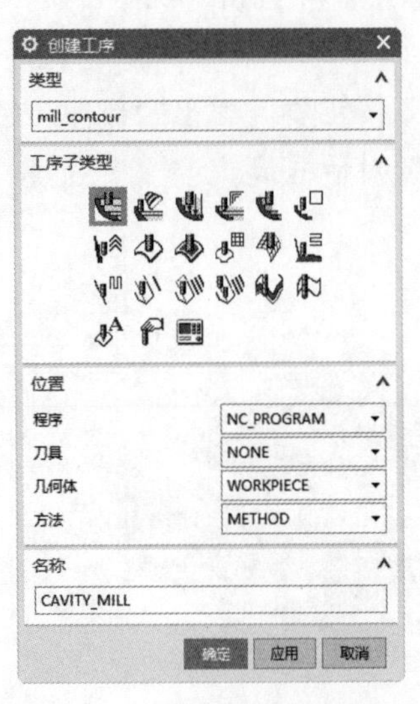

图 8-6 “创建工序”对话框

图 8-7 “型腔铣”对话框

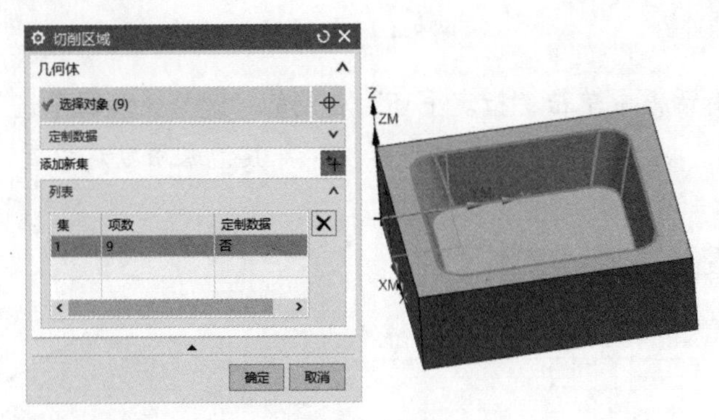

图 8-8 指定切削区域

（3）返回“型腔铣”对话框，在“工具”栏中单击“新建”按钮，弹出图 8-9 所示的“新建刀具”对话框，在“刀具子类型”栏中选择 MILL，在“名称”文本框中输入 END6，单击“确定”按钮。弹出图 8-10 所示的“铣刀-5 参数”对话框，在“尺寸”栏中设置直径为 6，“长度”为 50，“刀刃长度”为 30，其他采用默认设置。单击“确定”按钮，关闭当前对话框。

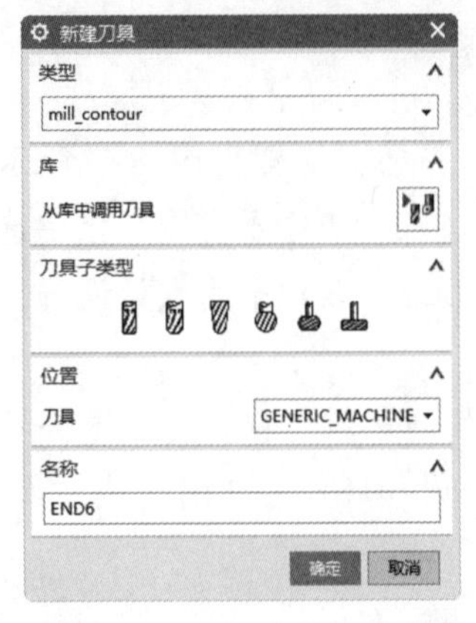

图 8-9 “新建刀具”对话框

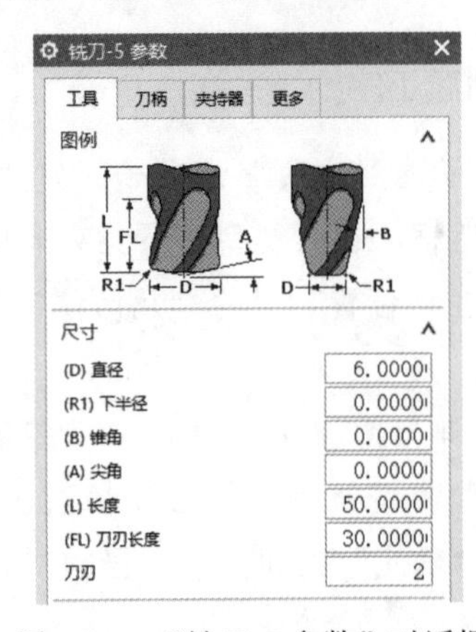

图 8-10 “铣刀-5 参数”对话框

（4）返回“型腔铣”对话框，单击“切削层”按钮，弹出“切削层”对话框，设置“测量开始位置”为“顶层”，“每刀切削深度”为 2，“公共每刀切削深度”为“恒定”，“最大距离”为 2mm，其他采用默认设置，如图 8-11 所示。单击“确定”按钮，关闭当前对话框。

（5）返回“型腔铣”对话框，在“刀轨设置”栏中设置“切削模式”为“跟随部件”，“步距”为“%刀具平直”，“平面直径百分比”为 50，其他采用默认设置，如图 8-12 所示。

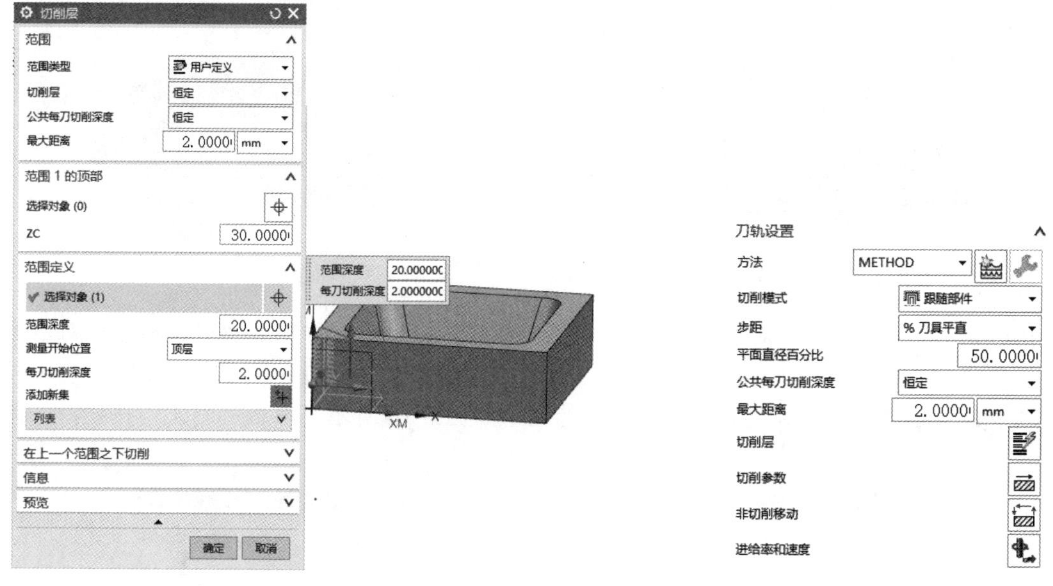

图 8-11　设置切削层参数　　　　图 8-12　“刀轨设置”栏

（6）单击“非切削移动”按钮，弹出“非切削移动”对话框，在“进刀”选项卡的“封闭区域”栏中设置“进刀类型”为“插削”，其他采用默认设置；在“转移/快速”选项卡的“安全设置”栏中设置“安全设置选项”为“自动平面”，“安全距离”为 3，其他采用默认设置，如图 8-13 所示。单击“确定”按钮，关闭当前对话框。

（a）“进入”选项卡

（b）“转移/快速”选项卡

图 8-13　“非切削移动”对话框

（7）返回“型腔铣”对话框，单击“操作”栏中的“生成刀轨”按钮，生成图 8-14 所示的刀轨。

（8）单击“操作”栏中的“确认”按钮，弹出“刀轨可视化”对话框，切换到“3D 动态”选项卡，单击“播放”按钮，进行 3D 模拟加工，结果如图 8-15 所示。

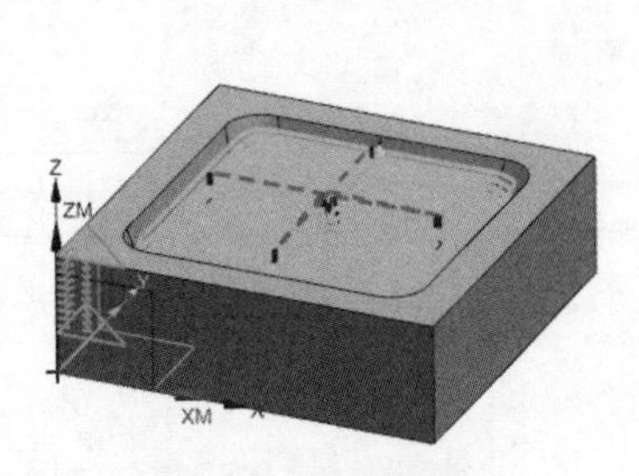

图 8-14　生成的刀轨

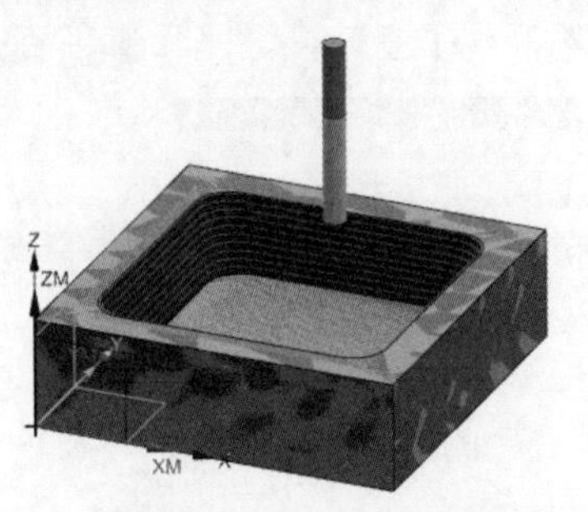

图 8-15　模拟加工结果

（9）如果在“型腔铣”对话框中单击“切削参数”按钮，则弹出“切削参数”对话框，在“空间范围”选项卡的“毛坯”栏中设置“过程工件”为“使用 3D”，在“更多”选项卡中选中“区域连接”“边界逼近”和“容错加工”复选框，如图 8-16 所示。单击“确定”按钮，关闭当前对话框。

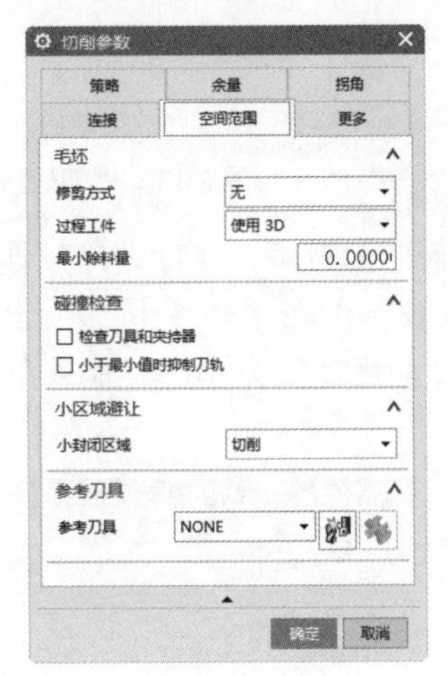

（a）“空间范围”选项卡

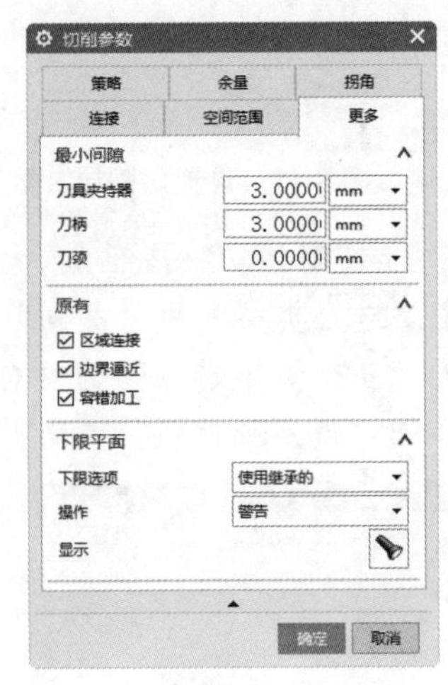

（b）“更多”选项卡

图 8-16　“切削参数”对话框

（10）在“型腔铣”对话框的“操作”栏中将多出“显示所得的 IPW”按钮，如图 8-17 所示。

（11）单击“操作”栏中的“生成刀轨”按钮，生成图 8-18 所示的刀轨。

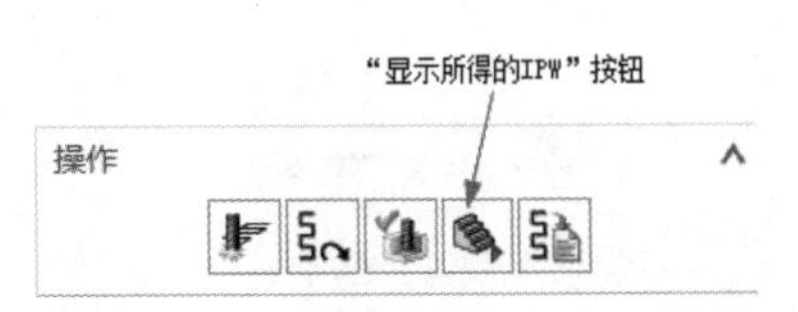

图 8-17　“显示所得的 IPW”按钮

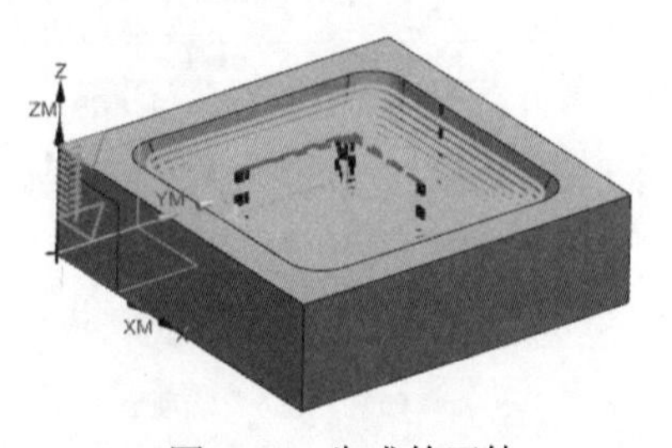

图 8-18　生成的刀轨

动手练——型腔铣粗加工

扫一扫，看视频

对如图 8-19 所示的部件进行型腔铣粗加工。

图 8-19　待加工部件

思路点拨：

源文件：yuanwenjian\8\dongshoulian\LKXCZSL-3

（1）创建毛坯、几何体以及刀具。

（2）创建型腔铣工序。

8.3　剩　余　铣

扫一扫，看视频

1．打开文件

选择“文件”→“打开”命令，弹出“打开”对话框，选择 XQX-FINISH.prt，单击“打开”按钮，打开图 8-20 所示的待加工部件。

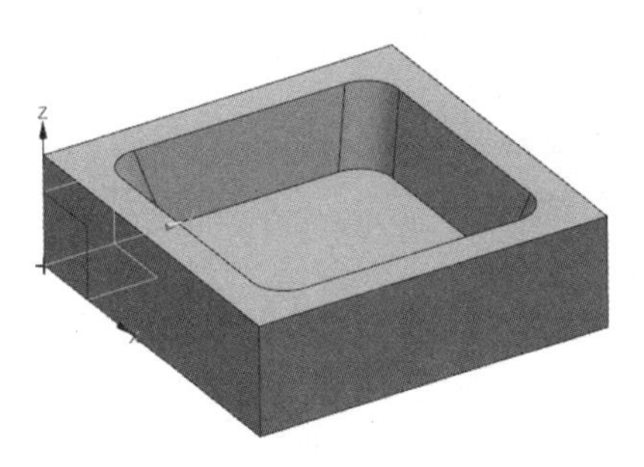

图 8-20　待加工部件

2．创建工序

（1）单击“主页”选项卡“刀片”面板中的“创建工序”按钮，弹出图 8-6 所示的“创建工序”对话框，在“类型”下拉列表中选择 mill_contour 选项，在“工序子类型”栏中选择“剩余铣”，在“位置”栏的“几何体”下拉列表中选择 WORKPIECE，其他采用默认设置，单击“确定”按钮。

（2）弹出图 8-21 所示的“剩余铣”对话框，单击“指定切削区域”右侧的“选择或编辑切削区域几何体”按钮，弹出“切削区域”对话框，选择凹槽四周和底面为切削区域，如图 8-22 所示。单击“确定”按钮，关闭当前对话框。

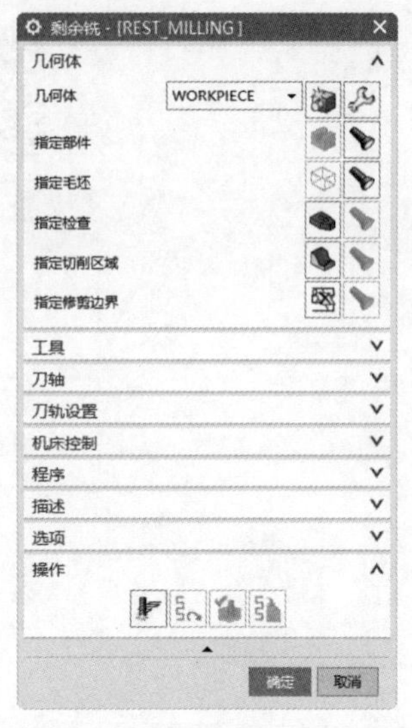

图 8-21 “剩余铣”对话框

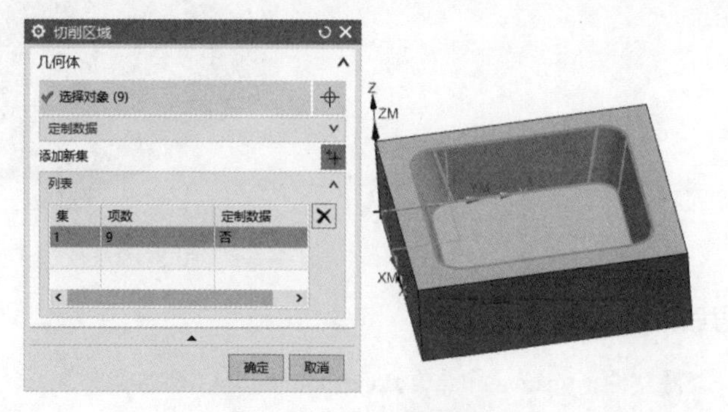

图 8-22 指定切削区域

（3）返回“剩余铣”对话框，在“工具”栏中单击“新建”按钮，弹出“新建刀具”对话框，在“刀具子类型”栏中选择 MILL，在“名称”文本框中输入 END4，单击“确定”按钮。弹出图 8-23 所示的“铣刀-5 参数”对话框，在“尺寸”栏中设置“直径”为 4，“长度”为 50，“刀刃长度”为30，其他采用默认设置。单击“确定”按钮，关闭当前对话框。

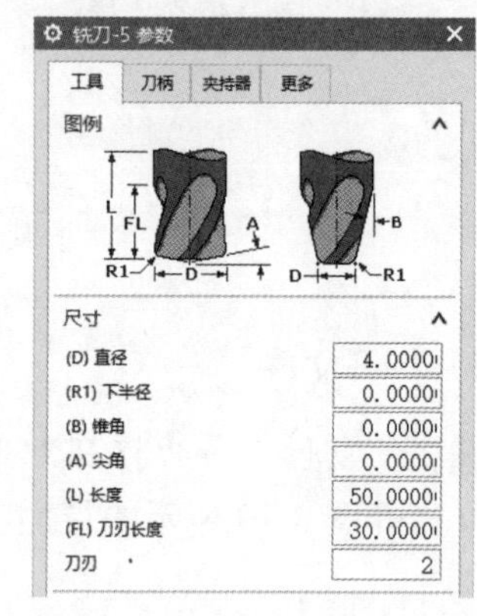

图 8-23 “铣刀-5 参数”对话框

（4）返回“剩余铣”对话框，单击“切削层”按钮，弹出“切削层”对话框，设置“测量开始位置”为“顶层”，“每刀切削深度”为 1，“最大距离”为 1mm，其他采用默认设置，如图 8-24 所示。单击“确定”按钮，关闭当前对话框。

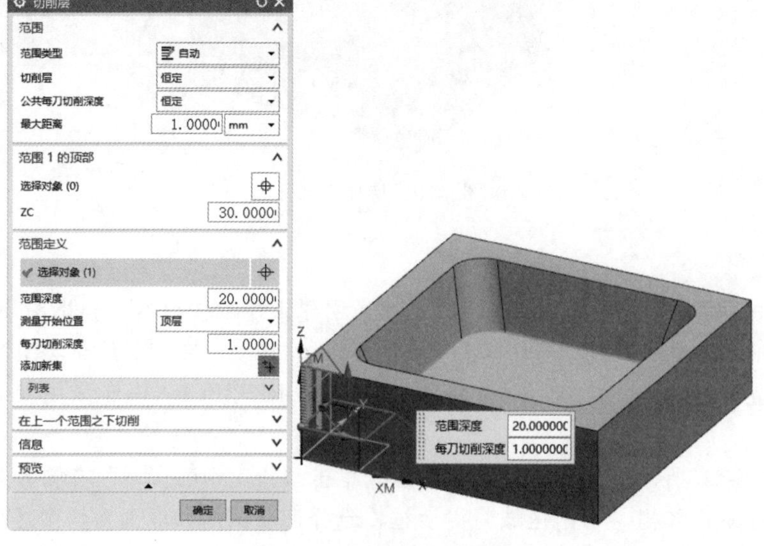

图 8-24 设置切削层参数

（5）返回“剩余铣”对话框，在“刀轨设置”栏中设置“切削模式”为“轮廓”，“步距”为“%刀具平直”，“平面直径百分比”为50，其他采用默认设置，如图8-25所示。

（6）单击“操作”栏中的“生成刀轨”按钮，生成图8-26所示的刀轨。

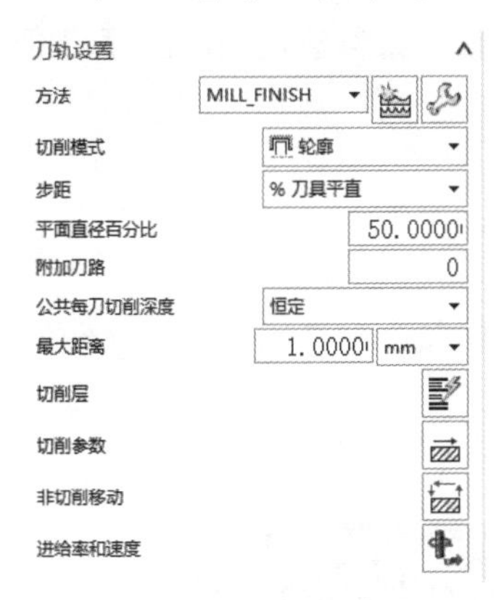

图8-25 “刀轨设置”栏

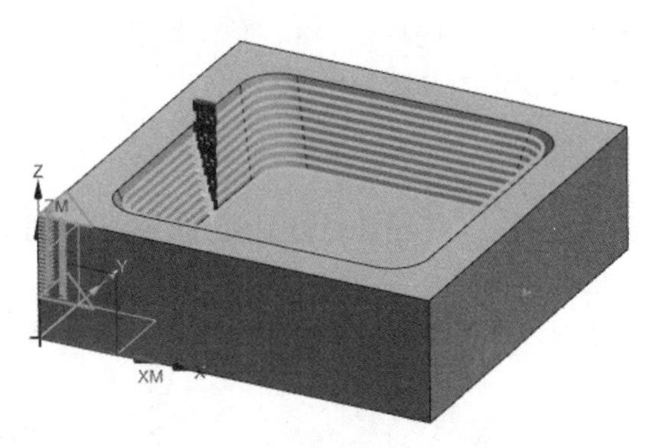

图8-26 生成的刀轨

（7）单击“操作”栏中的“确认”按钮，弹出“刀轨可视化”对话框，切换到“3D动态”选项卡，单击“播放”按钮，进行3D模拟加工，结果如图8-27所示。

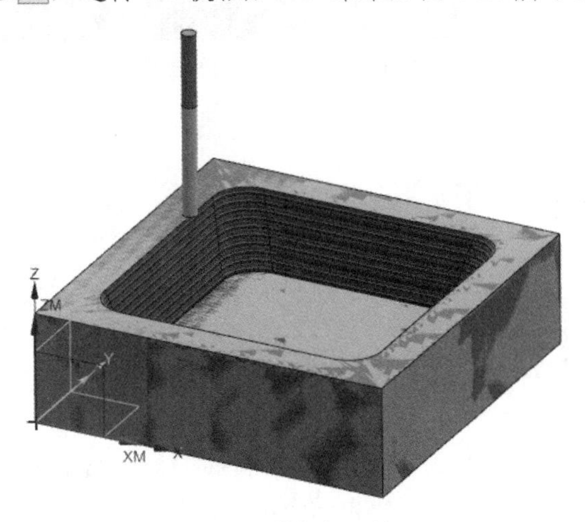

图8-27 模拟加工结果

8.4 插 铣

插铣是一种独特的铣工序，最适合需要长刀具的较深区域。连续插铣运动利用刀具沿 *Z* 轴移动时增加的刚度，高效地切削大量的毛坯。径向力减小后，就可以使用细长的刀具并保持较高的材料移除率。插铣使用狭长刀具装备，非常适合对难以到达的较深的壁进行精加工。使用插铣粗加工轮廓化的外形通常会留下较大的刀痕和台阶。在以下操作中使用处理中的工件，以便获得更一致的剩余余量。

8.4.1 加工参数

用于粗加工时，插铣工序选项与型腔铣类似；当用于精加工时，其参数选项与深度轮廓铣工序类似，还支持几个其他参数，如向前步距和最大切削宽度。相同类型的参数不再叙述，这里主要讲解插铣中比较特别的参数。

1．插削区域

大多数深度加工工序都是自上而下切削的。插铣在最深的插削深度处开始，每个连续的区域都将忽略先前的区域。

当型腔有多个区域时，可将其分组，然后按顺序切削（自底向上），如图 8-28 所示。

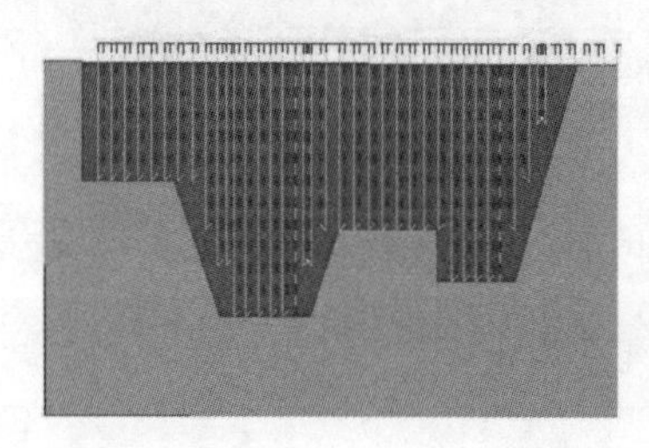
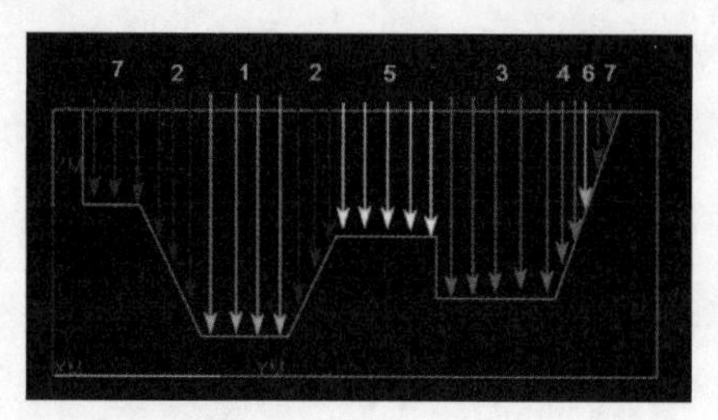

图 8-28　多个插削区域

2．向前步距和向上步距

向前步距和向上步距如图 8-29 所示。向前步距指定从一次插入到下一次插入向前移动的步长。需要时，系统会减小应用的向前步距，以使其在最大切削宽度值内。

对于非对中切削工况，向上步距或向前步距必须小于指定的最大切削宽度值。系统需减小应用的向前步距，以使其在最大切削宽度值内。

3．最大切削宽度

最大切削宽度是刀具可切削的最大宽度（俯视刀轴时），这通常由刀具制造商根据刀片的尺寸来提供。如果其值比刀具半径小，则刀具的底部中央位置有一个未切削部分，此参数确定了插铣操作的刀具类型。最大切削宽度可以限制向上步距和向前步距，以防止刀具的非切削部分插入实体材料中。

对于对中切削刀具，将最大切削宽度设置为 50%刀具或更高，以使切削量达到最大。系统现在假定这是对中切削刀具并且不检查以确定刀具的非切削部分是否与处理中的工件碰撞。

对于非对中切削刀具，将最大切削宽度设置为 50%刀具以下。系统现在假定这是非对中切削刀具，并且使用最大切削宽度确定刀具的非切削部分是否与处理中的工件碰撞。

4．插削层

每个插削工序均有单一的插入范围。使用“插削层”对话框可定义范围的顶层和底层。单侧插削层是根据部件、切削区域和毛坯几何体设置的一个范围，如图 8-30 所示。

图 8-29　向前步距和向上步距

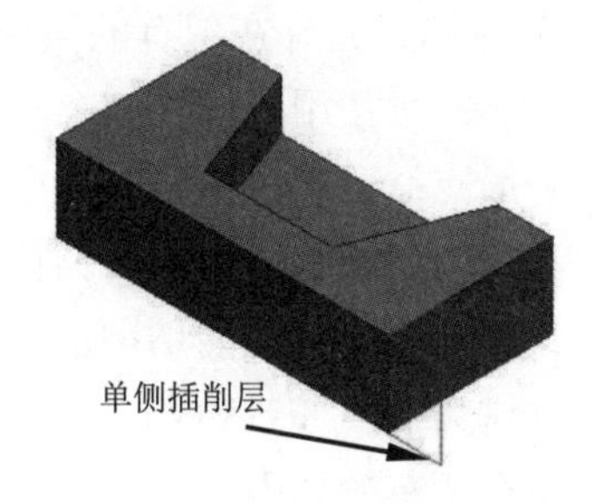

图 8-30　插削层

注意：

（1）只有两层：顶部和底部。

（2）如果修改了其中任何一层，则在下次处理该操作时系统将使用相同的值。如果使用默认值，它们将保留与部件和毛坯的关联性。

（3）不能将顶层移至底层之下，也不能将底层移至顶层之上。

5. 点

预钻进刀点允许刀具沿着刀轴下降到一个空腔中，从此处开始进行腔体切削。切削区域起点决定了进刀的近似位置和步进方向。使用这些点可确定切削层的深度值。在“插铣”对话框中单击“点”按钮，弹出图 8-31 所示的“控制几何体”对话框，其中包含“预钻进刀点”和“切削区域起点”两栏。

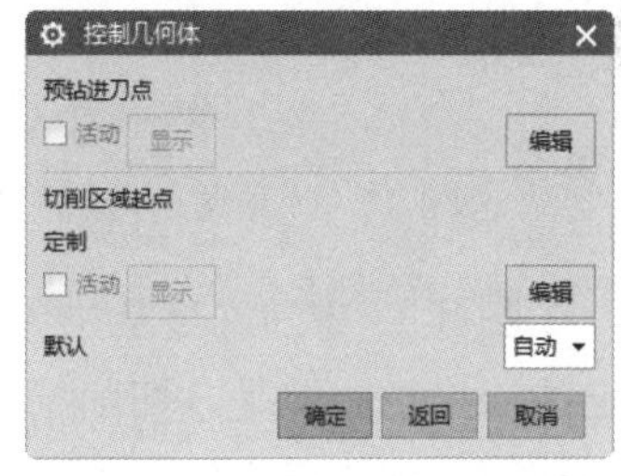

图 8-31　“控制几何体”对话框

（1）预钻进刀点：指定毛坯材料中先前钻好的孔内或其他空腔内的进刀位置。所定义的点沿着刀轴投影到用来定位刀具的安全平面上，然后刀具沿刀轴向下移动至空腔中，并直接移动到每个切削层上由处理器确定的起点。

如果指定了多个预钻进刀点，则使用此区域中距处理器确定的起点最近的点。只有在指定深度内向下移动到切削层时，刀具才使用预钻进刀点。一旦切削层超出了指定的深度，则处理器将不考虑预钻进刀点，并使用处理器决定的起点。只有在“进刀方法”设置为“自动”的情况下，“预钻进刀点”选项才是可用的。

“预钻进刀点”栏中的其他选项说明如下。

①活动：表示刀具将使用指定的控制点进入材料。

②显示：可高亮显示所有的控制点以及它们相关的点编号，作为临时屏幕显示，以供视觉参考。

③编辑：可指定和删除预钻进刀点。“编辑”不能移动点或更改现有点的属性，必须移除现有的点并附加新的点。单击“编辑”按钮，将弹出图 8-32 所示的“预钻进刀点”对话框，其中各选项说明如下。

- 附加：可一开始就指定点，也允许以后再添加点。
- 移除：可删除点。使用光标选择要移除的点。

- 点/圆弧：允许在现有的点处或现有圆弧的中点处指定预钻孔进刀点。
- 光标：可使用光标在 WCS 的 XC-YC 平面上指定点位置。
- 一般点：可用“点”对话框来定义相关的或非关联的点。
- 深度：可输入一个值，该值决定了将使用预钻进刀点的切削层的范围。对于在指定深度处或指定深度以内的切削层，系统使用预钻进刀点。对于低于指定深度的层，系统不考虑预钻进刀点。通过输入一个足够大的深度值或将深度值保留为默认的零值，将预钻进刀点应用至所有的切削层。

系统沿着刀轴从顶层平面起测量深度，不管该平面是由最高的部件边界定义还是由毛坯边界定义，如图 8-33 所示。

图 8-32 “预钻进刀点”对话框

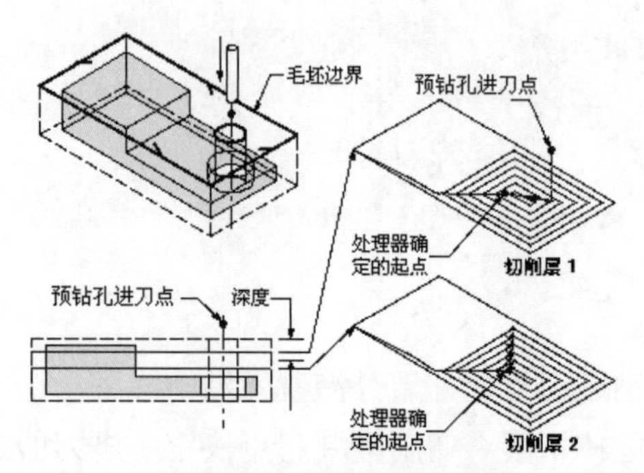

图 8-33 “深度”示意图

在图 8-33 中，深度从由毛坯边界定义的平面测量。预钻进刀点用于切削层 1，因为此切削层在指定的深度内；但是，切削层 2 不使用预钻进刀点，因为此切削层低于指定的深度。实际上，切削层 2 使用处理器确定的起点。确保在指定点之前设置深度值，否则不能将深度值赋予预钻进刀点。

注意：

可对现有的预钻进刀点的深度进行编辑。要指定新的深度，必须移除现有的点，然后将新的点附加到适当位置，同时确保在指定新点之前设置新的深度值。

使用预钻进刀点的方法有以下两种。

①自动生成预钻进刀点。

- 创建和生成插铣工序。
- 创建和生成钻孔工序。
- 对钻孔操作重排序，将其放在铣操作之前。

②手动指定预钻进刀点。可在图 8-31 所示的“控制几何体”对话框的“预钻进刀点”栏中单击“编辑”按钮，在弹出的图 8-32 所示的“预钻进刀点”对话框中进行预钻进刀点的设置。

在“预钻进刀点”对话框中选中“附加”和“点/圆弧”单选按钮，单击“一般点”按钮，弹出“点”对话框，选择图 8-34 中指定的点，单击“确定”按钮，返回“预钻进刀点”对话框后将激活“移除”和“光标”单选按钮，可删除已有的预钻点；单击“确定”按钮后，返回“控制几何体”对话框，这时将激活“活动”复选框；单击“显示”按钮，将对已有的预钻进刀点进行编号显示，如图 8-35 所示。

图 8-34　选择的预钻进刀点

图 8-35　预钻进刀点编号显示

（2）切削区域起点：通过指定定制起点或默认起点来定义刀具的进刀位置和步进方向。“定制”可决定刀具逼近每个切削区域壁的近似位置，而“默认”（“标准”或“自动”）则允许系统自动决定起点。切削区域起点适用于所有切削模式（如往复、跟随部件、轮廓等）。

定制起点不必定义精确的进刀位置，它只需定义刀具进刀的大致区域。系统根据起点位置、指定的切削模式和切削区域的形状来确定每个切削区域的精确位置。如果指定了多个起点，则每个切削区域使用与此切削区域最近的点。

①编辑：单击“编辑”按钮，弹出图 8-36 所示的“切削区域起点”对话框。在该对话框中，除了使用“上部的深度”和“下方深度”代替“深度”选项外，其他所有编辑选项与“预钻进刀点”对话框中描述的“编辑”选项完全一样。

“上部的深度”和“下方深度”可定义要使用定制切削区域起点的切削层的范围。只有在这两个深度上或介于这两个深度之间的切削层可以使用定制切削区域起点，如图 8-37 所示。如果“上部的深度”和“下方深度”值都设置为零（默认情况），则“切削区域起点”应用至所有的层。位于“上部的深度”和“下方深度”范围之外的切削层使用默认切削区域起点。确保在指定点之前设置深度值，否则不能将深度值赋予切削区域起点。

图 8-36　“切削区域起点”对话框

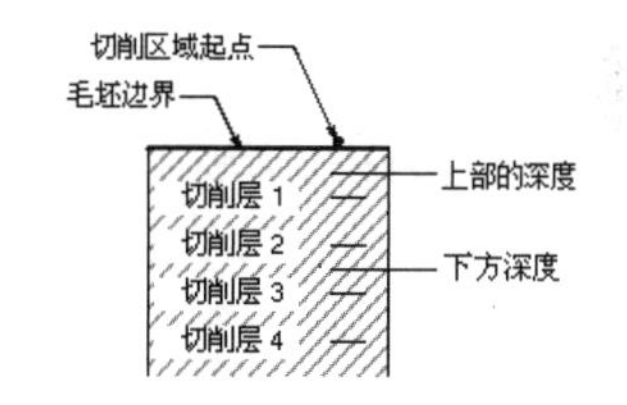

图 8-37　定制切削区域起点深度

- 上部的深度：用于指定使用当前定制切削区域起点深度的范围上限。深度沿着刀轴从最高层平面起测量，不管该平面由毛坯边界定义还是由部件边界定义，如图 8-37 所示。定制切削区域起点不会用于上部的深度之上的切削层。
- 下方深度：用于指定使用当前定制切削区域起点深度的范围下限。深度沿着刀轴从最高层平面起测量，不管该平面由毛坯边界定义还是由部件边界定义，如图 8-37 所示。定制切削区域起点不会用于下方深度之下的切削层。

注意：

不能编辑现有的定制切削区域起点的深度值。要指定新的深度值，必须移除现有的点，然后将新的点附加到适当位置，同时确保在指定新点之前设置新的深度值。

②默认：可为系统指定两种方法之一，以自动决定切削区域起点。只有在没有定义任何定制切削区域起点时，系统才会使用“标准”或“自动”默认切削区域起点，并且这两个起点只能用于不在“上方的深度”和“下方深度”范围内的切削层。

- 标准：可建立与区域边界的起点尽可能接近的切削区域起点。边界的形状、切削模式以及岛与腔体的位置可能会影响系统定位的切削区域起点与边界起点之间的接近程度。移动边界起点会影响切削区域起点的位置。例如，在图 8-38 中，移动边界起点会使刀具无法嵌入部件的拐角中。
- 自动：保证将在最不可能引起刀具进入材料的位置使刀具进刀至部件，如图 8-39 所示，它可建立切削区域。

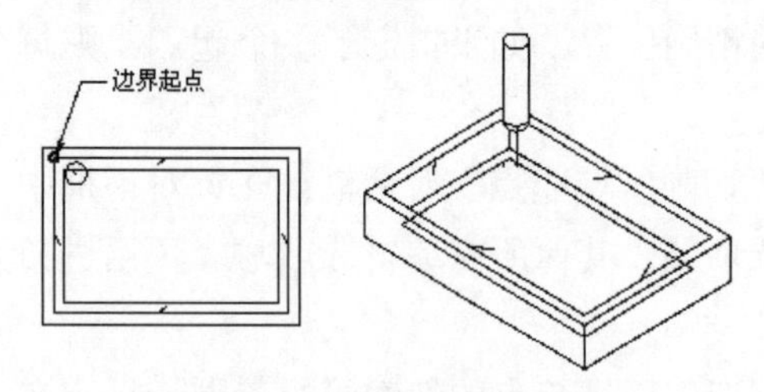

图 8-38　标准切削区域起点

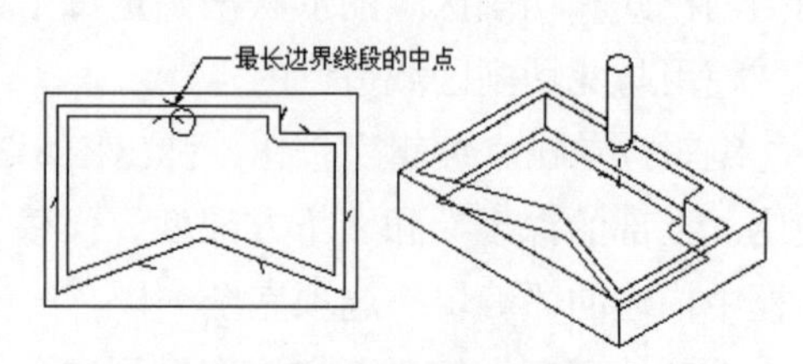

图 8-39　自动切削区域起点

6. 进刀与退刀

（1）进刀：插铣有单一进刀和退刀运动。进入可指定毛坯之上的竖直进刀距离（沿刀轴）。从安全平面/快速移动的提刀高度平面进行逼近移动。从毛坯之上的竖直安全距离沿刀轴进行进刀运动。

（2）退刀：指定退刀距离和退刀角度。沿通过指定的竖直退刀角和水平退刀角形成的 3D 矢量进行退刀运动。水平退刀角使刀具从上次插削的刀具与毛坯接触点远离指定的退刀距离。

如果刀具可在倾斜运动结束时自由退刀，才进行此退刀运动。从退刀运动的终点沿刀轴（*Z* 轴）向安全平面/快速运动的提刀高度平面进行分离移动。

图 8-40 所示为退刀，其中逼近用红色表示，进刀用黄色表示，切削用青色表示，退刀用白色表示，分离用红色表示，移刀用红色表示。

（3）退刀角：在“插铣”对话框中的“退刀角”文本框中输入角度，确定退刀角，图 8-41（a）所示退刀角为 60°，图 8-41（b）所示退刀角为 30°，图中白色为退刀角方向。

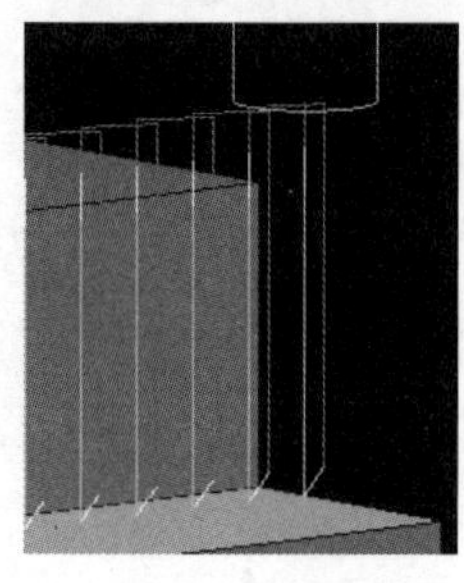

图 8-40　退刀

（a）退刀角为 60°

（b）退刀角为 30°

图 8-41　退刀角

8.4.2　插铣加工

1. 打开文件

选择“文件”→“打开”命令，弹出“打开”对话框，选择 CX.prt，单击“打开”按钮，打开图 8-42 所示的待加工部件。

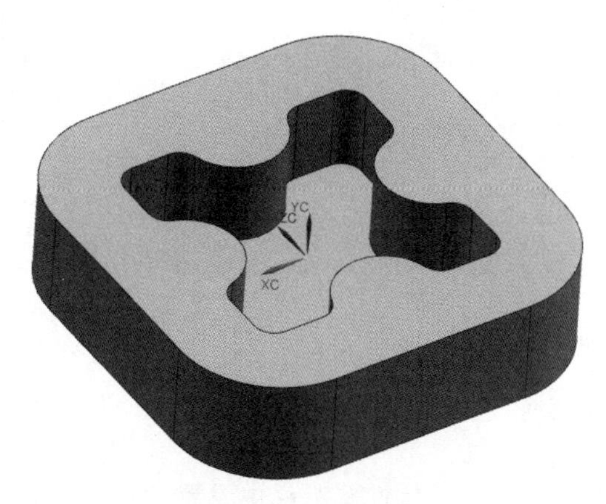

图 8-42　待加工部件

2. 创建毛坯

该过程请参考 7.5 节中创建毛坯的相关内容。

3. 创建几何体

（1）单击“应用模块”选项卡“加工”面板中的“加工”按钮，弹出“加工环境”对话框，在“要创建的 CAM 组装”下拉列表中选择 mill_contour 选项。单击“确定”按钮，进入加工环境。

（2）重复 7.5 节创建几何体中的步骤（2）~（4）。

4. 创建工序

（1）单击“主页”选项卡“刀片”面板中的“创建工序”按钮，弹出图 8-6 所示的“创建工序”对话框，在“类型”下拉列表中选择 mill_contour 选项，在“工序子类型”栏中选择“插铣”，在“位置”栏的“几何体”下拉列表中选择 WORKPIECE，其他采用默认设置，单击“确定”按钮。

（2）弹出图 8-43 所示的“插铣”对话框，在“刀轴”栏中设置“轴”为“指定矢量”，在指定矢量下拉列表中选择 YC 轴。

（3）在“工具”栏中单击“新建”按钮，弹出“新建刀具”对话框，在“刀具子类型”栏中选择 MILL，在“名称”文本框中输入 END20，单击“确定”按钮。弹出图 8-44 所示的“铣刀-5 参数”对话框，在“尺寸”栏中设置“直径”为 20，“长度”为 120，“刀刃长度”为 80，其他采用默认设置。单击“确定”按钮，关闭当前对话框。

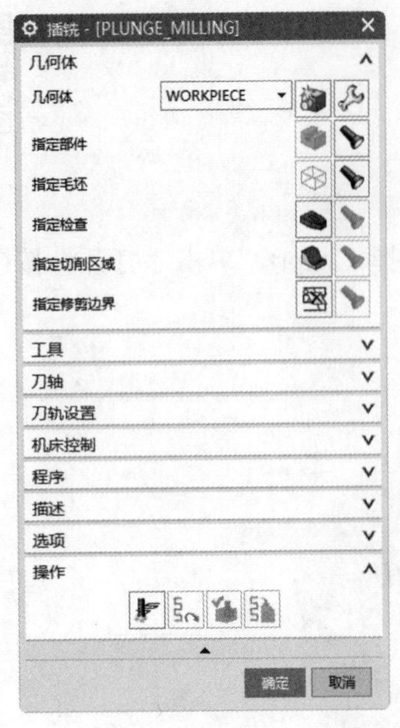

图 8-43 “插铣”对话框

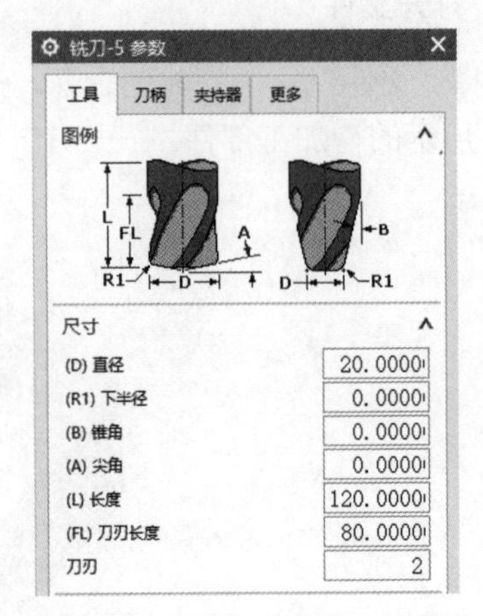

图 8-44 “铣刀-5 参数”对话框

（4）返回“插铣”对话框，在“刀轨设置”栏中设置“切削模式”为“跟随部件”，“步距”为“%刀具平直”，“平面直径百分比”为 50，“向前步距”为“50%刀具”，“向上步距”为“25%刀具”，“最大切削宽度”为“50%刀具”，“转移方法”为“安全平面”，“退刀距离”为 5，“退刀角”为 45°，如图 8-45 所示。

（5）单击“切削参数”按钮，弹出图 8-46 所示的“切削参数”对话框。在“余量”选项卡中选中“使底面余量与侧面余量一致”复选框，设置“部件侧面余量”为 2，其余保持默认设置。单击“确定”按钮，关闭当前对话框。

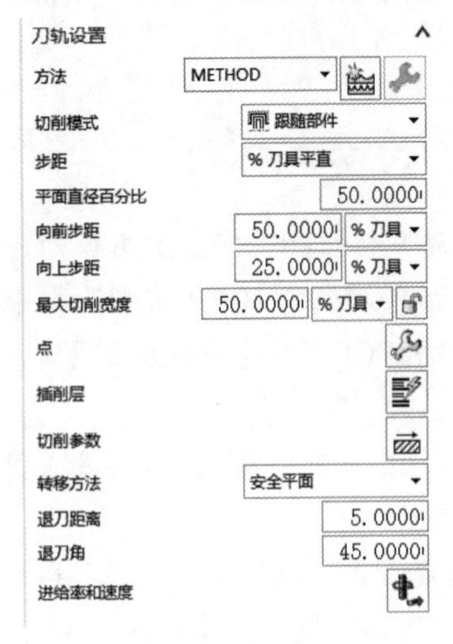

图 8-45 “刀轨设置”栏

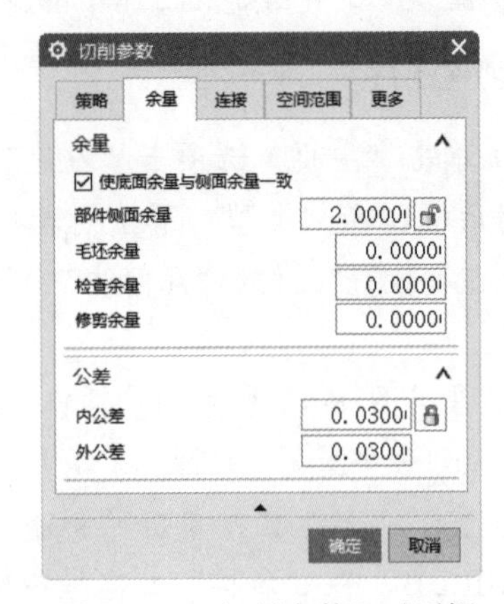

图 8-46 “切削参数”对话框

（6）返回“插铣”对话框，单击“操作”栏中的“生成刀轨”按钮，生成图8-47所示的刀轨。

（7）单击“操作”栏中的“确认”按钮，弹出“刀轨可视化”对话框，切换到“3D态”选项卡，单击“播放”按钮，进行3D模拟加工，结果如图8-48所示。

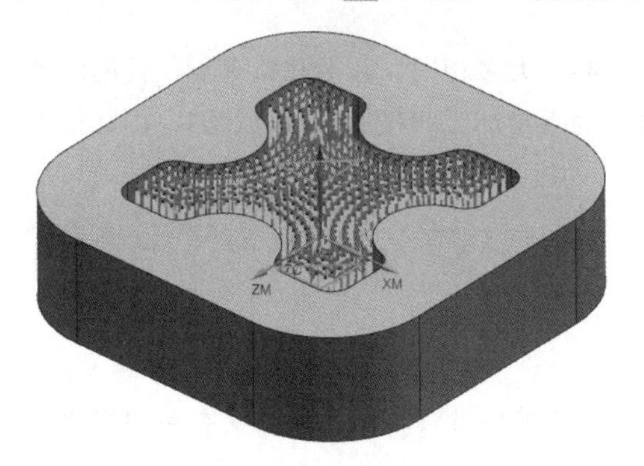

图8-47　生成的刀轨

图8-48　模拟加工结果

动手练——插铣粗加工

对如图8-49所示的部件进行插铣粗加工。

图8-49　待加工部件

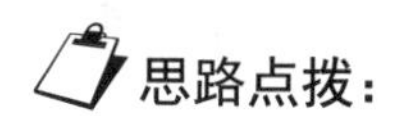
思路点拨：

源文件：yuanwenjian\8\dongshoulian\CXCJG

（1）创建毛坯、几何体以及刀具。

（2）创建插铣工序。

8.5　深度轮廓铣

深度轮廓铣是一个固定轴铣削模块，其设计目的是对多个切削层中的实体/面建模的部件进行轮廓铣。使用此模块只能切削部件或整个部件的陡峭区域。除了部件几何体外，还可以将切削区域几何体指定为部件几何体的子集，以限制要切削的区域。如果没有定义任何切削区域几何体，则系统将整个部件几何体当作切削区域。在生成刀轨的过程中，处理器将跟踪该几何体，检测部件几何体的陡峭区域，对跟踪形状进行排序，识别要加工的切削区域，并在不过切部件的情况下对所有切削层中的这些区域进行切削。

1．代替型腔铣

用于定义深度轮廓铣的参数与型腔铣操作中所需的参数大多相同。在某些情况下，使用深度轮廓铣和型腔铣可以生成类似的刀轨。由于深度轮廓铣是为半精加工和精加工而设计的，因此使用深度轮廓铣代替型腔铣会有以下优点。

（1）不需要毛坯几何体。

（2）将使用在操作中选择的或从 mill_area 中继承的切削区域。

（3）可以从 mill_area 组中继承裁剪边界。

（4）具有陡峭包容。

（5）当切削深度优先时按形状进行排序；而型腔铣按区域进行排序，这意味着先切削完一个岛部件形状上的所有层后才移至下一个岛。

（6）在闭合形状上可以通过直接斜削到部件上在层之间移动，从而创建螺旋状刀轨。

（7）在开放形状上可以交替方向进行切削，从而沿着壁向下创建往复运动。

2．高速加工

深度轮廓铣用于在陡峭壁上保持接近恒定的残余波峰高度和切削载荷，对高速加工尤其有效。

（1）可以保持陡峭壁上的残余波峰高度。

（2）可以在一个操作中切削多个层。

（3）可以在一个操作中切削多个特征（区域）。

（4）可以对薄壁工件按层（水线）进行切削。

（5）在各个层中可以广泛使用线形、圆形和螺旋形进刀方式。

（6）可以使刀具与材料保持恒定接触。

（7）可以通过对陡峭壁使用“Z 级切削”来进行精加工。

深度轮廓铣对高速加工有效的原因是可在不抬刀的情况下切削整个区域，可以通过以下选项来完成此操作：层到层、混合切削方向。

8.5.1　加工参数

深度轮廓铣的一个重要功能就是能够指定陡角，以区分陡峭与非陡峭区域。将“陡角”切换为“开”时，只有陡峭度大于指定陡角的区域才执行轮廓铣；将“陡角”切换为“关”时，系统将对整个部件执行轮廓铣。

深度轮廓铣的大部分参数与型腔铣相同，不同的参数主要如下。

1．陡角

任何给定点的部件陡角可定义为刀具轴和面的法向之间的角度。陡峭区域是指部件的陡峭角度大于指定陡角的区域；部件的陡峭角度小于指定陡角的区域则为非陡峭区域。将“陡角”切换为“开”时，只有陡峭角度大于或等于指定陡角的部件区域才进行切削；将“陡角”切换为“关”时，系统将对部件（由部件几何体和任何限定的切削区域几何体来定义）进行切削。

2. 合并距离

合并距离能够通过连接不连贯的切削运动来消除刀轨中小的不连续性或不希望出现的缝隙。这些不连续性发生在刀具从工件表面退刀的位置，有时是由表面间的缝隙引起的，有时是当工件表面的陡峭角度与指定的陡角非常接近时由工件表面陡峭角度的微小变化引起的。输入的值决定了连接切削运动的端点时刀具要跨过的距离。

3. 切削顺序

深度轮廓铣与按切削区域排列切削轨迹的型腔铣不同，它是按形状排列切削轨迹的。可以按深度优先对形状执行轮廓铣，也可以按层优先对形状执行轮廓铣。在前者中，每个形状（如岛屿）是在开始对下一个形状执行轮廓铣之前完成轮廓铣的；在后者中，所有形状都是在特定层中执行轮廓铣的，之后切削下一层中的各个形状。

4. 避让

系统可从几何体组中继承安全平面和下限平面，这样可以在同一安全平面中执行某些操作。如果以避让方式指定安全平面，则继承将关闭。如果想在几何体组中使用该平面，则需要转至继承列表并重新打开继承。

5. 确定最高和最低范围

对于深度轮廓铣，如果未定义切削区域，最高范围的默认上限和最低范围的默认下限将根据部件几何体的顶部和底部来确定；如果定义了切削区域，它们将根据切削区域的最高点和最低点来确定。

8.5.2　深度轮廓铣加工

扫一扫，看视频

深度轮廓铣工序在接近垂直的切削区域能够实现比较好的表面精度，但是在比较平缓的区域，相邻刀轨分布距离会产生较大的残余高度。

1. 打开文件

选择“文件”→“打开”命令，弹出“打开”对话框，选择 SDLKX.prt，单击“打开”按钮，打开图 8-50 所示的待加工部件。

2. 创建工序

（1）单击“应用模块”选项卡“加工”面板中的“加工”按钮，弹出“加工环境”对话框，在“要创建的 CAM 组装”下拉列表中选择 mill_contour 选项。单击“确定”按钮，进入加工环境。

（2）单击“主页”选项卡“刀片”面板中的“创建工序”按钮，弹出图 8-6 所示的“创建工序”对话框，在“类型”下拉列表中选择 mill_contour 选项，在“工序子类型”栏中选择“深度轮廓铣”，在“位置”栏的“几何体”下拉列表中选择 WORKPIECE，其他采用默认设置，单击“确定”按钮。

（3）弹出图 8-51 所示的“深度轮廓铣”对话框，单击“指定部件”右侧的“选择或编辑部件几何体”按钮，弹出“部件几何体”对话框，选择待加工部件为部件几何体。单击“确定”按钮，返回“工件”对话框。

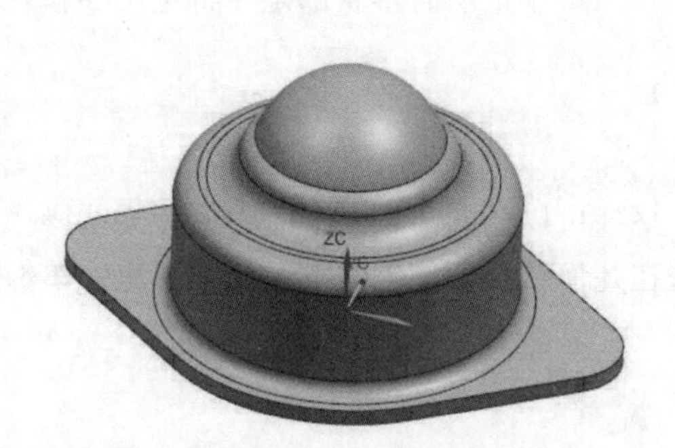

图 8-50　待加工部件

图 8-51　“深度轮廓铣”对话框

（4）单击“指定切削区域”右侧的“选择或编辑切削区域几何体”按钮，弹出“切削区域”对话框，选择外部区域为切削区域，如图 8-52 所示，单击“确定”按钮。

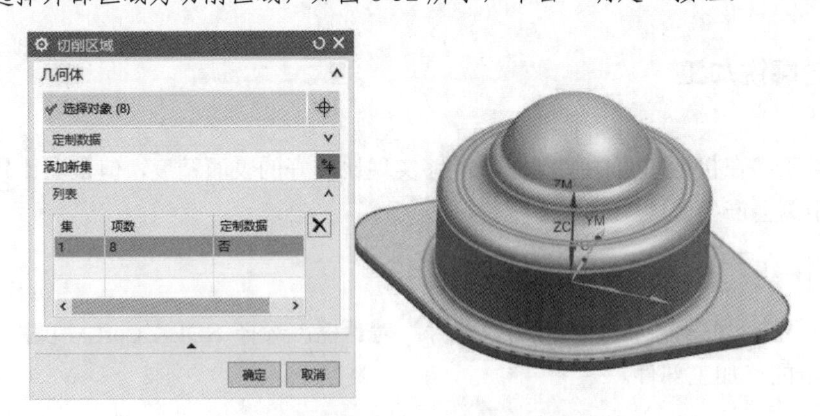

图 8-52　指定切削区域

（5）返回“深度轮廓铣”对话框，在“工具”栏中单击“新建”按钮，弹出“新建刀具”对话框，在“刀具子类型”栏中选择 MILL，在“名称”文本框中输入 END4，单击“确定”按钮。弹出图 8-53 所示的“铣刀-5 参数”对话框，在“尺寸”栏中设置“直径”为 4，“长度”为 50，“刀刃长度”为 30，其他采用默认设置。单击“确定”按钮，关闭当前对话框。

（6）返回“深度轮廓铣”对话框，在“刀轨设置”栏中设置“公共每刀切削深度”为“恒定”，“最大距离”为 3mm，其他采用默认设置，如图 8-54 所示。

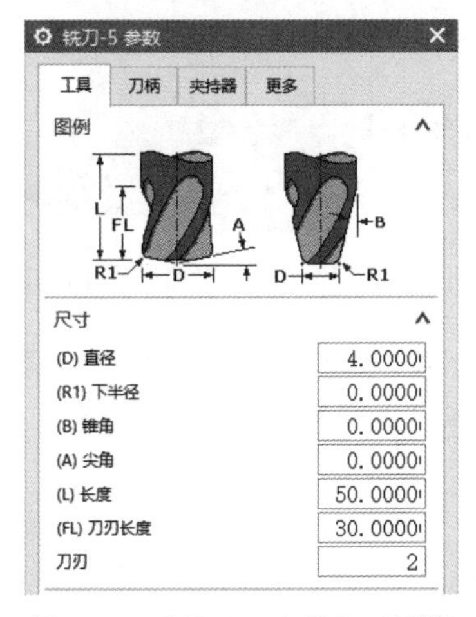

图 8-53 “铣刀-5 参数”对话框

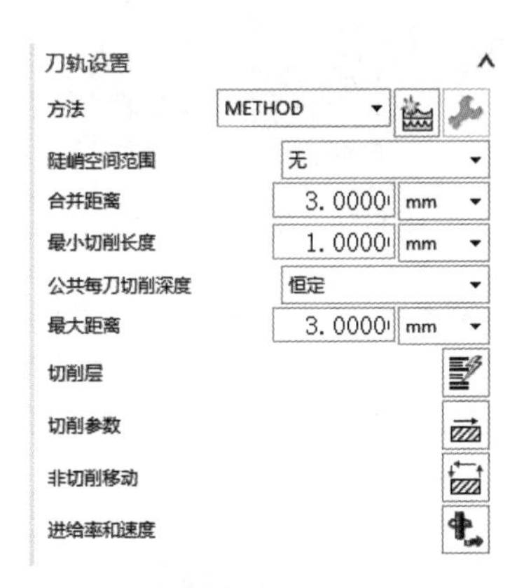

图 8-54 “刀轨设置”栏

（7）单击“切削参数”按钮，弹出图 8-55 所示的“切削参数”对话框，在“策略”选项卡中设置“切削顺序”为“层优先”，在“连接”选项卡中设置“层到层”为“使用转移方法”，其他采用默认设置。单击“确定”按钮，关闭当前对话框。

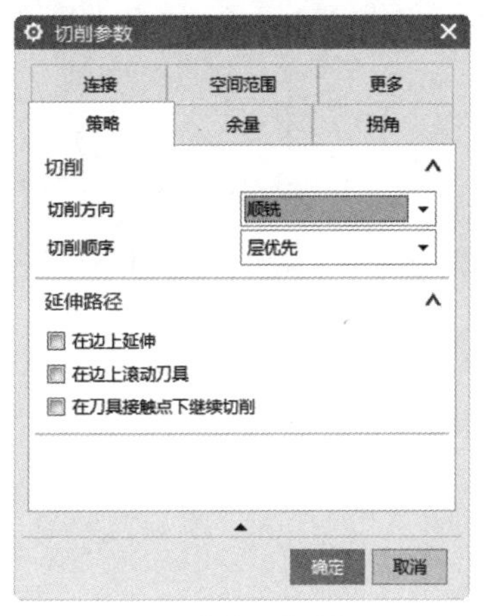

（a）“策略”选项卡

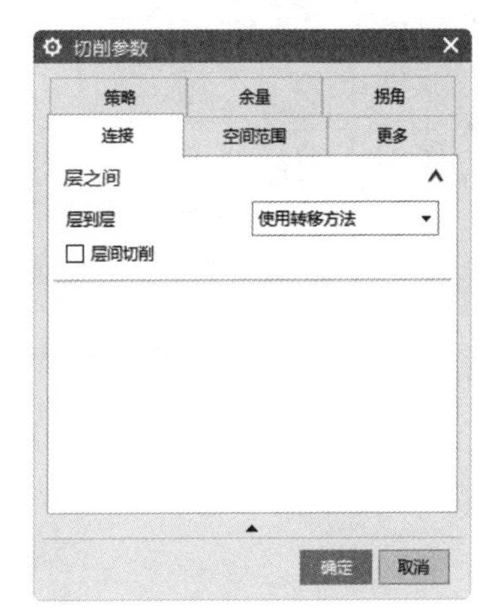

（b）“连接”选项卡

图 8-55 “切削参数”对话框

（8）返回“深度轮廓铣”对话框，单击“操作”栏中的“生成刀轨”按钮，生成图 8-56 所示的刀轨。

（9）如果在“切削参数”对话框的“连接”选项卡中选中“层间切削”复选框，设置“步距”为“恒定”，“最大距离”为 1，则生成的刀轨如图 8-57 所示。

图 8-56　生成的刀轨

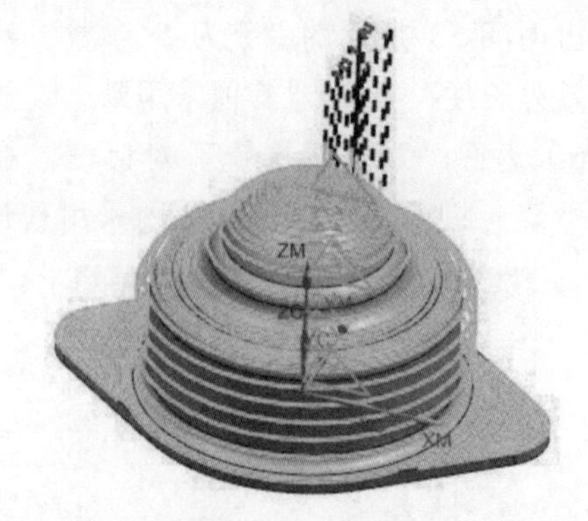

图 8-57　层间切削的“最大距离”为 1 时生成的刀轨

（10）如果在“刀轨设置”栏中设置“最大距离”为 1，则生成的刀轨如图 8-58 所示。

（11）如果在“刀轨设置”栏中设置“陡峭空间范围”为“仅陡峭的”，角度为 85°，则生成的刀轨如图 8-59 所示，只有陡峭角度大于 85°的面被切削。

图 8-58　每刀切削的“最大距离”为 1 时生成的刀轨

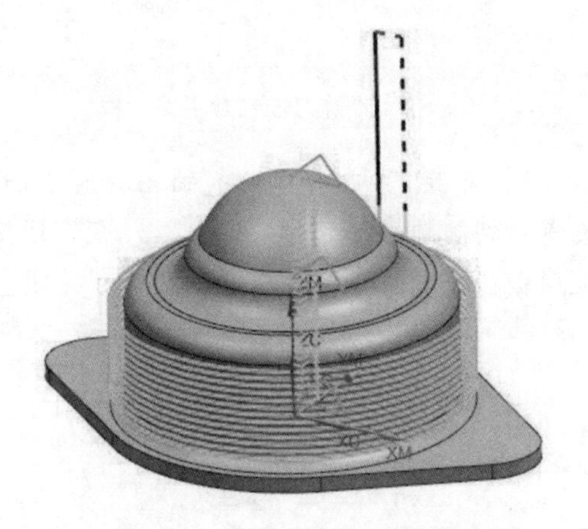

图 8-59　陡峭角度大于 85°的刀轨

扫一扫，看视频

动手练——深度轮廓铣加工

对如图 8-60 所示的部件进行深度轮廓铣加工。

图 8-60　待加工部件

思路点拨：

源文件：yuanwenjian\8\dongshoulian\CXCJG
（1）创建刀具。
（2）创建深度轮廓铣工序。
（3）指定切削区域。
（4）设置切削参数和非切削移动参数。

8.6　固定轴曲面轮廓铣

固定轴曲面轮廓铣包括固定轮廓铣、非陡峭区域轮廓铣、陡峭区域轮廓铣、区域轮廓铣、曲面区域轮廓铣、单刀路清根、多刀路清根、轮廓文本。

8.6.1　固定轮廓铣

1．打开文件

选择“文件”→“打开”命令，弹出“打开”对话框，选择 GDLKX.prt，单击“打开”按钮，打开图 8-61 所示的待加工部件。

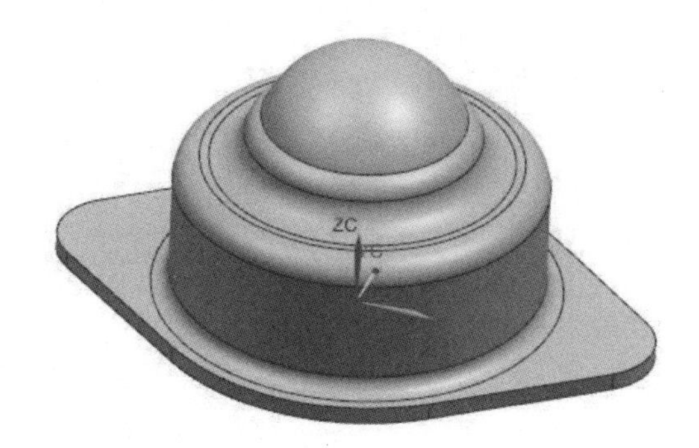

图 8-61　待加工部件

2．创建工序

（1）单击“应用模块”选项卡“加工”面板中的“加工”按钮，弹出“加工环境”对话框，在“要创建的 CAM 组装”下拉列表中选择 mill_contour 选项。单击“确定”按钮，进入加工环境。

（2）单击“主页”选项卡“刀片”面板中的“创建工序”按钮，弹出图 8-6 所示的“创建工序”对话框，在“类型”下拉列表中选择 mill_contour 选项，在“工序子类型”栏中选择“固定轮廓铣”，在“位置”栏的“几何体”下拉列表中选择 WORKPIECE，其他采用默认设置，单击“确定”按钮。

（3）弹出图 8-62 所示的“固定轮廓铣”对话框，单击“指定部件”右侧的“选择或编辑部件几何体”按钮，弹出“部件几何体”对话框，选择待加工部件为部件几何体。单击“确定”按钮，返回“固定轮廓铣”对话框。

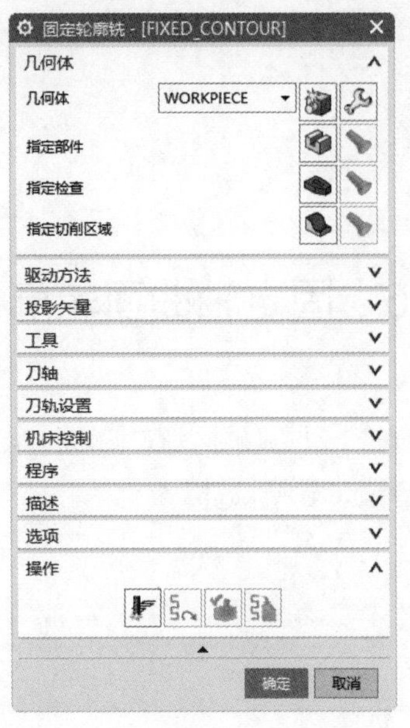

图 8-62　“固定轮廓铣”对话框

（4）单击“指定切削区域”右侧的“选择或编辑切削区域几何体”按钮，弹出“切削区域”对话框，选择外部区域为切削区域，如图 8-63 所示。单击“确定”按钮，关闭当前对话框。

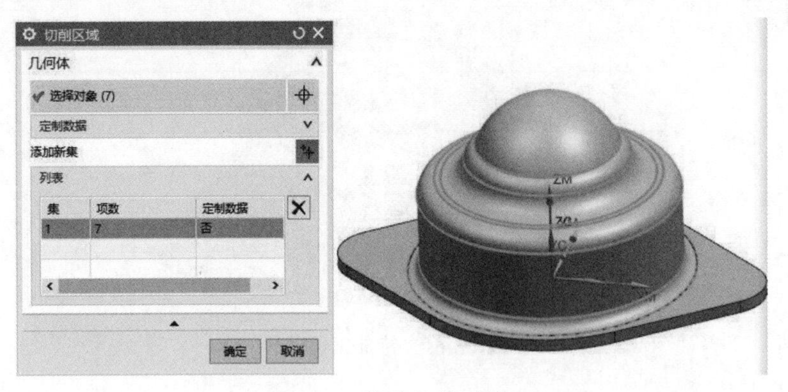

图 8-63　指定切削区域

（5）返回“固定轮廓铣”对话框，在“工具”栏中单击“新建”按钮，弹出“新建刀具”对话框，在“刀具子类型”栏中选择 MILL，在“名称”文本框中输入 END4，单击“确定”按钮。弹出图 8-64 所示的“铣刀-5 参数”对话框，在“尺寸”栏中设置“直径”为 4，其他采用默认设置。单击“确定”按钮，关闭当前对话框。

（6）返回“固定轮廓铣”对话框，在“驱动方式”栏的“方法”下拉列表中选择“区域铣削”选项，弹出图 8-65 所示的“区域铣削驱动方法”对话框，在“陡峭空间范围”栏中设置“方法”为“无”；在“驱动设置”栏中设置“非陡峭切削模式”为“跟随周边”，“刀路方向”为“向外”，“切削方向”为“顺铣”，“平面直径百分比”为 50，“步距已应用”为“在平面上”，其他采用默认设置。单击“确定”按钮，关闭当前对话框。

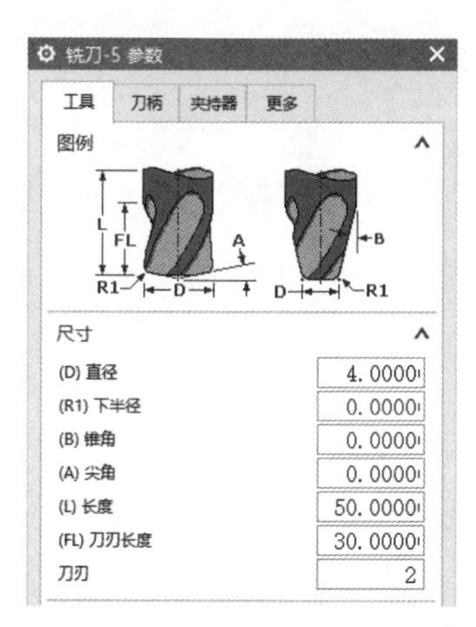

图 8-64 “铣刀-5 参数”对话框

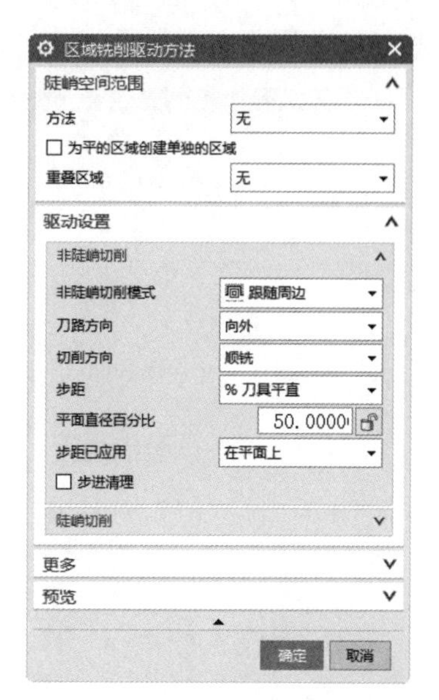

图 8-65 “区域铣削驱动方法”对话框

（7）返回“固定轮廓铣”对话框，单击“切削参数”按钮，弹出图 8-66 所示的“切削参数”对话框，在“策略”选项卡中设置“切削方向”为“顺铣”，“刀路方向”为“向外”，“最大拐角角度”为 135°，选中“在边上滚动刀具”复选框；在“更多”选项卡中设置“最大步长”为“30%刀具”，“向上斜坡角”为 90°，“向下斜坡角”为 90°，选中“优化刀轨”和“应用于步进”复选框。单击“确定”按钮，关闭当前对话框。

（a）“策略”选项卡

（b）“更多”选项卡

图 8-66 “切削参数”对话框

（8）返回“固定轮廓铣”对话框，单击“非切削移动”按钮，弹出图 8-67 所示的“非切削移动”对话框，在“进刀”选项卡的“开放区域”栏中设置“进刀类型”为“插削”，“高度”为“200%刀具”；在“根据部件/检查”栏中设置“进刀类型”为“与开放区域相同”；在“初始”栏中设置“进刀类型”为“与开放区域相同”。在“退刀”选项卡的“开放区域”栏中设置“退刀类型”为“与进刀相同”，在“根据部件/检查”栏中设置“退刀类型”为“与开放区域退刀相同”，在“最终”栏中设置“退刀类型”为“与开放区域退刀相同”，其他采用默认设置。单击“确定”按钮，关闭当前对话框。

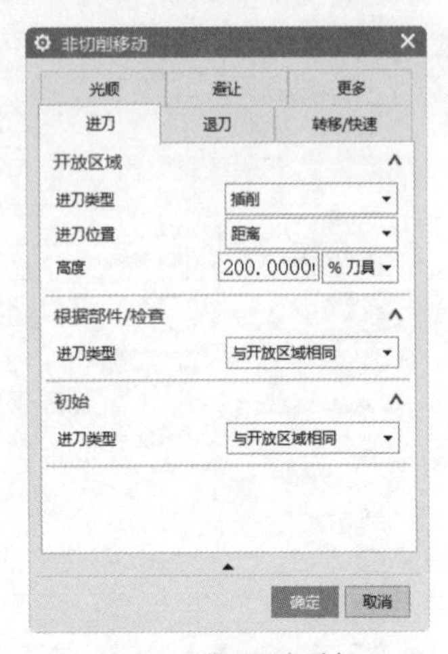

（a）“进刀”选项卡

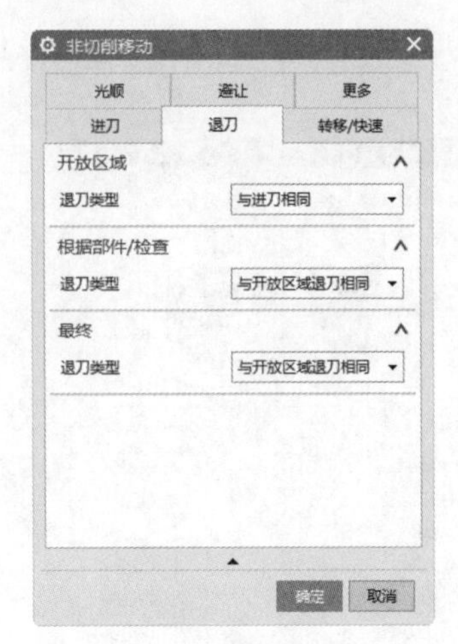

（b）“退刀”选项卡

图 8-67 “非切削移动”对话框

（9）返回“固定轮廓铣”对话框，在“操作”栏中单击“生成”按钮，生成的刀轨如图 8-68 所示。

（10）为控制加工残留高度，在“区域铣削驱动方法”对话框中“驱动设置”栏中设置“步距已应用”为“在部件上”，生成的刀轨如图 8-69 所示。

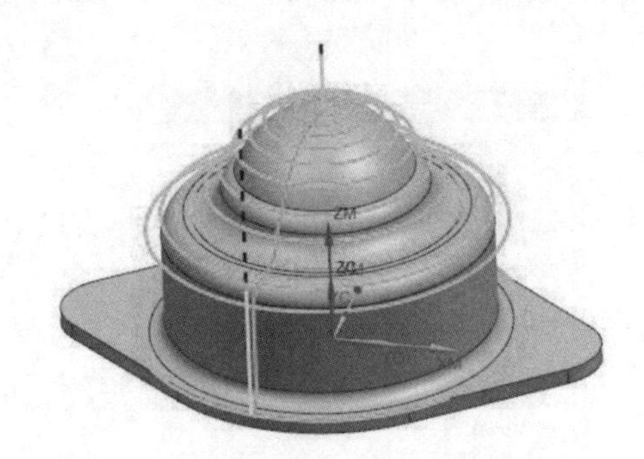

图 8-68 生成的刀轨（在平面上）

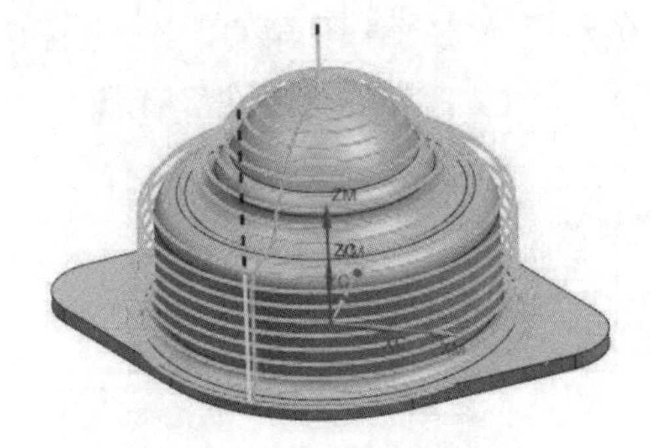

图 8-69 生成的刀轨（在部件上）

扫一扫，看视频

动手练——固定轮廓铣半精加工

对如图 8-70 所示的部件进行固定轮廓铣半精加工。

图 8-70 待加工部件

思路点拨：

源文件：yuanwenjian\8\dongshoulian\LKXCZSL-3
（1）创建固定轮廓铣工序。
（2）指定切削区域。
（3）设置区域铣削驱动方法。
（4）设置切削参数和非切削移动参数。

8.6.2　非陡峭区域轮廓铣

扫一扫，看视频

1．打开文件

选择“文件”→“打开”命令，弹出“打开”对话框，选择 FDQQX.prt，单击“打开”按钮，打开图 8-71 所示的待加工部件。

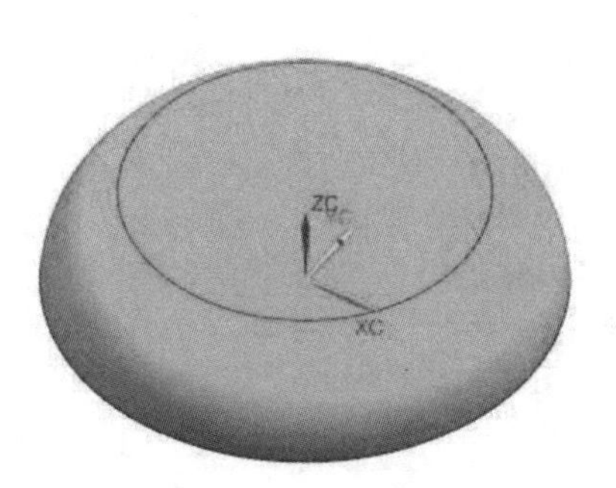

图 8-71　待加工部件

2．创建几何体

（1）单击“应用模块”选项卡“加工”面板中的“加工”按钮，弹出“加工环境”对话框，在“要创建的 CAM 组装”下拉列表中选择 mill_contour 选项。单击“确定”按钮，进入加工环境。

（2）在上边框条中单击“几何视图”图标，显示“工序导航器-几何”视图，在 MCS_MILL 节点下双击 WORKPIECE，弹出“工件”对话框。

（3）单击“指定部件”右侧的“选择或编辑部件几何体”按钮，弹出“部件几何体”对话框，选择待加工部件。单击“确定”按钮，返回“工件”对话框。

（4）在“工件”对话框中单击“指定毛坯”右侧的“选择或编辑毛坯几何体”按钮，弹出“毛坯几何体”对话框，设置“类型”为“包容圆柱体”，其他采用默认设置，如图 8-72 所示。单击“确定”按钮，完成工件的设置。

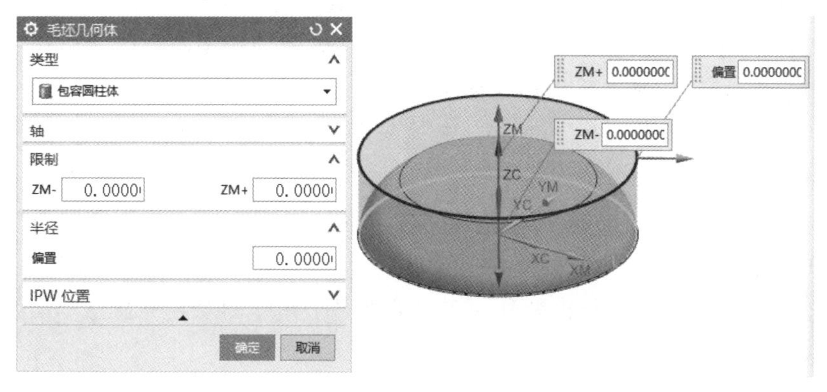

图 8-72　指定毛坯

3. 创建工序

（1）单击“主页”选项卡“刀片”面板中的“创建工序”按钮，弹出图 8-6 所示的“创建工序”对话框，在“类型”下拉列表中选择 mill_contour 选项，在“工序子类型”栏中选择“非陡峭区域轮廓铣”，在“位置”栏的“几何体”下拉列表中选择 WORKPIECE，其他采用默认设置，单击“确定”按钮。

（2）弹出图 8-73 所示的“非陡峭区域轮廓铣”对话框，单击“指定切削区域”右侧的“选择或编辑切削区域几何体”按钮，弹出“切削区域”对话框，选择外表面为切削区域，如图 8-74 所示。单击“确定”按钮，关闭当前对话框。

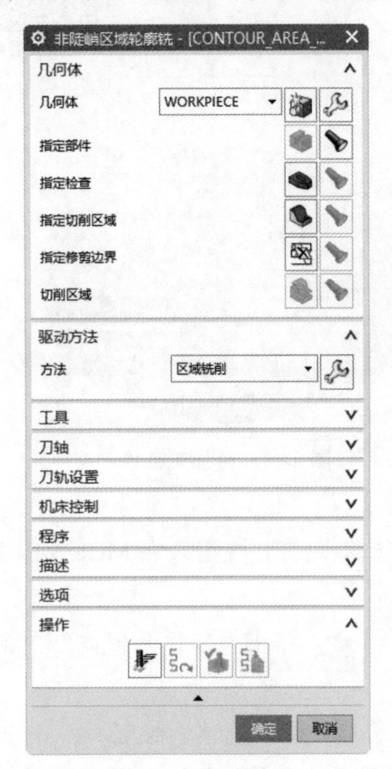

图 8-73 “非陡峭区域轮廓铣”对话框

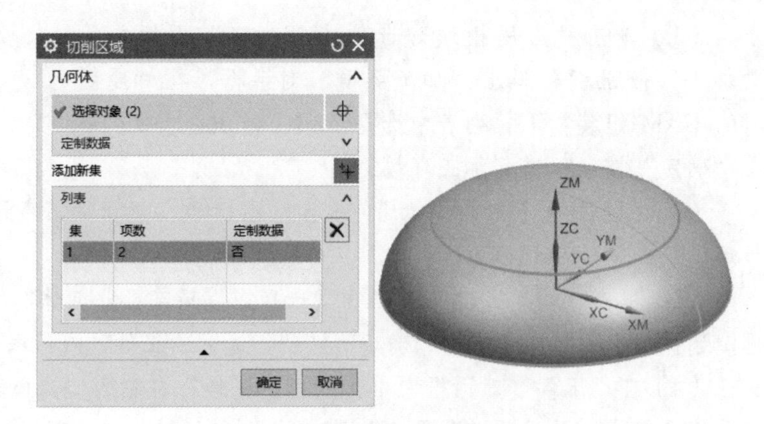

图 8-74 指定切削区域

（3）返回“非陡峭区域轮廓铣”对话框，在“工具”栏中单击“新建”按钮，弹出图 8-9 所示的“新建刀具”对话框，在“刀具子类型”栏中选择 MILL，在“名称”文本框中输入 END4，单击“确定”按钮。弹出图 8-75 所示的“铣刀-5 参数”对话框，在“尺寸”栏中设置“直径”为 4，“长度”为 50，“刀刃长度”为 35，其他采用默认设置。单击“确定”按钮，关闭当前对话框。

（4）返回“非陡峭区域轮廓铣”对话框，在“驱动方法”栏中单击“编辑”按钮，弹出“区域铣削驱动方法”对话框，设置“陡峭壁角度”为 65°，“非陡峭切削模式”为“往复”，“切削方向”为“顺铣”，“平面直径百分比”为 50°，“步距已应用”为“在平面上”，如图 8-76 所示。单击“确定”按钮，关闭当前对话框。

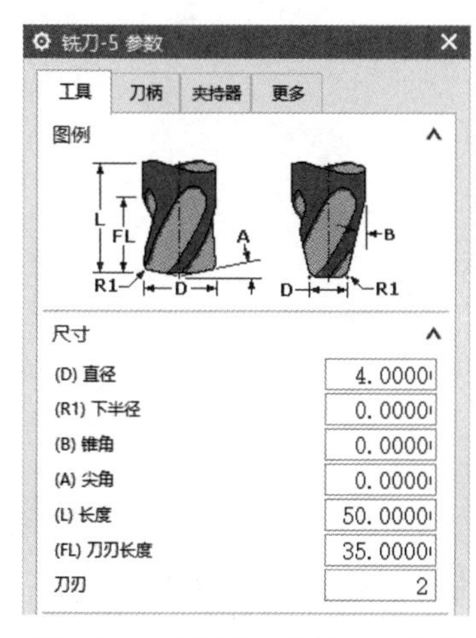

图 8-75 “铣刀-5 参数”对话框

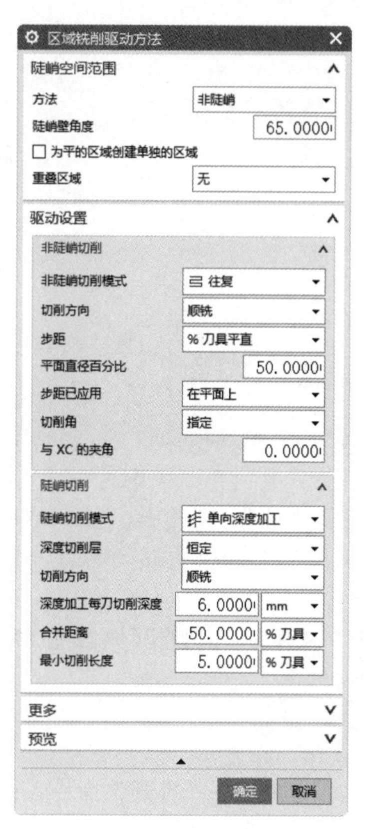

图 8-76 “区域铣削驱动方法”对话框

（5）返回“非陡峭区域轮廓铣”对话框，单击“操作”栏中的“生成刀轨”按钮，生成图 8-77 所示的刀轨。

（6）如果在“区域铣削驱动方法”对话框中设置“陡峭壁角度”为 90°，其他采用默认设置，单击“操作”栏中的“生成刀轨”按钮，则生成图 8-78 所示的刀轨。

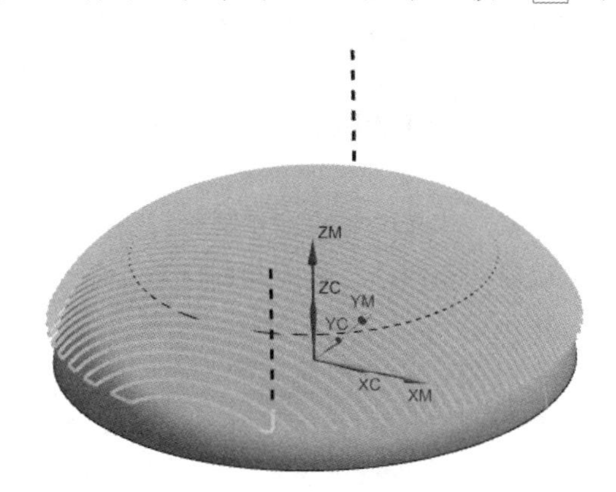

图 8-77 生成的刀轨

图 8-78 “陡峭壁角度”为 90°时生成的刀轨

动手练——非陡峭区域轮廓铣削加工

对如图 8-79 所示的部件进行非陡峭区域轮廓铣削加工。

扫一扫，看视频

图 8-79　待加工部件

思路点拨：

源文件：yuanwenjian\8\dongshoulian\LKXCZSL-1

（1）创建刀具、几何体。

（2）创建型腔铣工序。

（3）创建非陡峭区域轮廓铣。

扫一扫，看视频

8.6.3　陡峭区域轮廓铣

1. 打开文件

选择“文件”→“打开”命令，弹出“打开”对话框，选择 DQQYLKX.prt，单击“打开”按钮，打开图 8-71 所示的待加工部件。

2. 创建几何体

重复 8.6.2 小节中的第 2 步，创建毛坯和几何体。

3. 创建工序

（1）单击“主页”选项卡“刀片”面板中的“创建工序”按钮，弹出图 8-6 所示的“创建工序”对话框，在“类型”下拉列表中选择 mill_contour 选项，在“工序子类型”栏中选择“陡峭区域轮廓铣”，在“位置”栏的“几何体”下拉列表中选择 WORKPIECE，其他采用默认设置，单击“确定”按钮。

（2）弹出图 8-80 所示的“陡峭区域直接轮廓铣”对话框，单击“指定切削区域”右侧的“选择或编辑切削区域几何体”按钮，弹出“切削区域”对话框，选择外表面为切削区域，单击“确定”按钮。

（3）返回“陡峭区域直接轮廓铣”对话框，在“工具”栏中单击“新建”按钮，弹出图 8-9 所示的“新建刀具”对话框，在“刀具子类型”栏中选择 MILL，在“名称”文本框中输入 END4，单击“确定”按钮。弹出“铣刀-5 参数”对话框，在“尺寸”栏中设置“直径”为 4，“长度”为 50，“刀刃长度”为 35，其他采用默认设置。单击“确定”按钮，关闭当前对话框。

（4）返回“陡峭区域直接轮廓铣”对话框，在“驱动方法”栏中单击“编辑”按钮，弹出“区域铣削驱动方法”对话框，设置“方法”为“定向陡峭”，“陡峭壁角度”为 35°，“非陡峭切削模式”为“往复”，“切削方向”为“顺铣”，“平面直径百分比”为 50，如图 8-81 所示。单击“确定”按钮，关闭当前对话框。

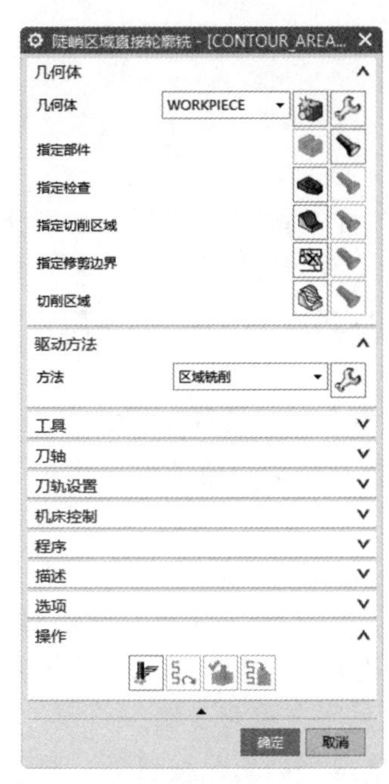

图 8-80　“陡峭区域直接轮廓铣”对话框

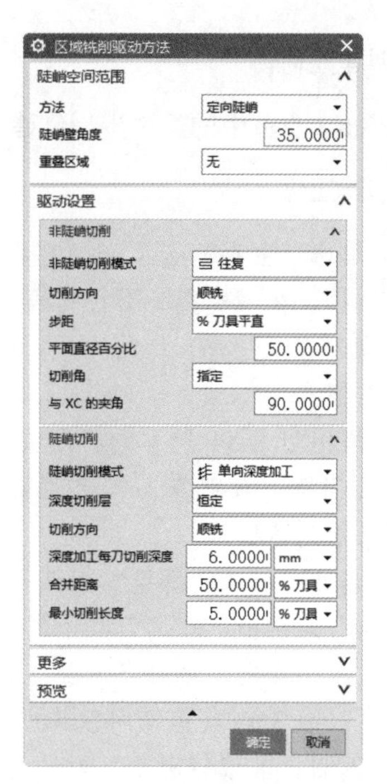

图 8-81　“区域铣削驱动方法”对话框

（5）返回“陡峭区域直接轮廓铣”对话框，单击“操作”栏中的“生成刀轨”按钮，生成图 8-82 所示的刀轨。

（6）如果在“区域铣削驱动方法”对话框中设置“陡峭壁角度”为 0°，其他采用默认设置，单击“操作”栏中的“生成刀轨”按钮，则生成如图 8-83 所示的刀轨。读者注意观察陡峭区域轮廓铣和非陡峭区域轮廓铣的区别。

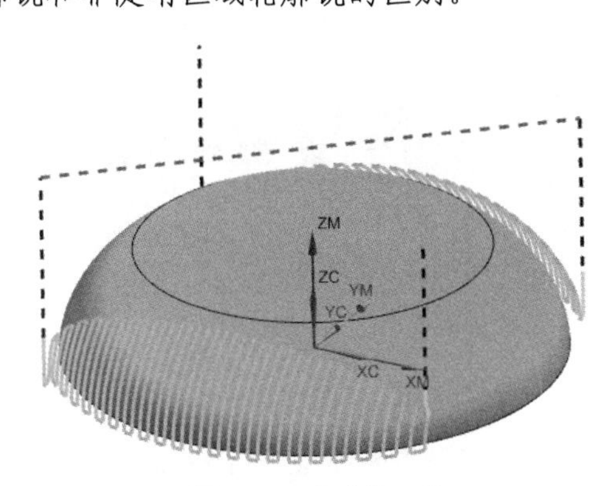

图 8-82　生成的刀轨

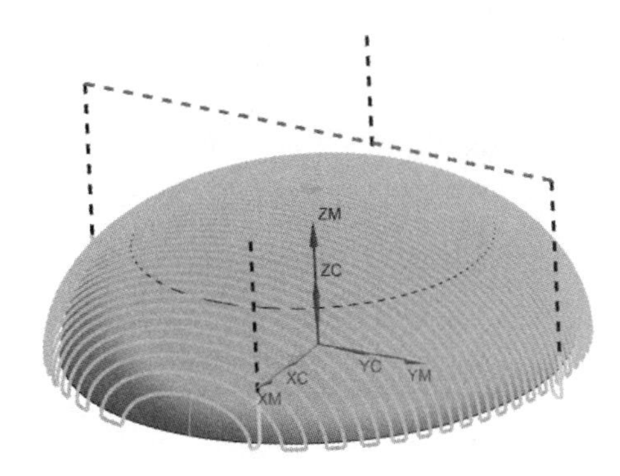

图 8-83　“陡峭壁角度”为 0°时生成的刀轨

8.6.4　区域轮廓铣

扫一扫，看视频

1. 打开文件

选择“文件”→“打开”命令，弹出“打开”对话框，选择 QYLKX.prt，单击“打开”按钮，打开图 8-71 所示的待加工部件。

2. 创建几何体

重复 8.6.2 小节中的第 2 步，创建毛坯和几何体。

3. 创建工序

（1）单击“主页”选项卡“刀片”面板中的“创建工序”按钮，弹出图 8-6 所示的“创建工序”对话框，在“类型”下拉列表中选择 mill_contour 选项，在“工序子类型”栏中选择“区域轮廓铣”，在“位置”栏的“几何体”下拉列表中选择 WORKPIECE，其他采用默认设置，单击“确定”按钮。

（2）弹出图 8-84 所示的“区域轮廓铣”对话框，单击“指定切削区域”右侧的“选择或编辑切削区域几何体”按钮，弹出“切削区域”对话框，选择外表面为切削区域。单击“确定”按钮，关闭当前对话框。

（3）返回“区域轮廓铣”对话框，在“工具”栏中单击“新建”按钮，弹出图 8-9 所示的“新建刀具”对话框，在“刀具子类型”栏中选择 MILL，在“名称”文本框中输入 END4，单击“确定”按钮。弹出“铣刀-5 参数”对话框，在“尺寸”栏中设置“直径”为 4，“长度”为 50，“刀刃长度”为 35，其他采用默认设置。单击“确定”按钮，关闭当前对话框。

（4）返回“区域轮廓铣”对话框，在“驱动方法”栏中单击“编辑”按钮，弹出“区域铣削驱动方法”对话框，设置“非陡峭切削模式”为“跟随周边”，“切削方向”为“顺铣”，“平面直径百分比”为 50，“步距已应用”为“在平面上”，如图 8-85 所示。单击“确定”按钮，关闭当前对话框。

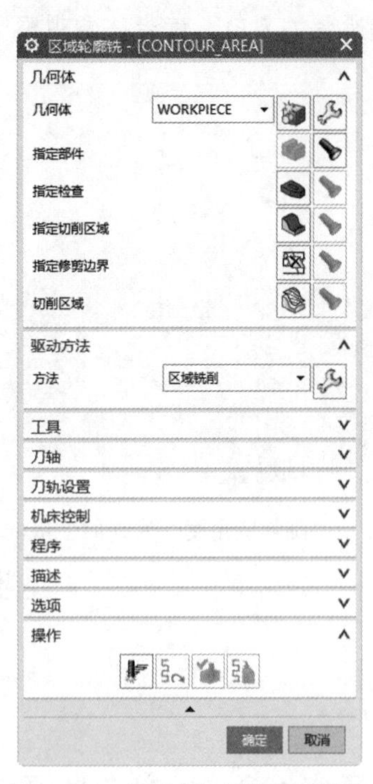

图 8-84 “区域轮廓铣”对话框

图 8-85 “区域铣削驱动方法”对话框

（5）返回“区域轮廓铣”对话框，单击“操作”栏中的“生成”按钮，生成图 8-86 所示的刀轨。

（6）如果在“区域铣削驱动方法”对话框中设置“非陡峭切削模式”为“往复”，其他采用默认设置，单击“操作”栏中的“生成刀轨”按钮，则生成图 8-87 所示的刀轨。读者注意观察区域轮廓铣和非陡峭区域轮廓铣的区别。

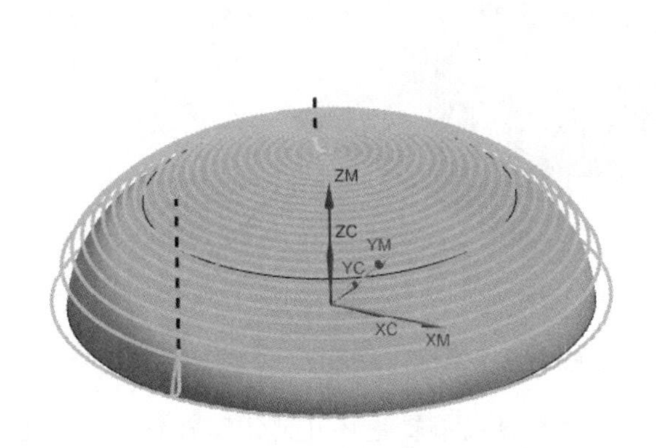

图 8-86 生成的刀轨

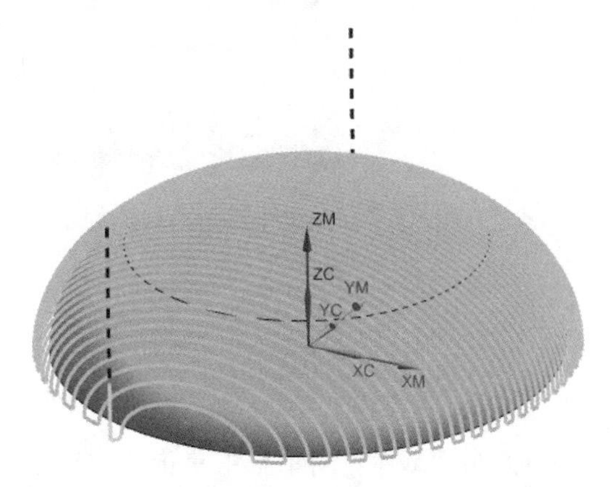

图 8-87 “非陡峭切削模式”为“往复”时生成的刀轨

8.6.5 曲面区域轮廓铣

扫一扫，看视频

1. 打开文件

选择“文件”→“打开”命令，弹出“打开”对话框，选择 QMLKX.prt，单击“打开”按钮，打开图 8-88 所示的待加工部件。

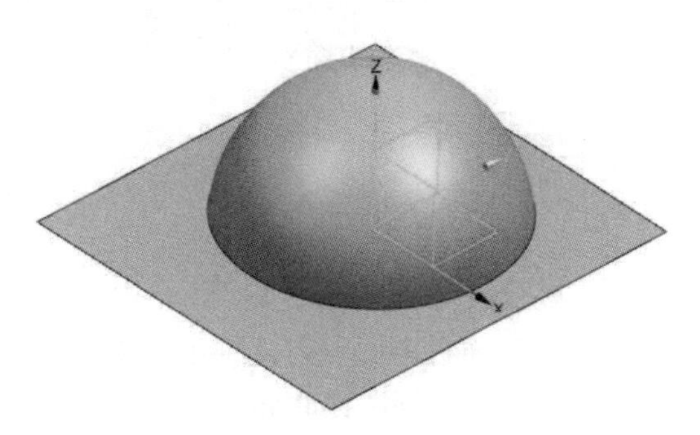

图 8-88 待加工部件

2. 创建几何体

（1）单击“应用模块”选项卡“加工”面板中的“加工”按钮，弹出“加工环境”对话框，在“要创建的 CAM 组装”下拉列表中选择 mill_contour 选项。单击“确定”按钮，进入加工环境。

（2）在上边框条中单击“几何视图”图标，显示“工序导航器-几何”视图，在 MCS_MILL 节点下双击 WORKPIECE，弹出“工件”对话框。

（3）单击“指定部件”右侧的“选择或编辑部件几何体”按钮，弹出“部件几何体”对话框，选择待加工部件的球体为部件几何体，如图 8-89 所示。单击“确定”按钮，返回“工件”对话框。

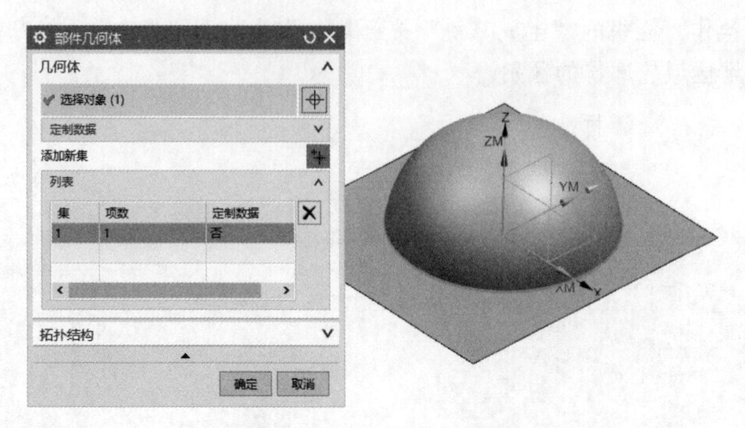

图 8-89　指定部件几何体

（4）在“工件”对话框中单击“指定毛坯”右侧的“选择或编辑毛坯几何体”按钮，弹出“毛坯几何体”对话框，设置“类型”为“包容圆柱体”，其他采用默认设置，如图 8-90 所示。单击“确定”按钮，完成工件的设置。

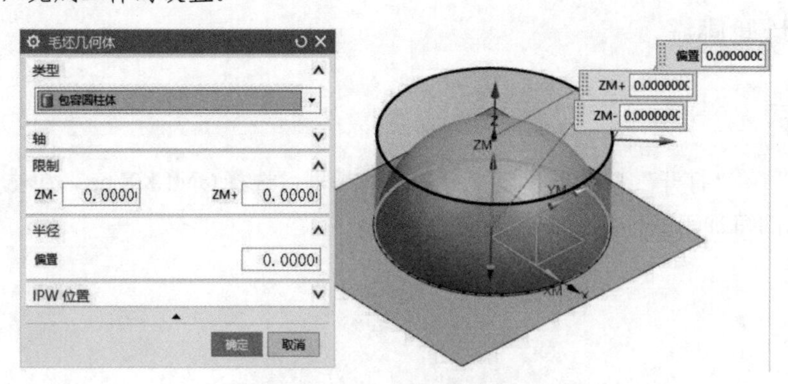

图 8-90　指定毛坯

3. 创建工序

（1）单击“主页”选项卡“刀片”面板中的“创建工序”按钮，弹出图 8-6 所示的“创建工序”对话框，在“类型”下拉列表中选择 mill_contour 选项，在“工序子类型”栏中选择“曲面区域轮廓铣”，在“位置”栏的“几何体”下拉列表中选择 WORKPIECE，其他采用默认设置，单击“确定”按钮。

（2）弹出图 8-91 所示的“曲面区域轮廓铣”对话框，单击“指定切削区域”右侧的“选择或编辑切削区域几何体”按钮，弹出“切削区域”对话框，选择外表面为切削区域。单击“确定”按钮，关闭当前对话框。

（3）返回“曲面区域轮廓铣”对话框，在“工具”栏中单击“新建”按钮，弹出图 8-9 所示的“新建刀具”对话框，在“刀具子类型”栏选择 MILL，在“名称”文本框中输入 MILL6，单击“确定”按钮。弹出“铣刀-5 参数”对话框，在“尺寸”栏中设置“直径”为 6mm，其他采用默认设置。单击“确定”按钮，关闭当前对话框。

（4）返回“曲面区域轮廓铣”对话框，在“驱动方法”栏中单击“编辑”按钮，弹出图 8-92 所示的“曲面区域驱动方法”对话框，单击“选择或编辑驱动几何体”按钮，弹出“驱动几何体”对话框，选择图 8-93 所示的曲面为驱动几何体。单击“确定”按钮，返回“曲面区域驱动方法”对话框，设置“切削模式”为“往复”，“步距”为“数量”，“步距数”为 30。单击“确定”按钮，关闭当前对话框。

图 8-91　“曲面区域轮廓铣”对话框

图 8-92　“曲面区域驱动方法”对话框

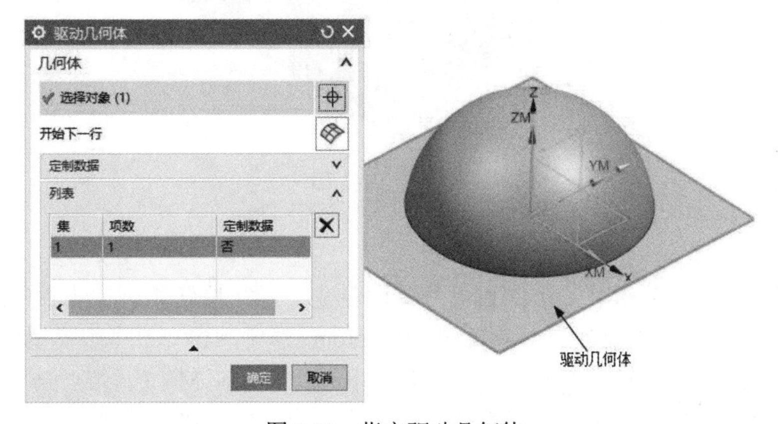

图 8-93　指定驱动几何体

（5）返回“曲面区域轮廓铣”对话框，单击“操作”栏中的“生成”按钮，生成图 8-94 所示的刀轨。

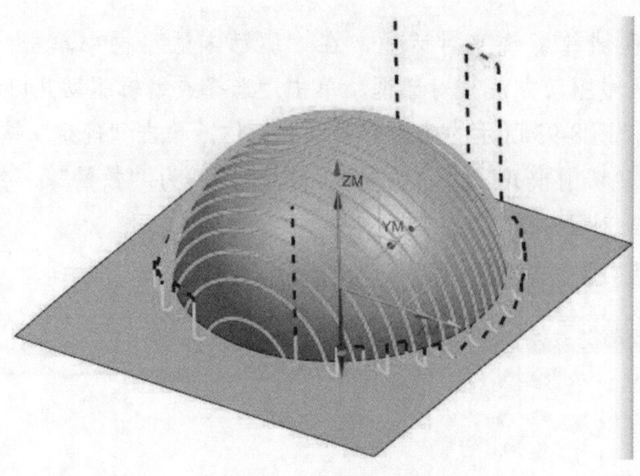

图 8-94　生成的刀轨

扫一扫，看视频

8.6.6　单刀路清根

1. 打开文件

选择“文件”→“打开”命令，弹出“打开”对话框，选择 QG.prt，单击“打开”按钮，打开图 8-95 所示的待加工部件。

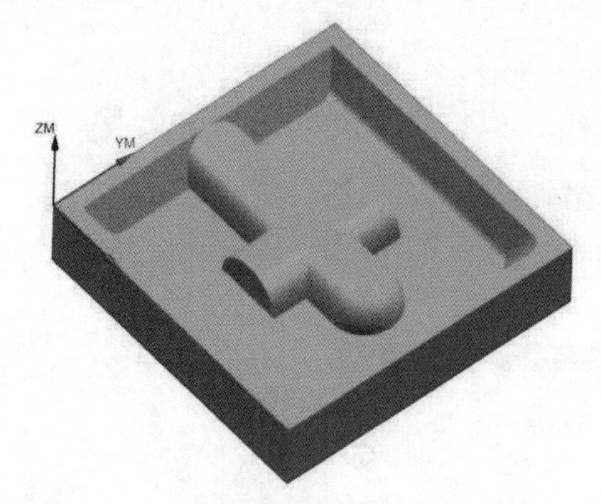

图 8-95　待加工部件

2. 创建工序

（1）单击“主页”选项卡“刀片”面板中的“创建工序”按钮，弹出图 8-6 所示的“创建工序”对话框，在“类型”下拉列表中选择 mill_contour 选项，在“工序子类型”栏中选择“单刀路清根”，在“位置”栏的“几何体”下拉列表中选择 MCS_MILL，在“方法”下拉列表中选择 MILL_SEMI_FINISH 选项，其他采用默认设置，单击“确定”按钮。

（2）弹出图 8-96 所示的“单刀路清根”对话框，单击“指定部件”右侧的“选择或编辑部件几何体”按钮，弹出“部件几何体”对话框，选择待加工部件为部件几何体。单击“确定”按钮，关闭当前对话框。

（3）返回“单刀路清根”对话框，单击“指定切削区域”右侧的“选择或编辑切削区域几何体”按钮，弹出“切削区域”对话框，选择腔体区域为切削区域，如图 8-97 所示。单击“确定”按钮，关闭当前对话框。

图 8-96　“单刀路清根”对话框

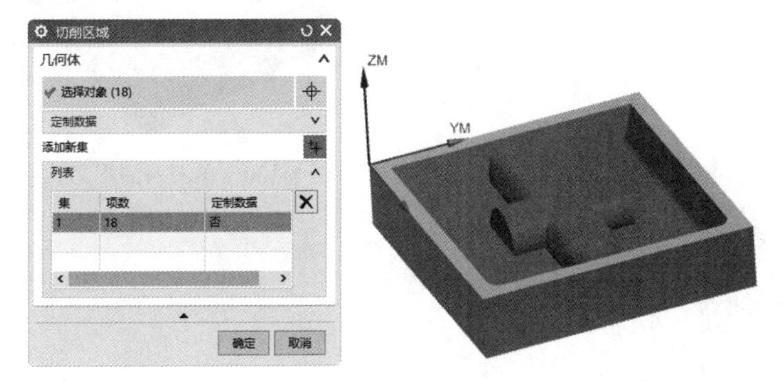

图 8-97　指定切削区域

（4）返回“单刀路清根”对话框，在“工具”栏中单击“新建”按钮，弹出“新建刀具”对话框，在“刀具子类型”栏中选择 MILL，在“名称”文本框中输入 END5，单击“确定”按钮。弹出图 8-98 所示的“铣刀-5 参数”对话框，在“尺寸”栏中设置“直径”为 0.5，“下半径”为 0.25，其他采用默认设置。单击“确定”按钮，关闭当前对话框。

（5）返回“单刀路清根”对话框，在“驱动几何体”栏中输入“最大凹度”为 160，其他采用默认设置，如图 8-99 所示。

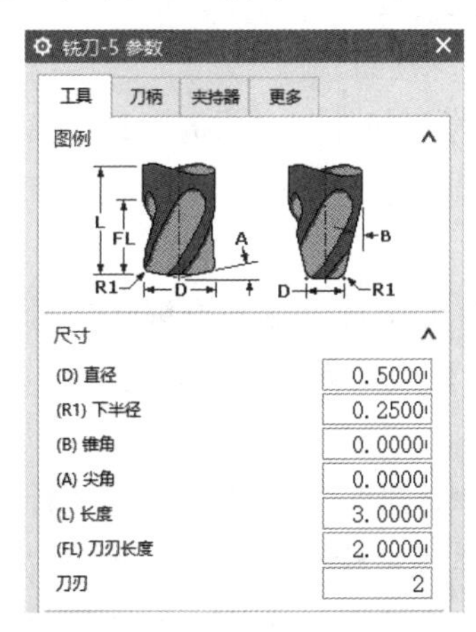

图 8-98　“铣刀-5 参数”对话框

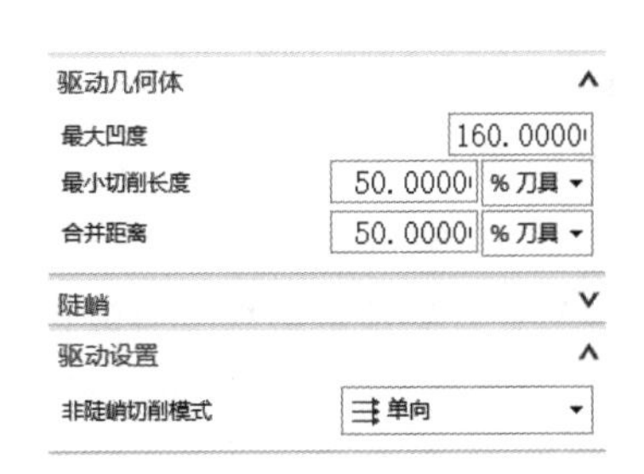

图 8-99　设置最大凹度

（6）在“操作”栏中单击“生成刀轨”按钮，生成刀轨，再单击“确认”按钮，实现刀轨的可视化，生成的刀轨如图 8-100 所示。

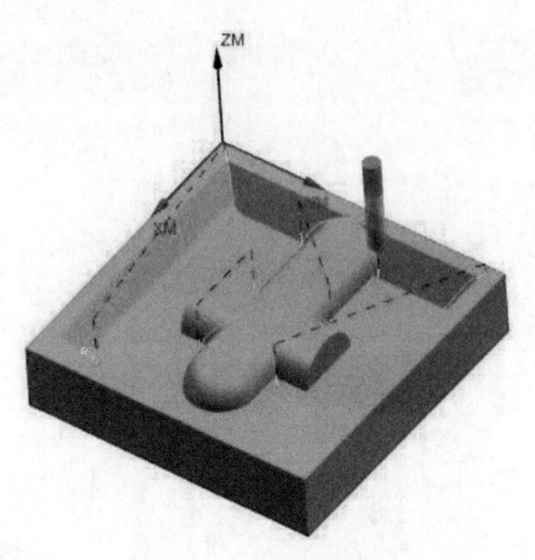

图 8-100　单刀路清根刀轨

扫一扫，看视频

8.6.7　多刀路清根

1. 打开文件

选择“文件”→“打开”命令，弹出“打开”对话框，选择 QG.prt，单击“打开”按钮，打开图 8-95 所示的待加工部件。

2. 创建工序

（1）单击“主页”选项卡“刀片”面板中的“创建工序”按钮，弹出图 8-6 所示的“创建工序”对话框，在“类型”下拉列表中选择 mill_contour 选项，在“工序子类型”栏中选择“多刀路清根”，在“位置”栏的“几何体”下拉列表中选择 MCS_MILL，在“方法”下拉列表中选择 MILL_SEMI_FINISH 选项，其他采用默认设置，单击“确定”按钮。

（2）弹出图 8-101 所示的“多刀路清根”对话框，单击“指定部件”右侧的“选择或编辑部件几何体”按钮，弹出“部件几何体”对话框，选择待加工部件为部件几何体。单击“确定”按钮，关闭当前对话框。

（3）返回“多刀路清根”对话框，单击“指定切削区域”右侧的“选择或编辑切削区域几何体”按钮，弹出“切削区域”对话框，选择腔体区域为切削区域，如图 8-102 所示。单击“确定”按钮，关闭当前对话框。

（4）返回“多刀路清根”对话框，在“工具”栏中单击“新建”按钮，弹出“新建刀具”对话框，在“刀具子类型”栏中选择 MILL，在“名称”文本框中输入 END5。单击“确定”按钮，弹出图 8-98 所示的“铣刀-5 参数”对话框，在“尺寸”栏中设置“直径”为 0.5，“下半径”为 0.25，其他采用默认设置。单击“确定”按钮，关闭当前对话框。

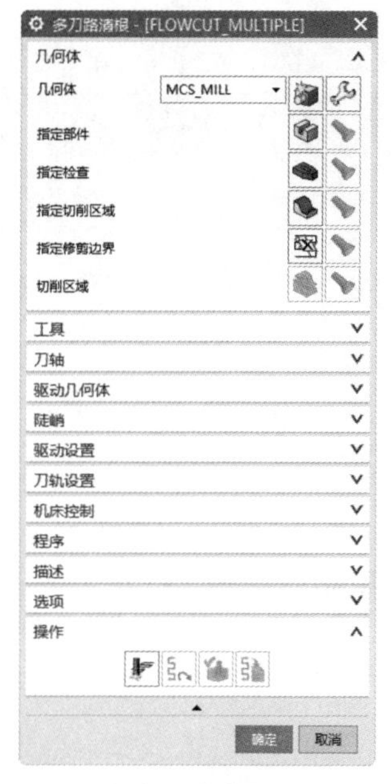

图 8-101　“多刀路清根”对话框

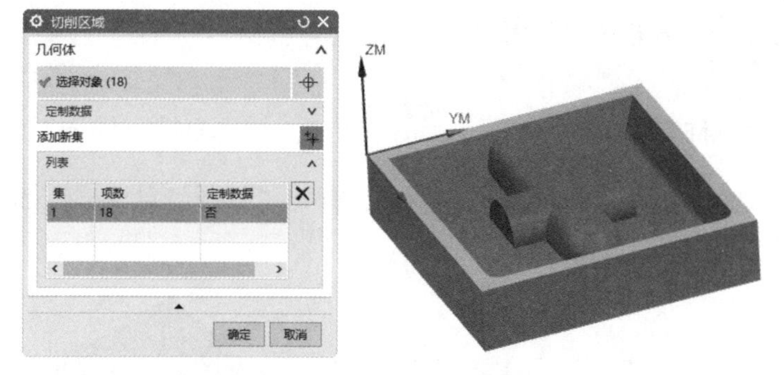

图 8-102　指定切削区域

（5）返回“多刀路清根”对话框，在“驱动几何体”栏中输入“最大凹度”为 160，在“驱动设置”栏中设置“非陡峭切削模式”为“往复”，步距为 0.1in，“每侧步距数”为 3，“顺序”为“由内向外”，其他采用默认设置，如图 8-103 所示。

（6）在“操作”栏中单击“生成”按钮，生成的刀轨如图 8-104 所示。

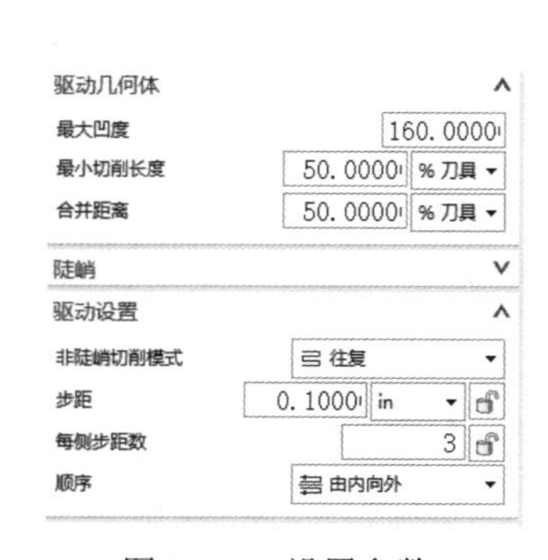

图 8-103　设置参数

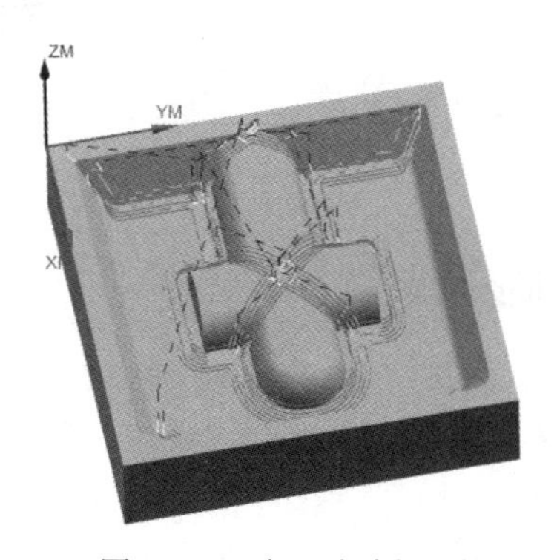

图 8-104　多刀路清根刀轨

动手练——多刀路清根精加工

扫一扫，看视频

对如图 8-105 所示的部件进行多刀路清根精加工。

图 8-105　待加工部件

思路点拨：

源文件：yuanwenjian\8\dongshoulian\LKXCZSL-3

（1）创建多刀路清根工序。

（2）指定切削区域。

（3）设置切削参数和非切削移动参数。

扫一扫，看视频

8.6.8 轮廓文本

1. 打开文件

选择“文件”→“打开”命令，弹出“打开”对话框，选择 LKWB.prt，单击“打开”按钮，打开图 8-106 所示的待加工部件。

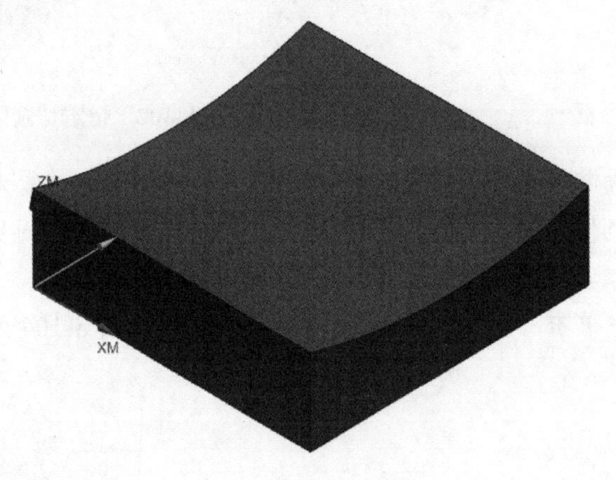

图 8-106　待加工部件

2. 插入文本

（1）选择“菜单”→“插入”→“注释”命令，弹出“注释”对话框，在文本框中输入 MADE IN CHINA，选中“捕捉点处的位置”复选框，如图 8-107 所示。单击“设置”栏中的“设置”按钮，弹出“注释设置”对话框，在“文本参数”栏中设置高度为 5，其他采用默认设置。单击“关闭”按钮，返回“注释”对话框。

（2）在上边框条中单击“面上的点”图标，将文字放置在图 8-108 所示的曲面上。单击“关闭”按钮，关闭当前对话框。

（3）单击“主页”选项卡“刀片”面板中的“创建工序”按钮，弹出“创建工序”对话框，在“类型”下拉列表中选择 mill_contour 选项，在“工序子类型”栏中选择“轮廓文本”，在“位置”栏中设置“几何体”为 MCS_MILL，“方法”为 MILL_FINISH，其他采用默认设置，单击“确定”按钮。

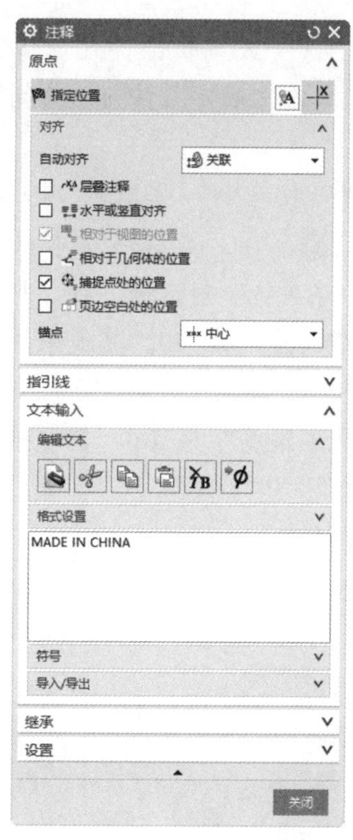

图 8-107　“注释”对话框

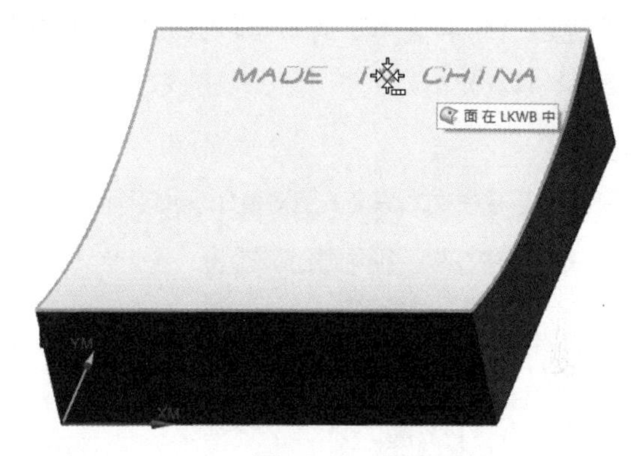

图 8-108　放置文字

（4）弹出图 8-109 所示的“轮廓文本”对话框，单击“指定制图文本”右侧的“选择或编辑制图文本几何体”按钮A，弹出“文本几何体”对话框，选择制图文本，如图 8-110 所示。单击“确定”按钮，关闭当前对话框。

图 8-109　“轮廓文本”对话框

图 8-110　指定文本

（5）返回“轮廓文本”对话框，单击“指定部件”右侧的“选择或编辑部件几何体”按钮，弹出“部件几何体”对话框，选择待加工部件为部件几何体。单击“确定”按钮，关闭当前对话框。

（6）返回“轮廓文本”对话框，在“工具”栏中单击“新建”按钮，弹出图 8-9 所示的“新建刀具”对话框，在“刀具子类型”栏中选择 BALL_MILL，在“名称”文本框中输入 BALL_MILL_2，单击“确定”按钮。弹出图 8-111 所示的“铣刀-球头铣”对话框，在“尺寸”栏中设置“球直径”为 2，“锥角”为 10°，“长度”为 30，“刀刃长度”为 20，其他采用默认设置。单击“确定”按钮，关闭当前对话框。

（7）返回“轮廓文本”对话框，在“刀轨设置”栏中设置“文本深度”为 1.0，其他采用默认设置，如图 8-112 所示。

注意：

部件余量减去文本深度的绝对值必须小于等于刀具的下半径。

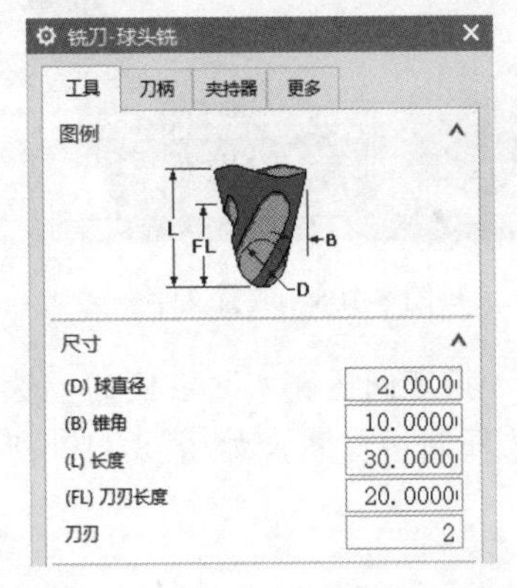

图 8-111 “铣刀-球头铣”对话框

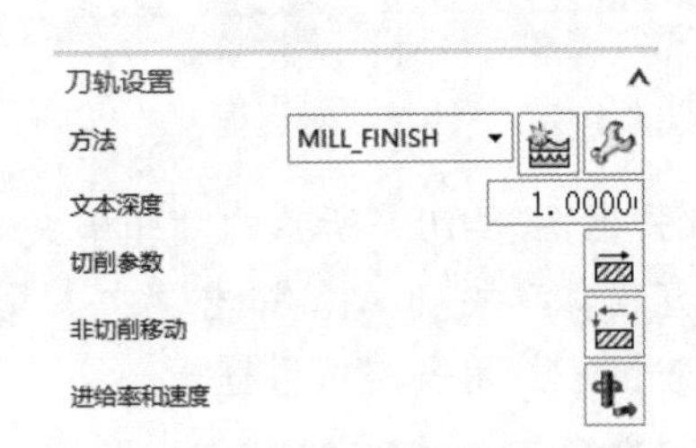

图 8-112 “刀轨设置”栏

（8）单击“操作”栏中的“生成”按钮，生成图 8-113 所示的刀轨。

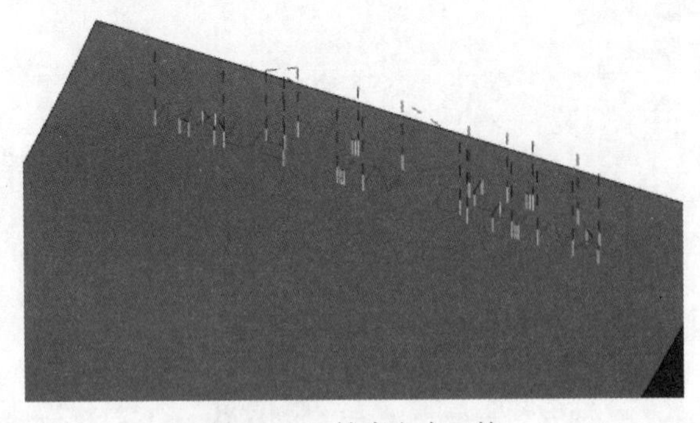

图 8-113 轮廓文本刀轨

第 9 章　多　轴　铣

内容简介

多轴铣包括固定轴曲面轮廓铣和可变轴曲面轮廓铣，用于精加工由轮廓曲面形成的区域。允许通过精确控制刀轴和投影矢量，使刀具沿着非常复杂的曲面轮廓运动。

本章将讲述多轴铣加工的相关基础理论和基本参数设置方法，为后面的具体学习进行必要的知识准备。

9.1　多轴铣工序子类型

单击“主页”选项卡“刀片”面板中的“创建工序”按钮，弹出图 9-1 所示的“创建工序”对话框，在“类型”下拉列表中选择 mill_multi-axis（多轴铣）选项。

图 9-1　“创建工序”对话框

在“工序子类型”栏中列出了多轴铣的所有加工方法，共有 9 种子类型，其中主要子类型介绍如下。

（1）可变轮廓铣：用于以各种驱动方法、空间范围和切削模式对部件或切削区域进行轮廓铣。对于刀轴控制，其有多种选项。

（2）可变流线铣：可以以相对较短的刀具路径获得较为满意的加工效果。

（3）外形轮廓铣：采用外形轮廓铣驱动方法。通过选择底部面，使用这种铣削方法可借助刀具侧面来加工斜壁。

（4）固定轮廓铣：用于以各种驱动方法、空间范围和切削模式对部件或切削区域进行轮廓铣。刀轴可以设置为用户定义矢量。

（5）深度五轴铣：用一把较短的刀具精加工陡峭的深壁和带小圆角的拐角，而不是像固定轴操作中那样要求使用较长的小直径刀具。刀具越短，进给率和切削载荷越高，生产效率越高。

（6）顺序铣：刀具是借助部件曲面、检查曲面和驱动曲面来驱动的。当需要对刀具运动、刀轴和循环进行全面控制时，则使用这种铣削方法。

9.2　切 削 参 数

扫一扫，看视频

多轴铣的切削参数与轮廓铣等相似，“切削参数”对话框如图 9-2 所示，主要包括“策略”

“多刀路”“余量”“安全设置”“空间范围”“刀轴控制”“更多”等选项卡，这里只介绍多轴铣中比较特殊的切削参数。

在“切削参数”对话框中的“刀轴控制”选项卡，可以对相关参数进行设置，以实现对刀轴的控制。

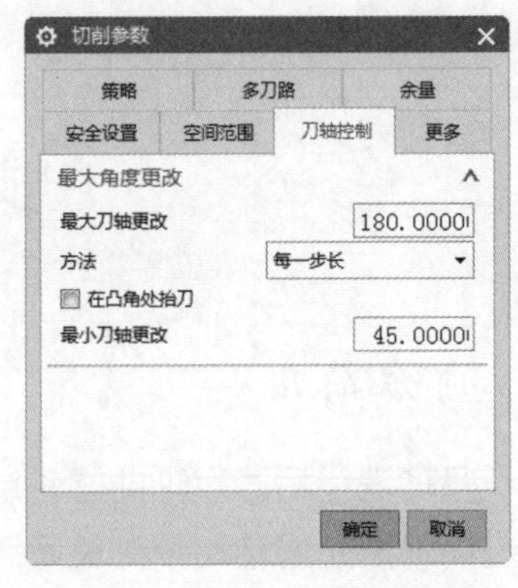

图 9-2 “切削参数”对话框

1. 最大刀轴更改

最大刀轴更改能够控制由短距离中曲面法向突变导致的部件表面上刀轴的剧烈变化，它允许指定一个数值来限制每一切削步长或每分钟内允许的刀轴角度更改。最大刀轴更改仅对于可变轮廓铣操作可用。

2. 方法

（1）每一步长：允许指定一个值来限制刀轴角度更改，以度/切削步长为单位。如果步长所需的刀轴更改超出指定限制，则可插入额外的更小步长，以便不超出指定的每一步长“最大刀轴更改”值。图 9-3 说明了当指定非常小的“每一步长”值时如何插入额外的步长。小的“每一步长”值可产生更平滑的刀轴运动，从而产生更光滑的精加工表面。然而，若指定太小的“每一步长”值，则会使刀具驻留在一个区域的时间过长。

（2）每分钟：允许指定一个值限制每分钟内刀轴转过的角度，单位为度。它可以防止旋转轴在曲面中由于小的波状特征而出现过大的摆动，还可防止刀具在尖角处留下驻留痕迹。指定相对较小的值可使刀轴沿曲面法向缓慢更改，并可产生带有较少刀轴更改的刀轨，如图 9-4 所示。

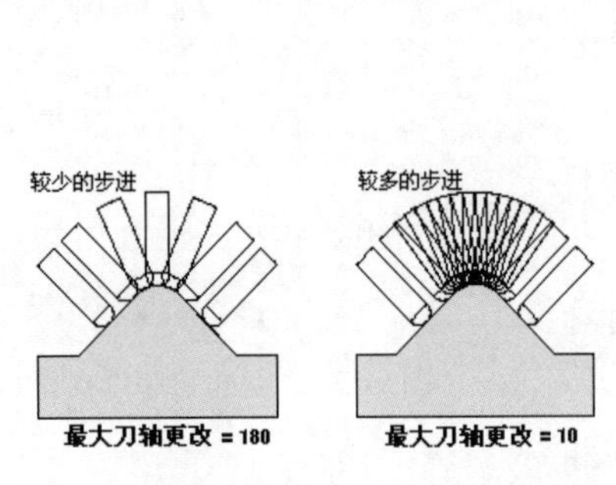

图 9-3 最大刀轴更改

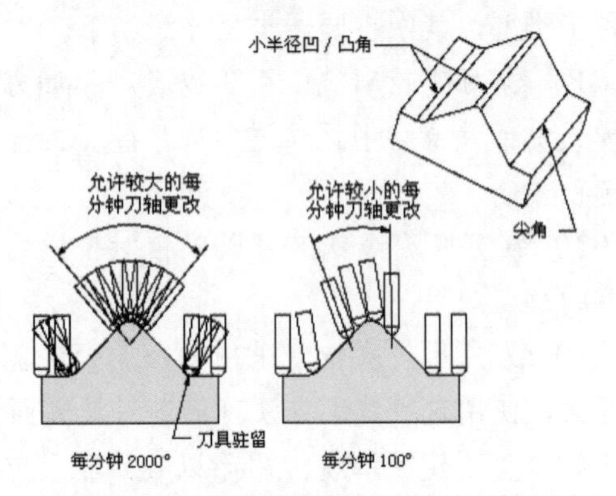

图 9-4 较小的值限制每分钟的刀轴更改

当刀轴依赖于曲面法向（例如垂直于部件、相对于驱动、双 4 轴在驱动体上）以及当精加工带有尖角的曲面或当包含可被刀具以很大程度放大的细微波状特征时，应该选择此选项。将“插补”指定为刀轴时，“每分钟”不可用。

3. 在凸角处抬刀

在凸角处抬刀可在切削运动通过凸边时提供对刀轨的附加控制，防止刀具驻留在这些边上。当选中“在凸角处抬刀”复选框时，可执行“重定位退刀/移刀/进刀”序列，如图 9-5 所示。可指定“最小刀轴更改”，确定将

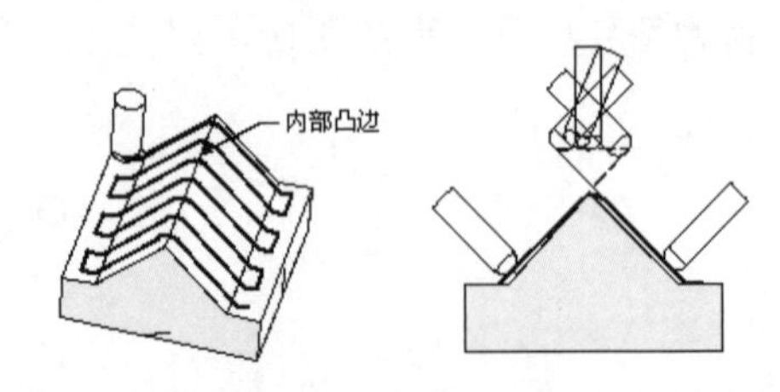

图 9-5 在凸角处抬刀

触发退刀运动的刀轴变化。任何所需的刀轴调整都将在转移运动过程中进行。

4. 最小刀轴更改

最小刀轴更改指定一个刀轴角度变化的最小值，以度为单位。

9.3　非切削移动

多轴铣和普通铣削一样，也有非切削移动问题，本节将讲述多轴铣非切削移动设置。

曲面轮廓铣操作的非切削移动由工序的类型和子类型来确定。此处的非切削移动适用于所有的固定轴曲面轮廓铣工序及除深度加工 5 轴铣以外的所有可变轴工序。图 9-6 所示的“非切削移动”对话框中包括“光顺”“进刀”“退刀”“转移/快速”“避让”“更多”选项卡。

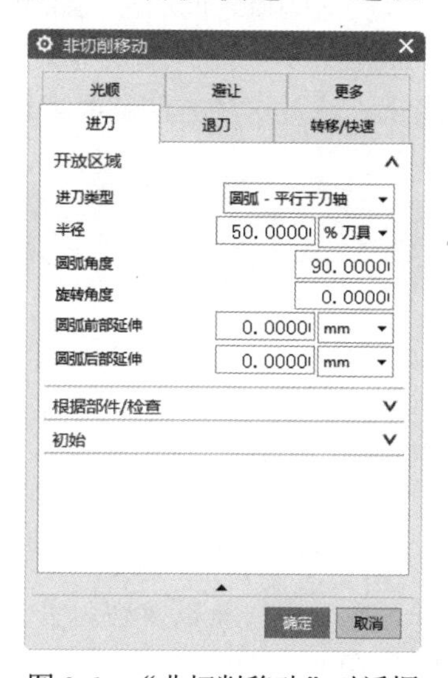

图 9-6　“非切削移动”对话框

9.3.1　进刀和退刀

“进刀”和“退刀”选项卡允许指定与向部件曲面的来回运动相关联的参数，其所定义的参数与进刀和退刀的特定工况相关。在“进刀类型”下拉列表中允许指定刀轨的形状，可指定线性、圆弧或螺旋状的刀轨，如图 9-7 所示。

1. 线性进刀

线性进刀包括“线性”“线性-沿矢量”“线性-垂直于部件”3 种类型。选择“线性-沿矢量”进刀类型后，弹出“矢量”对话框，可以进行矢量的指定。线性进刀会使刀具直接沿着指定的线性方向进刀，如图 9-8 所示。

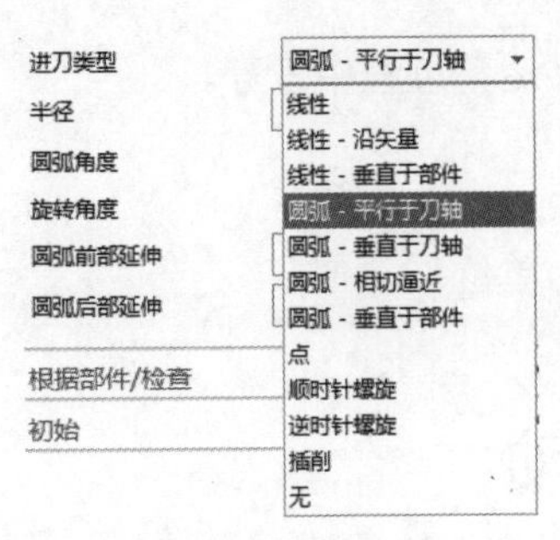

图 9-7　进刀类型

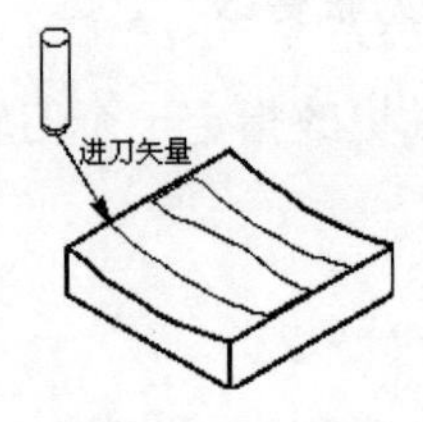

图 9-8　线性进刀

2. 圆弧进刀

圆弧进刀包括“圆弧-垂直于部件”“圆弧-平行于刀轴”“圆弧-垂直于刀轴”“圆弧-相切逼近”4 种类型。圆弧进刀允许同时指定半径、圆弧角度和线性延伸（距离），系统会通过始终保持指定的半径并调整为使用更大的距离来解决这些值之间的冲突问题，如图 9-9 所示。图 9-9（a）中系统延伸了距离以保持指定的弧半径；而在图 9-9（b）中系统保持指定的距离和弧半径，但是通过与弧相切的刀具直线运动将它们连接起来。通过这种方法解决半径和距离之间的冲突，系统可始终确定安全的间距。

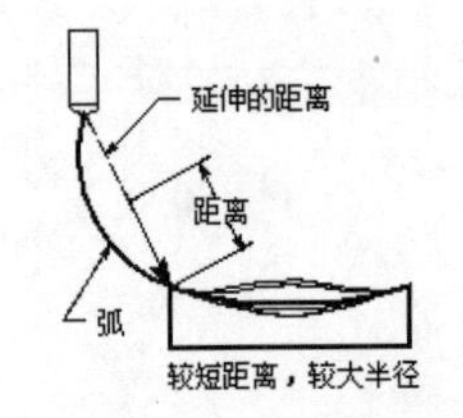

（a）延伸距离以保持指定的弧半径

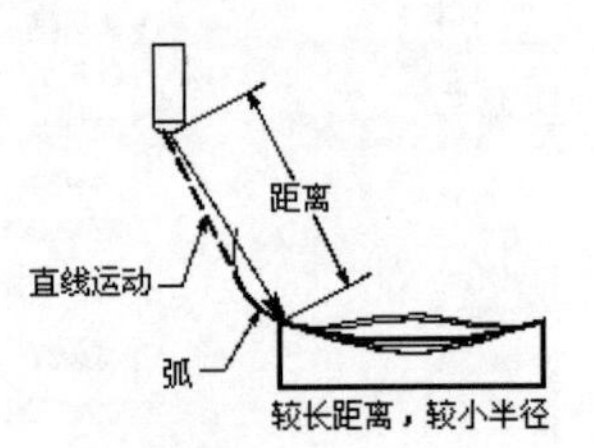

（b）保持指定的距离和弧半径

图 9-9　系统解决半径和距离之间的冲突

（1）圆弧–垂直于部件：使用进刀或退刀矢量以及切削矢量来定义包含圆弧刀具运动的平面，弧的末端始终与切削矢量相切，如图 9-10 所示。

（2）圆弧-平行于刀轴：使用进刀或退刀矢量和刀轴来定义包含圆弧刀具运动的平面，弧的末端不必与切削矢量相切，如图 9-11 所示。

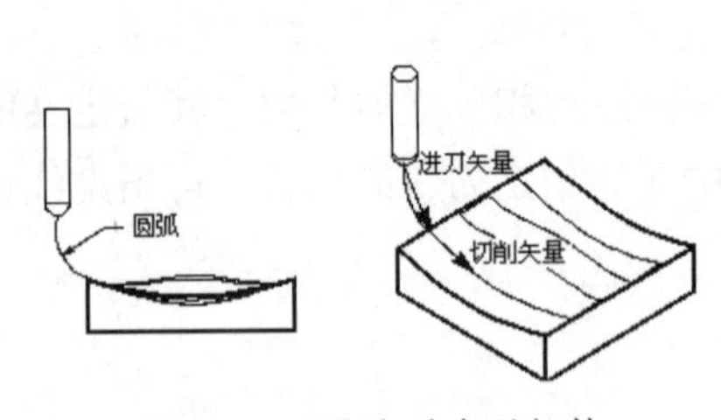

图 9-10　圆弧-垂直于部件

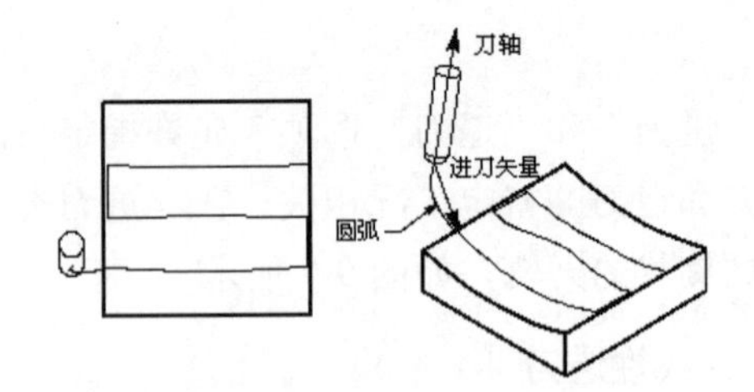

图 9-11　圆弧-平行于刀轴

（3）圆弧-垂直于刀轴：使用垂直于刀轴的平面来定义包含圆弧刀具运动的平面，弧的末端垂直于刀轴，但是不必与切削矢量相切，如图 9-12 所示。

（4）圆弧-相切逼近：使用逼近运动末端的相切矢量和切削矢量来定义包含弧刀具运动的平面，运动弧线将同时与切削矢量和逼近运动线相切，如图 9-13 所示。

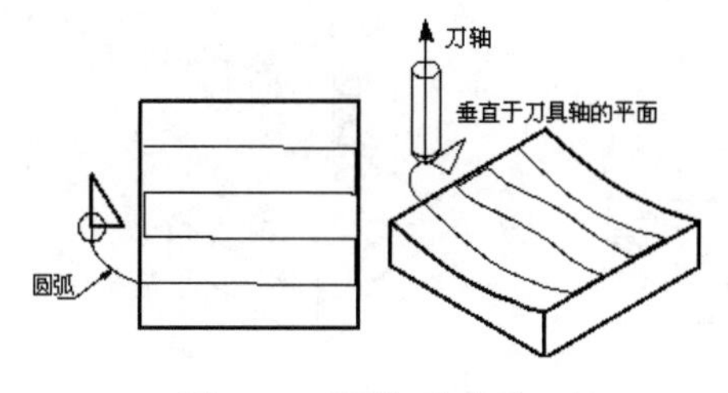

图 9-12　圆弧-垂直于刀轴

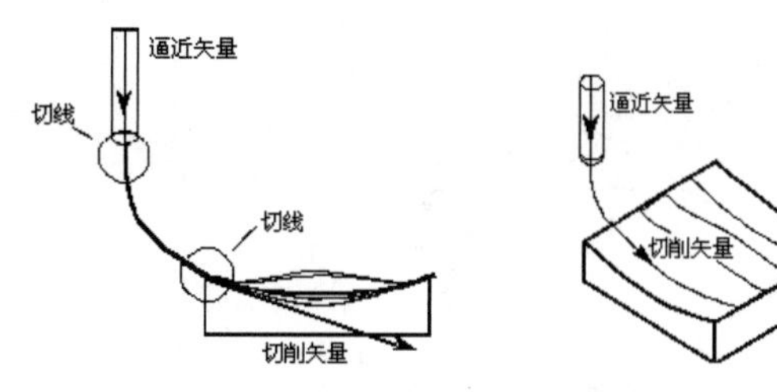

图 9-13　圆弧-相切逼近

“圆弧-相切逼近”类型需要指定进刀时的半径和线性延伸，如图 9-14 所示。“半径”允许通过输入值来指定圆弧和螺旋进刀的半径。如果指定的半径和指定的距离之间有冲突，则系统会保持使用半径并调整线性延伸距离来解决进刀问题。

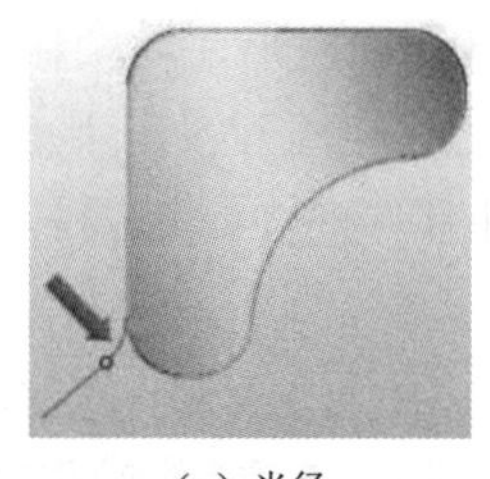

（a）半径

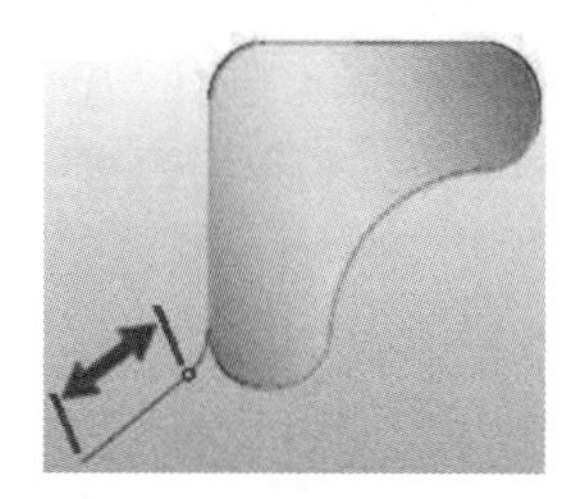

（b）线性延伸

图 9-14　半径和线性延伸

圆弧进刀参数除了半径和圆弧角度外，还包括旋转角度和斜坡角度。

①旋转角度：在与部件表面相切的平面中，从第一个接触点开始测量，如图 9-15 所示。如果旋转角度为正数，则会使该运动背离部件壁。如果有多条刀路，那么在旋转角度为正数时，还会使该运动背离下一个切削运动。当部件不可用时，正旋转角度会使该运动向右旋转。如果指定负旋转角度，则会沿着相反的方向旋转。

②斜坡角度：斜坡角度矢量是指从与部件表面相切的平面提升的高度，如图 9-16 所示。如果斜坡角度为正数，则会朝着刀轴向上运动；如果斜坡角度为负数，则会背离刀轴向下运动。

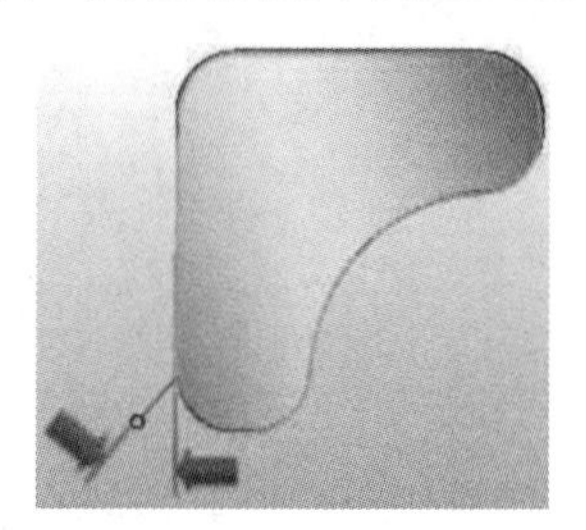

图 9-15　旋转角度

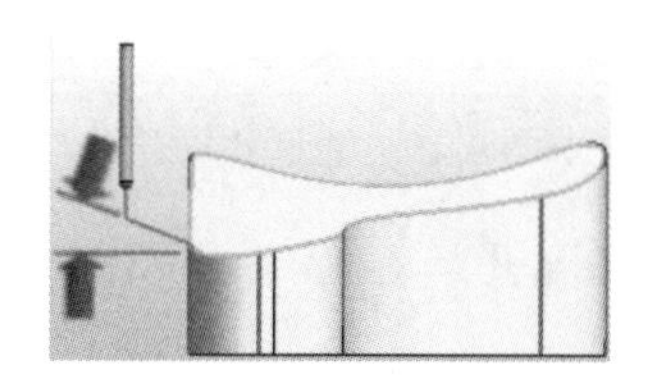

图 9-16　斜坡角度

3．顺/逆时针螺旋

顺/逆时针螺旋可在固定轴下降到材料中时产生以圆形倾斜的进刀，螺旋的中心线始终平行于刀轴。此选项最好与允许进刀轴周围存在足够材料的跟随腔体或同心弧等切削模式一起使用，以避免过切边界壁或检查曲面，如图 9-17 所示。螺旋仅对于进刀运动可用。螺旋进刀的陡峭度取决于斜坡度值。系统可能会稍微减小指定的倾斜角度，以创建完整的螺旋线旋转。该角度参照于螺旋中心线垂直的平面，如图 9-18 所示。

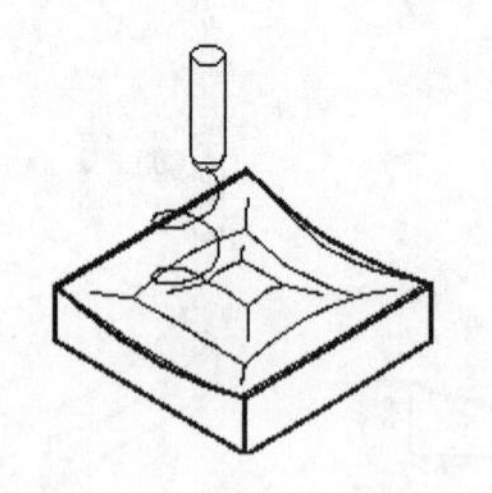

图 9-17　螺旋逆铣（跟随腔体）

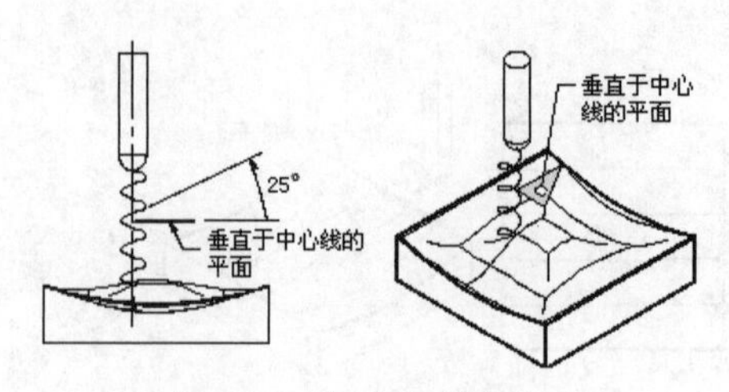

图 9-18　最大倾斜角度 25°

9.3.2　转移/快速

在“转移/快速”选项卡中可以指定进刀前和退刀后发生的非切削移动，如图 9-19 所示。对于固定轴曲面轮廓铣操作来说，所有的逼近和离开（或分离）都限制在沿着刀轴移动。

当需要指定不同于进刀和退刀的进给率和方向时，定义逼近和离开很有用。逼近和离开用于抬起移刀，以允许刀具从部件的一侧迅速移动到另一侧并避开部件曲面。进刀和退刀距离保持为最小，因为它们使用较慢的进给率。

“转移/快速”选项卡如图 9-20 所示。

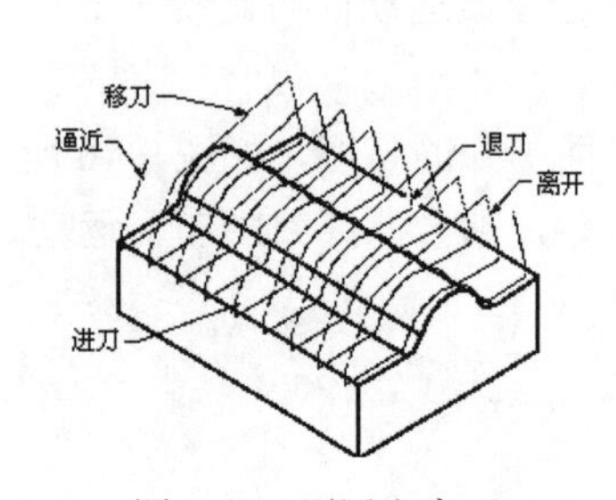

图 9-19　逼近和离开

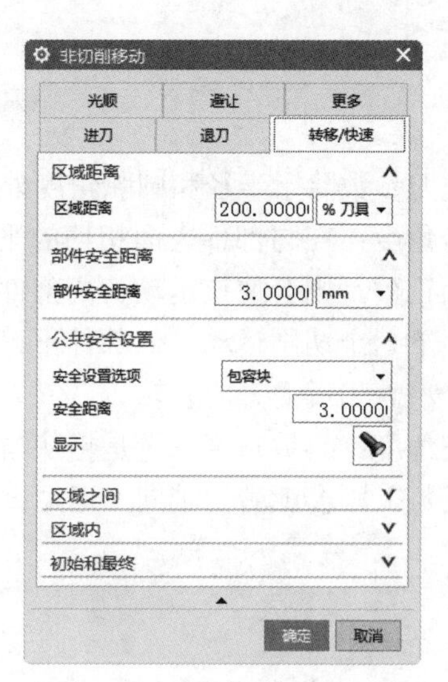

图 9-20　“转移/快速”对话框

1. 逼近和离开

“逼近”栏用于指定进刀前发生的移动，“离开”栏用于指定退刀后发生的移动。“逼近方法”下拉列表如图 9-21 所示。离开方法和逼近方法相对应。

（1）沿矢量：选择“沿矢量”选项后，将同时激活“指定矢量”“距离”“刀轴”等选项，进行矢量的设置，如图 9-22 所示。“距离”用于指定逼近点与进刀点的距离，“刀轴”下拉列表中包括“无更改”和“指定刀轴”两个选项。“沿矢量”使用“矢量”对话框将逼近或离开矢量指定为任何所需的方位。沿矢量逼近和离开（指定矢量）如图 9-23 所示。

（2）沿刀轴：使逼近或分离矢量的方向与刀轴一致，沿刀轴逼近和离开（竖直刀轴）如图 9-24 所示。

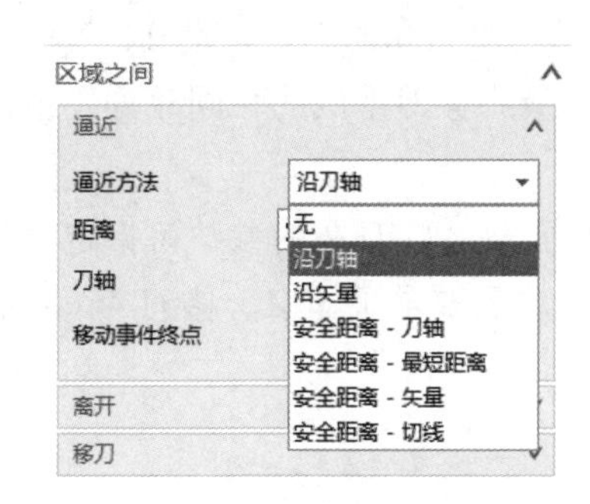

图 9-21 “逼近方法”下拉列表

图 9-22 “沿矢量”逼近方法

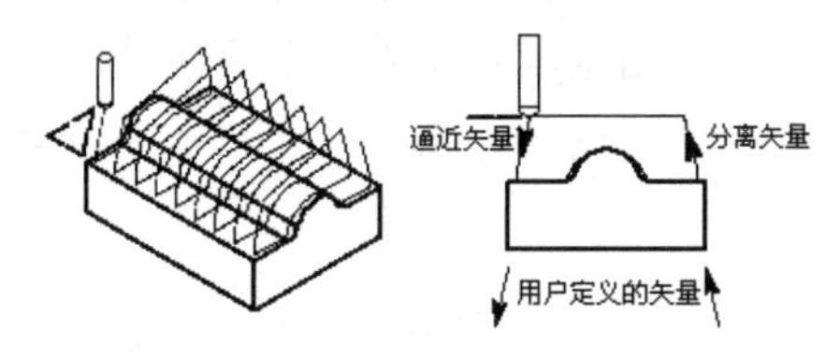

图 9-23 沿矢量逼近和离开（指定矢量）

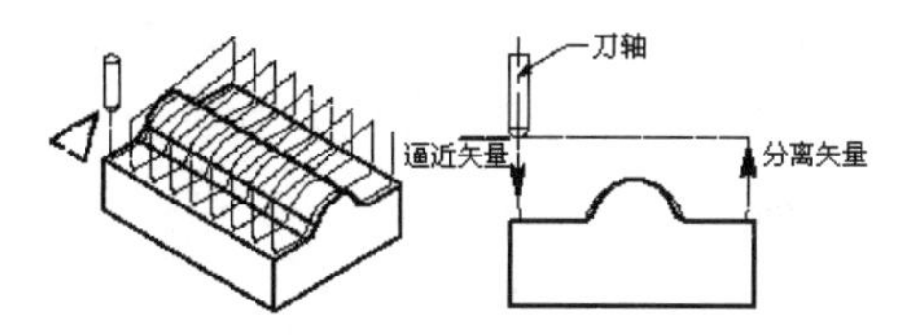

图 9-24 沿刀轴逼近和离开（竖直刀轴）

图 9-25 展示了沿安全圆柱的矢量方向进行的逼近和离开移动。

（3）刀轴：包括“无更改”和“指定刀轴”两个选项，用于指定逼近移动开始处和分离运动结尾处的刀轴方向。仅当使用可变轮廓铣时这些选项才可用。

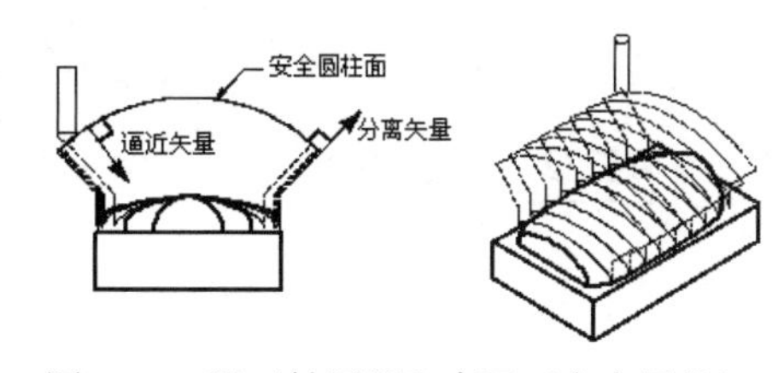

图 9-25 沿刀轴逼近和离开（安全圆柱）

①无更改：使逼近移动开始时的刀轴方位与进刀移动刀轴的方位相同，如图 9-26 所示。分离移动结束时的刀轴方位与退刀移动刀轴的方位相同。

②指定刀轴：使用“矢量”对话框来定义逼近移动开始处和分离运动结尾处的刀轴方向。图 9-27 展示了逼近移动开始处的刀轴方向是如何由矢量定义的。注意，刀轴在逼近运动过程中会改变方向，但是在进刀运动过程中方向不改变。刀轴控制逼近过程中刀轴方向的改变量。

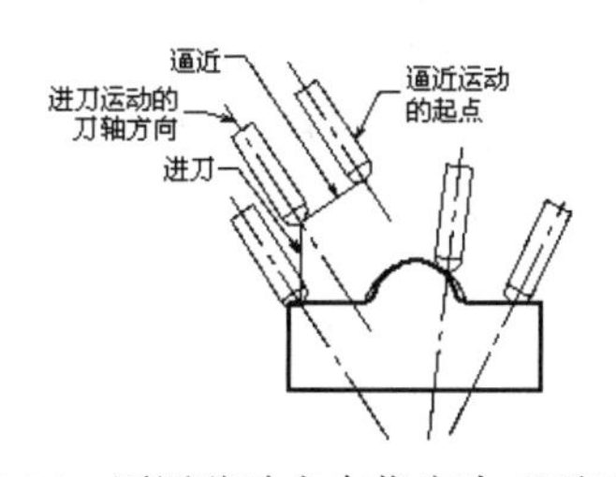

图 9-26 逼近移动方向指定为“无更改”

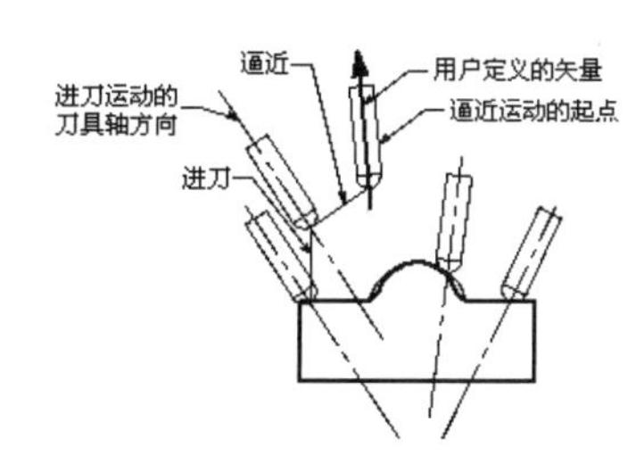

图 9-27 逼近移动方向为“指定刀轴”

2. 移刀

“移刀”栏用于指定刀具从离开终点（如果“离开方法”设置为“无”，则为退刀终点，或者是初始进刀的出发点）到逼近起点（如果“逼近方法”设置为“无”，则为进刀起点，或者是最终退刀的回零点）的移动方式。通常，移刀发生在进刀和退刀之间或分离和逼近之间。

图 9-28 展示了退刀和进刀之间发生的沿同一单向（Zig）切削方向的 4 个移刀运动序列。移刀

通常发生在分离和逼近之间。为简化起见，图 9-28 中只显示了进刀和退刀。运动 1、2 和 3 是中间移刀，运动 4 是最终移刀。此例中，由 3 个中间移刀和 1 个最终移刀组成的相同序列发生在刀轨的每个进刀和退刀之间。

移刀 1 的参数将指定刀具沿着固定的刀轴移动到安全平面 *A*，移刀 2 的参数可指定刀具直接移动到安全点 *B*，移刀 3 的参数可指定刀具沿着固定的刀轴移动到安全平面 *A*，移刀 4（末端移刀）的参数可指定刀具直接移动到进刀的起点。

3．最大刀轴更改

最大刀轴更改限制逼近和离开过程中每次刀具移动刀轴方位可以更改的范围。如果刀轴的更改大于指定的限制，系统会插入中间刀具位置。此选项仅在可变轴轮廓铣中有效。图 9-29 展示了逼近移动开始时刀轴的方位，该方位与进刀移动的刀轴方位不同。“最大刀轴更改”允许刀轴沿着逼近路线移动时逐渐更改其方位。

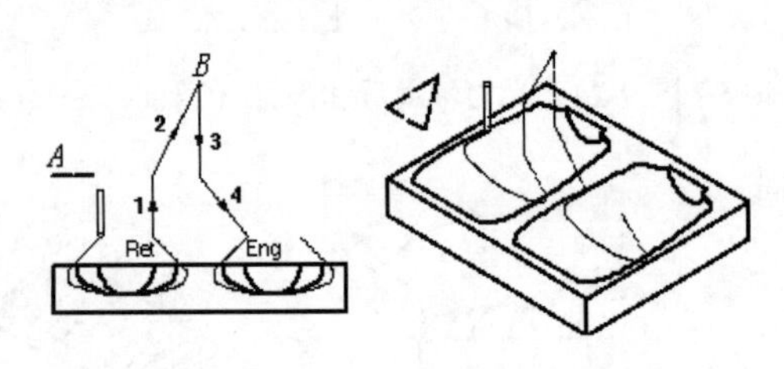

图 9-28　沿同一单向切削方向的移刀

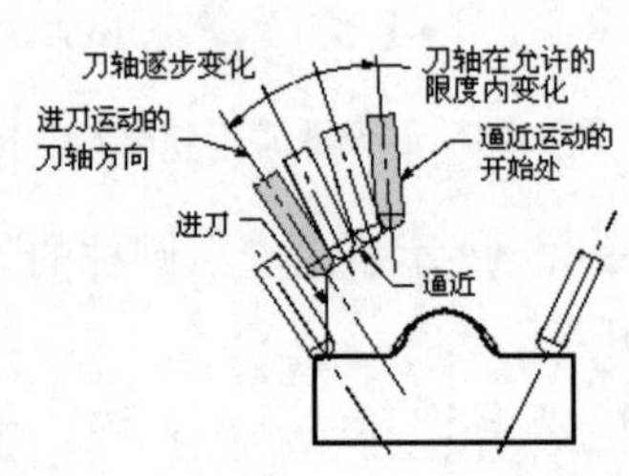

图 9-29　逼近移动的刀轴控制

9.3.3　公共安全设置

在“公共安全设置”栏中可以允许为进刀、退刀、逼近、离开和移刀的各种工况指定安全几何体，如图 9-30 所示。进刀和逼近运动开始于定义的安全几何体，而所有其他移动则终止于定义的安全几何体。

安全几何体可定义为点、平面、球及圆柱边框等。此外，如果几何体组中定义了安全平面，则它可用作“使用继承的”选项。

只要定义了安全几何体，每个实体（点、平面、球或圆柱）就可以与每个非切削移动的特定工况相关联。安全几何体创建之后，不能编辑它，只能将其删除，且仅当安全几何体未用于当前运动中时才能将其删除。

1．自动平面

在“安全设置选项”下拉列表中选择“自动平面”选项，可在“安全距离”值处［该处须在由指定部件和检查几何体（包括部件余量和检查余量）定义的最高点之上］创建一个安全平面。选择“自动平面”选项后将激活“安全距离”选项，可在其中输入数值。安全距离是由输入的“安全距离”值与部件偏置距离之和确定的。如果未定义部件几何体，则以驱动曲面为参考来确定自动安全平面的位置，如图 9-31 所示。

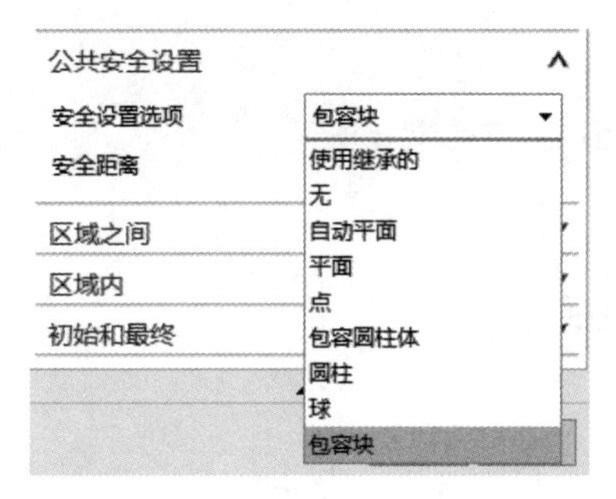

图 9-30 “公共安全设置”栏

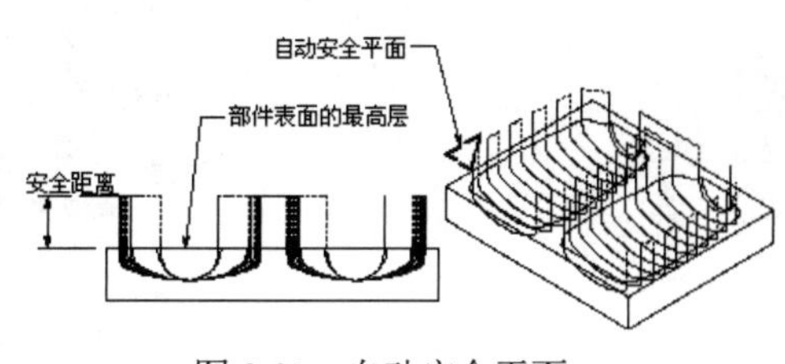

图 9-31 自动安全平面

2. 点

在“安全设置选项”下拉列表中选择“点”选项，允许通过“点”对话框将关联或不关联的点指定为安全几何体，如图 9-32 所示。

3. 平面

在“安全设置选项”下拉列表中选择“平面”选项，允许通过“平面”对话框将关联或不关联的平面指定为安全几何体，如图 9-33 所示。

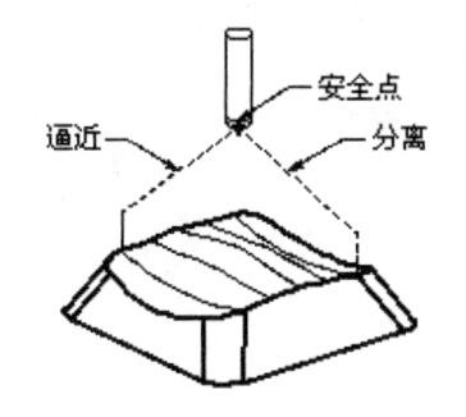

图 9-32 用于逼近和分离的安全点

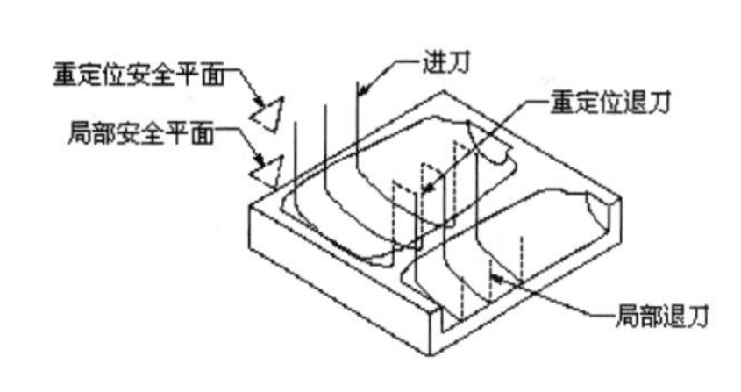

图 9-33 安全平面

4. 球

在“安全设置选项”下拉列表中选择“球”选项，允许通过“点”对话框输入半径值和指定球心来将球指定为安全几何体，如图 9-34 所示。

注意：

除了对球的进刀和退刀外，进刀和退刀之间的移刀会沿着球的几何轮廓进行。

5. 圆柱

在“安全设置选项”下拉列表中选择“圆柱”选项，允许通过使用“点”对话框输入半径值和指定中心，并使用“矢量”对话框指定轴，从而将圆柱指定为安全几何体（此圆柱的长度是无限的），如图 9-35 所示。

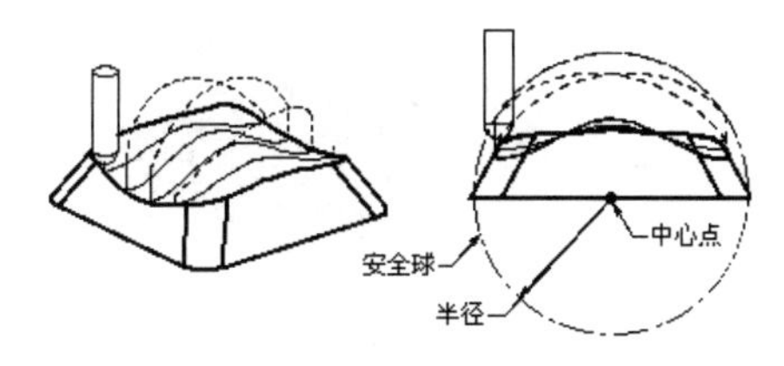

图 9-34 用于进刀和退刀的安全球

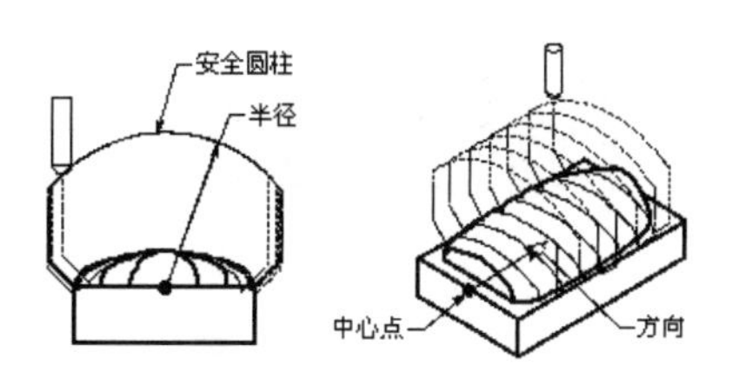

图 9-35 用于逼近和分离的安全圆柱

注意：

除了对圆柱的进刀和退刀外，进刀和退刀之间的移刀会沿着圆柱的几何轮廓进行。

扫一扫，看视频

9.4 刀轴设置方式

刀轴是从刀尖方向指向刀具夹持器方向的矢量。刀轴设置方式有“远离点”“朝向点”等。

刀轴用于定义固定和可变刀轴的方位，如图 9-36 所示。固定刀轴将保持与指定矢量平行，可变刀轴在沿刀轨移动时将不断改变方向。

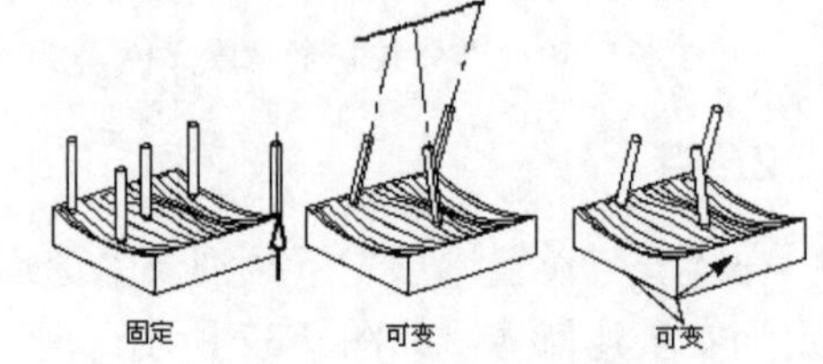

图 9-36　固定和可变轴

刀轴选项如图 9-37 所示。当使用曲面区域铣驱动方法直接在驱动曲面上创建刀轨时，应确保正确定义材料侧矢量（见图 9-38）。材料侧矢量将决定刀具与驱动曲面的哪一侧相接触。材料侧矢量必须指向要切除的材料（与刀轴矢量的方向相同）。

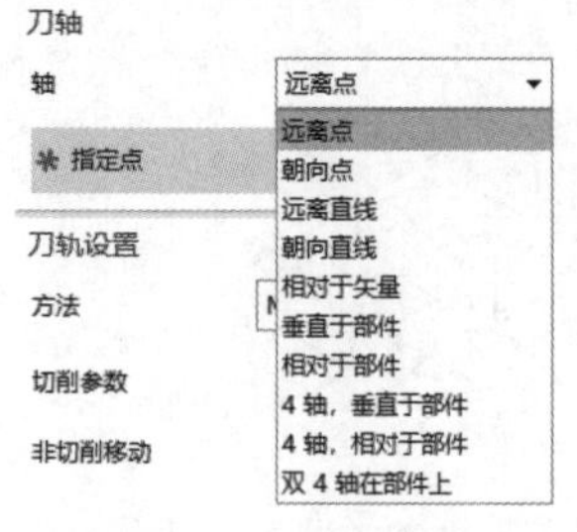

图 9-37　刀轴选项

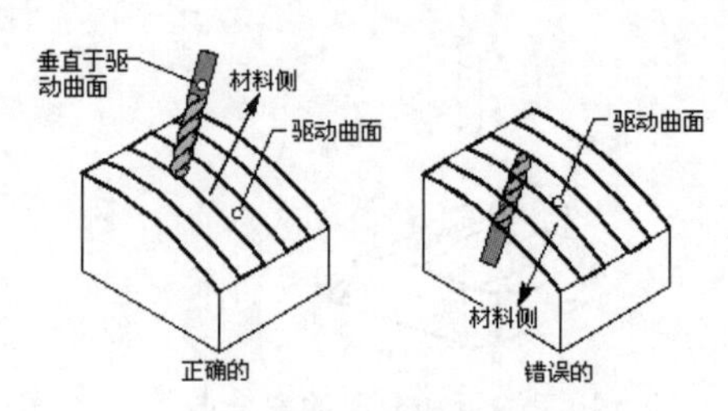

图 9-38　材料侧矢量

9.4.1　远离点

“远离点”可定义偏离焦点的可变刀轴，刀轴离开一点，允许刀尖在零件垂直侧壁面切削。用户可以使用“点”对话框来指定点。刀轴矢量从定义的焦点离开并指向刀柄刀具夹持器，“远离点”刀轴（往复切削）如图 9-39 所示。

在“轴”下拉列表中选择“远离点”选项，单击“点对话框”按钮，弹出“点”对话框，指定一合适点作为远离点。例如，对图 9-40 所示的待加工部件进行切削，在“轴”下拉列表中选择“远离点”选项，选择图 9-41 所示的点作为远离点，在“驱动方法”栏中设置“方法”为“曲面区域”，在“投影方式”栏中设置“矢量”为“刀轴”，生成的刀轨如图 9-42 所示。

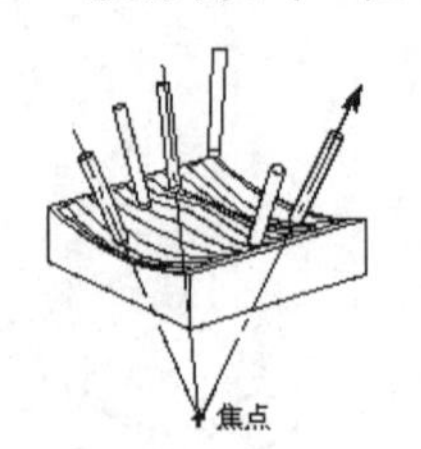

图 9-39　“远离点”刀轴（往复切削）

图 9-40　待加工部件

图 9-41　指定的远离点

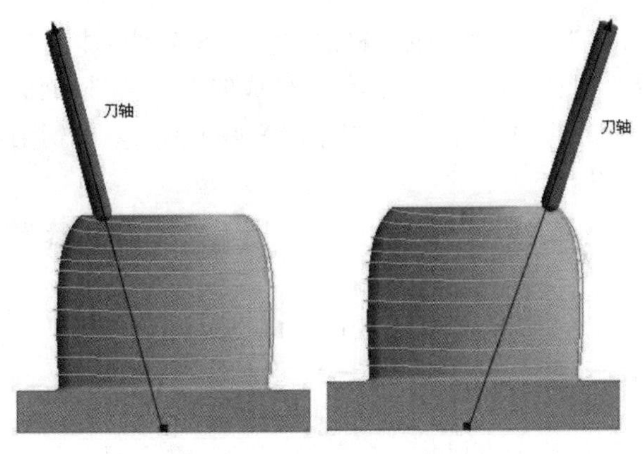

图 9-42 “远离点“刀轴

9.4.2 朝向点

“朝向点”定义向焦点收敛的可变刀轴，刀轴指向一点，允许刀尖在限制空间切削。用户可以使用“点”对话框来指定点。刀轴矢量指向定义的焦点并指向刀柄刀具夹持器，如图 9-43 所示。

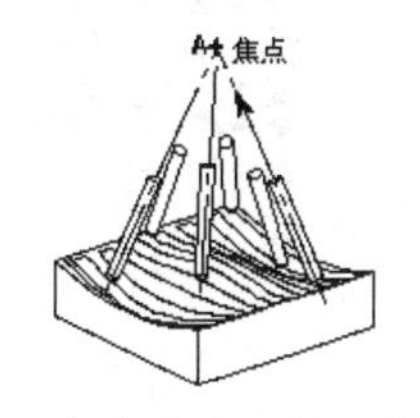

图 9-43 “朝向点”刀轴（往复切削）

在“轴”下拉列表中选择“朝向点”选项，单击“点对话框”按钮，弹出“点”对话框，指定一合适点作为朝向点。例如，对图 9-44 所示的待加工部件进行切削时，在“刀轴”栏“轴”下拉列表中选择“朝向点”选项，选择图 9-44 中所示的点作为朝向点，在“驱动方法”栏中设置“方法”为“曲面区域”，在“投影方式”栏中设置“矢量”为“刀轴”，生成的刀轨如图 9-45 所示。

图 9-44 待加工部件

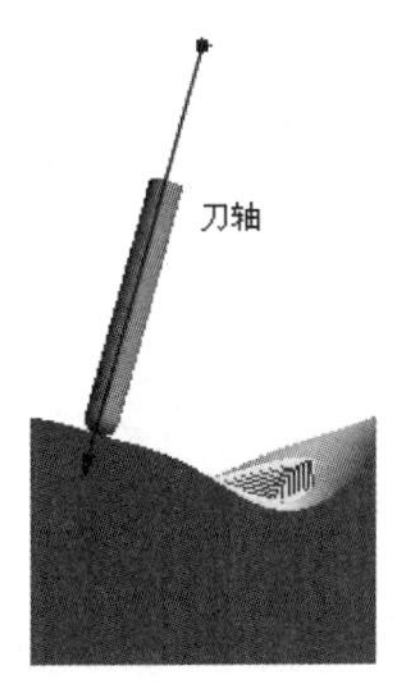

图 9-45 “朝向点”刀轴

9.4.3 远离直线

“远离直线”可定义偏离聚焦线的可变刀轴。刀轴沿聚焦线移动并与该聚焦线保持垂直。刀轴矢量从定义的聚焦线离开并指向刀柄刀具夹持器，如图 9-46 所示。在零件表面任何一点，刀具始终脱离聚焦线，加工过程中摆动不是太剧烈。刀具在平行平面间运动。

对图 9-44 所示的待加工部件进行精加工切削，在“驱动方法”栏中设置“方法”为“曲面区域”，“切削模式”为“往复”，在“刀轴”栏的“轴”下拉列表中选择“远离直线”方法，弹出图 9-47 所示的“远离直线”对话框，定义聚焦线，生成的刀轨如图 9-48（a）所示。其余参数设置和曲面区域驱动方法示例中相同，生成的刀轨如图 9-48（b）所示，在切削过程中刀轴始终沿聚焦线移动，并与该聚焦线保持垂直。

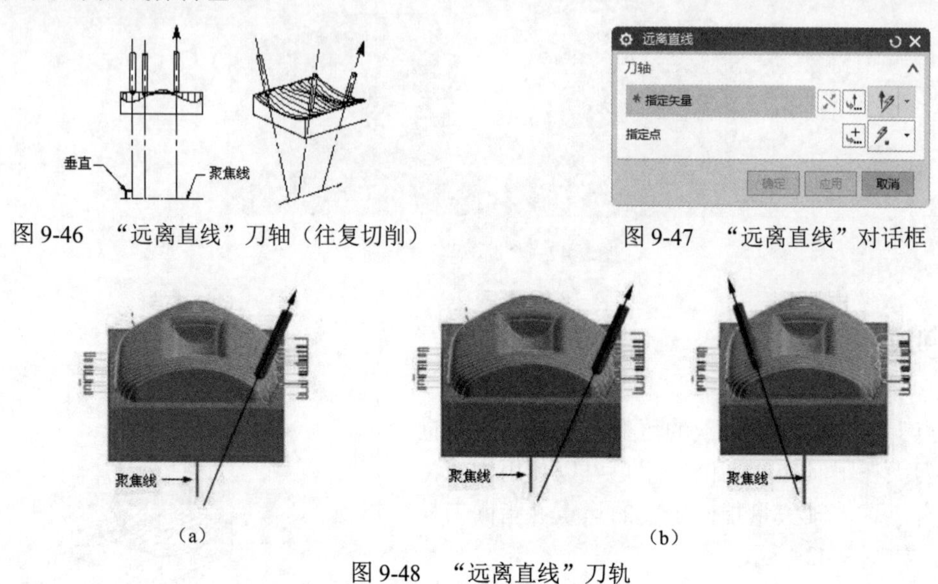

图 9-46 “远离直线”刀轴（往复切削）

图 9-47 “远离直线”对话框

图 9-48 “远离直线”刀轨

9.4.4 朝向直线

“朝向直线”定义向聚焦线收敛的可变刀轴，刀轴沿聚焦线移动并与该聚焦线保持垂直。刀轴矢量指向定义的聚焦线并指向刀柄刀具夹持器，“朝向直线”刀轴（往复切削）如图 9-49 所示。

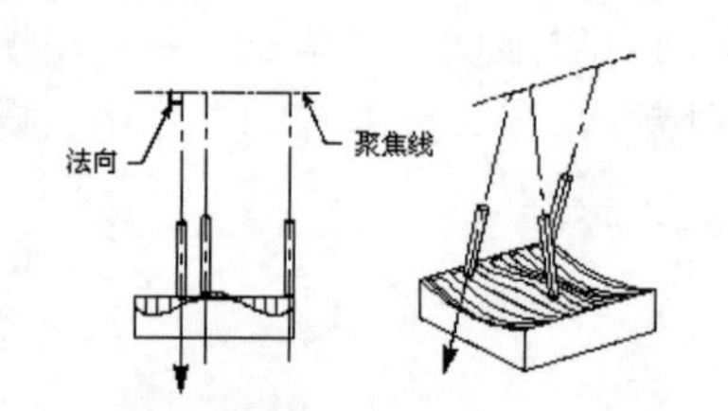

图 9-49 “朝向直线”刀轴（往复切削）

9.4.5 垂直于部件

“垂直于部件”定义在每个接触点处垂直于部件表面的刀轴，它是刀轴始终与加工零件表面垂直的一种精加工方法。刀轴垂直于部件表面，如图 9-50 所示。

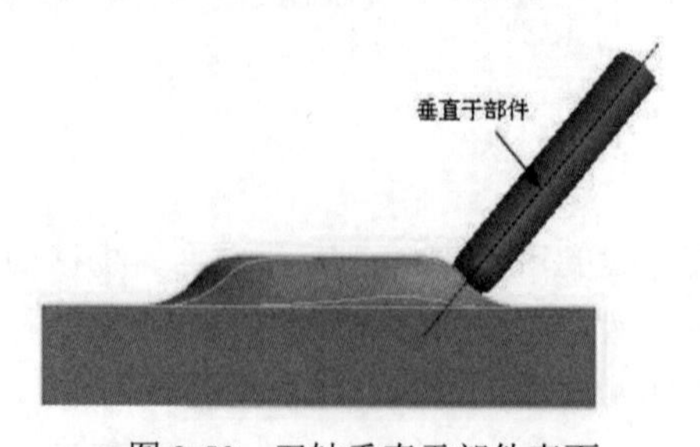

图 9-50 刀轴垂直于部件表面

9.4.6 相对于部件

“相对于部件”定义一个可变刀轴，它相对于部件表面的另一垂直刀轴向前、向后、向左或向右倾斜。此方法定义了前倾角和侧倾角，如图 9-51 所示。

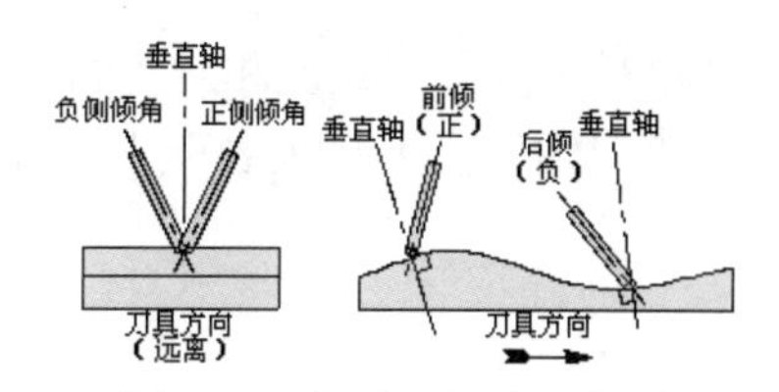

图 9-51　相对于部件示意图

前倾角定义了刀具沿切削方向刀轨前倾或后倾的角度。正的前倾角值表示刀具相对于零件表面法向刀轨方向向前倾斜，负的前倾角（后倾角）值表示刀具相对于零件表面法向刀轨的方向向后倾斜。

侧倾角定义了刀具从一侧到另一侧的倾斜角度，沿着切削方向观察，刀具向右倾斜为正，刀具向左倾斜为负。由于侧倾角取决于切削方向，因此在往复切削模式的回转刀路中侧倾角将反向。使用已指定前倾角的往复切削模式时，系统将在其从单向运动向往复运动过渡时翻转该刀具。发生此情况后，刀根可能会对材料进行钻空。

为前倾角和侧倾角指定的最小值和最大值将相应地限制刀轴的可变性，这些参数将定义刀具偏离指定的前倾角或侧倾角的程度。例如，在图 9-52（a）中如果设置“前倾角”为 20°，“最小前倾角”为30°，“最大前倾角”为0°，那么刀轴可以正偏离前倾角正 5°，负偏离 20°。最小值必须小于或等于相应的前倾角值或侧倾角值，最大值必须大于或等于相应的前倾角值或侧倾角值。输入值可以是正值，也可以是负值，但前倾角值或侧倾角值必须在最小值和最大值之间。

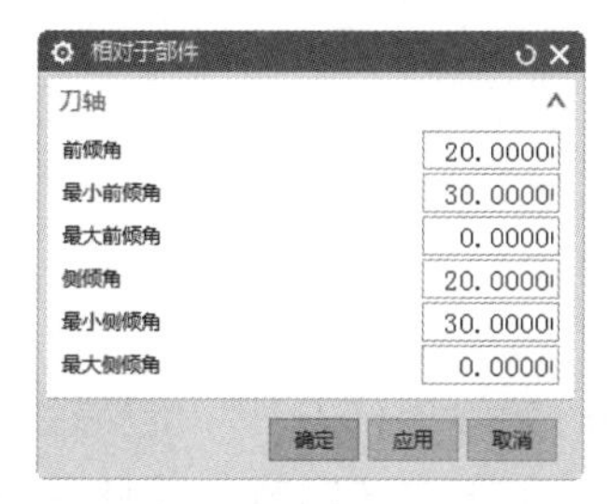

（a）正值

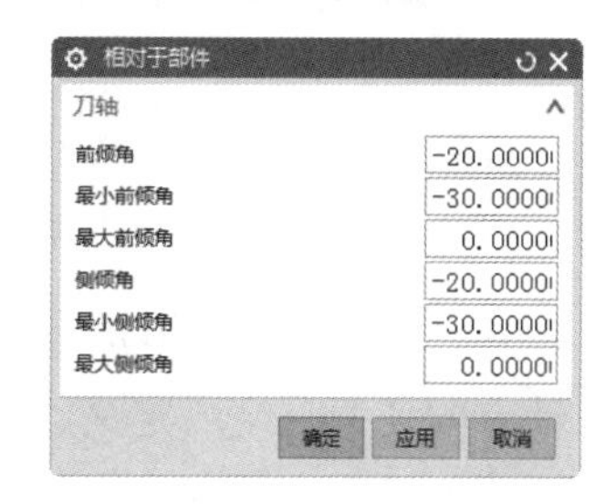

（b）负值

图 9-52　前倾角值和侧倾角值

在图 9-52（b）中将“前倾角”设置为负值，意味着刀具沿着切削方向（往复切削中的 Zig 方向）后倾，如图 9-53（a）所示；“侧倾角”设置为负值，意味着刀具沿着切削方向（往复切削中的 Zig 方向）左倾，如图 9-53（b）所示。

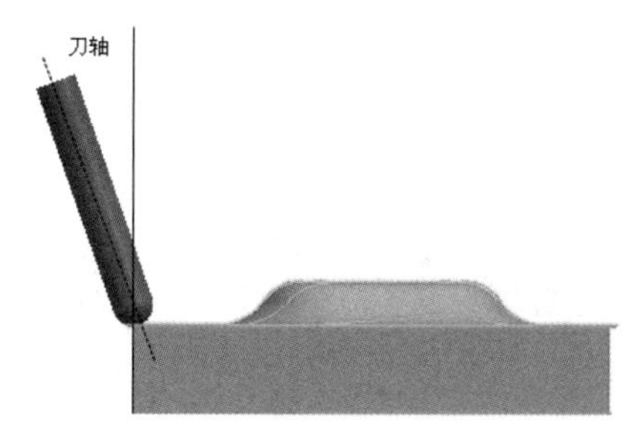

（a）前倾角为负值

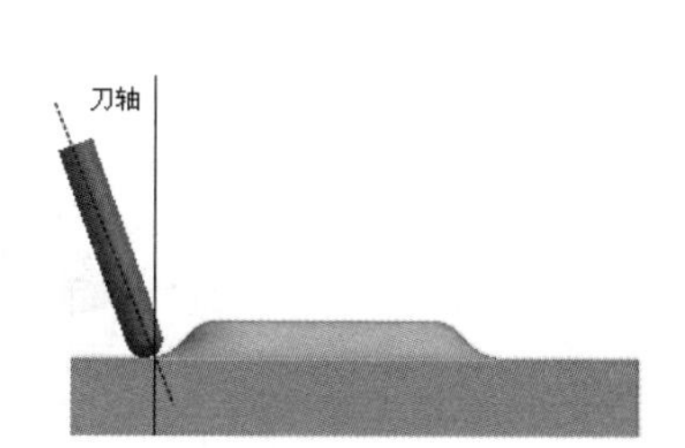

（b）侧倾角为负值

图 9-53　前倾角和侧倾角均为负值

9.4.7 相对于矢量

“相对于矢量”定义相对于带有指定前倾角和侧倾角矢量的可变刀轴，如图 9-54 所示。

在“刀轴”栏下拉列表框中选择“相对于矢量”选项，弹出图 9-55 所示的“相对于矢量”对话框。

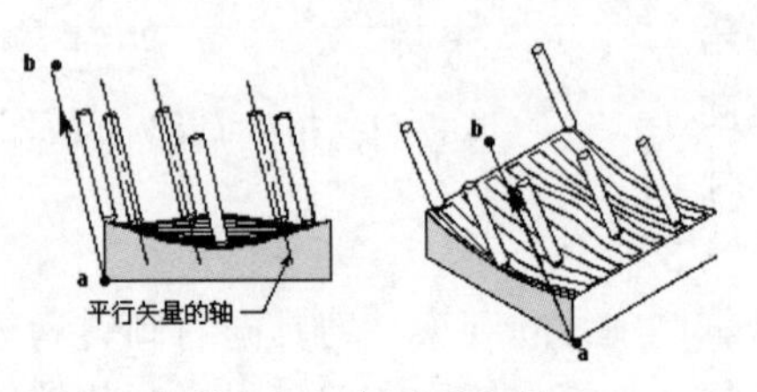

图 9-54 相对于矢量

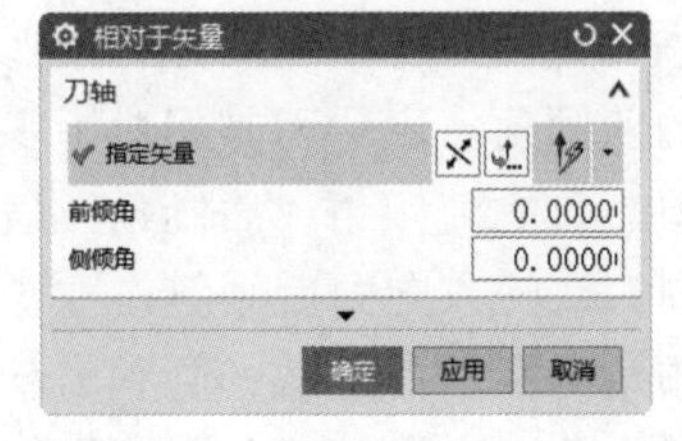

图 9-55 “相对于矢量”对话框

前倾角定义了刀具沿刀轨前倾或后倾的角度。正的前倾角值表示刀具相对于刀轨方向向前倾斜，负的前倾角值表示刀具相对于刀轨方向向后倾斜。由于前倾角基于刀具的运动方向，因此往复切削模式将使刀具在单向刀路中向一侧倾斜，而在回转刀路中向相反的另一侧倾斜。

侧倾角定义了刀具从一侧到另一侧的角度。正值将使刀具沿着切削方向右倾斜，负值将使刀具向左倾斜。与前倾角不同，侧倾角是固定的，它与刀具的运动方向无关。

“相对于矢量”的工作方式与“相对于部件”类似，不同之处是它使用的是矢量而不是部件法向。

9.4.8 4 轴，垂直于部件

“4 轴，垂直于部件”可定义使用“4 轴，垂直于部件旋转角度”的刀轴。该方法定义一个旋转轴和旋转角 4 轴方向使刀具绕所定义的旋转轴旋转，同时始终保持刀具和旋转轴垂直。刀具始终在垂直于旋转轴的平面加工，“旋转角度”定义使刀轴相对于零件法向方向部件表面的另一法向轴向前或向后再倾斜一个角度，如图 9-56 所示。顺着旋转轴方向观察，“旋转角度”正值向右倾斜。与前倾角不同，4 轴旋转角始终向垂直法向轴的同一侧倾斜，它与刀具运动方向无关，但切削时刀具可绕旋转轴旋转。也就是说，“旋转角度”正值使刀轴在 Zig 单向和 Zag 回转运动往复移动中向部件表面垂直法向轴的右侧倾斜，刀具始终在垂直于旋转轴的平行平面内运动。

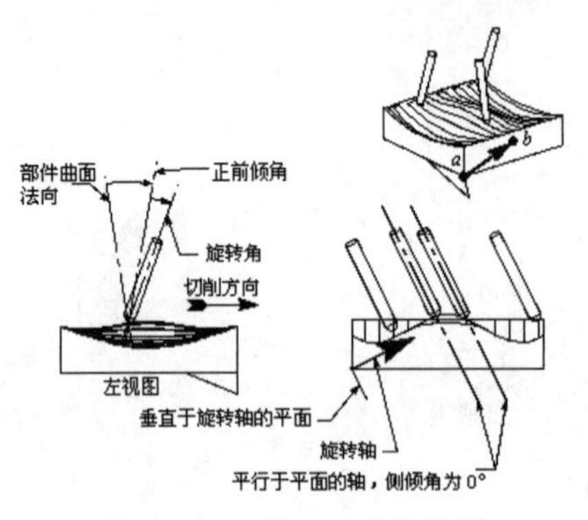

图 9-56 4 轴，垂直于部件

在某个多轴铣工序对话框中，如果在“刀轴”栏“轴”下拉列表中选择“4 轴，垂直于部件”选项，单击右侧的“编辑”按钮，弹出图 9-57 所示的“4 轴，垂直于部件”对话框，指定图 9-58 所示的旋转轴，设置“旋转角度”设置为 30°，如图 9-59 所示。刀具始终在垂直于旋转轴的平行平面内运动，如图 9-60 所示。

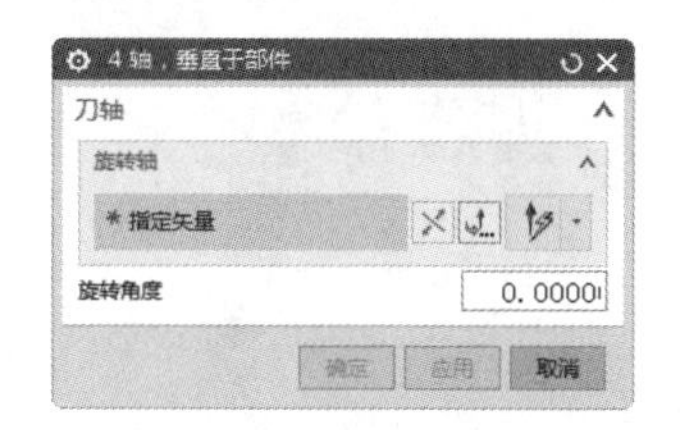

图 9-57 “4 轴，垂直于部件”对话框

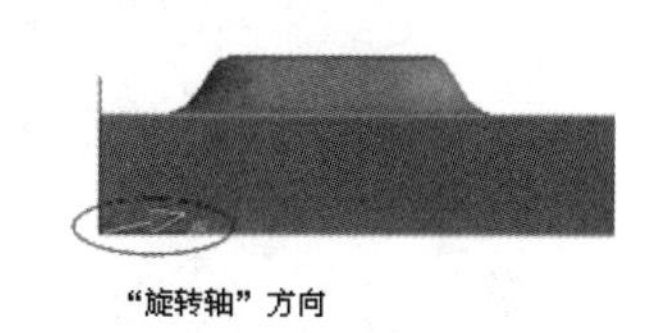

图 9-58 “旋转轴”方向

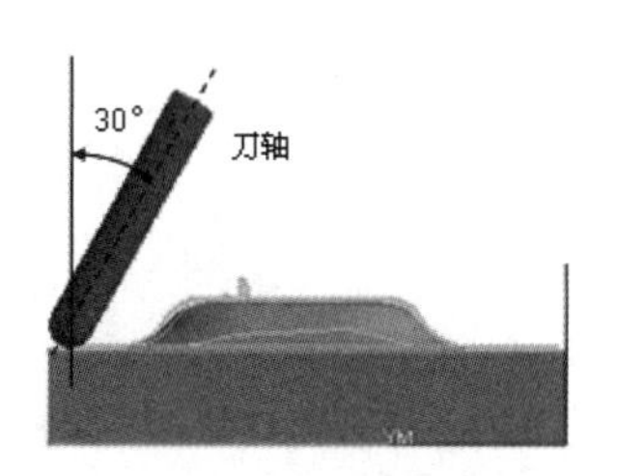

图 9-59 设置旋转角度

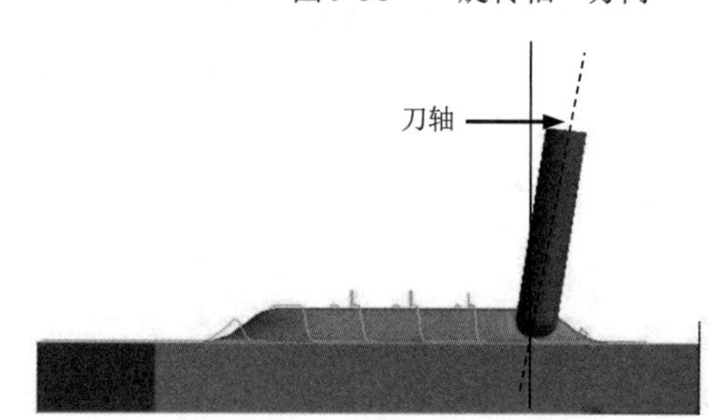

图 9-60 沿刀轨刀具的方向

9.4.9 4 轴，相对于部件

“4 轴，相对于部件”的工作方式与“4 轴，垂直于部件”基本相同，但增加了前倾角和侧倾角。由于是 4 轴加工方法，因此其侧倾角通常保留为默认值 0°。

前倾角定义了刀轴沿刀轨前倾或后倾的角度。正的前倾角值表示刀具相对于刀轨方向向前倾斜，负的前倾角值表示刀具相对于刀轨方向向后倾斜。

旋转角度在前倾角基础上进行叠加运算。旋转角度始终保持在同一方向，前倾角随着加工方向而变换方向。

侧倾角定义了刀轴从一侧到另一侧的角度。正值将使刀具向右倾斜（按照切削方向），负值将使刀具向左倾斜。

在“可变轮廓铣”对话框“刀轴”栏的“轴”下拉列表中选择“4 轴，相对于部件”选项，单击右侧的“编辑”按钮，弹出图 9-61 所示的“4 轴，相对于部件”对话框，设置“前倾角”为 20°，“旋转角度”为 10°，指定旋转轴方向，如图 9-62 所示。

图 9-61 “4 轴，相对于部件”对话框

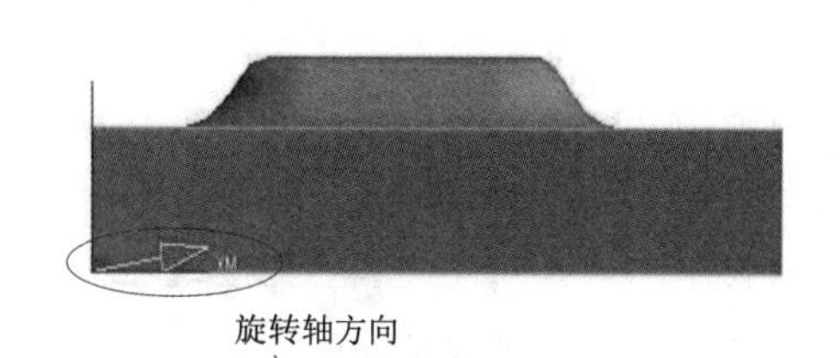

图 9-62 旋转轴方向

如果在“可变轮廓铣”对话框中设置“切削模式”为“往复”，当刀具进行 Zig 切削时，旋转角度和前倾角相加；当改变切削方向进行 Zag 切削时，旋转角度和前倾角相减，前倾角和旋转角如图 9-63 所示。

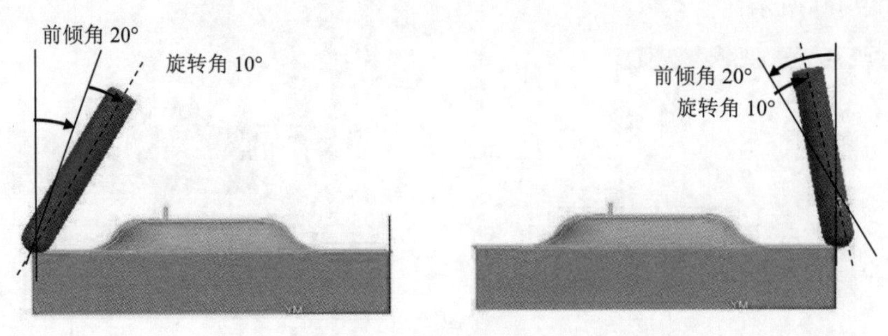

图 9-63　前倾角和旋转角

9.4.10　双 4 轴在部件上

“双 4 轴在部件上”与“4 轴，相对于部件”类似，可以指定一个 4 轴旋转角、一个前倾角和一个侧倾角。4 轴旋转角将有效地绕一个轴旋转部件，如同部件在带有单个旋转台的机床上旋转，但在双 4 轴中可以分别为单向切削移动和回转切削往复移动定义上述参数。“双 4 轴，相对于部件”对话框如图 9-64 所示。“双 4 轴在部件上”仅在使用往复切削模式时可用。

旋转轴定义了单向和回转平面，刀具将在这两个平面间运动，如图 9-65 所示。

“双 4 轴在部件上”被设计为仅能与往复切削模式一起使用。如果试图使用任何其他驱动方法，都将出现一条出错消息。

图 9-64　“双 4 轴，相对于部件”对话框

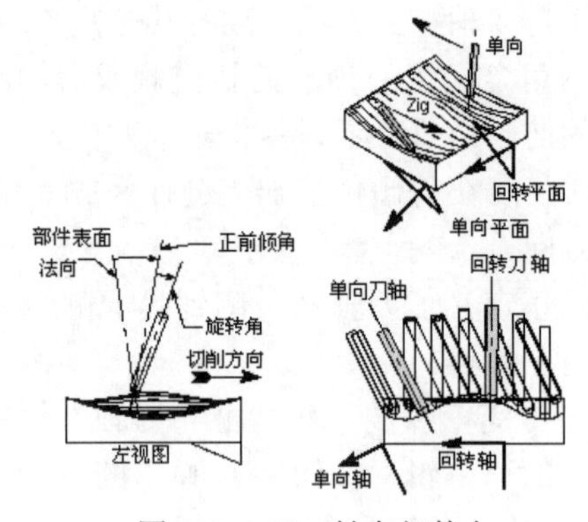

图 9-65　双 4 轴在部件上

“双 4 轴在部件上”与“双 4 轴在驱动体上，相对于部件”都将使系统参考部件表面或驱动曲面上的曲面法向。

除了参考驱动几何体而不是部件几何体外，“双 4 轴在驱动体上”与“双 4 轴在部件上”的工作方式完全相同。

选择“双 4 轴在部件上”选项后，需要输入相对于部件表面的前倾角、侧倾角和旋转角度，并分别为单向和回转切削指定旋转轴。

9.4.11　插补

“插补”一般用于加工如叶轮之类的零件，刀具运动受到空间的限制，必须有效控制刀轴的方向，以免发生干涉情况。

“插补”可通过矢量控制特定点处的刀轴，用于控制由非常复杂的驱动或部件几何体引起的刀轴过大变化，不需要创建其他的刀轴控制几何体，如点、线、矢量和光顺驱动曲面等。

可以根据需要定义从驱动几何体的指定位置处延伸的多个矢量，从而创建光顺的刀轴运动。驱动几何体上任意点处的刀轴都将被用户指定的矢量插补。指定的矢量越多，越容易对刀轴进行控制。可变轴曲面轮廓铣中当使用曲面区域驱动方法时此选项才可用。

在“刀轴”栏的“方法”下拉列表中选择“插补矢量”选项，单击右侧的“编辑”按钮，弹出图 9-66 所示的“插补矢量”对话框，各选项介绍如下。

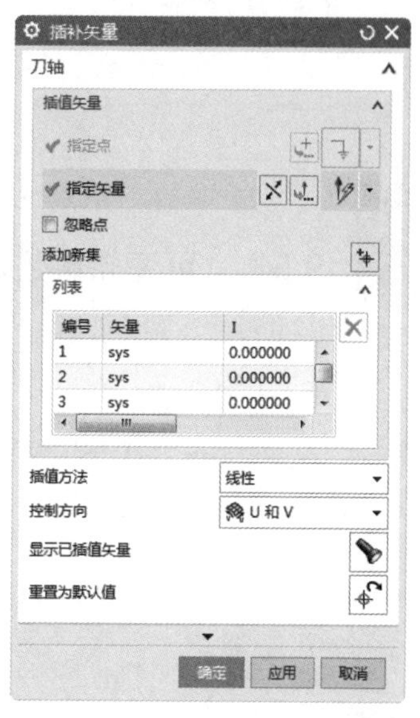

图 9-66　“插补矢量”对话框

1. 插值矢量

“插值矢量”选项可定义用于插补刀轴的矢量。根据“插值矢量”选项的不同，添加和编辑中所需的内容也不同。

在“插补矢量”对话框中单击“指定点”按钮，弹出“点”对话框。首先在驱动几何体上指定一个数据点。然后在“矢量”对话框中指定一个从该点延伸的矢量，此选项将取决于驱动几何体的定义。

2. 插值方法

（1）线性：使用驱动点之间固定的变化率来插补刀轴。线性插补的刀轴光顺性较差，但执行速度较快。

（2）三次样条：使用驱动点之间可变的变化率来插补矢量。与“线性”选项插值方法相比，此选项方法可在全部定义的数据点上生成更为光顺的刀轴更改。“三次样条”选项将插补中等光顺的刀轴，其执行速度也为中等。

（3）光顺：可以更好地控制生成的刀轨轴矢量。该方式强调位于驱动曲面边缘的所有矢量，这将减小任何内部矢量的影响。如果需要完全控制驱动曲面，此选项方法将尤其有用。光顺插补的刀轴光顺性非常高，但执行速度稍慢。

3. 显示已插值矢量

单击“显示已插值矢量”按钮，将显示插值矢量。如果使用“指定矢量”，将在每个驱动点处显示刀轴矢量，从而可以看到刀轴如何沿部件周围过渡。

4．重置为默认值

单击“重置为默认值”按钮，将移除所有已定义的数据点。如果要在已添加数据点后更改“指定点”选项，则可单击“重置为默认值”按钮。

9.5 可变轴曲面轮廓铣

扫一扫，看视频

9.5.1 可变轮廓铣

1．打开文件

选择“文件”→“打开”命令，弹出“打开”对话框，选择 KBLKX.prt，单击“打开”按钮，打开图 9-67 所示的待加工部件。

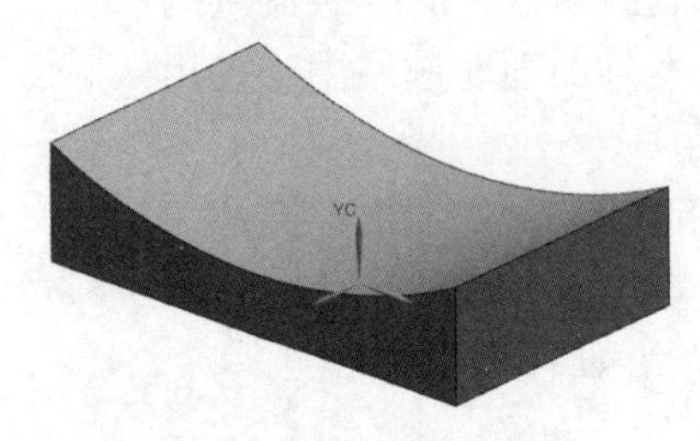

图 9-67　待加工部件

2．创建几何体

（1）单击“应用模块”选项卡“加工”面板中的“加工”按钮，弹出“加工环境”对话框，在“要创建的 CAM 组装”下拉列表中选择 mill_multi-axis 选项，如图 9-68 所示。单击“确定”按钮，进入加工环境。

（2）在上边框条中单击“几何视图”图标，显示“工序导航器-几何”视图，在 MCS_MILL 节点下双击 WORKPIECE，弹出“工件”对话框。

（3）单击“指定部件”右侧的“选择或编辑部件几何体”按钮，弹出“部件几何体”对话框，选择待加工部件，如图 9-69 所示。单击“确定”按钮，返回“工件”对话框。

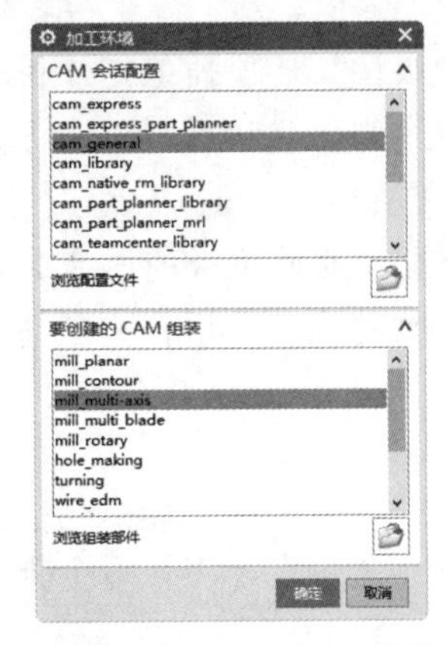

图 9-68　“加工环境”对话框

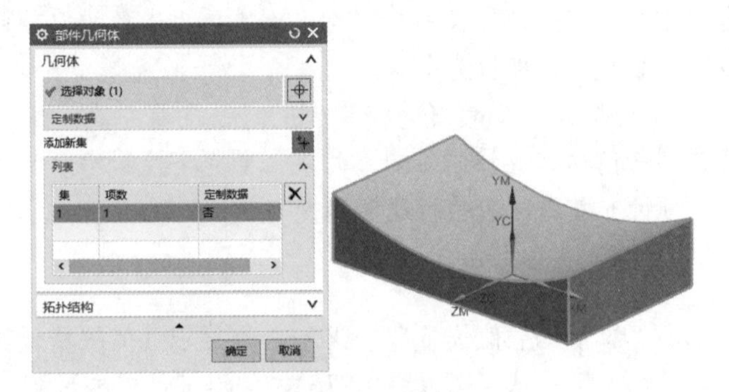

图 9-69　指定部件

（4）在“工件”对话框中单击“指定毛坯”右侧的“选择或编辑毛坯几何体”按钮，弹出“毛坯几何体”对话框，设置“类型”为“包容块”，其他采用默认设置，如图 9-70 所示。单击“确定”按钮，完成工件的设置。

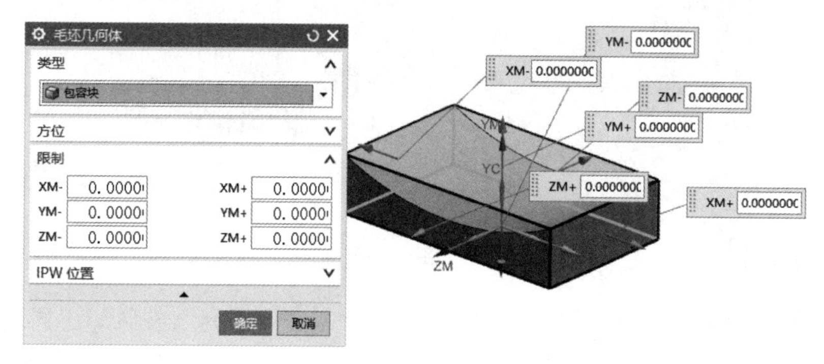

图 9-70　指定毛坯

3. 创建工序

（1）单击“主页”选项卡“刀片”面板中的“创建工序”按钮，弹出图 9-71 所示的“创建工序”对话框，在“类型”下拉列表中选择 mill_multi-axis 选项，在“工序子类型”栏中选择“可变轮廓铣”，在“位置”栏的“几何体”下拉列表中选择 WORKPIECE，其他采用默认设置，单击“确定”按钮。

（2）弹出图 9-72 所示的“可变轮廓铣”对话框，单击“指定切削区域”右侧的“选择或编辑切削区域几何体”按钮，弹出“切削区域”对话框，选择上表面为切削区域，如图 9-73 所示。单击“确定”按钮，关闭当前对话框。

图 9-71　“创建工序”对话框

图 9-72　“可变轮廓铣”对话框

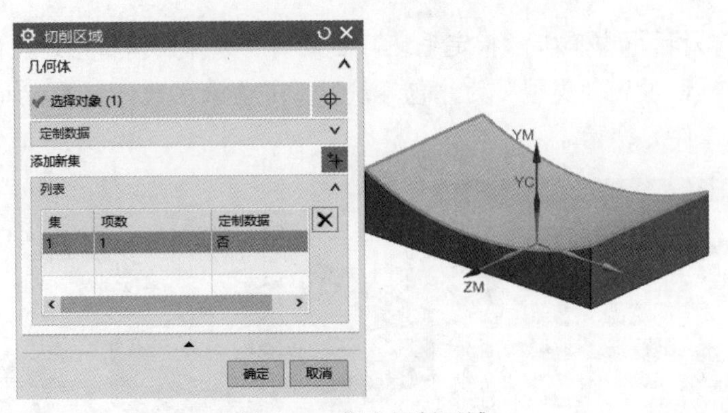

图 9-73　指定切削区域

（3）返回“可变轮廓铣”对话框，在“工具”栏中单击“新建”按钮，弹出图 9-74 所示的“新建刀具”对话框，在“刀具子类型”栏中选择 MILL，在“名称”文本框中输入 END10，单击“确定”按钮。弹出图 9-75 所示的“铣刀-5 参数”对话框，在“尺寸”栏中设置“直径”为 10，其他采用默认设置。单击“确定”按钮，关闭当前对话框。

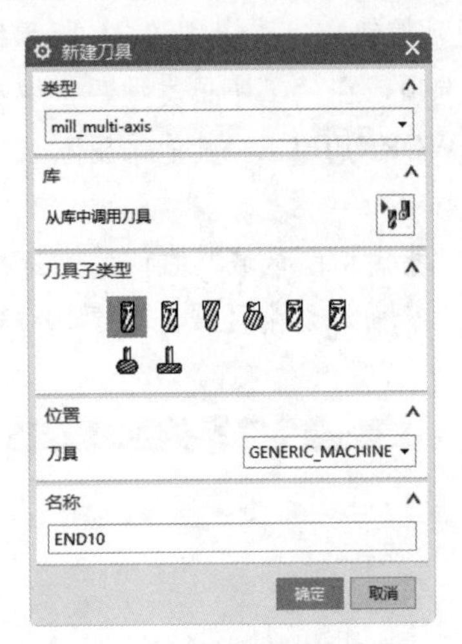

图 9-74　“新建刀具”对话框

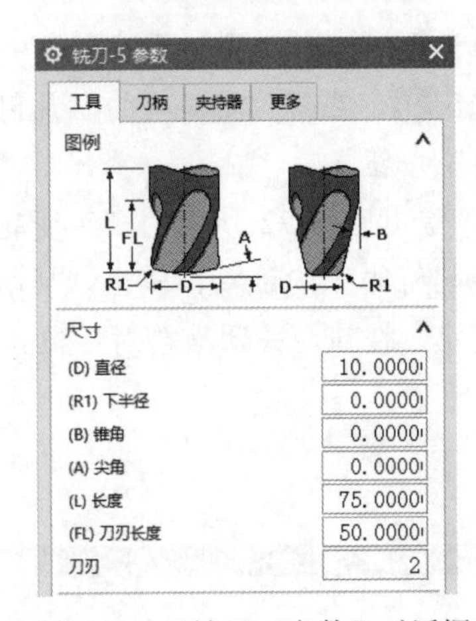

图 9-75　“铣刀-5 参数”对话框

（4）返回“可变轮廓铣”对话框，在“驱动方法”栏的“方法”下拉列表中选择“曲面区域”选项，弹出图 9-76 所示的“驱动方法”提示对话框，单击“确定”按钮。

（5）弹出图 9-77 所示的“曲面区域驱动方法”对话框，单击“选择或编辑驱动几何体”按钮，弹出“驱动几何体”对话框，选取图 9-78 所示的驱动几何体。单击“确定”按钮，返回“曲面区域驱动方法”对话框，设置“切削区域”为“曲面%”，“刀具位置”为“相切”。在“驱动设置”栏中设置“切削模式”为“往复”，“步距”为“数量”，“步距数”为 30；在“更多”栏中设置“切削步长”为“数量”，“第一刀切削”为 10，“最后一刀切削”为 10，“过切时”为“无”。单击“确定”按钮，关闭当前对话框。

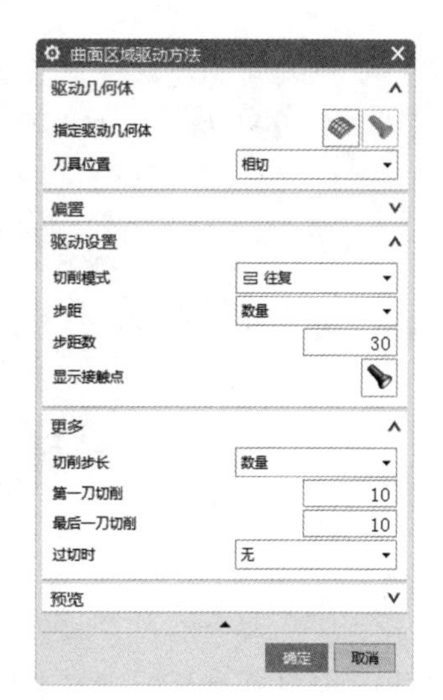

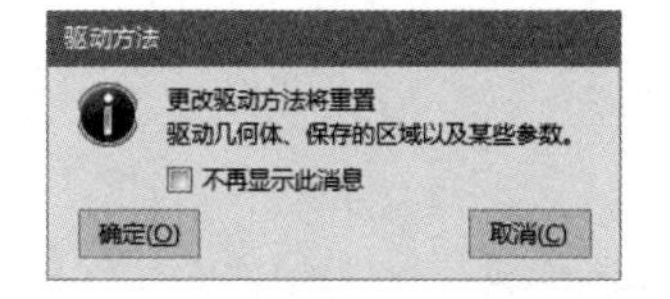

图 9-76 “驱动方法”提示对话框

图 9-77 “曲面区域驱动方法”对话框

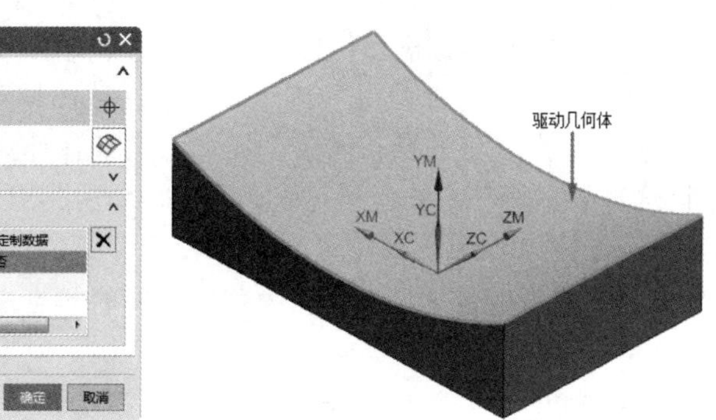

图 9-78 指定驱动几何体

（6）返回“可变轮廓铣”对话框，在“刀轴”栏中设置轴为“插补矢量”，弹出“插补矢量”对话框，在列表中选择矢量，单击“反向”按钮，调整矢量方向，生成的插补矢量如图 9-79 所示。

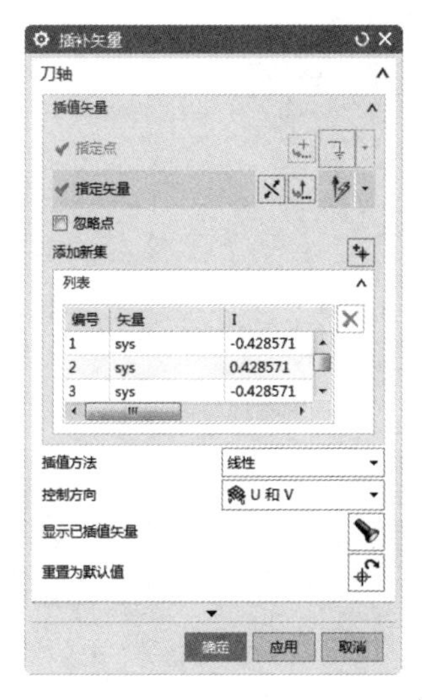

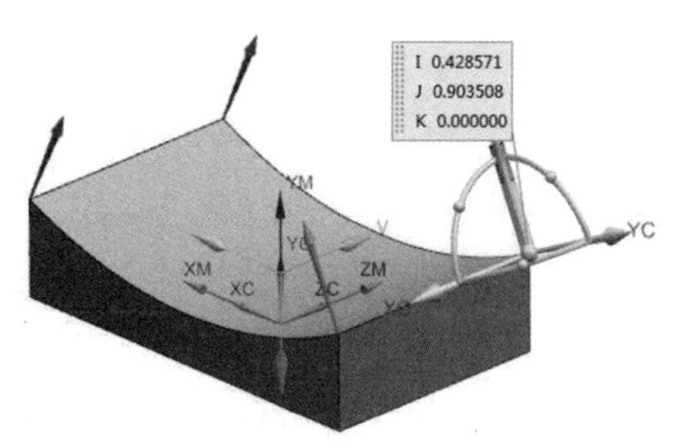

图 9-79 插补矢量

（7）在“插补矢量”对话框中单击“显示已插值矢量”按钮，对插补驱动点进行显示查看，插补驱动点如图 9-80 所示，单击“确定”按钮。

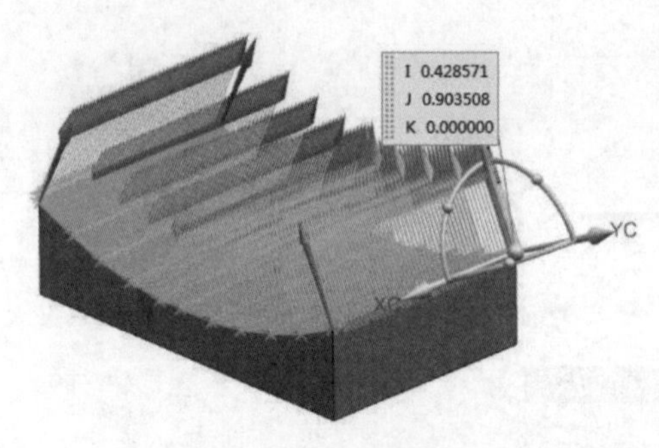

图 9-80　插补驱动点

（8）返回“可变轮廓铣”对话框，在“刀轨设置”栏中单击“非切削移动”按钮，弹出“非切削移动”对话框。在“进刀”选项卡“开放区域”栏中设置“进刀类型”为“线性”，“长度”为“50%刀具”；在“根据部件/检查”栏中设置“进刀类型”为“线性”，“长度”为“50%刀具”；在“初始”栏中设置“进刀类型”为“与开放区域相同”。在“退刀”选项卡“开放区域”栏中设置“退刀类型”为“与进刀相同”，在“根据部件/检查”和“最终”栏中设置“退刀类型”为“与开放区域退刀相同”，其他采用默认设置，如图 9-81 所示。单击“确定”按钮，关闭当前对话框。

（9）返回“可变轮廓铣”对话框，单击“操作”栏中的“生成”按钮，生成图 9-82 所示的刀轨。

（10）单击“操作”栏中的“确认”按钮，弹出“刀轨可视化”对话框，切换到“3D 动态”选项卡，单击“播放”按钮，进行 3D 模拟加工，结果如图 9-83 所示。

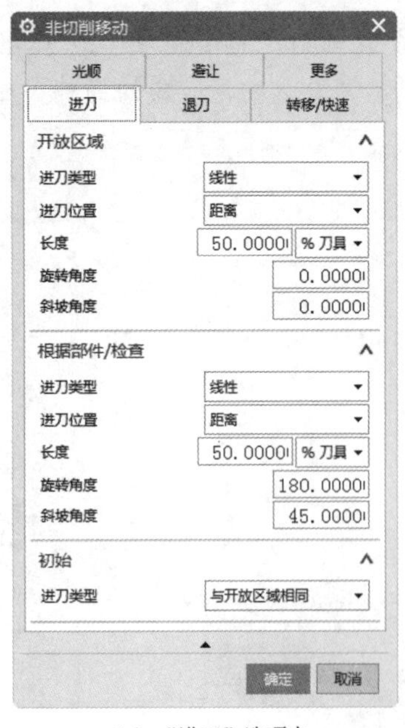

（a）“进刀”选项卡

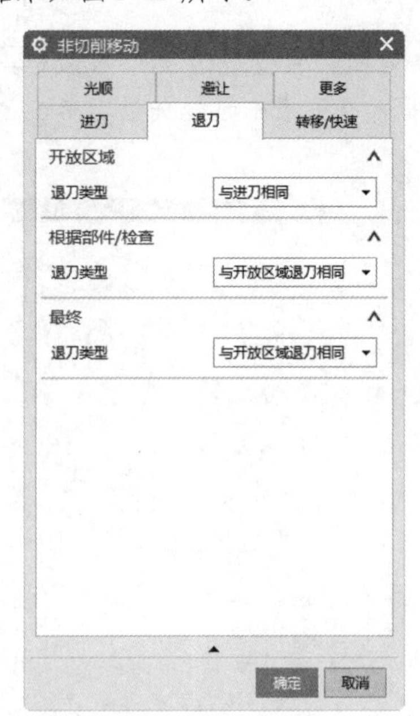

（b）“退刀”选项卡

图 9-81　“非切削移动”对话框

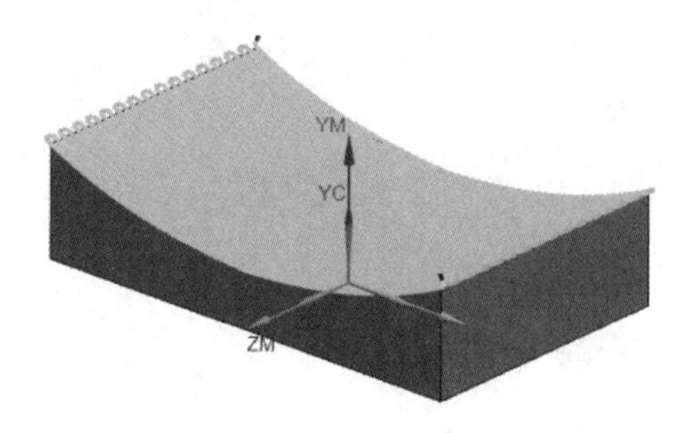

图 9-82 生成的刀轨

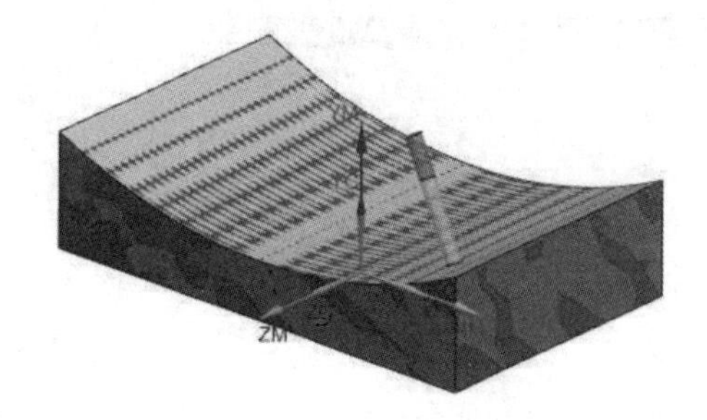

图 9-83 模拟加工结果

动手练——可变轮廓铣加工

扫一扫，看视频

对如图 9-84 所示的部件进行可变轮廓铣加工。

图 9-84 待加工部件

思路点拨：

源文件：yuanwenjian\9\dongshoulian\ DZJG-2

（1）创建刀具。

（2）创建可变轮廓铣工序。

（3）指定切削区域。

（4）设置曲面区域驱动方法。

（5）设置刀轴。

扫一扫，看视频

9.5.2 可变流线铣

（1）选择“文件”→“打开”命令，弹出“打开”对话框，选择 9.5.1 小节创建的加工文件，单击“打开”按钮，打开待加工部件。

（2）单击“主页”选项卡“刀片”面板中的“创建工序”按钮，弹出“创建工序”对话框，在“类型”下拉列表中选择 mill_multi-axis 选项，在“工序子类型”栏中选择“可变流线铣”，在“位置”栏中设置“几何体”为 WORKPIECE，“刀具”为 END10，其他采用默认设置，单击“确定”按钮。

（3）弹出图 9-85 所示的“可变流线铣”对话框，单击“指定切削区域”右侧的“选择或编辑切削区域几何体”按钮，弹出“切削区域”对话框，选择上表面为切削区域，如图 9-86 所示。单击“确定”按钮，关闭当前对话框。

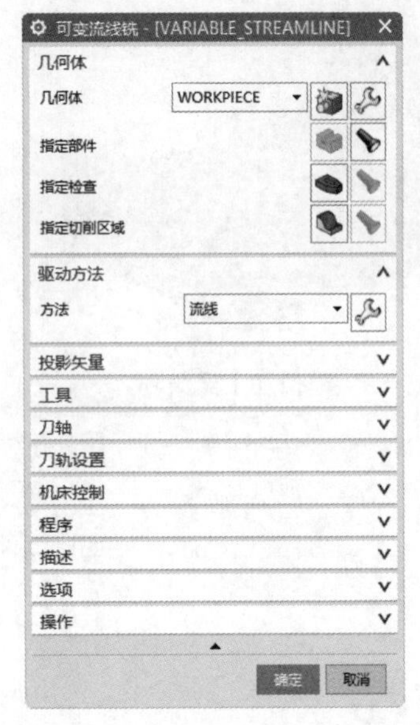

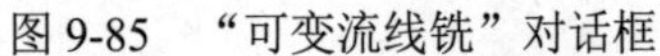

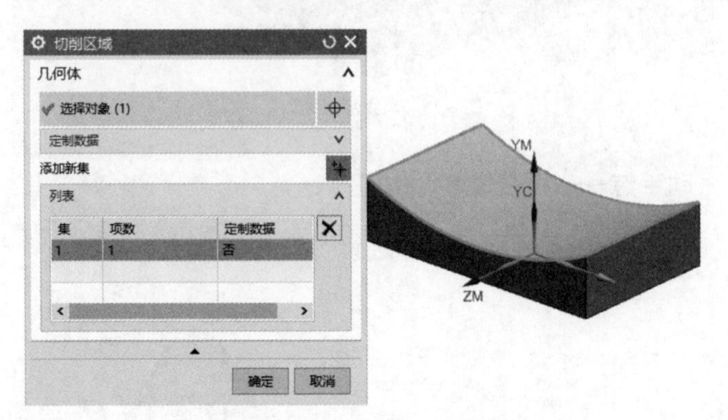

图 9-85　“可变流线铣”对话框　　　　图 9-86　指定切削区域

（4）返回“可变流线铣”对话框，在“驱动方法”栏的“方法”中单击“编辑”按钮，弹出“流线驱动方法”对话框，系统自动选取驱动曲线，如图 9-87 所示。

图 9-87　选取驱动曲线

（5）在“切削方向”栏中单击“指定切削方向”按钮，在加工部件上单击，沿 XM 轴的方向为切削方向，此时切削方向上带有圆圈标记，如图 9-88 所示。在“驱动设置”栏中设置“步距”为“数量”，输入步距数为 20，其他采用默认设置。单击“确定”按钮，关闭当前对话框。

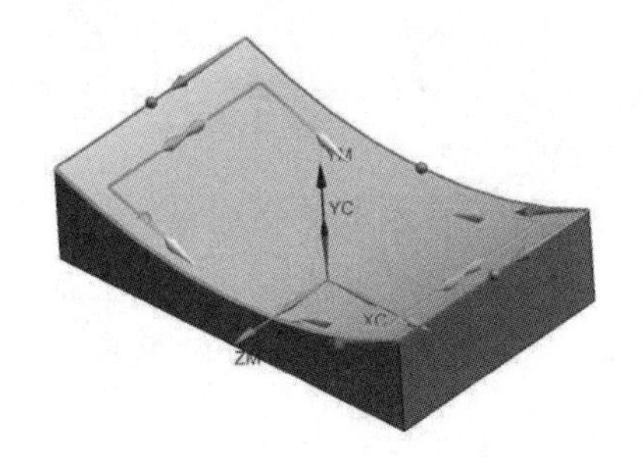

图 9-88 指定切削方向

（6）返回“可变流线铣”对话框，在“投影矢量”栏中设置“矢量”为“朝向点”，指定坐标原点为朝向点，如图 9-89 所示。

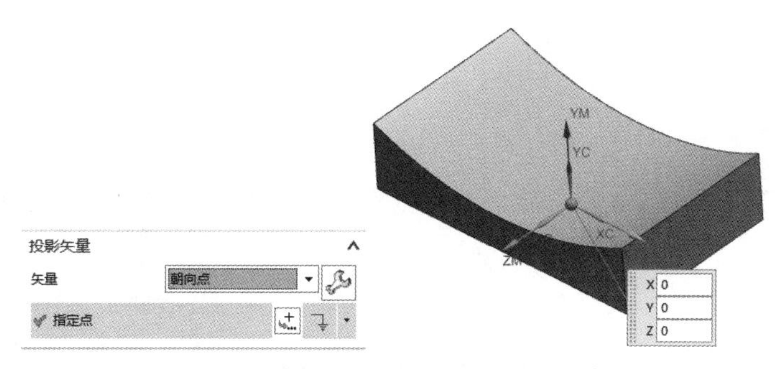

图 9-89 指定投影矢量

（7）在“刀轨设置”栏中单击“非切削移动”按钮，弹出“非切削移动”对话框。在“进刀”选项卡的“开放区域”栏中设置“进刀类型”为“线性”，“长度”为“50%刀具”；在“根据部件/检查”栏中设置“进刀类型”为“线性”，“长度”为“50%刀具”；在“初始”栏中设置“进刀类型”为“与开放区域相同”。在“退刀”选项卡“开放区域”栏中设置“退刀类型”为“与进刀相同”，在“根据部件/检查”和“最终”栏中设置“退刀类型”为“与开放区域退刀相同”，其他采用默认设置。单击“确定”按钮，关闭当前对话框。

（8）返回“可变流线铣”对话框，单击“操作”栏中的“生成”按钮，生成图 9-90 所示的刀轨。

（9）单击“操作”栏中的“确认”按钮，弹出“刀轨可视化”对话框，切换到“3D 动态”选项卡，单击“播放”按钮，进行 3D 模拟加工，结果如图 9-91 所示。

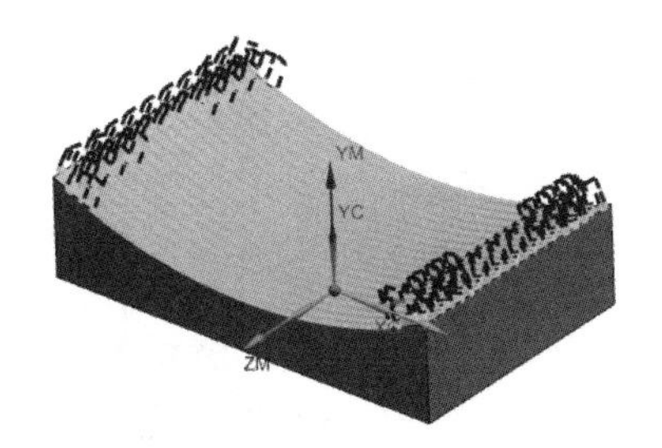

图 9-90 生成的刀轨

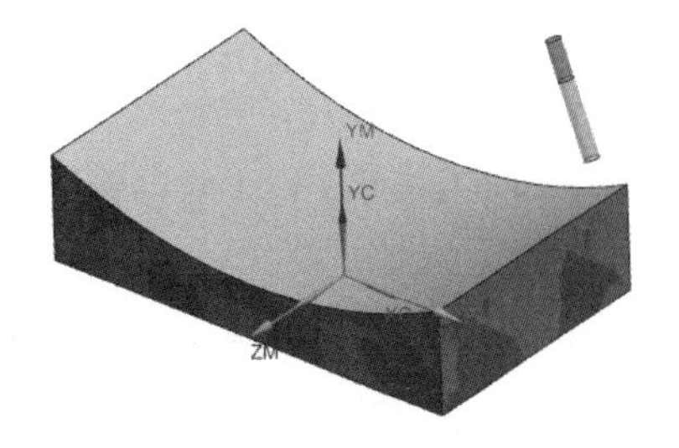

图 9-91 模拟加工结果

9.5.3 外形轮廓铣

（1）选择“文件”→“打开”命令，弹出“打开”对话框，选择 8.4.2 小节创建的加工文件，单击“打开”按钮，打开待加工部件。

（2）单击“主页”选项卡“刀片”面板中的“创建工序”按钮，弹出“创建工序”对话框，在“类型”下拉列表中选择 mill_multi-axis 选项，在“工序子类型”栏中选择“外形轮廓铣”，在“位置”栏中设置“几何体”为 WORKPIECE，“刀具”为 NONE，其他采用默认设置，单击“确定”按钮。

（3）弹出图 9-92 所示的“外形轮廓铣”对话框，单击“指定底面”右侧的“选择或编辑切削区域几何体”按钮，弹出“底面几何体”对话框，选取图 9-93 所示的底面。单击“确定”按钮，关闭当前对话框。

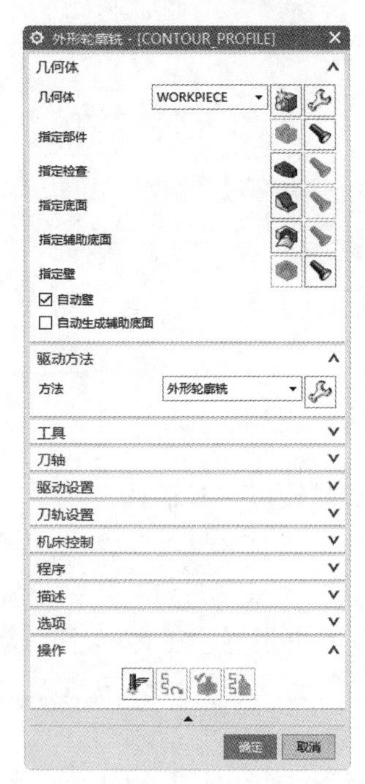

图 9-92 “外形轮廓铣”对话框

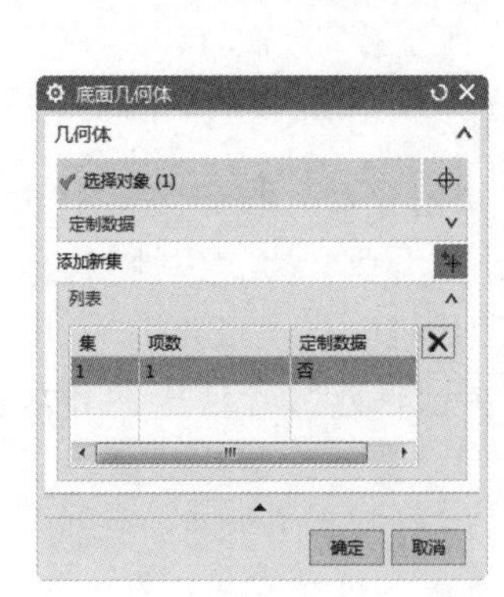

图 9-93 选取底面

（4）返回“外形轮廓铣”对话框，在“几何体”栏中选中“自动壁”复选框，在“驱动设置”栏中选择“进刀矢量”为“指定”，弹出图 9-94 所示的“矢量”对话框，选择“-YC 轴”类型。单击“确定”按钮，关闭当前对话框。

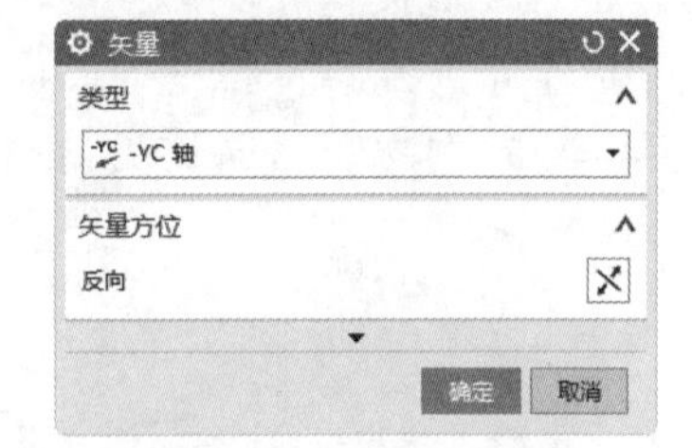

图 9-94 “矢量”对话框

（5）在“工具”栏中单击“新建”按钮，弹出“新建刀具”对话框，在“刀具子类型”栏中选择 MILL，在“名称”文本框中输入 END10，单击“确定”按钮，弹出图 9-75 所示的“铣刀-5 参数”对话框。在“尺寸”栏中设置“直径”为 10，“长度”为 120，“刀刃长度”为 80，其他采用默认设置。单击“确定”按钮，关闭当前对话框。

（6）返回“外形轮廓铣”对话框，单击“操作”栏中的“生成”按钮，生成图 9-95 所示的刀轨。

（7）单击“操作”栏中的“确认”按钮，弹出“刀轨可视化”对话框，切换到“3D 动态”选项卡，单击“播放”按钮，进行 3D 模拟加工，结果如图 9-96 所示。

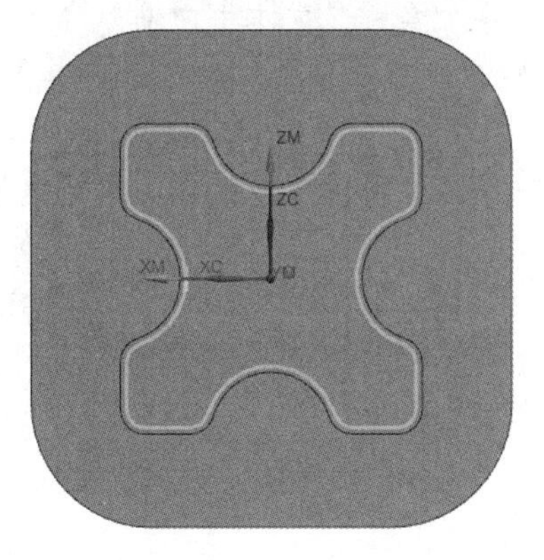

图 9-95　生成的刀轨

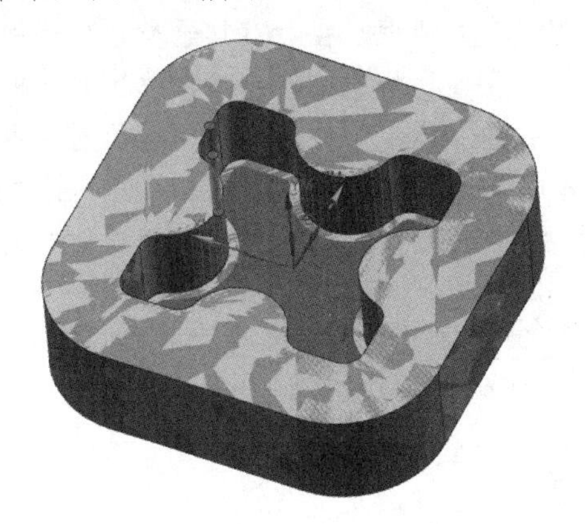

图 9-96　模拟加工结果

9.6　固定轮廓铣

扫一扫，看视频

1．打开文件

选择“文件”→“打开”命令，弹出“打开”对话框，选择 GDLKX.prt，单击“打开”按钮，打开图 9-97 所示的待加工部件。

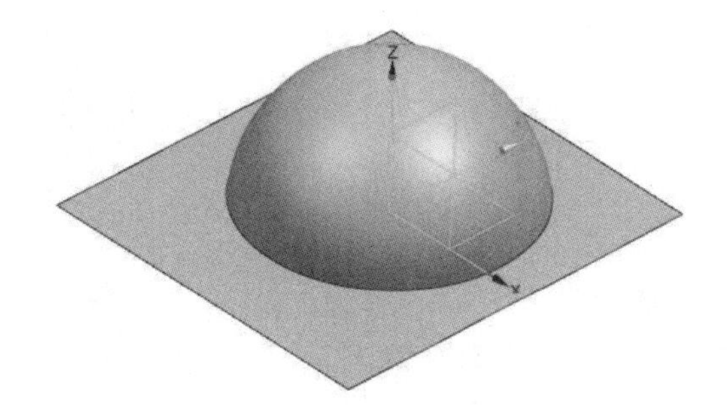

图 9-97　待加工部件

2．创建几何体

重复 8.6.5 小节中的第 2 步，创建毛坯和几何体（加工环境为 mill_multi-axis）。

3．创建工序

（1）单击“主页”选项卡“刀片”面板中的“创建工序”按钮，弹出图 9-1 所示的“创建工序”对话框，选择 mill_multi-axis 类型，在“工序子类型”栏中选择“固定轮廓铣”，选择 WORKPIECE 几何体，“刀具”为 NONE，“方法”为 MILL_ROUGH，其他采用默认设置，单击“确定”按钮。

（2）弹出图 9-98 所示的“固定轮廓铣”对话框，单击“指定切削区域”右侧的选择或编辑切削区域几何体”按钮，弹出“切削区域”对话框，选择外表面为切削区域。单击“确定”按钮，关闭当前对话框。

（3）返回“固定轮廓铣”对话框，在“工具”栏中单击“新建”按钮，弹出图 9-74 所示的“新建刀具”对话框，在“刀具子类型”栏中选择 MILL，在“名称”文本框中输入 MILL6，单击“确定”按钮。弹出“铣刀-5 参数”对话框，在“尺寸”栏中设置“直径”为 6mm，其他采用默认设置。单击“确定”按钮，关闭当前对话框。

（4）返回“固定轮廓铣”对话框，在“驱动方法”栏中单击“编辑”按钮，弹出如图 9-99 所示的“边界驱动方法”对话框，单击“指定驱动几何体”右侧的“选择或编辑驱动几何体”按钮，弹出“边界几何体”对话框。设置“模式”为“面”，“材料侧”为“外侧”，选择图 9-100 所示的边界几何体平面，单击“确定”按钮。返回“边界驱动方法”对话框，设置“部件空间范围”为“关”，“切削方向”为“顺铣”，“切削模式”为“往复”，“步距”为“%刀具平直”，“平面直径百分比”为 50，“切削角”为“指定”，“与 XC 的夹角”为 90°，其余参数保持默认值。单击“确定”按钮，关闭当前对话框。

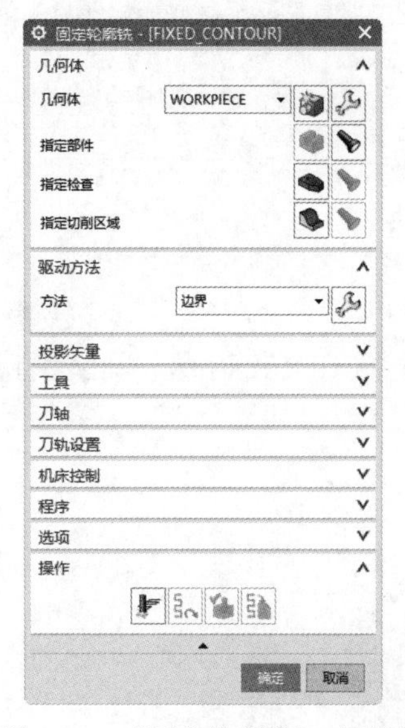

图 9-98 “固定轮廓铣”对话框

图 9-99 “边界驱动方法”对话框

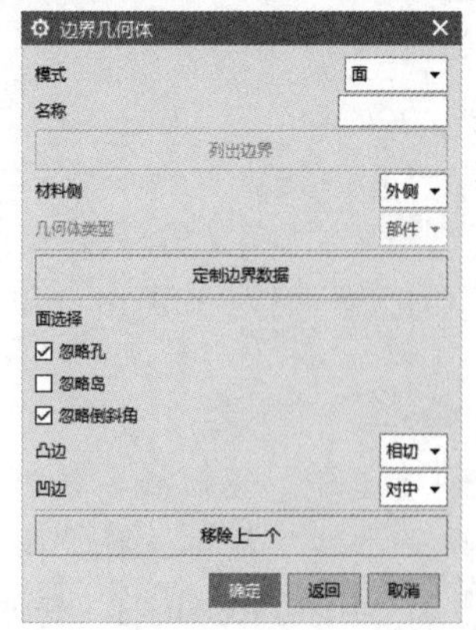

图 9-100 选取边界几何体

（5）返回“固定轮廓铣”对话框，在“操作”栏中单击“生成”按钮，生成图 9-101 所示的刀轨。

（6）单击“操作”栏中的“确认”按钮，弹出“刀轨可视化”对话框，切换到“3D 动态”选项卡，单击“播放”按钮，进行 3D 模拟加工，结果如图 9-102 所示。

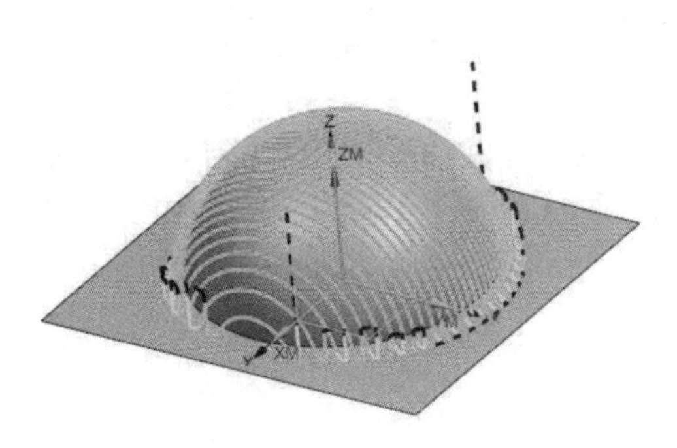

图 9-101　生成的刀轨

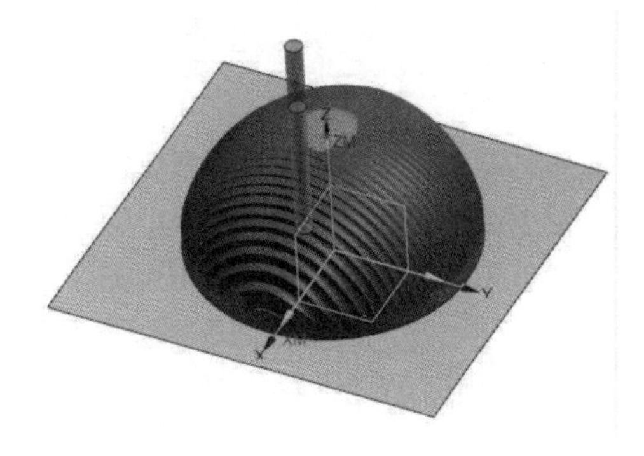

图 9-102　模拟加工结果

动手练——固定轮廓铣加工

对如图 9-103 所示的部件进行固定轮廓铣加工。

扫一扫，看视频

图 9-103　待加工部件

思路点拨：

源文件：yuanwenjian\9\dongshoulian\BJQD

（1）创建毛坯、几何体以及刀具。

（2）创建固定轮廓铣工序。

（3）指定切削区域。

（4）设置边界驱动方法。

第 10 章　平板铣削加工实例

内容简介

本章对平板进行加工，采用底壁铣、型腔铣等。该零件模型包括多个凹槽、孔等特征，底面为平面。根据待加工零件的结构特点，先用底壁铣精加工顶面，然后用型腔铣加工出零件的外形轮廓，再加工孔，最后用平面文本加工文字。由于零件同一特征可以使用不同的加工方法，因此在具体安排加工工艺时，读者可以根据实际情况来确定。本实例安排的加工工艺和方法不一定是最佳的，其目的只是让读者了解各种铣削加工方法的综合应用。

扫一扫，看视频

10.1　初 始 设 置

1．打开文件

选择“文件”→“打开”命令，弹出“打开”对话框，选择 pingban.prt，单击“打开”按钮，打开图 10-1 所示的待加工部件。

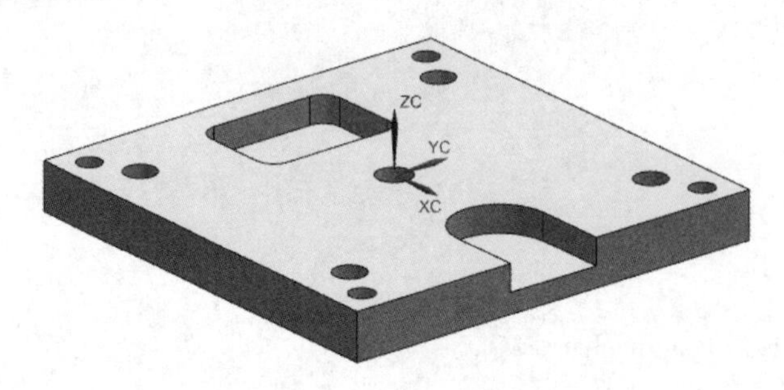

图 10-1　待加工部件

2．进入加工环境

单击“文件”→“新建”命令，弹出“新建”对话框，在“加工”选项卡中设置“单位”为“毫米”，选择“机械”模板，其他采用默认设置，如图 10-2 所示。单击“确定”按钮，进入加工环境。

3．创建几何体

（1）在上边框条中单击“几何视图”图标，显示“工序导航器-几何”视图，在 MCS_MILL 节点下双击 WORKPIECE，弹出“工件”对话框。

（2）单击“指定部件”右侧的“选择或编辑部件几何体”按钮，弹出“部件几何体”对话框，选择图 10-3 所示的部件。单击“确定”按钮，返回“工件”对话框。

图 10-2　“新建”对话框

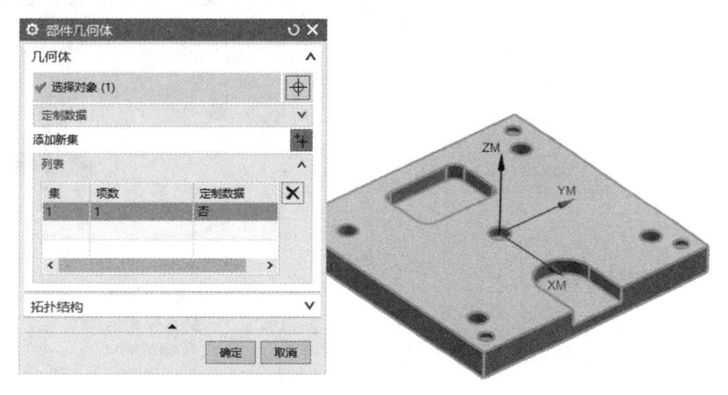

图 10-3　指定部件

（3）在“工件”对话框中单击“指定毛坯”右侧的“选择或编辑毛坯几何体”按钮，弹出“毛坯几何体”对话框，设置“类型”为“包容块”，ZM+为 3，如图 10-4 所示。单击“确定”按钮，在块的顶部添加 3mm 的坯料。返回“工件”对话框，其他采用默认设置。单击“确定”按钮，完成工件的设置。

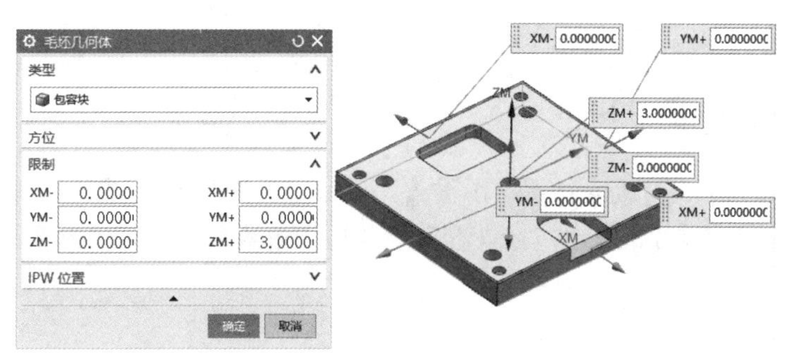

图 10-4　创建毛坯

扫一扫，看视频

10.2 面精加工

利用底壁铣精加工出平板的顶面。

10.2.1 创建刀具

（1）单击“主页”选项卡“刀片”面板中的“创建刀具”按钮，弹出“创建刀具”对话框，在“位置”栏的“刀具”下拉列表中选择 POCKET_01 选项。

（2）单击“从库中调用刀具”按钮，弹出“库类选择”对话框，选择“铣”→“面铣刀（可转位）”，如图 10-5 所示。单击“确定”按钮，关闭当前对话框。

（3）弹出图 10-6 所示的“搜索准则”对话框，采用默认设置，单击“确定”按钮。弹出“搜索结果”对话框，选择库号为 ugt0212_001，其他采用默认设置，如图 10-7 所示。单击“确定”按钮，完成刀具的调用。

图 10-5 “库类选择”对话框

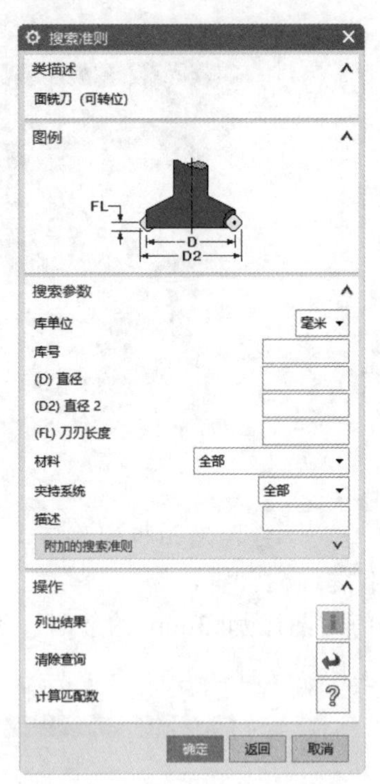

图 10-6 “搜索准则”对话框

（4）在上边框条中单击“机床视图”图标，显示“工序导航器-机床”视图，展开 CARRIER→POCKET_01 节点，如图 10-8 所示，可以看出刀具已指派给第一个可用刀槽。

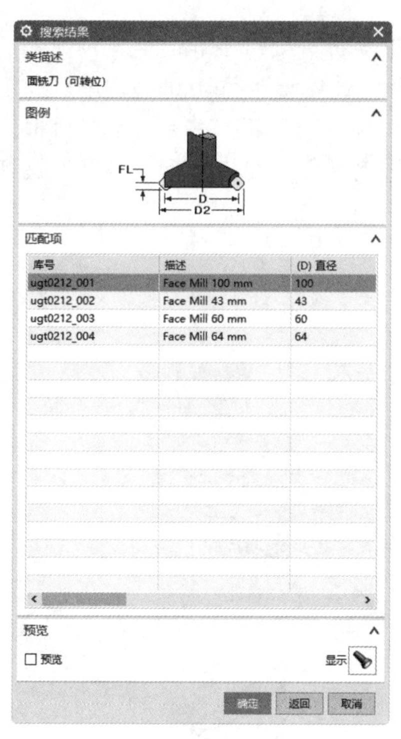

图 10-7　“搜索结果”对话框

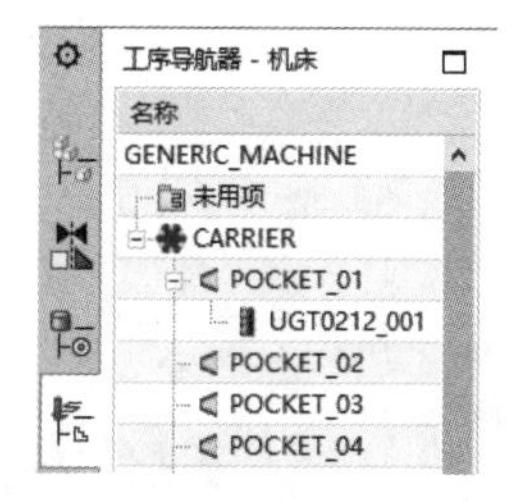

图 10-8　“工序导航器-机床”视图

10.2.2　创建底壁铣工序

（1）单击“主页”选项卡“刀片”面板中的“创建工序”按钮，弹出图 10-9 所示的“创建工序”对话框，在“类型”下拉列表中选择 Machinery_Exp 选项，在“工序子类型”栏中选择“底壁铣”，在“位置”栏中设置“刀具”为 UGT0212_001，“几何体”为 WORKPIECE，“方法”为 MILL_FINISH，输入名称为 face，单击“确定”按钮。

（2）弹出“底壁铣”对话框，单击“指定切削区底面”右侧的“选择或编辑切削区域几何体”按钮，弹出“切削区域”对话框，选择部件顶面为切削区域，如图 10-10 所示。单击“确定”按钮，关闭当前对话框。

图 10-9　“创建工序”对话框

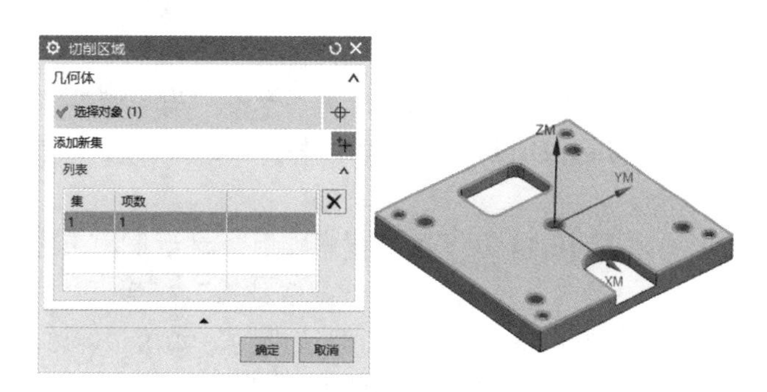

图 10-10　指定切削区域

（3）返回“底壁铣”对话框，在“刀轨设置”栏中单击“进给率和速度”按钮，弹出“进给率和速度”对话框，设置“表面速度”为 500，“每齿进给量”为 0.08，单击“计算器”按钮，计算出主轴速度和进给率，如图 10-11 所示。单击“确定”按钮，关闭当前对话框。

（4）返回“底壁铣”对话框，单击“操作”栏中的“生成”按钮和“确认”按钮，生成图 10-12 所示的刀轨。

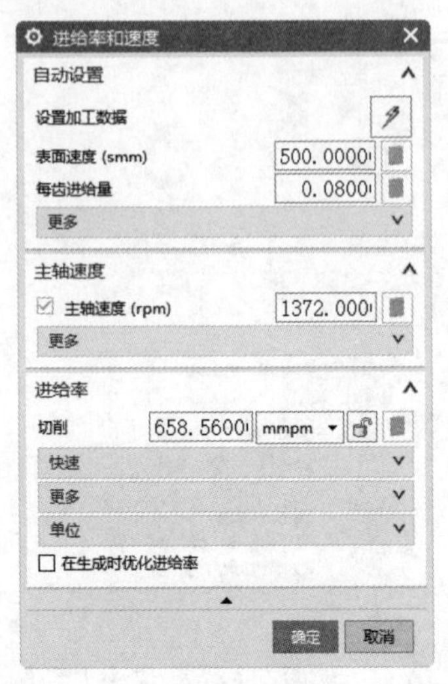

图 10-11　“进给率和速度”对话框

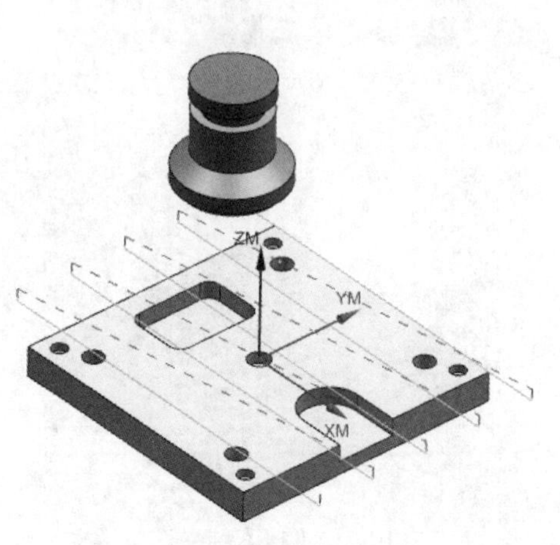

图 10-12　生成的刀轨

扫一扫，看视频

10.3 腔 体 加 工

利用型腔铣粗加工腔体，然后利用底壁铣精加工腔体底面。

10.3.1 创建刀具

（1）单击“主页”选项卡“刀片”面板中的“创建刀具”按钮，弹出“创建刀具”对话框，在“刀具子类型”栏中选择 MILL，在“位置”栏的“刀具”下拉列表中选择 POCKET_02，输入名称为 EM-22MM，单击“确定”按钮。

（2）弹出“铣刀-5 参数”对话框，在“工具”选项卡的“尺寸”栏中输入直径为 22，在“夹持器”选项卡“库”栏中单击“从库中调用夹持器”按钮，弹出“库类选择”对话框，选择 Milling_Drilling 夹持器，如图 10-13 所示，单击“确定”按钮。

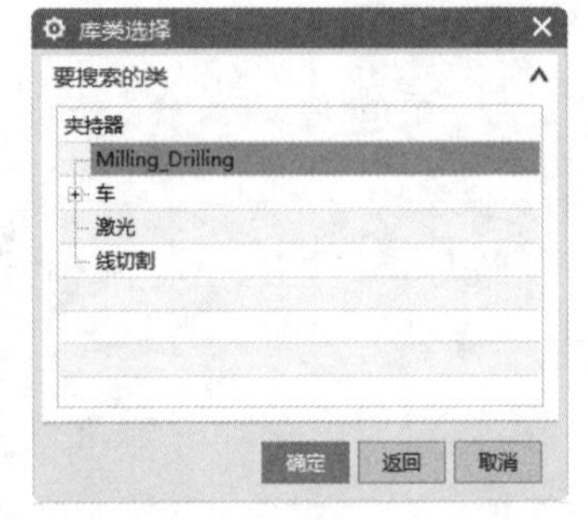

图 10-13　“库类选择”对话框

（3）弹出图 10-14 所示的“搜索准则”对话框，采用默认设置，单击“确定”按钮，弹出“搜索结果”对话框。选择库号为 HLD001_00006，其他采用默认设置，如图 10-15 所示。单击“确定”按钮，完成夹持器的调用。

图 10-14 “搜索准则”对话框

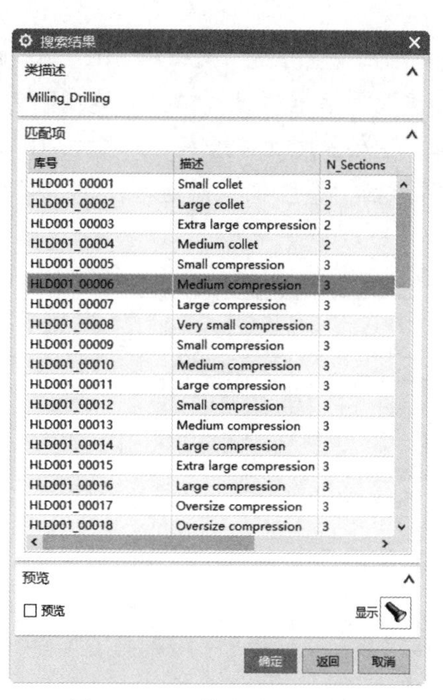

库号	描述	N_Sections
HLD001_00001	Small collet	3
HLD001_00002	Large collet	2
HLD001_00003	Extra large compression	2
HLD001_00004	Medium collet	2
HLD001_00005	Small compression	3
HLD001_00006	Medium compression	3
HLD001_00007	Large compression	3
HLD001_00008	Very small compression	3
HLD001_00009	Small compression	3
HLD001_00010	Medium compression	3
HLD001_00011	Large compression	3
HLD001_00012	Small compression	3
HLD001_00013	Medium compression	3
HLD001_00014	Large compression	3
HLD001_00015	Extra large compression	3
HLD001_00016	Large compression	3
HLD001_00017	Oversize compression	3
HLD001_00018	Oversize compression	3

图 10-15 “搜索结果”对话框

10.3.2 创建粗加工型腔铣工序

（1）单击“主页”选项卡“刀片”面板中的“创建工序”按钮，弹出图 10-16 所示的“创建工序”对话框，在“类型”下拉列表中选择 Machinery_Exp，在“工序子类型”栏中选择“型腔铣”，在“位置”栏中设置“几何体”为 WORKPIECE，“刀具”为 EM-22MM，“方法”为 MILL_ROUGH，其他采用默认设置，单击“确定”按钮。

（2）弹出“型腔铣”对话框，单击“指定切削区域”右侧的“选择或编辑切削区域几何体”按钮，弹出“切削区域”对话框，选择图 10-17 所示的切削区域。单击“确定”按钮，关闭当前对话框。

图 10-16 “创建工序”对话框

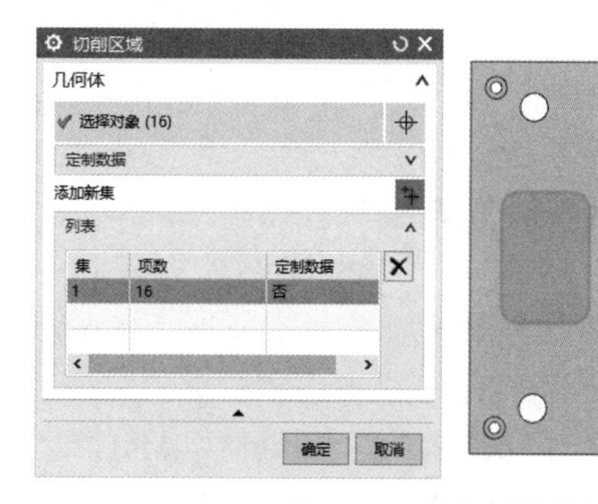

图 10-17 指定切削区域

（3）返回“型腔铣”对话框，在“刀轨设置”栏中单击“进给率和速度”按钮，弹出“进给率和速度”对话框，设置“表面速度”为 500，“每齿进给量”为 0.08，单击“计算器”按钮，计算出主轴速度和进给率，如图 10-18 所示。单击“确定”按钮，关闭当前对话框。

（4）返回“型腔铣”对话框，单击“操作”栏中的“生成”按钮，生成图 10-19 所示的刀轨。

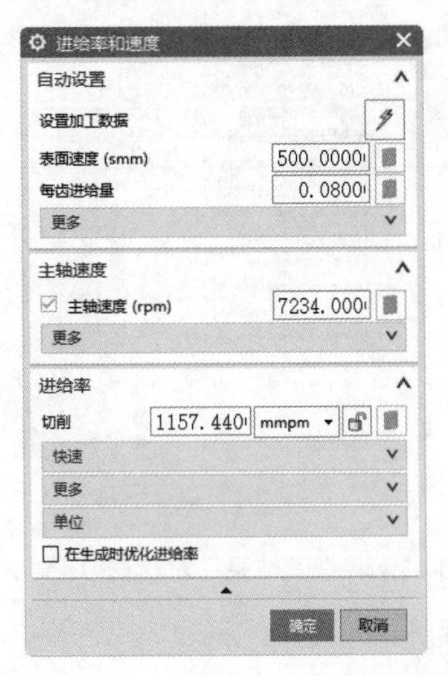

图 10-18 “进给率和速度”对话框

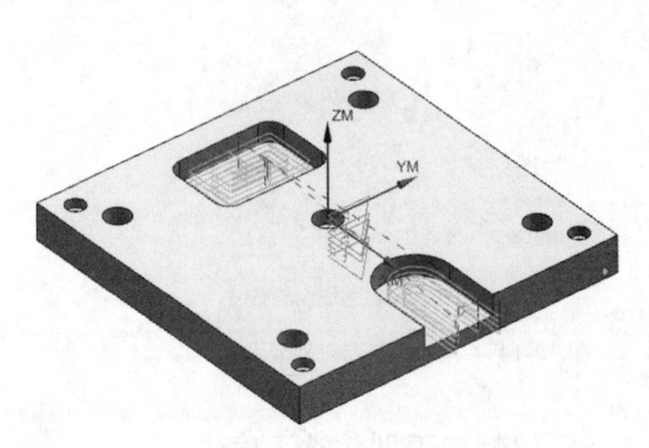

图 10-19 粗加工腔体刀轨

（5）单击“操作”栏中的“确认”按钮，弹出“刀轨可视化”对话框，切换到“3D 动态”选项卡，单击“播放”按钮，进行 3D 模拟加工，如图 10-20 所示。

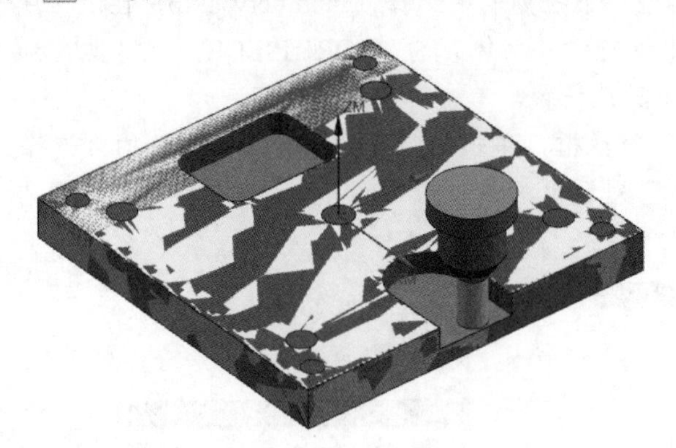

图 10-20 模拟加工结果

10.3.3 创建底壁铣精加工工序

（1）单击“主页”选项卡“刀片”面板中的“创建工序”按钮，弹出图 10-16 所示的“创建工序”对话框，在“类型”下拉列表中选择 Machinery_Exp，在“工序子类型”栏中选择“底壁铣”，在“位置”栏中设置“刀具”为 EM-22MM，“几何体”为 WORKPIECE，“方法”为 MILL_FINISH，输入名称为 finish_pockets，单击“确定”按钮。

（2）弹出“底壁铣”对话框，单击“指定切削区底面”右侧的“选择或编辑切削区域几何体”按钮，弹出“切削区域”对话框，选择凹槽底面为切削区域，如图 10-21 所示。单击“确定”按钮，关闭当前对话框。

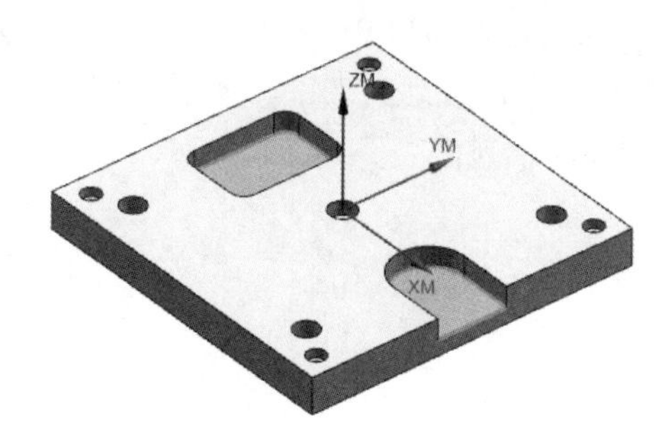

图 10-21　指定切削区域

（3）返回“底壁铣”对话框，在“几何体”栏中选中“自动壁”复选框，系统自动使用与底面相邻的面作为壁几何体。在“刀轨设置”栏中设置“切削模式”为“跟随周边”。

（4）单击“进给率和速度”按钮，弹出“进给率和速度”对话框，单击“设置加工数据”按钮，系统自动根据已定义的部件材料、切削方法和刀具材料计算出表面速度、每齿进给量、主轴速度和进给率，如图 10-22 所示。单击“确定”按钮，关闭当前对话框。

（5）返回“底壁铣”对话框，单击“操作”栏中的“生成”按钮和“确认”按钮，生成图 10-23 所示的刀轨。

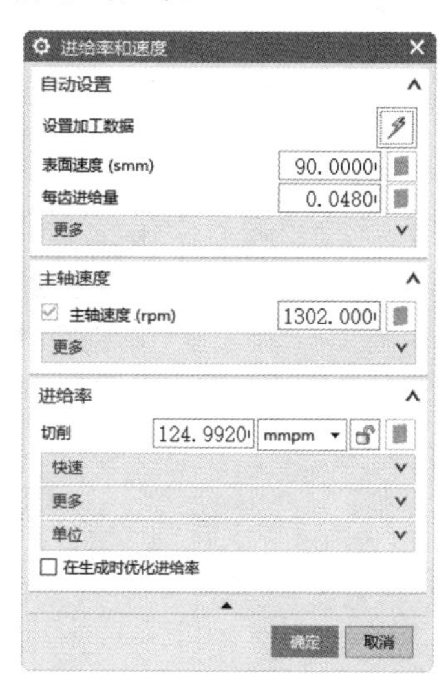

图 10-22　“进给率和速度”对话框

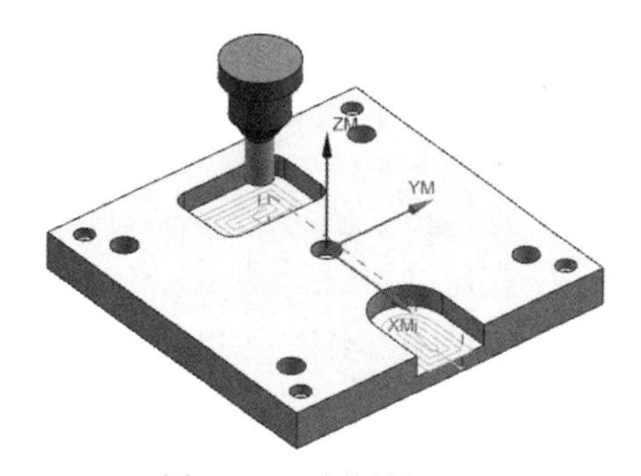

图 10-23　腔体精加工刀轨

10.4　孔　加　工

扫一扫，看视频

1．识别特征

（1）在“资源条”上单击图标，打开图 10-24 所示的“加工特征导航器-特征”视图。

（2）在“加工特征导航器-特征”视图上的空白处右击，弹出图 10-25 所示的快捷菜单，选择“查找特征”命令。

（3）弹出“查找特征”对话框，设置“类型”为“参数化识别”，“搜索方法”为“工件”，取消选中 ParametricFeatures 复选框，选中 STEPS 复选框，在“已识别的特征”栏中单击“查找特征”按钮，查找出部件中的孔特征并添加到列表中，如图 10-26 所示。单击“确定”按钮，孔特征将在“加工特征导航器-特征”视图中列出。

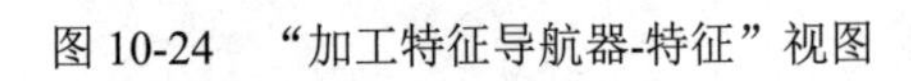

图 10-24 “加工特征导航器-特征”视图

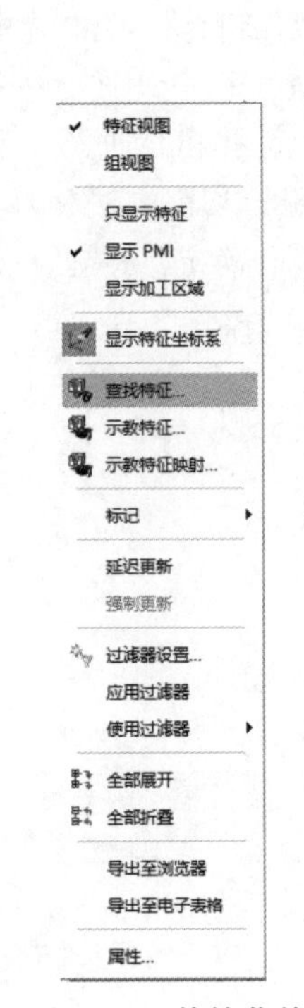

图 10-25 快捷菜单

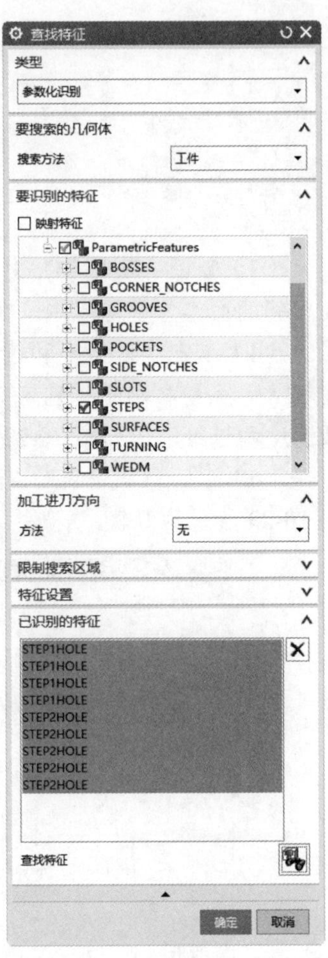

图 10-26 “查找特征”对话框

2. 创建孔工序

（1）在“加工特征导航器-特征”视图的孔特征上右击，弹出图 10-27 所示的快捷菜单，选择“创建特征工艺”命令。

（2）弹出“创建特征工艺”对话框，设置“类型”为“基于规则”，在“知识库”列表框中选中 MillDrill 复选框，在“位置”栏中设置“几何体”为 WORKPIECE，如图 10-28 所示。单击“确定”按钮，关闭当前对话框。

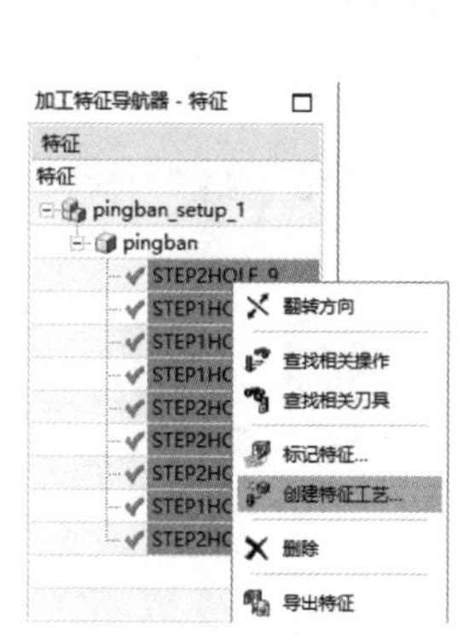

图 10-27　快捷菜单

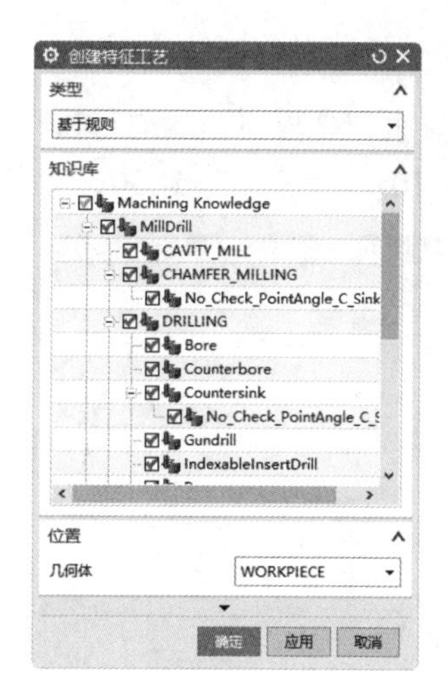

图 10-28　“创建特征工艺”对话框

3. 生成刀轨

（1）在上边框条中单击“程序顺序视图”图标，显示“工序导航器-程序顺序”视图，在 1234 程序上右击，弹出图 10-29 所示的快捷菜单，选择“生成”命令，弹出“生成刀轨”对话框，单击“接收刀轨”按钮，生成刀轨。

（2）单击“主页”选项卡“工序”面板中的“确认刀轨”按钮，弹出“刀轨可视化”对话框，切换到“3D 动态”选项卡，单击“播放”按钮，进行 3D 模拟加工，结果如图 10-30 所示。

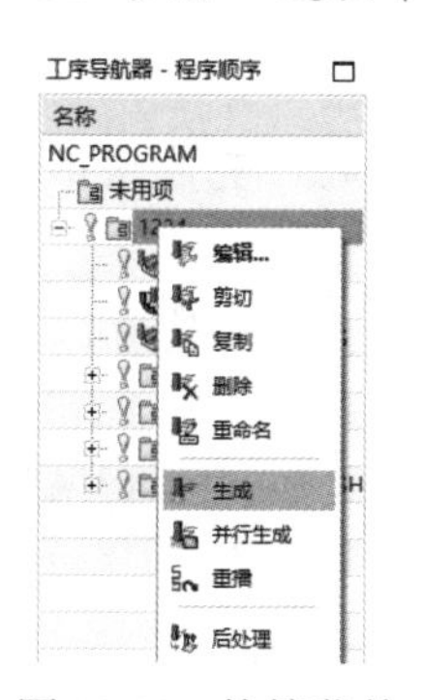

图 10-29　快捷菜单

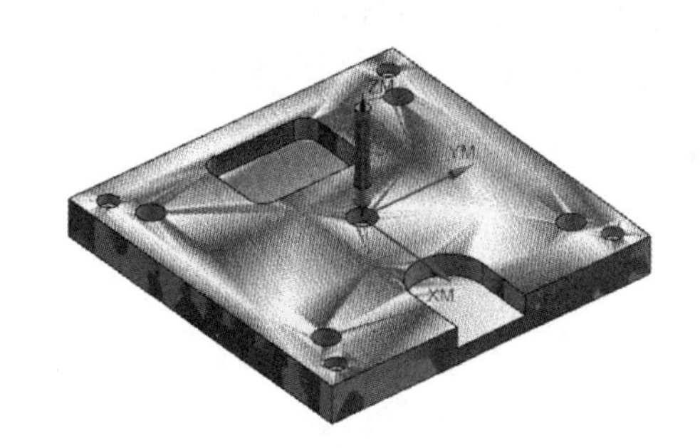

图 10-30　模拟加工结果

10.5　加工平面文本

扫一扫，看视频

先插入文本注释，然后利用平面文本工序雕刻文字。

10.5.1　创建刀具

（1）单击“主页”选项卡“刀片”面板中的“创建刀具”按钮，弹出图 10-31 所示的“创建刀具”对话框，在“类型”下拉列表中选择 Machinery_Exp，在“刀具子类型”栏中选择 MILL，在“位置”栏的“刀具”下拉列表中选择 POCKET_10，输入名称为 text_mill，单击“确定”按钮。

（2）弹出“铣刀-5 参数”对话框，在“工具”选项卡的“尺寸”栏中输入“直径”为 0.5，“锥角”为 10°，“长度”为 30，“刀刃长度”为 20，如图 10-32 所示。

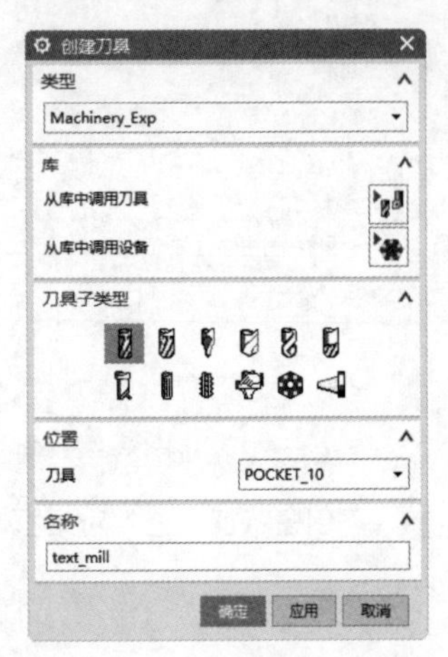

图 10-31 “创建刀具”对话框

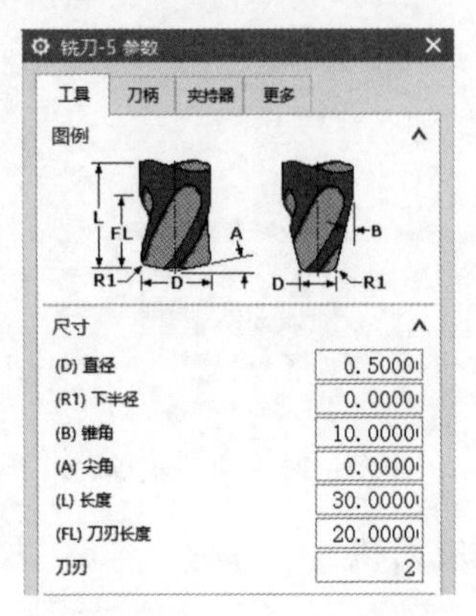

图 10-32 “工具”选项卡

（3）在“刀柄”选项卡中选中“定义刀柄”复选框，输入“刀柄直径”为 15，“刀柄长度”为 30，“锥柄长度”为 0，如图 10-33 所示。

（4）在“夹持器”选项卡“库”栏中单击“从库中调用夹持器”按钮，弹出“库类选择”对话框，选择 Milling_Drilling 夹持器，单击“确定”按钮。

（5）弹出“搜索准则”对话框，采用默认设置，单击“确定”按钮。弹出“搜索结果”对话框，选择库号为 HLD001_00008，其他采用默认设置。单击“确定”按钮，完成夹持器的调用，返回“铣刀-5 参数”对话框。

（6）在“夹持器”选项卡“刀片”栏中输入“偏置”为 25，如图 10-34 所示。单击“确定”按钮，完成刀具定义。

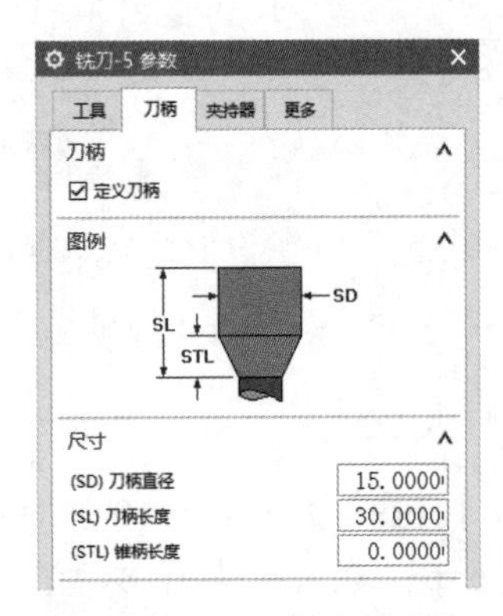

图 10-33 “刀柄”选项卡

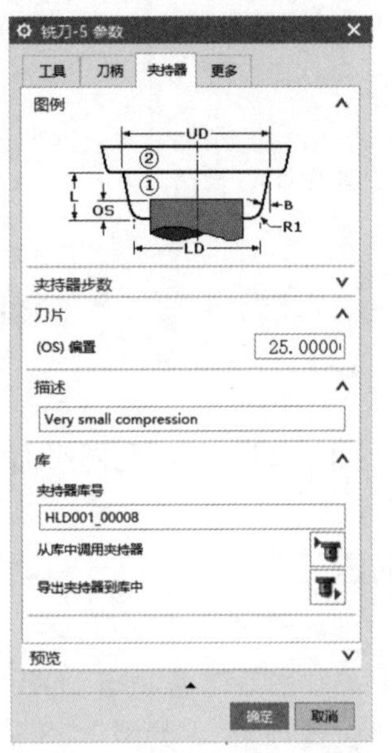

图 10-34 “夹持器”选项卡

10.5.2　创建平面文本工序

1. 插入文本

（1）选择“菜单”→“插入”→“注释”命令，弹出“注释”对话框，在“文本输入”栏的文本框中输入 MCV3-ALC1311。单击“设置”按钮，弹出“注释设置”对话框，设置高度为 10。单击“关闭”按钮，返回“注释”对话框，其他采用默认设置，如图 10-35 所示。

（2）单击部件表面放置文字，如图 10-36 所示。单击“关闭”按钮，关闭对话框。

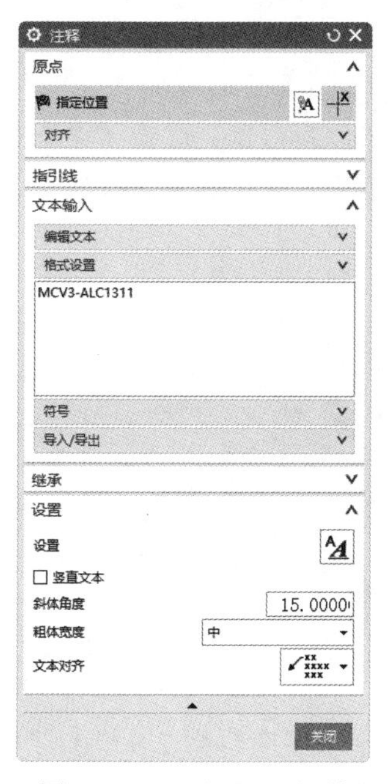

图 10-35　“注释”对话框

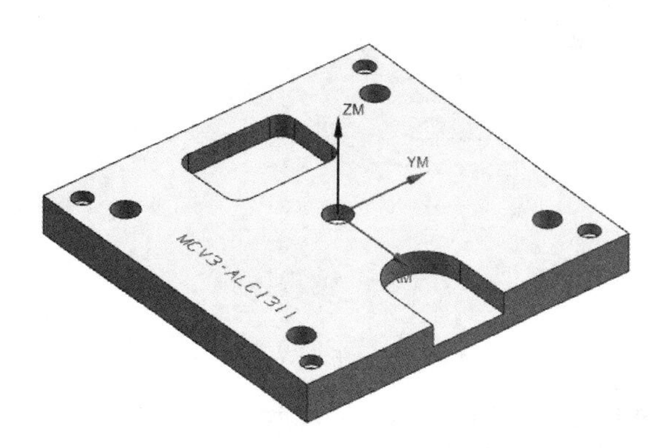

图 10-36　放置文字

提示：

文本放置在平行于 X 轴的工作坐标系的 XY 平面上。此时，WCS 的 XY 平面与部件顶面重合。

2. 创建工序

（1）单击“主页”选项卡“刀片”面板中的“创建工序”按钮，弹出图 10-37 所示的“创建工序”对话框，在“类型”下拉列表中选择 Machinery_Exp，在“工序子类型”栏中选择“平面文本”，在“位置”栏中设置“刀具”为 TEXT_MILL，“几何体”为 WORKPIECE，“方法”为 MILL_FINISH，输入名称为 PLANAR_TEXT，单击“确定”按钮。

（2）弹出“平面文本”对话框，单击“指定制图文本”右侧的“选择或编辑制图文本几何体”按钮，弹出“文本几何体”对话框，选择制图文本，如图 10-38 所示，单击“确定”按钮，关闭当前对话框。

图 10-37　“创建工序”对话框

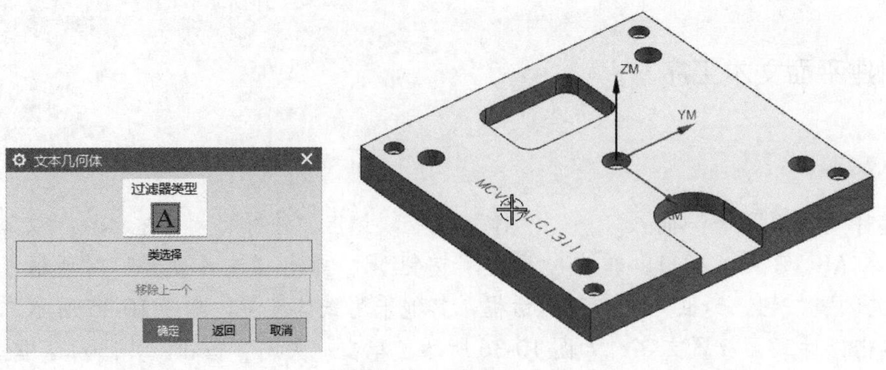

图 10-38　指定文本

（3）返回“平面文本”对话框，单击“指定底面”右侧的“选择或编辑底面几何体”按钮，弹出“平面”对话框，设置“类型”为“自动判断”，选择部件顶面作为底面（在上边框条中设置“类型过滤器为面，选择范围为整个装配”），如图 10-39 所示。单击“确定”按钮，关闭当前对话框。

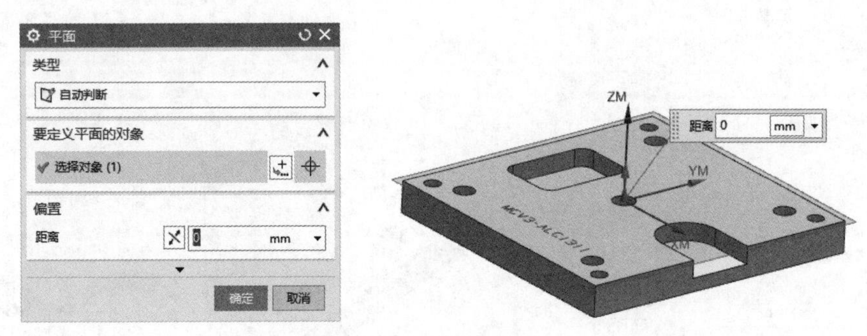

图 10-39　指定底面

（4）返回“平面文本”对话框，在“刀轨设置”栏中设置“文本深度”为 3，单击“操作”栏中的“生成”按钮，生成图 10-40 所示的刀轨。

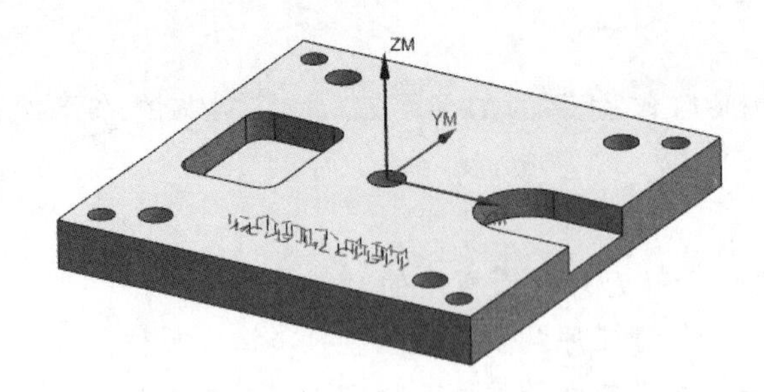

图 10-40　生成的刀轨

第 11 章　冲模铣削加工实例

内容简介

本章对某冲模进行加工，采用型腔铣、底壁铣、拐角粗加工、固定轮廓铣等。

该零件模型包括多个凸台、圆角等特征，底面为平面。根据待加工零件的结构特点，先用型腔铣加工出零件的外形轮廓，再用底壁铣加工平面，最后用深度轮廓铣对凸台进行精加工。由于零件同一特征可以使用不同的加工方法，因此在具体安排加工工艺时，读者可以根据实际情况来确定。本实例安排的加工工艺和方法不一定是最佳的，其目的只是让读者了解各种铣削加工方法的综合应用。

11.1 初始设置

扫一扫，看视频

1. 打开文件

选择“文件”→“打开”命令，弹出“打开”对话框，选择 chongmo.prt，单击“打开”按钮，打开图 11-1 所示的待加工部件。

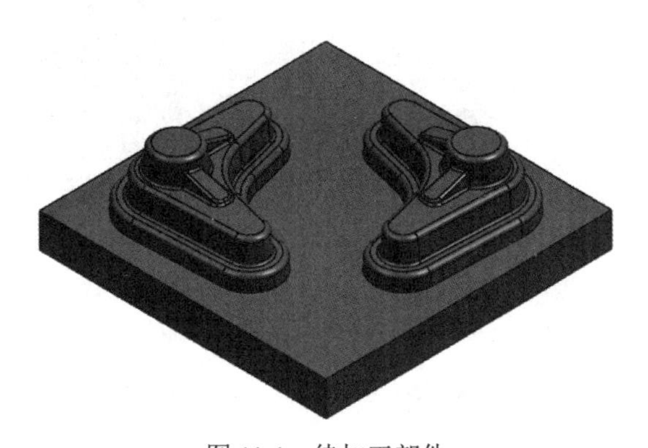

图 11-1　待加工部件

2. 进入加工环境

选择“文件”→“新建”命令，弹出“新建”对话框，在“加工”选项卡中设置“单位”为“毫米”，选择“冲压模”模板，其他采用默认设置，如图 11-2 所示。单击“确定”按钮，进入加工环境。

3. 编辑 MCS 和定义安全平面

（1）在上边框条中单击“几何视图”图标，显示“工序导航器-几何”视图，双击 MCS_MILL，弹出“MCS 铣削”对话框并在工件上动态显示加工坐标，如图 11-3 所示。

图 11-2 “新建”对话框

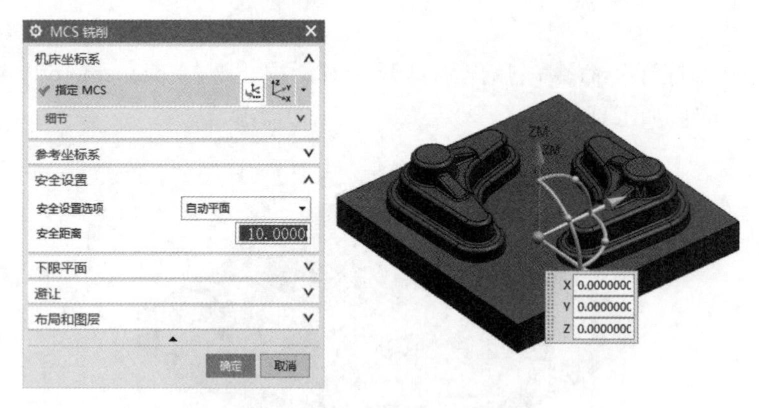

图 11-3 “MCS 铣削”对话框及加工坐标

（2）在动态坐标的 Z 轴上单击，在“距离”文本框中输入 41.5，如图 11-4 所示。按 Enter 键确认，MCS 沿 ZM 轴向上移动 41.5mm，如图 11-5 所示。

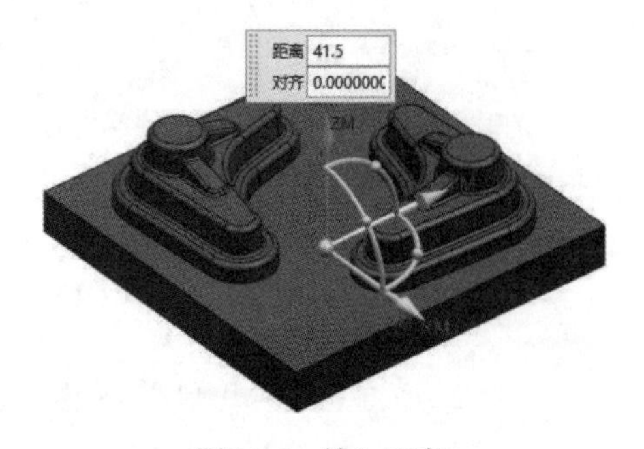

图 11-4 输入距离

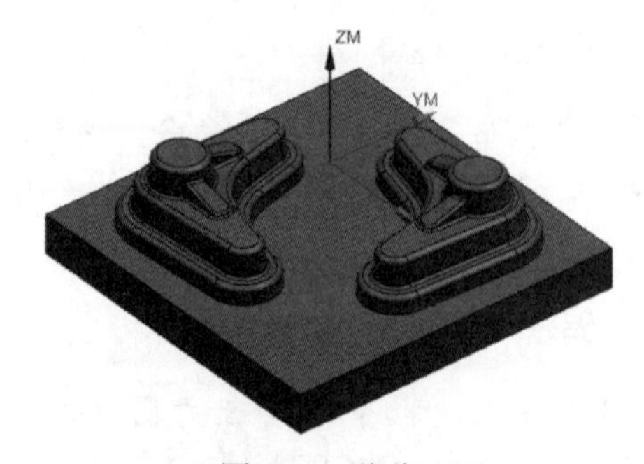

图 11-5 移动 MCS

（3）在“MCS 铣削”对话框的“安全设置”栏中设置“安全设置选项”为“平面”，显示指定平面栏。单击“平面对话框”按钮，弹出“平面”对话框，设置“类型”为“按某一距离”，在上边框条中设置“选择范围”为“整个装配”，选取部件的顶面，输入距离为 10mm，如图 11-6 所示。连续单击“确定”按钮，完成安全平面的设置。

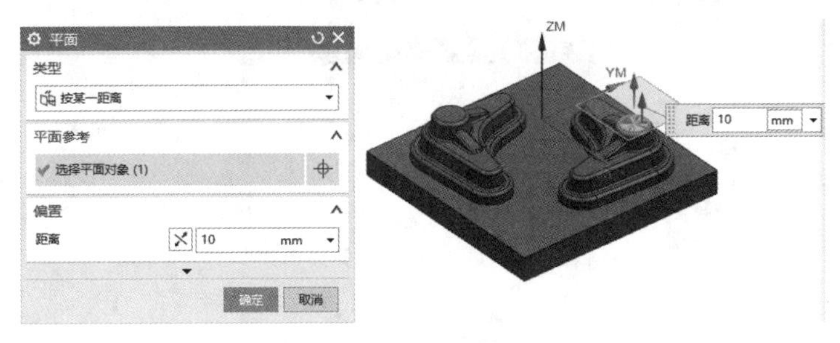

图 11-6　选取顶面

4．创建几何体

（1）在 MCS_MILL 节点下双击 WORKPIECE，弹出“工件”对话框。

（2）单击“指定部件”右侧的“选择或编辑部件几何体”按钮，弹出“部件几何体”对话框，选择图 11-7 所示的部件。单击“确定”按钮，返回“工件”对话框。

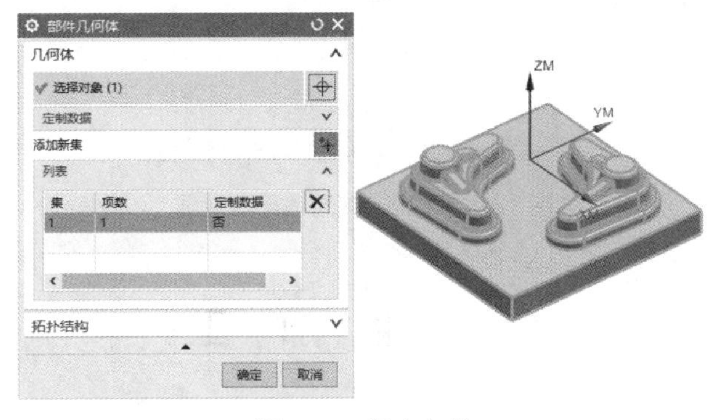

图 11-7　指定部件

（3）在“工件”对话框中单击“指定毛坯”右侧的“选择或编辑毛坯几何体”按钮，弹出“毛坯几何体”对话框，设置“类型”为“包容块”，ZM+为 5，如图 11-8 所示。单击“确定”按钮，在块的顶部添加 5mm 的坯料。返回“工件”对话框，其他采用默认设置，单击“确定”按钮，完成工件的设置。

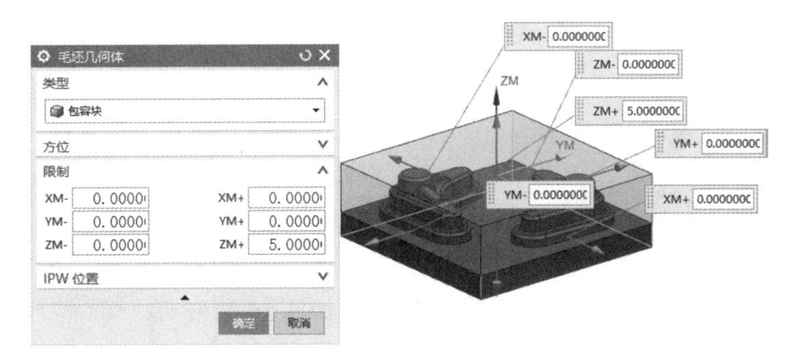

图 11-8　创建毛坯

5．自定义加工数据

选择“菜单”→“首选项”→“加工”命令，弹出“加工首选项”对话框，在“操作”选项卡“加工数据”栏中选中“在工序中自动设置”复选框，其他采用默认设置，如图 11-9 所示。单击“确定”按钮，关闭当前对话框。

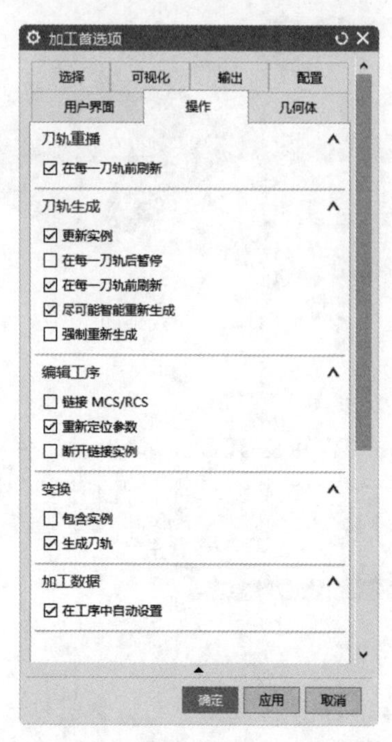

图 11-9 “加工首选项”对话框

扫一扫，看视频

11.2 粗 加 工

粗加工出零件的外形轮廓。

11.2.1 创建刀具

（1）单击“主页”选项卡“刀片”面板中的“创建刀具”按钮，弹出图 11-10 所示的“创建刀具”对话框，在“刀具子类型”栏中选择 MILL，在“位置”栏的“刀具”下拉列表中选择 POCKET_01 选项，输入名称为 MILL20R3。单击“确定”按钮，关闭当前对话框。

（2）弹出“铣刀-5 参数”对话框，在“工具”选项卡的“尺寸”栏中输入直径为 20，下半径为 3；在“夹持器”选项卡“库”栏中单击“从库中调用夹持器”按钮，弹出“库类选择”对话框，选择 Milling_Drilling 夹持器，单击“确定”按钮。

（3）弹出“搜索准则”对话框，采用默认设置，单击“确定”按钮。弹出“搜索结果”对话框，选择库号为 HLD001_00006，其他采用默认设置，如图 11-11 所示。单击“确定”按钮，完成夹持器的调用。

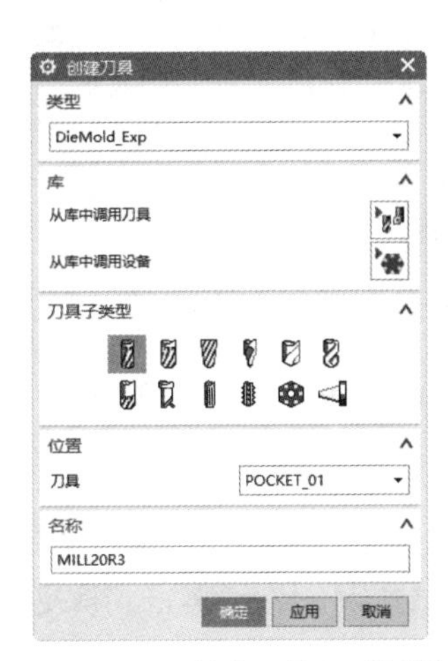

图 11-10 “创建刀具”对话框

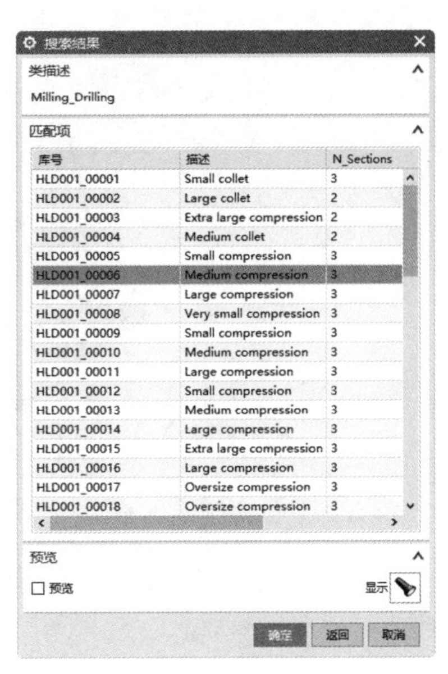

图 11-11 “搜索结果”对话框

11.2.2 创建型腔铣工序

（1）单击“主页”选项卡“刀片”面板中的“创建工序”按钮，弹出图 11-12 所示的“创建工序”对话框，在“类型”下拉列表中选择 DieMold_Exp 选项，在“工序子类型”栏中选择“型腔铣”，在“位置”栏中设置“几何体”为 WORKPIECE，“刀具”为 MILL20R3，“方法”为 MILL_ROUGH，其他采用默认设置。单击“确定”按钮，关闭当前对话框。

（2）弹出“型腔铣”对话框，采用默认设置，如图 11-13 所示。单击“操作”栏中的“生成”按钮，生成图 11-14 所示的刀轨。

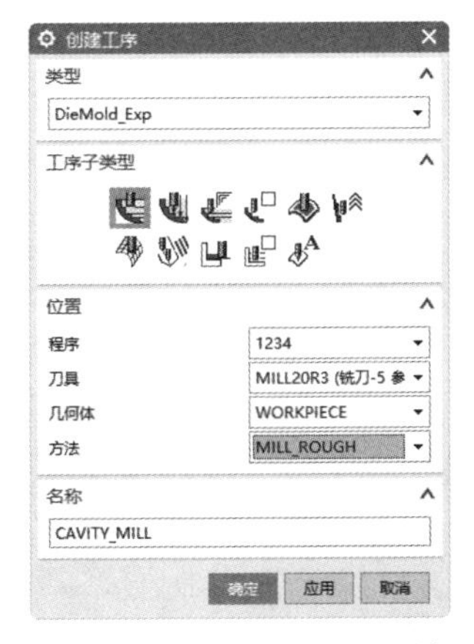

图 11-12 “创建工序”对话框

图 11-13 “型腔铣”对话框

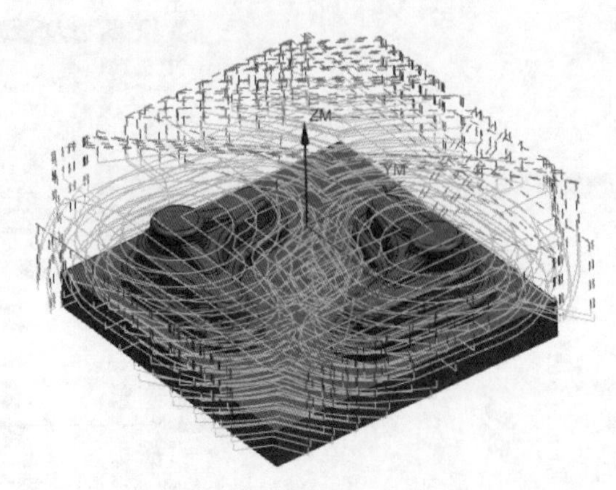

图 11-14　粗加工刀轨

（3）单击“操作”栏中的“确认”按钮，弹出“刀轨可视化”对话框，切换到“3D 动态”选项卡，单击“播放”按钮，进行3D模拟加工，结果如图11-15所示。连续单击“确定”按钮，完成粗加工。

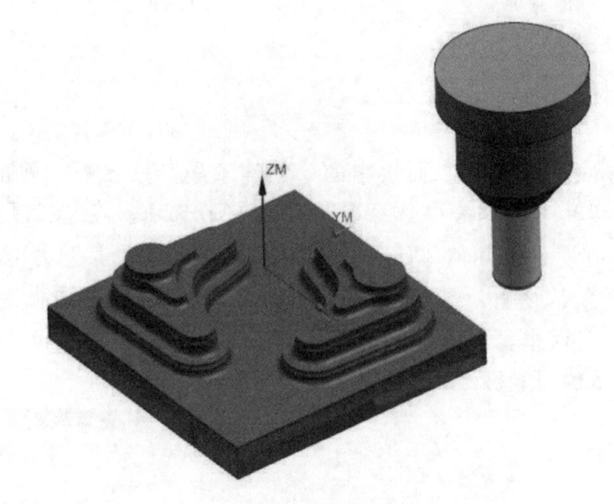

图 11-15　模拟加工结果

扫一扫，看视频

11.3 剩　余　铣

精加工出零件的外形轮廓。

11.3.1 创建刀具

（1）单击“主页”选项卡“刀片”面板中的“创建刀具”按钮，弹出“创建刀具”对话框，在“位置”栏的“刀具”下拉列表中选择 POCKET_02 选项。

（2）单击“从库中调用刀具”按钮，弹出“库类选择”对话框，选择“铣”→“端铣刀（不可转位）”。单击“确定”按钮，关闭当前对话框。

（3）弹出图 11-16 所示的“搜索准则”对话框，在“搜索参数”栏中输入直径为 10。单击“确定”按钮，关闭当前对话框。

（4）弹出“搜索结果”对话框，选择库号为 ugt0201_087，其他采用默认设置，如图 11-17 所示。单击“确定”按钮，完成刀具的调用，然后在“创建刀具”对话框中单击“取消”按钮。

图 11-16　“搜索准则”对话框

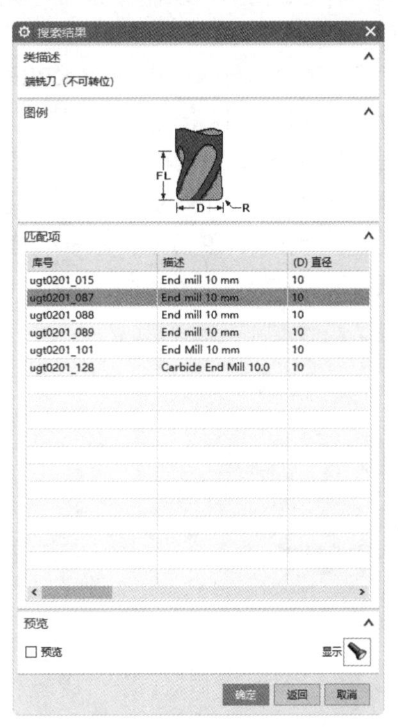

图 11-17　“搜索结果”对话框

（5）在“工序导航器-机床”视图的 POCKET_02 节点中双击第（4）步创建的刀具 ugt0201_087，弹出 End MILL 10 Mm 对话框，在“描述”栏中单击“材料：HSS COATED”按钮，弹出“搜索结果”对话框，选择 TMC0_00021，如图 11-18 所示。单击“确定”按钮，将指定具有高速加工钛涂层的端铣刀。继续单击“确定”按钮，完成刀具编辑。

图 11-18　“搜索结果”对话框

11.3.2 创建型腔铣工序

（1）单击“主页”选项卡“刀片”面板中的“创建工序”按钮，弹出“创建工序”对话框，在“类型”下拉列表中选择 DieMold_Exp 选项，在“工序子类型”栏中选择“型腔铣”，在“位置”栏中设置“几何体”为 WORKPIECE，“刀具”为 ugt0201_087，“方法”为 MILL_ROUGH，输入名称为 restmill，其他采用默认设置。单击“确定”按钮，关闭当前对话框。

（2）弹出“型腔铣”对话框，在“刀轨设置”栏中单击“切削参数”按钮，弹出“切削参数”对话框，在“空间范围”选项卡的“毛坯”栏中设置“过程工件”为“使用基于层的”，其他采用默认设置，如图 11-19 所示。单击“确定”按钮，关闭当前对话框。

（3）返回“型腔铣”对话框，单击“操作”栏中的“生成”按钮，生成图 11-20 所示的刀轨。

图 11-19 “切削参数”对话框

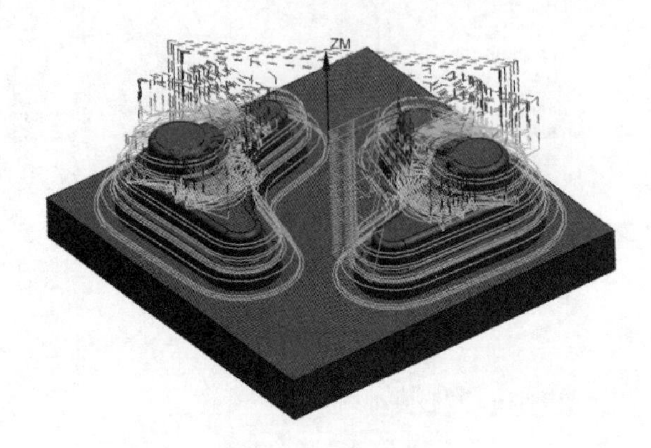

图 11-20 精加工刀轨

（4）单击“操作”栏中的“确认”按钮，弹出“刀轨可视化”对话框，切换到“3D 动态”选项卡，单击“播放”按钮，进行 3D 模拟加工，结果如图 11-21 所示。连续单击“确定”按钮，完成剩余铣加工。

图 11-21 模拟加工结果

11.4 拐角清理

对前一刀具无法进入的小拐角进行粗加工。

11.4.1 创建刀具

（1）单击“主页”选项卡“刀片”面板中的“创建刀具”按钮，弹出“创建刀具”对话框，在“位置”栏的“刀具”下拉列表中选择 POCKET_03 选项。

（2）单击“从库中调用刀具”按钮，弹出“库类选择”对话框，选择“铣”→“球头铣刀（不可转位）”。单击“确定”按钮，关闭当前对话框。

（3）弹出图 11-22 所示的“搜索准则”对话框，输入直径为 4。单击“确定”按钮，关闭当前对话框。

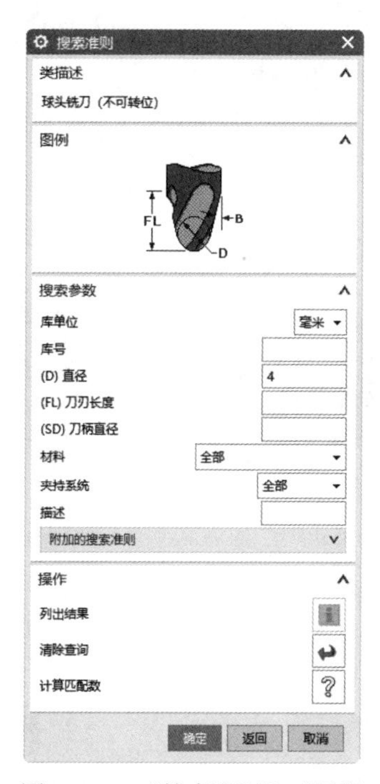

图 11-22 “搜索准则”对话框

（4）弹出“搜索结果”对话框，选择库号为 ugt0203_059，其他采用默认设置。单击“确定”按钮，完成刀具的调用，然后在“创建刀具”对话框中单击“取消”按钮。

（5）在“工序导航器-机床”视图的 POCKET_03 节点中双击第（4）步创建的刀具 ugt0203_059，弹出 Ball End 4 mm 对话框，在“描述”栏中单击“材料：HSS COATED”按钮，弹出“搜索结果”对话框，选择 TMC0_00021。单击“确定”按钮，将指定具有高速加工钛涂层的球头铣刀。继续单击“确定”按钮，完成刀具编辑。

11.4.2 创建拐角粗加工工序

（1）单击“主页”选项卡“刀片”面板中的“创建工序”按钮，弹出“创建工序”对话框，在“类型”下拉列表中选择 DieMold_Exp 选项，在“工序子类型”栏中选择“拐角粗加工”，在“位置”栏中设置“几何体”为 WORKPIECE，“刀具”为 ugt0203_059，“方法”为 MILL_ROUGH，其他采用默认设置。单击“确定”按钮，关闭当前对话框。

（2）弹出“拐角粗加工”对话框，在“参考刀具”栏中设置“参考刀具”为 UGT0201_087，如图 11-23 所示。

（3）单击“操作”栏中的“生成”按钮，生成图 11-24 所示的刀轨。

（4）单击“操作”栏中的“确认”按钮，弹出“刀轨可视化”对话框，切换到“3D 动态”选项卡，单击“播放”按钮，进行 3D 模拟加工，结果如图 11-25 所示。连续单击“确定”按钮，完成拐角清理加工。

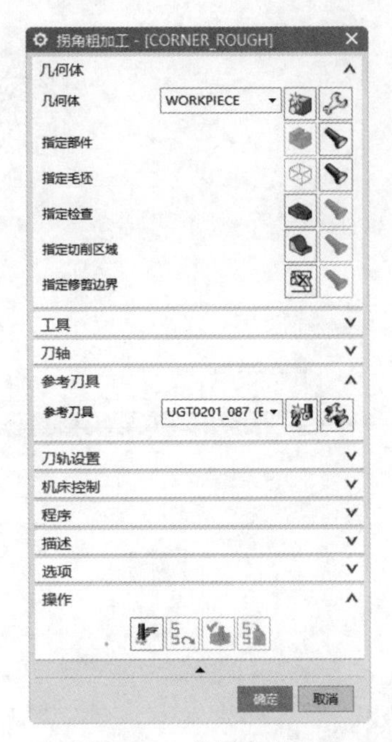

图 11-23　设置参考刀具

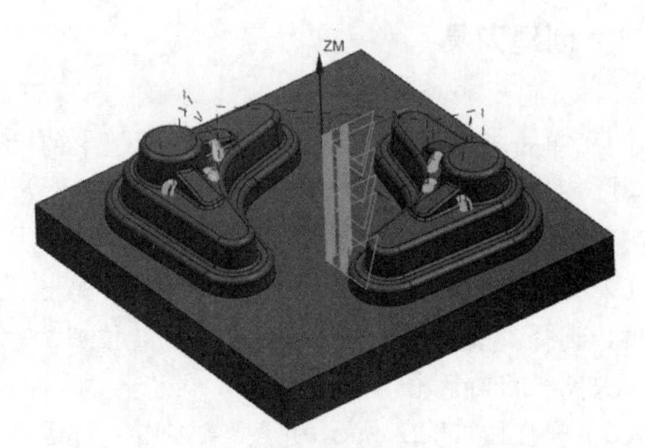

图 11-24　粗加工刀轨

图 11-25　模拟加工结果

扫一扫，看视频

11.5　面 精 加 工

对底面和其他选中面进行精加工。

11.5.1　创建刀具

（1）单击“主页”选项卡“刀片”面板中的“创建刀具”按钮，弹出“创建刀具”对话框，在“刀具子类型”栏中选择 MILL，在“位置”栏的“刀具”下拉列表中选择 POCKET_04 选项，输入名称为 MILL15R0。单击“确定”按钮，关闭当前对话框。

（2）弹出“铣刀-5 参数”对话框，在“工具”选项卡的“尺寸”栏中输入直径为 15；在“夹持器”选项卡“库”栏中单击“从库中调用夹持器”按钮，弹出“库类选择”对话框，选择 Milling_Drilling 夹持器。单击“确定”按钮，关闭当前对话框。

（3）弹出“搜索准则”对话框，采用默认设置。单击“确定”按钮，关闭当前对话框。

（4）弹出“搜索结果”对话框，选择库号为 HLD001_00006，其他采用默认设置。单击“确定”按钮，完成夹持器的调用。

11.5.2　创建底壁铣工序

（1）单击“主页”选项卡“刀片”面板中的“创建工序”按钮，弹出图 11-12 所示的“创建工序”对话框，在“类型”下拉列表中选择 DieMold_Exp 选项，在“工序子类型”栏中选择“底壁铣”，在“位置”栏中设置“刀具”为 MILL15R0，“几何体”为 WORKPIECE，“方法”为 MILL_FINISH，其他采用默认设置。单击“确定”按钮，关闭当前对话框。

（2）弹出“底壁铣”对话框，单击“指定切削区底面”右侧的“选择或编辑切削区域几何体”按钮，弹出“切削区域”对话框，选择图 11-26 所示的切削区域。单击“确定”按钮，关闭当前对话框。

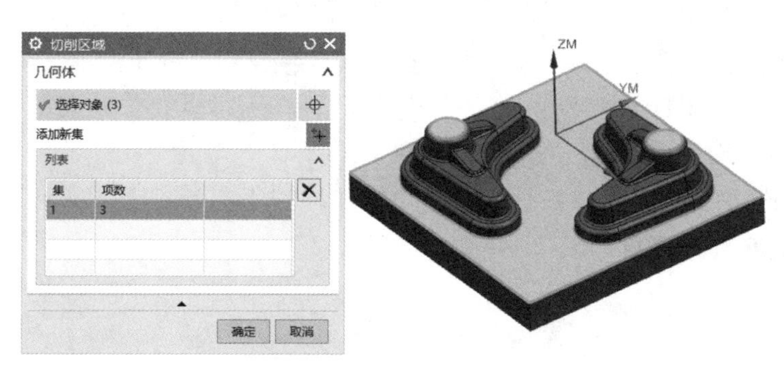

图 11-26　指定切削区域

（3）返回“底壁铣”对话框，单击“指定壁几何体”右侧的“选择或编辑壁几何体”按钮，弹出“壁几何体”对话框，单击“预选”按钮，选择与切削区域相邻的面，如图 11-27 所示。单击“确定”按钮，关闭当前对话框。

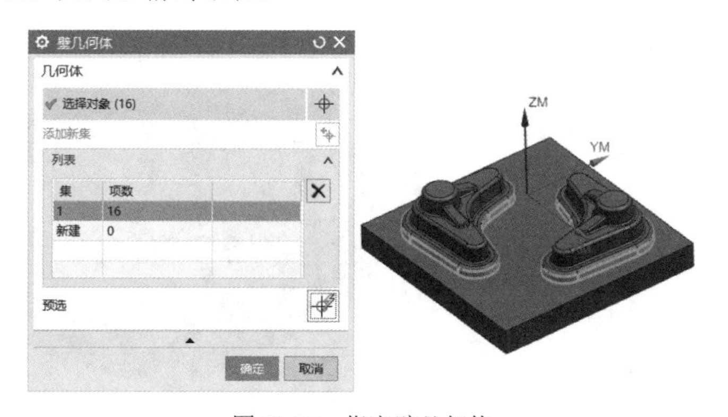

图 11-27　指定壁几何体

（4）返回“底壁铣”对话框，在“刀轨设置”栏中设置“切削模式”为“跟随周边”，单击“切削参数”按钮，弹出“切削参数”对话框。在“策略”选项卡的“切削”栏中设置“刀路方向”为“向内”，选中“岛清根”复选框；在“余量”选项卡中设置“壁余量”为 1.0，其他采用默认设置，如图 11-28 所示。单击“确定”按钮，关闭当前对话框。

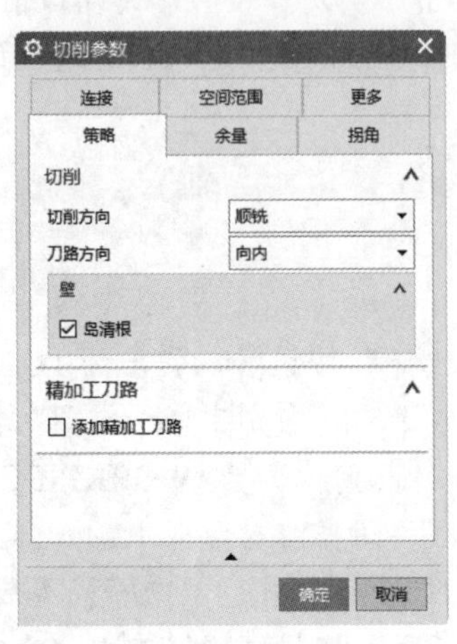

（a）“策略”选项卡

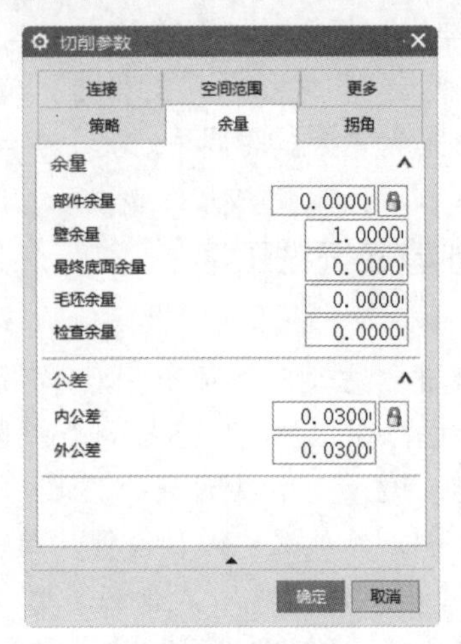

（b）“余量”选项卡

图 11-28　“切削参数”对话框

（5）返回“底壁铣”对话框，单击“非切削移动”按钮，弹出“非切削移动”对话框，在“进刀”选项卡的“封闭区域”栏中设置“进刀类型”为“螺旋”，其他采用默认设置，如图 11-29 所示。单击“确定”按钮，关闭当前对话框。

（6）返回“底壁铣”对话框，单击“操作”栏中的“生成”按钮，生成图 11-30 所示的刀轨。

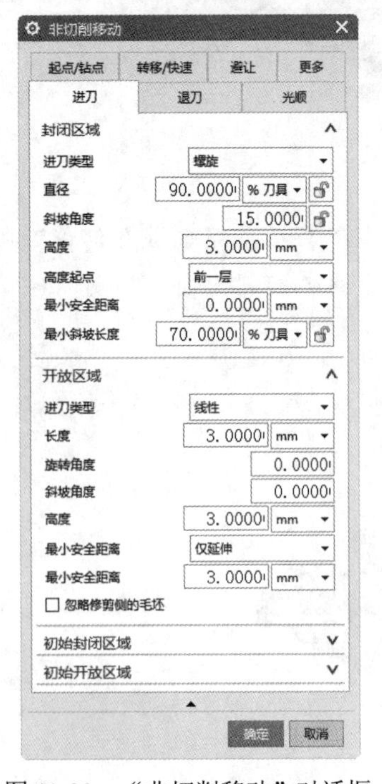

图 11-29　“非切削移动”对话框

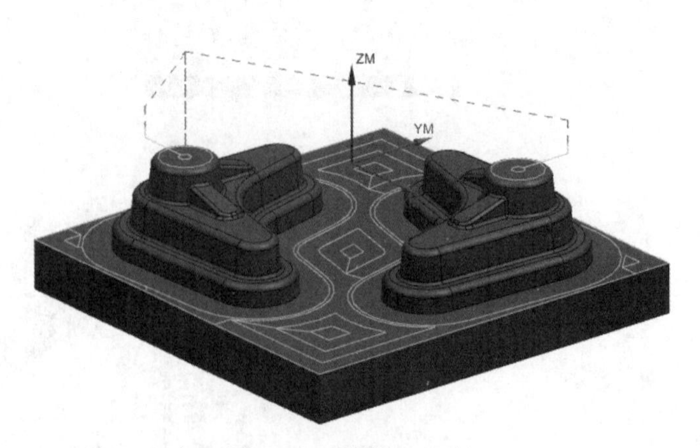

图 11-30　面精加工刀轨

（7）单击“操作”栏中的“确认”按钮，弹出“刀轨可视化”对话框，切换到“3D 动态”选项卡，单击“播放”按钮，进行3D模拟加工，结果如图11-31所示。连续单击“确定”按钮，完成面精加工。

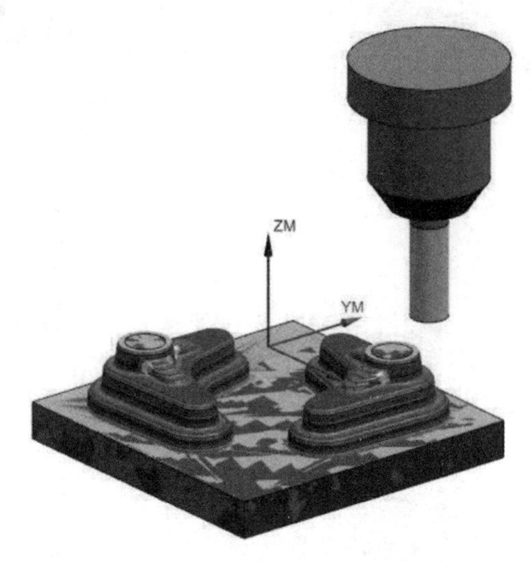

图11-31　模拟加工结果

11.6　精　加　工

去除前一工序中指定的壁余量。

11.6.1　创建刀具

（1）单击“主页”选项卡“刀片”面板中的“创建刀具”按钮，弹出“创建刀具”对话框，在“刀具子类型”栏中选择 BALL_MILL，在“位置”栏的“刀具”下拉列表中选择 POCKET_05 选项。单击“确定”按钮，关闭当前对话框。

（2）弹出“铣刀-球头铣”对话框，在“工具”选项卡的“尺寸”栏中设置“球直径”为1.75，“长度”为30，“刀刃长度”为20，其他采用默认设置，如图11-32所示。

（3）在“夹持器”选项卡“库”栏中单击“从库中调用夹持器”按钮，弹出“库类选择”对话框，选择Milling_Drilling夹持器。单击“确定”按钮，关闭当前对话框。

（4）弹出“搜索准则”对话框，采用默认设置。单击“确定”按钮，关闭当前对话框。

（5）弹出“搜索结果”对话框，选择库号为HLD001_00005，其他采用默认设置。单击“确定”按钮，返回“铣刀-球头铣”对话框的“夹持器”选项卡，在“刀片”栏中设置“偏置”为5，如图11-33所示。单击“确定”按钮，完成刀具的设置。

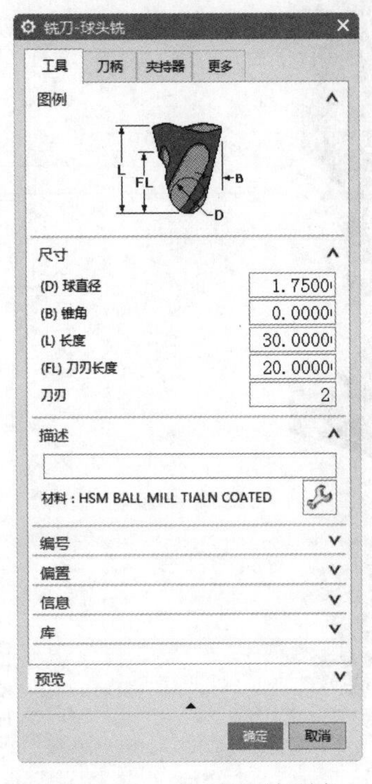

图 11-32 “工具”选项卡

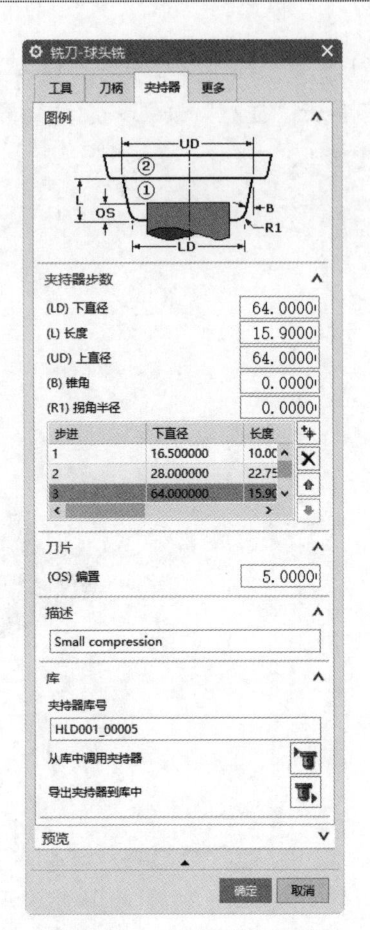

图 11-33 “夹持器”选项卡

11.6.2 创建深度轮廓铣工序

（1）单击“主页”选项卡“刀片”面板中的“创建工序”按钮，弹出图 11-12 所示的“创建工序”对话框，在“类型”下拉列表中选择 DieMold_Exp 选项，在“工序子类型”栏中选择“深度轮廓铣”，在“位置”栏中设置“刀具”为 BALL_MILL，“几何体”为 WORKPIECE，“方法”为 MILL_FINISH，其他采用默认设置。单击“确定”按钮，关闭当前对话框。

（2）弹出“深度轮廓铣”对话框，单击“指定切削区域”右侧的“选择或编辑切削区域几何体”按钮，弹出“切削区域”对话框，框选图 11-34 所示的切削区域，然后按住 Shift 键，选取图 11-35 所示的两个顶面，取消选择已经在前一个工序中精加工过的两个面。单击“确定”按钮，关闭当前对话框。

（3）返回“深度轮廓铣”对话框，在“刀轨设置”栏中设置“公共每刀切削深度”为“恒定”，“最大距离”为 0.2mm，其他采用默认设置，如图 11-36 所示。

（4）单击“操作”栏中的“生成”按钮，生成图 11-37 所示的刀轨。

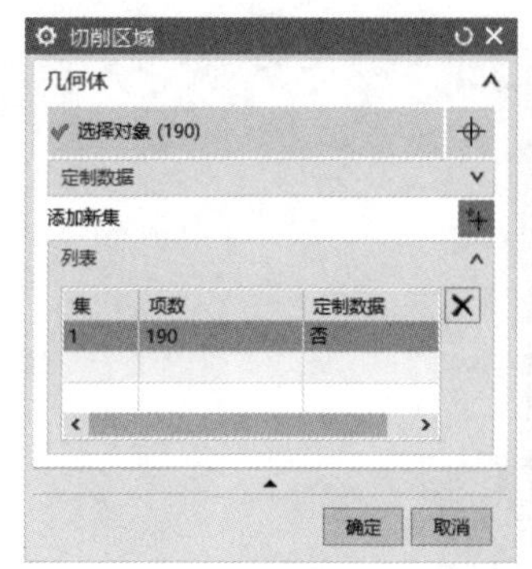

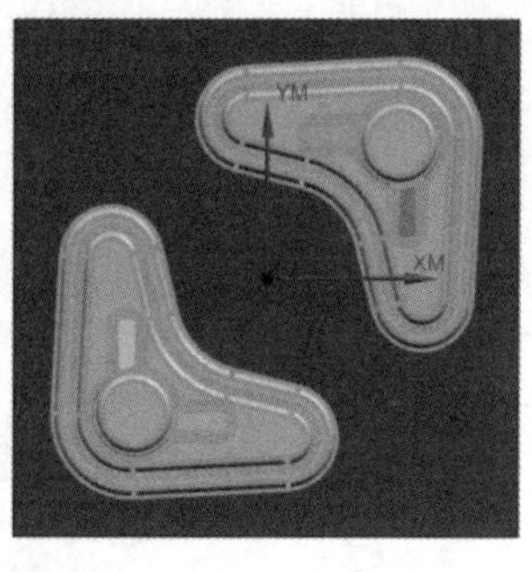

图 11-34 框选切削区域

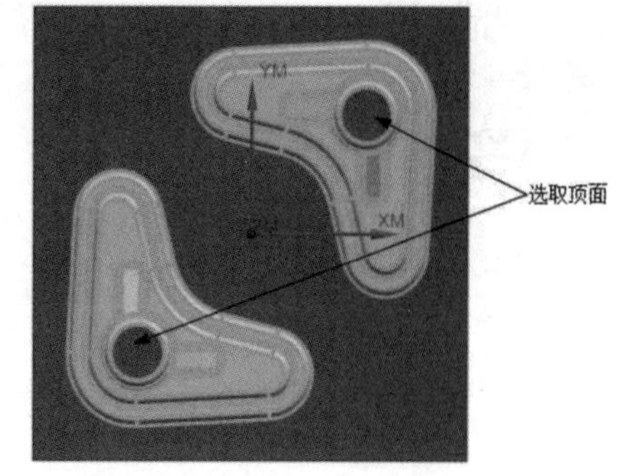

图 11-35 选取顶面

图 11-36 “刀轨设置”栏

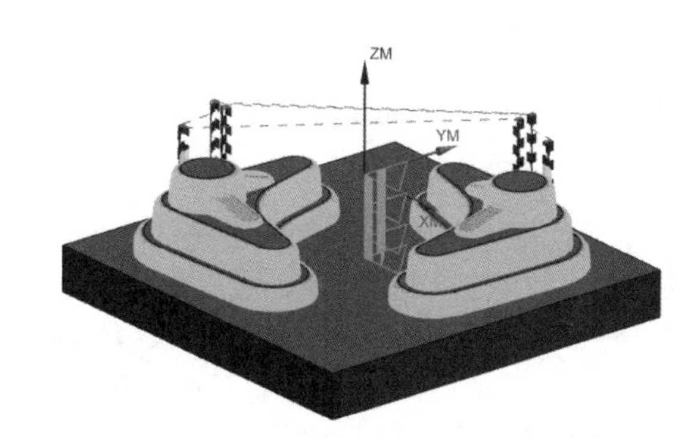

图 11-37 精加工刀轨

（5）单击“操作”栏中的“确认”按钮，弹出“刀轨可视化”对话框，切换到“3D 动态”选项卡，单击“播放”按钮，进行3D模拟加工，结果如图11-38所示，从图中可以看出有的面没有加工到。单击“确定”按钮，返回“深度轮廓铣”对话框。

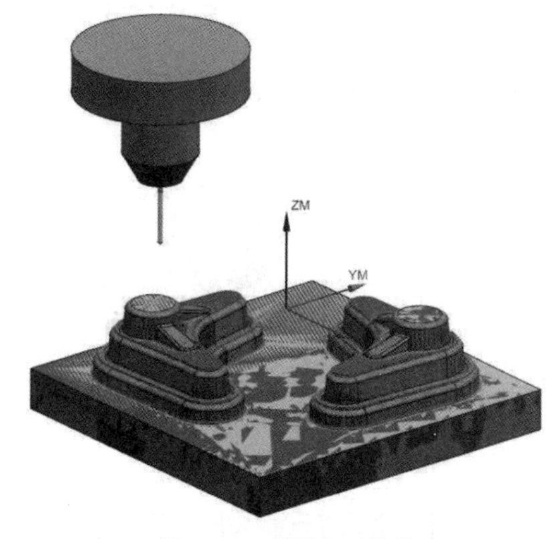

图 11-38 模拟加工结果

（6）如果将进刀方法更改为逐层移动，可以更好地保持刀具在材料中持续进刀。单击“切削参数”按钮，弹出“切削参数”对话框，在“连接”选项卡中设置“层到层”为“沿部件斜进刀”，选中“层间切削”复选框，“步距”为“使用切削深度”，其他采用默认设置，如图 11-39

所示。单击“确定”按钮，返回“深度轮廓铣”对话框。单击“操作”栏中的“生成”按钮，生成图 11-40 所示的刀轨。

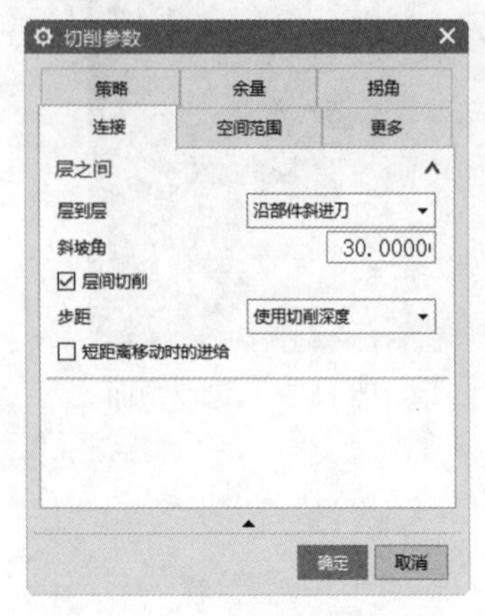

图 11-39　“切削参数”对话框

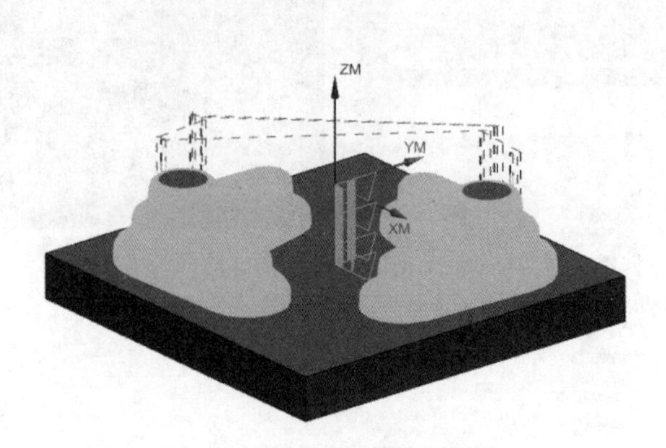

图 11-40　生成的刀轨

（7）可以通过将进刀和退刀距离最小化来进一步提高刀轨的效率。单击“非切削移动”按钮，弹出“非切削移动”对话框，在“转移/快速”选项卡的“区域之间”栏中设置“转移类型”为“前一平面”，在“区域内”栏中设置“转移类型”为“前一平面”，其他采用默认设置，如图 11-41 所示。单击“确定”按钮，返回“深度轮廓铣”对话框。单击“操作”栏中的“生成”按钮，生成图 11-42 所示的刀轨。

图 11-41　“非切削移动”对话框

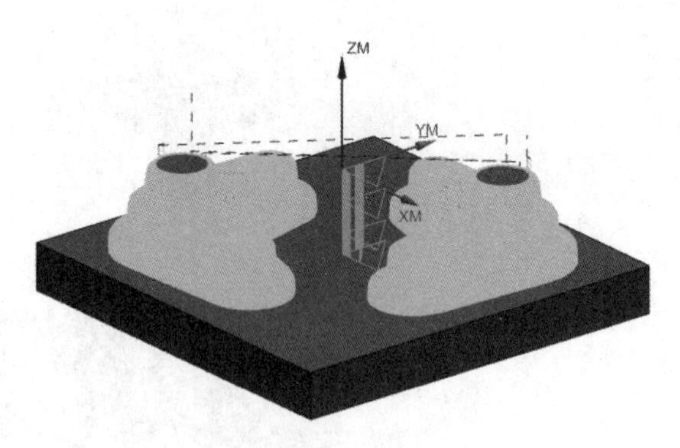

图 11-42　生成的刀轨

11.7　后　处　理

在上边框条中单击“程序顺序视图”图标，显示“工序导航器-程序顺序”视图，选取程序 1234，单击“主页”选项卡“工序”面板中的“后处理”按钮，弹出“后处理”对话框，选择

MILL_3_AXIS_TURBO 后处理器，其他采用默认设置，如图 11-43 所示。单击“确定”按钮，刀轨经过后处理后，在“信息”窗口中列出，如图 11-44 所示。单击“关闭”按钮，关闭窗口。

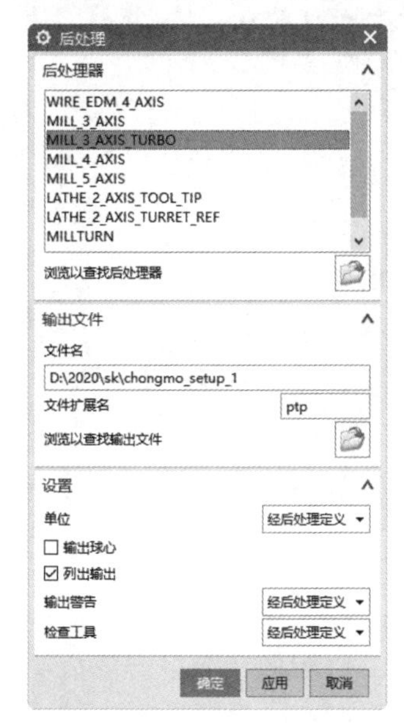

图 11-43　“后处理”对话框

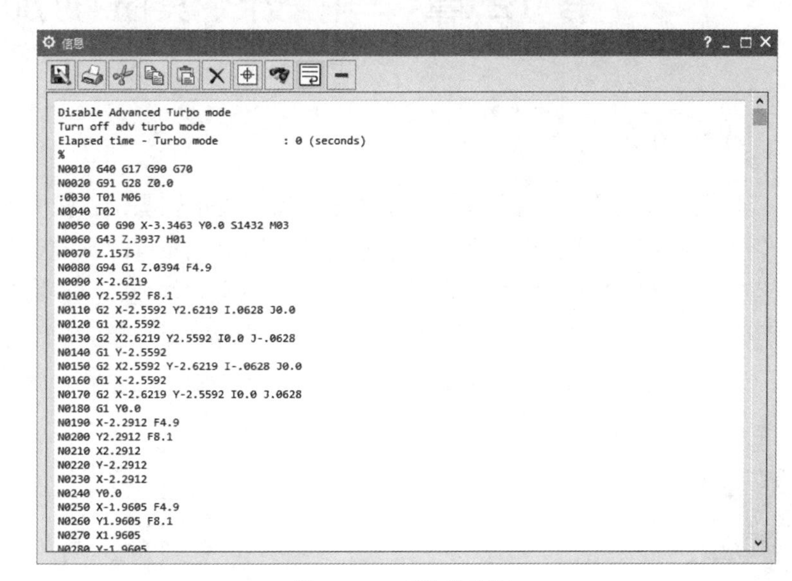

图 11-44　“信息”窗口

第 12 章　轮毂凹模铣削加工实例

内容简介

本实例对轮廓凹模进行加工，采用型腔铣、固定轮廓铣、区域轮廓铣等。

该零件模型包括多个凸台、曲面等特征，底面为平面。根据待加工零件的结构特点，先用型腔铣粗加工出零件的外形轮廓，再用深度轮廓铣加工零件壁、凸模和提升面，用清根加工轮辐边，最后用轮廓文本雕刻文字。由于零件同一特征可以使用不同的加工方法，因此在具体安排加工工艺时，读者可以根据实际情况来确定。本实例安排的加工工艺和方法不一定是最佳的，其目的只是让读者了解各种铣削加工方法的综合应用。

扫一扫，看视频

12.1　初 始 设 置

1．打开文件

选择“文件”→“打开”命令，弹出“打开”对话框，选择 lungu.prt，单击“打开”按钮，打开图 12-1 所示的待加工部件。

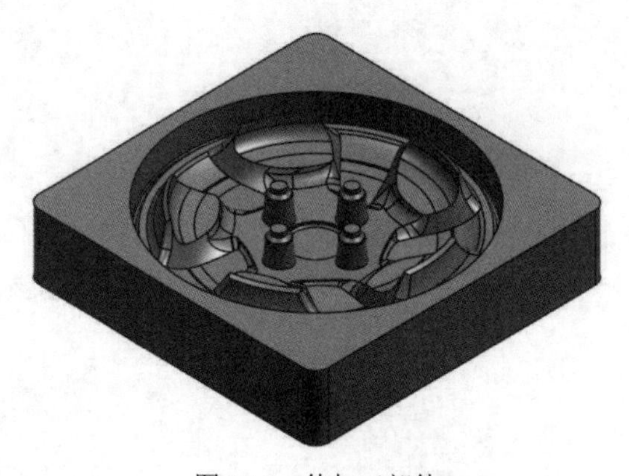

图 12-1　待加工部件

2．进入加工环境

选择“文件”→“新建”命令，弹出“新建”对话框，在“加工”选项卡中设置“单位”为“毫米”，选择“冲压模”模板，其他采用默认设置。单击“确定”按钮，进入加工环境。

3．编辑 MCS 和定义安全平面

（1）在上边框条中单击“几何视图”图标，显示“工序导航器-几何”视图，双击 MCS_MILL，弹出“MCS 铣削”对话框，捕捉部件顶面的圆弧中心，如图 12-2 所示，MCS 移动到圆弧中心。

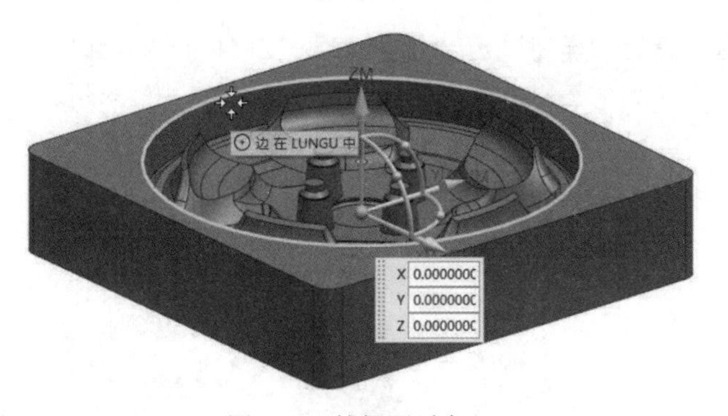

图 12-2　捕捉圆弧中心

（2）在“MCS 铣削”对话框的“安全设置”栏中设置“安全设置选项”为“平面”，显示指定平面栏。单击“平面对话框”按钮，弹出“平面”对话框，设置“类型”为“按某一距离”，在上边框条中设置“选择范围”为“整个装配”，选取部件的顶面，输入距离为 40mm，如图 12-3 所示。连续单击“确定”按钮，完成安全平面的设置。

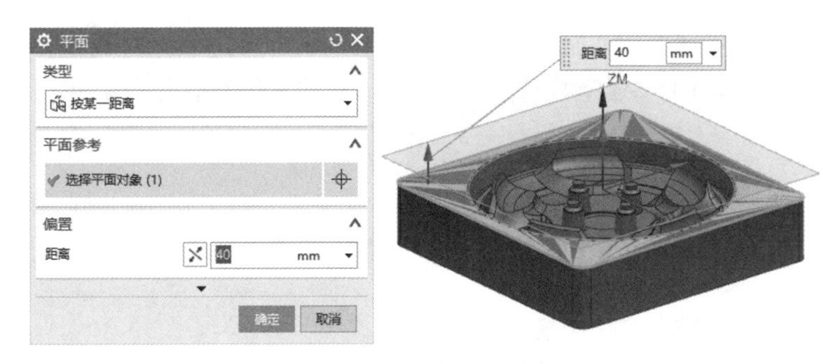

图 12-3　选取顶面

4．创建几何体

（1）在 MCS_MILL 节点下双击 WORKPIECE，弹出“工件”对话框。单击“指定部件”右侧的“选择或编辑部件几何体”按钮，弹出“部件几何体”对话框，选择图 12-4 所示的部件。单击“确定”按钮，返回“工件”对话框。

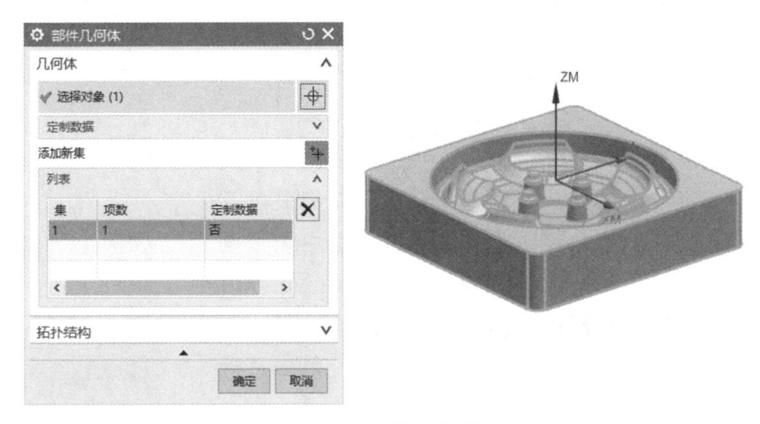

图 12-4　指定部件

（2）在“工件”对话框中单击“指定毛坯”右侧的“选择或编辑毛坯几何体”按钮，弹出

“毛坯几何体”对话框，设置“类型”为“包容块”，ZM+为 10，如图 12-5 所示。单击“确定”按钮，在块的顶部添加 10mm 的坯料。返回“工件”对话框，其他采用默认设置。单击“确定”按钮，完成工件的设置。

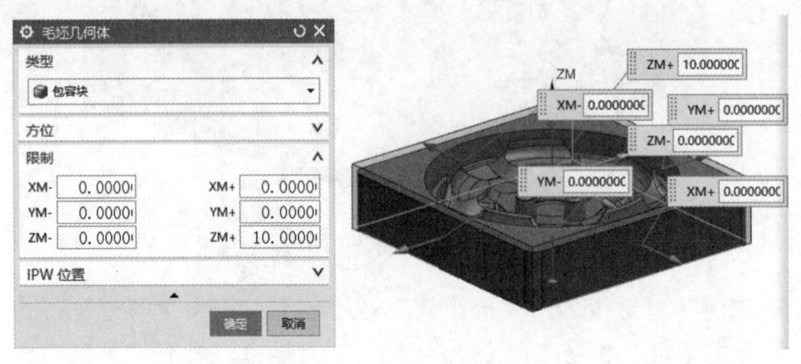

图 12-5　创建毛坯

5. 自定义加工数据

选择“菜单”→“首选项”→“加工”命令，弹出“加工首选项”对话框，在“操作”选项卡“加工数据”栏中选中“在工序中自动设置”复选框，其他采用默认设置。单击“确定”按钮，关闭对话框。

扫一扫，看视频

12.2 粗　加　工

对凹模型腔进行粗加工。

12.2.1 创建刀具

（1）单击“主页”选项卡“刀片”面板中的“创建刀具”按钮，弹出图 12-6 所示的“创建刀具”对话框，在“刀具子类型”栏中选择 MILL，在“位置”栏的“刀具”下拉列表中选择 POCKET_01 选项，输入名称为 flat_30。单击“确定”按钮，关闭当前对话框。

（2）弹出“铣刀-5 参数”对话框，在“工具”选项卡的“尺寸”栏中设置“直径”为 30，“长度”为 100，“刀刃长度”为 50；在“夹持器”选项卡的“库”栏中单击“从库中调用夹持器”按钮，弹出“库类选择”对话框，选择 Milling_Drilling 夹持器。单击“确定”按钮，关闭当前对话框。

（3）弹出“搜索准则”对话框，采用默认设置。单击“确定”按钮，关闭当前对话框。

（4）弹出“搜索结果”对话框，选择库号为 HLD001_00007，其他采用默认设置。单击“确定”按钮，完成夹持器的调用。

图 12-6　“创建刀具”对话框

12.2.2　创建型腔铣工序

（1）单击“主页”选项卡“刀片”面板中的“创建工序”按钮，弹出“创建工序”对话框。在“类型”下拉列表中选择 DieMold_Exp 选项，在“工序子类型”栏中选择“型腔铣”，在“位置”栏中设置“几何体”为 WORKPIECE，“刀具”为 FLAT_30，“方法”为 MOLD_ROUGH_HSM，输入名称为 rough_all，其他采用默认设置，如图 12-7 所示。单击“确定”按钮，关闭当前对话框。

（2）弹出“型腔铣”对话框，单击“指定切削区域”右侧的“选择或编辑切削区域几何体”按钮，弹出“切削区域”对话框，选择图 12-8 所示的切削区域。单击“确定”按钮，关闭当前对话框。

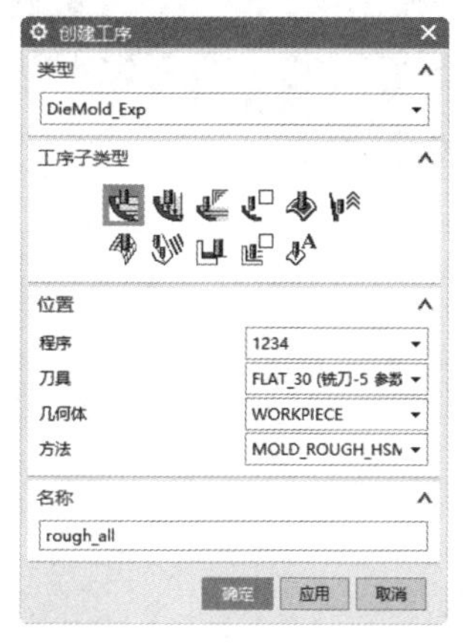

图 12-7　“创建工序”对话框

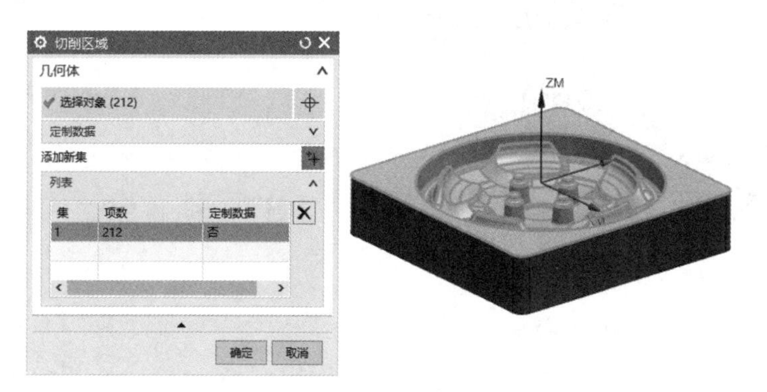

图 12-8　指定切削区域

（3）返回“型腔铣”对话框，在“刀轨设置”栏中设置“步距”为“%刀具平直”，“平面直径百分比”为 20，“公共每刀切削深度”为“恒定”，“最大距离”为 3mm，其他采用默认设置，如图 12-9 所示。

（4）单击“切削参数”按钮，弹出“切削参数”对话框，在“余量”选项卡中设置“内公差”和“外公差”为 0.1，其他采用默认设置，如图 12-10 所示。单击“确定”按钮，关闭当前对话框。

图 12-9　“刀轨设置”栏

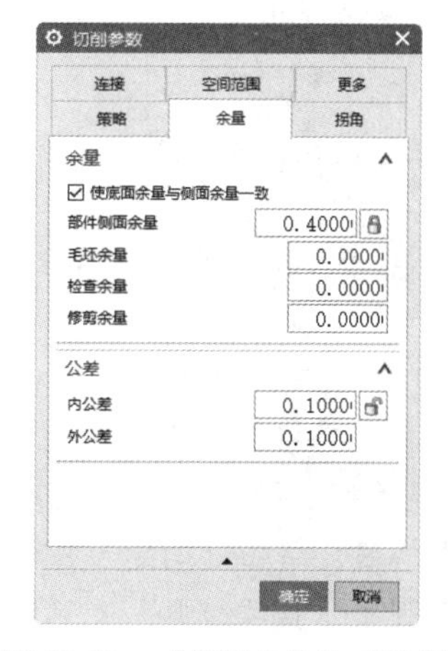

图 12-10　“切削参数”对话框

注意：

高速加工工序使用极小的切削公差，这些公差由用户指定的 HSM 加工方法确定。

（5）返回“型腔铣”对话框，单击“操作”栏中的“生成”按钮，生成图 12-11 所示的刀轨。

（6）单击“操作”栏中的“确认”按钮，弹出“刀轨可视化”对话框，切换到“3D 动态”选项卡，单击“播放”按钮，进行3D模拟加工，结果如图 12-12 所示。连续单击“确定”按钮，完成粗加工。

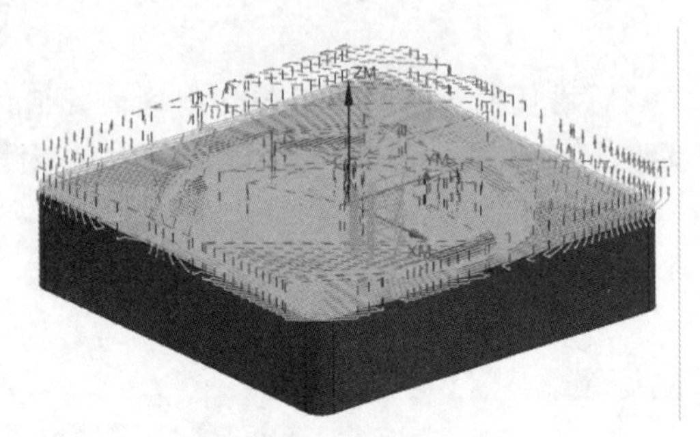

图 12-11　粗加工刀轨

图 12-12　模拟加工结果

扫一扫，看视频

12.3 剩　余　铣

粗加工多出的余量。

12.3.1 创建刀具

（1）单击“主页”选项卡“刀片”面板中的“创建刀具”按钮，弹出“创建刀具”对话框，在“刀具子类型”栏中选择 BALL_MILL，在“位置”栏的“刀具”下拉列表中选择 POCKET_02 选项，输入名称为 BALL_10。单击“确定”按钮，关闭当前对话框。

（2）弹出“铣刀-球头铣”对话框，在“工具”选项卡的“尺寸”栏中设置“球直径”为 10，“长度”为 55，其他采用默认设置。

（3）在“刀柄”选项卡中选中“定义刀柄”复选框，在“尺寸”栏中设置“刀柄直径”为 25，“刀柄长度”为 50，“锥柄长度”为 20，其他采用默认设置，如图 12-13 所示。

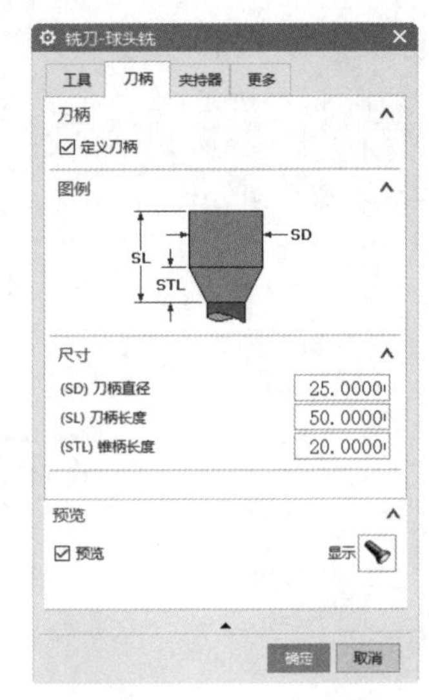

图 12-13　“刀柄”选项卡

（4）在“夹持器”选项卡“库”栏中单击“从库中调用夹持器”按钮，弹出“库类选择”对话框，选择 Milling_Drilling 夹持器。单击“确定”按钮，关闭当前对话框。

（5）弹出“搜索准则”对话框，采用默认设置。单击“确定”按钮，关闭当前对话框。

（6）弹出“搜索结果”对话框，选择库号为 HLD001_00006，其他采用默认设置。连续单击

“确定”按钮，完成刀具的设置。

12.3.2　创建型腔铣工序

（1）单击“主页”选项卡“刀片”面板中的“创建工序”按钮，弹出“创建工序”对话框，在“类型”下拉列表中选择DieMold_Exp选项，在“工序子类型”栏中选择“型腔铣”，在“位置”栏中设置“几何体”为WORKPIECE，“刀具”为BALL_10，“方法”为MILL_ROUGH_HSM，输入名称为restmill_all，其他采用默认设置，单击“确定”按钮。

（2）弹出“型腔铣”对话框，单击“指定切削区域”右侧的“选择或编辑切削区域几何体”按钮，弹出“切削区域”对话框，选择图 12-14 所示的切削区域。单击“确定”按钮，关闭当前对话框。

（3）返回“型腔铣”对话框，在“刀轨设置”栏中设置“切削模式”为“摆线”，“步距”为“%刀具平直”，“平面直径百分比”为20，“公共每刀切削深度”为“恒定”，“最大距离”为1mm，其他采用默认设置，如图 12-15 所示。

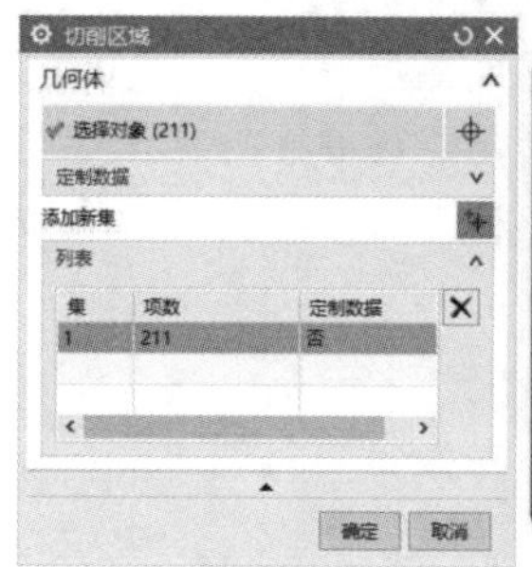

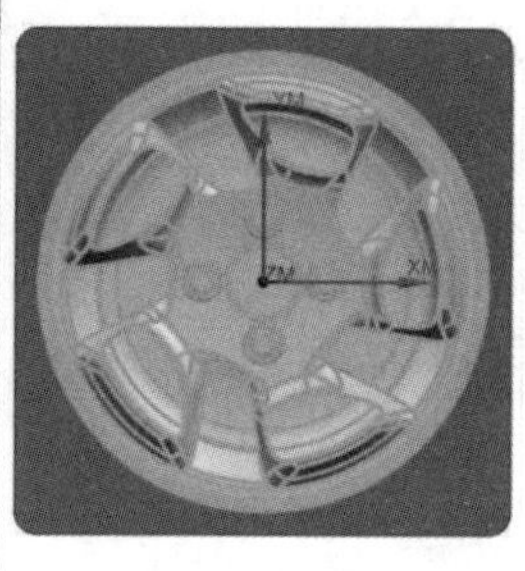

图 12-14　指定切削区域

图 12-15　“刀轨设置”栏

（4）在“刀轨设置”栏中单击“切削参数”按钮，弹出“切削参数”对话框，在“策略”选项卡的“摆线设置”栏中设置“摆线向前步距”为“20%刀具”，在“余量”选项卡的“公差”栏中设置“内公差”和“外公差”为 0.1，在“空间范围”选项卡的“毛坯”栏中设置“过程工件”为“使用 3D”，其他采用默认设置，如图 12-16 所示。单击“确定”按钮，关闭当前对话框。

（a）“策略”选项卡

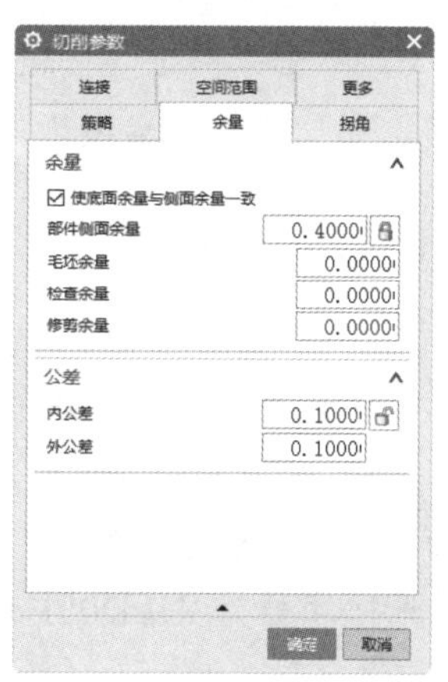

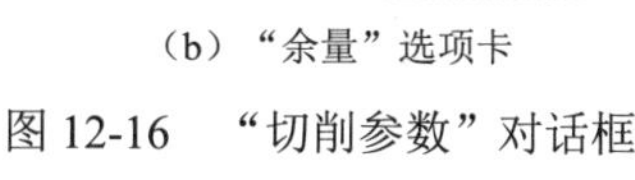

（b）“余量”选项卡

（c）“空间范围”选项卡

图 12-16　“切削参数”对话框

（5）返回“型腔铣”对话框，单击“操作”栏中的“生成”按钮，生成图 12-17 所示的刀轨。

（6）单击“操作”栏中的“确认”按钮，弹出“刀轨可视化”对话框，切换到“3D 动态”选项卡，单击“播放”按钮，进行3D模拟加工，结果如图12-18所示。连续单击“确定”按钮，完成剩余铣加工。

图 12-17 剩余铣刀轨

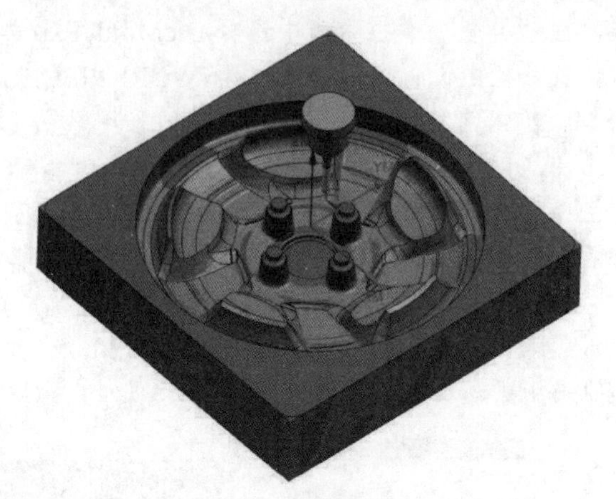

图 12-18 模拟加工结果

扫一扫，看视频

12.4 精加工竖直壁

对型腔周围的竖直壁进行精加工。

12.4.1 创建刀具

（1）单击“主页”选项卡“刀片”面板中的“创建刀具”按钮，弹出“创建刀具”对话框，在“刀具子类型”栏中选择 BALL_MILL，在“位置”栏的“刀具”下拉列表中选择 POCKET_03 选项，输入名称为 BALL_6。单击“确定”按钮，关闭当前对话框。

（2）弹出“铣刀-球头铣”对话框，在“工具”选项卡的“尺寸”栏中设置“球直径”为 6，“长度”为 50，其他采用默认设置。

（3）在“刀柄”选项卡中选中“定义刀柄”复选框，在“尺寸”栏中设置“刀柄直径”为 25，“刀柄长度”为 50，“锥柄长度”为 20，其他采用默认设置。

（4）在“夹持器”选项卡“库”栏中单击“从库中调用夹持器”按钮，弹出“库类选择”对话框，选择 Milling_Drilling 夹持器。单击“确定”按钮，关闭当前对话框。

（5）弹出“搜索准则”对话框，采用默认设置。单击“确定”按钮，关闭当前对话框。

（6）弹出“搜索结果”对话框，选择库号为 HLD001_00006，其他采用默认设置。连续单击“确定”按钮，完成刀具的设置。

12.4.2 创建深度轮廓铣工序

（1）单击“主页”选项卡“刀片”面板中的“创建工序”按钮，弹出“创建工序”对话框，在“类型”下拉列表中选择 DieMold_Exp 选项，在“工序子类型”栏中选择“深度轮廓铣”，在“位置”栏中设置“几何体”为 WORKPIECE，“刀具”为 BALL_6，“方法”为 MOLD_FINISH_HSM，输入名称为 ZLEVEL_OUTER_RIM，其他采用默认设置。单击“确定”按钮，关闭当前对话框。

（2）弹出“深度轮廓铣”对话框，单击“指定切削区域”右侧的“选择或编辑切削区域几何体”按钮，弹出“切削区域”对话框，选择型腔的圆柱面为切削区域，如图 12-19 所示。单击“确定”按钮，关闭当前对话框。

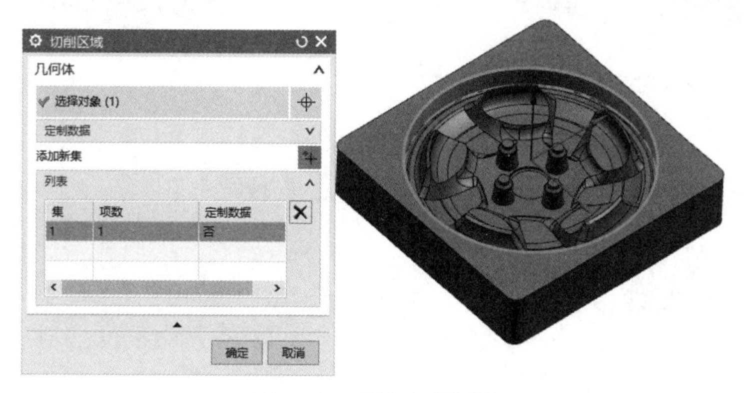

图 12-19　指定切削区域

（3）返回“深度轮廓铣”对话框，在“刀轨设置”栏中设置“公共每刀切削深度”为“恒定”，“最大距离”为 0.6mm，其他采用默认设置，如图 12-20 所示。

（4）在“刀轨设置”栏中单击“切削参数”按钮，弹出“切削参数”对话框，在“余量”选项卡的“公差”栏中设置“内公差”和“外公差”为 0.003，其他采用默认设置，如图 12-21 所示。单击“确定”按钮，关闭当前对话框。

图 12-20　“刀轨设置”栏

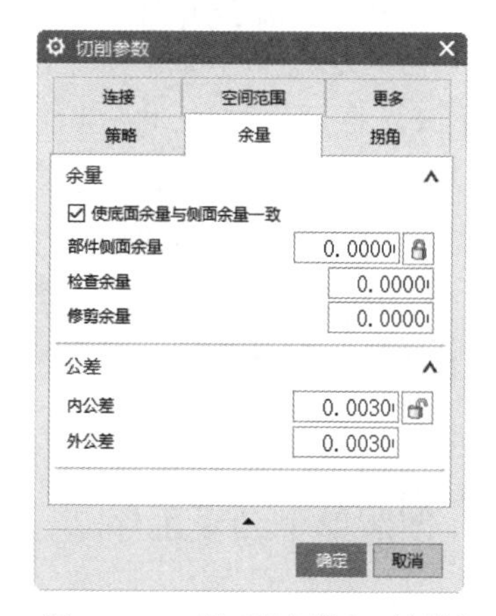

图 12-21　“切削参数”对话框

（5）返回“深度轮廓铣”对话框，单击“操作”栏中的“生成”按钮，生成图 12-22 所示的刀轨。

（6）单击“操作”栏中的“确认”按钮，弹出“刀轨可视化”对话框，切换到“3D 动态”选项卡，单击“播放”按钮，进行3D模拟加工，结果如图12-23所示。单击“确定”按钮，返回“深度轮廓铣”对话框。

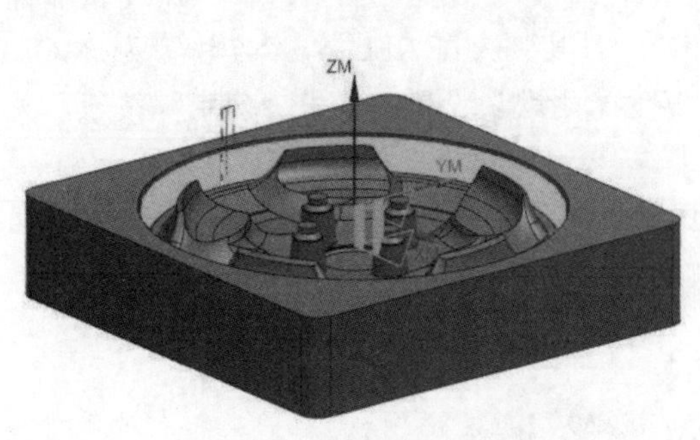

图 12-22　深度轮廓铣刀轨

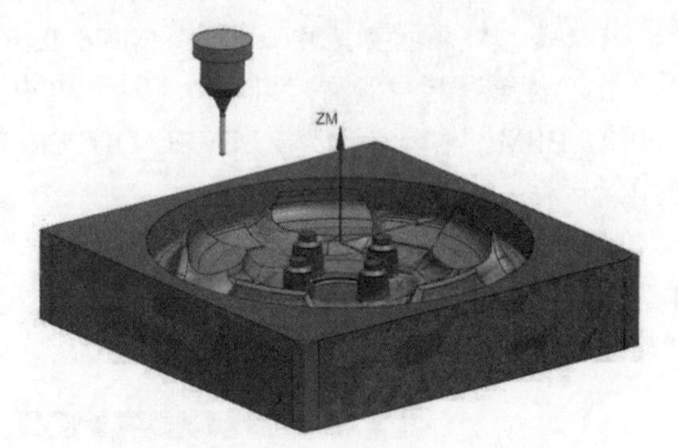

图 12-23　模拟加工结果

扫一扫，看视频

12.5　精加工凸模

首先创建其中一个凸模的深度轮廓加工工序；然后实例化该工序，以精加工剩余的凸模。

12.5.1　创建刀具

（1）单击“主页”选项卡“刀片”面板中的“创建刀具”按钮，弹出图 12-6 所示的“创建刀具”对话框，在“刀具子类型”栏中选择 MILL，在“位置”栏的“刀具”下拉列表中选择 POCKET_04 选项，输入名称为 FLAT_6R.5。单击“确定”按钮，关闭当前对话框。

（2）弹出“铣刀-5 参数”对话框，在“工具”选项卡的“尺寸”栏中输入直径为 6，下半径为 0.5，长度为 40，刀刃长度为 30。

（3）在“刀柄”选项卡中选中“定义刀柄”复选框，在“尺寸”栏中输入刀柄直径为 25，刀柄长度为 50，锥柄长度为 20，其他采用默认设置。

（4）在“夹持器”选项卡“库”栏中单击“从库中调用夹持器”按钮，弹出“库类选择”对话框，选择 Milling_Drilling 夹持器。单击“确定”按钮，关闭当前对话框。

（5）弹出“搜索准则”对话框，采用默认设置。单击“确定”按钮，关闭当前对话框。

（6）弹出“搜索结果”对话框，选择库号为 HLD001_00006，其他采用默认设置。连续单击“确定”按钮，完成刀具的创建。

12.5.2　创建单个凸模工序

（1）单击“主页”选项卡“刀片”面板中的“创建工序”按钮，弹出“创建工序”对话框，在“类型”下拉列表中选择 DieMold_Exp 选项，在“工序子类型”栏中选择“深度轮廓铣”

，在“位置”栏中设置“几何体”为 WORKPIECE，“刀具”为 FLAT_6R.5，“方法”为 MOLD_FINISH_HSM，输入名称为 ZLEVEL_POSTS，其他采用默认设置。单击“确定”按钮，关闭当前对话框。

（2）弹出“深度轮廓铣”对话框，单击“指定切削区域”右侧的“选择或编辑切削区域几何体”按钮，弹出“切削区域”对话框，选择其中一个凸模的所有面，如图 12-24 所示。单击“确定”按钮，关闭当前对话框。

（3）返回“深度轮廓铣”对话框，在“刀轨设置”栏中设置“公共每刀切削深度”为“恒定”，“最大距离”为 0.4，其他采用默认设置。

（4）在“刀轨设置”栏中单击“切削参数”按钮，弹出“切削参数”对话框，在“余量”选项卡的“公差”栏中设置“内公差”和“外公差”为 0.03，其他采用默认设置。单击“确定”按钮，关闭当前对话框。

（5）单击“非切削移动”按钮，弹出“非切削移动”对话框，在“转移/快速”选项卡的“安全设置”栏中设置“安全设置选项”为“平面”，在“指定平面”下拉列表中选择“按某一距离”，选取部件顶面，输入距离为 10，如图 12-25 所示；在“光顺”选项卡“进刀/退刀/步进”栏中选中“替代为光顺连接”复选框，设置“光顺长度”为“50%刀具”，如图 12-26 所示。单击“确定”按钮，关闭当前对话框。

图 12-24　指定切削区域

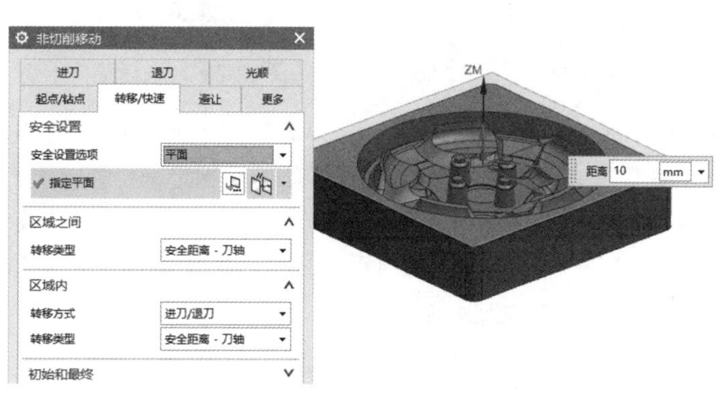

图 12-25　指定安全平面

（6）返回“深度轮廓铣”对话框，单击“操作”栏中的“生成”按钮，生成图 12-27 所示的刀轨。

图 12-26　“光顺”选项卡

图 12-27　单个凸模刀轨

12.5.3 创建其他凸模工序

（1）在 12.5.2 小节创建的深度轮廓铣工序（ZLEVEL_POSTS）上右击，在弹出的快捷菜单中选择“对象”→“变换”命令，如图 12-28 所示。

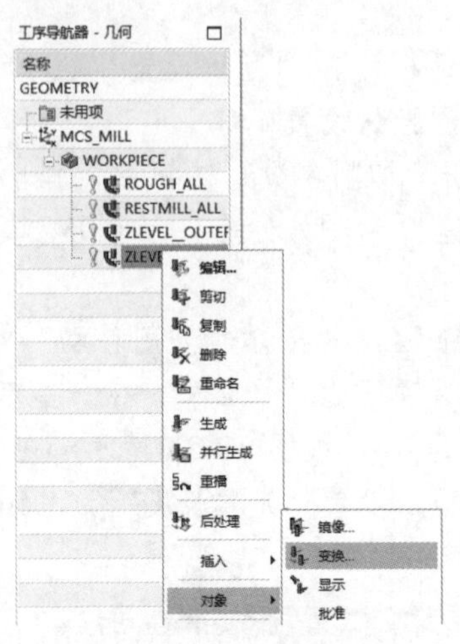

图 12-28　快捷菜单

（2）弹出“变换”对话框，在“类型”下拉列表中选择“绕直线旋转”选项；在“变换参数”栏中设置“直线方法”为“点和矢量”，指定坐标原点（0,0,0），在“指定矢量”下拉列表中选择 ZC 轴，输入角度为 90°；在“结果”栏选中“实例”单选按钮，输入实例数为 3，其他采用默认设置，如图 12-29 所示。单击“确定”按钮，完成其他 3 个凸模工序的创建，刀轨如图 12-30 所示。

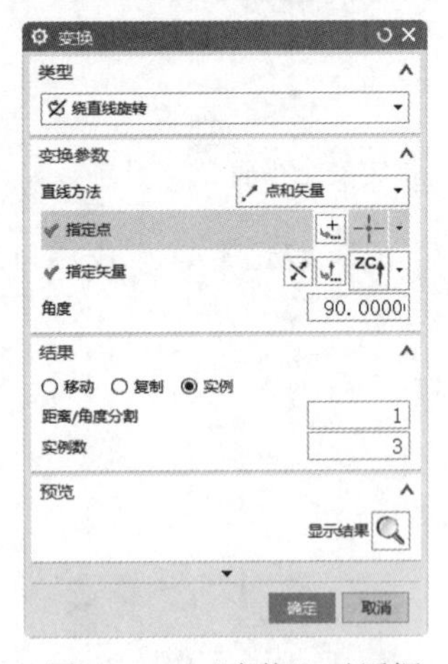

图 12-29　“变换”对话框

图 12-30　其他 3 个凸模刀轨

扫一扫，看视频

12.6 精加工中心

创建用于精加工部件中心的区域轮廓铣工序。

12.6.1 创建刀具

（1）单击“主页”选项卡“刀片”面板中的“创建刀具”按钮，弹出“创建刀具”对话框，在“刀具子类型”栏中选择BALL_MILL，在“位置”栏的“刀具”下拉列表中选择POCKET_05选项，输入名称为BALL_2.5。单击“确定”按钮，关闭当前对话框。

（2）弹出“铣刀-球头铣”对话框，在“工具”选项卡的“尺寸”栏中设置“球直径”为2.5，“长度”为25，“刀刃长度”为20，其他采用默认设置。

（3）在“刀柄”选项卡中选中“定义刀柄”复选框，在“尺寸”栏中设置“刀柄直径”为10，“刀柄长度”为45，“锥柄长度”为12，其他采用默认设置。

（4）在“夹持器”选项卡“库”栏中单击“从库中调用夹持器”按钮，弹出“库类选择”对话框，选择Milling_Drilling夹持器。单击“确定”按钮，关闭当前对话框。

（5）弹出“搜索准则”对话框，采用默认设置。单击“确定”按钮，关闭当前对话框。

（6）弹出“搜索结果”对话框，选择库号为HLD001_00005，其他采用默认设置。连续单击“确定”按钮，完成刀具的设置。

12.6.2 创建区域轮廓铣工序

（1）单击“主页”选项卡“刀片”面板中的“创建工序”按钮，弹出“创建工序”对话框，在“类型”下拉列表中选择DieMold_Exp选项，在“工序子类型”栏中选择“区域轮廓铣”，在“位置”栏中设置“几何体”为WORKPIECE，“刀具”为BALL_2.5，“方法”为MOLD_FINISH_HSM，输入名称为CONTOUR_ENTER，其他采用默认设置。单击“确定”按钮，关闭当前对话框。

（2）弹出“区域轮廓铣”对话框，单击“指定切削区域”右侧的“选择或编辑切削区域几何体”按钮，弹出“切削区域”对话框，选择中心的圆面为切削区域，如图12-31所示。单击“确定”按钮，关闭当前对话框。

图12-31 指定切削区域

（3）返回“区域轮廓铣”对话框，在“驱动方法”栏中单击“编辑”按钮，弹出“区域铣削驱动方法”对话框，在“驱动设置”栏中设置“非陡峭切削模式”为“跟随周边”，“步距”为“%刀具平直”，“平面直径百分比”为 10，“步距已应用”为“在部件上”，其他采用默认设置，如图 12-32 所示。单击“确定”按钮，关闭当前对话框。

（4）返回“区域轮廓铣”对话框，在“刀轨设置”栏中单击“切削参数”按钮，弹出“切削参数”对话框，在“余量”选项卡的“公差”栏中设置“内公差”和“外公差”为 0.03，其他采用默认设置。单击“确定”按钮，关闭当前对话框。

（5）返回“区域轮廓铣”对话框，单击“操作”栏中的“生成”按钮，生成图 12-33 所示的刀轨。

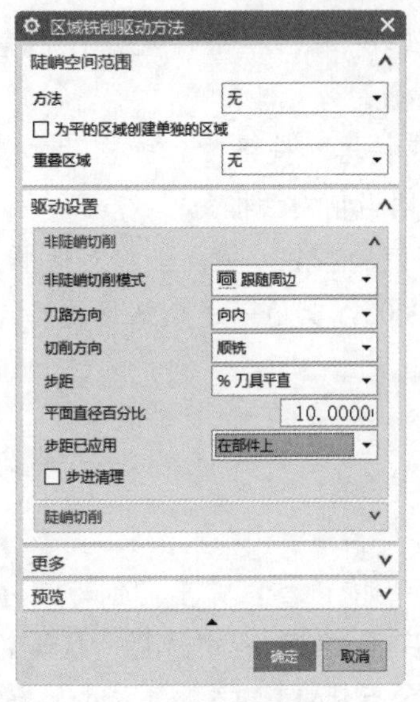

图 12-32　“区域铣削驱动方法”对话框

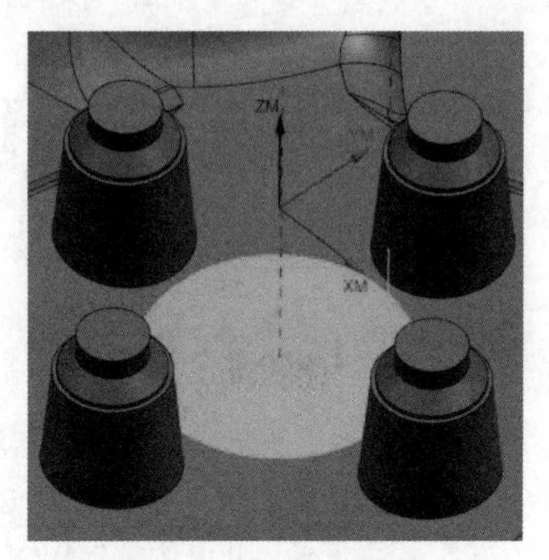

图 12-33　区域轮廓铣刀轨

扫一扫，看视频

12.7　精加工提升面

首先创建其中一个提升面的深度轮廓加工工序；然后实例化该工序，以精加工剩余的提升面。

12.7.1　创建单个提升面工序

（1）单击“主页”选项卡“刀片”面板中的“创建工序”按钮，弹出“创建工序”对话框，在“类型”下拉列表中选择 DieMold_Exp 选项，在“工序子类型”栏中选择“深度轮廓铣”，在“位置”栏中设置“几何体”为 WORKPIECE，“刀具”为 BALL_6，“方法”为 MOLD_FINISH_HSM，输入名称为 ZLEVEL_PROFILE，其他采用默认设置。单击“确定”按钮，关闭当前对话框。

（2）弹出“深度轮廓铣”对话框，单击“指定切削区域”右侧的“选择或编辑切削区域几何体”按钮，弹出“切削区域”对话框，选择图 12-34 所示切削区域。单击“确定”按钮，关闭当前对话框。

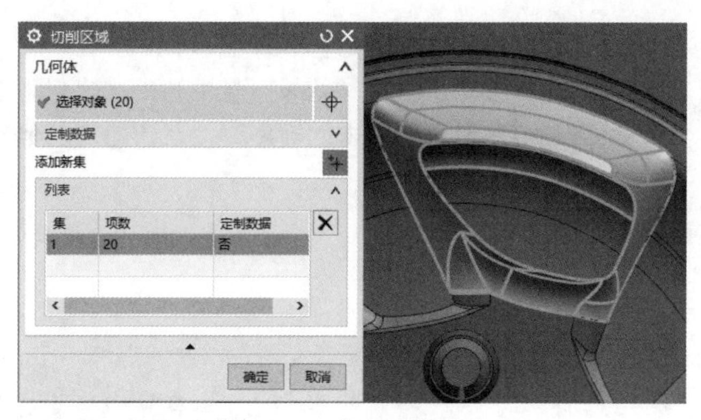

图 12-34 指定切削区域

（3）返回“深度轮廓铣”对话框，在“刀轨设置”栏中设置“公共每刀切削深度”为“恒定”，“最大距离”为 0.2，其他采用默认设置。

（4）在“刀轨设置”栏中单击“切削参数”按钮，弹出“切削参数”对话框，在“余量”选项卡的“公差”栏中设置“内公差”和“外公差”为 0.03，其他采用默认设置。单击“确定”按钮，关闭当前对话框。

（5）单击“非切削移动”按钮，弹出“非切削移动”对话框，在“光顺”选项卡“进刀/退刀/步进”栏中选中“替代为光顺连接”复选框，设置“光顺长度”为“50%刀具”，如图 12-35 所示，单击“确定”按钮，关闭当前对话框。

（6）返回“深度轮廓铣”对话框，单击“操作”栏中的“生成”按钮，生成图 12-36 所示的刀轨。

图 12-35 “光顺”选项卡

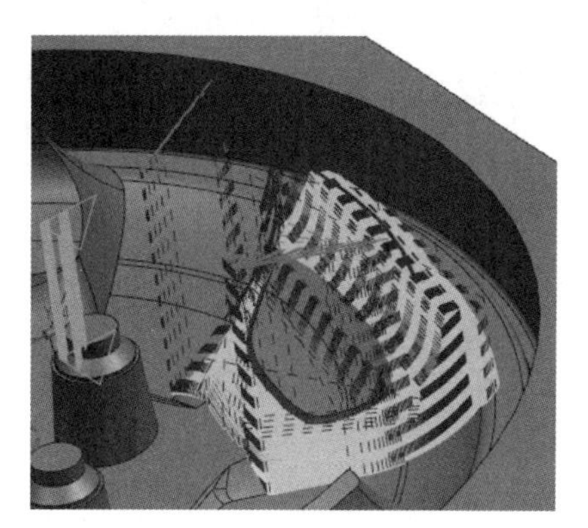

图 12-36 单个提升面刀轨

12.7.2 创建其他提升面工序

（1）在 12.7.1 小节创建的深度轮廓铣工序（ZLEVEL_PROFILE）上右击，在弹出的快捷菜单中选择“对象”→“变换”命令。

（2）弹出“变换”对话框，在“类型”下拉列表中选择“绕直线旋转”选项；在“变换参数”栏中设置“直线方法”为“点和矢量”，指定坐标原点（0,0,0），在“指定矢量”下拉列表中选择 ZC 轴，输入角度为 72°（直接输入 360/5）；在“结果”栏中选中“实例”单选按钮，输入实例数为 4，其他采用默认设置，如图 12-37 所示。单击“确定”按钮，完成其他提升面工序的创建，刀轨如图 12-38 所示。

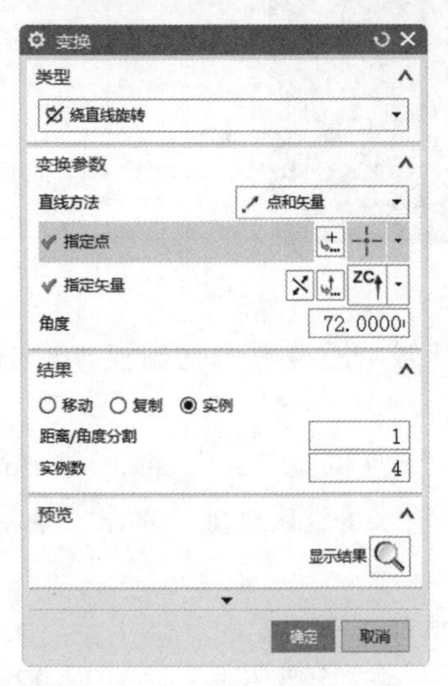

图 12-37 “变换”对话框

图 12-38 其他提升面刀轨

扫一扫，看视频

12.8 精加工轮辐和提升面顶面

首先创建精加工轮辐和提升面剩余轮廓表面的工序，然后对其进行实例化。

12.8.1 创建单个轮辐和提升面工序

（1）单击“主页”选项卡“刀片”面板中的“创建工序”按钮，弹出“创建工序”对话框，在“类型”下拉列表中选择 DieMold_Exp 选项，在“工序子类型”栏中选择“区域轮廓铣”，在“位置”栏中设置“几何体”为 WORKPIECE，“刀具”为 BALL_6，“方法”为 MOLD_FINISH_HSM，输入名称为 CONTOUR_SPOKE，其他采用默认设置。单击“确定”按钮，关闭当前对话框。

（2）弹出“区域轮廓铣”对话框，单击“指定切削区域”右侧的“选择或编辑切削区域几何体”按钮，弹出“切削区域”对话框，选择图 12-39 所示的切削区域。单击“确定”按钮，关闭当前对话框。

（3）返回“区域轮廓铣”对话框，在“驱动方法”栏中单击“编辑”按钮，弹出“区域铣削驱动方法”对话框，在“陡峭空间范围”栏中设置“方法”为“非陡峭”；在“驱动设置”栏中设置“非陡峭切削模式”为“同心往复”，“刀路中心”为“指定”，指定坐标原点为刀路中心，“步距”为“%刀具平直”，“平面直径百分比”为 5；在“更多”栏中选中“精加工刀路”复选框，其他采用默认设置，如图 12-40 所示。单击“确定”按钮，关闭当前对话框。

图 12-39　指定切削区域

（4）返回“区域轮廓铣”对话框，在“刀轨设置”栏中单击“切削参数”按钮，弹出“切削参数”对话框，在“余量”选项卡的“公差”栏中设置“内公差”和“外公差”为 0.03，其他采用默认设置。单击“确定”按钮，关闭当前对话框。

（5）返回“区域轮廓铣”对话框，单击“操作”栏中的“生成”按钮，生成图 12-41 所示的刀轨。

图 12-40　“区域铣削驱动方法”对话框

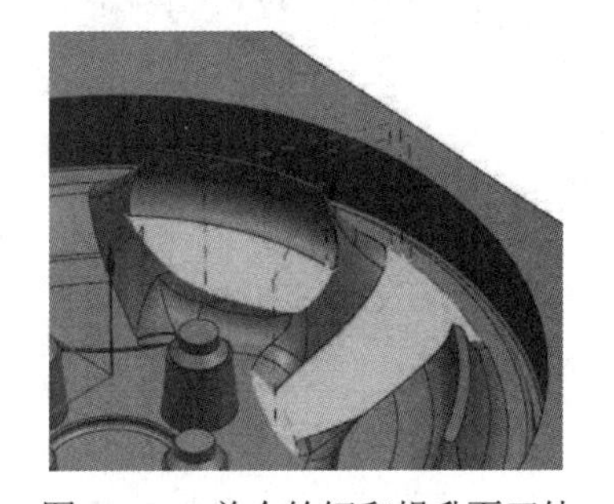

图 12-41　单个轮辐和提升面刀轨

12.8.2　创建其他轮辐和提升面工序

（1）在 12.8.1 小节创建的区域轮廓铣工序（CONTOUR_SPOKE）上右击，在弹出的快捷菜单中选择“对象”→“变换”命令。

（2）弹出“变换”对话框，在“类型”下拉列表中选择“绕直线旋转”选项；在“变换参数”栏中设置“直线方法”为“点和矢量”，指定坐标原点（0,0,0），在“指定矢量”下拉列表中选择 ZC 轴，输入角度为 72°（直接输入 360/5）；在“结果”栏中选中“实例”单选按钮，输入实例数为 4，其他采用默认设置，如图 12-37 所示。单击“确定”按钮，完成其他轮辐和提升面工序的创建，刀轨如图 12-42 所示。

图 12-42　其他轮辐和提升面刀轨

12.9　精加工轮辐边

首先创建一个精加工轮辐外边工序，然后对其进行实例化。

12.9.1　创建单个轮辐边工序

（1）单击“主页”选项卡“刀片”面板中的“创建工序”按钮，弹出“创建工序”对话框，在“类型”下拉列表中选择 DieMold_Exp 选项，在“工序子类型”栏中选择“清根参考刀具”，在“位置”栏中设置“几何体”为 WORKPIECE，“刀具”为 BALL_2.5，“方法”为 MOLD_FINISH_HSM，输入名称为 FLOWCUT_SPOKE，其他采用默认设置，如图 12-43 所示。单击“确定”按钮，关闭当前对话框。

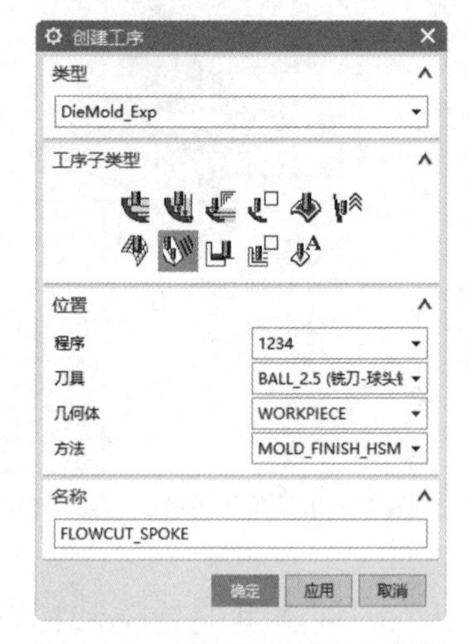

图 12-43　“创建工序”对话框

（2）弹出“清根参考刀具”对话框，单击“指定切削区域”右侧的“选择或编辑切削区域几何体”按钮，弹出“切削区域”对话框，选择图 12-44 所示的切削区域。单击“确定”按钮，关闭当前对话框。

（3）返回“清根参考刀具”对话框，在“驱动方法”栏中单击“编辑”按钮，弹出“清根驱动方法”对话框，在“参考刀具”栏中设置“参考刀具”为 BALL_6，其他采用默认设置，如图 12-45 所示。单击“确定”按钮，关闭当前对话框。

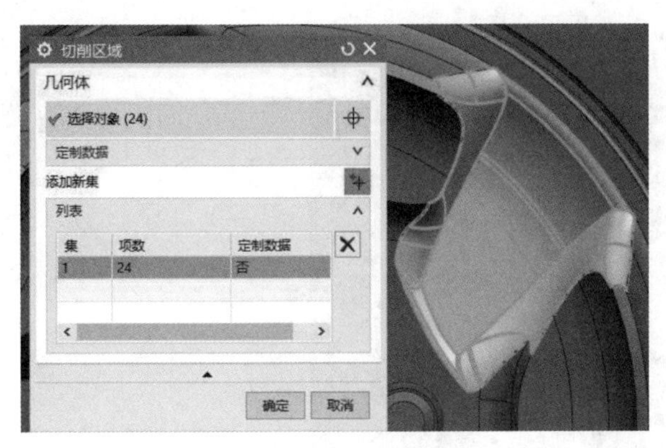

图 12-44 指定切削区域

图 12-45 “清根驱动方法”对话框

（4）返回“清根参考刀具”对话框，在“刀轨设置”栏中单击“切削参数”按钮，弹出“切削参数”对话框，在“余量”选项卡的“公差”栏中设置“内公差”和“外公差”为 0.03，在“更多”选项卡中设置“最大步长”为 0.1mm，其他采用默认设置，如图 12-46 所示。单击“确定”按钮，关闭当前对话框。

（5）返回“清根参考刀具”对话框，单击“操作”栏中的“生成”按钮，生成图 12-47 所示的刀轨。

图 12-46 “更多”选项卡

图 12-47 单个轮辐边刀轨

12.9.2 创建其他轮辐边工序

（1）在 12.9.1 小节创建的清根参考刀具工序（FLOWCUT_SPOKE）上右击，在弹出的快捷菜单中选择“对象”→“变换”命令。

（2）弹出“变换”对话框，在“类型”下拉列表中选择“绕直线旋转”选项，在“变换参数”栏中设置“直线方法”为“点和矢量”，指定坐标原点（0,0,0），在“指定矢量”下拉列表中选择 ZC 轴，输入角度为 72°（直接输入 360/5）；在“结果”栏中选中“实例”单选按钮，输入实例数为 4，其他采用默认设置。单击“确定”按钮，完成其他轮辐边工序的创建，刀轨如图 12-48 所示。

图 12-48　其他轮辐边刀轨

扫一扫，看视频

12.10　围绕凸模精加工

创建区域轮廓铣工序，用于精加工凸模周围的面。

（1）单击“主页”选项卡“刀片”面板中的“创建工序”按钮，弹出“创建工序”对话框，在“类型”下拉列表中选择 DieMold_Exp 选项，在“工序子类型”栏中选择“区域轮廓铣”，在“位置”栏中设置“几何体”为 WORKPIECE，“刀具”为 BALL_2.5，“方法”为 MOLD_FINISH_HSM，输入名称为 CONTOUR_AROUND_POSTS，其他采用默认设置。单击“确定”按钮，关闭当前对话框。

（2）弹出“区域轮廓铣”对话框，单击“指定切削区域”右侧的“选择或编辑切削区域几何体”按钮，弹出“切削区域”对话框，选择图 12-49 所示的切削区域。单击“确定”按钮，关闭当前对话框。

图 12-49　指定切削区域

（3）返回“区域轮廓铣”对话框，在“驱动方法”栏中单击“编辑”按钮，弹出“区域铣削驱动方法”对话框，在“陡峭空间范围”栏中设置“方法”为“非陡峭”；在“驱动设置”栏中设置“非陡峭切削模式”为“同心往复”，“刀路中心”为“指定”，指定坐标原点为刀路中心，“步距”为“%刀具平直”，“平面直径百分比”为 5；在“更多”栏中选中“精加工刀路”复选框，其他采用默认设置，如图 12-40 所示。单击“确定”按钮，关闭当前对话框。

（4）返回“区域轮廓铣”对话框，在“刀轨设置”栏中单击“切削参数”按钮，弹出“切削参数”对话框，在“余量”选项卡的“公差”栏中设置“内公差”和“外公差”为 0.03，其他采用默认设置。单击“确定”按钮，关闭当前对话框。

（5）返回“区域轮廓铣”对话框，单击“操作”栏中的“生成”按钮，生成图 12-50 所示的刀轨。

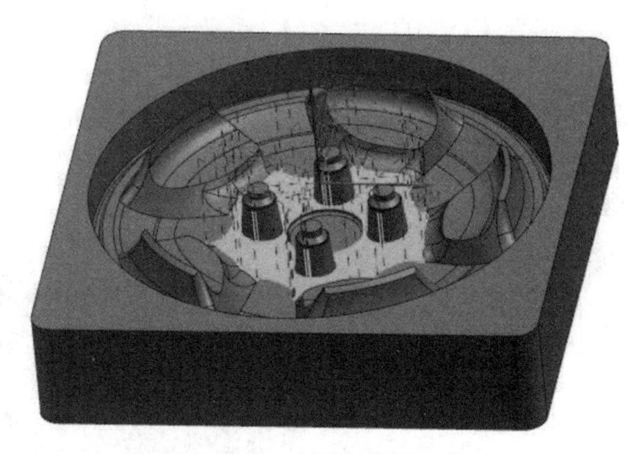

图 12-50　区域轮廓铣刀轨

12.11　精加工中心

扫一扫，看视频

创建用于精加工部件中心的区域轮廓铣工序。

12.11.1　创建刀具

（1）单击“主页”选项卡“刀片”面板中的“创建刀具”按钮，弹出“创建刀具”对话框，在“刀具子类型”栏中选择 BALL_MILL，在“位置”栏的“刀具”下拉列表中选择 POCKET_06 选项，输入名称为 BALL_2.5_LONG。单击“确定”按钮，关闭当前对话框。

（2）弹出“铣刀-球头铣”对话框，在“工具”选项卡的“尺寸”栏中设置“球直径”为 2.5，“长度”为 47，“刀刃长度”为 45，其他采用默认设置。

（3）在“刀柄”选项卡中选中“定义刀柄”复选框，在“尺寸”栏中设置“刀柄直径”为 10，“刀柄长度”为 45，“锥柄长度”为 12，其他采用默认设置。

（4）在“夹持器”选项卡“库”栏中单击“从库中调用夹持器”按钮，弹出“库类选择”

对话框，选择 Milling_Drilling 夹持器。单击“确定”按钮，关闭当前对话框。

（5）弹出“搜索准则”对话框，采用默认设置。单击“确定”按钮，关闭当前对话框。

（6）弹出“搜索结果”对话框，选择库号为 HLD001_00005，其他采用默认设置。连续单击“确定”按钮，完成刀具的设置。

12.11.2 创建区域轮廓铣工序

（1）单击“主页”选项卡“刀片”面板中的“创建工序”按钮，弹出“创建工序”对话框，在“类型”下拉列表中选择 DieMold_Exp 选项，在“工序子类型”栏中选择“区域轮廓铣”，在“位置”栏中设置“几何体”为 WORKPIECE，“刀具”为 BALL_2.5_LONG，“方法”为 MOLD_FINISH_HSM，输入名称为 CONTOUR_RIM，其他采用默认设置。单击“确定”按钮，关闭当前对话框。

（2）弹出“区域轮廓铣”对话框，单击“指定切削区域”右侧的“选择或编辑切削区域几何体”按钮，弹出“切削区域”对话框，选择中心的圆面为切削区域，如图 12-51 所示。单击“确定”按钮，关闭当前对话框。

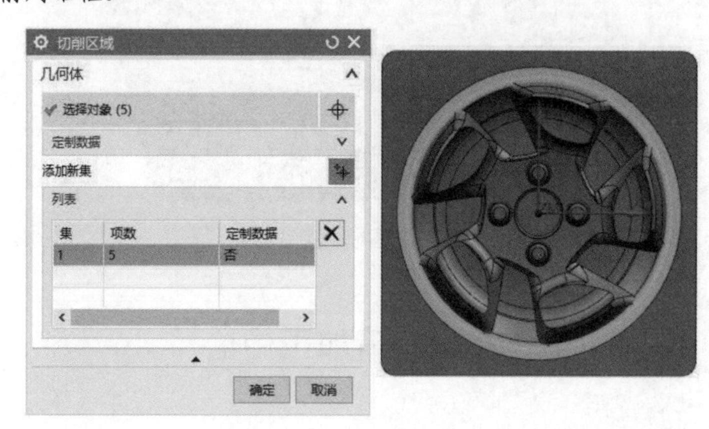

图 12-51 指定切削区域

（3）返回“区域轮廓铣”对话框，在“驱动方法”栏中单击“编辑”按钮，弹出“区域铣削驱动方法”对话框，在“陡峭空间范围”栏中设置“方法”为“非陡峭”；在“驱动设置”栏中设置“非陡峭切削模式”为“同心往复”，“刀路中心”为“指定”，指定坐标原点为刀路中心，“步距”为“%刀具平直”，“平面直径百分比”为 5，其他采用默认设置，如图 12-52 所示。单击“确定”按钮，关闭当前对话框。

（4）返回“区域轮廓铣”对话框，在“刀轨设置”栏中单击“切削参数”按钮，弹出“切削参数”对话框，在“余量”选项卡的“公差”栏中设置“内公差”和“外公差”为 0.03，其他采用默认设置。单击“确定”按钮，关闭当前对话框。

（5）返回“区域轮廓铣”对话框，单击“操作”栏中的“生成”按钮，生成图 12-53 所示的刀轨。

图 12-52　“区域铣削驱动方法”对话框

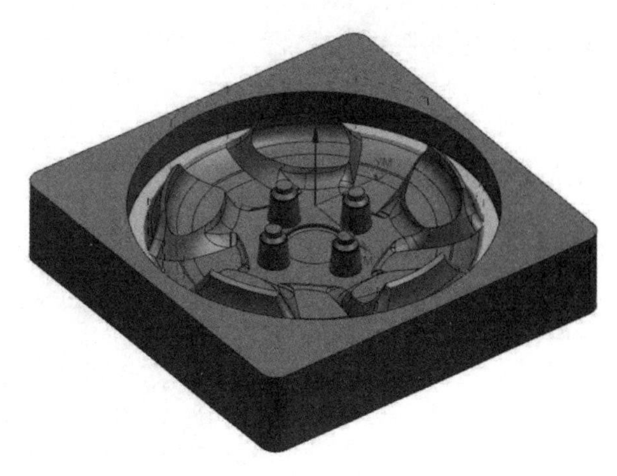

图 12-53　区域轮廓铣刀轨

12.12　加 工 文 本

扫一扫，看视频

首先插入文本，然后利用轮廓文本雕刻文字。

12.12.1　创建刀具

（1）单击“主页”选项卡“刀片”面板中的“创建刀具”按钮，弹出“创建刀具”对话框，在“刀具子类型”栏中选择 BALL_MILL，在“位置”栏的“刀具”下拉列表中选择 POCKET_07 选项，输入名称为 TEXT_MILL。单击“确定”按钮，关闭当前对话框。

（2）弹出“铣刀-球头铣”对话框，在“工具”选项卡的“尺寸”栏中设置“球直径”为 2，“锥角”为 10°，“长度”为 30，“刀刃长度”为 20，其他采用默认设置。

（3）在“刀柄”选项卡中选中“定义刀柄”复选框，在“尺寸”栏中设置“刀柄直径”为 10，“刀柄长度”为 30，“锥柄长度”为 0，其他采用默认设置。

（4）在“夹持器”选项卡“库”栏中单击“从库中调用夹持器”按钮，弹出“库类选择”对话框，选择 Milling_Drilling 夹持器。单击“确定”按钮，关闭当前对话框。

（5）弹出“搜索准则”对话框，采用默认设置。单击“确定”按钮，关闭当前对话框。

（6）弹出“搜索结果”对话框，选择库号为 HLD001_00005，其他采用默认设置。连续单击“确定”按钮，完成刀具的设置。

12.12.2　插入文本

（1）选择“菜单”→“格式”→“WCS”→“显示”命令，显示坐标系。

（2）选择“菜单”→“格式”→“WCS”→“旋转”命令，弹出“旋转 WCS 绕”对话框，选中“+ZC 轴：XC-->YC”单选按钮，输入角度为 21°，如图 12-54 所示。单击“确定”按钮，将坐标系绕 ZC 轴旋转 21°，如图 12-55 所示。

（3）选择“菜单”→“格式”→“WCS”→“显示”命令，隐藏坐标系。

（4）选择“菜单”→“插入”→“注释”命令，弹出“注释”对话框，在文本框中输入 XXII。单击“设置”栏中的“设置”按钮，弹出“注释设置”对话框，在“文本参数”栏中设置高度为 5，其他采用默认设置。单击“关闭”按钮，关闭对话框。

（5）将文字放置在图 12-56 所示的曲面上。

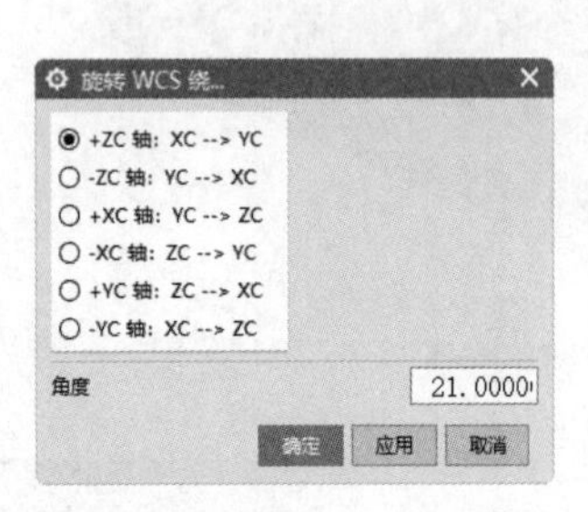

图 12-54 “旋转 WCS 绕”对话框

图 12-55 旋转坐标系

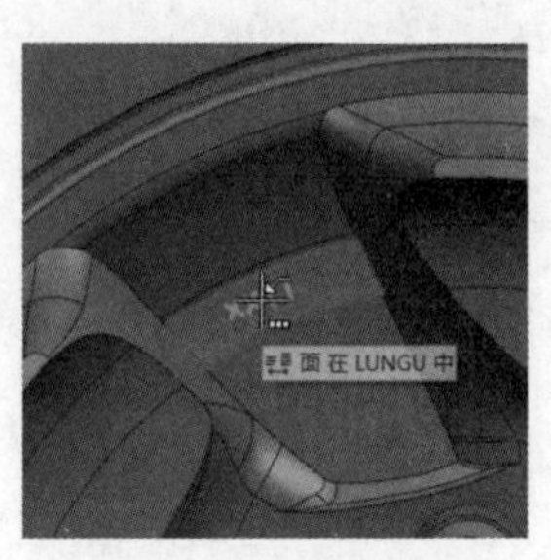

图 12-56 放置文字

12.12.3 创建轮廓文本工序

（1）单击“主页”选项卡“刀片”面板中的“创建工序”按钮，弹出“创建工序”对话框，在“类型”下拉列表中选择 DieMold_Exp 选项，在“工序子类型”栏中选择“轮廓文本”，在“位置”栏中设置“几何体”为 WORKPIECE，“刀具”为 TEXT_MILL，“方法”为 MILL_FINISH，其他采用默认设置。单击“确定”按钮，关闭当前对话框。

（2）弹出“轮廓文本”对话框，单击“指定制图文本”右侧的“选择或编辑制图文本几何体”按钮A，弹出“文本几何体”对话框，选择制图文本，如图 12-57 所示。单击“确定”按钮，关闭当前对话框。

（3）返回“轮廓文本”对话框，在“刀轨设置”栏中单击“切削参数”按钮，弹出“切削参数”对话框，在“文本深度”栏中输入文本深度为 0.75，其他采用默认设置，如图 12-58 所示。单击“确定”按钮，关闭当前对话框。

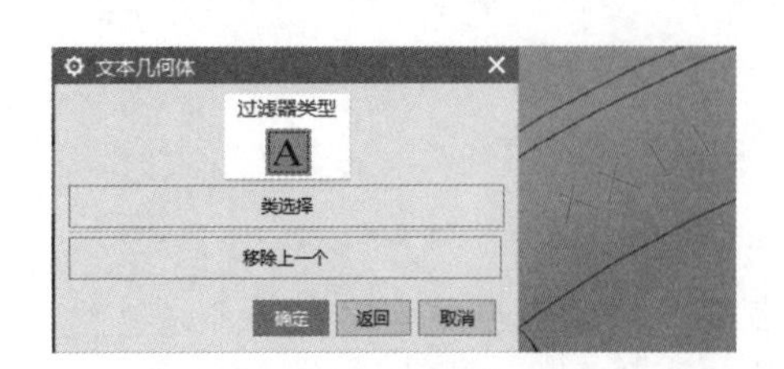

图 12-57 指定文本

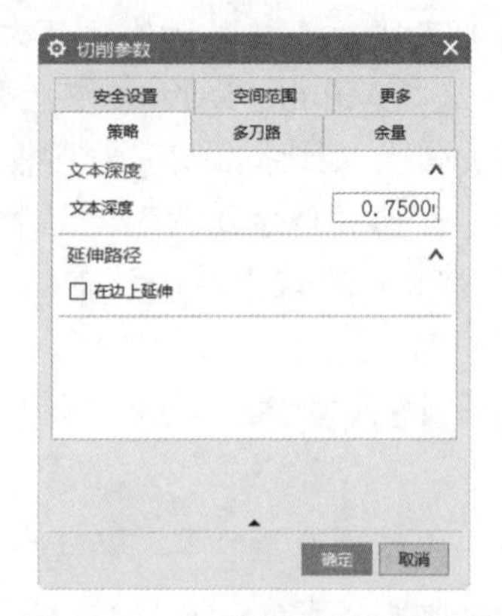

图 12-58 “切削参数”对话框

（4）返回“轮廓文本”对话框，在“刀轨设置”栏中单击“非切削移动”按钮，弹出“非切削移动”对话框，在“转移/快速”选项卡的“公共安全设置”栏中设置“安全设置选项”为“平面”，在“指定平面”下拉列表中选择“按某一距离”选项，输入距离为-40，其他采用默认设置，如图 12-59 所示。单击“确定”按钮，关闭当前对话框。

（5）返回“轮廓文本”对话框，单击“操作”栏中的“生成”按钮，生成图 12-60 所示的刀轨。

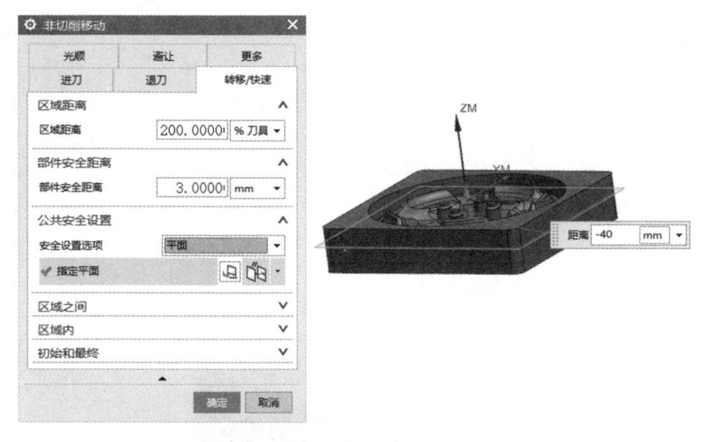

图 12-59　指定安全平面

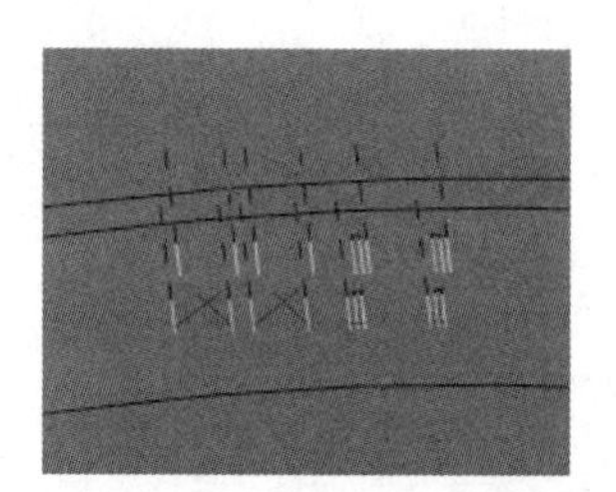

图 12-60　轮廓文本刀轨

12.13　刀 轨 演 示

（1）在“工序导航器-程序顺序”视图中选取所有的加工工序，右击，在弹出的快捷菜单中选择“刀轨”→“确认”命令，如图 12-61 所示。

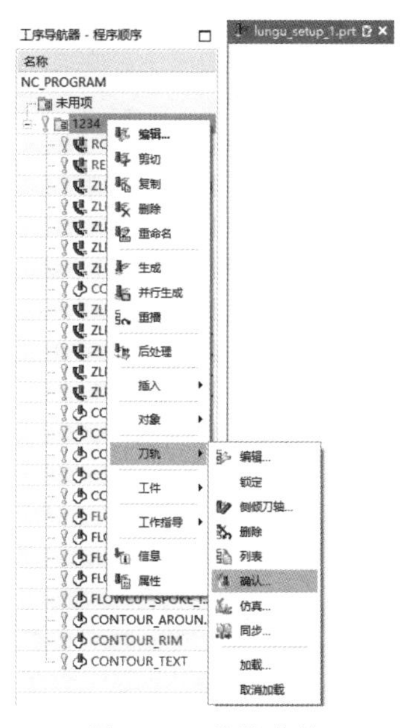

图 12-61　快捷菜单

（2）弹出图 12-62 所示的“刀轨可视化”对话框，在“3D 动态”选项卡中调整动画速度，单击“播放”按钮▶，进行动态加工模拟，结果如图 12-63 所示。

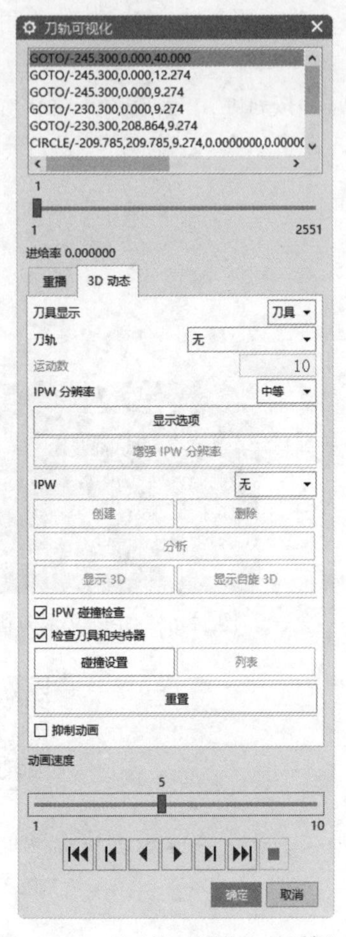

图 12-62 “刀轨可视化”对话框

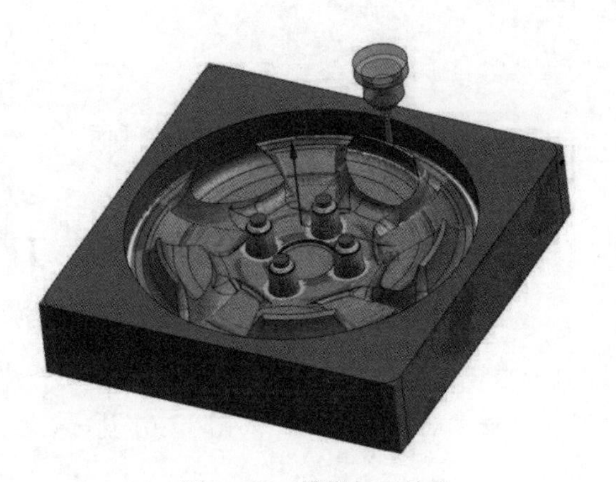

图 12-63 模拟加工结果

3

第3篇　车削加工篇

数控车削主要用于加工回转体零件的内外圆柱面、圆锥面、球面等。此外，还可以加工回转体零件的端面以及内外螺纹。

本篇首先介绍了数控铣削加工的基础知识及其参数的设置，然后对车削的粗加工、精加工、示教模式、中心线钻孔和螺纹等工序进行详细介绍，最后通过综合实例加深读者对知识点的整体把握和运用。在学完本篇内容后，读者可以初步掌握车削的操作方法。

第 13 章　车削加工基础

内容简介

数控车削主要用于加工回转体零件的内圆柱面、外圆柱面等，也可以加工回转体零件的端面以及内外螺纹。数控车床由于具有高效率、高精度和高柔性的特点，因此在机械制造业中得到日益广泛的应用，成为目前应用极为广泛的数控机床之一。本章主要介绍数控车削加工的基础知识。

13.1　车削加工概述

数控车床是高精度和高生产率的自动化机床，典型数控车床的结构系统主要包括主轴传动机构、进给传动机构、刀架、床身、辅助装置（刀具自动交换机构、润滑与切削液装置、排屑、过载限位）等部分，能加工各种形状的回转体零件。数控车削的加工流程和其他的数控加工流程相似，首先是几何造型，然后对其进行加工工艺的分析，再进行刀位轨迹的生成和一些后置处理，最后进行程序的输出。加工工艺的好坏将直接影响加工的质量。

13.1.1　数控车削加工工艺基础

车削加工工艺路线的拟订是制定车削工艺规程的重要内容之一，其主要内容包括确定进给路线、选择各加工表面的加工方法、划分加工阶段、划分工序以及安排工序的先后顺序等。设计者应根据从生产实践中总结的综合性工艺原则并结合本单位的生产条件，提出几种方案，通过比较分析选择最佳的方案。一般遵循以下的原则。

（1）加工路线确定时应保证被加工零件的精度和表面粗糙度，以及效率较高；使数值计算简单，以减少编程工作量；应使加工路线最短，这样既可以减少程序段，又可以减少空刀时间。确定进给路线的工作重点，主要在于确定粗加工及空行程的进给路线，因精加工切削过程的进给路线基本上是沿其零件轮廓顺序进行的。

（2）机械零件的结构形状是多种多样的，但它们都由平面、圆柱面、曲面等基本表面组成。每一种表面都有多种加工方法，在数控车床上能够完成内外回转体表面的车削、钻孔、镗孔、铰孔和攻螺纹等加工操作，具体应根据零件的加工精度、表面粗糙度、材料、结构形状、尺寸以及生产等因素选用相应的加工方法和方案。

（3）零件的加工过程按工序性质不同，可分为粗加工、半精加工、精加工和光整加工 4 个阶段。当然，加工阶段的划分不应绝对化，而应根据零件的质量要求、结构特点和生产的纲领而灵活掌握。当对加工质量要求不高、工件刚性好、毛坯精度高、生产纲领不大时，可不必划分加工阶段；对刚性好的重型工件，由于装夹以及运输费时，也常在一次装夹下完成全部粗、精加工。对于不划分加工阶段的工件，为减少粗加工中产生的各种变形对加工质量的影响，应在粗加工后松开夹紧机构，停留一段时间，让工件充分变形，然后用较小的夹紧力重新夹紧，进行精加工。

（4）工序的划分可以采用两种不同的原则，即工序集中原则和工序分散原则。工序集中原则是指每道工序尽可能多地加工内容，从而使工序的总数减少；工序分散原则就是将工件的加工分散在较多的工序内进行，每道工序的加工内容很少。在数控车床上，加工零件要按工序集中原则划分，在一次安装下尽可能完成大部分甚至全部表面的加工。

（5）车削加工顺序一般遵循先粗后精、先近后远、内外交叉、基面先行的原则，即按照粗车→半精车→精车的顺序进行，逐步提高加工精度；在一般情况下，离对刀点近的部位先加工，离对刀点远的部位后加工，以便缩短刀具移动距离，减少空行程时间；对既有内表面又有外表面要加工的零件安排加工顺序时，应先进行内表面粗加工，后进行外表面精加工。切不可将零件上一部分表面加工完毕后，再加工其他表面。用作精基准的表面应优先加工出来，因为定位基准的表面越精确，装夹误差就越小。

13.1.2　数控车削加工编程基础

1．数控车床编程概述

在数控车床上，一些传统加工过程中的人工操作被数控系统所取代，其工作过程大概如下：先根据要加工的零件图上的几何信息和工艺信息编制数控车削加工程序，将数控程序输入数控系统；数控系统按照程序的要求进行相应的处理，发出控制命令，实现刀具与工件的相对运动，从而完成零件的加工。

数控车床编程过程中既可以采用相对值编程，也可以采用绝对值编程。一般数控车床的数控系统中都具有刀具自动补偿功能。

2．坐标系的确定

为了便于编程时描述机床的运动、简化程序的编制方法以及保证数据的互换性，数控车床的坐标和运动方向均已标准化。我国现在执行的是原机械工业部颁布的《工业自动化系统与集成机床数值控制坐标系和运动命名》（GB/T 19660—2005）。数控系统的坐标系主要有机床坐标系和工件坐标系。

（1）机床坐标系。机床坐标系是机床上的一个固定的坐标系，在机床制造好后便已确定。标准的机床坐标系统是右手笛卡儿直角坐标系统，其原点一般取在卡盘端面与主轴中心线的交点处。与主轴轴线平行的为 Z 轴；X 轴是水平的，它平行于工件装夹面，是刀具或工件定位平面内运动的主要坐标；根据右手笛卡儿原则，在确定 Z 轴、X 轴后即可确定 Y 轴。

（2）工件坐标系。工件坐标系主要是为了编程方便而使用的坐标系，故又可以称为编程坐标系。其坐标零点就是工件原点，一般在主轴回转中心与工件端面的交点上。

3．车床编程常用指令

一个数控程序一般由程序开始、程序内容、程序结束指令 3 部分组成。常用程序号表示程序开始，程序号由地址字母加表示程序号的数值组成，程序号必须放在程序之首；程序内容是整个程序的核心部分，由若干程序段组成，表示数控车床要完成的全部动作；程序结束指令则构成最后的程序段。数控程序主要由准备功能G指令、辅助功能M指令等组成。

（1）地址字母表。程序段号加上若干个程序字就可组成一个程序段。在程序段中表示地址的英文字母含义见表13-1，可以分为表示尺寸字地址的X、Y、Z、U、V、W、P、Q、I、J、K、A、B、C、D、E、R、H等字母和表示非尺寸字地址的N、G、F、S、T、M、L、O等字母。

表13-1　地址字母表

地　址	功　能	意　义	地　址	功　能	意　义
A	坐标字	绕*X*轴旋转	N	顺序号	程序段顺序号
B	坐标字	绕*Y*轴旋转	O	程序号	程序号、子程序号的指定
C	坐标字	绕*Z*轴旋转	P	参数	暂停或程序中某功能开始使用的顺序号
D	补偿号	刀具半径补偿指令	Q	参数	固定循环终止段号或固定循环中的定距
E	进给速度	第二进给功能	R	坐标字	固定循环中定距离或圆弧半径的指定
F	进给速度	进给速度的指令	S	主轴功能	主轴转速的指令
G	准备功能	指令动作方式	T	刀具功能	刀具编号的指令
H	补偿号	补偿号的指定	U	坐标字	与*X*轴平行的附加轴的增量坐标值或暂停时间
I	坐标字	圆弧中心*X*轴向坐标	V	坐标字	与*Y*轴平行的附加轴的增量坐标值
J	坐标字	圆弧中心*Y*轴向坐标	W	坐标字	与*Z*轴平行的附加轴的增量坐标值
K	坐标字	圆弧中心*Z*轴向坐标	X	坐标字	*X*轴的绝对坐标值或暂停时间
L	重复次数	固定循环及子程序的重复次数	Y	坐标字	*Y*轴的绝对坐标值
M	辅助功能	机床开/关指令	Z	坐标字	*Z*轴的绝对坐标值

现在数控系统版本比较多，以上各个字母在不同数控系统中功能可能有一些不同。

（2）准备功能G指令及含义。G指令的作用是建立数控机床工作方式，用来规定刀具和工件的相对运动轨迹、刀具补偿坐标偏置等多种加工操作。G功能有模态G功能和非模态G功能，非模态G功能只在规定的程序段中有效，程序段结束时被注销；模态G功能是指一组可相互注销的G功能，其中某一G功能一旦被执行，则一直有效，直到被同一组的另一G功能注销为止。GB/T 19660—2005中规定的主要G指令及含义见表13-2。

表13-2　准备功能G指令及含义（符合GB/T 19660—2005）

代　码	功　能	代　码	功　能
G00	点定位	G50	刀具偏置0/–
G01	直线插补	G51	刀具偏置+/0
G02	顺时针方向圆弧插补	G52	刀具偏置–/0
G03	逆时针方向圆弧插补	G53	直线偏移，注销
G04	暂停	G54	直线偏移*X*
G05	不指定	G55	直线偏移*Y*
G06	抛物线插补	G56	直线偏移*Z*
G07	不指定	G57	直线偏移*XY*
G08	加速	G58	直线偏移*XZ*

续表

代　码	功　能	代　码	功　能
G09	减速	G59	直线偏移 *YZ*
G10～G16	不指定	G60	准确定位 1（精）
G17	*XY* 平面选择	G61	准确定位 2（中）
G18	*ZX* 平面选择	G62	快速定位（粗）
G19	*YZ* 平面选择	G63	攻丝
G20～G32	不指定	G64～G67	不指定
G33	螺纹切削，等螺距	G68	刀具偏置，内角
G34	螺纹切削，增螺距	G69	刀具偏置，外角
G35	螺纹切削，减螺距	G70～G79	不指定
G36～G39	永不指定	G80	固定循环注销
G40	刀具补偿/刀具偏置注销	G81～G89	固定循环
G41	刀具补偿—左	G90	绝对尺寸
G42	刀具补偿—右	G91	增量尺寸
G43	刀具偏置—正	G92	预置寄存
G44	刀具偏置—负	G93	时间倒数，进给率
G45	刀具偏置—+/+	G94	每分钟进给
G46	刀具偏置—+/−	G95	主轴每转进给
G47	刀具偏置—−/−	G96	恒线速度
G48	刀具偏置—−/+	G97	每分钟转数（主轴）
G49	刀具偏置—0/+	G98～G99	不指定

几个常用准备功能 G 指令的具体含义如下。

①G00：快速点定位指令。刀具快速移动，从刀具当前点移到目标点，刀具处于非加工状态。

②G01：直线插补指令。刀具以进给速度从当前点以直线运动移动到目标点，刀具处于加工状态。

③G02：顺时针方向圆弧插补指令。刀具从圆弧的起点顺时针沿圆弧移动到圆弧的终点。

④G03：逆时针方向圆弧插补指令。刀具从圆弧的起点逆时针沿圆弧移动到圆弧的终点。

⑤G04：暂停指令。刀具做短时间的停顿。

⑥G90：绝对坐标系指令。尺寸为绝对坐标值，即从编程坐标原点开始计算的坐标值。

⑦G91：相对坐标系指令。尺寸为相对坐标值，即坐标值为相对于前一个点的值。

⑧G92：工件坐标系指令。设定程序起始时刀具中心在工件坐标系中所处的位置，同时是工件原点位置。

（3）辅助功能 M 指令及含义。M 指令是用于控制数控机床“开、关”功能的指令，主要完成加工时的辅助动作。GB/T 19660—2005 中规定的主要 M 指令及含义见表 13-3。

表 13-3　辅助功能 M 指令及含义（符合 GB/T 19660—2005）

代　码	功　能	代　码	功　能
M00	程序暂停	M36	进给范围 1
M01	计划停止	M37	进给范围 2
M02	程序结束	M38	主轴速度范围 1

续表

代码	功能	代码	功能
M03	主轴顺时针方向	M39	主轴速度范围 2
M04	主轴逆时针方向	M40～M45	如有需要，可作为齿轮换挡，此外不指定
M05	主轴停止	M46～M47	不指定
M06	换刀	M48	注销 M49
M07	2 号冷却液开	M49	进给率修正旁路
M08	1 号冷却液开	M50	3 号冷却液开
M09	冷却液关	M51	4 号冷却液开
M10	夹紧	M52～M54	不指定
M11	松开	M55	刀具直线位移，位置 1
M12	不指定	M56	刀具直线位移，位置 2
M13	主轴顺时针方向，冷却液开	M57～M59	不指定
M14	主轴逆时针方向，冷却液开	M60	更换工作
M15	正运动	M61	工件直线位移，位置 1
M16	负运动	M62	工件直线位移，位置 2
M17～M18	不指定	M63～M70	不指定
M19	主轴定向停止	M71	工件角度位移，位置 1
M20～M29	永不指定	M72	工件角度位移，位置 2
M30	程序结束	M73～M89	不指定
M31	互锁旁路	M90～M99	永不指定
M32～M35	不指定		

常用的几个辅助功能 M 指令的具体含义如下。

①M00：程序暂停指令。程序执行完含有该指令的程序后，机床的主轴停止旋转、刀具停止进给、冷却液关闭。

②M01：程序计划停止指令。在执行某个程序段之后准备停机，可按下机床上的停止按钮，程序执行到 M01 时机床便自动停止运行。需重新启动机床才能执行后面的程序。

③M02：程序结束指令。该指令在最后一条程序语句中，表示程序结束，机床停止运行。

④M03：主轴以顺时针方向旋转。

⑤M04：主轴以逆时针方向旋转。

⑥M05：主轴停止运转。

⑦M30：程序结束指令。程序结束并返回程序的第一条语句，准备下一个工件加工。

扫一扫，看视频

13.2 几 何 体

单击“主页”选项卡“刀片”面板中的“创建几何体”按钮，弹出图 13-1 所示的“创建几何体”对话框。

图 13-1 “创建几何体”对话框

13.2.1 MCS 主轴

在“创建几何体”对话框中单击 MCS_SPINDLE 按钮，或者双击“工序导航器-几何”视图中的 MCS_SPINDLE，弹出图 13-2 所示的“MCS 主轴”对话框。

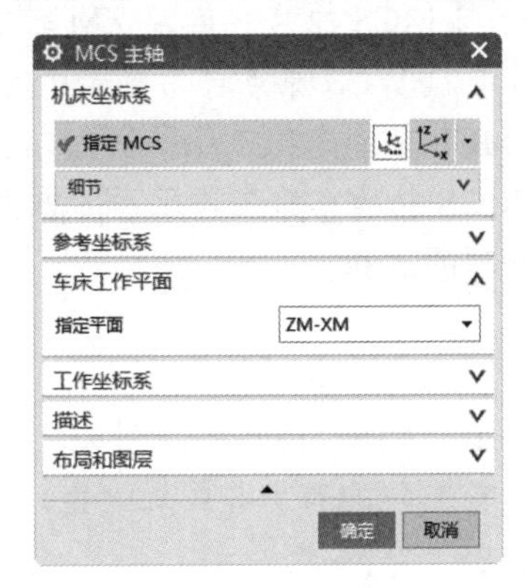

图 13-2 “MCS 主轴”对话框

注意：

请勿将 MCS 修改为引用旋转轮廓的几何体，否则会创建一个循环引用，这将引发错误。

1. 机床坐标系

（1）指定 MCS：用于指定 MCS 的位置和方位。单击“坐标系对话框”按钮，弹出“坐标系”对话框，可以指定坐标系；也可以直接从列表中选择一个坐标系选项。

（2）细节。

①用途：包括局部和主要两种方式。

②特殊输出：用途设置为局部时可用。特殊输出仅影响后处理输出。

a．无：基于局部 MCS 坐标输出。

b．使用主 MCS：忽略局部 MCS 坐标，而基于主 MCS 输出。在“工序导航器-几何”视图中，主 MCS 位于局部 MCS 之上的几何体树中。

c．装夹偏置：基于局部 MCS 坐标输出。后处理器可以将这些坐标与主坐标一起使用，以输出装夹偏置，如 G54。

d. 坐标系旋转：基于局部 MCS 坐标输出。后处理器可以将这些坐标与主坐标一起使用，以便在局部坐标系中输出编程，如 CYCLE 19。

③装夹偏置：为使用装夹偏置的机床指定装夹偏置值。每个部件在机床上的方向都与特定的 MCS 相对应，从而生成一个特定的装夹偏置值。

④保存 MCS：可根据当前的 MCS 创建坐标系实体并将其保存。

2. 参考坐标系

（1）链接 RCS 与 MCS：选择此选项，将使 RCS 与 MCS 处于相同的位置和方向。

（2）指定 RCS：用于指定 RCS 的位置和方位。单击“坐标系对话框”按钮，弹出“坐标系”对话框，可以指定 RCS；也可以直接从列表中选择一个 RCS 选项。

3. 车床工作平面

指定平面：设置 2D 平面，刀具在其中移动。可指定 XM-YM 和 ZM-XM 为车床工作平面。

4. 工作坐标系

（1）ZM 偏置：指定 WCS 原点与 MCS 原点之间沿 ZM 轴或 XM 轴的距离。从工序导航器编辑车削对象（工序、刀具或几何体）时，WCS 原点自动置于所定义的距离。

（2）XC 映射：根据用于定义 MCS 轴的车床工作平面的方位，设置 WCS 的 XC 轴方向。

（3）YC 映射：根据用于定义 MCS 轴的车床工作平面的方位，设置 WCS 的 YC 轴方向。可用的 YC 映射选项取决于对 XC 映射选项的选择。

5. 布局和图层

（1）保存图层设置：选择此选项，保存当前布局的图层设置和视图信息。

（2）保存布局/图层：保存当前方位的布局和图层设置。

13.2.2 车削工件

双击“工序导航器-几何”视图中的 TURNING_WORKPIECE，弹出图 13-3 所示的“车削工件”对话框。

（1）部件旋转轮廓：指定部件轮廓的创建方法。

①自动：在不存在任何用户交互的情况下创建旋转轮廓作为部件边界。

②成角度的平面：在指定角创建剖切平面，以创建旋转轮廓作为部件边界。

③通过点的平面：通过指定点创建剖切平面，以创建旋转轮廓作为部件边界。

④无：不创建旋转轮廓。

（2）指定部件边界：单击“选择和编辑部件边界”按钮，弹出“部件边界”对话框，通过面、曲线和点方法确定部件边界。

（3）毛坯旋转轮廓：指定毛坯轮廓的创建方法，包括“自动”“成角度的平面”“通过点的平面”“与部件相同”和“无”5 个选项。

（4）指定毛坯边界：单击“选择和编辑部件边界”按钮，弹出图 13-4 所示“毛坯边界”对话框，指定毛坯边界。

图 13-3 “车削工件”对话框

图 13-4 “毛坯边界”对话框

①类型。

a．棒材：如果要加工的部件几何体是实心的，则选择此选项。

b．管材：如果工件带有中心线钻孔，则选择此选项。

c．曲线：已被预先处理，可以提供初始几何体。如果毛坯作为模型部件存在，则选择此选项。

d．工作区：从工作区中选择一个毛坯，这样可以选择以前处理中的工件作为毛坯。

②安装位置：用于设置毛坯相对于工件位置的参考点。如果选取的参考点不在工件轴线上，系统会自动找到该点在轴线上的投影点，然后将杆料毛坯一端的圆心与该投射点对齐。如果选择“在主轴箱处”选项，毛坯将沿坐标轴在正方向放置；如果选择“远离主轴箱”选项，毛坯将沿坐标轴在负方向放置。

13.2.3 从实体创建曲线

可以选择实体作为部件或毛坯几何体，软件会自动获取 2D 形状，用于车加工工序以及定义定制成员数据，并将 2D 形状投影到车床工作平面，用于编程。

其具体操作步骤如下。

（1）在建模环境中创建一个实体。

（2）单击“应用模块”选项卡“加工”面板中的“加工”按钮，弹出“加工环境”对话框，在“CAM 会话配置”下拉列表中选择 cam_general 选项，在“要创建的 CAM 组装”下拉列表中选择 turning 选项。单击“确定”按钮，进入加工环境。

（3）系统自动在“工序导航器-几何”视图中创建图 13-5 所示的结构。

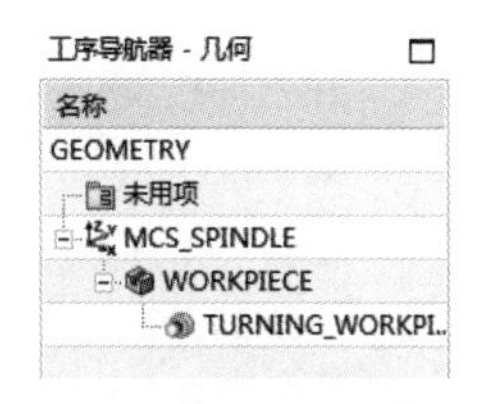

图 13-5 “工序导航器-几何”视图

（4）在“工序导航器-几何”视图中双击 WORKPIECE，弹出图 13-6 所示的“工件”对话框，单击“选择或编辑部件几何体”按钮，弹出“部件几何体”对话框，选择实体为几何体，如图 13-7 所示。连续单击“确定”按钮，关闭“工件”对话框。

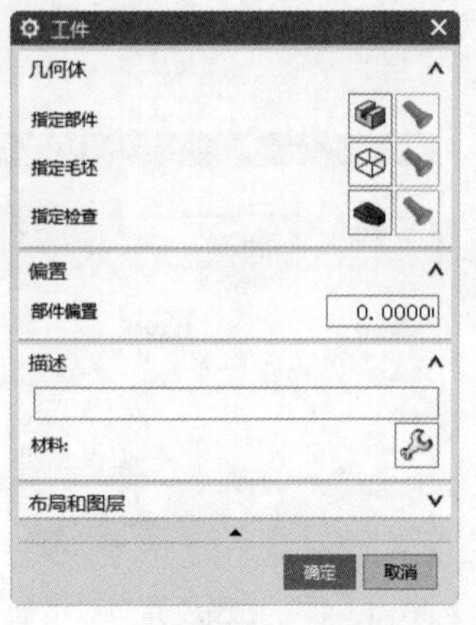

图 13-6　“工件”对话框

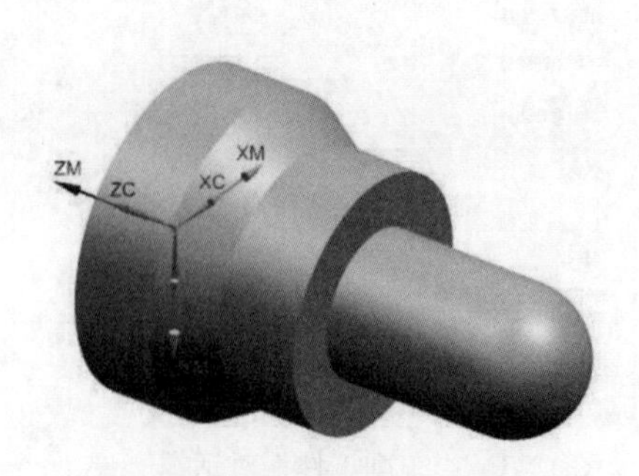

图 13-7　选取几何体

（5）在“工序导航器-几何”视图中双击 TURNING_WORKPIECE，弹出“车削工件”对话框，单击“选择或编辑部件边界”按钮，弹出“部件边界”对话框，系统自动生成部件边界，如图 13-8 所示。单击“确定”按钮，系统自动创建一个已填充的平面 2D 形状用于车加工。这个 2D 形状表示部件或工件的轮廓，它在车加工时会自旋。

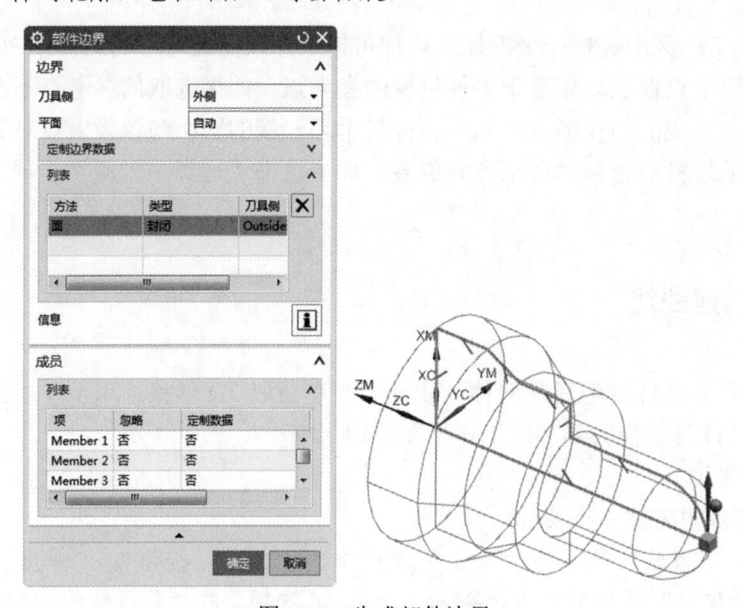

图 13-8　生成部件边界

注意：

（1）2D 形状与其对应的实体相关。如果更改该实体，则 2D 形状也会随之更改。

（2）每个 2D 形状都作为片体列表显示在部件导航器中。

（3）在当前工作图层创建 2D 形状。

（4）一旦创建了 2D 形状，可以选择它作为一个组（不包含在以上结构中）里的几何体。

（5）可以选择 2D 形状的一部分作为示教模式中的驱动曲线。

（6）如果创建给定实体的 2D 形状失败，应检查该实体的几何体，并确保其正确。

（7）在使用多个体创建单个旋转轮廓时，体必须接触。可将每个体定义为单独的集。

13.3　车　　刀

扫一扫，看视频

13.3.1　创建刀具

（1）单击“主页”选项卡“刀片”面板中的“创建刀具”按钮，弹出图 13-9 所示的“创建刀具”对话框。

（2）在“类型”下拉列表中选择 turning（车削）加工方式，将列出车削支持的刀具子类型。

（3）“创建刀具”对话框中给出了每种车削刀具子类型的图标，其中 13 种刀具子类型的含义见表 13-4。在“刀具子类型”栏中任选一子类型，设置名称后，单击“确定”按钮，刀具将显示在“工序导航器-机床”视图中。

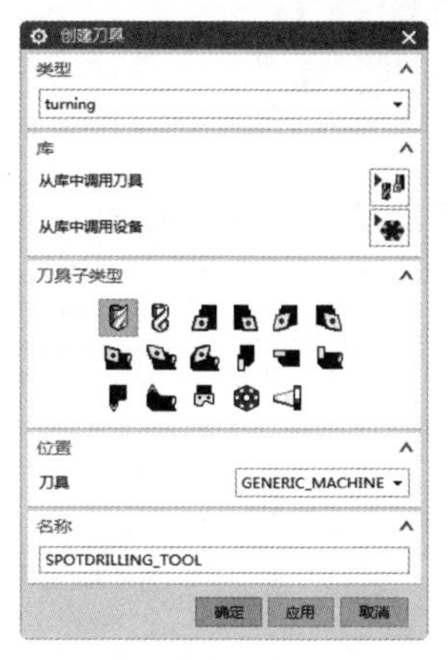

图 13-9　“创建刀具”对话框

表 13-4　刀具子类型及含义

图　标	名　称	含　义
	SPOTDRILLING_TOOL	点钻刀具，中心线钻孔时使用
	DRILLING_TOOL	钻刀具，中心线钻孔时使用
	OD_80_L	车外圆刀具，刀尖角度为 80°，刀尖向左
	OD_80_R	车外圆刀具，刀尖角度为 80°，刀尖向右
	OD_55_L	车外圆刀具，刀尖角度为 55°，刀尖向左
	OD_55_R	车外圆刀具，刀尖角度为 55°，刀尖向右
	ID_80_L	车内圆刀具，刀尖角度为 80°，刀尖向左
	ID_55_L	车内圆刀具，刀尖角度为 55°，刀尖向左
	OD_GROOVE_L	车外圆槽刀具，刀尖向左
	FACE_GROOVE_L	车面槽刀具，刀尖向左
	ID_GROOVE_L	车内圆槽刀具，刀尖向左
	OD_THREAD_L	车外螺纹刀具，刀尖向左
	ID_THREAD_L	车内螺纹刀具，刀尖向左

（4）也可用数据库中的刀具进行操作。在“创建刀具”对话框“库”栏中单击“从库中调用刀具”按钮，弹出“库类选择”对话框，可以调用库中已有的刀具。

13.3.2　标准车刀选项说明

常见的车刀刀片按 ISO/ANSI/DIN 或刀具厂商标准划分。

在“创建刀具”对话框中选择 OD_80_L 刀具子类型，单击“确定”按钮，弹出图 13-10 所示的“车刀-标准”对话框。

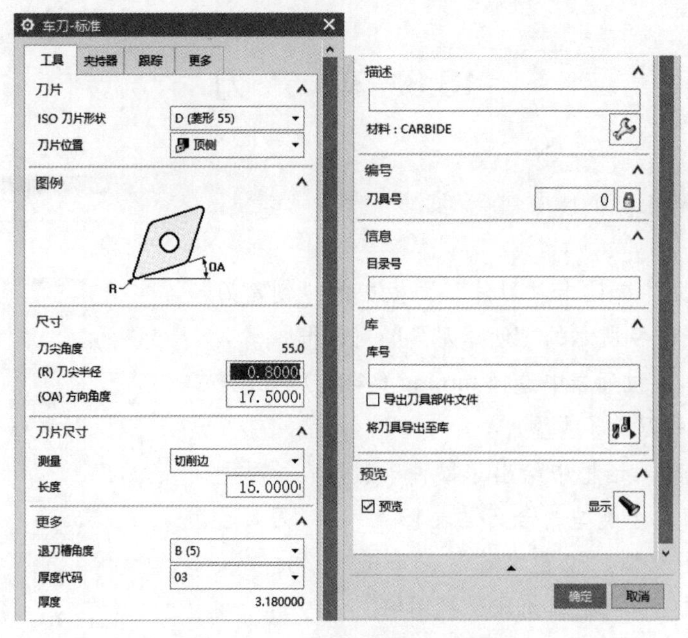

图 13-10　“车刀-标准”对话框

1.“工具”选项卡

（1）刀片。

①ISO 刀片形状：在这里选择刀片形状。其选项包括平行四边形、菱形、六边形、矩形、八边形、五边形、圆形、正方形、三角形或用户定义形状。在“ISO 刀片形状”下拉列表中选择了刀片类别后，对话框顶部的草图将进行调整，并且编辑字段“刀尖角度”也以正确设置填充（如选择“C（菱形 80）”选项生成的刀尖角度为 80°）。

②刀片位置：它决定加工的主轴方向。

a．顶侧：当切削中心线上方时，它使主轴顺时针旋转。

b．底侧：当在中心线以上切削时，它使主轴逆时针旋转。

（2）图例：显示一个代表刀片的草图。此草图依选中的刀片形状而更改。

（3）尺寸。

①刀尖角度：此角度定义刀片在刀尖处的形状。它是刀片的两条刀刃相交处的夹角。两条后续边间的夹角值小于 180°表示夹角圆弧是顺时针，值大于 180°表示夹角圆弧是逆时针。

②刀尖半径：定义刀尖处的圆半径。

③方向角度：沿逆时针方向从正 X 轴测量到从外部遇到的第一条切削边。

注意：

> 工序的层角（或层角 +/− 180）不能等于刀具的方向角度。如果这两个角度相等，则在线性粗加工时系统将无法确定从哪一侧移动到材料。读者可以尝试将刀具方向角度设为递增或递减（如 359.9999），或者尝试在相应步进角度和清理处于不活动状态时使用单向插削策略。

（4）刀片尺寸。

测量：指定确定刀片尺寸的方法。

a．切削边：ISO 标准定义，按切削边长来测量刀片。

b．内切圆：按内切圆直径测量刀片。

c．ANSI：ANSI 标准定义，按 64 等分内切圆测量刀片。

（5）更多。

①退刀槽角度：刀刃自切削边开始倾斜形成的角度。

②厚度代码：选择刀片的厚度代码。

③厚度：对应厚度代码刀片的厚度。

（6）描述。

①描述：输入对刀具的描述。在对话框或“工序导航器-机床”视图的描述列中选择刀具后，该描述会随刀具名称一起显示。

②材料：从材料库指派或显示当前刀具材料。

（7）编号。

刀具号：把刀具引入转塔上切削位置的 T 编码号。

（8）信息。

目录号：这是一个用户定义的字符串，可用于标识刀具。

（9）库。

①库号：显示从库中调用的刀具的库唯一标识符。如果要将刀具导出至库中，则可以输入用户定义值，或让 NX 设置下一个可用的用户号。

②导出刀具部件文件：选中此复选框，将创建的刀具保存到部件文件。

③将刀具导出至库：将刀具导出至库中。

2.“夹持器”选项卡

“夹持器”选项卡如图 13-11 所示。

（1）夹持器（柄）。

①样式：选择要使用的夹持器的样式。

②手：选择左视图或右视图夹持器。

③柄类型：选择方形或圆形柄类型。

（2）尺寸。

①长度：包括刀刃在内的刀具长度。

②宽度：包括刀刃在内的刀具宽度。

③柄宽度：只是刀柄的宽度。

④柄线：安装刀刃所在刀柄的长度。

⑤夹持器角度：指定刀具夹持器相对于主轴的方位。

3.“跟踪”选项卡

“跟踪”选项卡如图 13-12 所示。

（1）名称：显示当前选中跟踪点的名称。此选项只有在刀具定义对话框中创建跟踪点时才可用。

（2）半径 ID：可以选择刀片的任何有效拐角作为跟踪点的活动拐角半径。软件从 R1（默认半径）开始按逆时针方向依次为拐角半径编号。

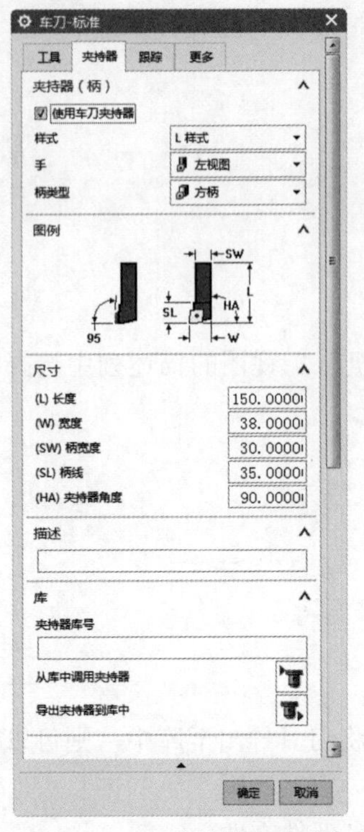

图 13-11　“夹持器”选项卡

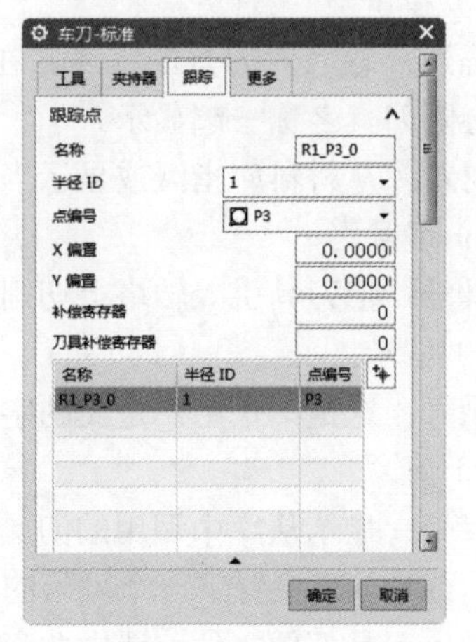

图 13-12　“跟踪”选项卡

（3）点编号：指定在活动拐角上放置跟踪点的位置，如图 13-13 所示。

（4）X 偏置：指定 X 偏置，该偏置必须是刀具参考点和它的跟踪点间距离的 X 坐标。

（5）Y 偏置：指定 Y 偏置，该偏置必须是刀具参考点和它的跟踪点间距离的 Y 坐标。

（6）补偿寄存器：使用输入的值确定刀具偏置坐标在控制器内存中的位置。

（7）刀具补偿寄存器：调整刀轨以适应刀尖半径的变化。

4.“更多”选项卡

“更多”选项卡如图 13-14 所示。

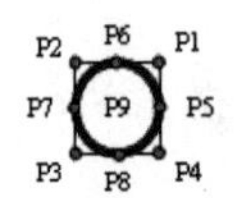

图 13-13　跟踪点的位置

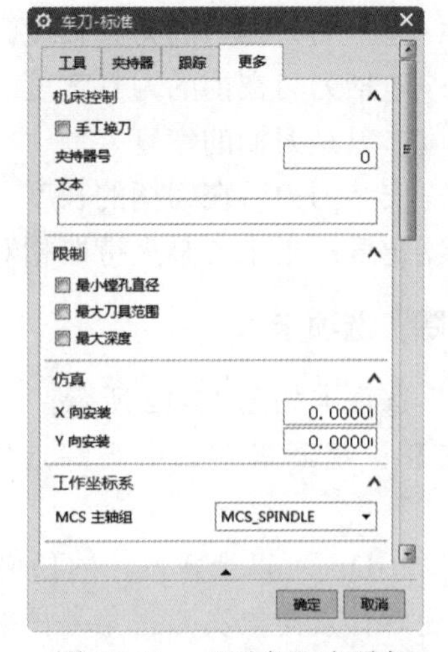

图 13-14　“更多”选项卡

（1）机床控制。

①手工换刀：添加一个暂停动作（M00），以允许手工换刀。

②夹持器号：指定为刀具分配的夹持器。

③文本：指定换刀的文本。

（2）限制。

①最小镗孔直径：镗杆可以安全切削，并且不会影响镗杆背面的最小直径镗孔。

②最大刀具范围：刀具及其夹持器可以在部件中偏离的最大距离。其具体距离取决于部件几何形状和刀具夹持器。此参数的目的在于防止刀具夹持器与部件发生碰撞。

③最大深度：此参数描述刀具可达到的最大每刀切削深度。

（3）仿真。

①X 向安装：沿着机床 *Z* 轴从刀具跟踪点到转塔/摆头参考点的指定距离。

②Y 向安装：沿着机床 *X* 轴从刀具跟踪点到转塔/摆头参考点的指定距离。

（4）工作坐标系。

①MCS 主轴组：在创建或编辑刀具时从列表中选择相应的 MCS 主轴，以根据 WCS 方位确定主轴工作平面。

②工序：可选择当前工序的 MCS，刀具方向将根据情况进行调整。

13.4　创建车削工序

扫一扫，看视频

车削工序通常沿主轴中心线与 ZM 轴在 ZM-XM 平面中生成刀轨.

单击“主页”选项卡“刀片”面板中的“创建工序”按钮，弹出图 13-15 所示的“创建工序”对话框。

图 13-15　“创建工序”对话框

（1）在“类型”下拉列表中选择 turning 加工方式，将列出车削工序子类型。

车削工序子类型共有 23 种，每种车削加工类型的名称见表 13-5，详细功能介绍参见 15.1 节。

表 13-5　车削加工类型的名称

图　标	名　称
	中心线定心钻
	中心线钻孔
	中心线啄钻
	中心线断屑
	中心线铰刀
	中心攻丝（螺纹加工）
	面加工
	外径粗车（Outer Diameter，OD）
	退刀粗车
	内径粗镗（Inner Diameter，ID）
	退刀粗镗
	示教模式
	外径开槽
	退刀精镗
	外径精车
	内径开槽
	在面上开槽
	外径螺纹铣
	内径螺纹铣
	部件分离
	内径精镗
	车削控制
	用户定义车削

（2）在“工序子类型”栏中任选一子类型，设置程序、刀具、几何体、方法等选项，然后单击“确定”按钮。

第 14 章　车削参数设置

内容简介

本章主要介绍车削工序中用到的参数，包括通用参数、切削参数和非切削移动参数的设置。

14.1　通用参数设置

扫一扫，看视频

本节将讲述车削加工的一些通用参数的设置方法。

14.1.1　切削区域

切削区域将加工操作限定在部件的一个特定区域内，以防止系统在指定的限制区域之外进行加工操作。定义切削区域的方法有径向或轴向修剪平面、修剪点和区域选择等。

例如，在“外径粗车”对话框“几何体”栏中单击“切削区域”右侧的“编辑”按钮，弹出“切削区域”对话框，如图 14-1 所示。

图 14-1　“切削区域”对话框

1．修剪平面

修剪平面将加工操作限制在平面的一侧，包括径向修剪平面 1、径向修剪平面 2、轴向修剪平面 1 和轴向修剪平面 2。通过指定修剪平面，系统根据修剪平面的位置、部件与毛坯边界以及其他设置参数计算出加工区域。可以使用的修剪平面组合有以下 3 种形式。

（1）指定 1 个修剪平面（轴向或径向）限制加工部件。

（2）指定 2 个修剪平面限制加工工件。

（3）指定 3 个修剪平面限制在区域内加工部件，如图 14-2（a）所示。

如果移动修剪平面，将改变切削区域的范围。在图 14-2（a）中移动轴向修剪平面 2，将改变切削区域，如图 14-2（b）所示。

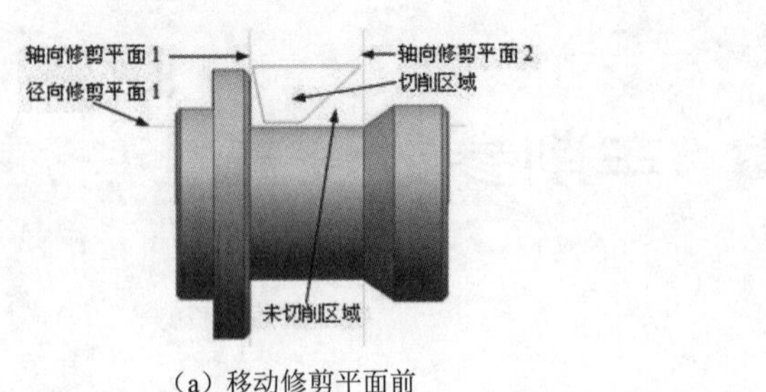

（a）移动修剪平面前

（b）移动轴向修剪平面2

图 14-2　3 个修剪平面限制切削区域

通过“限制选项”指定如何定义修剪平面，包括“无”“点”和“距离”3 个选项。

（1）无：不创建修剪平面。

（2）点：用于指定一个点以定义修剪平面。

（3）距离：对于径向修剪平面，用于沿 Y 轴指定一个距离以偏置平面；对于轴向修剪平面，用于沿 X 轴指定一个距离以偏置平面。

2．修剪点

修剪点用于指定有关总体成链的部件边界的切削区域的起点和终点，最多可以选择两个修剪点。图 14-3（a）说明了利用修剪点对待加工特征进行车削，图中使用两个修剪点定义切削区域，右侧直径为起始位置，左侧面为终止位置。在选择两个修剪点后，系统将确定边界上位于这两个修剪点之间的部分边界，并根据刀具方位和层角度、方向、步距等确定工件需加工的一侧，生成的切削刀轨如图 14-3（b）所示。如果指定的两个修剪点重合，则产生的切削区域将是空区域。

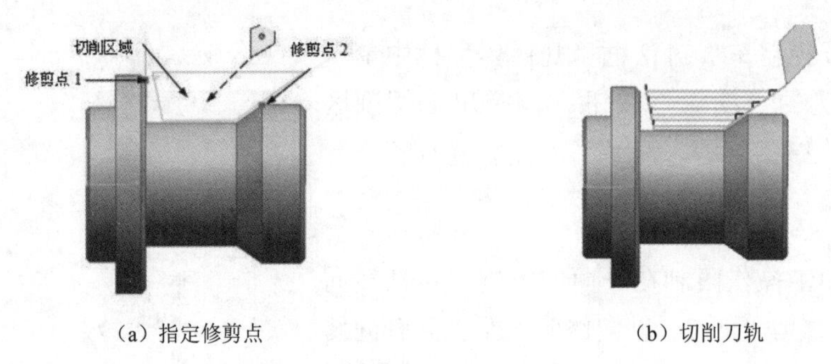

（a）指定修剪点　　（b）切削刀轨

图 14-3　使用修剪点限制切削区域

如果只选择了一个修剪点，没有选择其他空间范围限制，系统将只考虑部件边界上修剪点所在的这一部分边界；如果所选择的修剪点不在部件边界上，系统将通过修改修剪点输入数据，在部件边界上找出距原来的修剪点最近的点，将其作为修正后的修剪点并将操作应用于修正后的修剪点。

通过“点选项”指定如何定义修剪点，包括“无”“指定”2 个选项。

（1）无：不创建修剪点。

（2）指定：用于指定修剪点并使修剪点选项可用。当选择此选项时，将激活以下选项。

①角度选项：用于指定从 X 轴逆时针测量的、刀用于逼近或离开修剪点的角度。

a．自动：使用某个角度来清除部件几何体。

b．矢量：用于指定矢量来定义逼近或离开方向。

c．角度：用于输入角度值，指定角度的默认值是 0°。

②斜坡角选项：用于指定修剪线的角度。

a．无：将修剪线与各个修剪点对齐，同时绕修剪点旋转，以确定斜坡角度。

b．对齐：允许用户选择现有几何体，使修剪线与之对齐。

c．矢量：允许用户指定矢量方向，使修剪线与之对齐。

d．角度：用于指定角度值来对齐修剪线。

③延伸距离：沿上一个分段的方向延伸切削区域。

④检查超出修剪范围的部件几何体：检查超出修剪点的部件几何体，并调整通向或来自修剪点的刀轨，以避免过切。

3．区域选择

在车削操作中，有时需要手工选择切削区域。在以下情形中可能需要手工选择切削区域。

①系统检测到多个切削区域。

②需要指示系统在中心线的另一侧执行切削操作。

③系统无法检测任何切削区域。

④系统计算出的切削区域数不一致，或切削区域位于中心线错误的一侧。

⑤对于使用两个修剪点的封闭部件边界，系统会将部件边界的错误部分标识为封闭部件边界（此部分以驱动曲线的颜色显示）。

（1）区域选择：控制如何选择区域。

①默认：选择软件检测到的一个切削区域。

②指定：可在图形窗口中选择一个区域选择点，系统将用字母 RSP（区域选择点）对其进行标记，如图 14-4 所示。如果系统找到多个切削区域，将在图形窗口中自动选择距选定点最近的切削区域。

（2）区域加工：确定在有多个切削区域尚未加工的情况下区域如何排序。

①单侧：软件只加工默认切削区域，或是最接近区域选择中指定的区域。

②多个：对多个切削区域进行排序，包括单向、反向、双向和交替。

a．单向：所有隔离的切削区域均按照它们在部件边界上出现的顺序加工，并遵循工序指定的层、步长、切削方向。它是切削区域排序控制的默认行为，如图 14-5 所示。

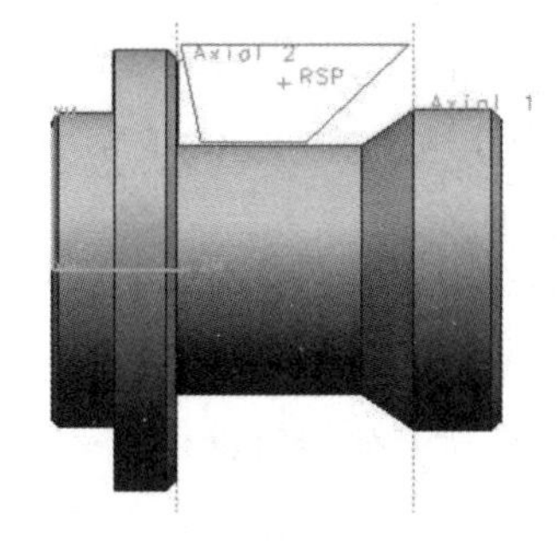

图 14-4　指定 RSP

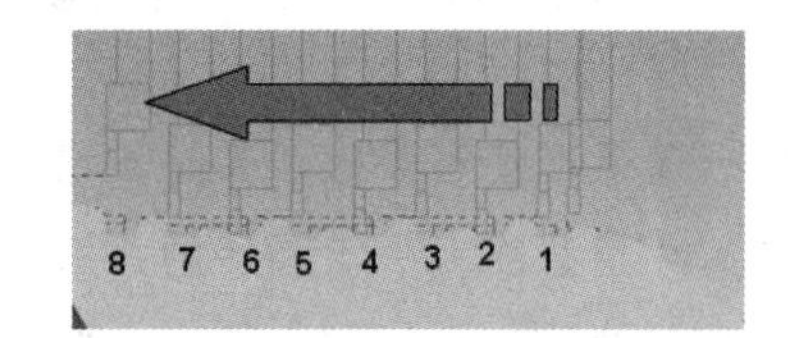

图 14-5　单向排序

b．反向：所有隔离的切削区域均按照单个方向选项的相反方向加工，如图 14-6 所示。

c．双向：加工从最接近 RSP 切削区域开始，并遵循为工序指定的层、步长、切削方向，直到该方向的最后一个未切削区域被加工为止；然后切削方向反向，加工则从最接近区域选择点的切削区域继续进行；加工反向继续进行，直到所有切削区域均被加工，如图 14-7 所示。

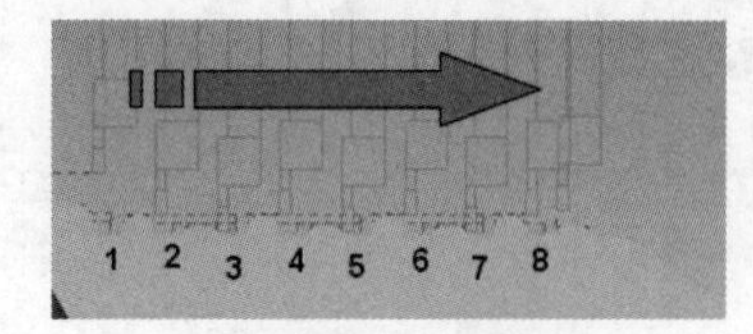

图 14-6　反向排序

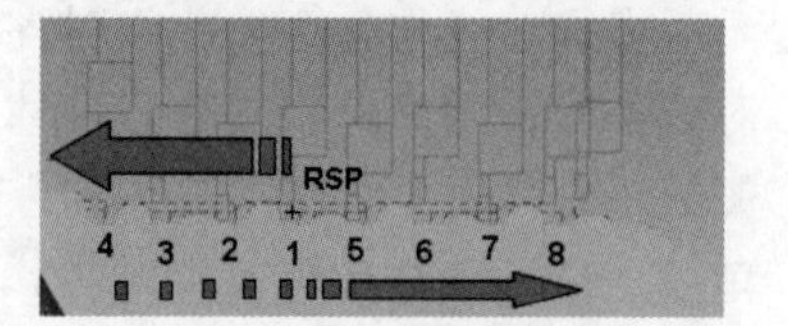

图 14-7　双向排序

d. 交替：加工从最接近 RSP 切削区域开始，并在下一个最接近的切削区域继续进行，而不考虑方向。

注意：

任何空间范围、层、步距或切削角设置的优先权均高于手工选择的切削区域，这将导致即使手工选择了某个切削区域，系统也可能无法识别。

4．定制成员设置

（1）表面灵敏度：包括“区域内”“距离内”2 个选项。

①区域内：只要空间范围未定义，刀轨调整为切削区域内的部件轮廓定制成员设置。如果空间范围修剪平面或修剪点从部件偏置，该设置不会将边界成员数据或曲面特性传递到空间范围修剪平面或修剪点。

②距离内：即使定制成员数据被空间范围修剪，并且在指定给各自的空间范围修剪平面或修剪射线的距离值范围内，刀轨调整为曲面上的定制成员（边界成员）数据。系统继承了属于该值的边界成员的进给率。如果部件边界在指定距离范围内，系统将针对运动的进刀/退刀行为应用到空间范围的部件曲面；如果部件边界不在指定距离范围内，则系统从空间范围的部件曲面删除该应用。

（2）公差偏置：包括“空间范围之后”“空间范围之前”2 个选项。

①空间范围之后：在将部件边界修剪至指定空间范围之后，执行任何定制边界公差偏置计算。

②空间范围之前：在将部件边界修剪至指定空间范围之前，执行任何定制边界公差偏置计算。

5．自动检测

在“切削区域”对话框的“自动检测”栏中可以进行最小面积和开放边界的检测设置。自动检测利用最小面积、起始/终止偏置、起始/终止角等选项来限制切削区域，如图 14-8 所示。起始/终止偏置、起始/终止角只有在开放边界且未设置空间范围的情况下才有效。

（1）最小面积：如果将“最小面积”设置为“部件单位”或“刀具”，并在“最小区域大小”文本框中输入了值，便可以防止系统对极小的切削区域产生不必要的切削运动。如果切削区域的面积（相对于工件横截面）小于指定的加工值，系统将不切削这些区域。使用时需仔细考虑，防止漏掉确实想要切削的非常小的切削区域。如果将“最小面积”设置为“无”，系统将考虑所有面积大于零的切削区域。

在图 14-9 中，系统检测到了切削区域 2，因为剩余材料的数量大于“最小区域大小”文本框中输入的值（图 14-9 中 1 所示）；区域 3 没有被检测到，因为它的面积小于 1，所以系统不会对其进行切削。

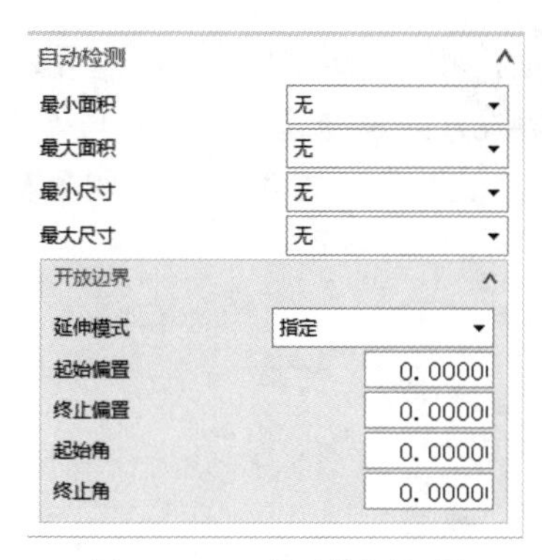

图 14-8　“自动检测”栏

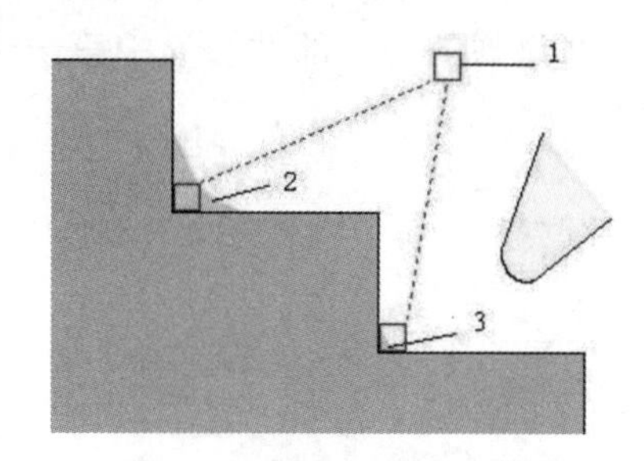

图 14-9　最小面积剩余材料

（2）最大面积：排除有大横截面面积的切削区域。

（3）最小/大尺寸：设定在车削工件平面中沿一个或两个轴测量的最小/大尺寸，包括轴向、径向及轴向和径向。

①轴向：设置平行于主轴中心线的最小/大切削区域大小，以确定最小/大宽度。

②径向：设置垂直于主轴中心线的最小/大切削区域大小，以确定最小/大高度。

③轴向和径向：将“轴向”和“径向”值组合，取布尔交集，以建立最小/大切削区域，从而设置最小/大切削区域的大小。

（4）延伸模式

①指定：在“延伸模式”下拉列表中选择“指定”选项，将激活起始/终止偏置、起始/终止角等选项。

a．起始/终止偏置：如果工件几何体没有接触到毛坯边界，那么系统将根据其自身的内部规则将车削特征与处理中的工件连接起来。如果车削特征没有与处理中工件的边界相交，那么处理器将通过在部件几何体和毛坯几何体之间添加边界段自动将切削区域补充完整。默认情况下，从起点到毛坯边界的直线与切削方向平行，终点到毛坯边界间的直线与切削方向垂直。起始偏置使起点沿垂直于切削方向移动，终止偏置使终点沿平行于切削方向移动。如图 14-10 所示，图中 1 为处理中的工件，2 为切削方向，3 为起点，4 为终点。对于起始偏置和终止偏置，输入正偏置值使切削区域增大，输入负偏置值使切削区域减小。

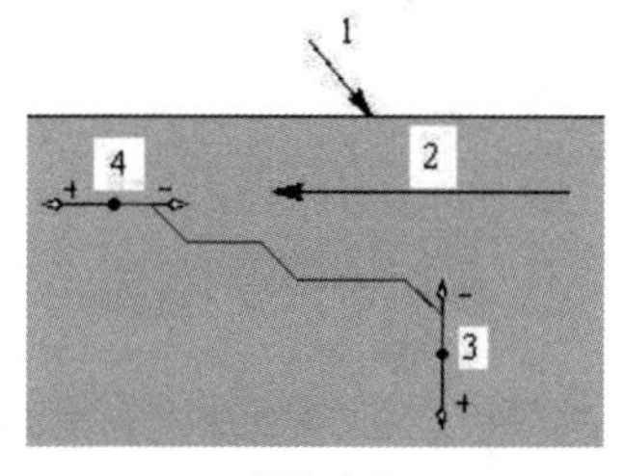

（a）层角度为 180°

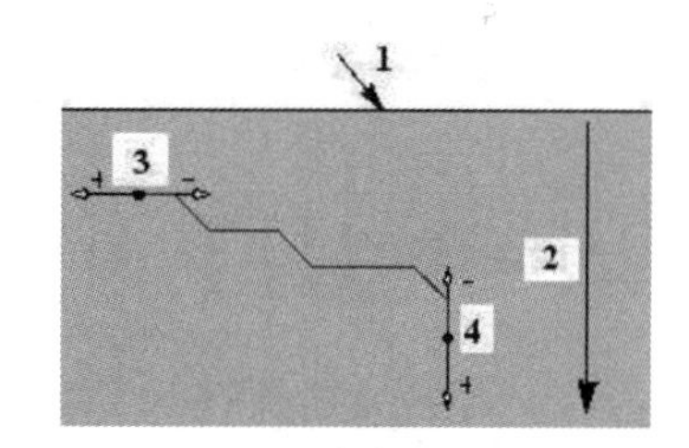

（b）层角度为 270°

图 14-10　起始/终止偏置

b．起始/终止角：如果不希望切削区域与切削方向平行或垂直，那么可以使用起始/终止角限制切削区域。正值将增大切削面积，而负值将减小切削面积。系统将相对于起点/终点与毛坯边界之间的连线来测量这些角度，并且这些角度必须在开区间 (−90°, 90°) 之内。如图 14-11 所示，图中 1 为处理中的工件，2 为切削方向，3 为起点，4 为终点，5 为终点的修改角度。

②相切：在“延伸模式”下拉列表中选择“相切”选项，将会禁用起始/终止偏置和起始/终止角参数，如图 14-12 所示。系统将在边界的起点/终点处沿切线方向延伸边界，使其与处理中的形状相连。如果在选择的开放部件边界中第一个或最后一个边界段上带有外角，并且剩余材料层非常薄，便可使用此选项。

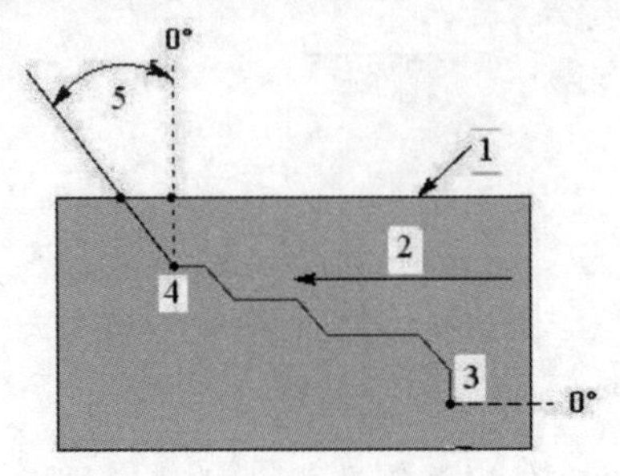

图 14-11　终点处的毛坯交角

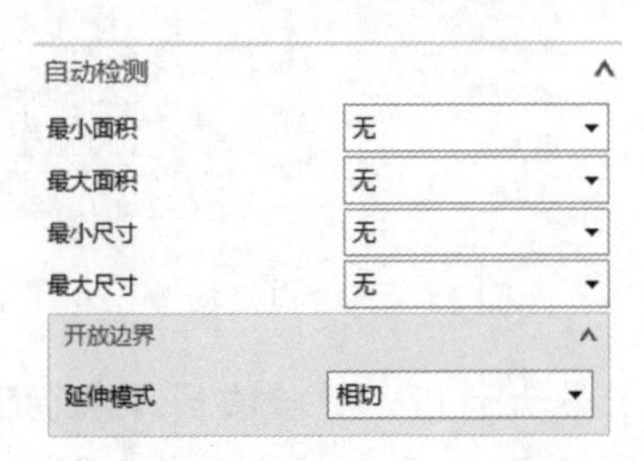

图 14-12　“相切”延伸模式

14.1.2　切削策略

“外径粗车”对话框中的“切削策略”提供了进行粗加工的基本规则，包括直线切削、斜切、轮廓切削和插削。可根据切削的形状选择切削策略，实现对切削区域的切削。

1．策略

在“策略”下拉列表中选择具体的切削策略，主要包括 2 种直线切削、2 种斜切、2 种轮廓切削和 4 种插削。

（1）单向线性切削：当要对切削区间应用直层切削进行粗加工时，选择“单向线性切削”选项。各层切削方向相同，均平行于前一个切削层，刀轨如图 14-13 所示。

（2）线性往复切削：选择“线性往复切削”选项，可以变换各粗加工切削的方向。这是一种有效的切削策略，可以迅速去除大量材料，并对材料进行不间断切削，刀轨如图 14-14 所示。

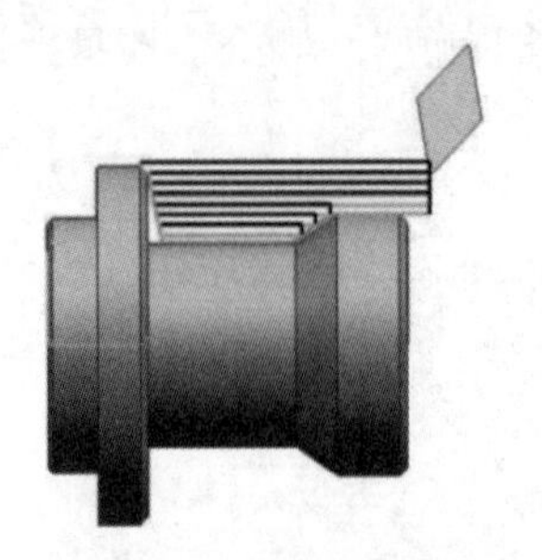
图 14-13　单向线性切削刀轨

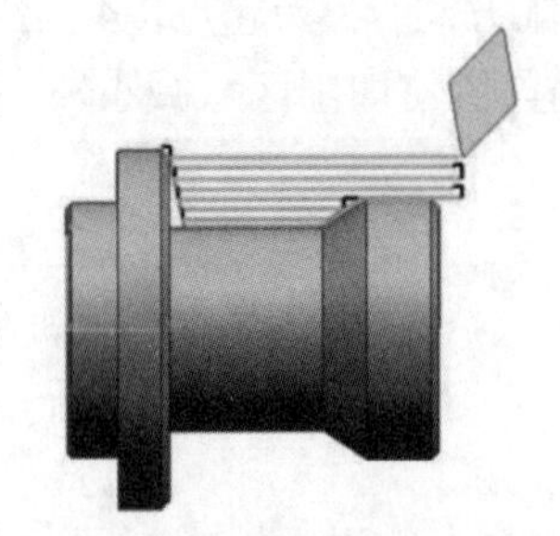
图 14-14　线性往复切削刀轨

（3）倾斜单向切削：具有备选方向的直层切削。倾斜单向切削可使一个切削方向上的每个切削或每个备选切削、从刀路起点到刀路终点的切削深度有所不同，刀轨如图 14-15 所示。这会沿刀片边界连续移动刀片切削边界上的临界应力点（热点）位置，从而分散应力和热，延长刀片的寿命。

（4）倾斜往复切削：在备选方向上进行上斜/下斜切削。倾斜往复斜切对于每个粗切削均交替切削方向，减少了加工时间，刀轨如图 14-16 所示。

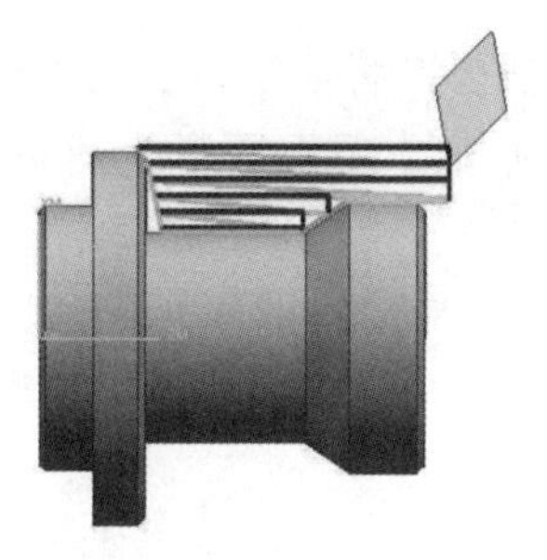

图 14-15　倾斜单向切削刀轨

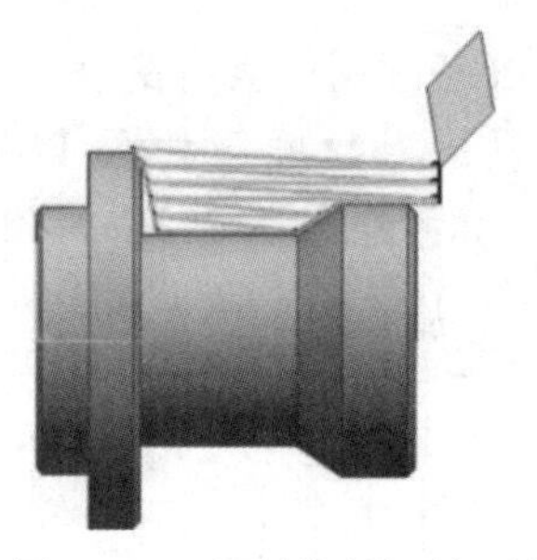

图 14-16　倾斜往复切削刀轨

（5）轮廓单向切削：用于轮廓平行粗加工。轮廓单向切削加工在粗加工时刀具将逐渐逼近部件的轮廓，刀具每次均沿着一组等距曲线中的一条曲线运动，而最后一次的刀路曲线将与部件的轮廓重合，刀轨如图 14-17 所示。对于部件轮廓开始处或终止处的陡峭元素，系统不会使用直层切削的轮廓加工来进行处理或轮廓加工。

（6）轮廓往复切削：具有交替方向的轮廓平行粗加工。轮廓往复切削与轮廓单向切削类似，不同的是轮廓往复切削在每次粗加工刀路之后还要反转切削方向，刀轨如图 14-18 所示。

图 14-17　轮廓单向切削刀轨

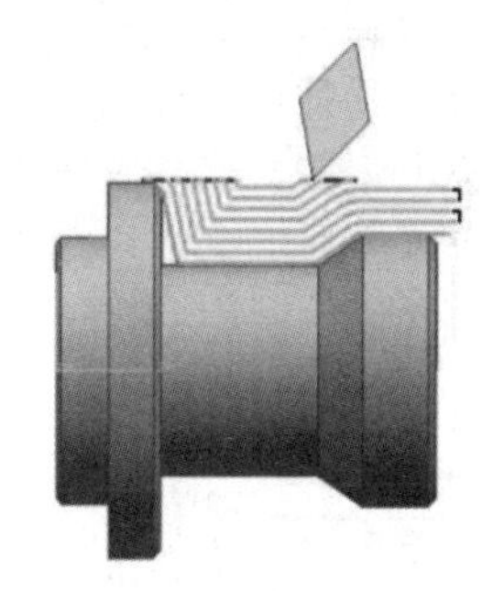

图 14-18　轮廓往复切削刀轨

（7）单向插削：在一个方向上进行插削。单向插削是一种典型的与槽刀配合使用的粗加工策略，刀轨如图 14-19 所示（这里只为演示并利于比较，继续使用前面使用的部件，并没有使用真正具有槽的部件）。

（8）往复插削：在交替方向上重复插削指定的层。往复插削并不直接插削到槽底部，而是使刀具插削到指定的切削深度（层深度），然后进行一系列的插削，以移除处于此深度的所有材料，之后再次插削到切削深度，并移除处于该层的所有材料。以往复方式反复执行以上一系列切削，直至达到槽底部，刀轨如图 14-20 所示。

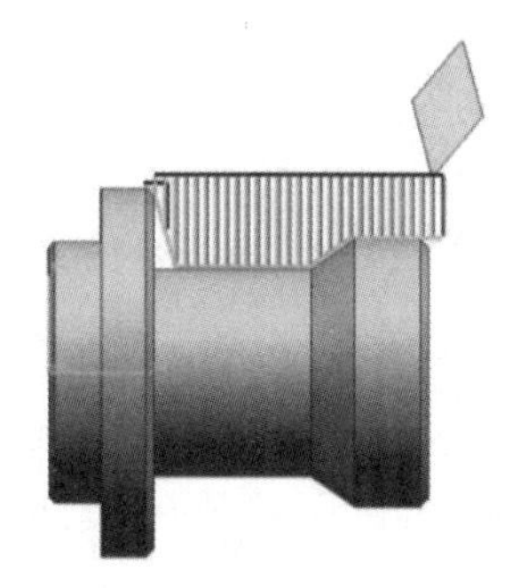

图 14-19　单向插削刀轨

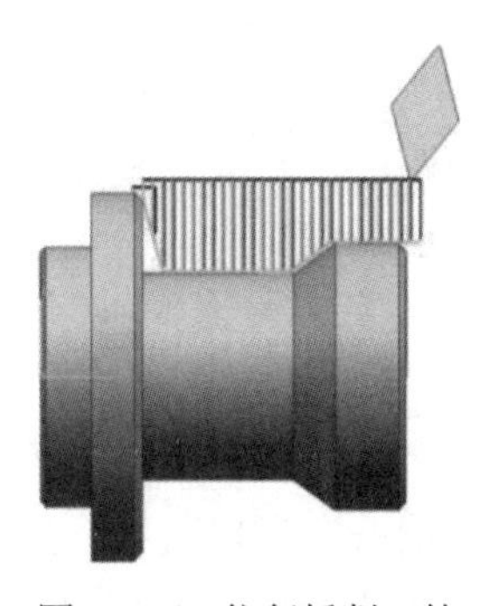

图 14-20　往复插削刀轨

（9）交替插削：具有交替步距方向的插削。执行交替插削时将后续插削应用到与上一个插削的相对一侧，刀轨顺序如图 14-21 所示。图 14-22 所示为利用交替插削生成的刀轨，其中图 14-22（b）所示为工件切削中的 3D 动态模型。

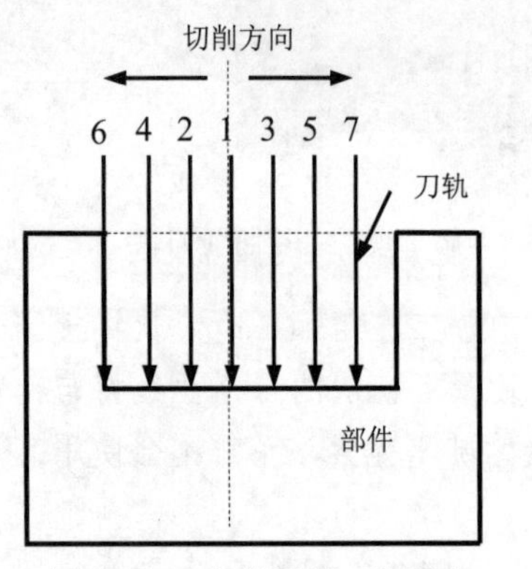

图 14-21　交替插削刀轨顺序

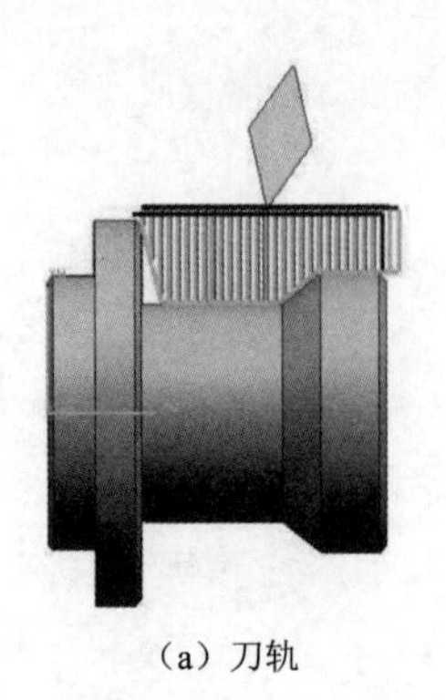

（a）刀轨　（b）3D 动态模型

图 14-22　交替插削刀轨

（10）交替插削（余留塔台）：插削时在剩余材料上留下塔状物的插削运动。交替插削（余留塔台）通过偏置连续插削（第一个刀轨从槽一肩运动至另一肩之后，"塔"保留在两肩之间）在刀片两侧实现对称刀具磨平。当在反方向执行第二个刀轨时，将切除这些塔。其刀轨顺序如图 14-23 所示。图 14-24 所示为利用交替插削（余留塔台）生成的刀轨，其中图 14-24（b）为工件切削中的 3D 动态模型。

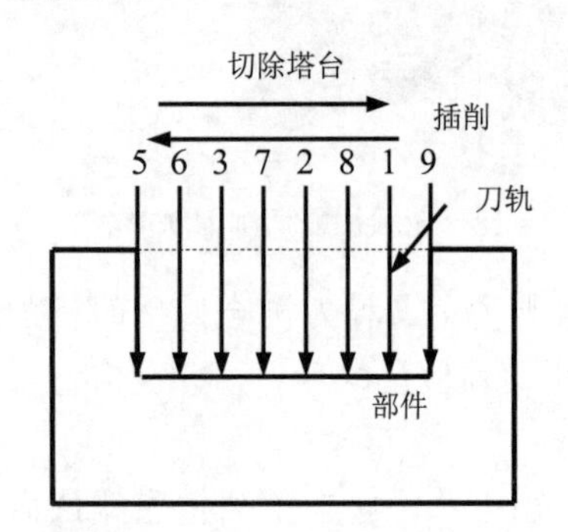

图 14-23　交替插削（余留塔台）刀轨顺序

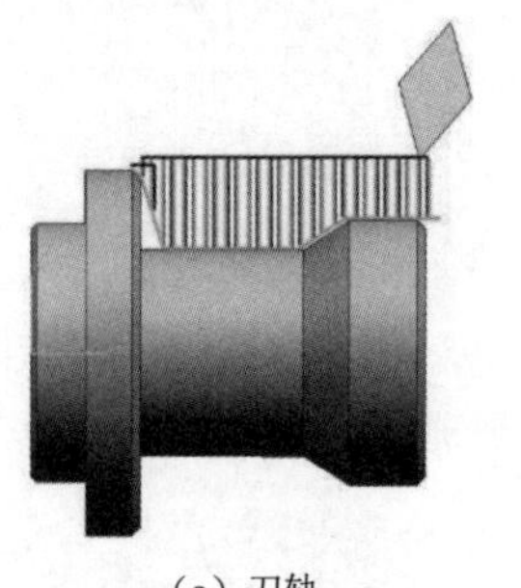

（a）刀轨　（b）3D 动态模型

图 14-24　交替插削（余留塔台）刀轨

2．倾斜模式

如果在"策略"下拉列表中选择"倾斜单向切削"或"倾斜往复切削"选项，将激活"倾斜模式"，如图 14-25 所示，在"倾斜模式"下拉列表中可指定斜切策略的基本规则。其主要包括 4 种选项。

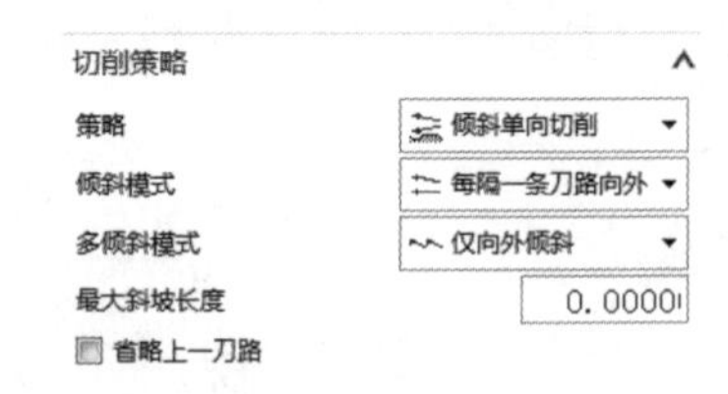

图 14-25　"倾斜模式"选项

（1）每隔一条刀路向外：刀具一开始切削的深度最深，之后切削深度逐渐减小，形成向外倾斜的刀轨。下一切削将与层角中设置的方向一致，从而可去除上一切削所剩的倾斜余料，刀轨如图 14-26 所示。

（2）每隔一条刀路向内：刀具从曲面开始切削，然后采用倾斜切削方式逐步向部件内部推进，形成向内倾斜刀轨。下一切削将与层角中设置的方向一致，从而可去除上一切削所剩的倾斜余料，刀轨如图 14-27 所示。

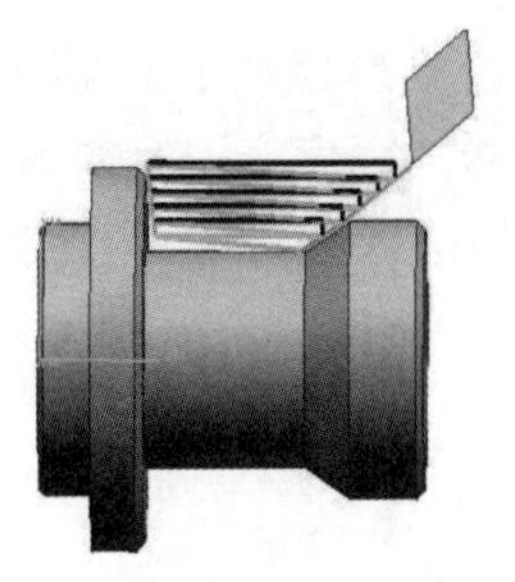

图 14-26　每隔一条刀路向外刀轨

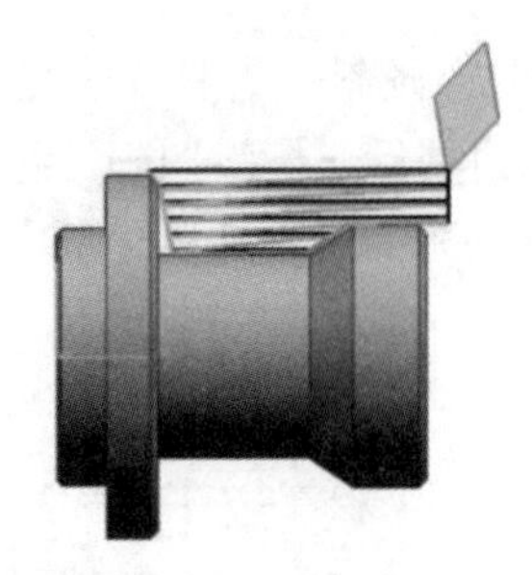

图 14-27　每隔一条刀路向内刀轨

（3）先向外：刀具一开始切削的深度最深，之后切削深度逐渐减小。下一切削将从曲面开始，之后采用第二倾斜切削方式逐步向部件内部推进，刀轨如图 14-28 所示。

（4）先向内：刀具从曲面开始切削，之后采用倾斜切削方式逐步向部件内部推进。下一切削一开始切削的深度最深，之后切削深度逐渐减小，刀轨如图 14-29 所示。

图 14-28　先向外刀轨

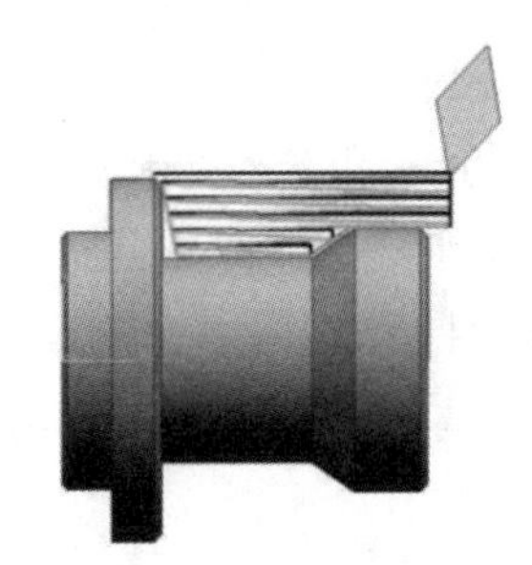

图 14-29　先向内刀轨

3. 多倾斜模式

如果按最大和最小深度差创建的倾斜非常小，近似于线性切削的位置，则在对比较长的切削进行加工时，可选择多倾斜模式。

根据在倾斜模式中选择的选项，多倾斜模式分为以下两种情况。

（1）如果在“倾斜模式”下拉列表中选择“每隔一条刀路向外”选项，则“多倾斜模式”下拉列表中包括“仅向外倾斜”和“向外/内倾斜”2 个选项。

①仅向外倾斜：刀具一开始切削的深度最深，然后切削深度逐渐减小直至到达最小深度，随后返回插削材料，直至到达切削最大深度。重复执行此过程，直至切削完整个切削区域，刀轨如图 14-30 所示，其中图 14-30（b）为工件切削中的 3D 动态模型。每次切削长度由最大斜坡长度限定。

（a）刀轨

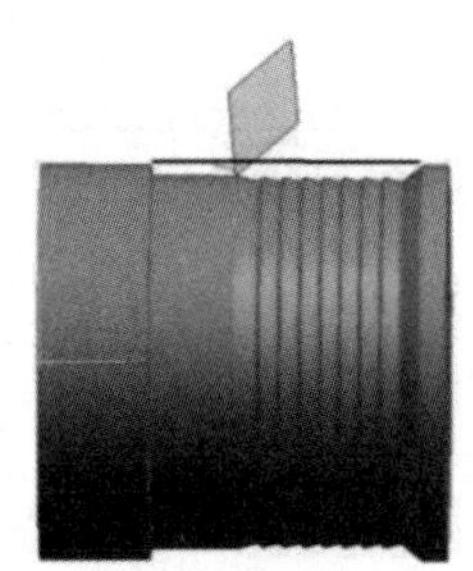

（b）3D 动态模型

图 14-30　仅向外倾斜刀轨

②向外/内倾斜：刀具一开始切削的深度最深，然后切削深度逐渐减小直至到达最小深度，从这一点开始刀具另一倾斜切削，随后返回插削材料，直到切削最大深度，刀轨如图 14-31 所示，其中图 14-31（b）为工件切削中的 3D 动态模型。每次切削长度由最大斜坡长度限定。

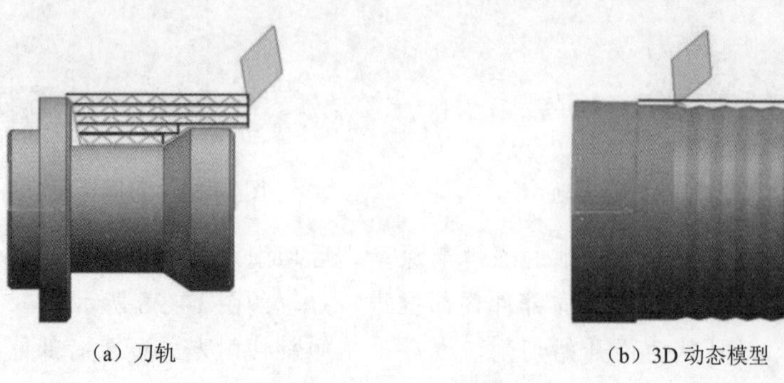

（a）刀轨　　（b）3D 动态模型

图 14-31　向外/内倾斜刀轨

（2）如果在“倾斜模式”下拉列表中选择“每隔一条刀路向内”选项，则“多倾斜模式”下拉列表中包括“仅向内倾斜”和“向外/内倾斜”2 个选项。

①仅向内倾斜：刀具从最小深度开始切削，之后切削深度逐渐增大，直至到达最大深度，之后刀具返回至切削最小深度，并对材料进行重复斜向切削，刀轨如图 14-32 所示，其中图 14-32（b）为工件切削中的 3D 动态模型。每次切削长度由最大斜坡长度限定。

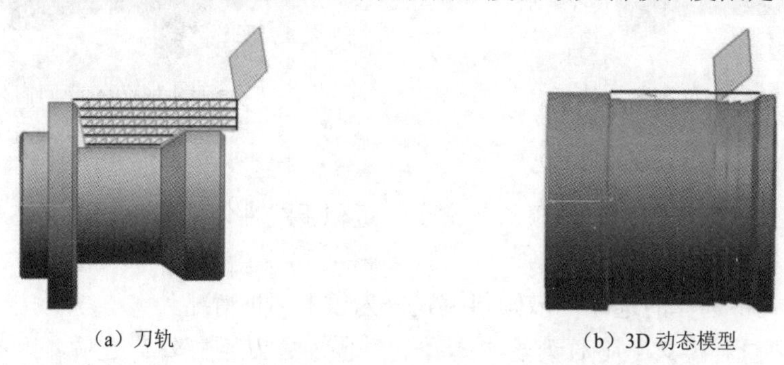

（a）刀轨　　（b）3D 动态模型

图 14-32　仅向内倾斜刀轨

②向外/内倾斜：刀具从最小深度开始切削，并斜向切入材料直至到达最深处，接着刀具从此处向外倾斜，直至到达最小切削深度，刀轨如图 14-33 所示，其中图 14-33（b）为工件切削中的 3D 动态模型。每次切削长度由最大斜坡长度限定。

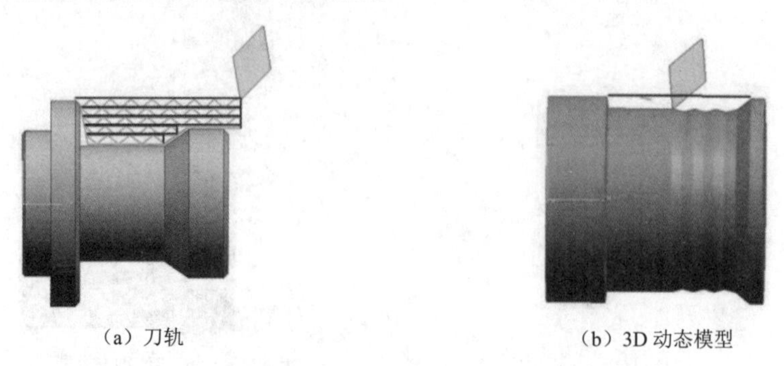

（a）刀轨　　（b）3D 动态模型

图 14-33　向外/内倾斜刀轨

4. 最大斜坡长度

在“多倾斜模式”下拉列表中选择“仅向外倾斜”“向外/内倾斜”或“仅向内倾斜”选项，将激活“最大斜坡长度”选项。最大斜坡长度指定了倾斜切削时单次切削沿层角度方向的最大距离，如图 14-34 所示，但选择的最大斜坡长度不能超过对应深度层的粗切削总距离。

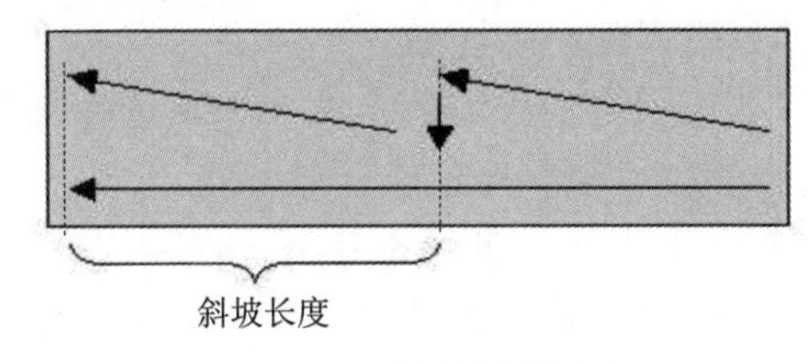

图 14-34 最大斜坡长度

14.1.3 层角度

层角度用于定义单独层切削的方位。从中心线按逆时针方向测量层角度，它可定义粗加工线性切削的方位和方向。根据定义的刀具方位和层角，系统确定粗加工切削区间的刀具运动。0°层角与中心线轴的“正”方向相符，180°层角与中心线轴的“反”方向相符，如图 14-35 所示。

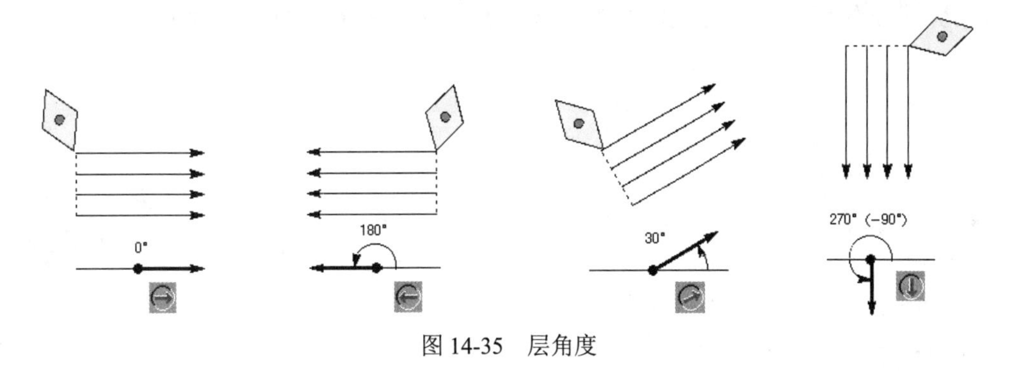

图 14-35 层角度

14.1.4 切削深度

切削深度可以指定粗加工操作中各刀路的切削深度，可以指定恒定值，也可以是由系统根据指定的最大值计算的值。系统按计算或指定的深度生成所有非轮廓加工刀路。

在“刀轨设置”栏“步进”组的“切削深度”下拉列表中有以下选项。

1. 恒定

恒定用于指定各粗加工刀路的最大切削深度。系统尽可能多次采用指定的深度值，然后在一个刀路中切削余料。

2. 变量最大值

变量最大值指定最大和最小切削深度，系统将确定区域，尽可能地多次在指定的最大深度值处进行切削，然后一次性切削各独立区域中大于或等于指定的最小深度值的余料。

例如，如果区域为 10mm，最小深度为 2mm，最大深度为 4mm，则前两个刀路深度为 4mm，第 3 个刀路切削剩余 2mm 的余料。

3. 变量平均值

利用可变平均值方式，指定最大和最小切削深度。系统根据不切削大于指定的深度最大值或小于指定的深度最小值的原则，计算所需最小刀路数。

在以下两种情况下，系统自动采用可变平均值方法（如果选择变量最大值）。

（1）如果系统确定采用最大值之后余料可能小于最小值。

（2）如果采用最大值之后系统无法生成粗加工刀路。

在上述情况下，系统根据输入的最大值和最小值取平均数的方法，对整个区域采用变量平均值方法。

例如，如果区域为 4.5mm，最小深度为 2mm，最大深度为 3mm，则在第一次切削 3mm 深度之后，由于余料（1.5mm）小于最小深度值（2mm），将导致系统无法对整个区域进行加工，此时需要采用变量平均值方法对整个区域进行切削。

14.1.5 变换模式

变换模式决定使用哪一种方式将切削变换区域中的材料移除（这一切削区域中部件边界的凹部）。

在“刀轨设置”栏“变换模式”下拉列表中有以下选项。

（1）根据层：系统将在反向的最大深度执行各粗切削。当进入较低反向的切削层时，系统将继续根据切削层角方向中的反向执行各粗切削，如图 14-36 所示。

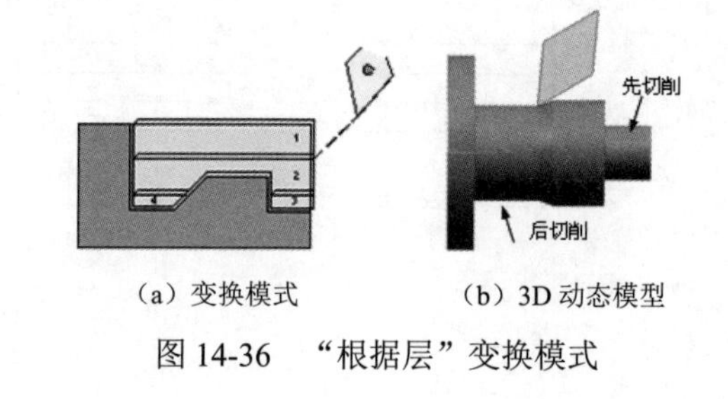

（a）变换模式　（b）3D 动态模型

图 14-36 “根据层”变换模式

（2）最接近：对距离当前刀具位置最近的反向进行切削时，可用“最接近”选项并结合使用往复切削策略。对于特别复杂的部件边界，采用这种方式可减少刀轨，节省加工时间。

（3）向后：仅在对遇到的第一个反向进行完整深度切削时，对更低反向进行粗切削时使用。初始切削时完全忽略其他的颈状区域，仅在进行完开始的切削之后才对其进行加工，如图 14-37 所示。

（4）省略：将不切削在第一个反向之后遇到的任何颈状区域，如图 14-38 所示。

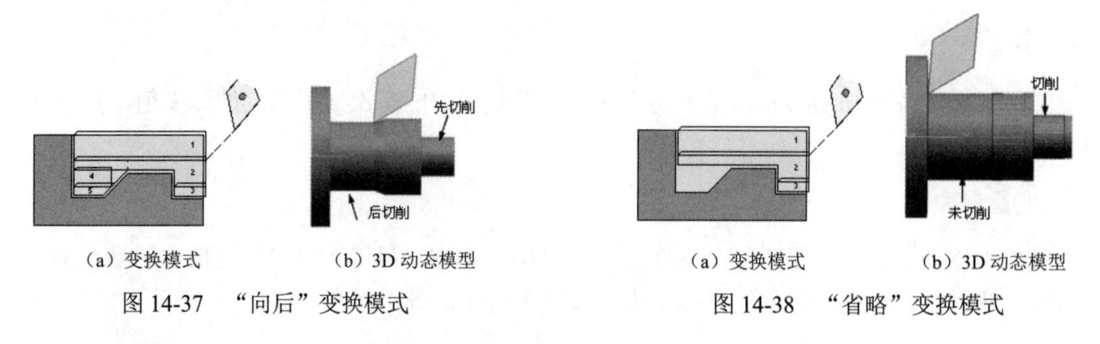

（a）变换模式　（b）3D 动态模型

图 14-37 “向后”变换模式

（a）变换模式　（b）3D 动态模型

图 14-38 “省略”变换模式

14.1.6　清理

进行下一运动从轮廓中提起刀具，使轮廓中存在残余高度或阶梯，这是粗加工中存在的一个普遍问题，如图 14-39 所示。清理对所有粗加工策略均可用，并通过一系列切除消除残余高度或阶梯。清理决定一个粗切削完成之后，刀具遇到轮廓元素时如何继续刀轨行进。

图 14-39　残余高度

（1）粗加工中的“清理”选项如下。

①全部：清理所有轮廓元素。

②仅陡峭的：仅限于清理陡峭的元素。

③除陡峭以外所有的：清理陡峭元素之外的所有轮廓元素。

④仅层：仅清理标识为层的元素。

⑤除层以外所有的：清理除层之外的所有轮廓元素。

⑥仅向下：仅按向下切削方向对所有面进行清理。

⑦每个变换区域：对各单独变换执行轮廓刀路。

（2）在粗插加工中，系统识别刀具宽度，并在考虑刀具切削边宽度之后清理剩余的区域，这将省去不必要的刀具运动。粗插加工中“清理”选项如下。

①全部：清理所有轮廓元素。

②仅向下：仅按向下切削方向对所有面进行清理。

14.2　切削参数设置

扫一扫，看视频

在车削工序对话框的“刀轨设置”栏中单击“切削参数”按钮，弹出“切削参数”对话框，在该对话框中进行参数设置。

14.2.1　策略

“策略”选项卡如图 14-40 所示。

（1）排料式插削：控制是否添加附加插削，以避免因为刀具挠曲而过切。当选择“离壁距离”选项时，每一层的切削均从附加（排料式）插削开始，以去除边界附近的材料，并提供空间，以防止在执行侧向切削时刀具的尾角过切部件。排料式插削放置于远离壁（最近的接触点）的指定距离处。

（2）安全切削：创建短的安全切削，以在进行完整的粗切削之前清除小区域的材料，如图 14-41 所示。当开始底切或切槽以及加工较硬材料时该选项很有用。

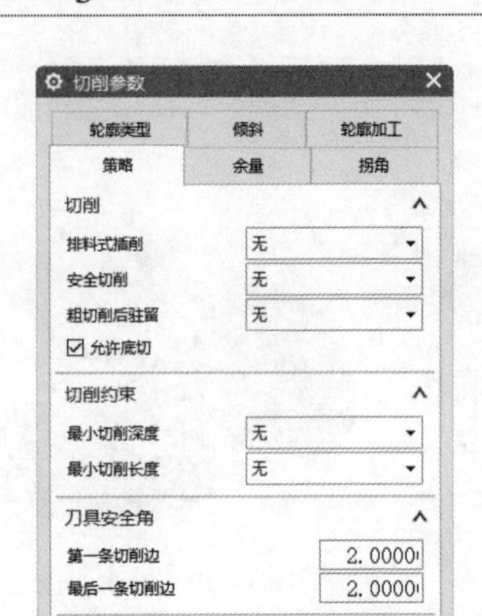

图 14-40 “策略”选项卡

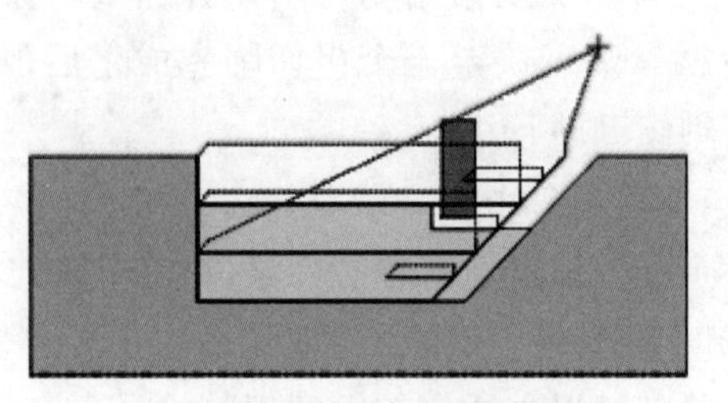

图 14-41 安全切削

①切削数：指定希望工序生成的安全切削数。

②切削深度：指定安全切削的深度。

③数量和深度：指定安全切削数和安全切削深度，这样可先进行较浅的安全切削，再进行全长粗切削。软件将根据需要减少安全切削数，以确保安全切削深度不超过总的粗切削深度。

注意：

为避免切削太薄，可能需要根据情况调整最小切削深度参数。如果因最小切削深度太大，致使软件无法根据给定的安全切削深度执行指定数量的安全切削，则软件将对安全切削、切削数或安全切削深度进行必要的调整。

（3）最小切削深度：指定是否抑制小于指定深度的切削。

（4）最小切削长度：指定是否抑制小于指定长度的切削。

14.2.2 拐角

“拐角”选项卡如图 14-42 所示。可在使用“拐角”选项进行轮廓加工时指定凸角切削的方法。凸角可以是常规拐角或浅角。浅角是指具有大于给定最小角度，且小于180°的凸角，最小浅角可以根据具体问题指定。每种拐角类型有 4 类选项。

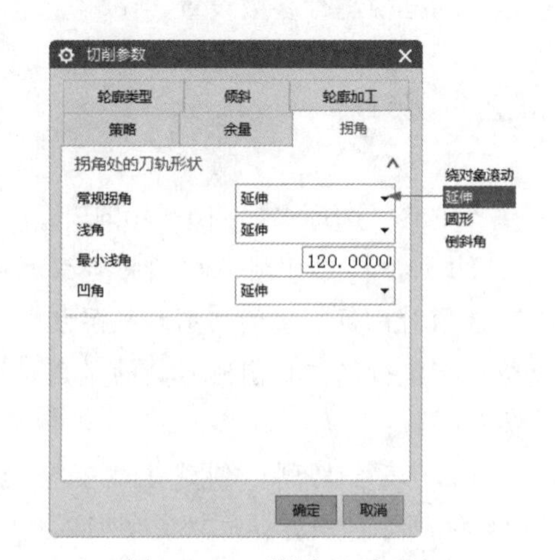

图 14-42 “拐角”选项卡

1. 绕对象滚动

系统在拐角周围切削一条平滑的刀轨，但是会留下一个尖角，加工拐角时绕顶点转动，刀具在遇到拐角时，会以拐角尖为圆心，以刀尖圆弧为半径，按圆弧方式加工，此时形成的圆弧比较小，如图 14-43 所示。

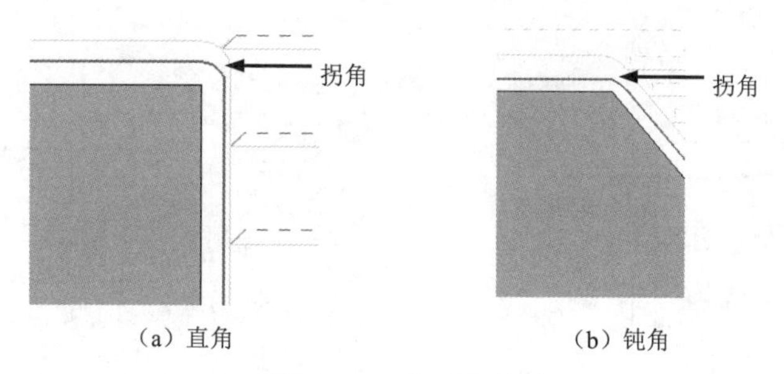

（a）直角　　（b）钝角

图 14-43　绕对象滚动

2. 延伸

按拐角形状加工拐角，刀具在遇到拐角时，按拐角的轮廓直接改变切削方向，如图 14-44 所示。

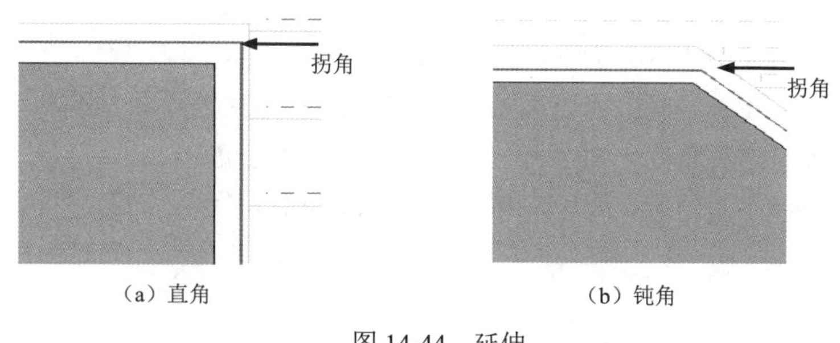

（a）直角　　（b）钝角

图 14-44　延伸

3. 圆形

按倒圆方式加工拐角，刀具将按指定的圆弧半径对拐角进行倒圆，切掉尖角部分，产生一段圆弧刀具路径。选择此选项后，将激活“半径”选项，输入圆形的半径，如图 14-45 所示。

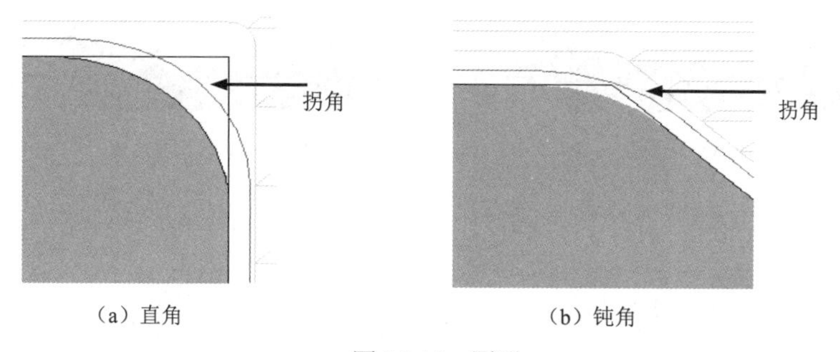

（a）直角　　（b）钝角

图 14-45　圆形

4. 倒斜角

按倒角方式加工拐角，按指定参数对拐角倒斜角，切掉尖角部分，产生一段直线刀具路径。“倒斜角”使要切削的角展平，选择此选项后，将激活“距离”选项，输入距离值确定从模型工件的拐角到实际切削的距离，如图 14-46 所示。

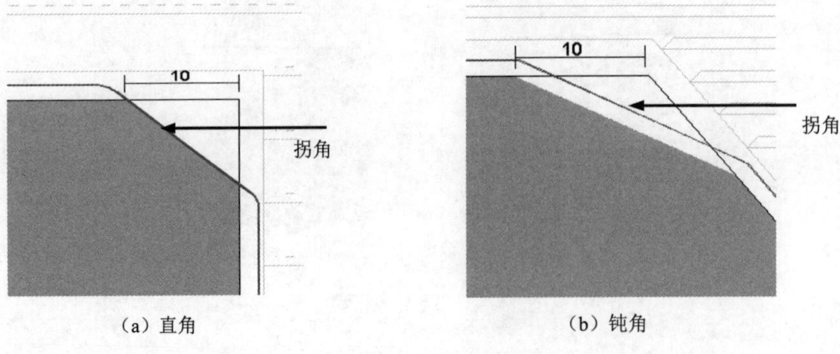

（a）直角　　（b）钝角

图 14-46　倒斜角

14.2.3　轮廓类型

“轮廓类型”选项卡如图 14-47 所示，指定由面、直径、陡峭区域或层区域表示的特征轮廓情况。在该选项卡中可定义每个类别的最小角度和最大角度，这些角度分别定义了一个圆锥，它可过滤切矢小于最大角且大于最小角的所有线段，并将这些线段分别划分到各自的轮廓类型中。

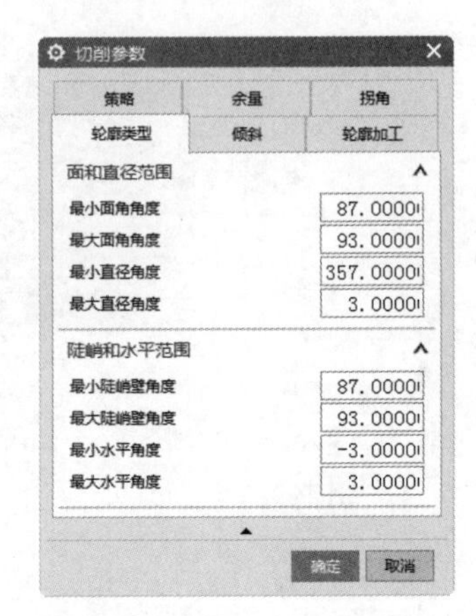

图 14-47　“轮廓类型”选项卡

1．面角度

面角度可用于粗加工和精加工。面角度包括最小面角角度和最大面角角度，两者都是从中心线起测量的。通过最小面角角度和最大面角角度，可定义切削矢量在轴向允许的最大变化圆锥范围，如图 14-48 所示。

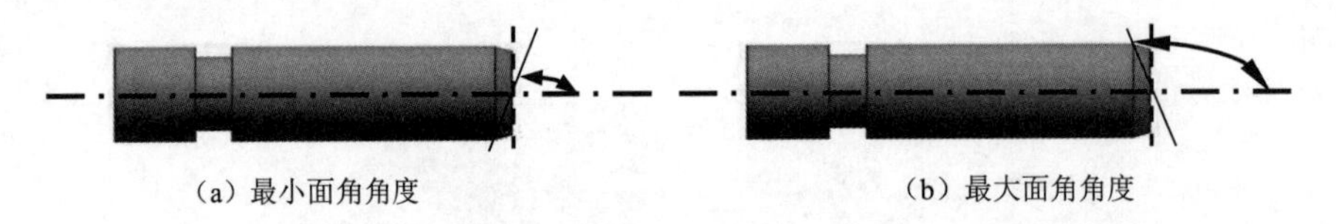

（a）最小面角角度　　（b）最大面角角度

图 14-48　面角度

2．直径角度

直径角度可用于粗加工和精加工。直径角度包括最小直径角度和最大直径角度，两者都是从中心线起测量的。通过最小直径角度和最大直径角度，可定义切削矢量在径向允许的最大变化圆锥范围，如图 14-49 所示。

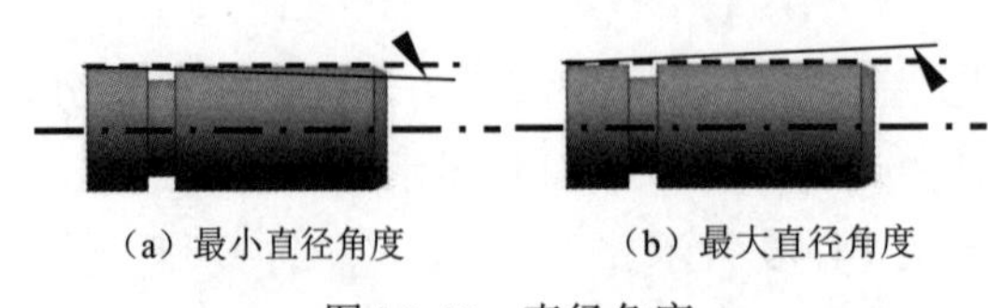

（a）最小直径角度　　（b）最大直径角度

图 14-49　直径角度

3. 陡峭壁角度和水平角度

水平和陡峭区域总是相对于粗加工操作指定的水平角度和陡峭壁角方向进行跟踪的。最小角度和最大角度从通过水平角度或陡峭壁角定义的直线起自动测量。陡峭壁角度如图 14-50 所示，水平角度如图 14-51 所示。

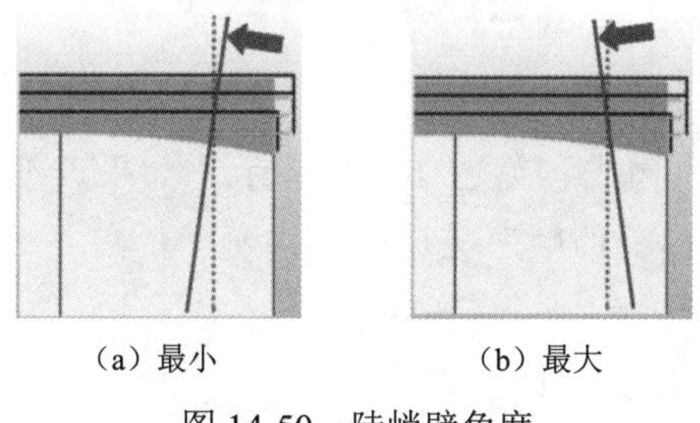

（a）最小　　（b）最大

图 14-50　陡峭壁角度

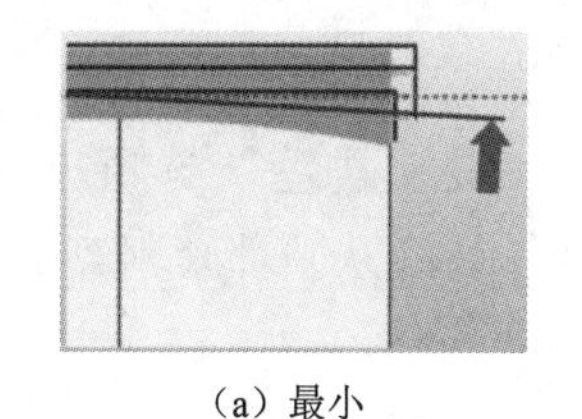

（a）最小

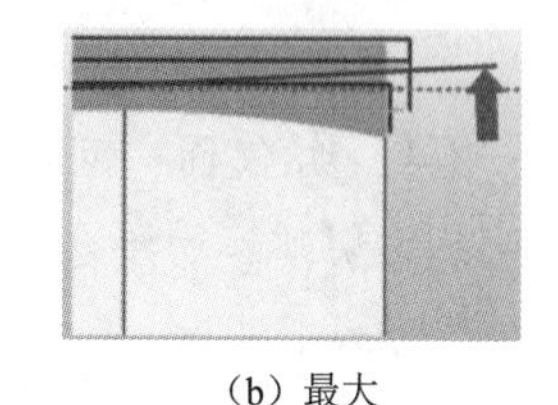

（b）最大

图 14-51　水平角度

14.2.4　轮廓加工

在完成多次粗切削后，附加轮廓加工将对部件表面执行清理操作。与“清理”选项相比，轮廓加工可以在整个部件边界上进行，也可以仅在特定部分的边界上进行（单独变换）。“轮廓加工”选项卡如图 14-52 所示。

图 14-52　“轮廓加工”选项卡

1. 策略

（1）全部精加工：系统对每种几何体按其刀轨进行轮廓加工，不考虑轮廓类型。如果改变方向，切削的顺序会反转，如图 14-53 所示。

（2）仅向下：可将“仅向下”选项用于轮廓刀路或精加工，切削运动从顶部切削到底部，如图 14-54 所示。在这种切削策略中，如果改变方向，切削运动不会反转，始终从顶部切削到底部，但切削的顺序会反转，如图 14-55 所示。

（3）仅周面：仅切削被指定为直径的几何体，如图 14-56 所示。

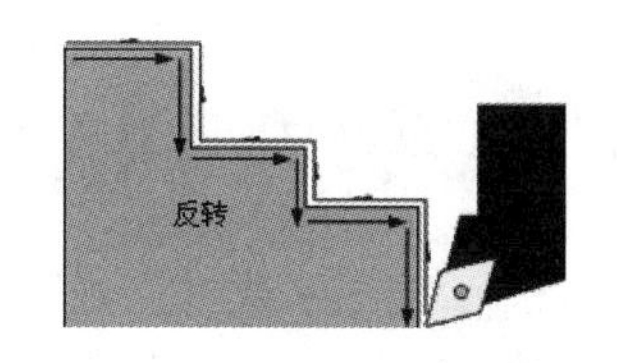

图 14-53　“全部精加工”切削策略

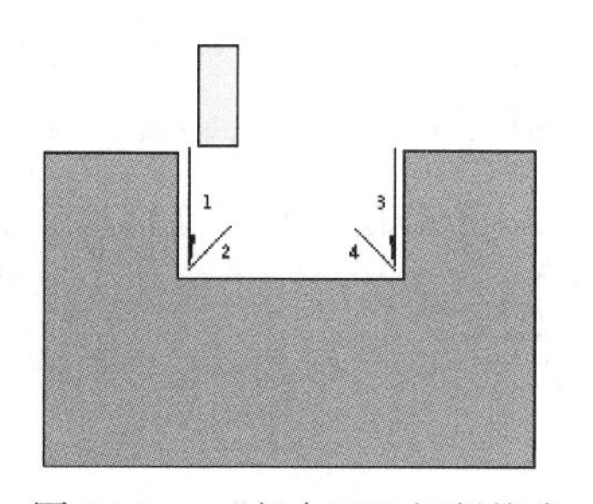

图 14-54　“仅向下”切削策略

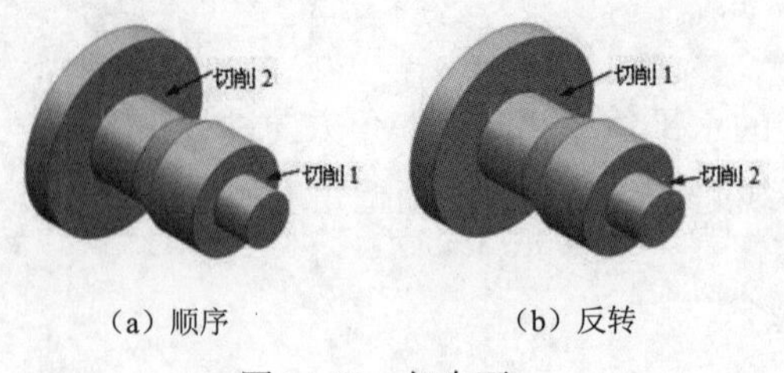

（a）顺序　　（b）反转

图 14-55　仅向下

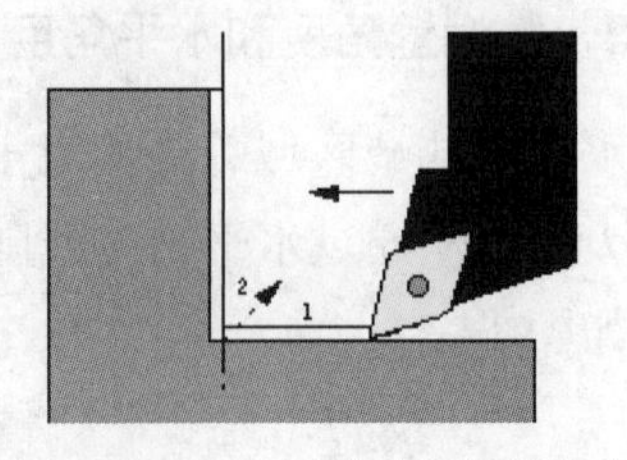

图 14-56　“仅周面”切削策略

（4）仅面：可以在“轮廓类型”选项卡中指定面的构成，如图 14-57 所示。如果改变方向，系统切削运动不会反转，始终从顶部切削到底部，但切削面的顺序会反转。

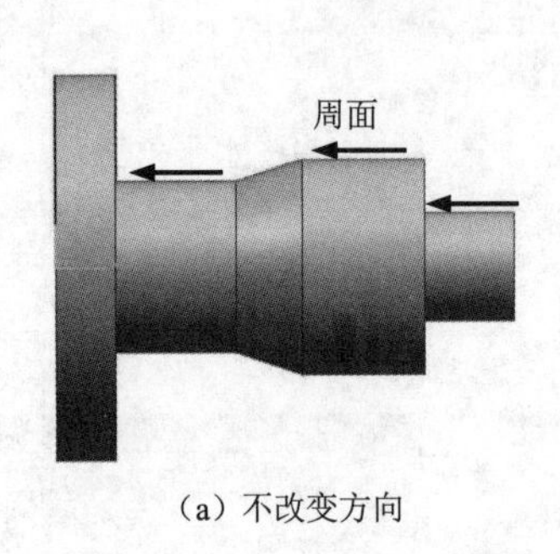

（a）不改变方向

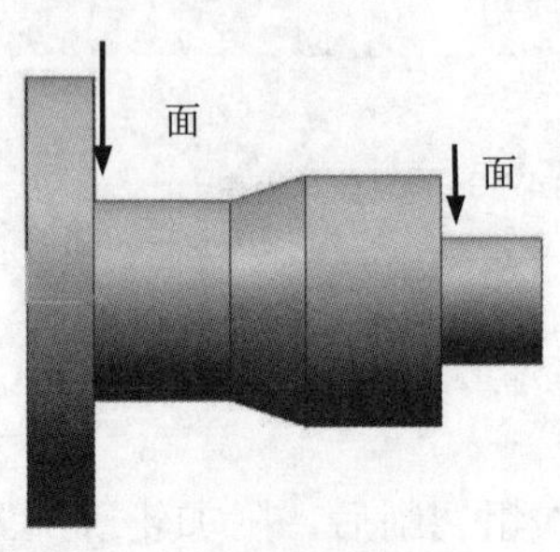

（b）改变方向

图 14-57　“仅面”切削策略

（5）首先周面，然后面：指定为直径和面的几何体，先切削周面（直径），后切削面，如图 14-58 所示。如果改变方向，系统将反转直径运动，而不反转面运动。

（6）首先面，然后周面：指定为直径和面的几何体，先切削面，后切削周面（直径），如图 14-59 所示。如果改变方向，系统将反转直径运动，而不反转面运动。

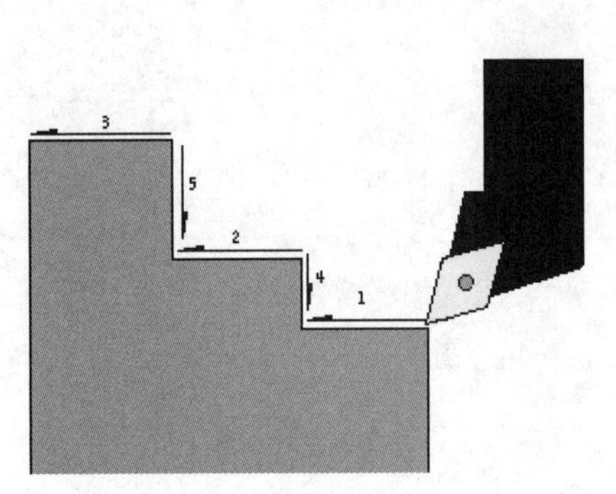

图 14-58　“首先周面，然后面”切削策略

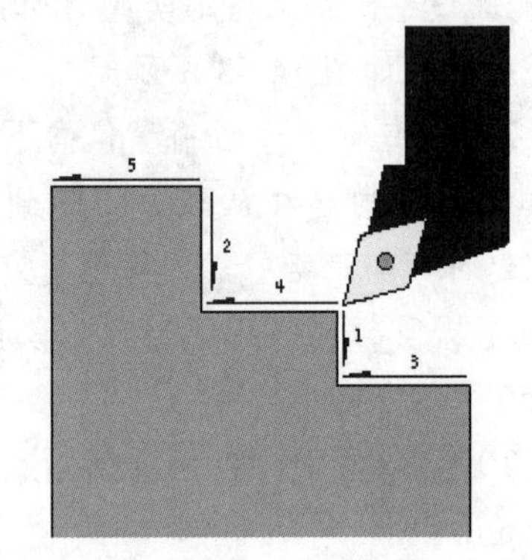

图 14-59　“首先面，然后周面”切削策略

（7）指向拐角：系统自动计算进刀角值并与角平分线对齐，切削位于已检测到的凹角邻近的面或周面，不切削超出这些面的圆凸角，如图 14-60 所示。

（8）离开拐角：系统自动计算进刀角值并与角平分线对齐，仅切削位于已检测到的凹角邻近的面或直径，不切削超出这些面的圆凸角，如图 14-61 所示。

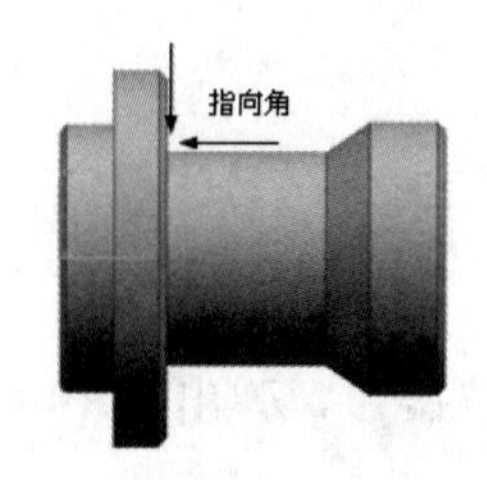

图 14-60 “指向拐角”切削策略

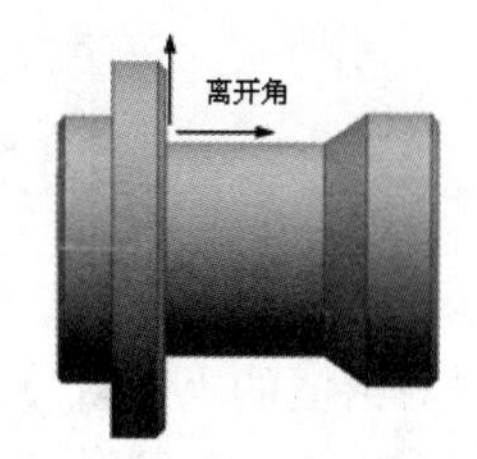

图 14-61 “离开拐角”切削策略

2. 多刀路

在“多刀路”栏指定切削深度和切削深度对应的备选刀路数。“多刀路”对应的切削深度选项如下。

（1）恒定深度：指定一个恒定的切削深度，用于各个刀路。在第一个刀路之后，系统会创建一系列等深度的刀路。第一个刀路可小于指定深度，但不能大于该深度。

（2）刀路数：指定系统应有的刀路数，系统会自动计算生成的各个刀路的切削深度。

（3）单个的：指定生成一系列不同切削深度的刀路。在“多刀路”下拉列表中选择“单个的”选项，如图 14-62 所示，输入所需的刀路数和各刀路的切削距离。如果有多项，可以单击右侧的“添加新集”按钮进行添加。

（4）精加工刀路：包括“保持切削方向”和“变换切削方向”2 个选项。如果要在各刀路之后更改方向，使反方向上的连续刀路变成原来的刀路，可选择“精加工刀路”选项。

图 14-62 “单个的”选项

14.2.5 余量

余量是指完成一个工序后过程工件上留下的材料。根据切削方法的不同，余量选项有所不同。“余量”选项卡如图 14-63 所示。

（1）粗加工余量：指定粗切削及任何可清理刀路的余量。

①恒定：指定一个余量值以应用于所有元素。

②面：指定一个余量值以仅应用于面。

③径向：指定一个余量值以仅应用于周面。

（2）轮廓加工余量：指定轮廓切削的余量。这些选项与粗加工余量的选项相同。

（3）毛坯余量：指定刀具与已定义的毛坯边界之间的偏置距离。这些选项与粗加工余量的选项相同。

（4）公差：设置内公差和外公差的值。公差将应用于部件边界，并决定可接受的边界偏差量。

图 14-63 “余量”选项卡

扫一扫，看视频

14.3 非切削移动参数设置

在车削工序对话框的“刀轨设置”栏中单击“非切削移动”按钮，弹出图 14-64 所示的“非切削移动”对话框，进行参数设置。

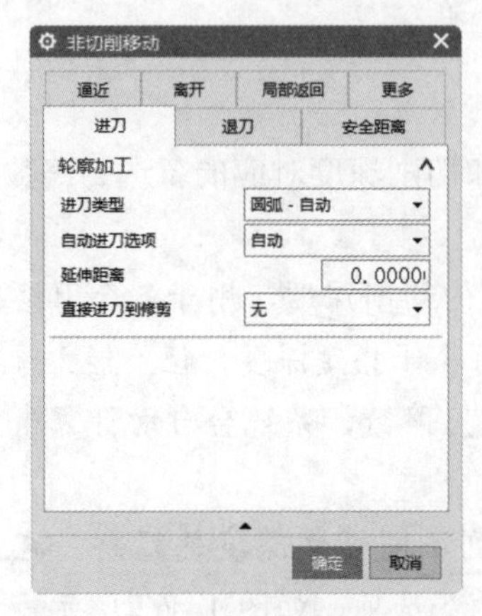

图 14-64 “非切削移动”对话框

14.3.1 进刀/退刀

进刀/退刀设置可确定刀具逼近和离开部件的方式。对于加工过程中的每一点，系统都将区分进刀/退刀状态，可对每种状态指定不同类型的进刀/退刀方法，如图 14-64 所示。

1. 圆弧-自动

“圆弧-自动”方式可使刀具以圆周运动的方式逼近/离开部件，刀具可以平滑地移动，中途无停止运动，如图 14-65 所示。“圆弧-自动”方式仅可用于粗加工、精加工和示教模式。此方式包括两个选项。

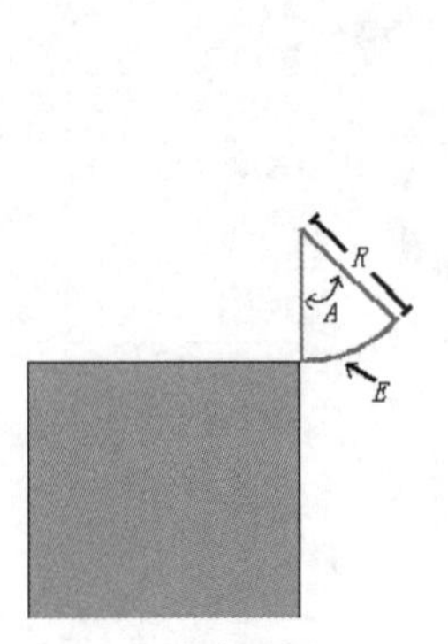

（a）角度和半径

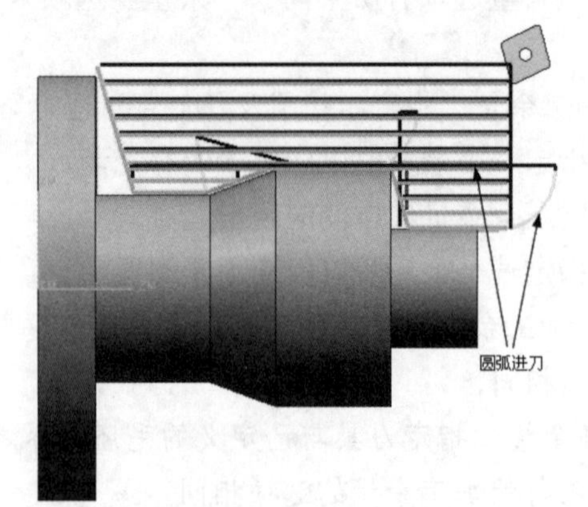

（b）刀轨

图 14-65 “圆弧-自动”进刀方法

E—进刀/退刀运动；*A*—角度；*R*—半径

（1）自动：系统自动生成的角度为 90°，半径为刀具切削半径的两倍。

（2）用户定义：需要在“非切削移动”对话框中输入角度和半径。

2．线性-自动

“线性-自动”方式沿着第一刀切削的方向逼近/离开部件，运动长度与刀尖半径相等，如图 14-66 所示。

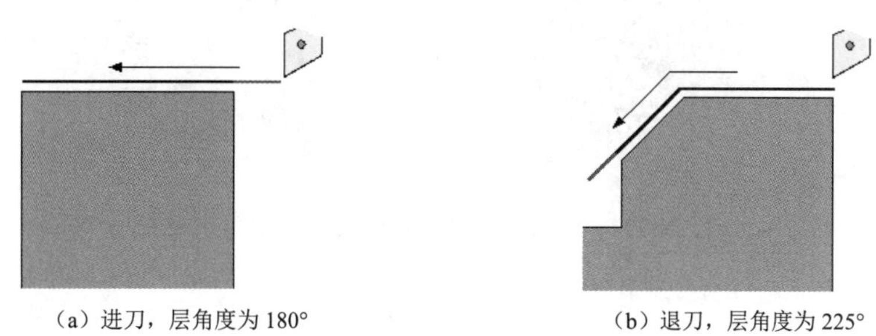

（a）进刀，层角度为 180°　　（b）退刀，层角度为 225°

图 14-66　“线性-自动”进刀方法

3．线性-增量

选择“线性-增量”选项，将激活“XC 增量”和“YC 增量”，如图 14-67 所示。使用 XC 和 YC 值会影响刀具逼近或离开部件的方向，输入的值表示移动的距离。

4．线性

“线性”方式用角度和长度值决定刀具逼近或离开部件的方向，如图 14-68 所示。角度和长度值总是与 WCS 相关，系统从进刀或退刀移动的起点处开始计算这一角度，进刀方法如图 14-69 所示。

图 14-67　“线性-增量”选项　　图 14-68　“线性”选项

5．点

“点”方式可任意选定一个点，刀具沿此点直接进入部件，或在离开部件时经过此点，如图 14-70 所示。

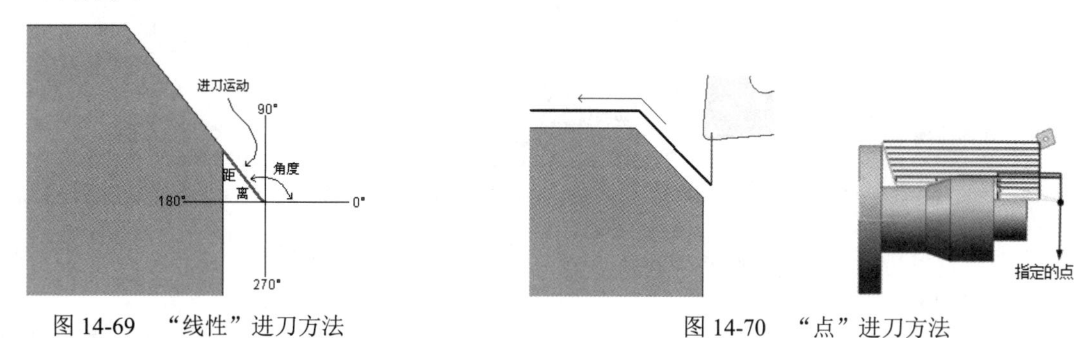

图 14-69　“线性”进刀方法　　图 14-70　“点”进刀方法

6．线性-相对于切削

使用角度和长度值会影响刀具逼近和离开部件的方向，其中角度是相对于相邻运动的角度，如图 14-71 所示。

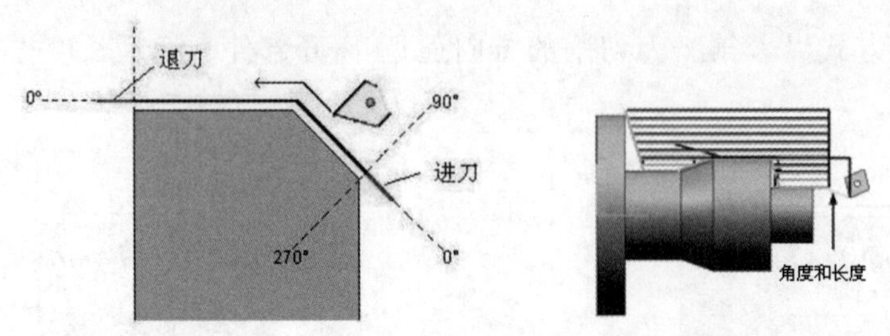

图 14-71　“线性-相对于切削”进刀/退刀方法

14.3.2　逼近

逼近用于定义在开始某一刀轨时进行非切削移动的几何体。“逼近”选项卡如图 14-72 所示。

图 14-72　“逼近”选项卡

1．出发点

出发点可在一段新的刀轨起点处定义初始刀具位置。

2．运动到起点

运动到起点定义刀轨启动序列中用于避让几何体或装夹组件的刀具位置。起点将在 FROM 和后处理命令之后，在第一个逼近移动之前，以快进进给率输出一个 GOTO 命令。

“运动类型”下拉列表中包含以下选项。

（1）直接：用于指定出发点和起点之间的刀具运动。刀具直接移动到进刀起点，而不执行碰撞检查，如图 14-73 所示。

（2）径向->轴向：刀具先垂直于主轴中心线进行移动，然后平行于主轴中心线移动，如图 14-74 所示。

（3）轴向->径向：刀具先平行于主轴中心线进行移动，然后垂直于主轴中心线移动，如图 14-75 所示。

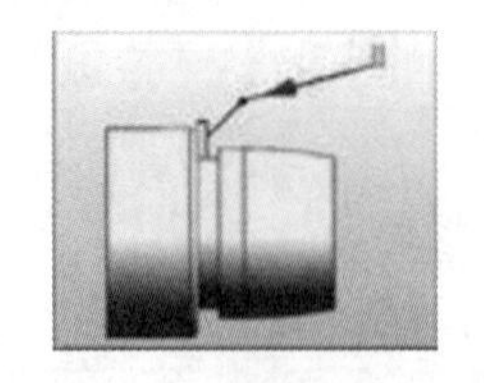

图 14-73　“直接”运动类型

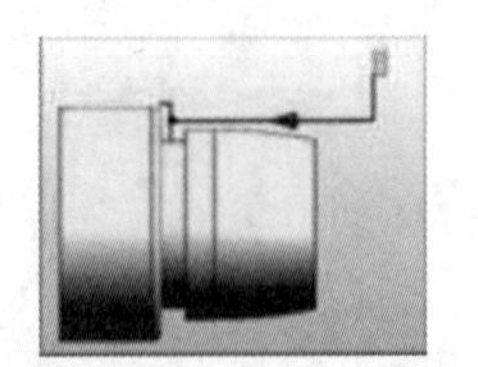

图 14-74　“径向->轴向”运动类型

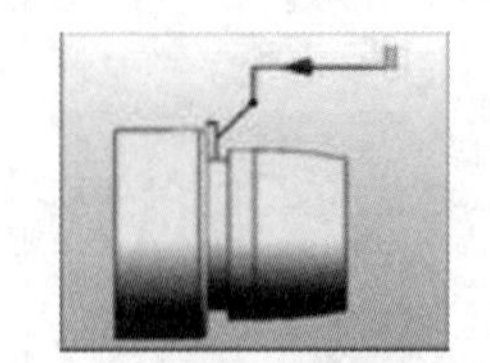

图 14-75　“轴向->径向”运动类型

（4）纯径向->直接：刀具沿径向移动到径向安全距离，然后直接移动到该点。首先需要指定径向平面，如图 14-76 所示。

（5）纯轴向->直接：刀具沿平行于主轴中心线的轴向移动到轴向安全距离，然后直接移动到该点。首先需要指定轴向平面，如图 14-77 所示。

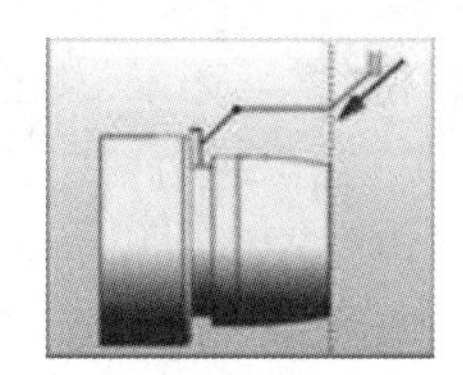

图 14-76　“纯径向->直接”运动类型

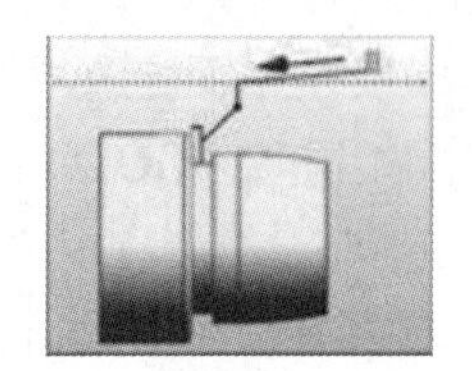

图 14-77　“纯轴向->直接”运动类型

3．逼近刀轨

逼近刀轨指定在起点和进刀运动起点之间的可选系列运动。

“刀轨选项”下拉列表中包含以下选项。

（1）点：用于通过指定点位置来创建逼近刀轨运动，如图 14-78 所示。

（2）点（仅在换刀后）：用于通过仅在上一个工序使用其他刀具时指定点位置来创建逼近刀轨运动，如图 14-79 所示。

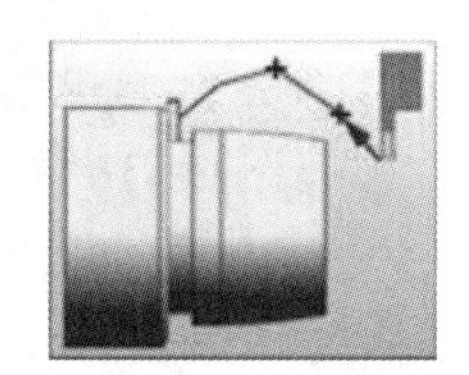

图 14-78　点

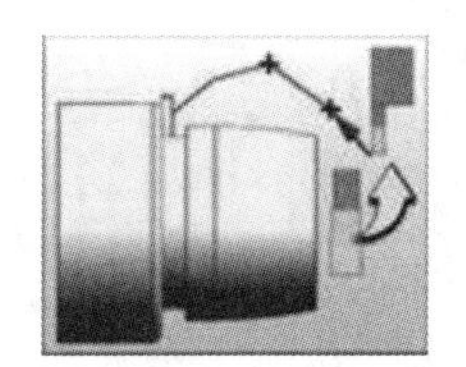

图 14-79　点（仅在换刀后）

4．运动到进刀起点

运动到进刀起点指定移到进刀运动起始位置时刀具的运动类型。其运动类型与“运动到起点”运动类型相同。

14.3.3　离开

离开用于定义在完成某一刀轨时进行非切削移动的几何体。

“离开”选项卡如图 14-80 所示。

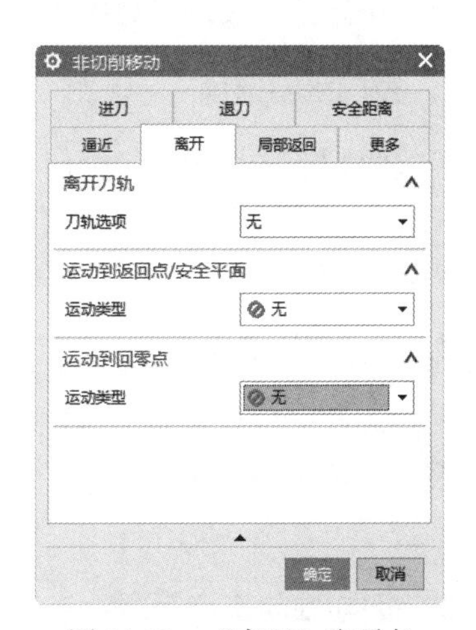

图 14-80　“离开”选项卡

1．离开刀轨

离开刀轨指定移动到返回点或安全平面时刀具的运动类型。

（1）点：创建离开刀轨。

（2）与逼近相同：使用通过逼近点指定的避让刀轨。

（3）点（仅在换刀前）：仅在前一个工序使用不同刀具的情况下创建通过离开点选项指定的离开刀轨。

（4）与逼近相同（仅在换刀前）：仅在前一个工序使用不同刀具的情况下创建通过逼近点选项指定的离开刀轨。

2．运动到返回点/安全平面

运动到返回点/安全平面定义在完成离开移动之后，刀移动到的点。在最后退刀运动后，返回点将以快进进给率输出一个 GOTO 命令。

其运动类型与“逼近”选项卡“运动到起点”中的运动类型选项大致相同，下面介绍不同选项。

（1）自动：刀具自动移动到进刀运动的起点，或者移到退刀运动的第一点，移动时会用 IPW 检查碰撞，如图 14-81 所示。

（2）纯径向：刀具直接移动到径向安全平面，然后停止。首先需要指定径向平面，如图 14-82 所示。

（3）纯轴向：刀具直接移动到轴向安全平面，然后停止。首先需要指定轴向平面，如图 14-83 所示。

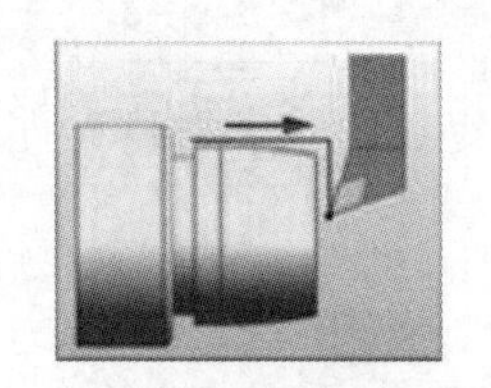

图 14-81　“自动”运动类型

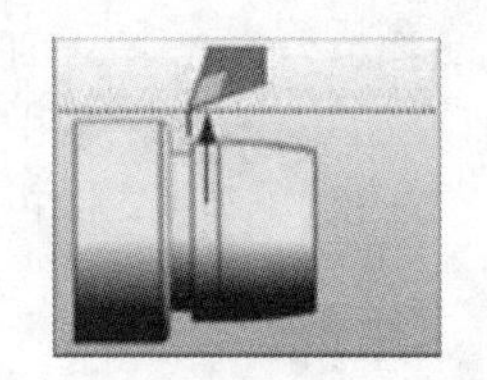

图 14-82　“纯径向”运动类型

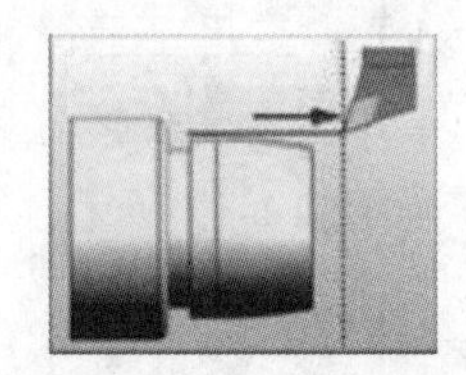

图 14-83　“纯轴向”运动类型

3．运动到回零点

运动到回零点定义最终的刀具位置，经常使用出发点作为该位置。

其运动类型与“逼近”选项卡“运动到起点”中的运动类型选项相同。

14.3.4　安全距离

安全距离定义轴向或径向安全平面，以及其他工件安全设置。

“安全距离”选项卡如图 14-84 所示。

图 14-84　“安全距离”选项卡

1．径向限制选项

径向限制选项用于定义径向安全平面。

（1）点：用于指定点位置以放置平面。

（2）距离：用于指定沿 *Y* 轴的偏置距离以放置平面。

2．轴向限制选项

轴向限制选项用于定义轴向安全平面。轴向限制选项具有径向限制选项相同的选项，只不过距离指定沿 *X* 轴偏置平面的距离。

3．径向/轴向安全距离

径向/轴向安全距离指定沿 *Y*/*X* 轴测量的、与工件之间的安全距离。逼近和离开运动类型使用此安全距离值。

14.3.5　局部返回

“局部返回”选项卡指定局部返回移动，如图 14-85 所示。

（1）局部返回：指定切削的局部返回移动，包括“无”“距离”“时间”“刀路数”4 个选项。

①无：不启动局部返回，且不输出 OPSTOP、OPSKIP 或 DELAY 语句。

②距离：在指定距离之后启动局部返回，不考虑刀具在刀轨上的位置。

③时间：在给定的耗时之后局部返回，不考虑刀具在刀轨上的位置。

④刀路数：在指定数目的刀路之后启动局部返回。

（2）调整：指定局部移动的调整类型，包括“无”“范围”“对齐”3 个选项。

①无：在指定的确切距离或时间值启动局部返回。

②范围：指定局部返回移动的触发范围。刀具一旦进入该范围，软件就开始搜索最佳位置以进行局部返回。如果该范围内有多个位置可进行退刀移动，软件将选择最接近指定距离或时间值的点。如果软件在该范围内找不到退刀移动，它会在指定的确切距离或时间值启动局部返回。

③对齐：尝试尽可能使局部返回与粗加工或精加工刀路的原始退刀对齐。

（3）返回移动：指定移到局部返回位置时刀具运动的类型，如图 14-86 所示。其中“直接”“径向->轴向”“轴向->径向”“纯径向->直接”“纯轴向->直接”“纯径向”“纯轴向”选项在 14.3.2 小节中已介绍过，这里只介绍其余选项。

图 14-85　“局部返回”选项卡

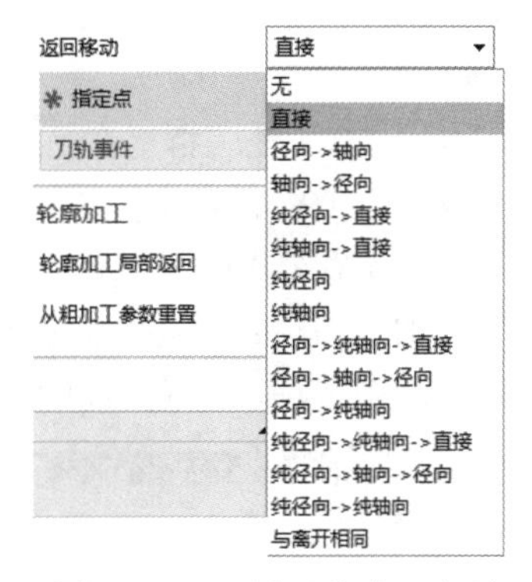

图 14-86　“返回移动”选项

①径向->纯轴向->直接：刀具沿径向移向主轴中心线，沿着中心线移到轴向安全距离，最后直接移向返回点。此选项是为内径工作专门设计的，不应用在外径或面加工中。

②径向->轴向->径向：刀具沿径向移向主轴中心线，沿着中心线移向返回点的轴值处，然后沿径向移向返回点。此选项是为内径工作专门设计的，不应用在外径或面加工中。

③径向->纯轴向：刀具沿径向移向主轴中心线，然后沿着中心线移向主轴中心线的轴向间隙。此选项是为内径工作专门设计的，不应用在外径或面加工中。

④纯径向->纯轴向->直接：刀具沿径向移向径向安全平面，沿着中心线移到轴向安全距离，最后直接移向返回点。此选项是为内径工作专门设计的，不应用在外径或面加工中。

⑤纯径向->轴向->径向：刀具沿径向移向径向安全平面，沿着中心线移向返回点的轴值处，然后沿径向移向返回点。此选项是为内径工作专门设计的，不应用在外径或面加工中。

⑥纯径向->纯轴向：刀具沿径向移向径向安全平面，然后沿着中心线移到主轴中心线的轴向安全距离。选择此选项，软件会忽略任何活动的返回点。

（4）指定点：在图形区域中选择局部返回点或用“点”对话框指定点。

（5）刀轨事件：可向局部返回添加机床事件，也可在没有局部返回移动的情况下创建循环中断。

（6）轮廓加工局部返回：其选项与局部返回相同，不再重复介绍。

（7）从粗加工参数重置：将粗加工中的局部返回设置复制到轮廓加工，然后可以按照用户的轮廓加工需要调整这些参数。

14.3.6 更多

“更多”选项卡控制自动避让运动并激活附加避让方法，如图 14-87 所示。

（1）到进刀起始处：取消选中此复选框，将从出发点、起始点或上一个刀具位置到进刀起点创建平行于 MCS 轴的避让运动，或者从逼近刀轨中的上一点和进刀起点创建平行于 MCS 轴的避让运动。

（2）区域之间：取消选中此复选框，以在平行于 MCS 轴的区域之间创建移刀运动。

（3）在上一次退刀之后：取消选中此复选框，在从上次退刀点到返回点或从上次退刀点到离开刀轨的第一点处创建平行于 MCS 轴的避让运动。

（4）对自动进刀/退刀：自动为进刀和退刀运动以及步进避免碰撞。系统将激活对以下自动移刀运动的监控：工序中从一个粗加工刀路到另一个粗加工刀路，或从一个精加工刀路到另一个精加工刀路。

（5）刀具补偿位置：指定在何处应用刀具补偿。

①所有精加工刀路：自动为 CUTCOM 语句提供所有精加工或轮廓加工刀路的 LEFT/RIGHT 参数以及刀具补偿寄存器号。

②最终精加工刀路：仅将刀具补偿应用于最终精加工刀路。

选择以上两个选项，将激活以下选项，如图 14-88 所示。

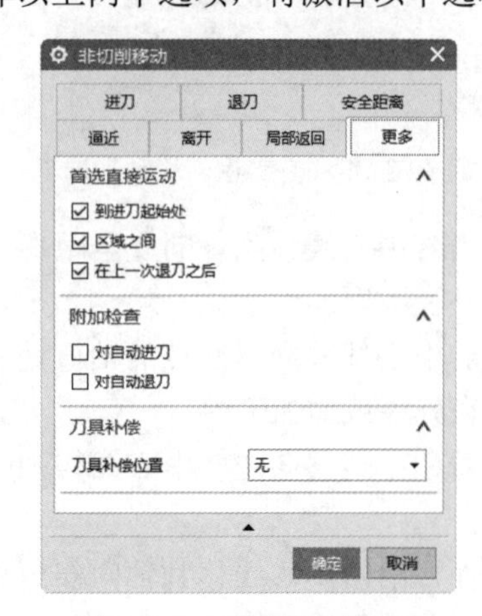

图 14-87 “更多”选项卡

图 14-88 刀具补偿位置

a．最小移动：定义增加的用于激活刀具补偿的线性移动。

b．最小角度：从圆弧进刀的切向延伸处旋转而成的指定角度。

c．如果小于最小值，则抑制刀具补偿：如果 NX 无法满足最小移动或最小角度值中的一项或两个值都无法满足，则抑制刀具补偿。

d．输出平面：允许用户将平面数据包含在 CUTCOM 事件中。插入 CUTCOM 事件的平面将是应用了刀具补偿的平面。

e．输出接触/跟踪数据：对于 NC 工序中的所有切削运动，接触轮廓输出刀具接触位置和一个非刀具跟踪点位置。刀具接触位置是指刀具与部件接触的位置。刀具跟踪点位置就是刀具半径中心。

第 15 章　车削加工工序

内容简介

在机械、航天、汽车和其他工业产品供应等重要工业领域中，对要车削的部件进行加工是必不可少的。UG CAM 模块使用固定切削刀具加强并合并基本切削工序，为车床提供了更强大的粗加工、精加工、开槽、螺纹加工等功能。该模块使用方便，具备车削的核心功能。

15.1　工序子类型

单击“主页”选项卡“刀片”面板中的“创建工序”按钮，弹出“创建工序”对话框，在“类型”下拉列表中选择 turing 选项，如图 15-1 所示。

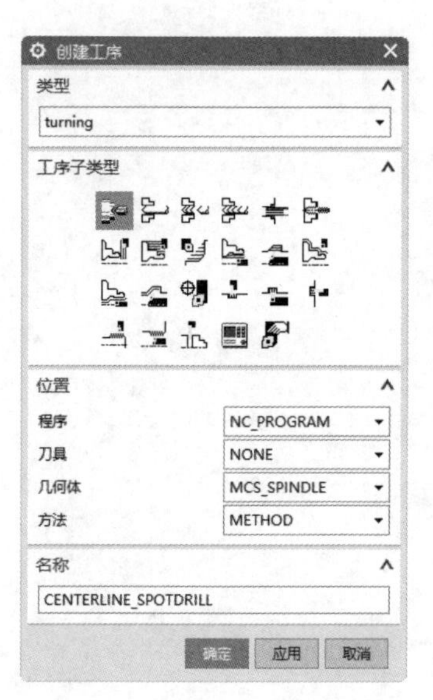

图 15-1　“创建工序”对话框

在“工序子类型”栏中一共列出了 23 种子类型，各项含义介绍如下。

（1）中心线定心钻：对后续中心线钻孔工序进行中心线定心钻的车削工序。

（2）中心线钻孔：带有驻留的钻循环。

（3）中心线啄钻：每次啄钻后完全退刀的钻循环。

（4）中心线断屑：每次啄钻后短退刀或驻留的钻循环。

（5）中心线铰刀：送入和送出的镗孔循环。

（6）中心攻丝：送入、反向主轴和送出的拔锥循环。

（7）面加工：粗加工切削，用于面削朝向主轴中心线的部件。

（8）外径粗车：粗加工切削，用于车削与主轴中心平行的部件的外侧。

（9）退刀粗车：与外径粗车相同，只不过移动时远离主轴面。

（10）内径粗镗：用于镗削与主轴中心平行的部件的内侧。

（11）退刀粗镗：粗加工与内径粗镗相同，只不过移动时远离主轴面。

（12）外径精车：使用各种切削策略，为部件的外侧自动生成精加工切削。

（13）内径精镗：使用各种切削策略，为部件的内侧自动生成精加工切削。

（14）退刀精镗：精加工与内径精镗相同，只不过移动时远离主轴面。

（15）示教模式：生成由用户密切控制的精加工切削，对于精细加工格外有效。

（16）外径开槽：用于在部件的外侧加工槽。

（17）内径开槽：用于在部件的内侧加工槽。

（18）在面上开槽：在部件的外面上加工槽。

（19）外径螺纹铣：在部件的外侧切削螺纹。

（20）内径螺纹铣：在部件的内侧切削螺纹。

（21）部件分离：将部件与卡盘中的棒料分离，是车削程序中的最后一道工序。

（22）用户定义车削：此刀轨由用户定制的 NX Open 程序生成。

（23）车削控制：只包含机床控制事件。

15.2　外 径 粗 车

1．打开文件

选择“文件”→“打开”命令，弹出“打开”对话框，选择 waibu.prt，单击“打开”按钮，打开图 15-2 所示的待加工部件。

2．创建几何体

（1）单击“应用模块”选项卡“加工”面板中的“加工”按钮，弹出“加工环境”对话框，在“要创建的 CAM 组装”列表框中选择 turning 选项，如图 15-3 所示。单击“确定”按钮，进入加工环境。

图 15-2　待加工部件

图 15-3　“加工环境”对话框

（2）在上边框条中单击“几何视图”图标，显示“工序导航器-几何”视图，双击 MCS_SPINDLE，弹出“MCS 主轴”对话框，显示动态坐标系。在“车床工作平面”栏中设置“指定平面”为 ZM-XM，在绘图区中使 MCS 坐标系绕 YM 轴旋转 90°，然后绕 ZM 轴旋转 90°，如图 15-4 所示，单击“确定”按钮。

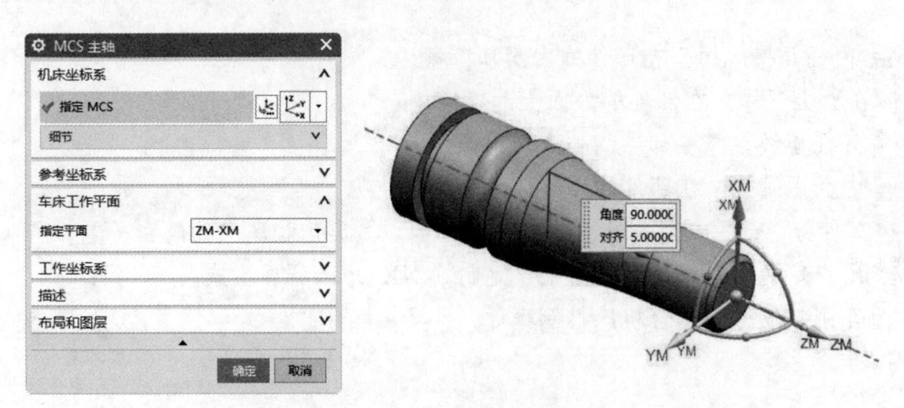

图 15-4　设置 MCS 主轴

（3）在“工序导航器-几何”视图中双击 WORKPIECE，弹出图 15-5 所示的“工件”对话框，单击“指定部件”右侧的“选择或编辑部件几何体”按钮，弹出“部件几何体”对话框，选择实体为几何体，如图 15-6 所示。单击“确定”按钮，关闭当前对话框。

图 15-5　“工件”对话框

图 15-6　选取部件几何体

（4）在“工序导航器-几何”视图中双击 TURNING_WORKPIECE，弹出图 15-7 所示的“车削工件”对话框，单击“指定部件边界”右侧的“显示”按钮，显示部件边界，如图 15-8 所示。

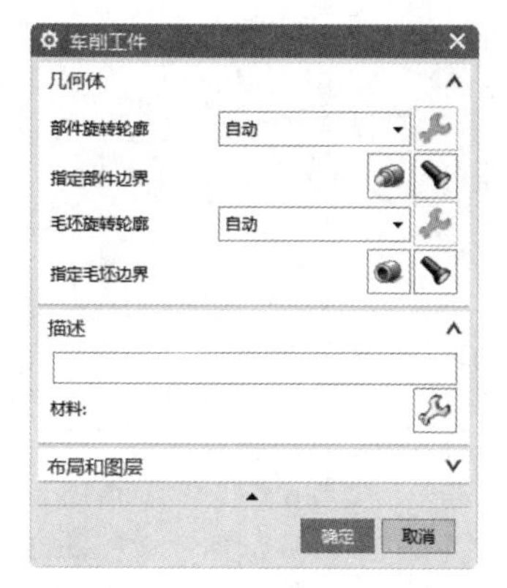

图 15-7 “车削工件”对话框

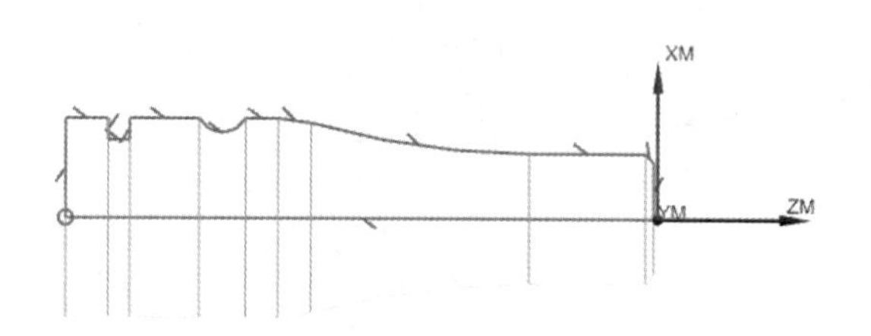

图 15-8 指定部件边界

（5）单击“指定毛坯边界”右侧的“毛坯边界”按钮，弹出图 15-9 所示的“毛坯边界”对话框，选择“类型”为“棒材”，“安装位置”选择“远离主轴箱”，指定原点为棒材的起点，输入“长度”为 180，“直径”为 50，指定的毛坯边界如图 15-10 所示。单击“确定”按钮，完成毛坯几何体的定义。

图 15-9 “毛坯边界”对话框

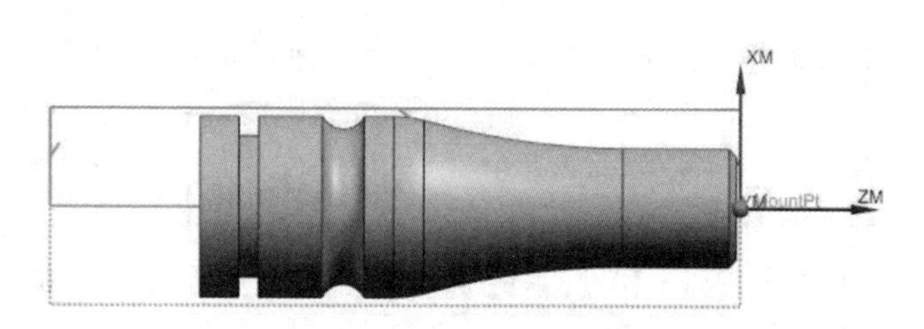

图 15-10 指定的毛坯边界

（6）单击“主页”选项卡“刀片”面板中的“创建几何体”按钮，弹出“创建几何体”对话框，在“几何体子类型”栏中选择 CONTAINMENT，在“位置”栏的“几何体”下拉列表中选择 TURNING_WORKPIECE 选项，其他采用默认设置，如图 15-11 所示。单击“确定”按钮，关闭当前对话框。

图 15-11 “创建几何体”对话框

（7）弹出“空间范围”对话框，在“轴向修剪平面 1”栏中设置“限制选项”为“距离”，“轴向 ZM/XM”为-150，如图 15-12 所示。单击“确定”按钮，关闭当前对话框。

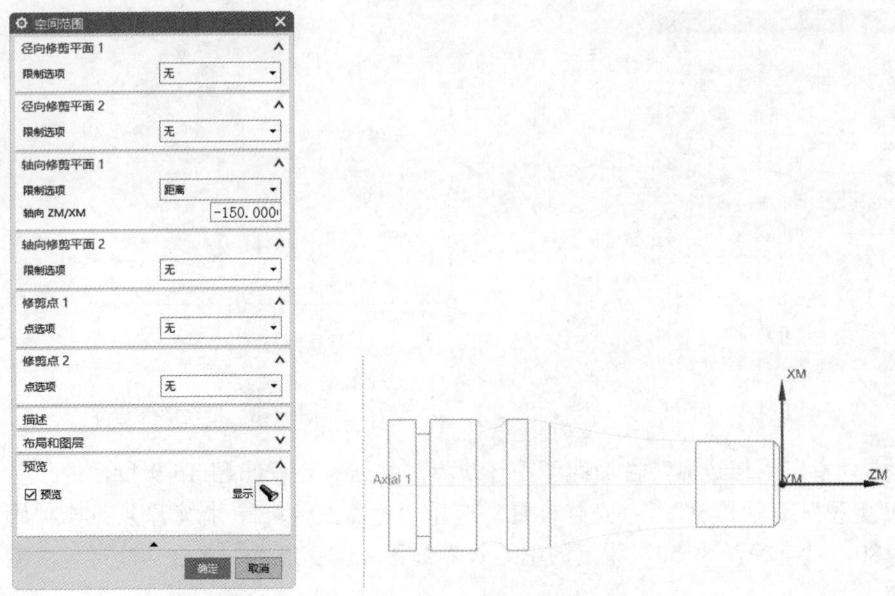

图 15-12　指定轴向修剪平面

3. 创建工序

（1）单击“主页”选项卡“刀片”面板中的“创建工序”按钮，弹出“创建工序”对话框，在“类型”下拉列表中选择 turning 选项，在“工序子类型”栏中选择“外径粗车”，在“几何体”下拉列表中选择CONTAINMENT选项，其他采用默认设置，如图15-13所示。单击“确定”按钮，关闭当前对话框。

（2）弹出图 15-14 所示的“外径粗车”对话框，单击“切削区域”右侧的“编辑”按钮，弹出“切削区域”对话框。在“修剪点 1”栏中设置“点选项”为“指定”，捕捉工件的左上端点；在“修剪点 2”栏中设置“点选项”为“指定”，捕捉工件右侧倒角线上端点；在“区域选择”栏中设置“区域选择”为“指定”，选择修剪区域，如图 15-15 所示。单击“确定”按钮，关闭当前对话框。

图 15-13　“创建工序”对话框

图 15-14　“外径粗车”对话框

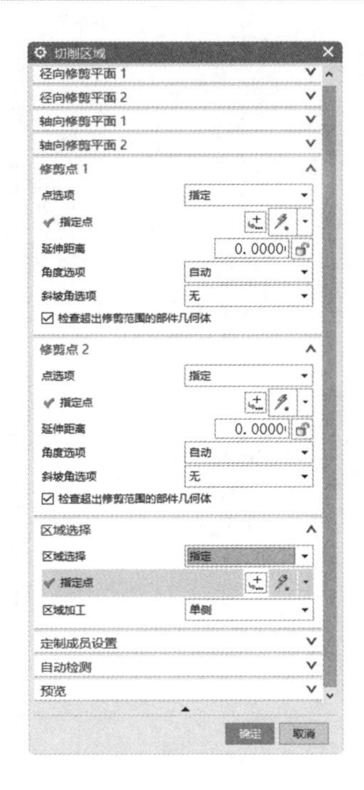

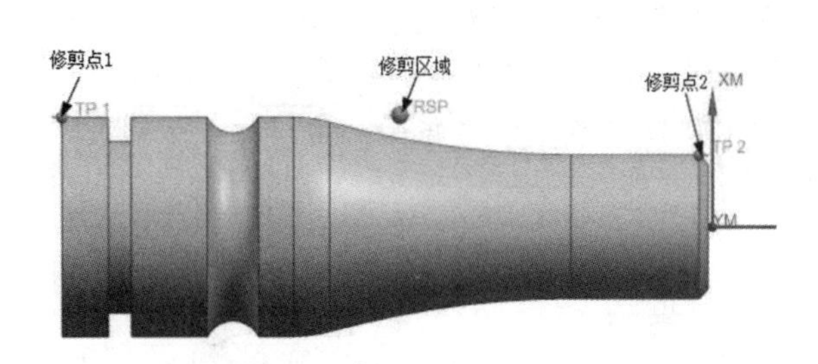

图 15-15 指定修剪区域

（3）返回“外径粗车”对话框，在“工具”栏中单击“新建”按钮，弹出图 15-16 所示的“新建刀具”对话框，在“类型”下拉列表中选择 turning 选项，在“刀具子类型”栏中选择 OD_55_L，在“名称”文本框中输入 OD_55_L，其他采用默认设置。单击“确定”按钮，关闭当前对话框。

（4）弹出图 15-17 所示的“车刀-标准”对话框，在“尺寸”栏中设置“刀尖半径”为 0.8，“方向角度”为 50°，在“刀片尺寸”栏中设置“长度”为 15，其他采用默认设置。单击“确定”按钮，关闭当前对话框。

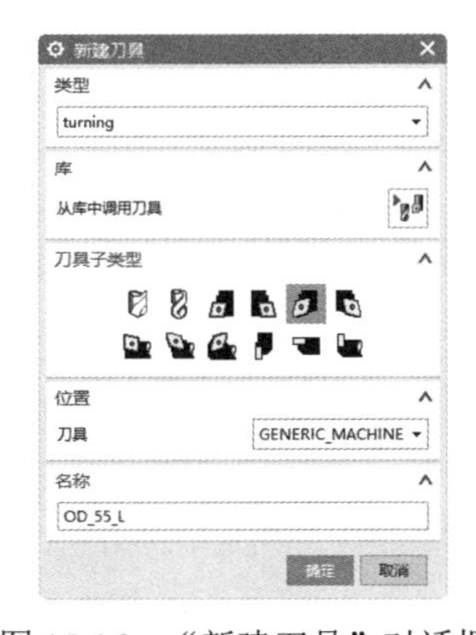

图 15-16 “新建刀具”对话框

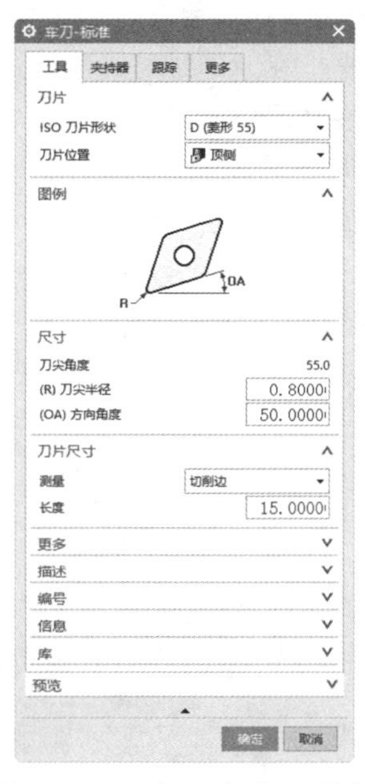

图 15-17 “车刀-标准”对话框

（5）返回“外径粗车”对话框，在“切削策略”栏中设置“策略”为“单向线性切削”；在“刀轨设置”栏中设置“与XC的夹角”为180°，“方向”为“前进”，“切削深度”为“变量平均值”，“最大值”为2，“最小值”为0，“变换模式”为“省略”，“清理”为“全部”，如图15-18所示。

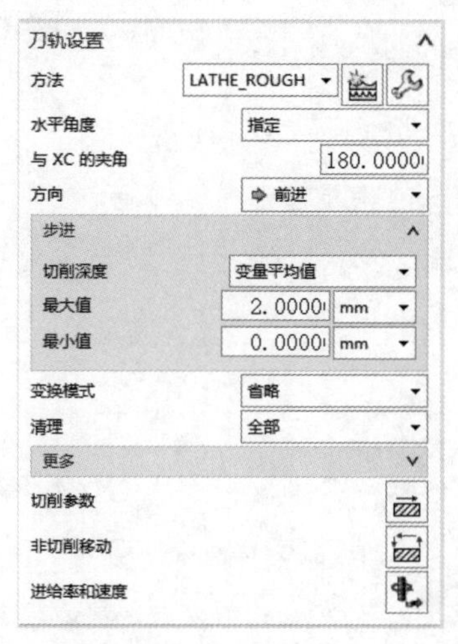

图15-18 “刀轨设置”栏

（6）单击“切削参数”按钮，弹出“切削参数”对话框，如图15-19所示。在“余量”选项卡“粗加工余量”栏中设置“恒定”为1。在“轮廓类型”选项卡“面和直径范围”栏中设置“最小面角角度”为80°，“最大面角角度”为100°，“最小直径角度”为350°，“最大直径角度”为10°；在“陡峭和水平范围”栏中设置“最小陡峭壁角度”为80°，“最大陡峭壁角度”为100°，“最小水平角度”为-10°，“最大水平角度”为10°。单击“确定”按钮，关闭当前对话框。

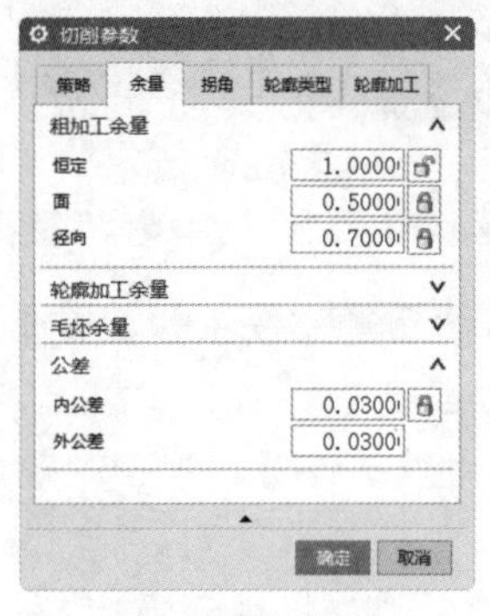

（a）“余量”选项卡

（b）“轮廓类型”选项卡

图15-19 “切削参数”对话框

（7）返回“外径粗车”对话框，单击“非切削移动”按钮，弹出图15-20所示的“非切削移动”对话框，在“逼近”选项卡的“运动到起点”栏中设置“运动类型”为“直接”，“点选项”为“点”，在视图中指定点，也可以直接输入坐标（30,40,0），如图15-20所示。在“离开”选项卡的“运动到返回点/安全平面”栏中设置“运动类型”为“直接”，“点选项”为“与起点相同”；在“运动到回零点”栏中设置“运动类型”为“无”。单击“确定”按钮，关闭当前对话框。

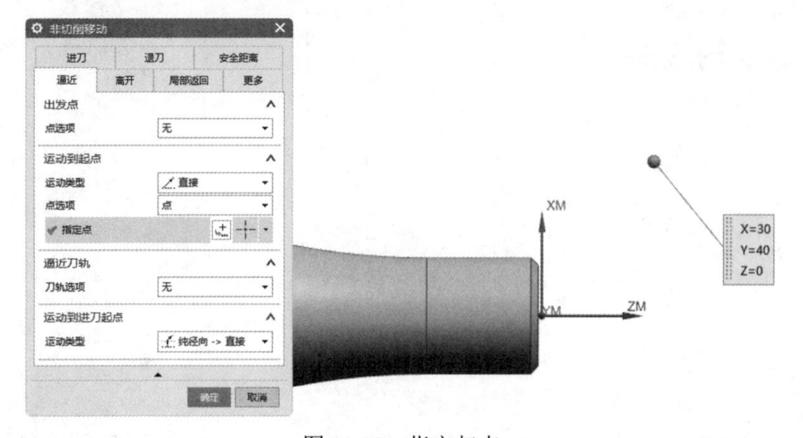

图15-20 指定起点

（8）返回“外径粗车”对话框，单击“操作”栏中的“生成刀轨”按钮，生成图 15-21 所示的刀轨。

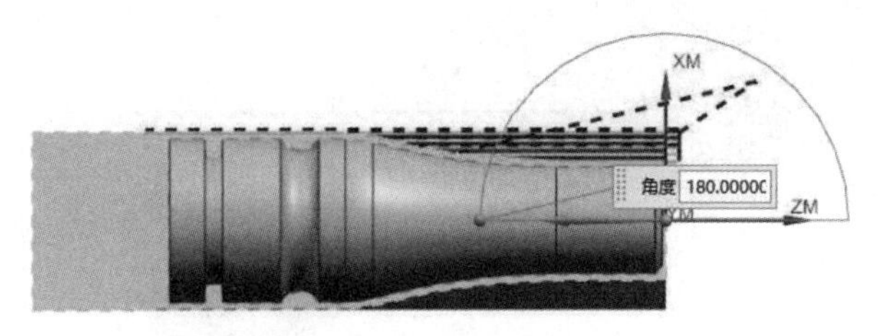

图 15-21　生成的刀轨

（9）单击“操作”栏中的“确认”按钮，弹出“刀轨可视化”对话框，切换到“3D 动态”选项卡，如图 15-22 所示，单击“播放”按钮，进行 3D 模拟加工，结果如图 15-23 所示。

图 15-22　“刀轨可视化”对话框

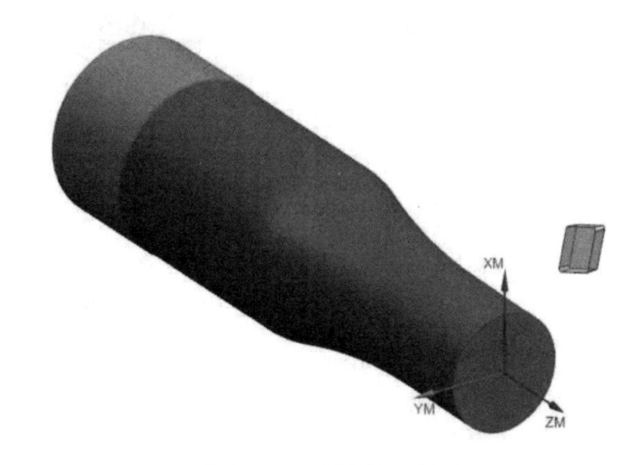

图 15-23　模拟加工结果

动手练——外径粗车加工

扫一扫，看视频

对如图 15-24 所示的部件进行外径粗车加工。

图 15-24　待加工部件

思路点拨：

源文件：yuanwenjian\15\dongshoulian\CJG

（1）创建几何体和刀具。

（2）指定车削边界。

（3）指定切削区域。

（4）创建外径粗车工序。

扫一扫，看视频

15.3　面　加　工

（1）选择“文件”→“打开”命令，弹出“打开”对话框，选择 15.2 节创建的加工文件，单击“打开”按钮，打开待加工部件。在 15.2 节中已经对待加工部件指定了加工边界和毛坯件，这里直接进行面加工工序即可。

（2）单击“主页”选项卡“刀片”面板中的“创建工序”按钮，弹出“创建工序”对话框，在“类型”下拉列表中选择 turning 选项，在“工序子类型”栏中选择“面加工”，在“位置”栏中设置“几何体”为 CONTAINMENT，“方法”为 LATHE_FINISH，其他采用默认设置。单击“确定”按钮，关闭当前对话框。

（3）弹出“面加工”对话框，在“工具”栏中单击“新建”按钮，弹出“新建刀具”对话框，在“类型”下拉列表中选择 turning 选项，在“刀具子类型”栏中选择 OD_55_L，在“名称”文本框中输入 OD_55_L_FACE，其他采用默认设置。单击“确定”按钮，弹出“车刀-标准”对话框，在“尺寸”栏中设置“刀尖半径”为 0.2，“方向角度”为 10，在“刀片尺寸”栏中设置“长度”为 15，其他采用默认设置。单击“确定”按钮，关闭当前对话框。

（4）返回“面加工”对话框，单击“切削区域”右侧的“编辑”按钮，弹出“切削区域”对话框，在“轴向修剪平面 1”栏中设置“限制选项”为“点”，选择部件外径上的倒角上端点，如图 15-25 所示。单击“确定”按钮，关闭当前对话框。

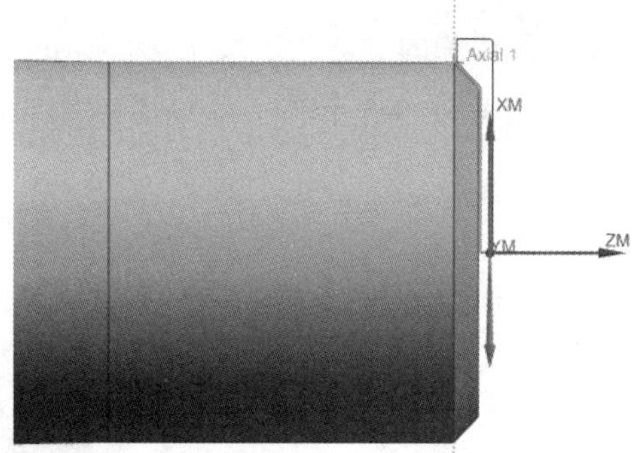

图 15-25　指定切削区域

(5) 返回“面加工”对话框，在“切削策略”栏中设置“策略”为“单向线性切削”，在“刀轨设置”栏中设置“与 XC 的夹角”为 270°，“方向”为“前进”，“切削深度”为“变量平均值”，“最大值”为 2，如图 15-26 所示。

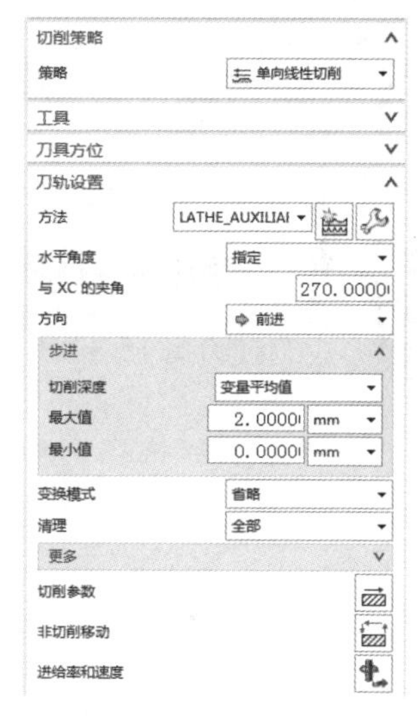

图 15-26　“刀轨设置”栏

(6) 单击“非切削移动”按钮，弹出图 15-27 所示的“非切削移动”对话框。在“逼近”选项卡“运动到起点”栏中设置“运动类型”为“直接”，“点选项”为“点”，在视图中适当位置指定点(输入坐标为 30,40,0)；在“离开”选项卡的“运动到返回点/安全平面”栏中设置“运动类型”为“直接”，“点选项”为“与起点相同”，在“运动到回零点”栏中设置“运动类型”为“无”。单击“确定”按钮，关闭当前对话框。

(a)“逼近”选项卡

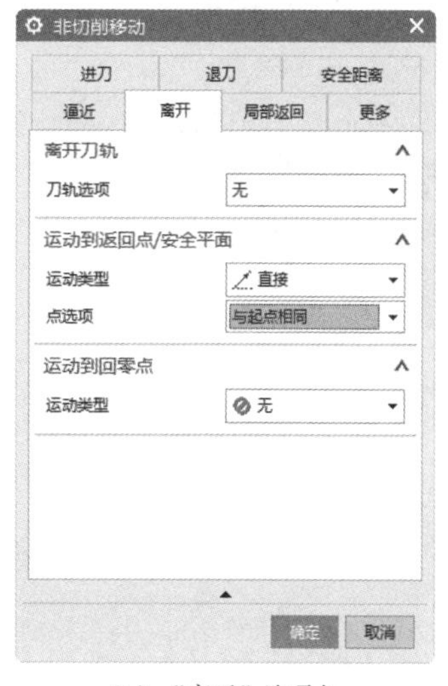

(b)“离开”选项卡

图 15-27　“非切削移动”对话框

（7）返回“面加工”对话框，单击“操作”栏中的“生成”按钮，生成的刀轨如图 15-28 所示。

（8）单击“操作”栏中的“确认”按钮，弹出“刀轨可视化”对话框，切换到“3D 动态”选项卡，如图 15-22 所示，单击“播放”按钮，进行 3D 模拟加工，结果如图 15-29 所示。

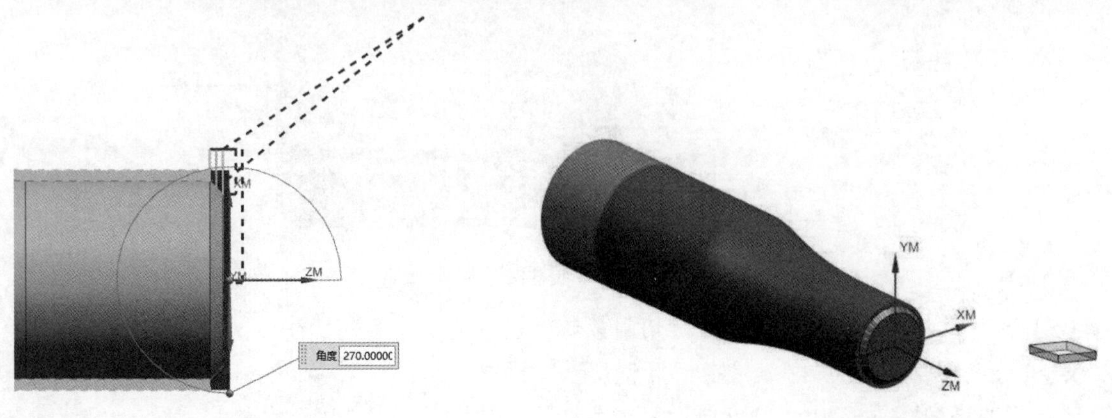

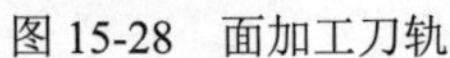

图 15-28　面加工刀轨　　　　图 15-29　模拟加工结果

扫一扫，看视频

动手练——端面加工

对如图 15-30 所示的部件进行端面加工。

图 15-30　待加工部件

思路点拨：

源文件： yuanwenjian\15\dongshoulian\CXJG

（1）创建几何体和刀具。

（2）指定车削边界。

（3）指定切削区域。

（4）创建外径粗车工序。

（5）创建面加工工序。

扫一扫，看视频

15.4　外 径 开 槽

（1）选择“文件”→“打开”命令，弹出“打开”对话框，选择 15.3 节创建的加工文件，单击“打开”按钮，打开待加工部件。在 15.2 节中已经对待加工部件指定了加工边界和毛坯件，这里直接进行外径开槽工序加工即可。

（2）单击“主页”选项卡“刀片”面板中的“创建工序”按钮，弹出“创建工序”对话框，在“类型”下拉列表中选择 turning 选项，在“工序子类型”栏中选择“外径开槽”，在“位置”栏中设置“几何体”为 CONTAINMENT，“方法”为 LATHE_FINISH，其他采用默认设置。单击“确定”按钮，关闭当前对话框。

（3）弹出“外径开槽”对话框，在“工具”栏中单击“新建”按钮，弹出“新建刀具”对话框，在“类型”下拉列表中选择 turning 选项，在“刀具子类型”栏中选择 OD_GROOVE_L，其他采用默认设置。单击“确定”按钮，弹出图 15-31 所示的“槽刀-标准”对话框，设置“方向角度”为 90°，“刀片长度”为 12，“刀片宽度”为 3，“半径”为 0.2，其他采用默认设置。单击“确定”按钮，关闭当前对话框。

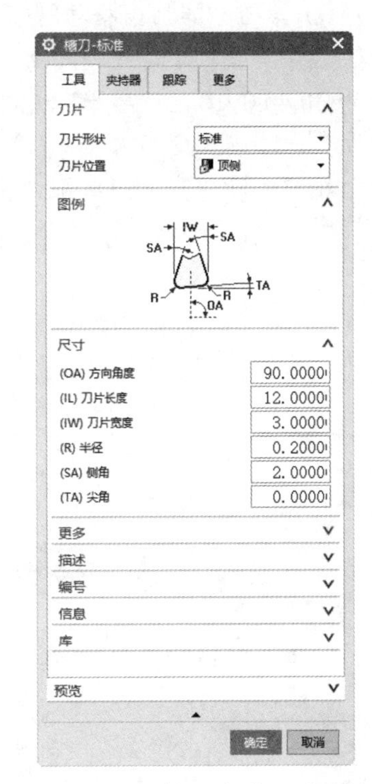

图 15-31　“槽刀-标准”对话框

（4）返回“外径开槽”对话框，单击“切削区域”右侧的“编辑”按钮，弹出“切削区域”对话框，在“轴向修剪平面 1”栏中设置“限制选项”为“点”，选取槽底座直线的左端点；在“轴向修剪平面 2”栏中设置“限制选项”为“点”，选取槽底座直线的右端点，如图 15-32 所示。单击“确定”按钮，关闭当前对话框。

（5）返回“外径开槽”对话框，在“切削策略”栏设置“策略”为“单向插削”，在“刀轨设置”栏中设置“与 XC 的夹角”为 180°，“方向”为“前进”，“步距”为“变量平均值”，“最大值”为“75%刀具”，“清理”为“仅向下”，如图 15-33 所示。

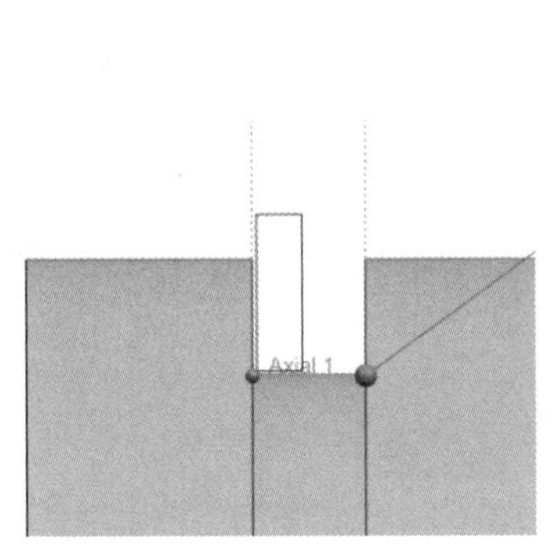

图 15-32　指定切削区域

图 15-33　设置切削参数

（6）单击“非切削移动”按钮，弹出“非切削移动”对话框，在“逼近”选项卡“运动到起点”栏中设置“运动类型”为“直接”，“点选项”为“点”，在视图中适当位置指定点（输入坐标为30,40,0）；在“离开”选项卡的“运动到返回点/安全平面”栏中设置“运动类型”为“径向->轴向”，“点选项”为“与起点相同”，在“运动到回零点”栏中设置“运动类型”为“无”。单击“确定”按钮，关闭当前对话框。

（7）返回“外径开槽”对话框，单击“操作”栏中的“生成”按钮，生成的刀轨如图15-34所示。

（8）单击“操作”栏中的“确认”按钮，弹出“刀轨可视化”对话框，切换到“3D动态”选项卡，如图15-22所示，单击“播放”按钮，进行3D模拟加工，结果如图15-35所示。

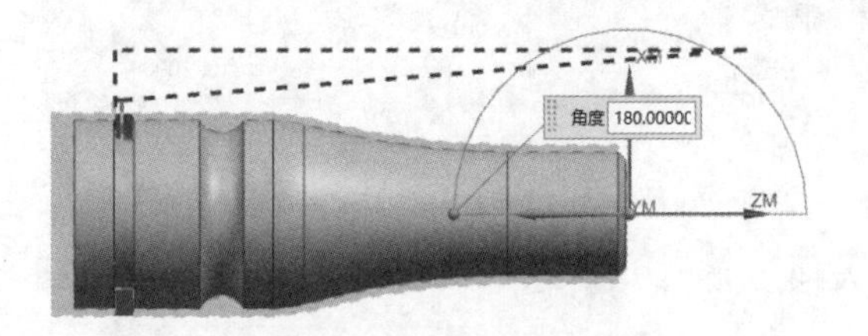

图15-34　外径开槽刀轨

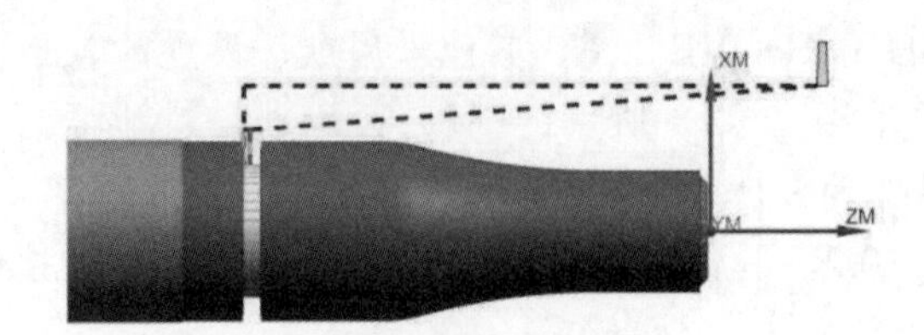

图15-35　模拟加工结果

扫一扫，看视频

15.5　外径精车

（1）选择“文件”→“打开”命令，弹出“打开”对话框，选择15.4节创建的加工文件，单击“打开”按钮，打开待加工部件。在15.2节中已经对待加工部件指定了加工边界和毛坯件，这里直接进行外径精车工序加工即可。

（2）单击“主页”选项卡“刀片”面板中的“创建工序”按钮，弹出“创建工序”对话框，在“类型”下拉列表中选择turning选项，在“工序子类型”栏中选择“外径精车”，在“位置”栏中设置“几何体”为CONTAINMENT，“刀具”为OD_55_L，“方法”为LATHE_FINISH，其他采用默认设置。单击“确定”按钮，关闭当前对话框。

（3）弹出“外径精车”对话框，单击“切削区域”右侧的“编辑”按钮，弹出“切削区域”对话框。在“修剪点1”栏中设置“限制选项”为“指定”，捕捉工件左侧倒角线上端点，如图15-36所示；在“修剪点2”栏中设置“限制选项”为“指定”，捕捉工件的左上端点，在“区域选择”栏中设置“区域加工”为“多个”，“区域序列”为“单向”。单击“确定”按钮，关闭当前对话框。

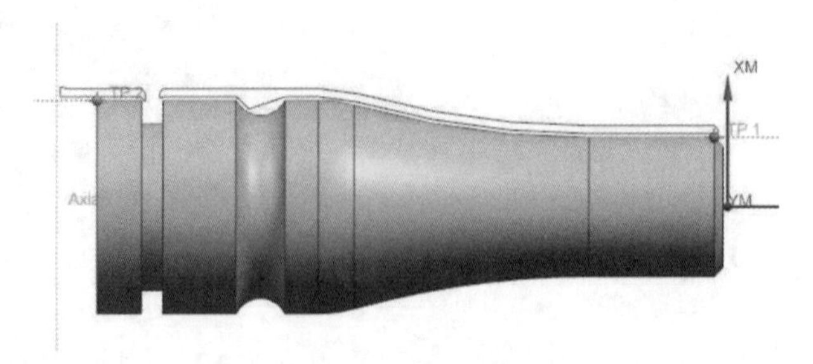

图15-36　指定切削区域

（4）返回"外径精车"对话框，单击"定制部件边界数据"右侧的"编辑"按钮，弹出"部件边界"对话框，在视图中分别选取槽的 3 条边，在"成员"栏的"定制成员数据"中选中"忽略成员"复选框，如图 15-37 所示。单击"确定"按钮，关闭当前对话框。

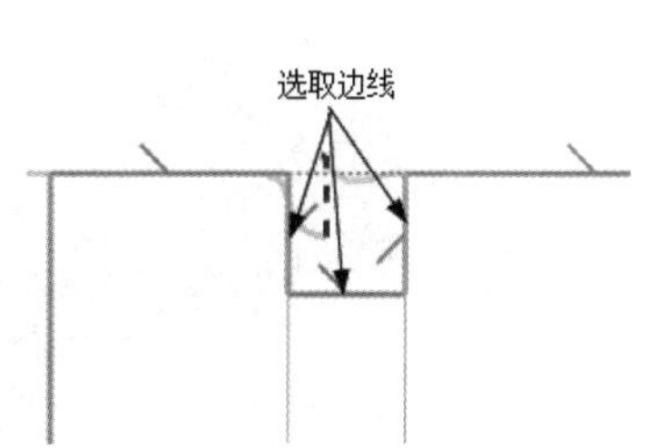

图 15-37　指定部件边界

（5）返回"外径精车"对话框，在"切削策略"栏中设置"策略"为"全部精加工"，在"刀轨设置"栏中设置"与 XC 的夹角"为 180°，"方向"为"前进"，"多刀路"为"恒定深度"，"最大距离"为 0.5，"精加工刀路"为"保持切削方向"，如图 15-38 所示。

（6）单击"非切削移动"按钮，弹出"非切削移动"对话框。在"逼近"选项卡"运动到起点"栏中设置"运动类型"为"直接"，"点选项"为"点"，在视图中适当位置指定点（输入坐标为 30,40,0）；在"离开"选项卡的"运动到返回点/安全平面"栏中设置"运动类型"为"径向->轴向"，"点选项"为"与起点相同"，在"运动到回零点"栏中设置"运动类型"为"无"。单击"确定"按钮，关闭当前对话框。

（7）返回"外径精车"对话框，单击"操作"栏中的"生成"按钮，生成的刀轨如图 15-39 所示。

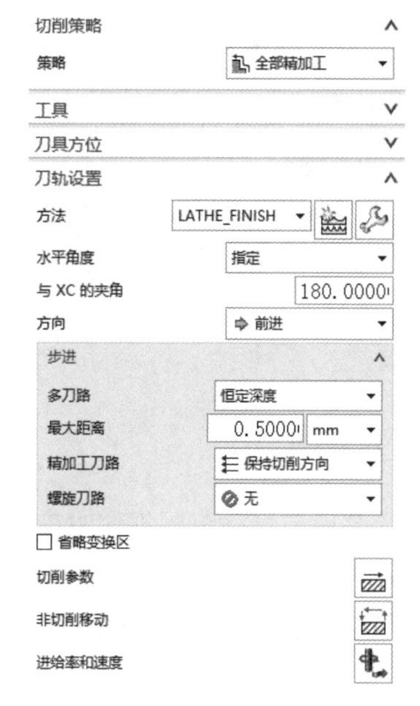

图 15-38　设置参数

（8）单击"操作"栏中的"确认"按钮，弹出"刀轨可视化"对话框，切换到"3D 动态"选项卡，如图 15-22 所示，单击"播放"按钮，进行 3D 模拟加工，结果如图 15-40 所示。

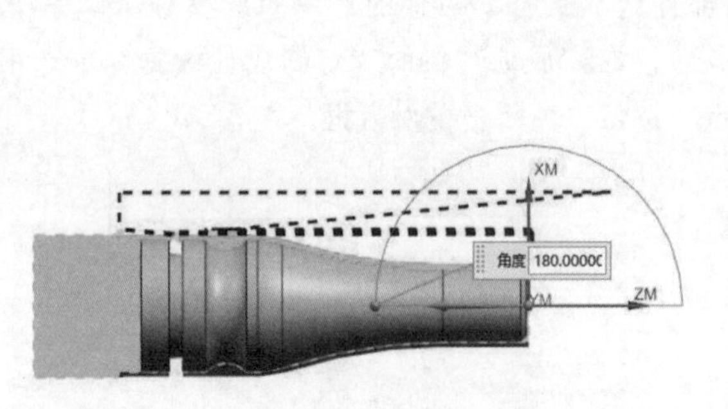

图 15-39　外径精车刀轨

图 15-40　模拟加工结果

扫一扫，看视频

动手练——外径精车加工

对如图 15-41 所示的部件进行外径精车加工。

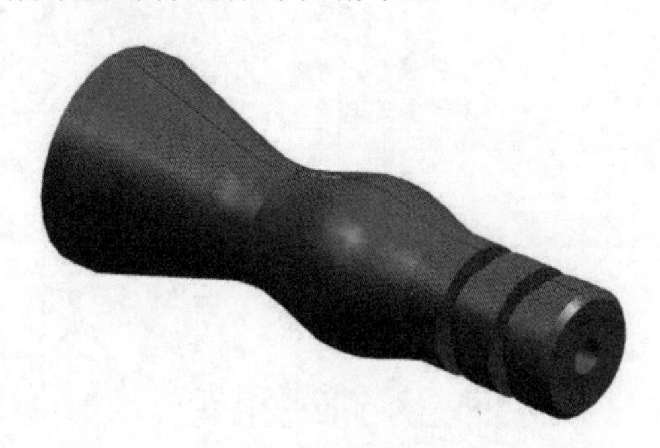

图 15-41　待加工部件

思路点拨：

源文件：yuanwenjian\15\dongshoulian\CXJG

（1）打开动手练——端面加工部件。

（2）创建外径精车工序。

15.6　示教模式

示教模式可在车削工作中控制执行高级精加工，可通过定义线性快速、线性进给、进刀和退刀设置以及轮廓移动等来建立刀轨。定义轮廓移动时，可以控制边界截面上的刀具，指定起始和终止位置及定义每个连续切削的方向。

15.6.1　加工参数

在“示教模式”对话框中单击“添加新的子工序”按钮，弹出图 15-42 所示的“创建 Teachmode 子工序”对话框。

图 15-42 “创建 Teachmode 子工序”对话框

1. 线性移动

线性移动用于创建从当前刀具位置到新位置的线性快速和进给运动，此运动使用快速度。

（1）移动类型。

①直接：使刀具直接移动到终点。

②径向：使刀具移动到终点的径向坐标。

③轴向：使刀具移动到终点的轴坐标。

④径向->轴向：使刀具先沿径向方向移动，然后轴向移动至终点，如图 15-43 所示。

⑤轴向->径向：使刀具先沿轴向方向移动，然后径向移动至终点，如图 15-44 所示。

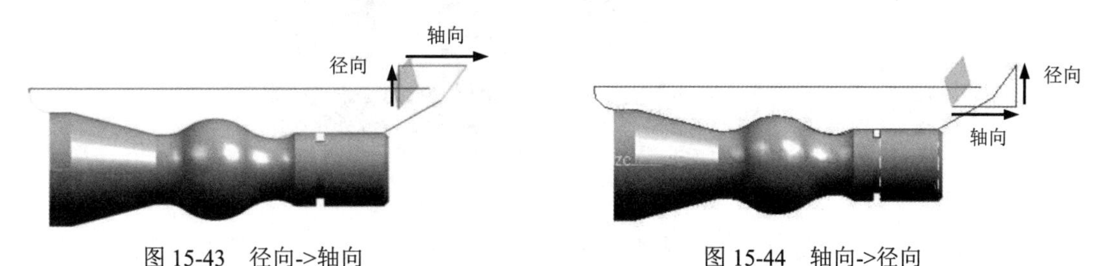

图 15-43 径向->轴向　　图 15-44 轴向->径向

（2）终止位置。

①点：选择“点”方式，在“指定点”栏中单击“点对话框”按钮，弹出“点”对话框，选择相关点。

②曲线：在“终止位置”下拉列表中选择“曲线”选项，如图 15-45 所示，定义终止位置的方法有采用单条曲线和两条曲线两种。

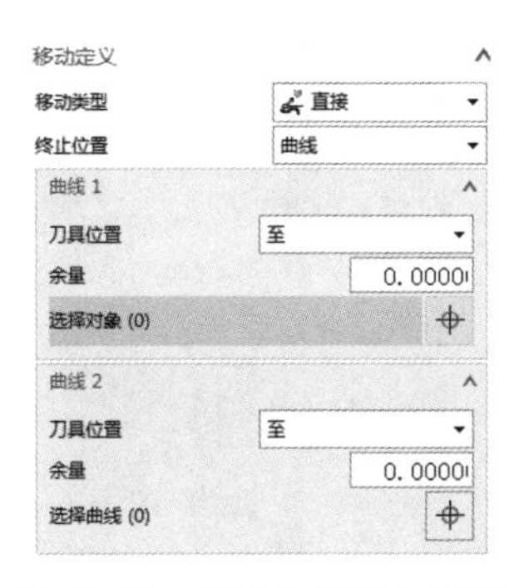

图 15-45 “终止位置”选项

a．单条曲线：如果选择单条曲线作为终点，产生的点将是曲线上相对于当前刀具位置最近的点，如图 15-46 所示。

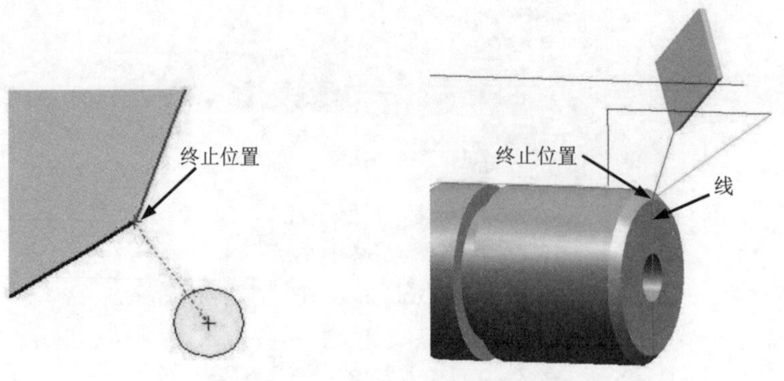

图 15-46　“单条曲线”定义终点

b．两条曲线：如果选择两条曲线确定终点，产生的点将是两条曲线的交点，如图 15-47 所示。

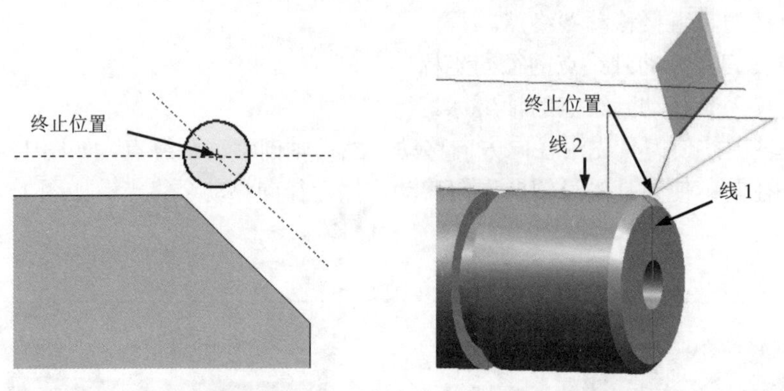

图 15-47　“两条曲线”定义终点

c．刀具位置：共有 3 个选项，即“至”（相切）、“对中”（在其上）、“过去”（超出）。图 15-48 所示为单条曲线刀具位置，图（a）中 *A* 为“至”（相切）点，*B* 为“对中”（在其上）点，*C* 为“过去”（超出）点；图（c）～图（d）分别为利用“至”（相切）、“对中”（在其上）、“过去”（超出）方法时刀具运动到的位置点比较。

（3）初始退刀。

初始退刀运动在实际的快速运动之前输出，共有 3 个设置选项，即“无”“线性-自动”“线性”。“线性”可以通过 WCS 的正 *X* 轴角度和运动长度来指定退刀运动，“线性”初始退刀如图 15-49 所示，图中角度为 45°，距离为 15。选择“无”选项可禁用“初始退刀”选项。“线性-自动”使用刀具刀尖半径作为距离，使用刀具刀尖平分线作为角度。

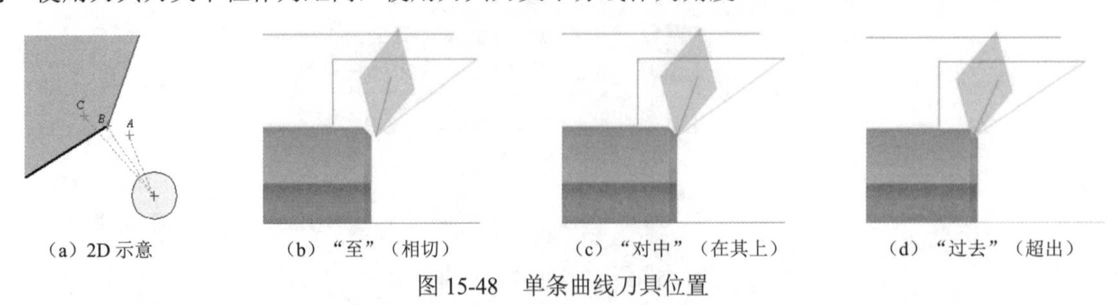

（a）2D 示意　（b）“至”（相切）　（c）“对中”（在其上）　（d）“过去”（超出）

图 15-48　单条曲线刀具位置

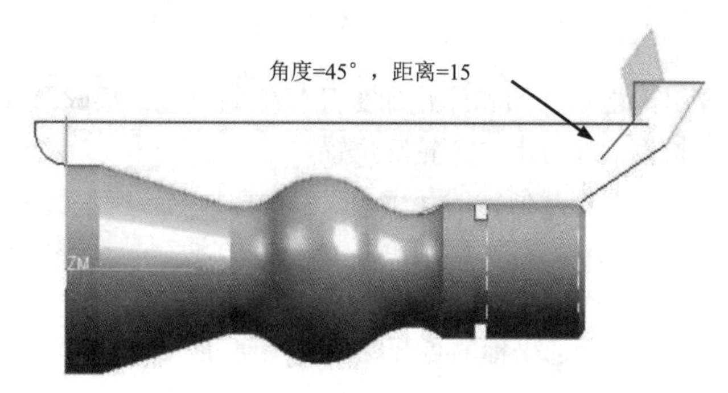

图 15-49　“线性”初始退刀

2. 轮廓移动

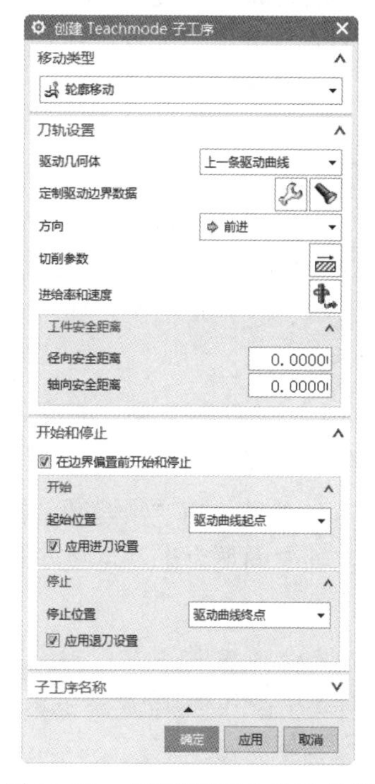

图 15-50　“轮廓移动”移动类型

轮廓移动允许手工定义驱动几何体。在“创建 Teachmode 子工序”对话框“移动类型”下拉列表中选择“轮廓移动”选项，如图 15-50 所示。

（1）驱动几何体。

①上一条检查曲线：只有存在将检查几何体作为停止位置方法的上一个轮廓移动子工序时，此选项才可用。

②上一条驱动曲线：该子工序使用与上一个轮廓移动相同的几何体。对于第一个轮廓移动，系统使用父本组中的几何体。

③新驱动曲线：在选择“新驱动曲线”选项后，“指定驱动边界”按钮被激活。单击此按钮，可弹出“部件边界”对话框，进行驱动几何体的选择。

（2）方向：用于选择方向，可以指定按边界成链方向或与之相反方向进行加工。变换方向后材料侧对应变化，即系统将为反向加工变换材料侧。

（3）在边界偏置前开始和停止：此复选框决定系统何时计算起点/停止点（图 15-51）。如果选中“在边界偏置前开始和停止”复选框，根据几何体和刀具形状，系统在计算偏置和过切避让之前评估驱动曲线分段，如图 15-51(a)所示；如果取消选中“在边界偏置前开始和停止”复选框，系统首先计算偏置和无过切刀轨，然后从指定的起点整理刀轨，如图 15-51（b）所示。

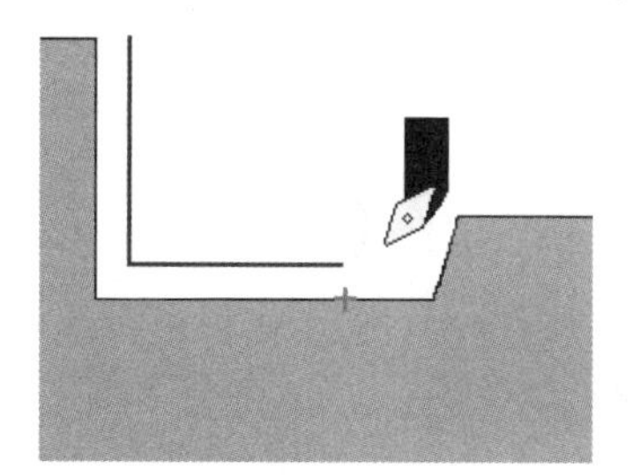

（a）选中“在边界偏置前开始和停止”复选框

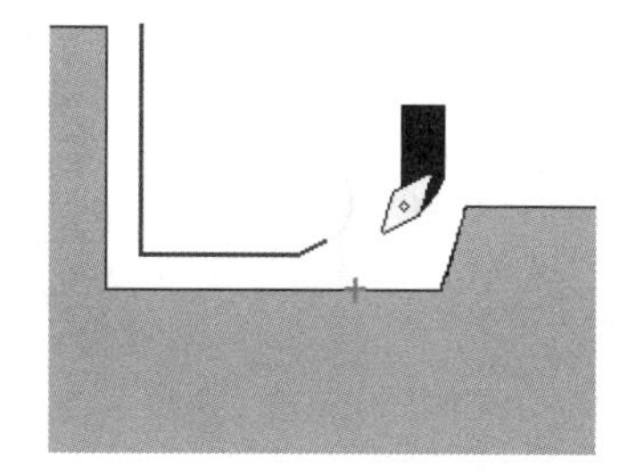

（b）取消选中“在边界偏置前开始和停止”复选框

图 15-51　在边界偏置前开始和停止

（4）起始位置和停止位置方法。

起始位置和停止位置用于指定开始和停止加工几何体的位置。要设置起始/停止位置，可选择驱动曲线起点/终点、点、检查曲线、上一个轮廓位置。

①驱动曲线起点/终点：从所选几何体的起点（或者是在切削方向反转情况下的停止点）开始加工所选几何体。如果选择“驱动曲线终点”选项作为停止方法，那么系统加工驱动曲线直至终点（或者是在切削方向反转情况下的起点）。

②点：从几何体上最接近于所选坐标的点开始加工几何体，或者从几何体上最接近于所选点的点结束对几何体的加工。

③检查曲线：在不过切检查几何体的情况下进刀至驱动几何体上可到达的第一个点，或者作为停止方法将加工驱动几何体至检查点。

④上一个轮廓位置：在前一个轮廓曲线运动的最后一个轮廓位置开始/停止加工。在快速和进给率运动下此位置保持不变。“上一个轮廓位置”对第一个轮廓曲线运动不可用。

3. 进刀/退刀设置

进刀设置和退刀设置可用来设置后续轮廓移动子工序使用的进刀/退刀策略。其可用于进刀的选项与粗加工中可用的选项相同，这里再简单说明一下。“进刀设置”移动类型如图 15-52 所示。

图 15-52　“进刀设置”移动类型

（1）圆弧-自动：指定刀具以圆弧运动的方式逼近/离开部件。可以在“自动进刀选项”下拉列表中选择“自动”选项，也可以选择“用户定义”选项，通过手工指定角度和半径，其中角度为进刀运动方向与 CSYS 坐标系 XC 方向的夹角。

（2）线性-自动：沿着第一刀切削的方向逼近/离开部件。

（3）线性-增量：手工指定进刀沿矢量方向。选择此选项后，将激活“XC 增量”和“YC 增量”两个选项。

（4）线性：选择此选项后，将激活“角度”和“距离”两个选项。这两个选项确定刀具逼近和离开部件的方向。角度为进刀运动方向与 CSYS 坐标系 XC 方向的夹角，图 15-53（a）所示为刀具以 45°逼近工件，图 15-53（b）所示为刀具以 225°逼近工件。

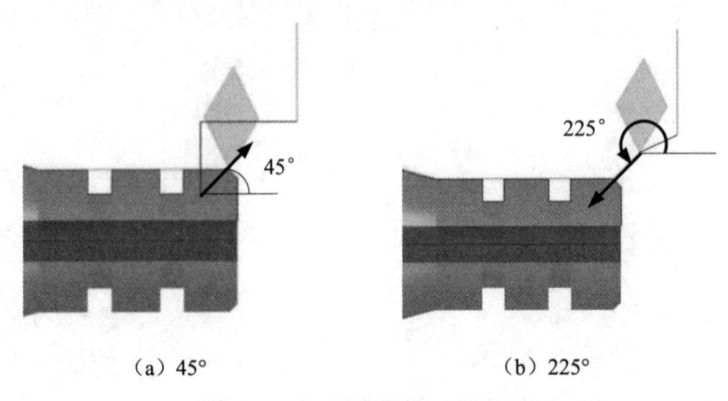

（a）45°　　（b）225°

图 15-53　角度逼近工件比较

（5）线性-相对于切削：选择此选项后，将激活“角度”和“距离”两个选项。这两个选项确定刀具逼近和离开部件的方向。与线性方法相比，此处的角度是相对于相邻运动的角度。

（6）点：可任意选定一个点，刀具将经过此点直接进入部件，或刀具经过此点离开部件。单击“点对话框”按钮，弹出“点”对话框，选择相关点即可。

15.6.2　示教模式加工工序

扫一扫，看视频

（1）选择“文件”→“打开”命令，弹出“打开”对话框，选择 15.5 节创建的加工文件，单击“打开”按钮，打开待加工部件。在 15.2 节中已经对待加工部件指定了加工边界和毛坯件，这里直接进行示教模式工序加工即可。

（2）单击“主页”选项卡“刀片”面板中的“创建工序”按钮，弹出“创建工序”对话框，在“类型”下拉列表中选择 turning 选项，在“工序子类型”栏中选择“示教模式”，在“位置”栏中设置“几何体”为 CONTAINMENT，“刀具”为 OD_55_L，其他采用默认设置。单击“确定”按钮，关闭当前对话框。

（3）弹出图 15-54 所示的“示教模式”对话框，在“子工序”栏中单击“添加新的子工序”按钮，弹出图 15-55 所示的“创建 Teachmode 子工序”对话框。

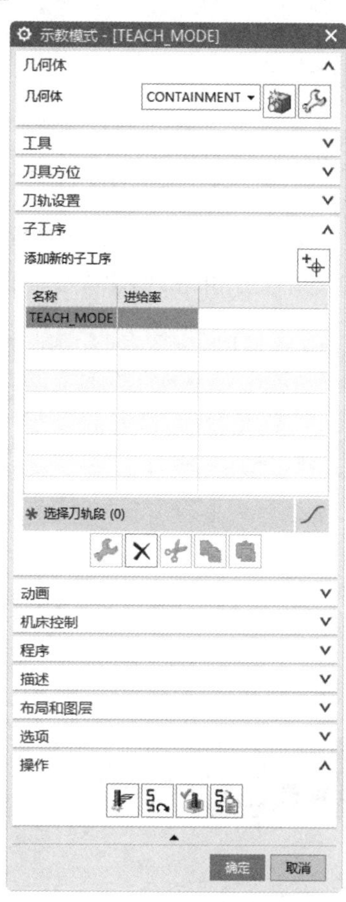

图 15-54　“示教模式”对话框

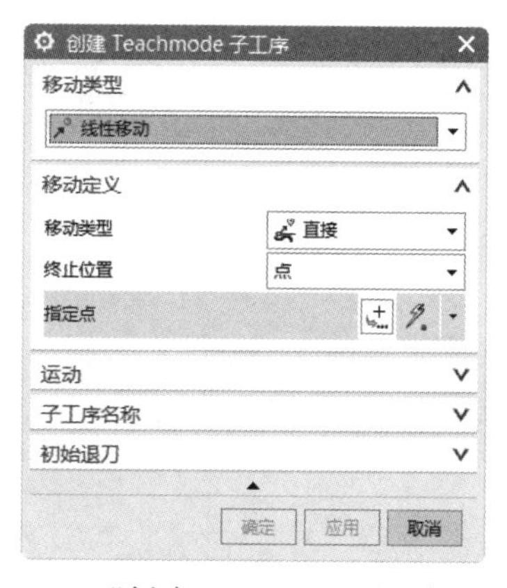

图 15-55　“创建 Teachmode 子工序”对话框

①线性快速：选择“线性移动”类型，选择“直接”移动类型，“终止位置”选择为“点”，单击“点对话框”按钮，弹出“点”对话框，输入坐标（30,40,0）。单击“确定”按钮，返回“创建 Teachmode 子工序”对话框，单击“应用”按钮。

②线性进给：在“移动定义”栏中设置“移动类型”为“径向->轴向”，“终止位置”为“点”，单击“点对话框”按钮，弹出“点”对话框，输入坐标（30,30,0），单击“应用”按钮。

③进刀设置：选择“进刀设置”类型，选择“圆弧-自动”进刀类型，选择“用户定义”自动进刀选项，设置“角度”为45°，“半径”为10，如图15-56所示，单击“应用”按钮。

④退刀设置：选择“退刀设置”类型，选择“线性-相对于切削”退刀类型，设置“角度”为90°，“长度”为10，如图15-57所示，单击“应用”按钮。

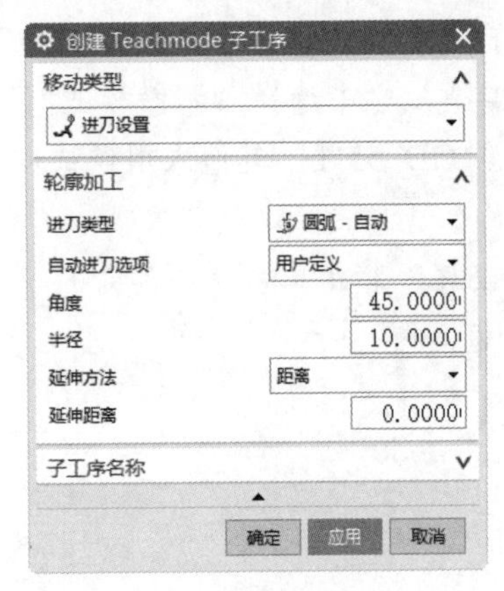

图 15-56　进刀设置

图 15-57　退刀设置

⑤轮廓移动：选择“轮廓移动”类型，选择“新驱动曲线”驱动几何体，单击“指定驱动边界”按钮，弹出“部件边界”对话框，选取图15-58所示的驱动曲线。单击“确定”按钮，关闭当前对话框。

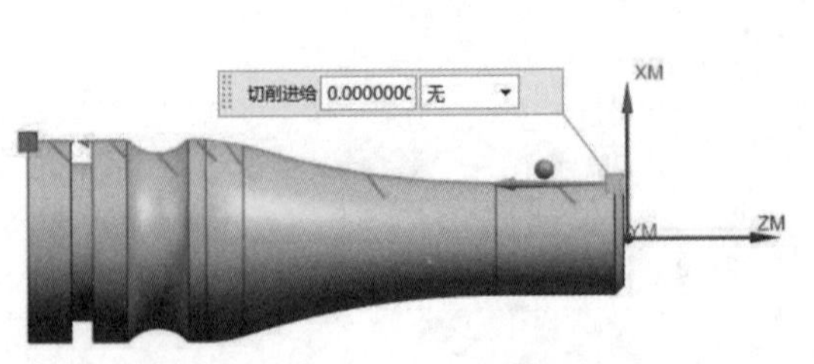

图 15-58　指定驱动曲线

（4）返回“示教模式”对话框，单击“生成”按钮，生成的刀轨如图 15-59 所示。

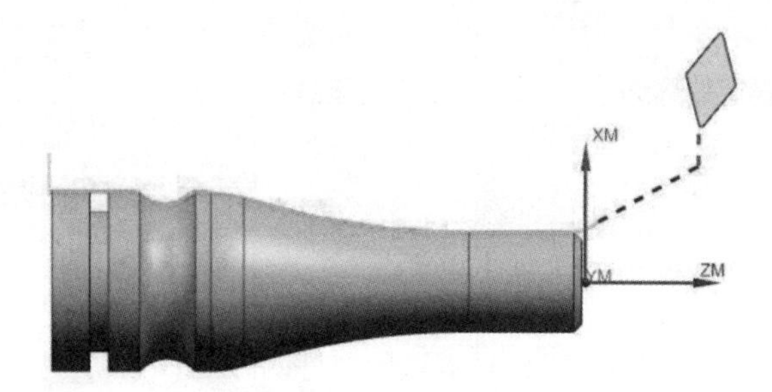

图 15-59 示教模式刀轨

动手练——示教模式加工

扫一扫，看视频

对如图 15-60 所示的部件进行示教模式加工。

图 15-60 待加工部件

思路点拨：

源文件：yuanwenjian\15\dongshoulian\CXJG

（1）打开动手练——外径精车加工部件。

（2）创建示教模式工序。

（3）创建示教模式子工序。

15.7 部件分离

扫一扫，看视频

（1）选择“文件”→“打开”命令，弹出“打开”对话框，选择 15.6 节创建的加工文件，单击“打开”按钮，打开待加工部件。在 15.2 节中已经对待加工部件指定了加工边界和毛坯件，这里直接进行部件分离工序加工即可。

（2）单击“主页”选项卡“刀片”面板中的“创建工序”按钮，弹出图 15-13 所示的“创建工序”对话框，在“类型”下拉列表中选择 turning 选项，在“工序子类型”栏中选择“部件分离”，在“位置”栏中设置“几何体”为 CONTAINMENT，“刀具”为 NONE，“方法”为 LATHE_FINISH，其他采用默认设置。单击“确定”按钮，关闭当前对话框。

（3）弹出图 15-61 所示的“部件分离”对话框，在“工具”栏中单击“新建”按钮，弹出“新建刀具”对话框，在“类型”下拉列表中选择 turning 选项，在“库”栏单击“从库中调用刀具”按钮，弹出图 15-62 所示的“库类选择”对话框，选择“车”→“分型”。单击“确定”按钮，关闭当前对话框。

图 15-61 “部件分离”对话框

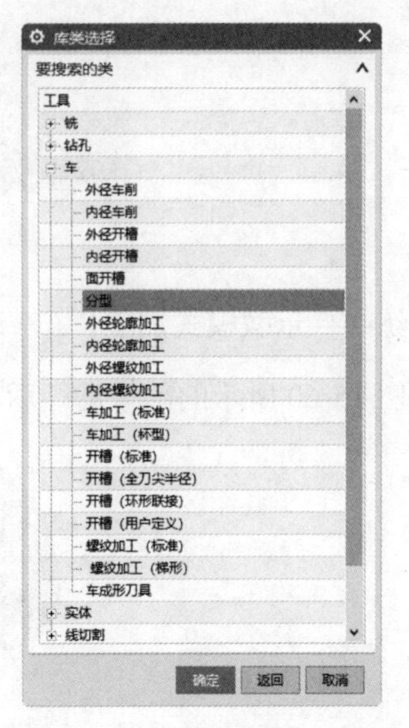

图 15-62 “库类选择”对话框

（4）弹出图 15-63 所示的“搜索准则”对话框，直接单击“确定”按钮，弹出图 15-64 所示的“搜索结果”对话框，选择库号为 ugt0114_001，其他采用默认设置。单击“确定”按钮，完成刀具的调用。

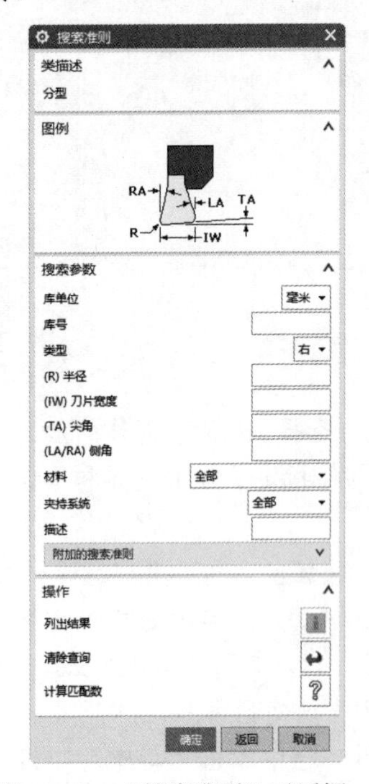

图 15-63 “搜索准则”对话框

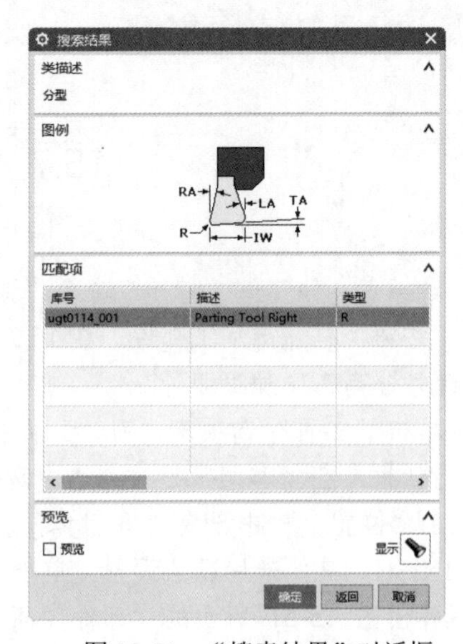

图 15-64 “搜索结果”对话框

（5）返回“部件分离”对话框，在“刀轨设置”栏中设置“部件分离位置”为“自动”，“延伸距离”为 1，如图 15-65 所示。

（6）单击“操作”栏中的“生成”按钮，生成图 15-66 所示的刀轨。

图 15-65 “刀轨设置”栏

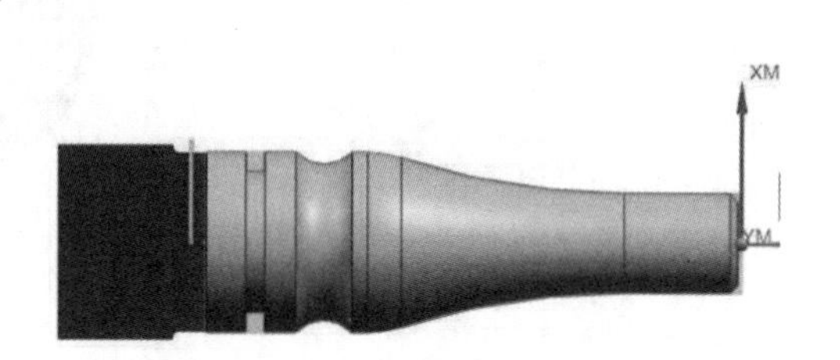

图 15-66 部件分离刀轨

（7）单击“操作”栏中的“确认”按钮，弹出“刀轨可视化”对话框，切换到“3D 动态”选项卡，如图 15-22 所示，单击“播放”按钮，进行 3D 模拟加工，结果如图 15-67 所示。

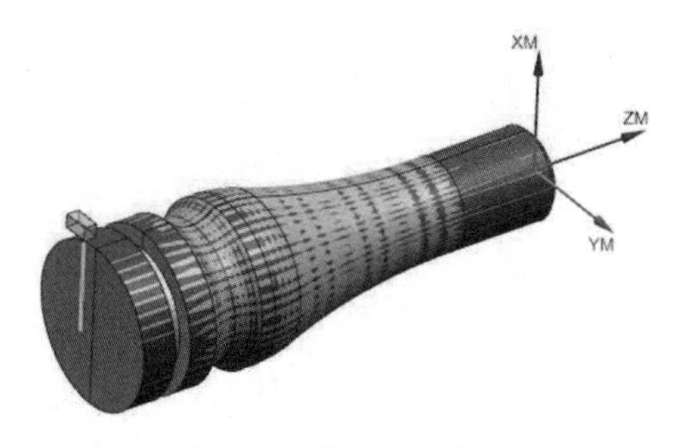

图 15-67 模拟加工结果

15.8 定 心 钻

（1）选择“文件”→“打开”命令，弹出“打开”对话框，选择 neibu.prt，单击“打开”按钮，打开图 15-68 所示的待加工部件。

（2）单击“主页”选项卡“刀片”面板中的“创建工序”按钮，弹出“创建工序”对话框，在“类型”下拉列表中选择 turning 选项，在“工序子类型”栏中选择“中心线定心钻”，在“位置”栏中设置“几何体”为 TURNING_WORKPIECE，“刀具”为 NONE，“方法”为 LATHE_CENTERLINE，其他采用默认设置。单击“确定”按钮，关闭当前对话框。

（3）弹出图 15-69 所示的“中心线定心钻”对话框，在“工具”栏中单击“新建”按钮，弹出图 15-70 所示的“新建刀具”对话框，在“类型”下拉列表中选择 turning 选项，在“刀具子类型”栏中选择 SPOTDRILLING_TOOL，其他采用默认设置。单击“确定”按钮，关闭当前对话框。

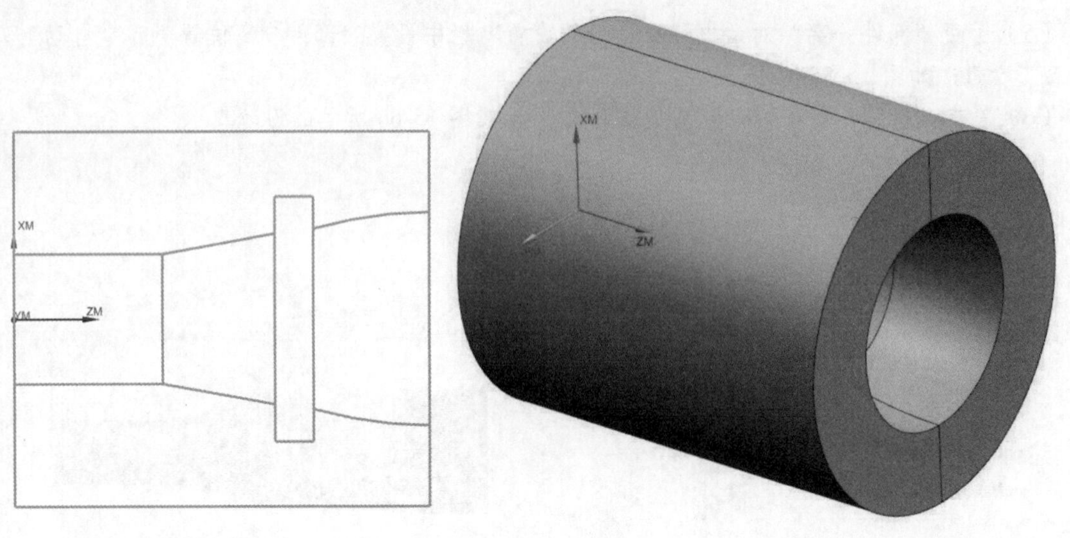

图 15-68　待加工部件

图 15-69　“中心线定心钻”对话框

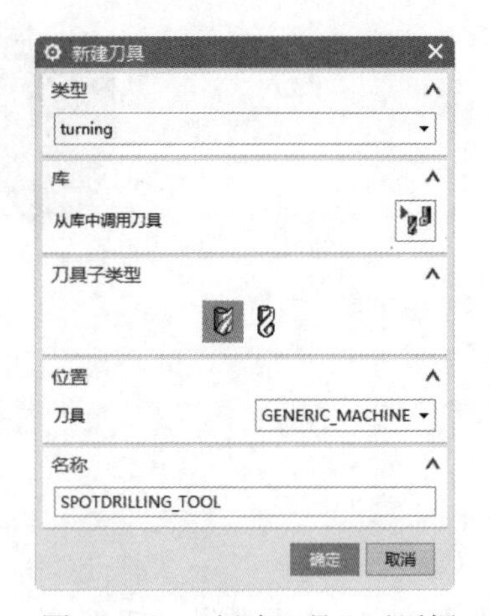

图 15-70　“新建刀具”对话框

（4）弹出图 15-71 所示的“钻刀”对话框，在“尺寸”栏中设置“直径”为 5，“长度”为 20，“刀刃长度”为 15，其他采用默认设置。单击“确定”按钮，关闭当前对话框。

（5）返回“中心线定心钻”对话框，在“起点和深度”栏中设置“深度选项”为“距离”，输入距离为 1，其他采用默认设置，如图 15-72 所示。

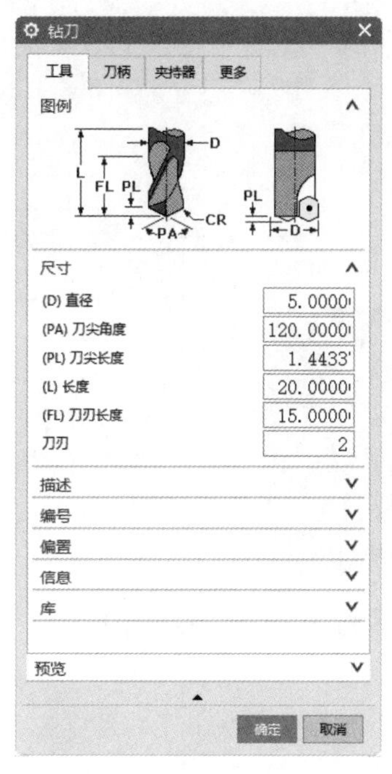

图 15-71 “钻刀”对话框

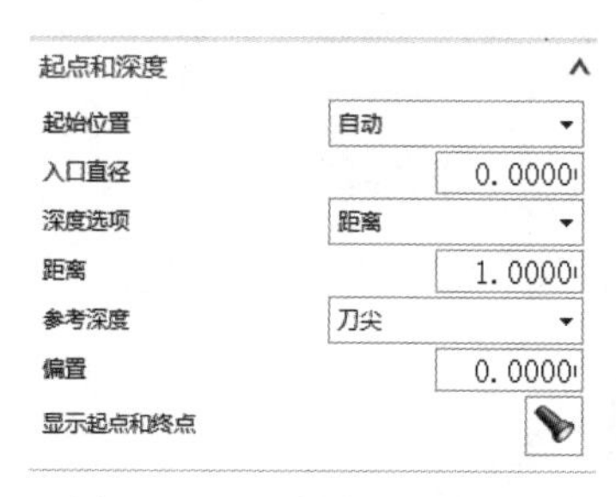

图 15-72 “起点和深度”栏

（6）单击“非切削移动”按钮，弹出“非切削移动”对话框，在“逼近”选项卡的“运动到起点”栏中设置“运动类型”为“直接”，“点选项”为“点”，在视图中指定点，也可以直接输入坐标（40,20,0），如图 15-73 所示；在“离开”选项卡的“运动到返回点/安全平面”栏中设置“运动类型”为“径向->轴向”，“点选项”为“与起点相同”，在“运动到回零点”栏中设置“运动类型”为“无”。单击“确定”按钮，关闭当前对话框。

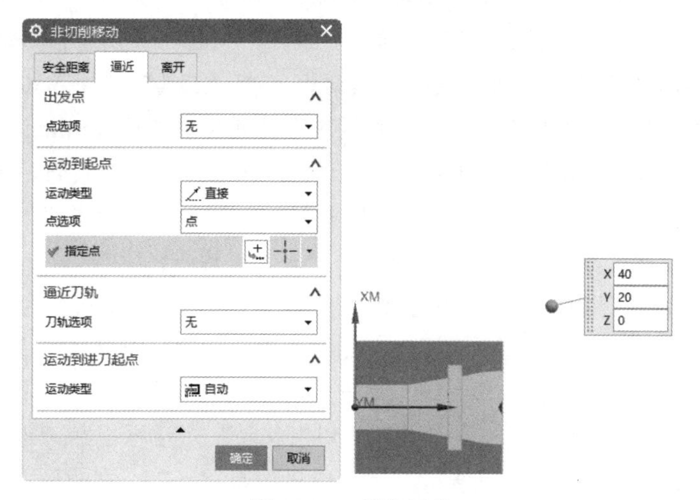

图 15-73 指定起点

（7）返回“中心线定心钻”对话框，在“选项”栏中单击“编辑显示”按钮，弹出“显示选项”对话框，在“刀具”栏中设置“刀具显示”为 2D，如图 15-74 所示。单击“确定”按钮，关闭当前对话框。

（8）返回“中心线定心钻”对话框，单击“操作”栏中的“生成”按钮，生成的刀轨如图 15-75 所示。

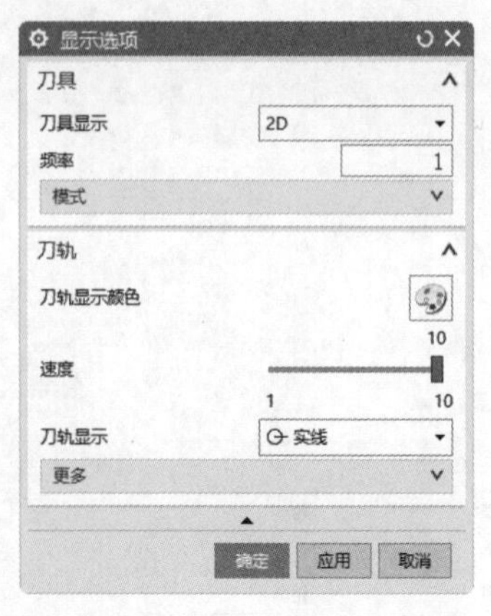

图 15-74 “显示选项”对话框

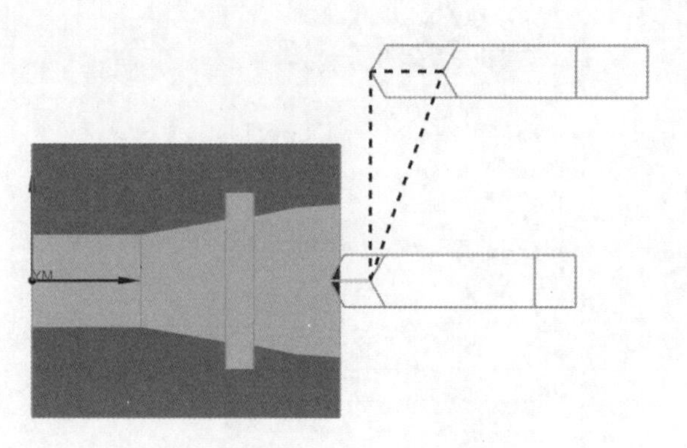

图 15-75 中心线定心钻刀轨

扫一扫，看视频

15.9 钻 孔

（1）选择“文件”→“打开”命令，弹出“打开”对话框，选择 15.8 节创建的加工文件，单击“打开”按钮，打开待加工部件。

（2）单击“主页”选项卡“刀片”面板中的“创建工序”按钮，弹出“创建工序”对话框，在“类型”下拉列表中选择 turning 选项，在“工序子类型”栏中选择“中心线钻孔”，在“位置”栏中设置“几何体”为 TURNING_WORKPIECE，“刀具”为 NONE，“方法”为 LATHE_CENTERLINE，其他采用默认设置。单击“确定”按钮，关闭当前对话框。

（3）弹出图 15-76 所示的“中心线钻孔”对话框，在“工具”栏中单击“新建”按钮，弹出图 15-70 所示的“新建刀具”对话框，在“类型”下拉列表中选择 turning 选项，在“刀具子类型”栏中选择 DRILLING_TOOL，其他采用默认设置。单击“确定”按钮，关闭当前对话框。

（4）弹出“钻刀”对话框，在“尺寸”栏中设置“直径”为 9，“长度”为 50，“刀刃长度”为 35，其他采用默认设置。单击“确定”按钮，关闭当前对话框。

（5）在“起点和深度”栏中设置“参考深度”为“刀肩”，“偏置”为 30；在“选项”栏中单击“编辑显示”按钮，弹出“显示选项”对话框，在“刀具”栏中设置“刀具显示”为 2D。单击“确定”按钮，关闭当前对话框。

（6）单击“非切削移动”按钮，弹出“非切削移动”对话框，在“逼近”选项卡的“运动到起点”栏中设置“运动类型”为“直接”，“点选项”为“点”，在视图中指定点，也可以直接输入坐标（40,20,0）；在“离开”选项卡的“运动到返回点/安全平面”栏中设置“运动类型”为“径向->轴向”，“点选项”为“与起点相同”，在“运动到回零点”栏中设置“运动类型”为“无”。单击“确定”按钮，关闭当前对话框。

（7）返回“中心线钻孔”对话框，单击“操作”栏中的“生成”按钮，生成的刀轨如图 15-77 所示。

图 15-76　“中心线钻孔”对话框

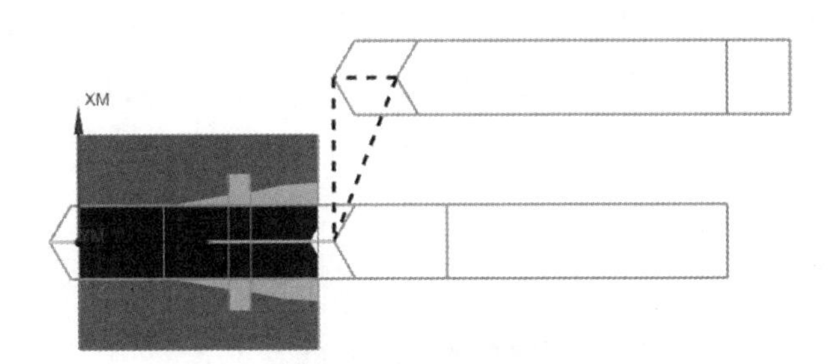

图 15-77　中心线钻孔刀轨

动手练——中心线钻孔加工

扫一扫，看视频

对如图 15-78 所示的部件进行中心线钻孔加工。

图 15-78　待加工部件

思路点拨：

源文件：yuanwenjian\15\dongshoulian\ZXXZK

（1）创建刀具。

（2）创建中心线钻孔工序。

扫一扫，看视频

15.10 内径粗镗

（1）选择“文件”→“打开”命令，弹出“打开”对话框，选择 15.9 节创建的加工文件，单击“打开”按钮，打开待加工部件。

（2）单击“主页”选项卡“刀片”面板中的“创建工序”按钮，弹出“创建工序”对话框，在“类型”下拉列表中选择 turning 选项，在“工序子类型”栏中选择“内径粗镗”，在“位置”栏中设置“几何体”为 TURNING_WORKPIECE，“刀具”为 NONE，“方法”为 LATHE_ROUGH，其他采用默认设置。单击“确定”按钮，关闭当前对话框。

（3）弹出图 15-79 所示的“内径粗镗”对话框，在“工具”栏中单击“新建”按钮，弹出“新建刀具”对话框，在“刀具子类型”栏中选择 ID_55_L，其他采用默认设置，单击“确定”按钮。弹出图 15-80 所示的“车刀-标准”对话框，在“尺寸”栏中设置“刀尖半径”为 0.4，在“刀片尺寸”栏中设置“长度”为 4，其他采用默认设置。单击“确定”按钮，关闭当前对话框。

图 15-79 “内径粗镗”对话框

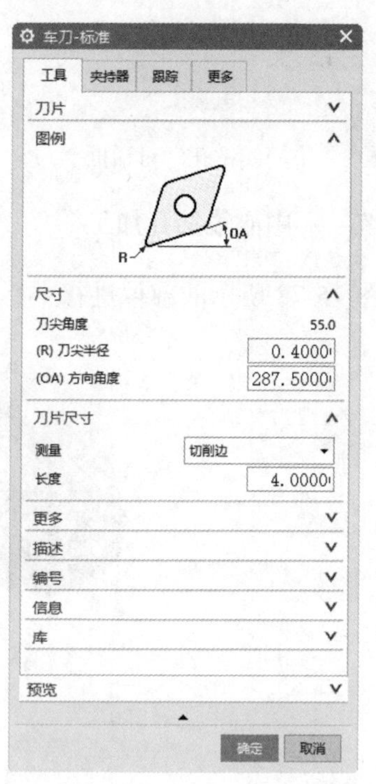

图 15-80 “车刀-标准”对话框

（4）返回“内径粗镗”对话框，单击“切削区域”右侧的“编辑”按钮，弹出“切削区域”对话框。在“修剪点 1”栏中设置“点选项”为“指定”，捕捉工件第二节孔的左上端点；在“修剪点 2”栏中设置“点选项”为“指定”，捕捉工件孔右上端点，指定切削区域，如图 15-81 所示。单击“确定”按钮，关闭当前对话框。

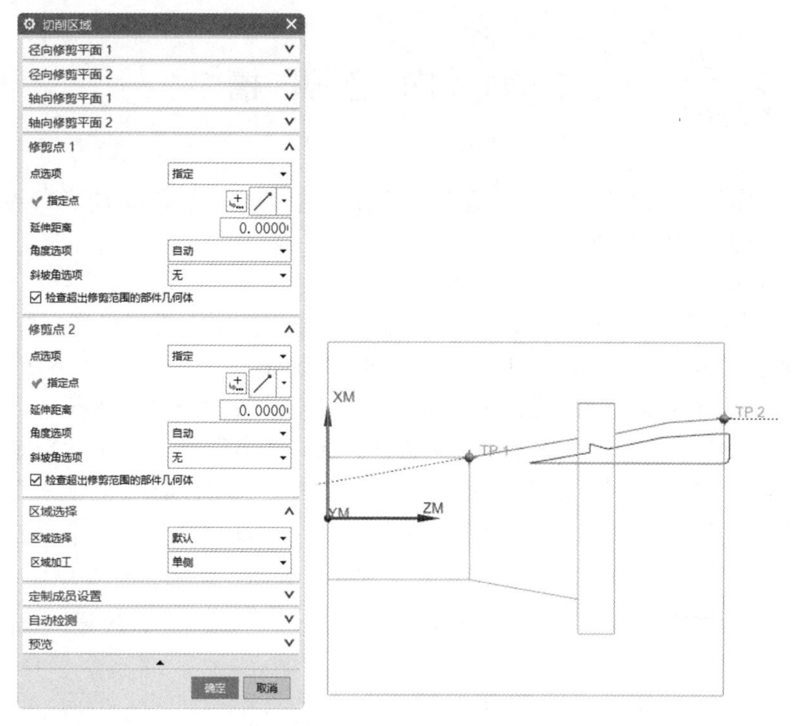

图 15-81 指定切削区域

（5）返回“内径粗镗”对话框，在“刀轨设置”栏中设置“切削深度”为“变量平均值”，“最大值”为 1，“最小值”为 0，“变换模式”为“根据层”，其他采用默认设置，如图 15-82 所示。

（6）单击“非切削移动”按钮，弹出“非切削移动”对话框。在“逼近”选项卡的“运动到起点”栏中设置“运动类型”为“直接”，“点选项”为“点”，在视图中指定点，也可以直接输入坐标（40,20,0）；在“离开”选项卡的“运动到返回点/安全平面”栏中设置“运动类型”为“纯轴向->直接”，“点选项”为“与起点相同”，其他采用默认设置。单击“确定”按钮，关闭当前对话框。

（7）返回“内径粗镗”对话框，单击“操作”栏中的“生成”按钮，生成的刀轨如图 15-83 所示。

图 15-82 “刀轨设置”栏

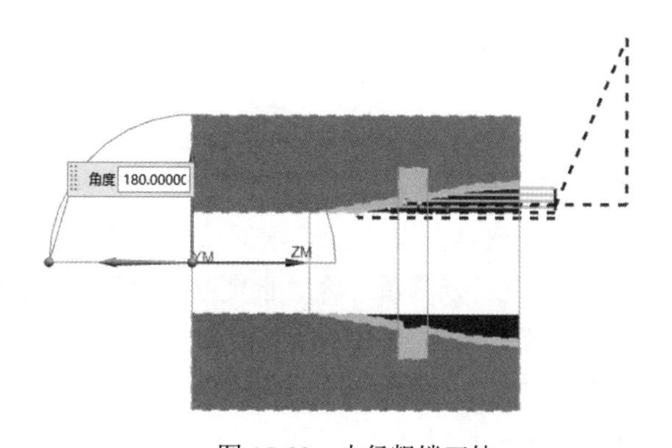

图 15-83 内径粗镗刀轨

扫一扫，看视频

15.11 内径开槽

（1）选择“文件”→“打开”命令，弹出“打开”对话框，选择15.10节创建的加工文件，单击“打开”按钮，打开待加工部件。

（2）单击“主页”选项卡“刀片”面板中的“创建工序”按钮，弹出“创建工序”对话框，在“类型”下拉列表中选择turning选项，在“工序子类型”栏中选择“内径开槽”，在“位置”栏中设置“几何体”为TURNING_WORKPIECE，“刀具”为NONE，“方法”为LATHE_GROOVE，其他采用默认设置。单击“确定”按钮，关闭当前对话框。

（3）弹出图15-84所示的“内径开槽”对话框，在“工具”栏中单击“新建”按钮，弹出“新建刀具”对话框，在“刀具子类型”栏中选择ID_GROOVE_L，其他采用默认设置，单击“确定”按钮。弹出图15-85所示的“槽刀-标准”对话框，在“尺寸”栏中设置“刀片长度”为4，“刀片宽度”为2，其他采用默认设置。单击“确定”按钮，关闭当前对话框。

图15-84 “内径开槽”对话框

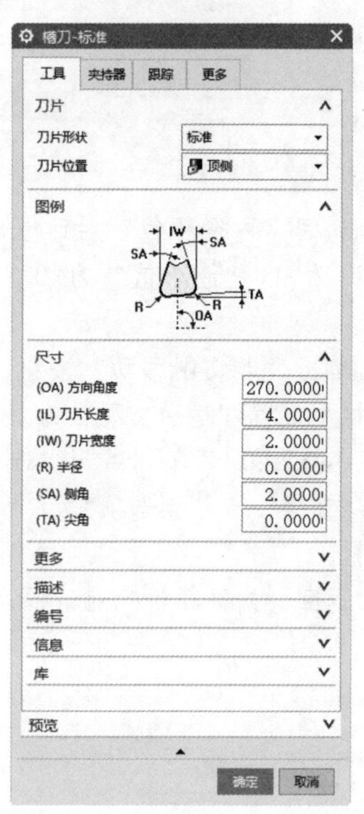

图15-85 “槽刀-标准”对话框

（4）返回“内径开槽”对话框，单击“切削区域”右侧的“编辑”按钮，弹出“切削区域”对话框。在“修剪点1”栏中设置“点选项”为“指定”，选取槽左侧的竖直线下端点；在“修剪点2”栏中设置“点选项”为“指定”，选取槽右侧竖直下端点，如图15-86所示。单击“确定”按钮，关闭当前对话框。

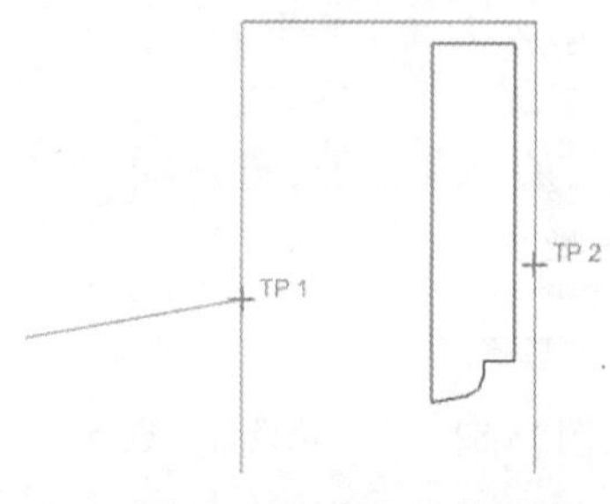

图15-86 指定切削区域

（5）返回“内径开槽”对话框，单击“非切削移动”按钮，弹出图 15-27 所示的“非切削移动”对话框。在“逼近”选项卡的“运动到起点”栏中设置“运动类型”为“径向->轴向”，“点选项”为“点”，在视图中适当位置指定点，也可以直接输入坐标（40,20,0），在“运动到进刀起点”栏中设置“运动类型”为“径向->轴向”；在“离开”选项卡的“运动到返回点/安全平面”栏中设置“运动类型”为“径向->轴向”，“点选项”为“点”，在视图中适当位置指定点，也可以直接输入坐标（40,5,0），其他采用默认设置。单击“确定”按钮，关闭当前对话框。

（6）返回“内径开槽”对话框，在“刀轨设置”栏中设置“步进角度”为“指定”，“与 XC 的夹角”为 180°，“步距”为“变量平均值”，“最大值”为 1，其他采用默认设置，如图 15-87 所示。

（7）单击“操作”栏中的“生成”按钮，生成的刀轨如图 15-88 所示。

图 15-87 “刀轨设置”栏

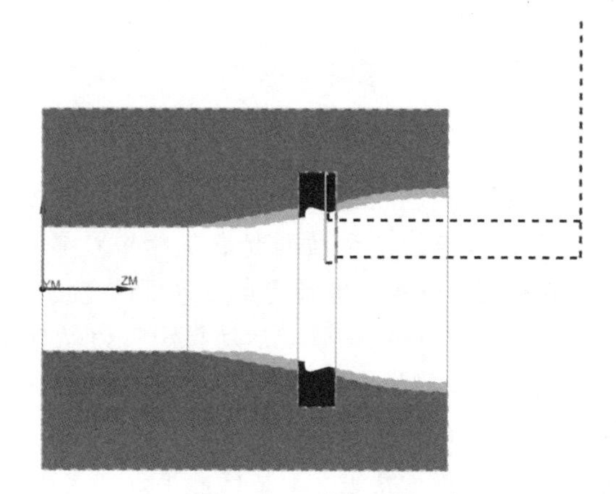

图 15-88 内径开槽刀轨

15.12 内径精镗

扫一扫，看视频

（1）选择“文件”→“打开”命令，弹出“打开”对话框，选择 15.11 节创建的加工文件，单击“打开”按钮，打开待加工部件。

（2）单击“主页”选项卡“刀片”面板中的“创建工序”按钮，弹出“创建工序”对话框，在“类型”下拉列表中选择 turning 选项，在“工序子类型”栏中选择“内径精镗”，在“位置”栏中设置“几何体”为 TURNING_WORKPIECE，“刀具”为 ID_55_L，“方法”为 LATHE_FINISH，其他采用默认设置。单击“确定”按钮，关闭当前对话框。

（3）弹出图 15-89 所示的“内径精镗”对话框，单击“切削区域”右侧的“编辑”按钮，弹出“切削区域”对话框。在“修剪点 1”栏中设置“限制选项”为“指定”，选取内孔曲线的右端点，如图 15-90 所示；在“修剪点 2”栏中设置“限制选项”为“指定”，选取内孔曲线的左端点。单击“确定”按钮，关闭当前对话框。

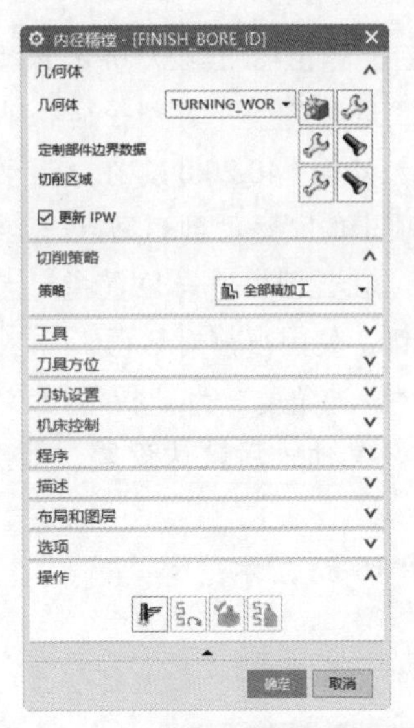

图 15-89　“内径精镗”对话框

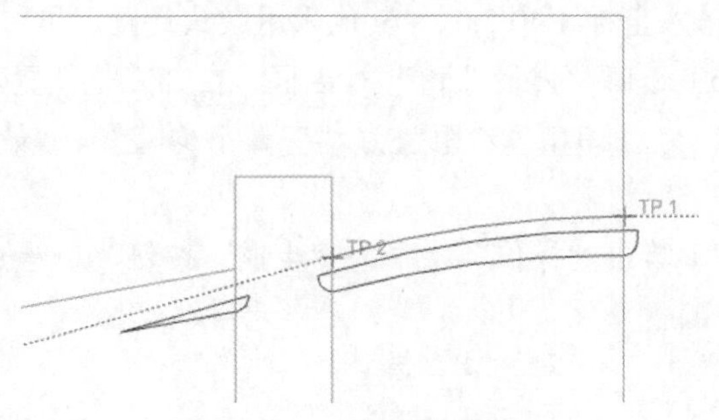

图 15-90　指定切削区域

（4）返回“内径精镗”对话框，单击“非切削移动”按钮，弹出“非切削移动”对话框。在“逼近”选项卡的“运动到起点”栏中设置“运动类型”为“径向->轴向”，“点选项”为“点”，在视图中适当位置指定点，也可以直接输入坐标（40,20,0)；在“离开”选项卡的“运动到返回点/安全平面”栏中设置“运动类型”为“轴向->径向”，“点选项”为“与起点相同”；在“进刀”选项卡中设置“进刀类型”为“线性-自动”；在“退刀”选项卡中设置“退刀类型”为“线性-自动”，其他采用默认设置。单击“确定”按钮，关闭当前对话框。

（5）返回“内径精镗”对话框，单击“操作”栏中的“生成”按钮，生成的刀轨如图 15-91 所示。

（6）重复上述步骤，指定图 15-92 所示的切削区域，在“刀轨设置”栏中设置“多刀路”为“恒定深度”，“最大距离”为 0.3，其他采用默认设置，如图 15-93 所示。

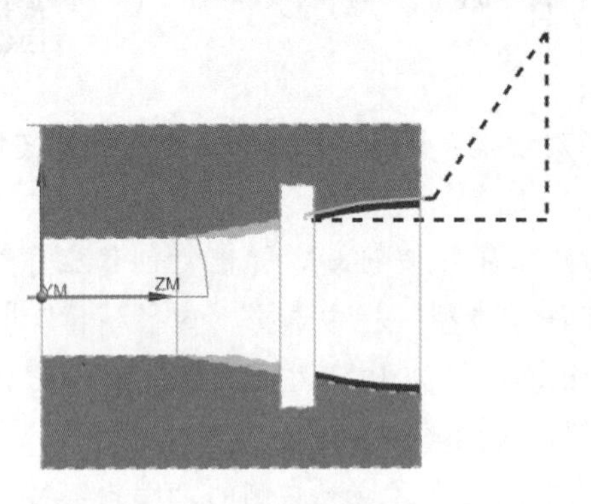

图 15-91　内径精镗刀轨 1

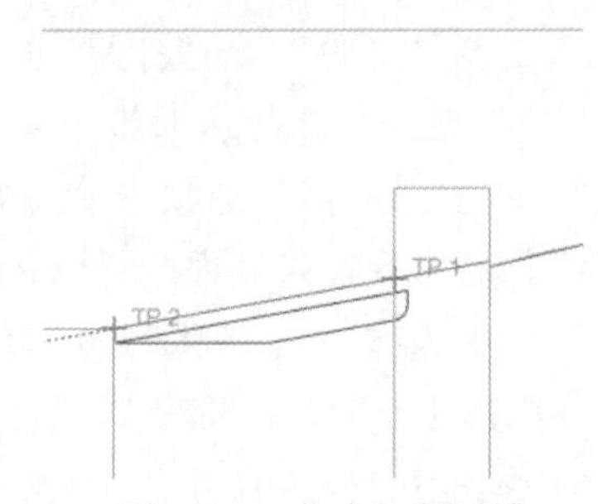

图 15-92　指定切削区域

（7）单击“非切削移动”按钮，弹出“非切削移动”对话框。在“逼近”选项卡的“运动到起点”栏中设置“运动类型”为“径向->轴向”，“点选项”为“点”，在视图中适当位置指定点，也可以直接输入坐标（40,20,0)；在“离开”选项卡的“运动到返回点/安全平面”栏中设置“运动类型”为“纯轴向->直接”，“点选项”为“与起点相同”，其他采用默认设置。单击“确定”按钮，关闭当前对话框。

（8）返回“内径精镗”对话框，单击“操作”栏中的“生成”按钮，生成的刀轨如图15-94所示。

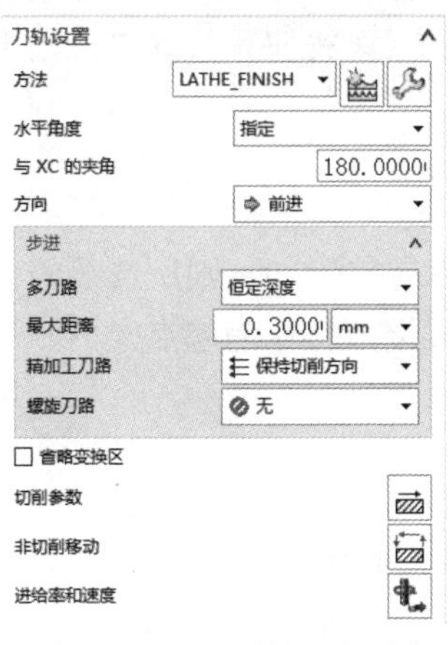

图15-93　“刀轨设置”栏

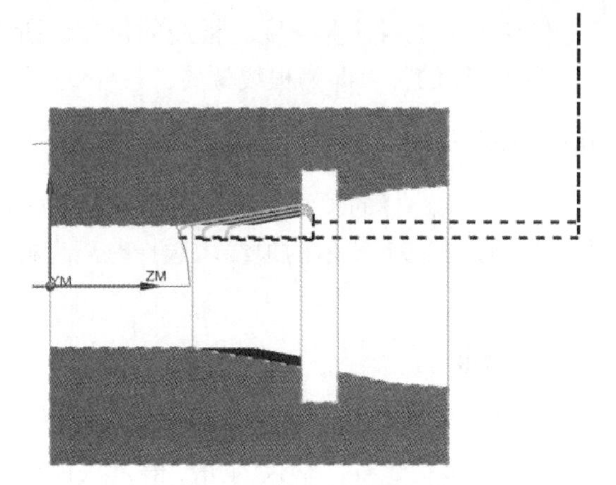

图15-94　内径精镗刀轨2

15.13　螺 纹 加 工

15.13.1　螺纹形状参数

“外径螺纹铣”和“内径螺纹铣”对话框中的“螺纹形状”栏如图15-95所示，本小节将介绍相关参数的设置。

1. 深度

深度是指从顶线到根线的距离。深度常用于粗加工时选择方式和要去除的材料量，通过选择根线或输入深度和角度值来指定深度。当使用根线方法时，深度是从顶线到根线的距离。

螺纹几何体通过选择顶线来定义螺纹起点和终点。螺纹长度由顶线的长度指定，可通过指定起点和终点偏置来修改此长度。要创建倒斜角螺纹，可通过设置合适的偏置确定，螺纹长度的计算如图15-96所示，图中A为终止偏置，B为起始偏置；C为顶线；D为根线。

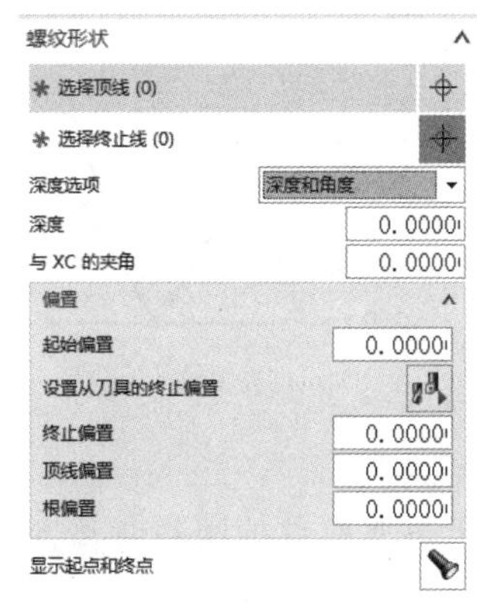

图15-95　“螺纹形状”栏

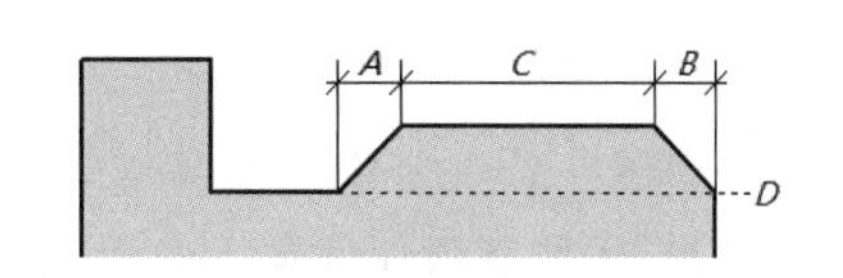

图15-96　螺纹长度的计算

2．选择根线

选择根线既可建立总深度，也可建立螺纹角度。在选择根线后重新选择顶线不会导致重新计算螺纹角度，但会导致重新计算深度。根线的位置由所选择的根线加上根线偏置值确定，如果根线偏置值为 0，则所选线的位置即为根线位置。

3．选择顶线

顶线的位置由所选择的顶线加上顶线偏置值确定，如果顶线偏置值为 0，则所选线的位置即为顶线位置。选择图 15-97 所示的顶线，选择时离光标点最近的顶线端点将作为起点，另一个端点为终点。

4．深度和角度

深度和角度用于为总深度和螺纹角度输入值。深度可通过输入值建立起从顶线起测量的总深度。角度用于产生拔模螺纹，输入的角度值是从顶线起测量的。螺旋角如图 15-98 所示，图中 *A* 为角度（设置为 174°从顶线逆时针计算），*B* 为顶线，*C* 为总深度。如果输入深度和角度值而非选择根线，则重新选择顶线时系统将重新计算螺旋角度，但不重新计算深度。

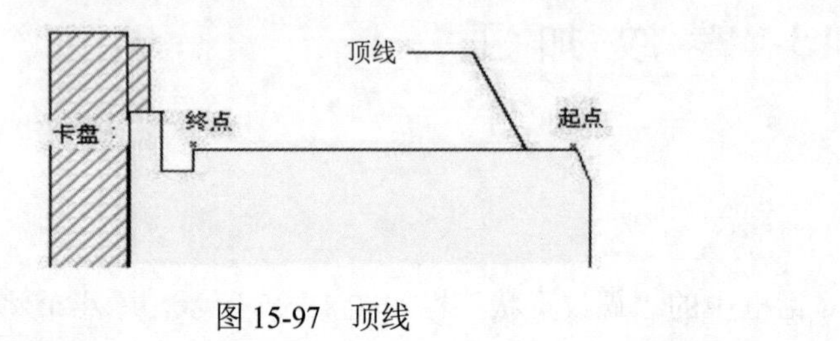

图 15-97　顶线

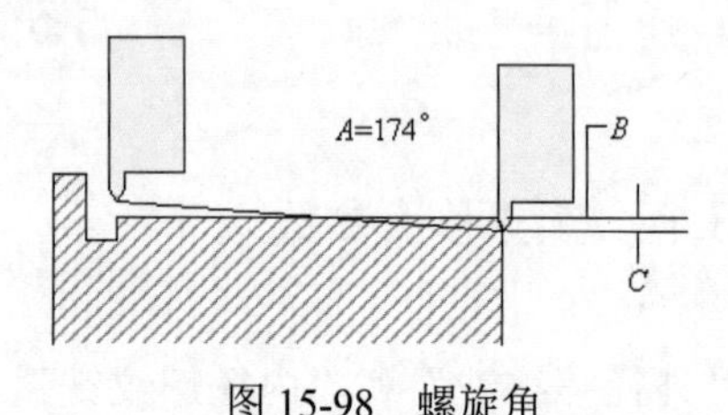

图 15-98　螺旋角

5．偏置

偏置用于调整螺纹的长度。正偏置值将加长螺纹，负偏置值将缩短螺纹。

（1）起始偏置：输入所需的偏置值以调整螺纹的起点，如图 15-96 所示的 *B* 点。

（2）终止偏置：输入所需的偏置值以调整螺纹的端点，如图 15-96 所示的 *A* 点。

（3）顶线偏置：输入所需的偏置值以调整螺纹的顶线位置。正值会将螺纹的顶线背离部件偏置，负值会将螺纹的顶线向着部件偏置，如图 15-99 所示，图中 *C* 为顶线，*D* 为根线。当未选择根线时，螺纹会上下移动而不会更改其角度或深度，如图 15-99（a）所示；当选择了根线但未输入根偏置时，螺旋角度和深度将随顶线偏置而变化，如图 15-99（b）所示。

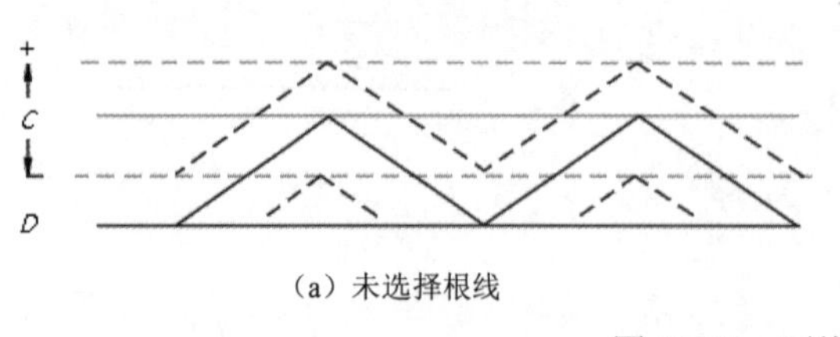

（a）未选择根线

（b）已选择根线（无偏置）

图 15-99　顶线偏置

（4）根偏置：输入所需的偏置值可调整螺纹的根线位置。正值使螺纹的根线背离部件偏置，负值使螺纹的根线向着部件偏置，如图 15-100 所示，图中 *C* 为顶线，*D* 为根线。

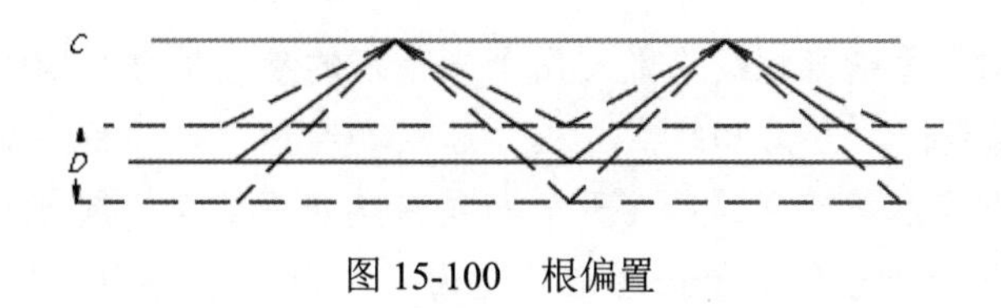

图 15-100　根偏置

6．选择终止线

终止线通过选择与顶线相交的线来定义螺纹终端。当指定终止线时，交点即可决定螺纹的终端，终止偏置值将添加到该交点。如果没有选择终止线，则系统将使用顶线的端点。

15.13.2　切削参数

在“外径螺纹铣”对话框中单击“切削参数”按钮，弹出“切削参数”对话框，如图 15-101 所示，进行切削参数设置。

1．螺距选项

螺距选项包括“螺距”“导程角”“每毫米螺纹圈数”3 个选项。

（1）螺距：两条相邻螺纹沿与轴线平行方向上测量的相应点之间的距离，如图 15-102 所示的 *A* 点。

（2）导程角：螺纹在每一圈上在轴的方向上前进的距离。对于单螺纹，导程角等于螺距；对于双螺纹，导程角是螺距的两倍。

（3）每毫米螺纹圈数：沿与轴平行方向测量的每毫米的螺纹数量，如图 15-102 中的 *B* 点所示。

图 15-101　“切削参数”对话框

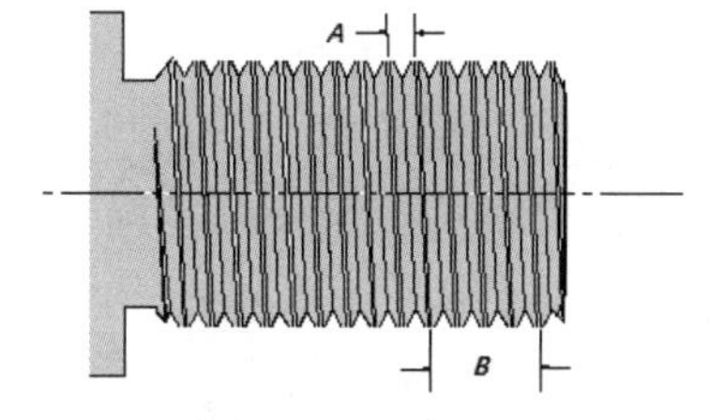

图 15-102　螺距

2．螺距变化

螺距变化包括“恒定”“起点和终点”“起点和增量”3 个选项。

（1）恒定：“恒定”选项允许指定单一距离或每毫米螺纹圈数，并将其应用于螺纹长度。系统将根据此值和指定的螺纹头数自动计算两个未指定的参数。对于螺距和导程角，两个未指定的参数是距离和输出单位；对于每毫米螺纹圈数，两个未指定的参数是每毫米螺纹圈数和输出单位。

（2）起点和终点/增量：“起点和终点”或“起点和增量”选项可定义增加或减小螺距、导程角或每毫米螺纹圈数。起点和终点通过指定开始与结束确定变化率，起点和增量通过指定开始与增量确定变化率。如果开始值小于结束值或者增量值为正，则螺距/导程角/每毫米螺纹圈数将变大；如果开始值大于结束值或者增量值为负，则螺距/导程角/每毫米螺纹圈数将变小。

3．输出单位

输出单位包括“与输入相同”“螺距”“导程角”“每毫米螺纹圈数”4 个选项。“与输入相同”选项可确保输出单位始终与上面指定的螺距、导程角或每毫米螺纹圈数相同。

4．精加工刀路

精加工刀路指定加工工件时使用的增量和精加工刀路数。精加工螺纹深度由所有刀路数和增量决定，是所有增量的和。

当生成螺纹刀轨时，首先由刀具切削到粗加工螺纹深度。粗加工螺纹深度由“外径螺纹加工”对话框中的切削深度增量方式和切削的深度值决定的刀路数以及深度和角度或根线决定的总深度确定。

在“附加刀路”选项卡（见图 15-103）“精加工刀路”栏中设置“刀路数”和“增量”，确定切削精加工螺纹的深度。

图 15-103 “附加刀路”选项卡

例如，如果总螺纹深度是 3mm，指定的精加工刀路如下。

（1）刀路数=3，增量=0.25。增量 0.25 被重复 3 次，共切削深度为 0.75。

（2）刀路数=5，增量=0.05。增量 0.05 被重复 5 次，共切削深度为 0.25。

精加工刀路加工深度总计 1mm，粗加工深度为总深度-精加工深度=3mm-1mm=2mm。

扫一扫，看视频

15.13.3 螺纹加工工序

（1）选择“文件”→“打开”命令，弹出“打开”对话框，选择 luowen.prt 文件，单击“打开”按钮，打开待加工部件。单击“主页”选项卡“刀片”面板中的“创建工序”按钮，弹出“创建工序”对话框，在“类型”下拉列表中选择 turning 选项，在“工序子类型”栏中选择“外径螺纹铣”，在“位置”栏中设置“几何体”为 TURNING_WORKPIECE，“刀具”为 NONE，其他采用默认设置。单击“确定”按钮，关闭当前对话框。

（2）弹出图 15-104 所示的“外径螺纹铣”对话框，在“工具”栏中单击“新建”按钮，弹出“新建刀具”对话框，在“刀具子类型”栏中选择 OD_THREAD_L，其他采用默认设置，单击“确定”按钮。弹出图 15-105 所示的“螺纹刀-标准”对话框，在“尺寸”栏中设置“刀片长度”为 40，“刀片宽度”为 10，其他采用默认设置。单击“确定”按钮，关闭当前对话框。

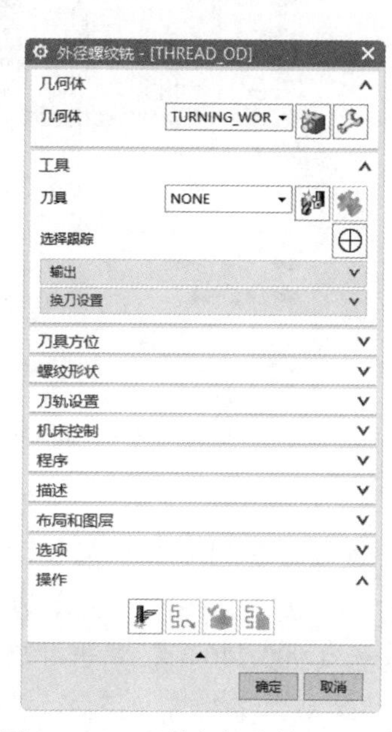

图 15-104　“外径螺纹铣”对话框

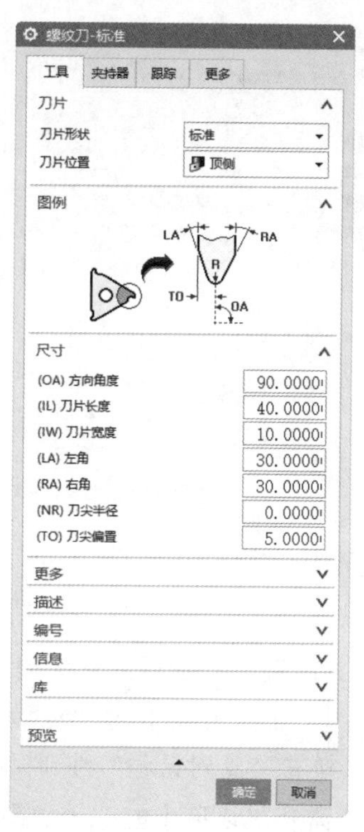

图 15-105　“螺纹刀-标准”对话框

（3）返回“外径螺纹铣”对话框，单击“选择顶线”右边的按钮选择顶线，指定螺纹形状，如图 15-106 所示。设置“深度选项”为“深度和角度”，“深度”为 7，“与 XC 的夹角”为 180°，单击“显示起点和终点”按钮，显示选择的顶线、起点和终点，如图 15-106 所示。

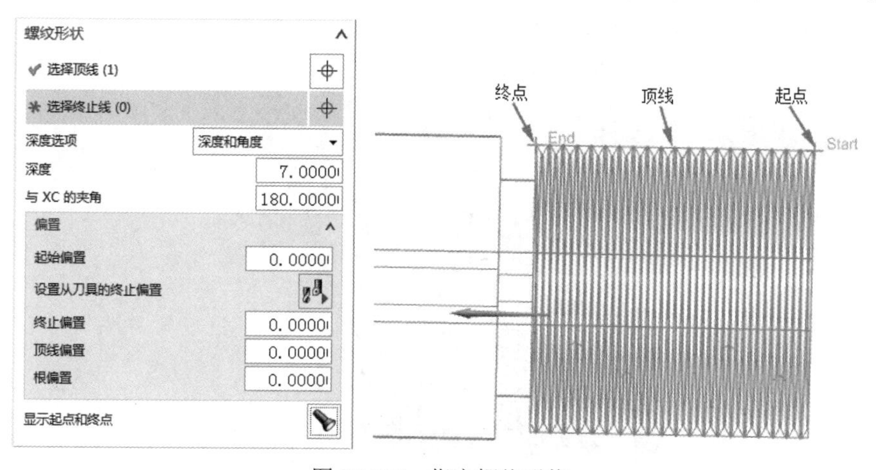

图 15-106　指定螺纹形状

（4）单击“切削参数”按钮，弹出图 15-107 所示的“切削参数”对话框。在“策略”选项卡中设置“螺纹头数”为 1，“切削深度”为“恒定”，“最大距离”为 1；在“螺距”选项卡中设置“螺距选项”为“螺距”，“螺距变化”为“恒定”，“距离”为 10，“输出单位”为“与输入相同”；在“附加刀路”选项卡的“精加工刀路”栏中设置“刀路数”为 7，“增量”为 1。单击“确定”按钮，关闭当前对话框。

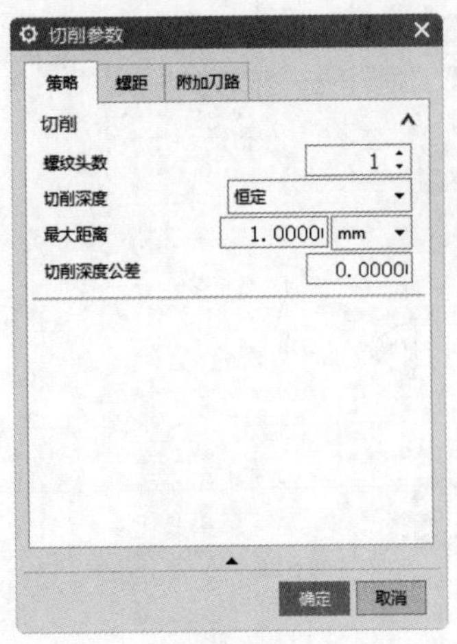

（a）“策略”选项卡

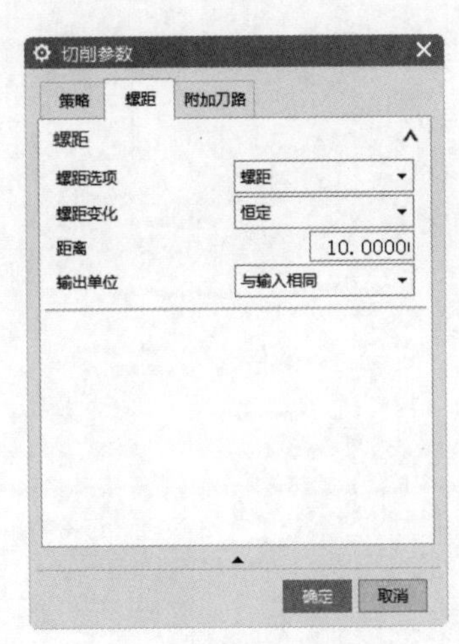

（b）“螺距”选项卡

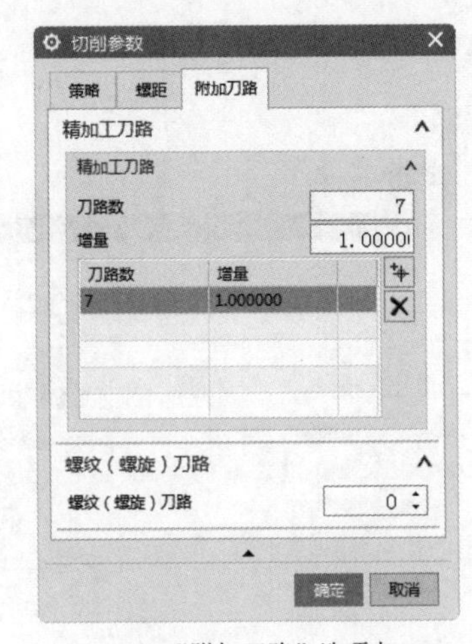

（c）“附加刀路”选项卡

图 15-107 “切削参数”对话框

（5）返回“外径螺纹铣”对话框，单击“非切削移动”按钮，弹出“非切削移动”对话框，在“逼近”选项卡的“运动到起点”栏中设置“运动类型”为“直接”，“点选项”为“点”，单击“点对话框”按钮，弹出“点”对话框，输入坐标（900,240,0），单击“确定”按钮；在“离开”选项卡的“运动到返回点/安全平面”栏中设置“运动类型”为“径向->轴向”，“点选项”为“与起点相同”。单击“确定”按钮，关闭当前对话框。

（6）返回“外径螺纹铣”对话框，在“操作”栏中单击“生成”按钮，生成的刀轨如图 15-108 所示。

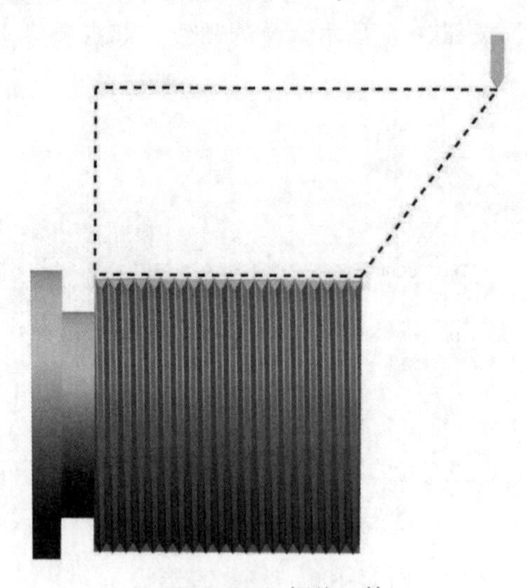

图 15-108 螺纹刀轨

扫一扫，看视频

动手练——螺纹加工

对如图 15-109 所示的部件进行螺纹加工。

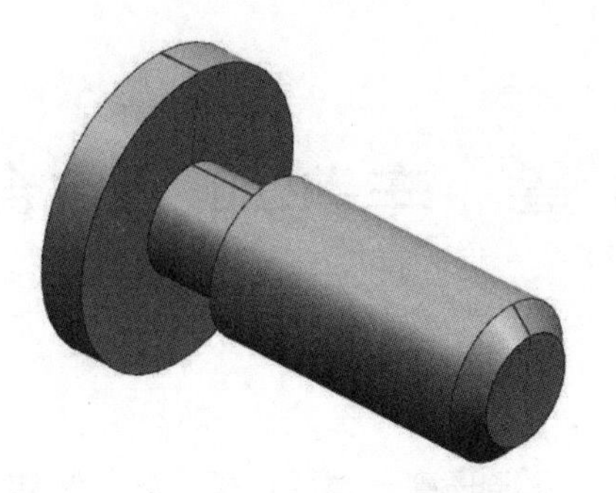

图 15-109　待加工部件

思路点拨：

源文件： yuanwenjian\15\dongshoulian\CLW

（1）创建几何体、刀具。

（2）指定螺纹边界。

（3）创建外螺纹工序。

第 16 章　车削加工综合实例

内容简介

本章采用外径粗车、面加工、外径开槽、内径开槽、内径粗镗、内径精镗、中心线钻孔、部件分离等工序加工零件。

根据待加工零件的结构特点，先用面加工方法加工零件的端面，再用定心钻和钻孔进行孔加工，然后用外径粗车、外径开槽、外径精车加工出零件的外形轮廓，再用内径粗镗、内径精镗、内径开槽对内部轮廓进行加工，最后用部件分离切断棒料。由于零件同一特征可以使用不同的加工方法，因此在具体安排加工工艺时，读者可以根据实际情况来确定。本实例安排的加工工艺和方法不一定是最佳的，其目的只是让读者了解各种车削加工方法的综合应用。

扫一扫，看视频

16.1　初 始 设 置

16.1.1　创建几何体

1．打开文件

选择“文件”→“打开”命令，弹出“打开”对话框，选择 spindle.prt，单击“打开”按钮，打开图 16-1 所示的待加工部件。

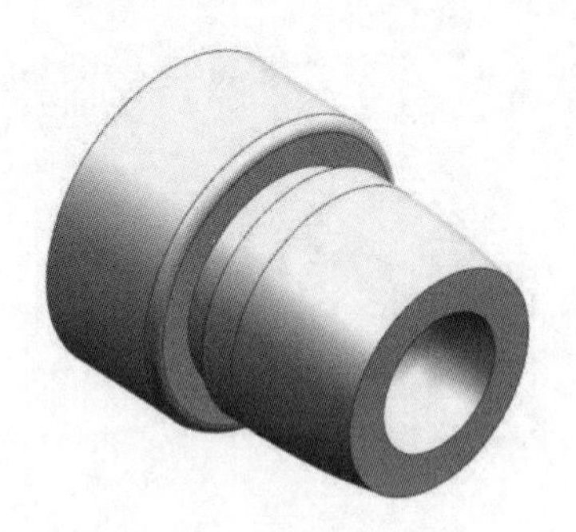

图 16-1　待加工部件

2．进入加工环境

（1）选择“文件”→“新建”命令，弹出“新建”对话框，在“加工”选项卡中设置“单位”为“毫米”，选择“车削”模板，其他采用默认设置。单击“确定”按钮，进入加工环境。

（2）在上边框条中单击“几何视图”按钮，打开“工序导航器-几何”视图，双击 MCS_SPINDLE。

（3）弹出图 16-2 所示的“MCS 主轴”对话框，设置“指定平面”为 ZM-XM。单击“确定”按钮，完成主轴设置。

（4）在“工序导航器-几何”视图中双击 WORKPIECE，弹出图 16-3 所示的“工件”对话框，单击“选择或编辑部件几何体”按钮，弹出“部件几何体”对话框，选择实体为几何体，如图 16-4 所示。单击“确定”按钮，关闭当前对话框。

图 16-2 “MCS 主轴”对话框

图 16-3 “工件”对话框

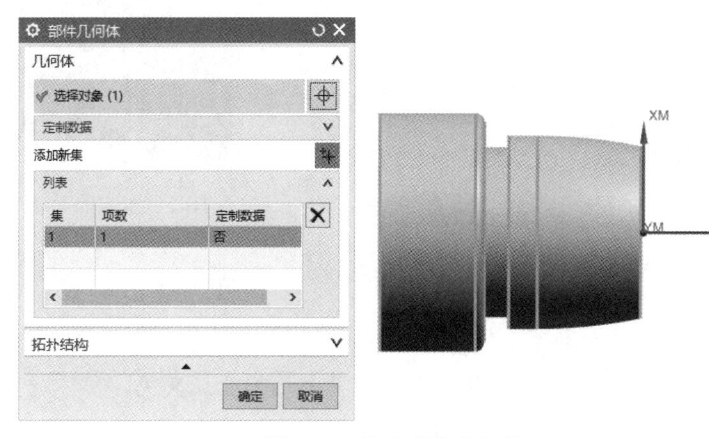

图 16-4 选取部件几何体

（5）返回“工件”对话框，单击“材料：CARBON STEEL”按钮，弹出“搜索结果”对话框，在列表中选择 MAT0_00266 材料，如图 16-5 所示。单击“确定”按钮，关闭当前对话框。

（6）在“工序导航器-几何”视图中双击 TURNING_WORKPIECE，弹出“车削工件”对话框，单击“选择或编辑毛坯边界”按钮，弹出图 16-6 所示的“毛坯边界”对话框，设置“类型”为“棒材”，“安装位置”为“远离主轴箱”，指定原点为棒材起点，设置“长度”为 158.3，“直径”为 101.3，指定的毛坯边界如图 16-7 所示。单击“确定”按钮，完成毛坯几何体的定义。

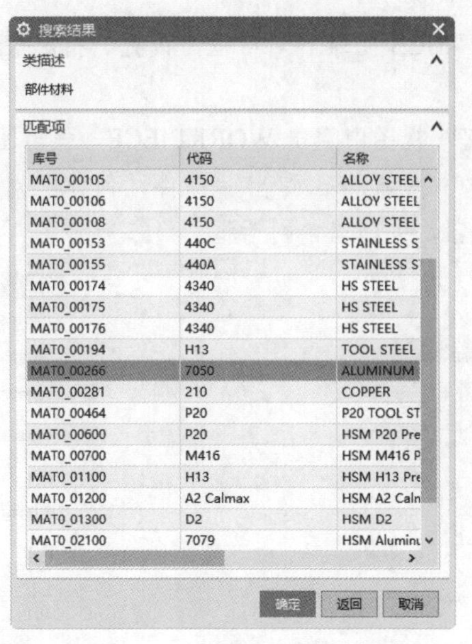

图 16-5 “搜索结果”对话框

图 16-6 “毛坯边界”对话框

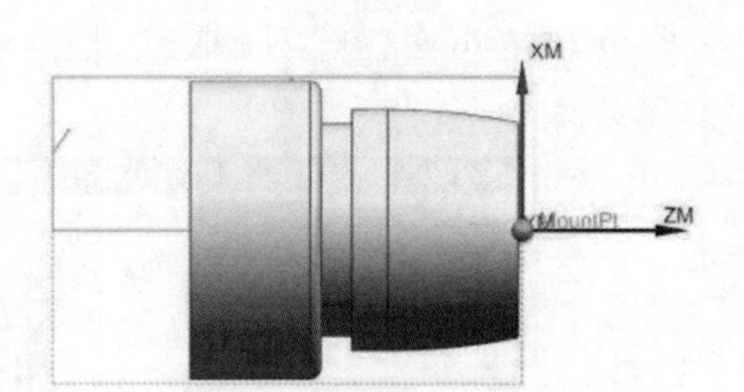

图 16-7 指定的毛坯边界

16.1.2 定义碰撞区域

（1）在装配导航器中，选中 spindle 复选框，使其复选框变成灰色，然后设置渲染样式为静态线框，显示部件边界和毛坯边界，如图 16-8 所示。

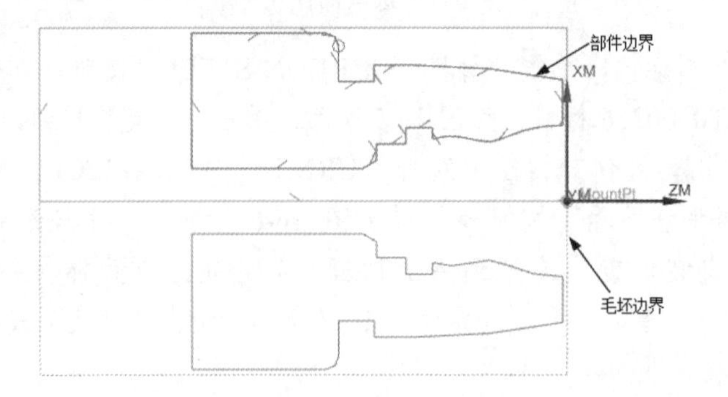

图 16-8 显示边界

（2）在“工序导航器-几何”视图中双击 TURNING_WORKPIECE 节点下的 AVOIDANCE，弹出“避让”对话框，在“运动到起点”栏中设置“运动类型”为“直接”，在视图中适当位置单击确定起点，如图 16-9 所示；在“运动到返回点/安全平面”栏中设置“运动类型”为“直接”，“点选项”为“与起点相同”；在“径向安全平面”栏中设置“轴向限制选项”为“距离”，“轴向 ZM/XM”为 13，其他采用默认设置，如图 16-10 所示。单击“确定”按钮，关闭当前对话框。

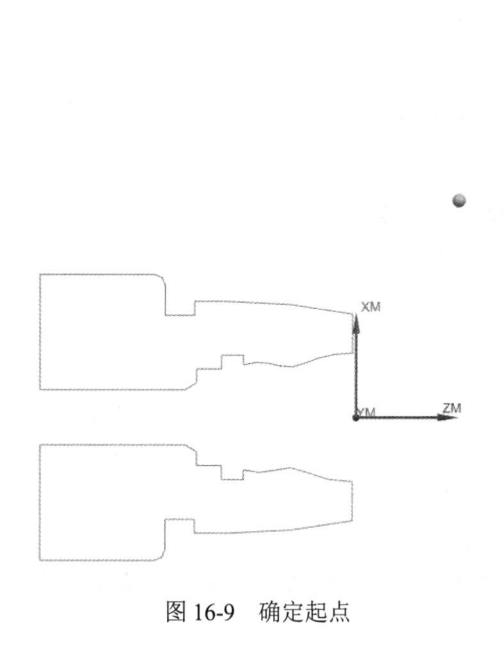

图 16-9　确定起点

图 16-10　“避让”对话框

16.1.3　避让卡盘

定义一个包容平面，防止刀具与卡盘爪碰撞。

（1）单击“主页”选项卡“刀片”面板中的“创建几何体”按钮，弹出“创建几何体”对话框，在“几何体子类型”栏中选择 CONTAINMENT，在“位置”栏的“几何体”下拉列表中选择 AVOIDANCE，其他采用默认设置，如图 16-11 所示。单击“确定”按钮，关闭当前对话框。

（2）弹出“空间范围”对话框，在“轴向修剪平面 1”栏中设置“限制选项”为“距离”，“轴向 ZM/XM”为-125，如图 16-12 所示。单击“确定”按钮，关闭当前对话框。

图 16-11　“创建几何体”对话框

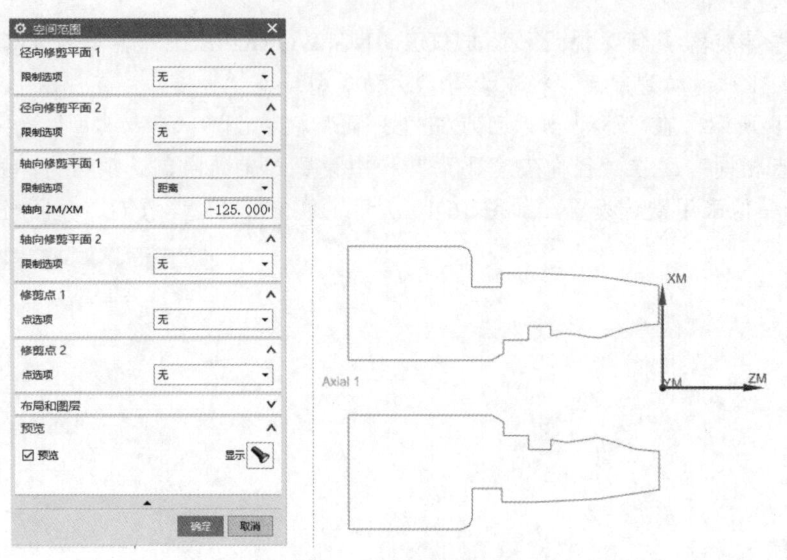

图 16-12　指定轴向修剪平面

扫一扫，看视频

16.2　创建刀具

16.2.1　创建定心钻刀

（1）单击“主页”选项卡“刀片”面板中的“创建刀具”按钮，弹出“创建刀具”对话框，在“类型”下拉列表中选择Turning_Exp选项，在“刀具子类型”栏中选择SPOTDRILL，在“位置”栏的“刀具”下拉列表中选择 STATION_02，其他采用默认设置，如图 16-13 所示。单击“确定”按钮，关闭当前对话框。

（2）弹出图 16-14 所示的“钻刀”对话框，在“尺寸”栏中设置“直径”为 25，其他采用默认设置。单击“确定”按钮，完成刀具的设置。

图 16-13　“创建刀具”对话框

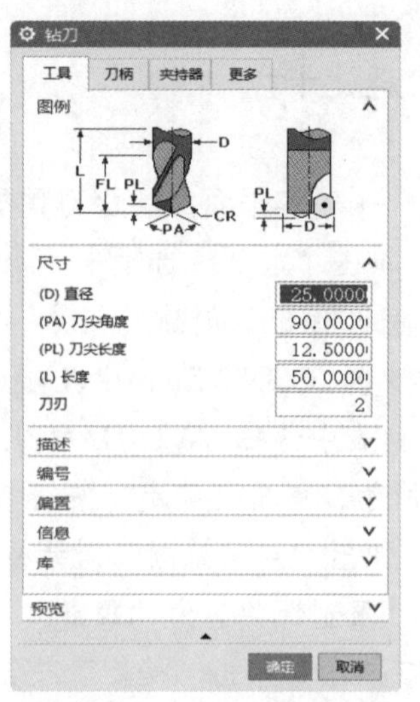

图 16-14　“钻刀”对话框

16.2.2 创建钻头

（1）单击“主页”选项卡“刀片”面板中的“创建刀具”按钮，弹出“创建刀具”对话框，在“类型”下拉列表中选择 Turning_Exp 选项，在“刀具子类型”栏中选择 DRILL，在“位置”栏的“刀具”下拉列表中选择 STATION_04 选项，其他采用默认设置，单击“确定”按钮。

（2）弹出图 16-15 所示的“钻刀”对话框，在“尺寸”栏中设置“直径”为 19，其他采用默认设置。单击“确定”按钮，完成刀具的设置。

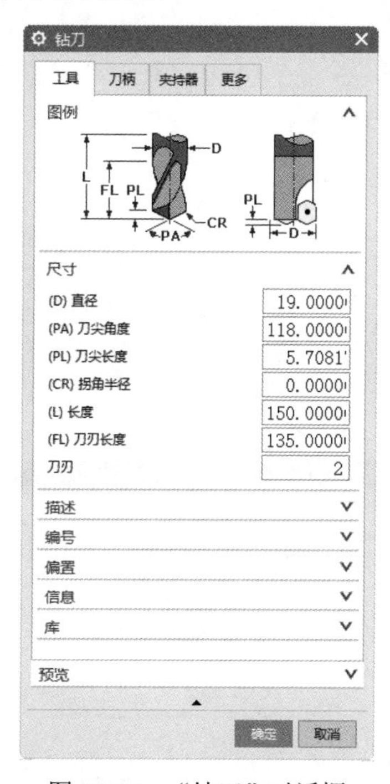

图 16-15 “钻刀”对话框

16.2.3 创建外径轮廓加工刀具

（1）单击“主页”选项卡“刀片”面板中的“创建刀具”按钮，弹出“创建刀具”对话框，在“位置”栏的“刀具”下拉列表中选择 STATION_05 选项。

（2）单击“从库中调用刀具”按钮，弹出“库类选择”对话框，选择“车”→“外径轮廓加工”，如图 16-16 所示。单击“确定”按钮，关闭当前对话框。

（3）弹出图 16-17 所示的“搜索准则”对话框，输入半径为 1.5。单击“确定”按钮，关闭当前对话框。

（4）弹出“搜索结果”对话框，选择库号为 ugt0121_001，其他采用默认设置，如图 16-18 所示。单击“确定”按钮，完成刀具的调用，然后在“创建刀具”对话框中单击“取消”按钮，关闭“创建刀具”对话框。

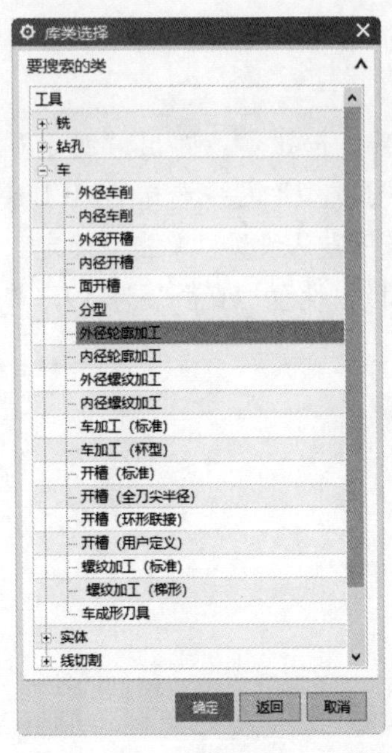

图 16-16 “库类选择”对话框

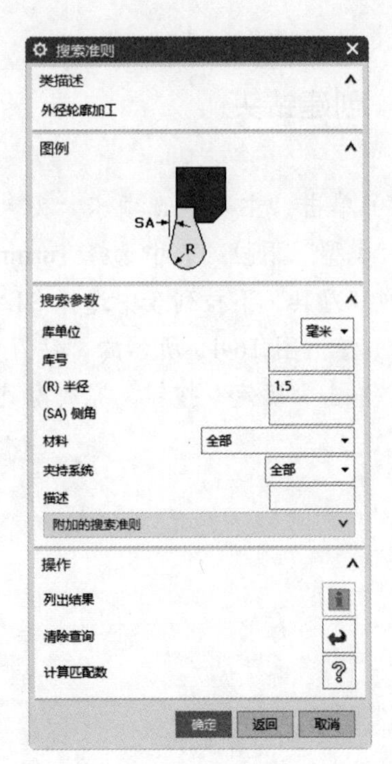

图 16-17 “搜索准则”对话框

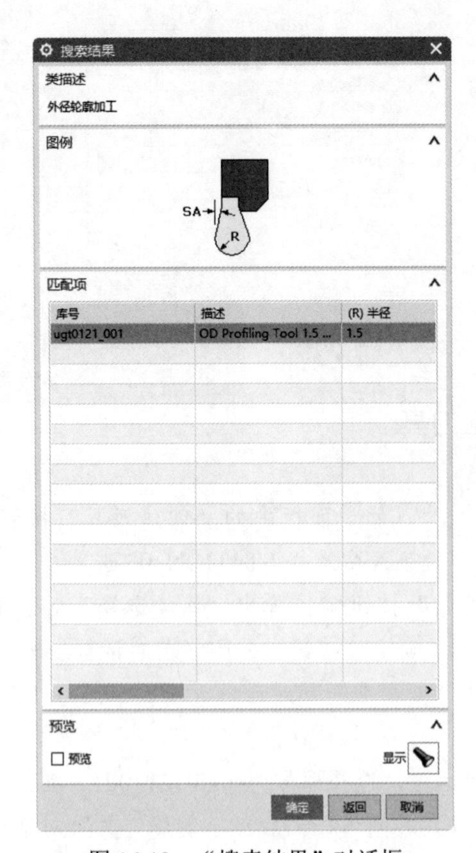

图 16-18 “搜索结果”对话框

16.2.4 创建槽刀

（1）单击“主页”选项卡“刀片”面板中的“创建刀具”按钮，弹出“创建刀具”对话框，在“类型”下拉列表中选择 Turning_Exp 选项，在“刀具子类型”栏中选择 OD_GROOVE_L，在“位置”栏的“刀具”下拉列表中选择 STATION_06，其他采用默认设置。单击“确定”按钮，关闭当前对话框。

（2）弹出“槽刀-标准”对话框，采用默认设置。单击“确定”按钮，完成槽刀的创建。

16.2.5 创建镗刀

（1）单击“主页”选项卡“刀片”面板中的“创建刀具”按钮，弹出“创建刀具”对话框，在“刀具子类型”栏中选择 ID_55_L，在“位置”栏的“刀具”下拉列表中选择 STATION_07 选项。单击“确定”按钮，关闭当前对话框。

（2）弹出“车刀-标准”对话框，在“工具”选项卡的“尺寸”栏中输入刀尖半径为 0.4，在“刀片尺寸”栏中输入长度为 5，其他采用默认设置，如图 16-19 所示。

（3）在“夹持器”选项卡中的“尺寸”栏中输入长度为 100，宽度为 10，柄宽度为 10，柄线为 10，其他采用默认设置，如图 16-20 所示。单击“确定”按钮，完成刀具的设置。

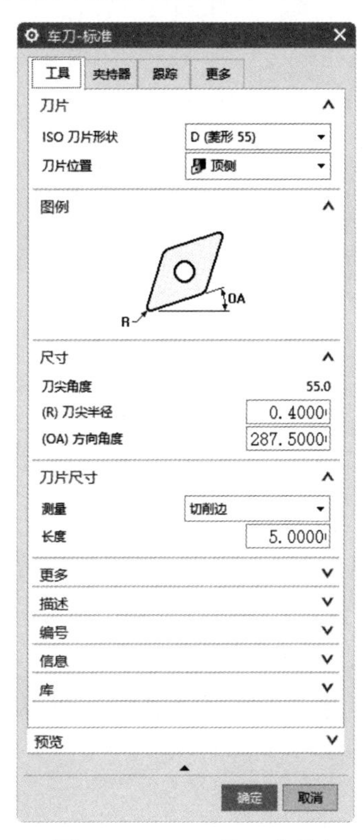

图 16-19 “工具”选项卡

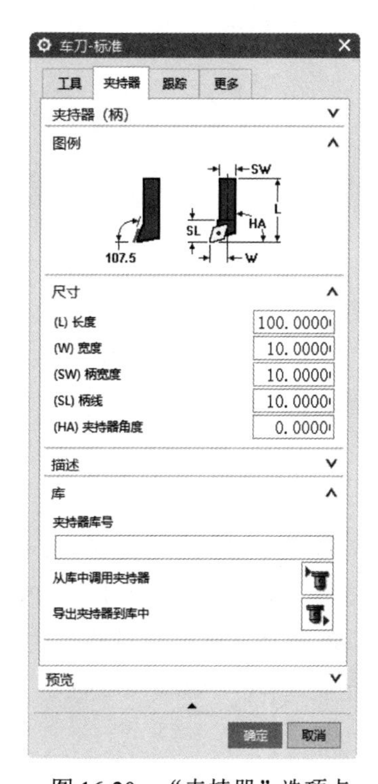

图 16-20 “夹持器”选项卡

16.2.6 创建内径槽刀

（1）单击“主页”选项卡“刀片”面板中的“创建刀具”按钮，弹出“创建刀具”对话框，在“刀具子类型”栏中选择 ID_GROOVE_L，在“位置”栏的“刀具”下拉列表中选择 STATION_08 选项。单击“确定”按钮，关闭当前对话框。

（2）弹出“槽刀-标准”对话框，在“夹持器”选项卡中的“尺寸”栏中输入长度为 100，宽度为 18，柄宽度为 10，柄线为 10，刀片延伸为 10，其他采用默认设置，如图 16-21 所示。单击“确定”按钮，完成刀具的设置。

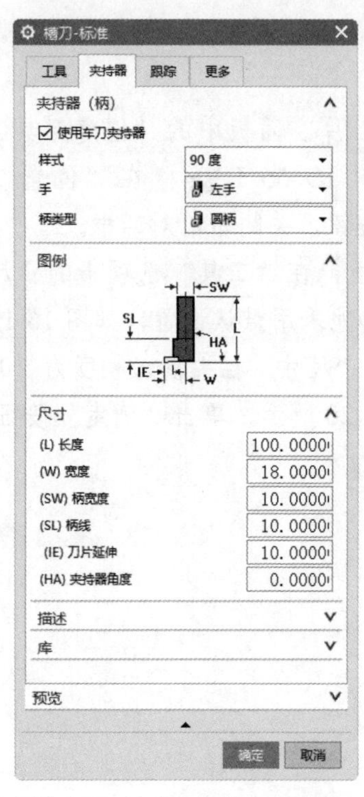

图 16-21 “夹持器”选项卡

16.2.7 创建螺纹刀

（1）单击“主页”选项卡“刀片”面板中的“创建刀具”按钮，弹出“创建刀具”对话框，在“刀具子类型”栏中选择 TURRET_STATION，在“位置”栏的“刀具”下拉列表中选择 TURRET 选项，输入名称为 STATION_09。单击“确定”按钮，关闭当前对话框。

（2）弹出“刀槽”对话框，在“刀槽 ID”栏中输入刀槽号为 9，其他采用默认设置，如图 16-22 所示。单击“确定”按钮，完成刀槽的设置。

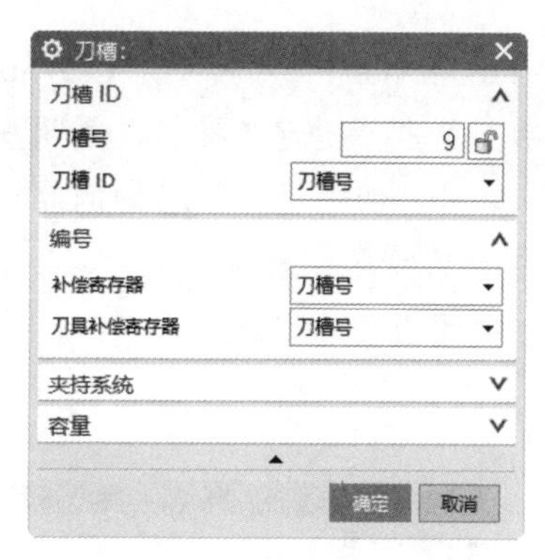

图 16-22　“刀槽”对话框

（3）单击“主页”选项卡“刀片”面板中的“创建刀具”按钮，弹出“创建刀具”对话框，在“刀具子类型”栏中选择 ID_THREAD_L，在“位置”栏的“刀具”下拉列表中选择 STATION_09 选项。单击“确定”按钮，关闭当前对话框。

（4）弹出“螺纹刀-标准”对话框，在“尺寸”栏中输入刀片长度为 12，其他采用默认设置。单击“确定”按钮，完成螺纹刀的创建。

16.2.8　创建分离刀具

（1）单击“主页”选项卡“刀片”面板中的“创建刀具”按钮，弹出“创建刀具”对话框，在“刀具子类型”栏中选择 TURRET_STATION，在“位置”栏的“刀具”下拉列表中选择 TURRET 选项，输入名称为 STATION_10。单击“确定”按钮，关闭当前对话框。

（2）弹出“刀槽”对话框，在“刀槽 ID”栏中输入刀槽号为 10，其他采用默认设置。单击“确定”按钮，完成刀槽的设置。

（3）单击“主页”选项卡“刀片”面板中的“创建刀具”按钮，弹出“创建刀具”对话框，在“库”栏中单击“从库中调用刀具”按钮，弹出“库类选择”对话框，选择“车”→“分型”。单击“确定”按钮，关闭当前对话框。

（4）弹出“搜索准则”对话框，直接单击“确定”按钮。弹出“搜索结果”对话框，选择库号为 ugt0114_001，其他采用默认设置。单击“确定”按钮，完成刀具的调用，然后在“创建刀具”对话框中单击“取消”按钮，关闭对话框。

16.3　创建工序

16.3.1　面加工

（1）单击“主页”选项卡“刀片”面板中的“创建工序”按钮，弹出“创建工序”对话框，在“类型”下拉列表中选择 Turning_Exp 选项，在“工序子类型”栏中选择“面加工”，在

“位置”栏中设置“几何体”为 AVOIDANCE，“刀具”为 OD_80_L，“方法”为 LATHE_FINISH，其他采用默认设置，如图 16-23 所示。单击“确定”按钮，关闭当前对话框。

（2）弹出“面加工”对话框，单击“切削区域”右侧的“编辑”按钮，弹出“切削区域”对话框，在“轴向修剪平面 1”栏中设置“限制选项”为“点”，选择部件外径上的曲线端点，如图 16-24 所示。单击“确定”按钮，关闭当前对话框。

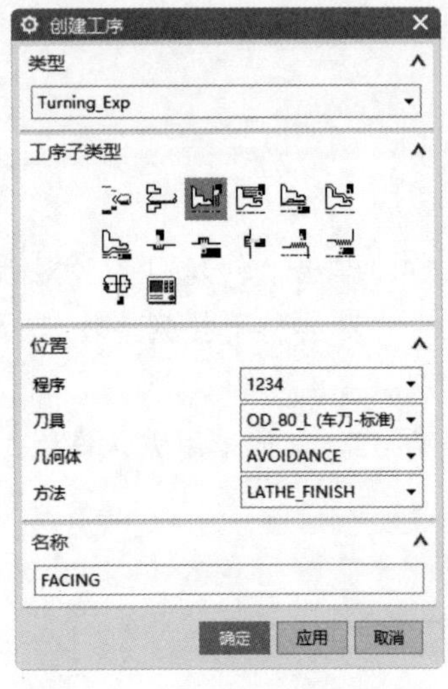

图 16-23 “创建工序”对话框

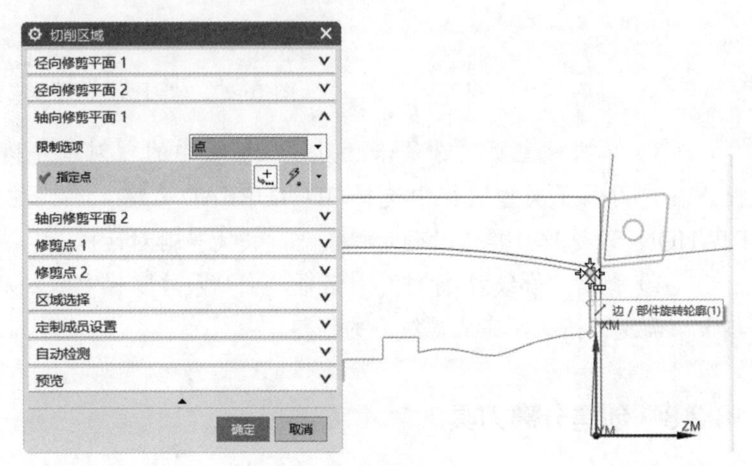

图 16-24 指定切削区域

（3）返回“面加工”对话框，单击“操作”栏中的“生成”按钮，生成的刀轨如图 16-25 所示。

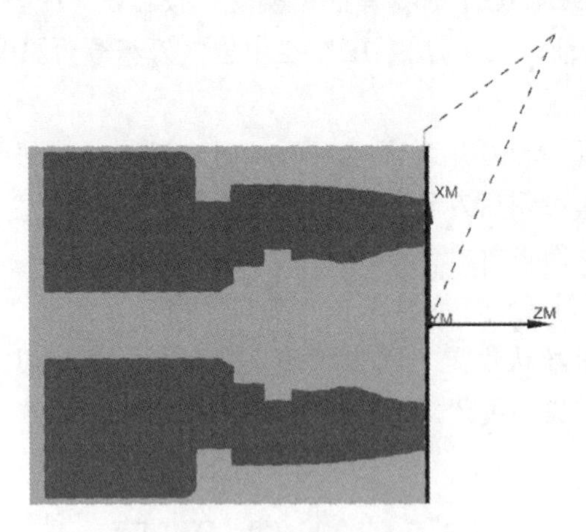

图 16-25 面加工刀轨

16.3.2 定心钻

（1）单击“主页”选项卡“刀片”面板中的“创建工序”按钮，弹出“创建工序”对话框，在“类型”下拉列表中选择 Turning_Exp 选项，在“工序子类型”栏中选择“中心线定心钻”，在“位置”栏中设置“几何体”为 AVOIDANCE，“刀具”为 SPOTDRILL，“方法”为

LATHE_CENTERLINE，其他采用默认设置。单击“确定”按钮，关闭当前对话框。

（2）弹出图 16-26 所示的“中心线定心钻”对话框，在“选项”栏中单击“编辑显示”按钮，弹出“显示选项”对话框，在“刀具”栏中设置“刀具显示”为 2D，如图 16-27 所示。单击“确定”按钮，关闭当前对话框。

图 16-26　“中心线定心钻”对话框

图 16-27　“显示选项”对话框

（3）返回“中心线定心钻”对话框，单击“操作”栏中的“生成”按钮，生成的刀轨如图 16-28 所示。

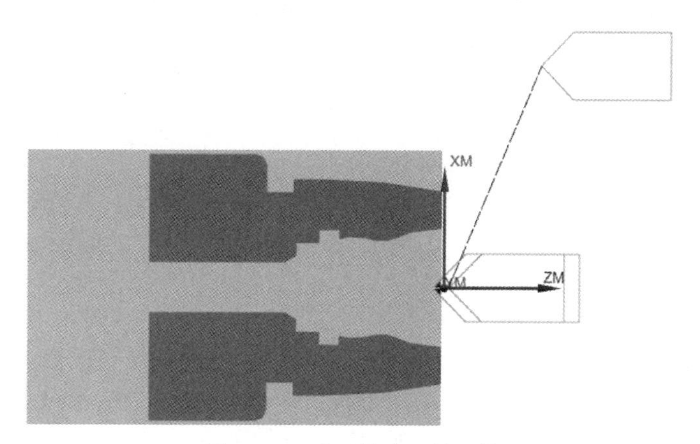

图 16-28　中心线定心钻刀轨

16.3.3　创建钻孔

（1）单击“主页”选项卡“刀片”面板中的“创建工序”按钮，弹出“创建工序”对话框，在“类型”下拉列表中选择 Turning_Exp 选项，在“工序子类型”栏中选择“中心线钻孔”，在“位置”栏中设置“几何体”为 AVOIDANCE，“刀具”为 DRILL，“方法”为 LATHE_CENTERLINE，其他采用默认设置。单击“确定”按钮，关闭当前对话框。

（2）弹出图 16-29 所示的“中心线钻孔”对话框，在“起点和深度”栏中设置“参考深度”为“刀肩”，“偏置”为 120；在“选项”栏中单击“编辑显示”按钮，弹出“显示选项”对话框，在“刀具”栏中设置“刀具显示”为 2D。单击“确定”按钮，关闭当前对话框。

（3）返回“中心线钻孔”对话框，单击“操作”栏中的“生成”按钮，生成的刀轨如图 16-30 所示。

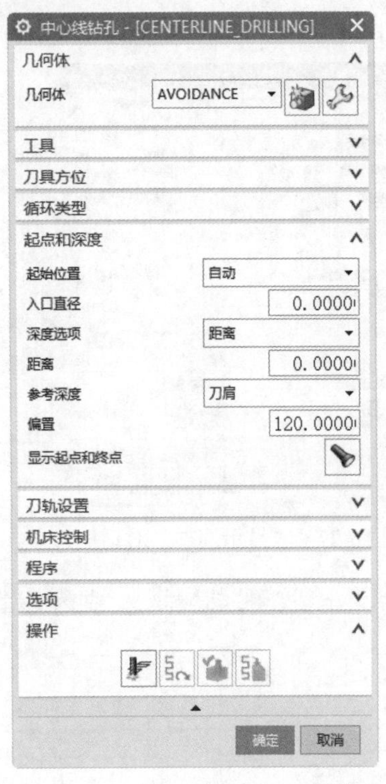

图 16-29 “中心线钻孔”对话框

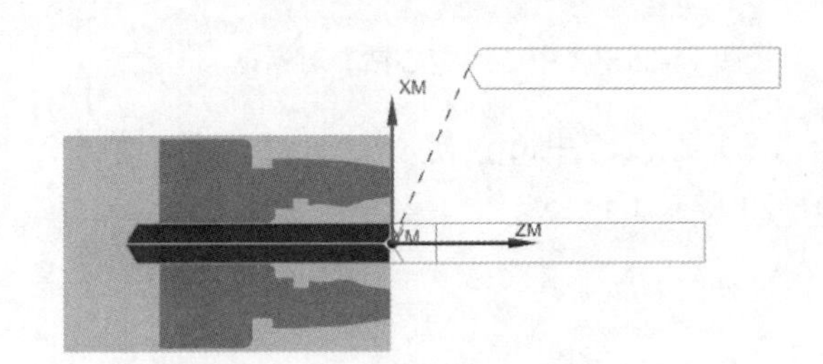

图 16-30 中心线钻孔刀轨

16.3.4 外径粗加工

（1）单击“主页”选项卡“刀片”面板中的“创建工序”按钮，弹出“创建工序”对话框，在“类型”下拉列表中选择 Turning_Exp 选项，在“工序子类型”栏中选择“外径粗车”，在“位置”栏中设置“几何体”为 CONTAINMENT，“刀具”为 OD_80_L，“方法”为 LATHE_ROUGH，其他采用默认设置。单击“确定”按钮，关闭当前对话框。

（2）弹出图 16-31 所示的“外径粗车”对话框，在“刀轨设置”栏中设置“变换模式”为“省略”。单击“确定”按钮，关闭当前对话框。

（3）返回“外径粗车”对话框，单击“操作”栏中的“生成”按钮，生成的刀轨如图 16-32 所示。

图 16-31　“外径粗车”对话框

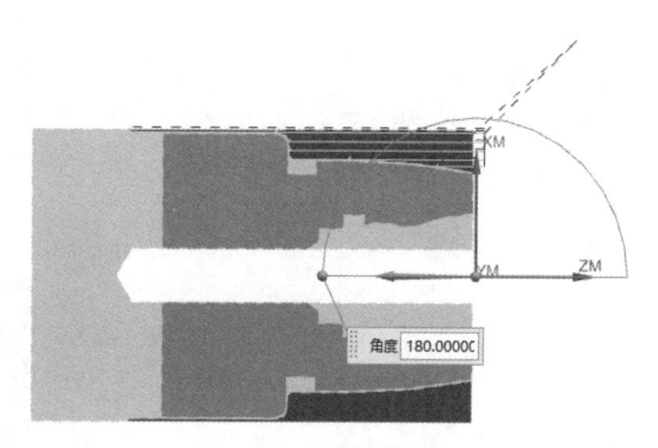

图 16-32　外径粗车刀轨

16.3.5　外径开槽

（1）单击“主页”选项卡“刀片”面板中的“创建工序”按钮，弹出“创建工序”对话框，在“类型”下拉列表中选择 Turning_Exp 选项，在“工序子类型”栏中选择“外径开槽”，在“位置”栏中设置“几何体”为 AVOIDANCE，“刀具”为 OD_GROOVE_L，“方法”为 LATHE_GROOVE，其他采用默认设置。单击“确定”按钮，关闭当前对话框。

（2）弹出“外径开槽”对话框，单击“切削区域”右侧的“编辑”按钮，弹出“切削区域”对话框。在“轴向修剪平面 1”栏中设置“限制选项”为“点”，选取槽底座直线的左端点；在“轴向修剪平面 2”栏中设置“限制选项”为“点”，选取槽底座直线的右端点，如图 16-33 所示。单击“确定”按钮，关闭当前对话框。

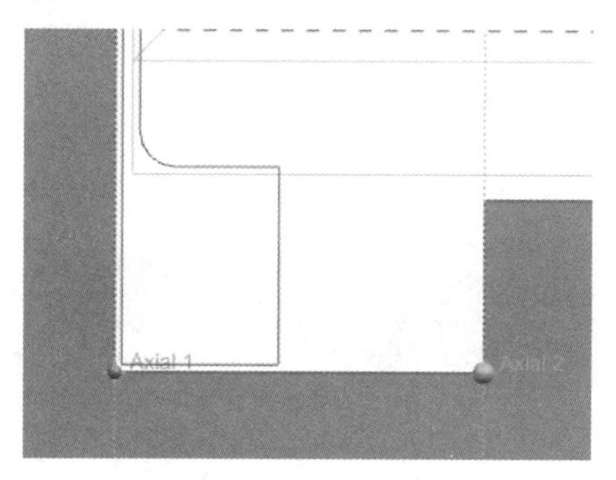

图 16-33　指定切削区域

（3）返回“外径开槽”对话框，单击“非切削移动”按钮，弹出“非切削移动”对话框，在“离开”选项卡的“运动到返回点/安全平面”栏中设置“运动类型”为“径向->轴向”，其他采用默认设置，如图 16-34 所示。单击“确定”按钮，关闭当前对话框。

（4）返回“外径开槽”对话框，单击“操作”栏中的“生成”按钮，生成的刀轨如图 16-35 所示。

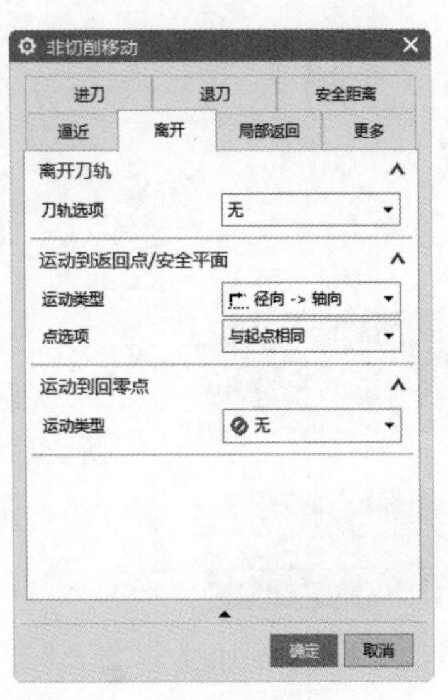

图 16-34 “非切削移动”对话框

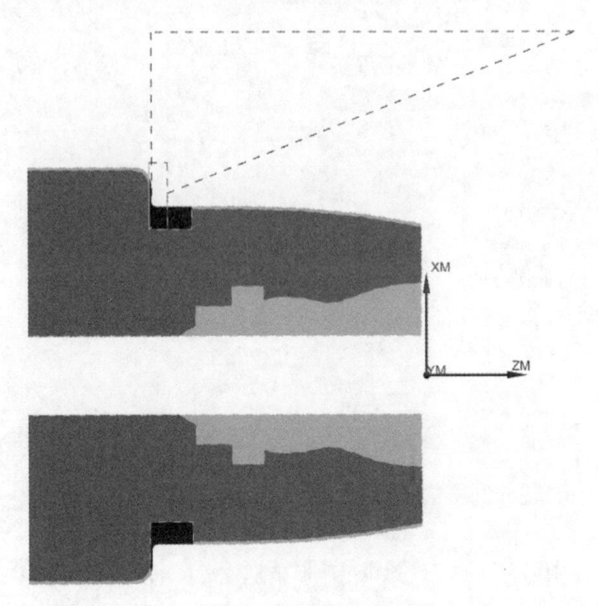

图 16-35 外径开槽刀轨

16.3.6 外径精加工

（1）单击“主页”选项卡“刀片”面板中的“创建工序”按钮，弹出“创建工序”对话框，在“类型”下拉列表中选择 Turning_Exp 选项，在“工序子类型”栏中选择“外径精车”，在“位置”栏中设置“几何体”为 CONTAINMENT，“刀具”为 ugt0121_001，“方法”为 LATHE_FINISH，其他采用默认设置。单击“确定”按钮，关闭当前对话框。

（2）弹出“外径精车”对话框，单击“切削区域”右侧的“编辑”按钮，弹出“切削区域”对话框。在“修剪点 1”栏中设置“限制选项”为“指定”，选取右端竖直线顶点；在“修剪点 2”栏中设置“限制选项”为“指定”，选取左端竖直线顶点，如图 16-36 所示；在“区域选择”栏中设置“区域加工”为“多个”，“区域序列”为“单向”。单击“确定”按钮，关闭当前对话框。

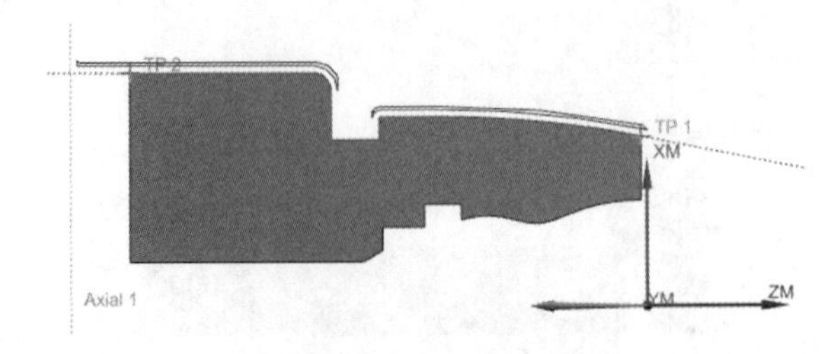

图 16-36 指定切削区域

（3）返回“外径精车”对话框，单击“定制部件边界数据”右侧的“编辑”按钮，弹出“部件边界”对话框，在视图中分别选取槽的3条边，在“成员”栏的“定制成员数据”中选中“忽略成员”复选框，如图16-37所示。单击“确定”按钮，关闭当前对话框。

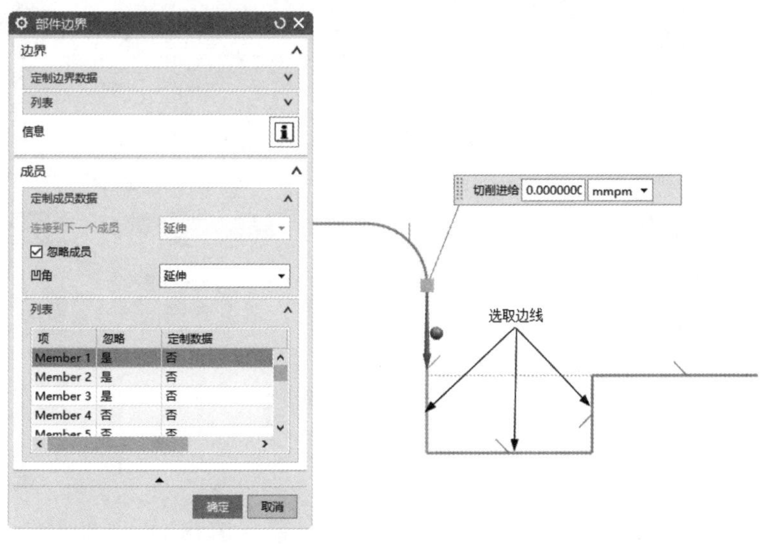

图16-37　指定部件边界

（4）返回“外径精车”对话框，单击“操作”栏中的“生成”按钮，生成的刀轨如图16-38所示。

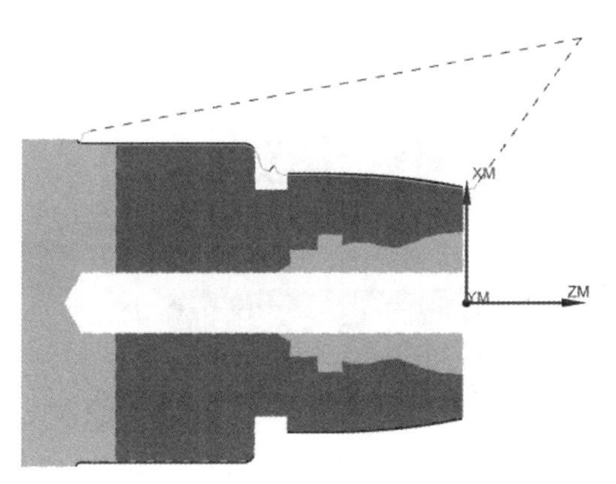

图16-38　外径精车刀轨

16.3.7　内径粗镗加工（一）

（1）单击“主页”选项卡“刀片”面板中的“创建工序”按钮，弹出“创建工序”对话框，在“类型”下拉列表中选择Turning_Exp选项，在“工序子类型”栏中选择（内径粗镗），在“位置”栏中设置“几何体”为AVOIDANCE，“刀具”为ID_55_L，“方法”为LATHE_ROUGH，其他采用默认设置。单击“确定”按钮，关闭当前对话框。

（2）弹出“内径粗镗”对话框，在“刀轨设置”栏中设置“变换模式”为“省略”，其他采用默认设置，如图16-39所示。

（3）单击“非切削移动”按钮，弹出“非切削移动”对话框，在“离开”选项卡的“运动到返回点/安全平面”栏中设置“运动类型”为“纯轴向->直接”，“点选项”为“与起点相同”，其他采用默认设置，如图 16-40 所示。单击“确定”按钮，关闭当前对话框。

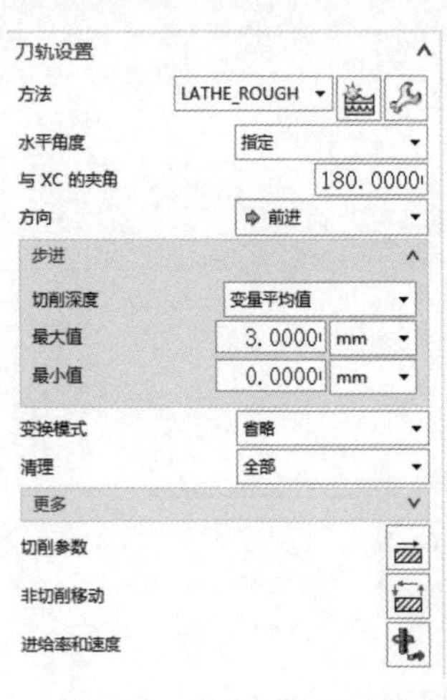

图 16-39 “刀轨设置”栏

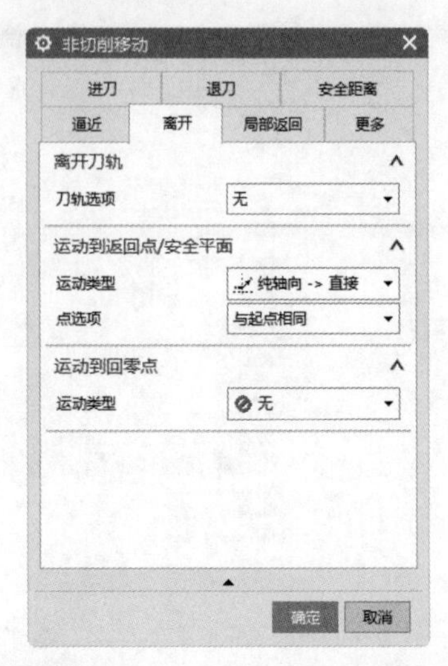

图 16-40 “非切削移动”对话框

（4）返回“内径粗镗”对话框，单击“操作”栏中的“生成”按钮，生成的刀轨如图 16-41 所示。

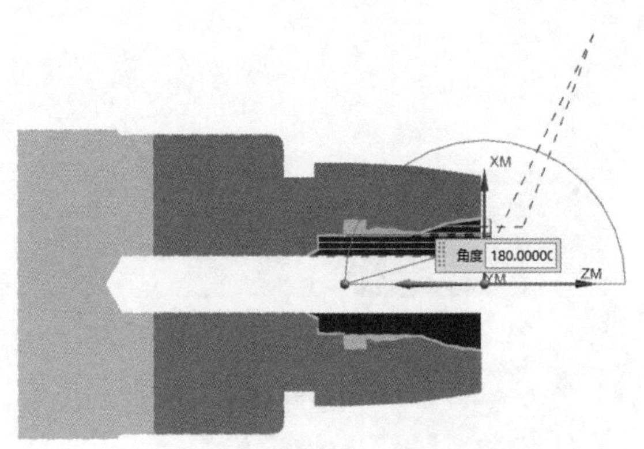

图 16-41 内径粗镗刀轨

16.3.8 内径精镗加工（二）

（1）单击“主页”选项卡“刀片”面板中的“创建工序”按钮，弹出“创建工序”对话框，在“类型”下拉列表中选择 Turning_Exp 选项，在“工序子类型”栏中选择“内径精镗”，在“位置”栏中设置“几何体”为 AVOIDANCE，“刀具”为 ID_55_L，“方法”为 LATHE_ FINISH，其他采用默认设置。单击“确定”按钮，关闭当前对话框。

（2）弹出“内径精镗”对话框，单击“切削区域”右侧的“编辑”按钮，弹出“切削区域”对话框，在“修剪点 1”栏中设置“限制选项”为“指定”，选取内孔曲线的端点，如图 16-42 所示。单击“确定”按钮，关闭当前对话框。

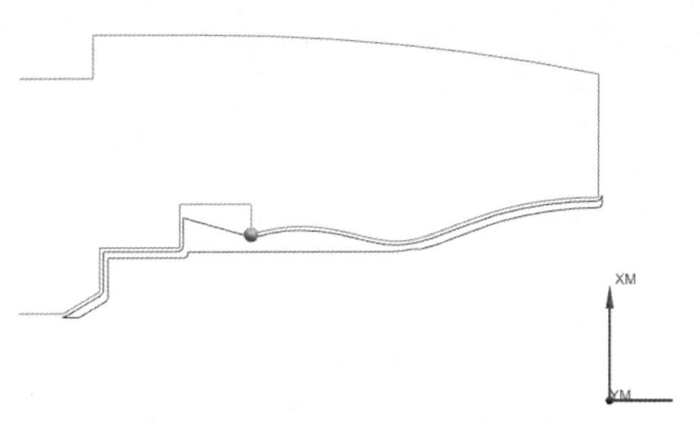

图 16-42 指定切削区域

（3）单击“非切削移动”按钮，弹出“非切削移动”对话框，在“离开”选项卡的“运动到返回点/安全平面”栏中设置“运动类型”为“纯轴向->直接”，其他采用默认设置。单击“确定”按钮，关闭当前对话框。

（4）返回“内径精镗”对话框，单击“操作”栏中的“生成”按钮，生成的刀轨如图 16-43 所示。

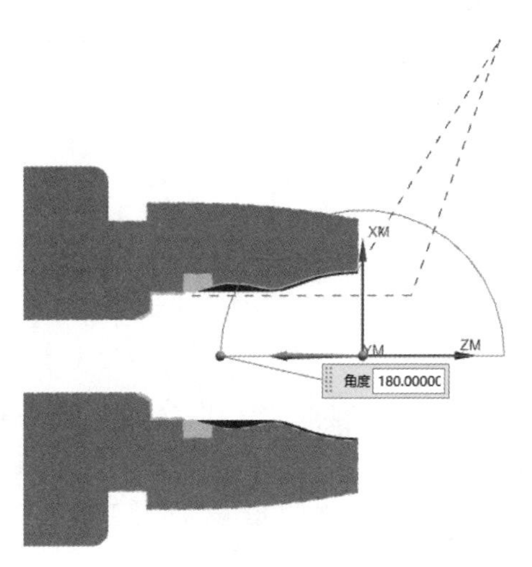

图 16-43 内径精镗刀轨 1

16.3.9 内径开槽

（1）单击“主页”选项卡“刀片”面板中的“创建工序”按钮，弹出“创建工序”对话框，在“类型”下拉列表中选择 Turning_Exp 选项，在“工序子类型”栏中选择“内径开槽”，在“位置”栏中设置“几何体”为 AVOIDANCE，“刀具”为 ID_GROOVE_L，“方法”为 LATHE_GROOVE，其他采用默认设置。单击“确定”按钮，关闭当前对话框。

（2）弹出“内径开槽”对话框，单击“切削区域”右侧的“编辑”按钮，弹出“切削区域”对话框。在“修剪点 1”栏中设置“点选项”为“指定”，选取槽左侧的竖直线下端点；在“修剪点 2”栏中设置“点选项”为“指定”，选取槽右侧竖直下端点，如图 16-44 所示。单击“确定”按钮，关闭当前对话框。

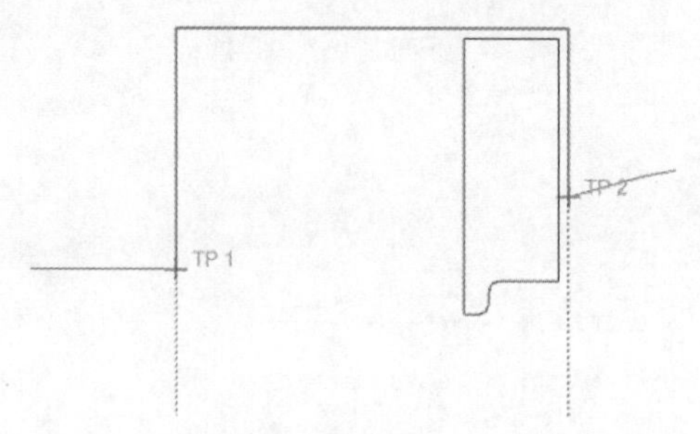

图 16-44　指定切削区域

（3）返回“内径开槽”对话框，单击“非切削移动”按钮，弹出图 16-45 所示的“非切削移动”对话框。在“逼近”选项卡的“运动到起点”栏中设置“运动类型”为“径向->轴向”，在“运动到进刀起点”栏中设置“运动类型”为“径向->轴向”；在“离开”选项卡的“运动到返回点/安全平面”栏中设置“运动类型”为“径向->轴向”，“点选项”为“点”，在视图中适当位置指定点，如图 16-46 所示，其他采用默认设置。单击“确定”按钮，关闭当前对话框。

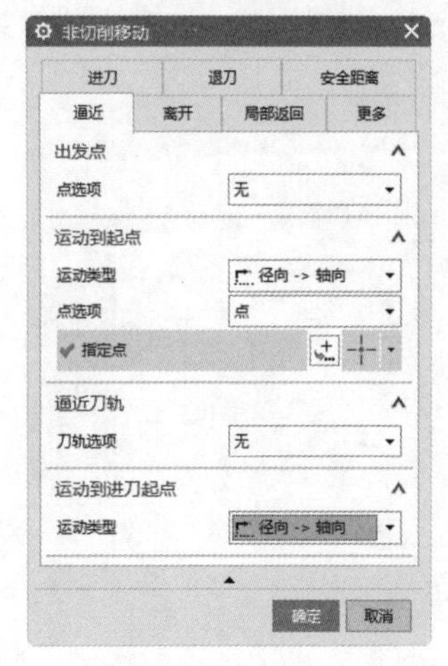

（a）“逼近”选项卡

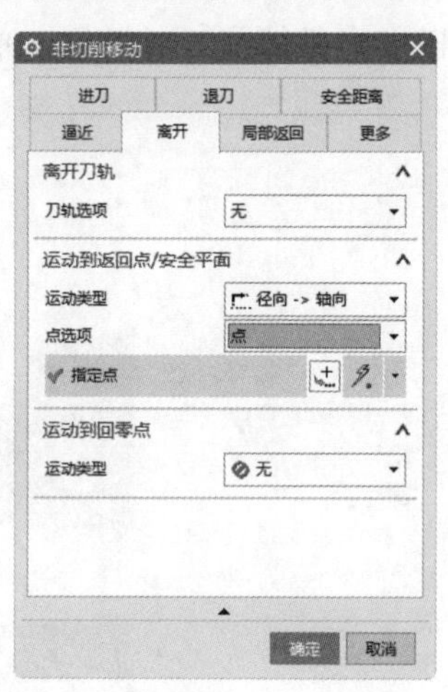

（b）“离开”选项卡

图 16-45　“非切削移动”对话框

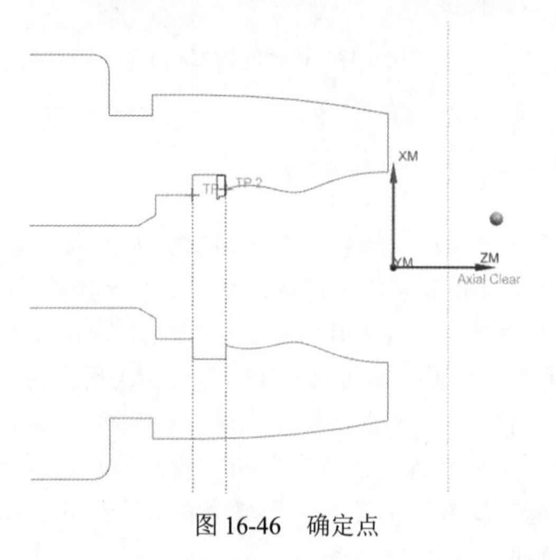

图 16-46　确定点

（4）返回“内径开槽”对话框，单击“操作”栏中的“生成”按钮，生成的刀轨如图16-47所示。

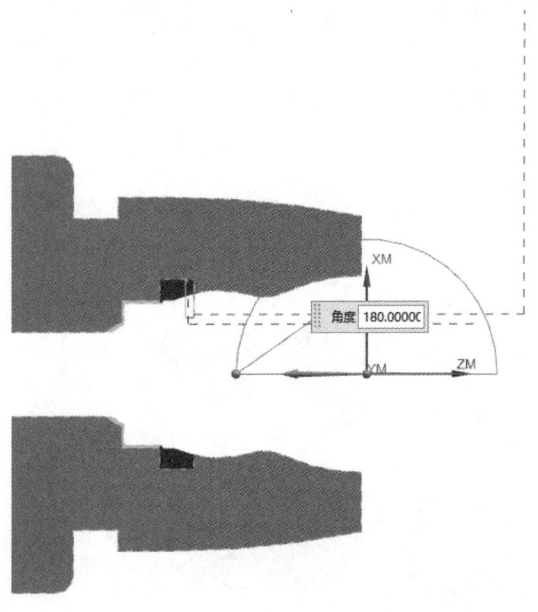

图16-47　内径开槽刀轨

16.3.10　内径精镗加工（三）

（1）单击“主页”选项卡“刀片”面板中的“创建工序”按钮，弹出“创建工序”对话框，在“类型”下拉列表中选择Turning_Exp选项，在“工序子类型”栏中选择“内径精镗”，在“位置”栏中设置“几何体”为AVOIDANCE,“刀具”为ID_55_L,“方法”为LATHE_FINISH，其他采用默认设置。单击“确定”按钮，关闭当前对话框。

（2）弹出“内径精镗”对话框，单击“切削区域”右侧的“编辑”按钮，弹出“切削区域”对话框。在“修剪点1”栏中设置“限制选项”为“指定”，选取内孔水平线的端点，如图16-48所示；在“修剪点2”栏中设置“限制选项”为“指定”，选取槽左侧的竖直线末端的点。单击“确定”按钮，关闭当前对话框。

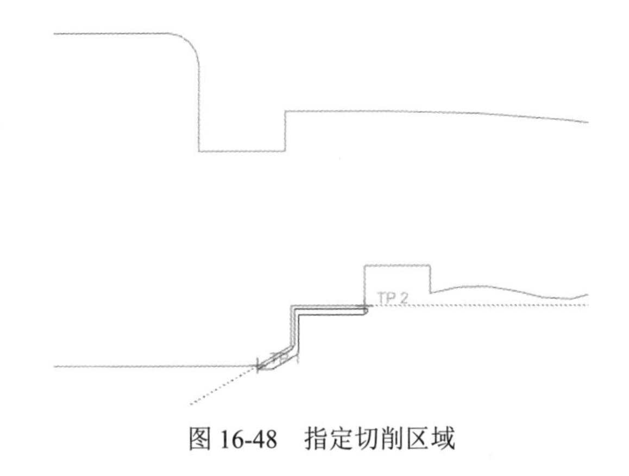

图16-48　指定切削区域

（3）单击“非切削移动”按钮，弹出“非切削移动”对话框，在“逼近”选项卡“运动到进刀起点”栏中设置“运动类型”为“径向->轴向”，在“离开”选项卡的“运动到返回点/安全平面”栏中设置“运动类型”为“纯轴向->直接”，其他采用默认设置。单击“确定”按钮，关闭当前对话框。

（4）返回“内径精镗”对话框，单击“操作”栏中的“生成”按钮，生成的刀轨如图 16-49 所示。

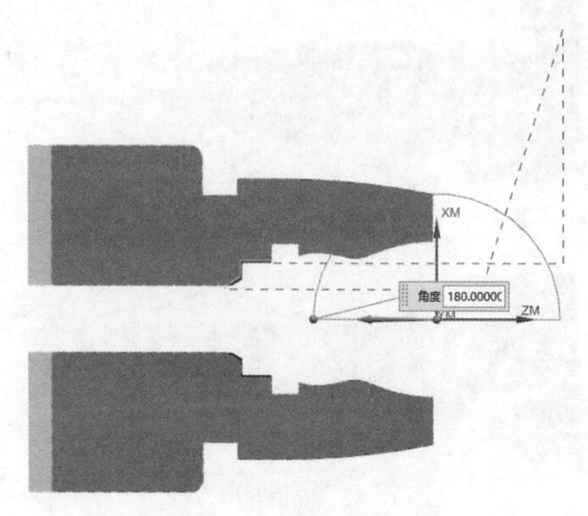

图 16-49　内径精镗刀轨 2

16.3.11　内径螺纹加工

（1）单击“主页”选项卡“刀片”面板中的“创建工序”按钮，弹出“创建工序”对话框，在“类型”下拉列表中选择 Turning_Exp 选项，在“工序子类型”栏中选择“内径螺纹铣”，在“位置”栏中设置“几何体”为 AVOIDANCE，“刀具”为 ID_THREAD_L，“方法”为 LATHE_THREAD，其他采用默认设置。单击“确定”按钮，关闭当前对话框。

（2）弹出“内径螺纹铣”对话框，在“螺纹形状”栏中单击“选择顶线”右侧的按钮，选取图 16-50 所示顶线，设置“深度选项”为“深度和角度”，“深度”为 1，“与 XC 的夹角”为 0，“起始偏置”为 3，“终止偏置”为 3，如图 16-50 所示。

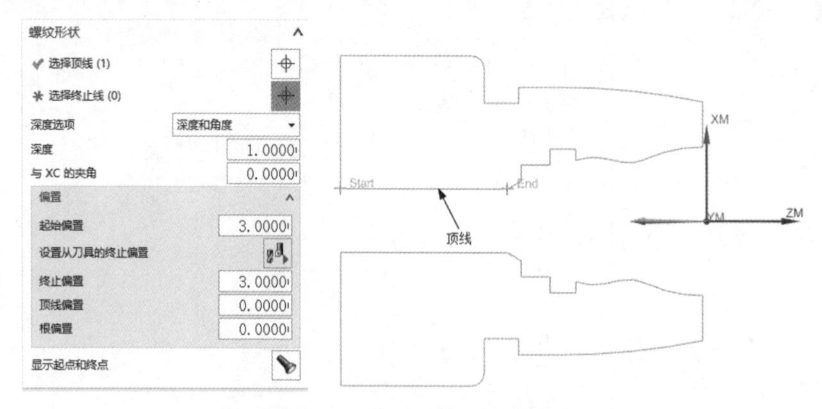

图 16-50　指定螺纹形状参数

（3）在“刀轨设置”栏中单击“切削参数”按钮，弹出“切削参数”对话框，输入螺距为1，其他采用默认设置，如图16-51所示。单击“确定”按钮，关闭当前对话框。

（4）返回“内径螺纹铣”对话框，单击“非切削移动”按钮，弹出“非切削移动”对话框，在“逼近”选项卡的“运动到进刀起点”栏中设置“运动类型”为“径向->轴向”，在“离开”选项卡的“运动到返回点/安全平面”栏中设置“运动类型”为“轴向->径向”，其他采用默认设置。单击“确定”按钮，关闭当前对话框。

（5）返回“内径螺纹铣”对话框，单击“操作”栏中的“生成”按钮，生成的刀轨如图16-52所示。

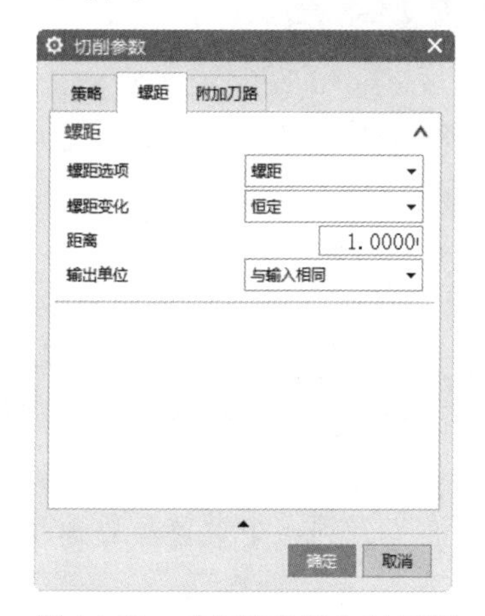

图16-51　“切削参数”对话框

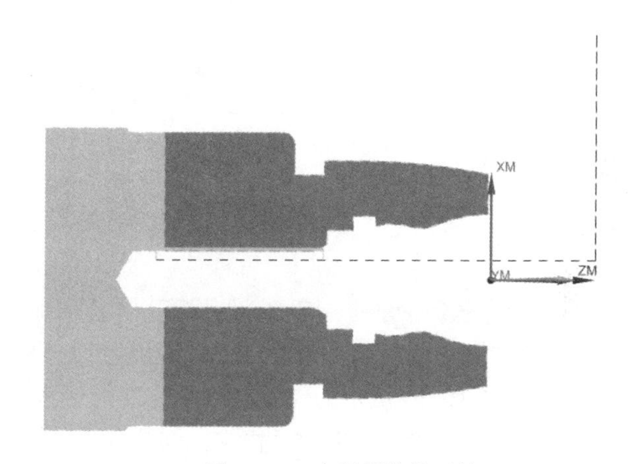

图16-52　内径螺纹铣刀轨

16.3.12　部件分离

（1）单击“主页”选项卡“刀片”面板中的“创建工序”按钮，弹出“创建工序”对话框，在“类型”下拉列表中选择Turning_Exp选项，在“工序子类型”栏中选择“部件分离”，在“位置”栏中设置“几何体”为AVOIDANCE，“刀具”为ugt0114_001，“方法”为LATHE_FINISH，其他采用默认设置。单击“确定”按钮，关闭当前对话框。

（2）弹出“部件分离”对话框，在“刀轨设置”栏中设置“部件分离位置”为“自动”，“延伸距离”为1，如图16-53所示。

图16-53　“刀轨设置”栏

（3）单击“进给率和速度”按钮，弹出“进给率和速度”对话框，在“部件分离进给率”栏中输入减速为25%切削，长度为10%，如图16-54所示。单击“确定”按钮，关闭当前对话框。

（4）返回“部件分离”对话框，单击“操作”栏中的“生成”按钮，生成图16-55所示的刀轨。

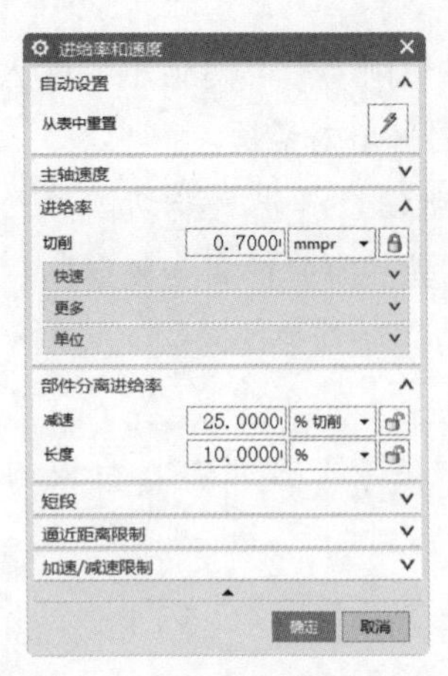

图 16-54 “进给率和速度”对话框

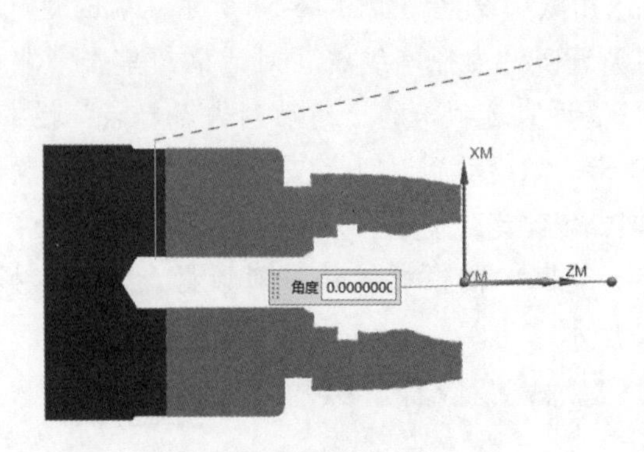

图 16-55 部件分离刀轨

扫一扫，看视频

16.4 刀轨演示

（1）在上边框条中单击“程序顺序视图”图标，显示“工序导航器-程序顺序”视图，选取程序 1234，单击“主页”选项卡“工序”面板中的“确认刀轨”按钮。

（2）弹出图 16-56 所示的“刀轨可视化”对话框，在“3D 动态”选项卡中调整动画速度，单击“播放”按钮，进行动态加工模拟，结果如图 16-57 所示。

图 16-56 “刀轨可视化”对话框

图 16-57 模拟加工结果

16.5 后 处 理

单击“主页”选项卡“工序”面板中的“后处理”按钮，弹出“后处理”对话框，选择 LATHE_2_AXIS_TURRET_REF 后处理器，其他采用默认设置，如图 16-58 所示，单击“确定”按钮。刀轨经过后处理后，在“信息”窗口中列出，如图 16-59 所示。单击“关闭”按钮，关闭窗口。

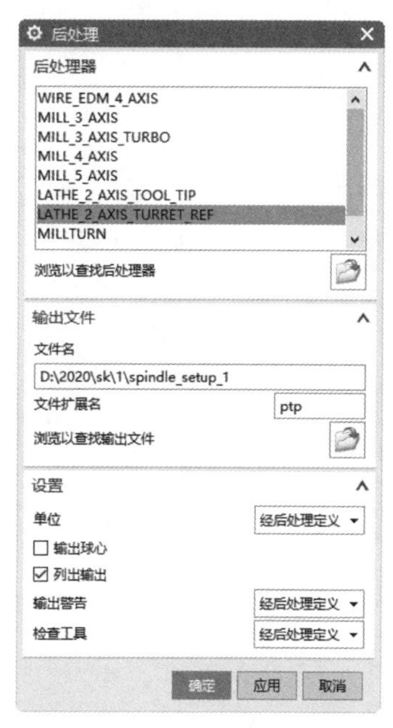

图 16-58　“后处理”对话框

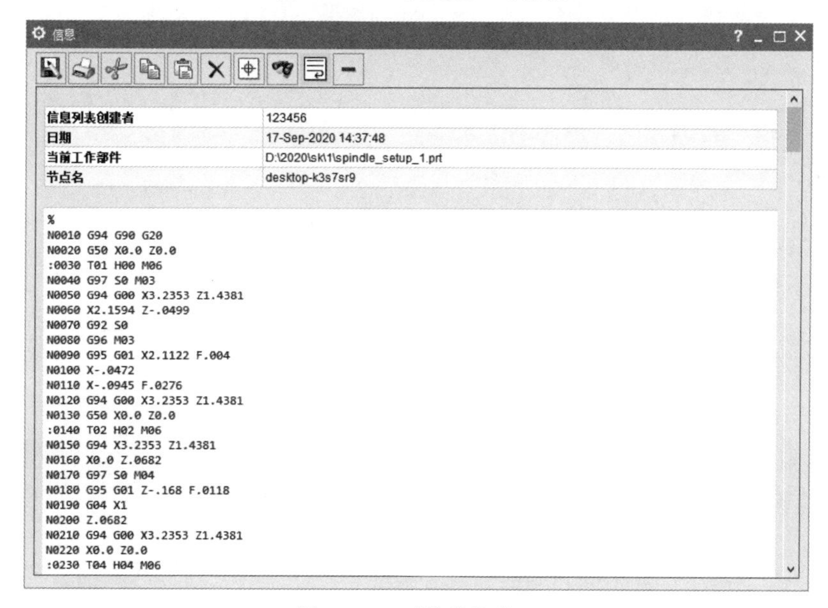

图 16-59　“信息”窗口